DETERMINADOS

ROBERT M. SAPOLSKY

Determinados

A ciência da vida sem livre-arbítrio

Tradução
Berilo Vargas

1ª reimpessão

COMPANHIA DAS LETRAS

Grafia atualizada segundo o Acordo Ortográfico da Língua Portuguesa de 1990, que entrou em vigor no Brasil em 2009.

Título original
Determined: A Science of Life without Free Will

Capa
Filipa Damião Pinto (filipa_) | Estúdio Foresti Design

Preparação
Cacilda Guerra

Índice remissivo
Gabriella Russano

Revisão
Natália Mori
Carmen T. S. Costa

Dados Internacionais de Catalogação na Publicação (CIP)
(Câmara Brasileira do Livro, SP, Brasil)

Sapolsky, Robert M.
Determinados : A ciência da vida sem livre-arbítrio / Robert M. Sapolsky ; tradução Berilo Vargas. — 1ª ed. — São Paulo : Companhia das Letras, 2025.

Título original : Determined : A Science of Life Without Free Will.
ISBN 978-85-359-4008-4

1. Livre-arbítrio e determinismo I. Título.

24-233203 CDD-123.5

Índice para catálogo sistemático:
1. Liberdade : Filosofia 123.5

Cibele Maria Dias – Bibliotecária – CRB-8/9427

Todos os direitos desta edição reservados à
EDITORA SCHWARCZ S.A.
Rua Bandeira Paulista, 702, cj. 32
04532-002 — São Paulo — SP
Telefone: (11) 3707-3500
www.companhiadasletras.com.br
www.blogdacompanhia.com.br
facebook.com/companhiadasletras
instagram.com/companhiadasletras
x.com/cialetras

Para L e para B & R,
Que fazem com que tudo pareça valer a pena.
Que fazem tudo valer a pena.

Sumário

meu cérebro: aperte-os

eu: por quê?

meu cérebro: você tem que

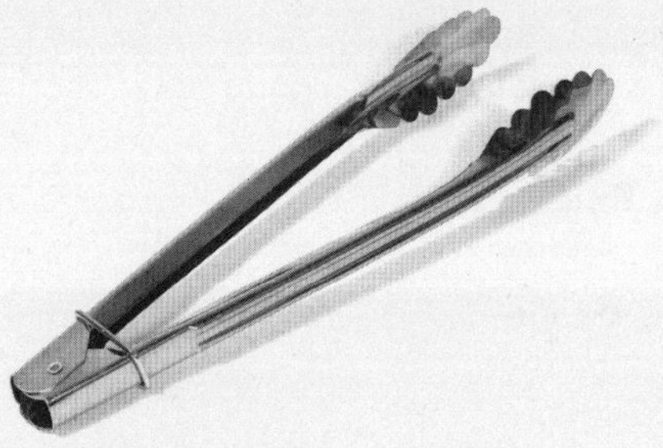

1. É tartaruga que não acaba mais

Na época da faculdade, meus amigos e eu gostávamos de repetir uma historinha; era mais ou menos assim (e a contávamos de maneira tão ritualística que acho que a transcrição é literal, 45 anos depois):

Pois então, parece que o William James estava dando uma palestra sobre a natureza da vida e do universo. Quando terminou, uma senhora de idade se aproximou dele e disse: "Professor James, o senhor está redondamente enganado". Ao que James respondeu com uma pergunta: "Como assim, minha senhora?". "As coisas não são de jeito nenhum como o senhor disse", respondeu ela. "O mundo fica nas costas de uma tartaruga gigantesca." "Hmmm", fez James, perplexo. "Pode até ser. Mas onde fica a tartaruga?" "Nas costas de outra tartaruga", respondeu a senhorinha. "Mas, minha senhora", disse James, condescendente, "e onde fica essa outra tartaruga?" Ao que ela respondeu, em tom de triunfo: "Não adianta, professor James. É tartaruga que não acaba mais!".*

* A historinha de "é tartaruga que não acaba mais" tem versões com outros pensadores célebres como bode expiatório, em vez de William James. Nossa versão era essa porque gostávamos da barba dele, e no campus havia um prédio chamado William James. A frase de efeito final foi citada em vários contextos culturais, como num grande livro com esse título [*Turtles All the Way Down*], de autoria de John Green (Nova York: Dutton, 2017 [Ed. bras.: *Tartarugas*

Ah, como adorávamos essa anedota, sempre contada com a mesma entonação. Achávamos que ela nos fazia parecer engraçados, profundos, interessantes.

Usávamos a anedota como zombaria, uma crítica pejorativa a alguém que se agarrava com unhas e dentes à falta de lógica. Digamos que estávamos no refeitório e alguém dizia qualquer coisa sem sentido, e a resposta que dava quando contestado piorava ainda mais a situação. Era inevitável que um de nós dissesse, com ar presunçoso: "Não adianta, professor James!". A pessoa, que tinha ouvido muitas vezes nossa anedota bobinha, respondia sempre: "Vão se ferrar. Prestem atenção. Isso realmente faz sentido".

Aqui está a tese deste livro: embora possa parecer ridículo e absurdo explicar alguma coisa com base numa infinidade de tartarugas, *é muito mais ridículo e absurdo achar que em algum lugar lá embaixo existe uma tartaruga flutuando no ar.* A ciência do comportamento humano mostra que tartarugas não flutuam. Em outras palavras, é tartaruga que não acaba mais.

Alguém se comporta de determinada maneira. Talvez seja fantástico, inspirador, talvez terrível, talvez dependa do ponto de vista, ou talvez seja apenas banal. E costumamos fazer a mesma pergunta básica: por que esse comportamento?

Se você acredita que tartarugas flutuam no ar, a resposta é que esse comportamento apenas aconteceu, que não há uma causa além de a pessoa ter resolvido criar esse comportamento. A ciência ofereceu há pouco tempo uma resposta muito mais precisa, e quando digo "há pouco tempo" estou falando nos últimos séculos. A resposta é que o comportamento ocorreu porque alguma coisa que veio antes o fez ocorrer. E por que essa circunstância anterior ocorreu? Porque alguma coisa que veio antes fez com que *ela* ocorresse. É causa anterior que não acaba mais, e não uma tartaruga flutuante ou uma causa sem causa a ser descoberta. Ou, como canta Maria em *A noviça rebelde*: "Nada vem do nada e não teria como".*

---

até lá embaixo. Rio de Janeiro: Intrínseca, 2017.]). Todas as versões têm um rei-filósofo sendo contestado por uma velhinha com seu dito absurdo, o que agora parece um tanto sexista e etarista. Isso não chamava particularmente a atenção dos adolescentes do sexo masculino que éramos então, naquela época e naquele lugar.

* Minha esposa é diretora musical, e sou seu enferrujado pianista/faz-tudo de ensaios. Como resultado, este livro está repleto de alusões a musicais. Se meu eu universitário, tão pretensa-

Repetindo: quando você se comporta de determinada maneira, o que equivale a dizer quando seu cérebro gera determinado comportamento, isso decorre do determinismo que veio logo antes, e antes desse antes, numa série infinita. A abordagem deste livro consiste em mostrar como funciona o determinismo, em explorar como a biologia sobre a qual você não tem controle algum, interagindo com o ambiente sobre o qual você não tem controle algum, fez de você o que você é. E quando as pessoas alegam que existem causas sem causa para seu comportamento, que elas chamam de "livre-arbítrio", é porque: (a) não conseguiram reconhecer o determinismo que espreita sob a superfície ou não aprenderam a respeito deste e/ou (b) concluíram, de forma incorreta, que os aspectos rarefeitos do universo que funcionam de forma não determinista podem explicar seu caráter, sua moralidade e seu comportamento.

Quando se trabalha com a noção de que todo aspecto do comportamento tem causas determinísticas anteriores, é possível observar um comportamento e entender por que ocorreu: como acabamos de frisar, foi por causa da ação dos neurônios nesta ou naquela parte do cérebro um segundo antes.* E nos segundos e minutos anteriores, esses neurônios foram ativados por um pensamento, uma lembrança, uma emoção ou por estímulos sensoriais. E nas horas ou nos dias antes de esse comportamento ocorrer, os hormônios em nossa circulação moldaram esses pensamentos, essas lembranças e essas emoções e alteraram a sensibilidade de nosso cérebro a determinados estímulos do ambiente. E nos meses ou anos anteriores, experiência e ambiente alteraram o funcionamento desses neurônios, levando alguns a darem origem a novas conexões e a se tornarem mais excitáveis, e produzindo o efeito contrário em outros.

A partir desse ponto, recuamos décadas e mais décadas na identificação das causas antecedentes. Explicar a ocorrência de determinado comportamen-

---

mente descolado por se referir a William James, tivesse sido informado de que o futuro incluiria minha família e eu debatendo quem era a maior Elphaba de todos os tempos,* eu reagiria com espanto — "Musicais? MUSICAIS da Broadway?! Por que não atonalismo?". Não foi o que busquei; às vezes a vida entra furtivamente pela porta dos fundos. (*Idina Menzel, claro.)

* O Apêndice é uma introdução à neurociência, para leitores sem informação alguma nessa área. Além disso, quem quer que tenha lido um livro insuportavelmente longo que escrevi (*Comporte-se: A biologia humana em nosso melhor e pior* [São Paulo: Companhia das Letras, 2021]) o reconhecerá resumido nos próximos parágrafos: Por que esse comportamento ocorreu? Por causa do que ocorreu um segundo antes, um minuto… um século… 100 milhões de anos antes.

to requer o reconhecimento de que durante nossa adolescência uma região crucial do cérebro ainda estava sendo construída, moldada pela socialização e pela aculturação. Recuando mais ainda, temos experiências da infância moldando a construção de nosso cérebro, e o mesmo princípio se aplica a nosso ambiente fetal. Mais para trás ainda, temos que levar em conta os genes que herdamos e seus efeitos no comportamento.

Mas ainda não terminamos. Isso porque tudo na infância, a começar pela maneira como fomos cuidados nos primeiros minutos de vida, foi influenciado pela cultura, o que significa também pelos séculos de fatores ecológicos que influenciaram o tipo de cultura que nossos antepassados inventaram e pelas pressões evolutivas que moldaram a espécie à qual pertencemos. Por que esse comportamento ocorreu? Por causa de interações biológicas e ambientais, numa série que não acaba nunca.*

Como argumento central deste livro, essas são variáveis sobre as quais não temos nenhum controle. Não dá para decidir quais são os estímulos sensoriais de nosso ambiente, nossos níveis de hormônio nesta manhã, se alguma coisa traumática aconteceu conosco no passado, o status socioeconômico de nossos pais, nosso ambiente fetal, nossos genes, se nossos ancestrais eram agricultores ou pastores. Agora vou fazer uma afirmação mais ampla, talvez neste momento ampla demais para a maioria dos leitores: somos nada mais nada menos do que nossa sorte biológica e ambiental cumulativa, sobre a qual não temos controle, que nos trouxe a este ou a qualquer outro momento. Você vai conseguir recitar essa frase em seu sono irritado quando terminarmos.

Existem variados aspectos do comportamento que, embora verdadeiros, são irrelevantes para nossa tese. Por exemplo, o fato de que algum comportamento criminoso se deve a problemas psiquiátricos ou neurológicos. Ou de que algumas crianças têm "diferenças de aprendizagem" por causa da maneira como seu cérebro funciona. De que algumas pessoas não conseguem se controlar porque foram criadas sem modelos decentes de comportamento, ou porque ainda são adolescentes com cérebro de adolescente. De que alguém

* "Interações" implica que essas influências biológicas não têm sentido fora do contexto do ambiente social (assim como o contrário). São inseparáveis. Minha orientação é biológica, e analisar a inseparabilidade desse ângulo fica mais claro para mim. Mas às vezes ver a inseparabilidade de uma perspectiva biológica, e não de uma perspectiva de ciência social, complica as coisas; tento evitar isso até onde permitem minhas capacidades biológicas.

disse alguma coisa ofensiva só porque estava cansado ou estressado, ou por causa de um remédio que toma.

São circunstâncias, todas essas, em que reconhecemos que por vezes a biologia *influencia* nosso comportamento. Trata-se, em essência, de um belo programa humanitário que endossa opiniões gerais da sociedade sobre agência e responsabilidade pessoal, mas nos lembra da necessidade de abrir exceções para casos extremos: juízes deveriam levar em conta fatores atenuantes na criação de criminosos na hora de proferir uma sentença; assassinos juvenis não deveriam ser executados; professores que distribuem medalhas para meninos que brilham no aprendizado das primeiras letras deveriam também fazer alguma coisa de especial para a criança disléxica; os responsáveis pela admissão de alunos na faculdade deveriam levar em conta mais do que as notas de corte para candidatos que superaram desafios incríveis.

São ideias boas, sensatas, que deveriam ser instituídas se decidirmos que *algumas* pessoas têm bem menos autocontrole e capacidade de escolher livremente suas ações do que a média, e que às vezes *todos nós* temos muito menos do que supomos.

Nisso podemos estar todos de acordo. No entanto, estamos entrando em terreno muito diferente — terreno no qual, imagino, nem todos os leitores estão de acordo —, que é concluir que simplesmente *não* temos livre-arbítrio. Eis algumas implicações, se esse fosse mesmo o caso: não haveria culpa, e o castigo como punição justa e severa seria indefensável — claro, vamos impedir que pessoas perigosas causem danos às outras, mas de uma maneira direta e sem fazer julgamentos, como quem tira da estrada um carro com defeito nos freios. Que seria aceitável elogiar alguém ou lhe manifestar gratidão como uma intervenção importante, para aumentar a probabilidade de que repita esse comportamento no futuro ou sirva de inspiração para outros, mas nunca porque *merece* isso. E que isso se aplica a nós quando somos inteligentes, disciplinados ou bondosos. E já que estamos falando nisso, que reconheçamos que a experiência do amor é feita dos mesmos elementos que constituem os gnus e os asteroides. Que ninguém *merece* ou *tem direito* a ser tratado de maneira melhor ou pior do que ninguém. E que faz tão pouco sentido odiar alguém quanto odiar um tornado porque este supostamente resolveu despedaçar nossa casa, ou amar um lilás porque ele supostamente resolveu produzir um perfume maravilhoso.

É o que significa concluir que não existe livre-arbítrio. É o que concluí, há muito, muito tempo. E até eu acho que levar isso a sério parece maluquice.

Além disso, quase todos concordam que parece maluquice. As crenças e os valores das pessoas, seu comportamento, as respostas que dão a perguntas em pesquisas de opinião, suas ações como tema de estudos no incipiente campo da "filosofia experimental" mostram que elas acreditam no livre-arbítrio quando isso importa — filósofos (cerca de 90%), advogados, juízes, jurados, educadores, pais e fabricantes de castiçais. Assim como cientistas, até biólogos, até mesmo neurobiólogos, se espremermos muito. As obras das psicólogas Alison Gopnik, da Universidade da Califórnia em Berkeley, e Tamar Kushnir, da Universidade Cornell, mostram que crianças em idade pré-escolar já têm uma forte crença numa versão reconhecível de livre-arbítrio. E essa convicção é generalizada (mas não universal) em várias culturas. Não somos máquinas na opinião da grande maioria; como uma clara demonstração disso, quando um motorista ou um carro sem motorista cometem o mesmo erro, o motorista é tido como mais culpado.[1] E não estamos sozinhos em nossa crença — pesquisas que examinaremos num capítulo mais adiante sugerem que outros primatas também acreditam na existência do livre-arbítrio.[2]

Este livro tem dois objetivos. O primeiro é convencer você de que não existe livre-arbítrio,* ou pelo menos de que existe bem *menos* livre-arbítrio do que se costuma supor, quando isso de fato importa. Para tanto, vamos examinar a maneira como pensadores inteligentes e de mente aberta *defendem* o livre-arbítrio, da perspectiva da filosofia, do pensamento jurídico, da psicologia e da neurociência. Tentarei apresentar suas opiniões da melhor forma possível e depois explicar por que acho que estão todos errados. Alguns desses erros decorrem da miopia (usada num sentido descritivo, mais do que crítico) de concentrar o foco apenas num pedacinho da biologia do comportamento. Às vezes os erros refletem uma lógica deficiente, como concluir que, se não é

* Alguns dos companheiros mais radicais na convicção de que "NÃO existe livre-arbítrio" incluem filósofos como Gregg Caruso, Derk Pereboom, Neil Levy e Galen Strawson. Discutirei muito o pensamento deles nas páginas a seguir. Um ponto importante é que, embora todos rejeitem o livre-arbítrio no sentido mais comum para justificar castigo ou recompensa, sua rejeição não é particularmente baseada na biologia. Em termos de rejeição quase total ao livre-arbítrio por motivos biológicos, minhas opiniões são mais parecidas com as de Sam Harris, que, apropriadamente, não é apenas filósofo, mas também neurocientista.

possível dizer o que causou X, talvez nada tenha causado X. Às vezes os erros refletem falta de consciência, ou má interpretação, da ciência subjacente ao comportamento. O mais curioso é que acho que os erros resultam de razões emocionais que refletem o fato de que a inexistência do livre-arbítrio é uma coisa muito, muito perturbadora; examinaremos isso no fim do livro. Portanto, um dos meus dois objetivos é explicar por que acho que todo esse pessoal está errado e que a vida melhoraria muito se as pessoas parassem de pensar como eles.[3]

Aqui, alguém poderia me perguntar: E onde você começa a discordar? Como veremos, debates sobre o livre-arbítrio giram em torno de questões estritas — "Um hormônio em particular de fato motiva um comportamento ou apenas o torna mais provável?", ou "Há diferença entre querer fazer alguma coisa e querer querer alguma coisa?" — que costumam ser discutidas por autoridades especializadas. Minha configuração intelectual é a de um generalista. Sou "neurobiólogo" com um laboratório que faz coisas como manipular genes no cérebro de ratos para alterar seu comportamento. Ao mesmo tempo, passo parte do ano, há mais de três décadas, estudando o comportamento social e a fisiologia de babuínos em estado selvagem num parque nacional do Quênia. Parte de minhas pesquisas se mostrou relevante para o entendimento de como cérebros adultos são influenciados pelo estresse da pobreza infantil, e, como resultado disso, acabei passando tempo com sociólogos. Outra faceta de meu trabalho é relevante para transtornos de humor, o que me leva a conviver com psiquiatras. E, na última década, tive como hobby trabalhar com defensores públicos em julgamentos de homicídio, instruindo jurados sobre o cérebro. Por conseguinte, tenho zanzado por vários campos diferentes relacionados ao comportamento. O que, acho, me trouxe uma particular propensão a concluir que o livre-arbítrio não existe.

Por quê? Em essência, ao se concentrar num único campo, como neurociência, endocrinologia, economia comportamental, genética, criminologia, ecologia, desenvolvimento infantil ou biologia evolutiva, você tem bastante espaço para concluir que biologia e livre-arbítrio podem coexistir. Nas palavras do filósofo da Universidade da Califórnia em San Diego Manuel Vargas, "Alegar que algum resultado científico mostra a falsidade do 'livre-arbítrio' [...] é má erudição ou marqueteirismo acadêmico".[4] Ele tem razão, apesar da agressividade. Como veremos no próximo capítulo, grande parte da pesquisa em neurobiologia sobre o livre-arbítrio é estreitamente ancorada pelo resultado de um estudo que examinou eventos ocorridos no cérebro poucos segundos antes de um comportamento se manifestar. E Vargas concluiria com acerto que esse "resultado científico" (mais os subprodutos que gerou nos quarenta anos seguintes) não prova que não existe livre-arbítrio. Do mesmo modo, não se pode rechaçar o livre-arbítrio com um "resultado científico" da genética — os genes em geral não têm a ver com inevitabilidade, mas com vulnerabilidade e potencial, e jamais se identificou um gene isolado, uma variante genética, uma mutação genética que refutasse o livre-arbítrio;* não há como fazer isso nem mesmo considerando *todos* os nossos genes de uma vez. E não é possível refutar o livre-arbítrio a partir de uma perspectiva desenvolvimental/sociológica dando ênfase ao resultado científico segundo o qual uma infância repleta de maus-tratos, privação, abandono e trauma aumenta de maneira astronômica a possibilidade de se produzir um adulto profundamente prejudicado e danoso — porque há exceções. Sim, nenhum resultado ou disciplina científica por si só é capaz disso. Mas — e esse é um ponto importantíssimo — *se juntarmos todos os resultados científicos, de todas as disciplinas científicas relevantes*, não haverá espaço para o livre-arbítrio.**

Por quê? Alguma coisa mais profunda do que a ideia de que, se examinar uma quantidade suficiente de diferentes disciplinas, umas dessas "logias"

* Dito isso, há algumas enfermidades raras, muito poucas, que sem dúvida alteram o comportamento por causa de uma mutação num único gene (por exemplo, as doenças de Tay-Sachs, de Huntington e de Gaucher). No entanto, isso não está nem de longe relacionado a questões de nosso senso normal de livre-arbítrio, uma vez que essas doenças causam danos imensos ao cérebro.

** Eu gostaria de observar uma coisa já me preparando para passar a primeira parte do livro repetindo "Estão todos errados", a respeito do que muitos acadêmicos pensam do assunto. Às vezes fico muito emotivo com relação a ideias, algumas delas evocando o mais perto que sou capaz de sentir de reverência religiosa e outras me parecendo tão absurdamente erradas que acabo sendo irritadiço, cáustico, arrogantemente crítico, hostil e injusto na crítica que lhes faço. Mas apesar disso sou quase sempre avesso a conflitos interpessoais. Em outras palavras, com poucas exceções que ficarão claras, nada em minhas críticas pretende ser pessoal. E como o clichê sobre "alguns de meus melhores amigos", gosto de estar com pessoas que têm determinado tipo de crença no livre-arbítrio, porque elas em geral são mais legais do que as que "pensam como eu", e porque espero que um pouco de sua paz me seja transmitido. O que estou tentando dizer é que espero não parecer babaca em alguns momentos, porque realmente não quero parecer.

após a outra, você vai acabar encontrando uma que ofereça prova conclusiva, refutando por si só o livre-arbítrio. É também mais profunda do que a ideia de que, embora cada disciplina tenha um furo qualquer que a impede de refutar o livre-arbítrio, pelo menos uma das outras disciplinas compensa isso.

Em essência, essas disciplinas negam coletivamente o livre-arbítrio porque estão todas interligadas, constituindo o mesmo conjunto definitivo de conhecimento. Ao falar dos efeitos dos neurotransmissores no comportamento, você está falando também, de maneira tácita, dos genes que especificam a construção desses mensageiros químicos e da evolução dos genes — os campos da "neuroquímica", da "genética" e da "biologia evolutiva" não podem ser separados. Ao examinar a influência dos acontecimentos da vida fetal no comportamento adulto, você está também automaticamente levando em conta coisas como mudanças ao longo da vida nos padrões de secreção hormonal ou na regulação genética. Ao discutir os efeitos do estilo dos cuidados maternos no comportamento futuro da criança de hoje, você, por definição, está também automaticamente discutindo a natureza da cultura que a mãe transmite através de suas ações. Não há brecha, por mínima que seja, onde se possa encaixar o conceito de livre-arbítrio.

Assim, a primeira metade da argumentação do livro consiste em recorrer a esse arcabouço biológico para rejeitar o conceito de livre-arbítrio. O que nos leva à segunda metade do livro. Como já disse, não acredito em livre-arbítrio desde meus tempos de adolescente, e para mim tem sido um imperativo moral ver os seres humanos sem julgamento e acreditar que ninguém merece nada de especial, viver sem a capacidade de odiar ou de recompensar o mérito. A verdade é que não consigo. Claro, às vezes quase chego lá, por assim dizer, mas é raro minha resposta imediata aos acontecimentos corresponder ao que acredito ser a única maneira aceitável de compreender o comportamento humano; o mais comum é eu fracassar miseravelmente.

Como já disse, até eu acho loucura levar a sério todas as implicações da inexistência do livre-arbítrio. E, apesar disso, o objetivo da segunda metade do livro é fazer exatamente isso, em termos tanto individuais como coletivos. Alguns capítulos examinam insights científicos sobre como seguir adiante sem a crença no livre-arbítrio. Outros mostram que algumas das implicações de rejeitar o livre-arbítrio não são desastrosas, apesar de à primeira vista parecer que sim. Alguns analisam circunstâncias históricas que demonstram uma coisa crucial acerca das mudanças radicais que precisaríamos fazer em nosso pensamento e em nossos sentimentos: *já fizemos isso.*

O título deliberadamente ambíguo do livro reflete essas duas metades — é tanto sobre a ciência que explica por que não existe livre-arbítrio como sobre a ciência que explica por que viveríamos melhor se aceitássemos esse fato.

ESTILOS DE PONTOS DE VISTA: DE QUEM VOU DISCORDAR

Vou discutir algumas atitudes comuns mantidas por pessoas que escrevem sobre livre-arbítrio. Elas têm basicamente quatro sabores:*

O mundo é determinista e não existe livre-arbítrio. Desse ponto de vista, se a primeira afirmação for verdadeira, a segunda também será; determinismo e livre-arbítrio são incompatíveis. Minha perspectiva é essa, de "incompatibilismo absoluto".**

O mundo é determinista e existe livre-arbítrio. Essas pessoas são enfáticas na convicção de que o mundo é feito de coisas como átomos, e a vida, nas

* Não vou examinar nenhuma opinião sobre esses assuntos que tenha uma base teológica judaico-cristã, além deste resumo. Até onde sei, a maioria das discussões teológicas gira em torno da onisciência — se a onisciência divina inclui saber o futuro, como poderíamos escolher livremente, deliberadamente, entre duas opções (e ainda por cima ser julgados por nossa escolha)? Em meio às inúmeras abordagens do assunto, uma resposta nos diz que Deus está fora do tempo, de tal maneira que passado, presente e futuro são conceitos sem sentido (implicando, portanto, entre outras coisas, que Deus jamais poderia relaxar indo ao cinema, para ser agradavelmente surpreendido por uma reviravolta no enredo — Ele está cansado de saber que o mordomo não é o culpado). Outra resposta nos apresenta um Deus limitado, coisa que foi explorada por Tomás de Aquino — Deus não pode pecar, não pode fazer uma pedra tão pesada que Ele mesmo não consiga levantar, não pode fazer um círculo quadrado (ou, como em outro exemplo que vi proposto por um número surpreendente de teólogos homens, mas não mulheres, nem mesmo Deus é capaz de fazer um solteirão casado). Em outras palavras, Deus não pode fazer *qualquer coisa.* Pode fazer só coisas possíveis, e prever se alguém escolherá o bem ou o mal é impossível até para Ele. Em relação a isso, Sam Harris nota com mordacidade que, mesmo que cada um de nós tivesse uma alma, com certeza estaria fora de nosso alcance escolhê-la.

** O que para mim é sinônimo de "determinismo absoluto"; filósofos de todos os tipos, porém, fazem sutis distinções entre os dois.

palavras elegantes do psicólogo Roy Baumeister (neste momento na Universidade de Queensland, na Austrália), "se baseia na imutabilidade e na implacabilidade das leis da natureza".[5] Sem magia e sem pó de pirlimpimpim, sem dualismo de substância, a visão de que cérebro e mente são entidades distintas.* Em vez disso, esse mundo determinista é tido como compatível com o livre-arbítrio. Inclui mais ou menos 90% dos filósofos e juristas, e o livro estará com frequência debatendo com esses "compatibilistas".

O mundo não é determinista; não existe livre-arbítrio. É uma visão peculiar de que tudo que existe de importante no mundo funciona de modo aleatório, suposta base do livre-arbítrio. Trataremos disso nos capítulos 9 e 10.

O mundo não é determinista; existe livre-arbítrio. Essas pessoas acreditam, como eu, que um mundo determinista é incompatível com o livre-arbítrio — no entanto, não há problema nisso, pois na visão delas o mundo não é determinista, o que abre uma porta para a crença no livre-arbítrio. Esses "incompatibilistas libertários" são raridade, e só de vez em quando abordarei suas opiniões.

Há um quarteto relacionado de pontos de vista quanto à associação entre livre-arbítrio e responsabilidade moral. A última expressão tem muito peso e o sentido em que é usada pelos que debatem o livre-arbítrio costuma evocar o conceito de *merecimento básico*, no qual alguém pode *merecer* ser tratado de determinada maneira, no qual o mundo é um lugar moralmente aceitável em seu reconhecimento de que uma pessoa pode merecer uma recompensa particular e outra, um castigo particular. Em essência, essas visões são:

Não existe livre-arbítrio, e, portanto, responsabilizar moralmente as pessoas por seus atos é errado. É assim que vejo. (E, como será abordado no capítulo 14, isso está separado por completo de questões prospectivas de castigo para valor dissuasório.)

* Os compatibilistas deixam isso bem claro. Por exemplo, um artigo nessa área traz como título "Free Will and Substance Dualism: The Real Scientific Threat to Free Will?" [Livre-arbítrio e dualismo de substância: A verdadeira ameaça científica ao livre-arbítrio?]. Para o autor, não existe ameaça alguma ao livre-arbítrio; existe uma ameaça, no entanto, de cientistas irritantes que acham que marcam ponto contra os compatibilistas quando os rotulam de dualistas de substância. Pois, parafraseando numerosos filósofos compatibilistas, dizer que o livre-arbítrio não existe porque o dualismo de substância só existe na imaginação é como dizer que o amor não existe porque o mítico Cupido só existe na imaginação.

Não existe livre-arbítrio, mas é correto responsabilizar moralmente as pessoas por seus atos. É outro tipo de compatibilismo — a inexistência do livre-arbítrio e a responsabilidade moral coexistem sem que se invoque o sobrenatural.

Existe livre-arbítrio, e as pessoas deveriam ser moralmente responsabilizadas. Essa é talvez a visão mais comum.

Existe livre-arbítrio, mas a responsabilidade moral não se justifica. É uma opinião minoritária; em geral, quando examinado com mais atenção, o suposto livre-arbítrio existe num sentido muito estrito, e sem dúvida não vale a pena sair por aí executando pessoas.

Impor essas classificações ao determinismo, ao livre-arbítrio e à responsabilidade moral é, claro, uma simplificação extrema. Uma simplificação importante é supor que a maioria das pessoas tem respostas claras, tipo "sim" ou "não", sobre se esses estados existem; a ausência de claras dicotomias conduz a conceitos filosóficos esdrúxulos, como o do livre-arbítrio parcial, o livre-arbítrio situacional, o livre-arbítrio apenas num subconjunto de humanos, o livre-arbítrio só quando importa, ou quando não importa. Isso levanta a questão de saber se basta uma exceção flagrante e substancial para derrubar o edifício da crença no livre-arbítrio e, inversamente, se a descrença no livre-arbítrio entra em colapso quando ocorre o oposto. Concentrarmo-nos nas gradações entre sim e não é importante, uma vez que coisas interessantes na biologia do comportamento quase sempre se dão numa sequência progressiva. Assim, minha postura quase absolutista nessas questões é muito peculiar. Meu objetivo, repito, não é convencer ninguém da inexistência do livre-arbítrio; ficarei satisfeito se o leitor puder apenas concluir que existe bem menos livre-arbítrio do que imaginava, a ponto de levá-lo a mudar de ideia sobre coisas de fato importantes.

Apesar de começar separando determinismo/livre-arbítrio de livre-arbítrio/responsabilidade moral, respeito a convenção de juntá-los numa coisa só. Portanto, minha posição é que, sendo o mundo determinista, não pode haver livre-arbítrio, e nesse caso responsabilizar moralmente as pessoas por seus atos não é correto (conclusão descrita como "lamentável" por um destacado filósofo, cujo pensamento dissecaremos em detalhes). Esse incompatibilismo será contrastado com mais frequência com a visão compatibilista de que, embora o mundo seja determinista, existe livre-arbítrio, e, portanto, responsabilizar moralmente as pessoas por seus atos é justo.

Essa versão do compatibilismo produziu numerosos artigos de autoria de filósofos e juristas sobre a relevância da neurociência para o livre-arbítrio. Depois de ler uma batelada deles, concluí que em geral se resumem a três frases:

a) Uau, houve todos esses avanços interessantes na neurociência, reforçando a conclusão de que nosso mundo é determinista.
b) Algumas dessas descobertas da neurociência contestam de maneira tão profunda nossas noções de agência, responsabilidade moral e merecimento que só nos resta concluir que não existe livre-arbítrio.
c) Que nada, ele ainda existe.

Muito tempo será despendido no exame dessa parte do "que nada", é claro. Ao fazê-lo, levarei em conta apenas um subconjunto desses compatibilistas. Eis um experimento mental para os identificar: em 1848, num canteiro de obras em Vermont, um acidente com dinamite disparou contra o cérebro do trabalhador Phineas Gage uma barra de metal em alta velocidade que entrou por um lado e saiu pelo outro. Isso destruiu boa parte do córtex frontal de Gage, área central para a função executiva, para o planejamento de longo prazo e para o controle de impulsos. Como resultado, "Gage não era mais Gage", conforme declarou um amigo. Antes sóbrio, confiável e o líder de sua turma, Gage agora estava "imprevisível, irreverente, entregando-se às vezes a uma orgia de palavras do mais baixo calão (coisa que não costumava fazer) [...] teimoso, instável e vacilante", como descrito pelo médico. Phineas Gage é o clássico exemplo de que somos o produto final de nosso cérebro material. Hoje, 170 anos depois, compreendemos que a função única do córtex frontal resulta de nossos genes, do ambiente pré-natal, da infância e assim por diante (aguarde o capítulo 4).

Agora, o experimento mental: criar um filósofo compatibilista desde o instante do nascimento numa sala fechada onde as pessoas nunca aprendem nada a respeito do cérebro. Falar-lhe então sobre Phineas Gage e resumir nosso conhecimento atual do córtex frontal. Se sua resposta imediata for "Pouco importa, ainda assim existe livre-arbítrio", não quero nem saber o que ele pensa. O compatibilista que tenho em mente é alguém que nesse caso se surpreende: "Meu Deus, e se eu estiver redondamente enganado sobre livre-arbítrio?". E que reflete muito durante horas ou décadas, conclui que ainda assim existe livre-arbítrio, explica por que pensa assim e acha aceitável que a sociedade responsabilize moralmente as pessoas por seus atos. Se o compatibilista não tiver sido contestado pelo que a biologia sabe sobre quem somos, não vale a pena perder tempo argumentando contra sua crença no livre-arbítrio.

REGRAS BÁSICAS E DEFINIÇÕES

O que é livre-arbítrio? Não adianta, temos que começar com isso, então lá vai algo bastante previsível, na linha de "É diferentes coisas para pensadores de diferentes tipos, o que fica confuso". Nada convidativo. No entanto, temos que começar aqui e perguntar em seguida: "O que é determinismo?". Farei o possível para atenuar a chatice disso tudo.

O que quero dizer com livre-arbítrio?

As pessoas definem *livre-arbítrio* de muitas maneiras. Há quem se concentre na agência, em saber se alguém é capaz de controlar suas ações, de agir com intenção. Outras definições têm a ver com saber se, quando um comportamento ocorre, o indivíduo sabe que existem alternativas disponíveis. Outras, ainda, estão menos preocupadas com o que fazemos do que com vetar o que não queremos fazer. Eis minha opinião.

Suponhamos que alguém pressiona o gatilho de uma arma. Do ponto de vista mecânico, os músculos do indicador se contraíram estimulados por um neurônio com potencial de ação (ou seja, que se encontrava num estado particularmente excitado). Esse neurônio, por sua vez, tinha potencial de ação porque era estimulado pelo neurônio logo acima dele. Que por sua vez tinha seu potencial de ação por causa do neurônio logo acima dele. E assim por diante.

Aqui vai um desafio para quem acredita em livre-arbítrio. Encontre o neurônio que deflagrou o processo no cérebro desse atirador, o neurônio que tinha potencial de ação sem motivo algum, onde nenhum neurônio falou com ele logo antes. Então me mostre que as ações desse neurônio não foram influenciadas pelo fato de o homem estar cansado, faminto, estressado ou sentindo dor naquele momento. Que nada na função desse neurônio foi alterado pelas imagens, pelos sons, pelos cheiros e assim por diante, experimentados pelo homem nos minutos anteriores, nem pelos níveis de quaisquer hormônios que marinavam seu cérebro nas horas ou nos dias anteriores, nem que ele tinha passado por um evento que mudou sua vida nos últimos meses ou anos. E mostre-me que o funcionamento em tese autônomo desse neurônio não foi afetado pelos genes do homem, ou por mudanças ao longo da vida na regulação desses genes causadas por experiências de sua infância. Nem pelos níveis de hormônio a que foi exposto quando era um feto, quando esse cérebro estava em construção. Nem pelos séculos de história e ecologia que moldaram a invenção da cultura na qual foi criado. Mostre-me um neurônio que seja uma causa sem causa nesse senso total. O eminente filósofo compatibilista Alfred Mele, da Universidade Estadual da Flórida, defende com veemência que exigir isso do livre-arbítrio é estabelecer um padrão "absurdamente alto".[6] Mas esse padrão não é nem absurdo nem tão alto. Mostre-me um neurônio (ou cérebro) cuja geração de comportamento independa da soma de seu passado biológico e então, para os propósitos deste livro, você terá demonstrado o livre-arbítrio. O objetivo da primeira metade deste livro é estabelecer que isso não pode ser demonstrado.

O que quero dizer com determinismo?

A bem dizer, é necessário iniciar este tópico com o homem branco morto Pierre Simon Laplace, o polímata francês dos séculos XVIII/XIX (é preciso também que você o chame de polímata, uma vez que ele contribuiu para a matemática, a física, a engenharia, a astronomia e a filosofia). Laplace desenvolveu a afirmação canônica para todo o determinismo: se você tivesse um super-humano que soubesse a localização de cada partícula do universo neste momento, ele seria capaz de prever com exatidão cada momento no futuro. Além disso, se esse super-humano (que acabaríamos chamando de "demônio de Laplace") pudesse recriar a localização exata de cada partícula em determinado momento do passado, isso resultaria num presente idêntico ao presente atual. O passado e o futuro do universo já estão determinados.

A ciência depois de Laplace mostra que ele não estava de todo certo (provando que Laplace não era um demônio de Laplace), mas o espírito desse demônio ainda vive. As ideias contemporâneas de determinismo têm de incorporar o fato de que certos tipos de previsibilidade se mostram impossíveis (assunto dos capítulos 5 e 6) e certos aspectos do universo são na verdade não deterministas (capítulos 9 e 10).

Além disso, os modelos contemporâneos de determinismo devem também acomodar o papel desempenhado pela consciência em metanível. O que significa isso? Vejamos uma clássica demonstração psicológica de que temos menos liberdade de escolha do que supomos.[7] Pergunte a alguém o nome de seu detergente favorito, e se antes você tiver sugerido, de modo inconsciente, a palavra "oceano", é provável que a resposta seja "Tide" [maré]. Para que se tenha ideia de como a consciência em metanível entra na história, vamos imaginar que a pessoa percebe aonde o entrevistador quer chegar e, para mostrar que não se deixa manipular, resolve não responder "Tide", ainda que seja seu detergente preferido. A liberdade dela acaba de ser restringida também, questão abordada em muitos dos próximos capítulos. Da mesma forma, se acabar se tornando um adulto idêntico a seus pais, ou exatamente o oposto deles, você não será livre — no último caso, o impulso para adotar o comportamento de seus pais, a capacidade de reconhecer de modo consciente essa tendência, a decisão de recuar horrorizado, e portanto fazer o contrário, são manifestações das maneiras pelas quais você se tornou você e que estão fora de seu controle.

Para concluir, qualquer opinião contemporânea acerca do determinismo terá que acomodar um aspecto muitíssimo importante, que domina a segunda metade do livro — apesar de o mundo ser determinista, as coisas podem mudar. Cérebros mudam, comportamentos se alteram. Nós mudamos. E isso não contradiz o fato de que este é um mundo determinista sem livre-arbítrio. Na verdade, a ciência da mudança *fortalece* a conclusão; isso será tratado no capítulo 12.

Com essas questões em mente, é hora de examinar a versão de determinismo que serve de base a este livro.

Imagine uma cerimônia de formatura na universidade. Quase sempre comovente, apesar das platitudes, do clichê, do kitsch. A felicidade, o orgulho. As famílias cujos sacrifícios agora parecem justificados. Os formandos que foram os primeiros na família a terminar o ensino médio. Aqueles cujos pais imigrantes estão lá sentados, radiantes, seus sáris, seus *dashikis*, seus *barongs* dizendo ao mundo que seu orgulho no presente não vem às custas de seu orgulho do passado.

Até que você nota alguém. Em meio às famílias que se juntam depois da cerimônia, aos recém-formados que posam para fotos com a avó na cadeira de rodas, às explosões de abraços e risos, você vê a pessoa lá atrás, a pessoa que faz parte da equipe de limpeza coletando o lixo dos contêineres no lado de fora da festa.

Escolha ao acaso um dos recém-formados. Faça uma magia qualquer para que esse servente comece a vida com os genes do recém-formado. Faça o mesmo para chegar ao útero no qual nove meses se passaram e as consequências epigenéticas disso ao longo da vida. Pegue também a infância do recém-formado — repleta de aulas de piano e noites de jogos em família, em vez de, digamos, ameaças de ir dormir com fome, de se tornar sem-teto ou de ser deportado por falta de documentação. Vá até o fim para que, além de o servente ter recebido todo o passado do recém-formado, o recém-formado fique com o passado do servente. Troque todos os fatores sobre os quais eles não tiveram nenhum controle e você trocará quem estaria com a túnica de formatura e quem estaria esvaziando contêineres de lixo. É isso que quero dizer com determinismo.

E POR QUE ISSO IMPORTA?

Porque todos nós sabemos que o recém-formado e o servente trocariam de lugar. E porque, apesar disso, é raro refletirmos sobre essas coisas; damos os parabéns ao recém-formado por tudo que ele conquistou e nos afastamos do servente sem lhe dar a mínima atenção.

2. Os três minutos finais de um filme

Dois homens estão no hangar de um pequeno campo de aviação à noite. Um deles é policial, o outro, civil. A conversa entre eles é tensa enquanto, ao fundo, um pequeno avião se dirige à pista. De repente, um veículo para e dele sai um militar. Este e o policial discutem, exaltados; o militar começa a fazer uma ligação telefônica; o civil atira nele, matando-o. Um veículo da polícia para bruscamente, seus ocupantes saltam. O policial fala com eles enquanto recolhem o corpo. A viatura parte às pressas, levando o corpo, mas não o atirador. O primeiro policial e o civil esperam o avião decolar e saem andando juntos.

O que está acontecendo? É óbvio que houve um ato criminoso — a julgar pelo cuidado com que o civil mirou sua arma, fica claro que ele tinha a intenção de acertar o tiro. Um ato terrível, agravado pela atitude implacável do homem — assassinato a sangue-frio, perversa indiferença. É difícil de explicar, portanto, o fato de o policial não tentar prendê-lo. Várias possibilidades nos ocorrem, nenhuma delas boa. Talvez o policial tenha sido subornado pelo civil para fingir que não viu nada. Talvez os policiais que apareceram em cena sejam todos corruptos, a serviço de algum cartel de drogas. Ou talvez o policial seja um impostor. Não dá para saber direito, mas está claro que se trata de uma cena de corrupção intencional e de violência criminosa, com o policial e o civil representando o que os seres humanos têm de pior. Disso não há dúvida.

A intenção tem papel importante em questões de responsabilidade moral. O indivíduo tinha intenção de agir como agiu? Quando, exatamente, a intenção se formou? Ele estava ciente de que poderia ter agido de outra forma? Sentiu-se dono de sua intenção? Essas perguntas são fundamentais para filósofos, juristas, psicólogos e neurobiólogos. Na verdade, uma parte imensa das pesquisas relativas ao debate sobre livre-arbítrio gira em torno da intenção, quase sempre examinando-se em nível microscópico o papel dela nos segundos que precedem um comportamento. Conferências inteiras, extensos volumes, carreiras têm sido dedicados a esses poucos segundos, e, em muitos sentidos, esse foco está no cerne dos argumentos a favor do compatibilismo; isso ocorre porque nem mesmo os experimentos mais cuidadosos, mais matizados, mais inteligentes realizados sobre o assunto conseguem forjar o livre-arbítrio. Depois de examinar essas descobertas, o que este livro pretende é mostrar que, de qualquer maneira, tudo isso acaba sendo irrelevante para a conclusão de que não existe livre-arbítrio. Na verdade, essa abordagem deixa de lado 99% da história porque não faz a pergunta essencial: *De onde veio a intenção?* Isso é importantíssimo, pois, como veremos, embora às vezes pareça que somos livres para fazer o que pretendemos, jamais somos livres para pretender o que pretendemos. Continuar acreditando no livre-arbítrio sem fazer essa pergunta é insensível e imoral, e tão tacanho como achar que tudo que precisamos saber para entender um filme é assistir aos três minutos finais. Sem essa perspectiva mais ampla, decifrar as características e as consequências da intenção não quer dizer nada.

TREZENTOS MILISSEGUNDOS

Comecemos com William Henry Harrison, nono presidente dos Estados Unidos, lembrado apenas por sua insistência idiota em proferir um discurso de posse de duas horas de duração no frio extremo de janeiro de 1841, sem casaco ou chapéu; ele contraiu pneumonia e faleceu um mês depois, o primeiro presidente a morrer no cargo e o mais curto mandato presidencial.*[1]

* O revisionismo sugere que não foi na posse que ele pegou sua pneumonia, mas semanas depois, quando, mais uma vez desprotegido, saiu para comprar uma vaca. Um revisionismo ainda mais radical sugere que ele não morreu de pneumonia, mas de febre tifoide, contraída ao

Dito isso, pense em William Henry Harrison. Mas antes vamos colocar eletrodos em todo o seu couro cabeludo para fazer um eletroencefalograma (EEG), a fim de observar as ondas de excitação neuronal geradas por seu córtex quando estiver pensando em Bill.

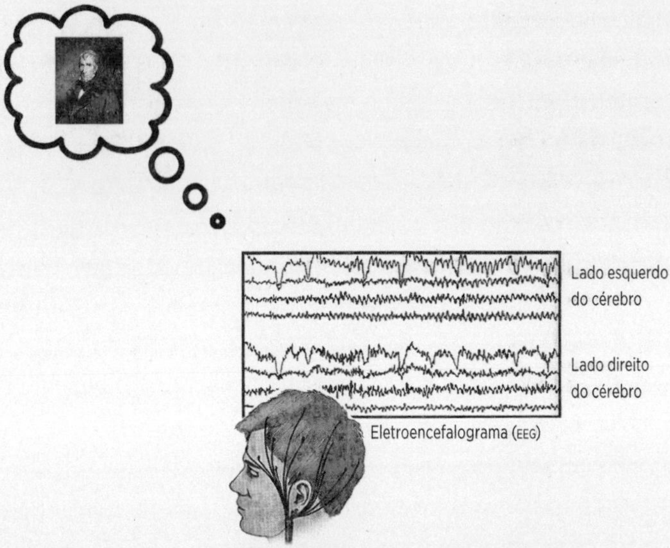

Agora *pare* de pensar em Harrison — pense em qualquer outra coisa — enquanto continuamos gravando seu EEG. Muito bem. Agora não pense em Harrison, mas *planeje* pensar nele quando quiser daqui a pouco, e aperte este botão quando o fizer. Ah, sim: fique de olho no ponteiro dos segundos desse relógio e observe quando resolveu pensar em Harrison. Vamos também conectar sua mão com eletrodos de gravação para detectar o exato instante em que você começar a pressionar; enquanto isso, o EEG detectará quando os

ingerir a água ruim e contaminada disponível na Casa Branca. Essa foi a conclusão da escritora Jane McHugh e do médico Philip Mackowiak, com base nos sintomas descritos pelo médico de Harrison e no fato de que a água da Casa Branca vinha de um lugar logo abaixo de onde "resíduos noturnos" eram despejados. Na época, Washington D.C. era um pântano malárico, tendo sua escolha sido defendida por virginianos influentes que queriam a capital perto de casa; a decisão foi tomada a portas fechadas em duras negociações entre Alexander Hamilton e os virginianos Thomas Jefferson e James Madison. "Ninguém realmente sabe como o jogo é jogado, a arte de negociar, como se faz salsicha", escreve o notável historiador Lin-Manuel Miranda, referindo-se ao mistério do que transcorreu nessas negociações.

neurônios que comandam os músculos para apertar o botão começam a ser ativados. E eis o que descobrimos: esses neurônios já tinham sido ativados *antes* de você achar que estava livremente decidindo apertar o botão.

Mas o projeto experimental desse estudo não é perfeito, devido a sua falta de especificidade — podemos apenas descobrir o que se passa em seu cérebro quando ele faz uma coisa genericamente, e não quando faz essa coisa específica. Vamos então seguir enquanto você escolhe entre fazer A e fazer B. William Henry Harrison senta para devorar hambúrgueres e batatas fritas contaminados por bactérias da febre tifoide e pede ketchup. Se decidir que ele pronunciou "ketch-up", aperte de imediato este botão com a mão esquerda; se achar que ele pronunciou "cats-up", aperte esse outro botão com a direita. Não pense em como ele pronunciava "ketchup" agora; apenas olhe para o relógio e nos diga em que instante você escolheu o botão. E a resposta obtida é a mesma — os neurônios responsáveis pela mão que aperta o botão são ativados antes que você faça sua escolha conscientemente.

Agora vamos passar para uma coisa mais sofisticada do que observar ondas cerebrais, uma vez que o EEG reflete a atividade de centenas de milhões de neurônios de uma vez, e por isso é difícil saber o que acontece em regiões específicas do cérebro. Graças a uma doação da WHH Foundation, compramos um equipamento de neuroimagem e vamos fazer ressonância magnética funcional (RMf) de seu cérebro enquanto você executa a tarefa — o que nos informará sobre a atividade em cada região cerebral específica ao mesmo tempo. Os resultados mostram, mais uma vez, que regiões particulares tinham "decidido" que botão apertar antes de você achar que fez uma escolha consciente e livre. Até dez segundos antes, na verdade.

Ah, sim. Esqueça a RMf e as imagens que produz, nas quais o sinal de um pixel reflete a atividade de meio milhão de neurônios. Em vez disso, vamos abrir furos em sua cabeça e enfiar eletrodos no cérebro para monitorar a atividade de neurônios individuais; usando essa abordagem, mais uma vez, podemos dizer que você escolherá "ketch-up" ou "cats-up" devido à atividade dos neurônios *antes* de achar que decidiu.

São essas as abordagens e conclusões básicas de uma série monumental de estudos que produziram uma monumental polêmica sobre se elas de fato demonstram que o livre-arbítrio é um mito. São conclusões fundamentais em praticamente todos os debates relativos ao que a neurociência nos diz a respeito do assunto. E acho que no fim das contas esses estudos são irrelevantes.

Começou com Benjamin Libet, neurocientista da Universidade da Califórnia em San Francisco, num estudo de 1983 tão incendiário que pelo menos um filósofo o qualificou de "infame", conferências são dedicadas a ele, e costuma-se dizer que este ou aquele cientista está conduzindo "estudos ao estilo Libet".*[2]

Sabemos qual é a configuração experimental. Aqui está um botão. Aperte-o quando quiser. Não pense nele antecipadamente; olhe para esse belo relógio que torna mais fácil detectar frações de segundo e nos diz quando você decidiu apertar o botão, aquele momento de consciência em que tomou livremente sua decisão.** Nesse meio-tempo, estaremos coletando dados de seu EEG e monitorando o exato instante em que seu dedo começa a se mexer.

Daí surgiram as constatações fundamentais: as pessoas informavam ter decidido apertar o botão mais ou menos duzentos milissegundos — dois décimos de segundo — antes de o dedo começar a se mexer. Havia também um distinto padrão de EEG, chamado de potencial de prontidão, quando as pessoas se preparavam para se mexer; isso emanava de uma parte do cérebro chamada área motora suplementar (AMS), que envia projeções pela coluna vertebral, estimulando o movimento muscular. Mas aqui está uma coisa surpreendente: o potencial de prontidão, a prova de que o cérebro resolvera apertar ao botão, ocorria cerca de trezentos milissegundos *antes* de as pessoas acharem que tinham decidido apertar o botão. O senso de livre escolha é apenas uma ilusão post hoc, um falso senso de agência.

Essa é a observação que desencadeou tudo. Leia artigos sobre biologia e livre-arbítrio e em 99,9% deles *Libet* aparece, em geral já no segundo parágrafo. O mesmo vale para artigos da imprensa não especializada — "Cientista prova que não existe livre-arbítrio; seu cérebro decide antes de você achar que

* Como algo que se aplica a praticamente todas as descobertas científicas abordadas no restante do livro, quando digo "trabalho realizado por Fulano(a) de Tal", estou me referindo a trabalho realizado por esse(a) cientista-chefe e sua equipe de colaboradores. Outro ponto igualmente importante (que reiterarei em vários lugares, porque nunca é demais): quando digo "cientistas mostraram que ao fazer isto ou aquilo, as pessoas faziam X", quero dizer que *na média* as pessoas respondiam desse jeito. Sempre há exceções, que, aliás, costumam ser ainda mais interessantes.

** Na literatura de Libet, esse ponto onde as pessoas achavam que tinham decidido passou a ser chamado de "W", para o ponto onde elas primeiro desejaram conscientemente fazer uma coisa. Evito esse termo, para atenuar o jargão.

você decidiu".* Ela inspirou montanhas de outras pesquisas e teorizações; as pessoas continuam realizando estudos inspirados por Libet quase quarenta anos depois de sua publicação, em 1983. Há, por exemplo, um artigo intitulado "Libet's Intention Reports Are Invalid" [Relatos de intenção de Libet são inválidos].[3] Seu trabalho ser importante o suficiente para que décadas depois as pessoas ainda falem mal dele é a imortalidade para qualquer cientista.

A descoberta básica de Libet, de que você se engana quando acha que tomou uma decisão quando parece que tomou, foi replicada. O neurocientista Patrick Haggard, da University College London, induziu os participantes a escolher entre dois botões — para fazer A ou para fazer B, em vez de escolher fazer uma coisa ou não fazê-la. Isso sugeriu a mesma conclusão de que o cérebro aparentemente decide antes de acharmos que o fazemos.[4]

Essas descobertas deram início ao Libet 2.0, o trabalho de John-Dylan Haynes e colegas na Universidade Humboldt, na Alemanha. O experimento foi conduzido 25 anos depois, com imagens de RMf disponíveis; tudo o mais era igual. Mais uma vez, a sensação de escolha consciente se deu duzentos milissegundos antes de os músculos começarem a se mexer. Mais importante ainda, o estudo replicou a conclusão alcançada por Libet, complementando-a.** Com a RMf, Haynes pôde localizar a decisão sobre qual botão apertar ainda mais acima na cadeia de comando, no córtex pré-frontal (CPF). Isso fazia sentido, pois é nele que as decisões executivas são tomadas. (Quando o CPF, junto com o resto do córtex frontal, é destruído, como aconteceu com Gage, a pessoa toma decisões terríveis e desinibidas.) Simplificando um pouco, uma vez tendo decidido, o CPF passa a decisão adiante para o resto do córtex frontal, que a repassa para o córtex pré-motor, depois para a AMS e, poucas etapas adiante, para os músculos.*** Em apoio da descoberta de Haynes, que loca-

* Um artigo analisa os relatos de Libet na imprensa não especializada. Onze por cento dos títulos afirmavam que o livre-arbítrio foi refutado; 11% afirmavam o contrário; muitos artigos eram absurdamente inexatos na descrição do experimento (dizendo, por exemplo, que era o pesquisador que apertava o botão). E em outras frentes houve até uma peça musical chamada "Libet's Delay". É tão taciturna e repetitiva que ao ouvi-la tive uma vontade consciente de gritar; só posso concluir que foi composta por uma inteligência artificial (IA) profundamente deprimida.

** Estou usando a "conclusão alcançada por" em vez de a "conclusão de" Libet, pois esta última sugere o que ele pensava sobre sua descoberta. Veremos depois o que Libet pensava.

*** Um neurocientista descreve adequadamente a AMS como a "porta de entrada" por onde o CPF conversa com os músculos.

lizou a tomada de decisão mais acima, o CPF estava tomando sua decisão até *dez segundos* antes de os participantes acharem que estavam conscientemente decidindo.*[5]

Então Libet 3.0 explorou "o livre-arbítrio como ilusão", chegando a monitorar a atividade de neurônios individuais. O neurocientista Itzhak Fried, da Universidade da Califórnia em Los Angeles, trabalhou com pacientes portadores de epilepsia intratável, que não respondiam a medicamentos anticonvulsivantes. Num esforço final, neurocirurgiões removeram a parte do cérebro onde essas convulsões começam; nos pacientes de Fried, era o córtex frontal. O que mais se deseja, claro, é remover a menor quantidade possível de tecido, e, para tanto, eletrodos foram implantados na área-alvo, antes da cirurgia, o que permitiu o monitoramento da atividade. Isso fornece um mapa minucioso da função, dizendo quais são as subpartes que não devem ser removidas se houver margem de manobra.

Assim, Fried fazia com que os participantes executassem uma tarefa ao estilo Libet enquanto eletrodos em seu córtex frontal detectavam o momento em que neurônios específicos eram ativados. O remate era o mesmo: alguns neurônios eram ativados em preparação para uma específica decisão de movimento segundos antes de os participantes alegarem que tinham decidido conscientemente. Em fascinantes estudos relacionados a esse, ele tinha mostrado que neurônios no hipocampo que codificam para uma lembrança episódica específica são ativados um ou dois segundos antes de a pessoa se conscientizar de recuperar livremente essa lembrança.[6]

Portanto, três técnicas diferentes, monitorando a atividade de centenas de milhões de neurônios até chegar a neurônios individuais, mostram que, quando julgamos estar consciente e livremente decidindo fazer uma coisa, o curso da ação neurobiológica já foi iniciado. Aquela sensação de intenção consciente é uma interpretação tardia e irrelevante.

Essa conclusão é reforçada por estudos que mostram como é maleável o senso de intenção e agência. De volta ao paradigma básico de Libet; dessa vez, apertar um botão fazia uma campainha tocar, e os pesquisadores regulavam o

* Depois disso, Haynes e colegas identificaram a sub-região exata do CPF envolvida. Além disso, incluíram uma área adicional do cérebro, o córtex parietal, como parte do processo decisório.

tempo de atraso de fração de segundo que decorreria entre pressionar o botão e o toque da campainha. Quando este atrasava, os participantes informavam que sua intenção de apertar o botão vinha um pouco mais tarde do que de hábito — sem que o potencial de prontidão ou o movimento real fossem alterados. Outro estudo demonstrou que quando está feliz você percebe esse senso consciente de escolha mais cedo do que quando está infeliz, mostrando que nosso senso consciente de escolha pode ser caprichoso e subjetivo.[7]

Outros estudos com indivíduos submetidos a neurocirurgia para epilepsia intratável, no entanto, mostraram que o senso de movimento intencional e o movimento real podem ser separados. Estimule uma região adicional do cérebro relevante para a tomada de decisão* e as pessoas alegam que acabaram de se mexer voluntariamente — sem nem mesmo contrair um músculo. Estimule a AMS e elas movem o dedo alegando que não o moveram.[8]

Um distúrbio neurológico reforça essas descobertas. Danos causados por acidente vascular cerebral em parte da AMS produzem a "síndrome da mão anárquica", em que a mão controlada por aquele lado da AMS** age contra a vontade do indivíduo (por exemplo, pegando comida do prato alheio); portadores chegam a conter sua mão anárquica com a outra.*** Isso sugere que a AMS mantém a volição na tarefa, vinculando "intenção a ação", tudo antes de a pessoa se julgar autora dessa intenção.[9]

Estudos psicológicos também mostram que o senso de agência pode ser ilusório. Num estudo, quando se apertava um botão, uma luz de imediato acendia... algumas vezes. A porcentagem de vezes que a luz acendia variava mui-

* O córtex parietal, mencionado algumas notas de rodapé atrás.

** Detalhe técnico sem relação alguma com nada disso: a metade (hemisfério) direita do cérebro regula os movimentos do lado esquerdo do corpo; o hemisfério esquerdo, o inverso.

*** A síndrome da mão anárquica, e a estreitamente relacionada "síndrome da mão alienígena", às vezes é chamada de "síndrome dr. Strangelove" — em referência ao personagem-título do filme [*Dr. Fantástico*] de Stanley Kubrick, de 1964. Strangelove foi em grande parte inspirado no cientista de foguetes Wernher von Braun, que, depois de servir lealmente a seus patrões nazistas durante a Segunda Guerra Mundial, foi servir a seus patrões americanos; ocorre que ele era um patriota americano o tempo todo, e a parte nazista não passava de um mal-entendido. Strangelove, preso a uma cadeira de rodas depois de um AVC, tinha a síndrome da mão anárquica, e esta constantemente tentava fazer a saudação nazista para os patrões americanos. Kubrick também incorporou ao personagem elementos de John von Neumann, Herman Kahn e Edward Teller (mas não, a despeito das lendas urbanas, de Henry Kissinger).

to; perguntava-se então aos participantes quanto controle achavam ter sobre a luz. As pessoas sempre superestimam a confiabilidade com que a luz acende, achando que a controlam.* Em outro estudo, participantes julgavam escolher de maneira voluntária que mão usar para apertar o botão. Sem que soubessem, a escolha da mão era controlada por estimulação magnética transcraniana** de seu córtex motor; apesar disso, os participantes acreditavam estar controlando suas decisões. Enquanto isso, outros estudos usavam manipulações tiradas de manuais de mágicos e mentalistas, com participantes alegando agência sobre acontecimentos na verdade predeterminados e fora de seu controle.[10]

Se você faz X e isso é seguido por Y, o que aumenta as chances de você achar que você foi a causa de Y? O psicólogo Daniel Wegner, da Universidade Harvard, contribuinte essencial nessa área, identificou três variáveis lógicas. Uma é a *prioridade* — quanto menor o intervalo entre X e Y, mais rápido temos a sensação ilusória de vontade. As demais são *consistência* e *exclusividade* — a consistência com que Y acontece depois que você faz X e a frequência com que Y acontece na ausência de X. Quanto maior a primeira e menor a última, mais forte a ilusão.[11]

Em conjunto, o que mostra essa literatura libetiana, a começar por Libet? Que podemos ter uma sensação ilusória de agência, em que nosso senso de resolver agir livre e conscientemente pode estar desconectado da realidade;*** que podemos ser manipulados quanto ao instante em que temos a sensação de controle consciente; acima de tudo, esse senso de agência vem depois que o cérebro já se comprometeu a agir. Livre-arbítrio é um mito.[12]

* Curiosamente, pessoas com depressão resistem a ser enganadas por esse senso de "vontade ilusória". Isso será abordado no capítulo final.

** Na estimulação magnética transcraniana, uma bobina eletromagnética é colocada no couro cabeludo para ativar ou desativar a região do córtex logo abaixo (fizeram isso comigo uma vez, com o colega controlando quando eu dobrava o dedo indicador; foi mais do que assustador). O que dizer disso como uma descoberta cujas implicações ressoam através deste livro? A estimulação magnética transcraniana pode ser usada para alterar o julgamento das pessoas sobre a adequação moral de um comportamento.

*** Muito embora, respondendo a isso, o filósofo Peter Tse, do Dartmouth College, tenha escrito: "Assim como a existência de ilusões visuais não prova que toda visão é ilusória, a existência de ilusões de agência consciente não prova que operações conscientes não possam ser causa direta de ação em certos casos".

Surpresa! As pessoas gritam umas com as outras por causa dessas conclusões desde então, os incompatibilistas sempre citando Libet e seus descendentes e os compatibilistas lançando sombras de escárnio sobre toda a literatura. Não demorou para começar. Dois anos depois desse artigo divisor de águas, Libet publicou uma revisão numa revista de comentários de pares (na qual um cientista apresenta um artigo teórico sobre um tema controvertido, seguido por breves comentários de amigos e inimigos); comentaristas hostis a Libet o acusavam de "erros chocantes", de desprezar "conceitos fundamentais de medição", de falta de sofisticação conceitual ("Desculpe, seu dualismo é evidente", acusou um crítico) e de ter uma fé nada científica na exatidão de suas medições de tempo (proclamando de maneira sarcástica que Libet praticava "cronoteologia").[13]

As críticas ao trabalho de Libet, Haynes, Fried, Wegner e amigos continuam, ininterruptas. Algumas se concentram em minúcias, como as limitações do uso do EEG, da RMf e de registros de neurônicos isolados, ou as armadilhas inerentes ao modelo em que participantes relatam seja lá o que for. Mas a maioria das críticas é mais conceitual e juntas elas mostram que os boatos de que o libetianismo matou o livre-arbítrio são exagerados. Vale a pena examiná-las em detalhes.

VOCÊS AÍ PROCLAMAM A MORTE DO LIVRE-ARBÍTRIO COM BASE EM MOVIMENTOS ESPONTÂNEOS DE DEDOS?

A literatura libetiana é construída em torno de pessoas que decidem de maneira espontânea fazer alguma coisa. Na opinião de Manuel Vargas, o livre-arbítrio gira em torno de ser ele mesmo orientado para o futuro, sofrendo um custo imediato em nome de um objetivo de longo prazo, e, assim, "o experimento de Libet insistia numa ação puramente imediata, impulsiva — o que é o exato oposto da finalidade do livre-arbítrio".[14]

Além disso, o que se decidia espontaneamente era apertar um botão, e isso tem pouco a ver com termos ou não livre-arbítrio em relação a nossas crenças e nossos valores, ou a nossos atos de mais peso. Nas palavras do psicólogo Uri Maoz, da Universidade Chapman, trata-se de um contraste entre "selecionar" e "escolher" — Libet diz respeito a selecionar qual caixa de Cheerios pegar na prateleira do supermercado, e não a escolher algo mais importante. A filósofa do Dartmouth College Adina Roskies, por exemplo, vê a seleção no mundo de Libet como uma caricatura de escolha real, menos significativa até do que a complexidade de decidir entre chá e café.*[15]

A descoberta de Libet se aplica a coisas mais interessantes do que apertar botões? Fried replicou o efeito Libet quando participantes de um experimento num simulador de direção veicular escolheram entre virar à esquerda e virar à direita. Outro estudo misturou neurociência com sair do laboratório num dia de sol, checando o fenômeno Libet em participantes pouco antes de praticarem bungee jump. Os neurocientistas, agarrados a seu equipamento, pularam também? Nada disso, um dispositivo de EEG sem fio foi preso à cabeça dos saltadores, que lembravam marcianos convencidos a praticar bungee jump por irmãos de fraternidade depois de algumas partidas de *beer pong*. Resultados? Replicação de Libet, na qual um potencial de prontidão precedeu a crença dos participantes de que tinham decidido pular.[16]

Ao que os compatibilistas responderam: Isso ainda é artificial — escolher quando pular no abismo ou virar à esquerda ou à direita num simulador de direção veicular não nos diz nada sobre o livre-arbítrio que nos permite escolher, digamos, entre ser nudista ou budista, ou entre ser algologista ou alergologista. Essa crítica foi respaldada por um estudo particularmente elegante. Na primeira situação, participantes eram postos diante de dois botões e informados de que cada um representava uma instituição de caridade específica; apertando um dos botões, mil dólares seriam enviados para a instituição de caridade correspondente. Segunda versão: dois botões, duas instituições de caridade, apertando qualquer um dos dois botões, cada instituição receberia quinhentos dólares. O cérebro comandava o mesmo movimento nos dois cenários, mas a escolha no primeiro era altamente significativa, enquanto no segundo era tão arbitrária como a do estudo de Libet. A situação entediante e arbitrária suscitava o costumeiro potencial de prontidão antes que houvesse um senso de decisão consciente; a significativa não suscitava. Em outras palavras, Libet não nos diz nada de valioso sobre livre-arbítrio. Nas palavras maravilhosamente sarcásticas de um destacado compatibilista, a principal men-

* Embora em geral classificada como filósofa, Roskies deixa todos nós, os moderados, para trás, com seu doutorado em neurociência, além de seu doutorado em filosofia.

sagem de toda essa literatura é: "Não jogue pedra, papel e tesoura valendo dinheiro [com um desses pesquisadores que não acreditam em livre-arbítrio] se sua cabeça estiver num aparelho de ressonância magnética funcional".[17]

Mas então veio a vingança dos descrentes no livre-arbítrio. O grupo de Haynes fez a imagiologia cerebral de participantes de uma tarefa não motora, que consistia em escolher se somavam ou subtraíam números; descobriu-se uma assinatura neural de decisão que vinha antes da consciência, mas de uma região do cérebro *que não era* a AMS (chamada de córtex cingulado posterior/precuneus). Então talvez os cientistas da escolha da instituição de caridade estivessem olhando na parte errada do cérebro — regiões simples do cérebro decidem coisas antes de você achar que tomou de maneira consciente uma decisão simples, e regiões mais complicadas antes de você achar que fez uma escolha complicada.[18]

O júri ainda está deliberando, pois a literatura libetiana continua quase toda concentrada em decisões espontâneas relativas a coisas bastante simples. Vamos para a próxima crítica abrangente.

SESSENTA POR CENTO? É MESMO?

O que significa se dar conta de uma decisão consciente? O que significa, de fato, "decidir" e "pretender"? Mais uma vez a semântica que não é apenas semântica. Os filósofos aqui se descontrolam de maneiras tão sutis que deixam muitos neurocientistas (por exemplo, eu) ofegantes e perplexos. Quanto tempo alguém leva para se concentrar em prestar atenção no ponteiro dos segundos de um relógio? Em seus escritos, Roskies ressalta a diferença entre intenção consciente e consciência da intenção. Alfred Mele conjetura que o potencial de prontidão é o momento em que você de fato escolheu, e então leva algum tempo para que você se conscientize de sua escolha livremente voluntária. Rebatendo essa ideia, um estudo mostrou que no momento do início do potencial de prontidão, em vez de pensar em quando iam se mexer, muitos participantes pensavam em coisas como o jantar.[19]

Pode-se decidir decidir? Pretender e ter intenção são a mesma coisa? Libet instruía os participantes a registrar o momento em que se conscientizavam da "experiência subjetiva de 'querer' ou ter intenção de agir" — mas "querer" e "ter intenção" são a mesma coisa? É possível sermos espontâneos quando nos pedem para sermos espontâneos?

Por falar nisso, o que é, exatamente, potencial de prontidão? Surpreende que, quase quarenta anos depois de Libet, um artigo ainda receba o título de "O que é potencial de prontidão?". Seria o decidir fazer, a "intenção" real, enquanto o senso consciente de decisão seria o decidir fazer agora, uma "implementação da intenção"? Talvez o potencial de prontidão não signifique nada — alguns modelos sugerem que é apenas o ponto em que a atividade aleatória no AMS atravessa um limiar detectável. Mele sugere com firmeza que o potencial de prontidão não é uma decisão, mas um impulso, e a física Susan Pockett e a psicóloga Suzanne Purdy, ambas da Universidade de Auckland, mostraram que o potencial de prontidão é menos consistente e mais breve quando os participantes planejam identificar quando tomam uma decisão do que quando sentem um impulso. Para outros, o potencial de prontidão é o processo que leva à decisão, e não a decisão em si. Um astuto experimento apoia essa interpretação. Nele, participantes receberam quatro letras aleatórias e foram instruídos a escolher uma mentalmente; às vezes eram induzidos por sinais a apertar um botão correspondente àquela letra, às vezes não — assim, o mesmo processo decisório ocorria em ambos os cenários, mas apenas um de fato produzia movimento. Crucialmente, um potencial de prontidão semelhante ocorria em ambos os casos, sugerindo, nas palavras do neurocientista compatibilista Michael Gazzaniga, que em vez de a AMS decidir executar um movimento, ela estava "se aquecendo para a participação nos eventos dinâmicos".[20]

Afinal, os potenciais de decisão e seus precursores são decisões ou impulsos? Uma decisão é uma decisão, mas um impulso é apenas uma probabilidade maior de decisão. Alguma vez um sinal pré-consciente, como um potencial de prontidão, ocorre, mas o movimento *não* acontece? Alguma vez um movimento ocorre *sem* ser precedido por um sinal pré-consciente? Combinando as duas perguntas, com que exatidão esses sinais pré-conscientes predizem o comportamento real? Qualquer coisa perto de 100% de exatidão seria um golpe terrível para a crença no livre-arbítrio. Em sentido inverso, quanto mais perto do acaso estiver a exatidão (ou seja, 50%), menor será a probabilidade de que o cérebro "decida" alguma coisa antes de termos a sensação de escolha.

Acontece que a previsibilidade não é tão grande assim. O estudo original de Libet foi realizado de tal forma que não era possível gerar um número para isso. No entanto, nos estudos de Haynes, imagens de RMf prediziam o comportamento que ocorreria com uma precisão de apenas cerca de 60%, quase no nível do acaso. Para Mele, uma "taxa de previsão de 60% na previsão de que botão um participante apertará em seguida não parece uma grande ameaça ao livre-arbítrio". Nas palavras de Roskies, "tudo que isso sugere é que há fatores físicos que influenciam a tomada de decisões". Os estudos de Fried, registrando neurônios individuais, elevaram a exatidão para a faixa dos 80%; embora sem dúvida melhor do que o acaso, isso não chega a ser um prego no caixão do livre-arbítrio.[21]

Vamos, então, para as próximas críticas.

O QUE É CONSCIÊNCIA?

Dar a esta seção esse título absurdo reflete o pouco entusiasmo com que escrevo o próximo trecho. Não entendo o que é consciência, não sei defini-la. Não consigo entender o que filósofos escrevem a esse respeito. Nem neurocientistas, por falar nisso, a menos que se trate de "consciência" no enfadonho sentido neurológico, como não ter consciência porque você está em coma.*[22]

No entanto, a consciência é essencial nos debates sobre Libet, às vezes de um jeito bastante opressivo. Por exemplo, Mele, num livro cujo título alardeia que ele não usará de quaisquer rodeios — *Free: Why Science Hasn't Disproved Free Will* [Livre: Por que a ciência não refutou o livre-arbítrio]. Já no primeiro parágrafo, escreve ele: "Há hoje dois grandes argumentos científicos contra a existência do livre-arbítrio". Um deles aparece quando psicólogos sociais mostram que o comportamento pode ser manipulado por fatores dos quais não temos consciência — vimos exemplos disso. O outro é o dos neurocientistas cuja "afirmação principal é que *todas as nossas decisões* são tomadas de maneira inconsciente e, portanto, sem liberdade" (grifo meu). Em outras palavras, que a consciência é apenas um epifenômeno, uma sensação de controle ilusória, reconstrutiva, irrelevante para nosso comportamento real. Isso me parece um jeito muitíssimo dogmático de caracterizar apenas um entre muitos estilos de pensamento neurocientífico sobre o assunto.

* Naturalmente, a distinção neurológica entre consciência e inconsciência não tem nada de enfadonho, de simples ou de dicotômico, mas isso é bem mais complicado.

Dizer "Ah, vocês neurocientistas não só comem seus mortos como também acreditam que todas as nossas decisões são inconscientes" é uma zombaria com implicações importantes, pois sugere que, em termos morais, não deveríamos ser responsabilizados por nosso comportamento inconsciente (embora o neurocientista Michael Shadlen, da Universidade Columbia, cujas excelentes pesquisas têm fundamentado debates sobre o livre-arbítrio, desenvolva, junto com Roskies, um vigoroso argumento no sentido de que deveríamos, sim, ser responsabilizados moralmente até por nossos atos inconscientes).[23]

Os compatibilistas que refutam os libetianos costumam fazer uma última e heroica defesa da consciência: Tudo bem, suponhamos que Libet, Haynes, Fried e os outros de fato provaram que o cérebro decide uma coisa antes de termos a sensação de que nós é que o fizemos, consciente e livremente. Vamos fazer essa concessão aos incompatibilistas. Mas transformar a decisão pré-consciente em comportamento real requer essa sensação consciente de agência? Porque, se requer, em vez de considerar a consciência irrelevante, o fato é que não podemos descartar o livre-arbítrio.*

Como vimos, saber qual foi a decisão pré-consciente do cérebro prevê de forma moderada se o comportamento de fato ocorrerá. Mas o que dizer da relação entre a decisão pré-consciente do cérebro e a sensação consciente de agência — é possível haver um potencial de prontidão seguido por um comportamento sem a sensação consciente de agência entre os dois? Um interessante estudo realizado pela neurocientista do Dartmouth College Thalia Wheatley e seus colaboradores** mostra exatamente isso — participantes foram hipnotizados e induzidos por sugestionabilidade pós-hipnótica de que fizeram um movimento espontâneo à Libet. Nesse caso, quando deflagrado pela sugestão, havia um potencial de prontidão e o movimento subsequente, sem sensação consciente no meio. A consciência é um soluço irrelevante.[24]

* Note que, apesar de haver uma relação, isso é sutilmente diferente da questão de saber se a sensação de tomada consciente de decisão sempre ocorre com o mesmo intervalo de tempo depois do potencial de prontidão; como vimos, o timing desse senso de agência pode ser manipulado por outros fatores.

** O estudo foi uma colaboração não só entre filósofos e neurocientistas, mas também entre pessoas com posturas decididamente incompatibilistas (Wheatley) e os notáveis compatibilistas Roskies, Tse e o filósofo Walter Sinnott-Armstrong, da Universidade Duke. Esse é o processo de busca de conhecimento no que ele tem de mais objetivo.

Claro, retrucam os compatibilistas, isso não significa que o comportamento intencional *sempre* contorne a consciência — rejeitar o livre-arbítrio com base no que acontece no cérebro pós-hipnótico é meio frágil. E há um nível superior nessa questão, algo ressaltado pelo filósofo incompatibilista Gregg Caruso, da Universidade Estadual de Nova York — você está jogando futebol, tem a posse da bola e conscientemente decide tentar passar por esse jogador da defesa em vez de passá-la. No processo de tentar a jogada, você executa uma série de movimentos específicos que não escolhe conscientemente; o que significa você ter feito a escolha explícita de deixar determinado processo implícito assumir o controle? O debate continua, não só sobre se o pré-consciente requer consciência como fator mediador, mas também sobre se ambos podem causar ao mesmo tempo um comportamento.[25]

Em meio a esses mistérios, é importantíssimo saber se a decisão pré-consciente requer a consciência como mediadora. Por quê? Porque durante esse momento de mediação consciente seria de esperar que pudéssemos *vetar* uma decisão, impedi-la de se concretizar. E a isso se pode atribuir responsabilidade moral.[26]

FREE WON'T [LIBERDADE DE NÃO QUERER]: O PODER DO VETO

Mesmo não tendo livre-arbítrio, temos a liberdade de não querer, a capacidade de pisar no freio entre o momento da sensação consciente de escolhermos livremente fazer algo e o próprio comportamento? Foi isso que Libet concluiu de seus estudos. Sem dúvida temos esse poder de veto. Num nível menor, você está prestes a pegar mais M&M's, mas se detém um instante antes de fazê-lo. Num nível mais amplo, você está prestes a dizer alguma coisa terrivelmente imprópria e desinibida, mas, graças a Deus, se refreia enquanto a laringe se aquece para arruiná-lo.

As conclusões básicas de Libet deram origem a uma variedade de estudos procurando onde se encaixa o ato de vetar. Fazer ou não fazer: uma vez que o senso consciente de intenção ocorre, os participantes têm a opção de parar. Fazer agora ou daqui a pouco: uma vez que o senso consciente de intenção ocorre, aperte o botão de imediato ou primeiro conte até dez. Impor um veto externo: num estudo de interface cérebro-computador, pesquisadores usaram um algoritmo de aprendizado de máquina que monitorava o potencial de prontidão de um participante, predizendo em tempo real quando essa pessoa estava prestes a se mexer; algumas vezes, o computador sinalizava ao participante para que interrompesse o movimento a tempo. Claro, as pessoas geralmente conseguiam interromper até um momento sem volta, que correspondia mais ou menos a quando os neurônios que enviam um comando direto para os músculos estavam prestes a disparar. Assim, um potencial de prontidão não constitui uma decisão inexorável, e costuma parecer igual, quer o participante vá definitivamente apertar o botão, quer haja possibilidade de veto.*[27]

Como funciona o veto do ponto de vista neurobiológico? Pisar no freio envolve ativar neurônios um pouco acima da AMS.** Libet talvez tenha percebido isso num estudo de acompanhamento sobre a liberdade de não querer. Quando tivessem essa sensação consciente de intenção, os participantes deveriam vetar a ação; nesse ponto, a parte posterior do potencial de prontidão perderia força, estabilizando-se.***[28]

Enquanto isso, outros estudos exploraram interessantes desdobramentos da liberdade de não querer. Qual é a neurobiologia de um jogador numa maré de azar que consegue parar de jogar, em comparação com a de outro que não consegue?**** O que se passa com a liberdade de não querer quando envolve

* Uma descoberta fascinante nesses estudos é que não conseguir parar a tempo ativa o córtex cingulado anterior, região do cérebro associada a sensações subjetivas de dor; em outras palavras, algumas dezenas de milissegundos bastam para a pessoa se sentir derrotada, porque um computador foi mais rápido no gatilho do que ela.

** Dependendo do estudo, o "*pré*-AMS", o córtex pré-frontal medial, e/ou o giro frontal inferior direito. Note que os dois últimos lugares, logicamente, envolvem o córtex frontal no veto executivo.

*** A publicação original de Libet não mencionava estabilização; foi só numa revisão posterior que ele decidiu que havia estabilização. E, sendo um pouco desmancha-prazeres, após olhar o artigo original, que envolvia apenas quatro participantes, não percebo nele as formas dos potenciais de prontidão exibidos, e não há como analisar rigorosamente a forma de cada curva, a partir das informações disponíveis no artigo; esse estudo foi conduzido numa época menos quantitativa e mais inocente da análise de dados.

**** Continuar jogando ativava regiões do cérebro associadas a incentivos e recompensas; em contraste com isso, parar de jogar ativava regiões relacionadas a dor subjetiva, ansiedade e conflito. Isso é surpreendente — continuar jogando com possibilidade de perder provoca menos aversão do ponto de vista neurobiológico do que desistir de jogar e pensar na possibilidade de que a pessoa *teria* ganhado se não desistisse. Somos mesmo uma espécie complicada.

álcool? E com as crianças em comparação com adultos? Acontece que crianças precisam ativar uma porção maior do córtex frontal do que adultos para alcançar a mesma eficácia na inibição de um ato.[29]

Afinal, o que essas versões do veto de um comportamento numa fração de segundo nos dizem a respeito do livre-arbítrio? Depende da pessoa com quem falamos, claro. Conclusões como essas têm sustentado um modelo de duas fases sobre como, supostamente, somos capitães de nosso destino — modelo esse defendido por gente como William James e por muitos compatibilistas contemporâneos. A fase um, a parte do "livre": o cérebro escolhe de maneira espontânea, em meio a alternativas possíveis, gerar a propensão a alguma ação. A fase dois, a parte do "arbítrio": é onde consideramos conscientemente essa propensão e damos o sinal verde ou decidimos não querer. Como escreve um proponente, "a liberdade surge da geração criativa e indeterminista de possibilidades alternativas, que se apresentam perante o arbítrio para avaliação e seleção". Ou, nas palavras de Mele, "ainda que o impulso de apertar seja determinado por atividade cerebral inconsciente, talvez caiba aos participantes ceder ou não ceder a esse impulso".[30] Assim, "nosso cérebro" produz uma sugestão e "nós" então a julgamos; esse dualismo faz nosso pensamento recuar alguns séculos.

A conclusão alternativa é que a liberdade de não querer é apenas tão suspeita quanto o livre-arbítrio, e pelas mesmas razões. Inibir um comportamento não tem propriedades neurobiológicas mais sofisticadas do que ativar um comportamento, e os circuitos cerebrais até usam seus componentes de forma intercambiável. Por exemplo, às vezes o cérebro faz uma coisa ativando o neurônio X, às vezes inibindo o neurônio que está inibindo o neurônio X. Chamar o primeiro de "livre-arbítrio" é tão insustentável quanto chamar o último de "liberdade de não querer". Isso lembra o desafio do capítulo 1, de encontrar um neurônio que iniciasse um ato sem ser influenciado por qualquer outro neurônio ou por qualquer evento biológico anterior. O desafio agora é encontrar um neurônio que também seja autônomo na prevenção de um ato. Não existem neurônios de livre-arbítrio nem neurônios de liberdade de não querer.

O que podemos concluir da análise desses debates? Para os libetianos, esses estudos mostram que o cérebro decide executar um comportamento antes de acharmos que o fizemos de modo livre e consciente. Mas, diante das críticas levantadas, acho que tudo que podemos concluir é que, em algumas circunstâncias bastante artificiais, certas medidas de função cerebral são moderadamente preditivas de um comportamento subsequente. Acho que o livre-arbítrio sobrevive ao libetianismo. E, no entanto, isso me parece irrelevante.

CASO VOCÊ TENHA ACHADO TUDO ISSO MUITO ACADÊMICO

Os debates sobre Libet e descendentes podem ser reduzidos a uma questão de intenção: Quando decidimos conscientemente que pretendemos fazer uma coisa, o sistema nervoso já começa a agir com base nessa intenção, e o que isso significa se a resposta for sim?

Uma questão relacionada a essa é de extrema importância numa das áreas em que essa confusão de livre-arbítrio tem consequências profundas — no tribunal. Alguém, quando age de maneira criminosa, teve essa intenção?

Com isso não estou sugerindo juízes de peruca discutindo o potencial de prontidão de algum criminoso. O que define "intenção" é se o réu era capaz de prever, sem uma dúvida sólida, o que aconteceria como resultado de sua ação ou inação, e se estava de acordo com esse resultado. Dessa perspectiva, a menos que haja intenção nesse sentido, a pessoa não deveria ser condenada por um crime.

Isso, é claro, levanta questões complexas. Por exemplo, a intenção de atirar em alguém, mas errar, deveria ser tida como um crime menos grave do que atirar e acertar? Dirigir com um nível de álcool no sangue que prejudica o controle de um carro deveria ser considerado uma transgressão menor se você teve sorte e não matou um pedestre do que se matou (questão que o filósofo Neil Levy, da Universidade de Oxford, explorou com o conceito de "sorte moral")?[31]

Outro aspecto é que o campo jurídico distingue entre intenção *geral* e intenção *específica*. A primeira diz respeito a pretender cometer um crime, ao passo que a última diz respeito a pretender cometer um crime bem como pretender alcançar uma consequência específica; a última é uma acusação bem mais grave do que a primeira.

Outra questão que pode surgir é saber se alguém agiu de maneira intencional por medo ou raiva, com o medo (sobretudo quando razoável) sendo considerado mais atenuante; acredite, se o júri fosse formado por neurocientistas, eles deliberariam por toda a eternidade tentando chegar a uma conclusão sobre qual emoção predominava. E se alguém tivesse a intenção de cometer um crime, mas sem querer acabasse cometendo outro crime?

Uma questão que todos reconhecemos é quanto tempo antes de um comportamento a intenção foi formada. Este é o mundo da premeditação, a diferença entre, digamos, um crime passional com poucos milissegundos de intenção versus uma ação longamente planejada. Em termos jurídicos, não está muito claro quanto tempo é preciso meditar sobre um ato pretendido para que ele seja considerado premeditado. Como exemplo dessa falta de clareza, uma vez fui testemunha técnica num julgamento em que era crucial saber se oito segundos (como registrado por uma câmera de circuito fechado) é suficiente para alguém, numa situação de risco de vida, premeditar um assassinato. (Minha opinião era que, nas circunstâncias envolvidas, oito segundos era tempo suficiente não só para o cérebro pensar com premeditação, mas também para processar qualquer pensamento, e a liberdade de não querer era um conceito irrelevante; o júri discordou com veemência.)

Existem ainda questões que podem ser essenciais para julgamentos de crime de guerra. Que tipo de ameaça é necessário para que a criminalidade de alguém seja considerada coagida? E o que dizer de concordar em fazer uma coisa com intenção criminosa sabendo que, se recusar, outra pessoa o fará de imediato, e de forma mais brutal? Indo um pouco mais longe, o que fazer com alguém que intencionalmente escolheu cometer um crime, sem saber que teria sido obrigado a cometê-lo se tentasse agir de outra forma?*[32]

* Parece intuitivo que alguém deve ser punido se achar que escolheu deliberadamente fazer algo ilegal sem saber que na verdade não tinha escolha. O falecido filósofo Harry Frankfurt, da Universidade Princeton, levou as implicações dessa intuição numa direção compatibilista específica. Etapa 1: Os incompatibilistas dizem que, se o mundo for determinista, não deveria haver responsabilidade moral. Etapa 2: Pense em alguém que escolhe fazer uma coisa, sem saber que teria sido coagido se não fizesse. Etapa 3: Portanto, este mundo seria determinista, uma vez que a pessoa não tinha, a rigor, a opção de agir de outra maneira... mas nossas intuições são no sentido de responsabilizá-la moralmente, vendo nela alguém com livre-arbítrio. Viva! Acabamos de provar que livre-arbítrio e responsabilidade moral são compatíveis com determinismo. Eu me sinto mal dizendo isso, porque Frankfurt parece angelical em suas fotos, mas isso soa mais do que apenas um sofisma, e sem dúvida não representa a Morte do Incompatibilismo. Além disso, tenho a impressão de que, pelo que dizem amigos bem

Nesta altura, parece que temos dois jeitos bastante diferentes de pensar sobre agência e responsabilidade — pessoas argumentando a respeito da AMS em conferências de neurofilosofia e promotores e defensores públicos se digladiando em tribunais. No entanto, eles compartilham alguma coisa que potencialmente desfere um golpe contra a descrença no livre-arbítrio.

Suponhamos que nosso senso de tomada de decisão consciente a rigor não ocorre depois de coisas como potenciais de prontidão, que a atividade na AMS, no córtex pré-frontal, no córtex parietal, seja onde for, nunca é mais do que moderadamente preditiva de comportamento, e apenas para coisas como apertar botões. É certo que não dá para dizer que o livre-arbítrio está morto com base nisso.

Da mesma forma, vamos supor que um réu diz: "Fui eu, sim. Eu sabia que poderia fazer outras coisas, mas quis fazer isso, planejei isso com antecedência. Não só sabia que o resultado poderia ter sido X como quis que fosse assim". Boa sorte na tentativa de convencer alguém de que o réu não tinha livre-arbítrio.

Mas o argumento deste capítulo é: mesmo que um desses cenários, ou ambos, seja verdadeiro, continuo achando que o livre-arbítrio não existe. Para entender por quê, é hora de fazer um experimento mental ao estilo Libet.

A MORTE DO LIVRE-ARBÍTRIO À SOMBRA DA INTENÇÃO

Uma amiga sua está fazendo pesquisa para seu doutorado em neurofilosofia e lhe pede que participe de um teste. Claro. Ela está animada porque descobriu como conseguir outro ponto de dados para seu estudo *enquanto* faz outra coisa de que gosta muito — criar uma situação em que todos ganham. Isso envolve EEG ambulatorial, fora do laboratório, como no estudo do bungee jump. Agora você está do lado de fora, cheio de fios, eletromiografia na mão, um relógio à vista.

---

informados, embora Frankfurt seja imensamente influente em certos círculos da filosofia do direito, milênios se passam sem que esses "contraexemplos de Frankfurt" tenham relevância num tribunal real; é improvável que haja hipóteses em que "o réu escolheu dar um tapa na cara do apresentador do Oscar sem saber que, se não tivesse escolhido fazê-lo, teria sido forçado a fazê-lo".

Como no clássico experimento de Libet, a ação motora envolvida consiste em mexer o dedo indicador. Mas cenários artificiais como esse não eram coisa de décadas atrás? Felizmente, o estudo é mais sofisticado, graças ao cuidadoso projeto experimental de sua amiga — o que você vai fazer é um movimento simples, mas com uma consequência que de simples não tem nada. A instrução é que não planeje antes esse movimento, que o faça de maneira espontânea, e veja no relógio o momento exato em que teve consciência da intenção de fazê-lo. Tudo pronto? Agora vamos lá, quando sentir vontade, aperte o gatilho e mate aquela pessoa.

Talvez a pessoa seja um inimigo da pátria, um terrorista que explode pontes numa das colônias gloriosamente ocupadas. Talvez seja alguém atrás de uma caixa registradora numa loja de bebidas que você está assaltando. Talvez seja um ente querido em estágio terminal de uma doença dolorosíssima, implorando que você atire. Talvez seja alguém prestes a atacar uma criança; talvez seja Hitler bebê, balbuciando no berço.

Você tem a liberdade de não atirar. Está desiludido com a brutalidade do regime e se recusa; acha que matar o caixa aumenta muito os riscos se for pego; apesar das súplicas do ente querido, não consegue atirar. Ou talvez você seja Humphrey Bogart, seu amigo seja Claude Rains, você esteja confundindo a realidade com o enredo e calcule que, se deixar o major Strasser vivo, a história não termina e você terá a chance de atuar numa sequência de *Casablanca*.*

Mas suponha que você tenha que apertar o gatilho, do contrário não haverá potencial de prontidão para detectar e a pesquisa de sua amiga será prejudicada. No entanto, você ainda tem opções. Pode atirar na pessoa. Pode atirar e errar de propósito. Pode atirar em si mesmo, em vez de obedecer.** Uma grande reviravolta no enredo seria você atirar na amiga.

Falando em termos intuitivos, faz sentido explorar as preocupações libetianas se você quiser entender o que acaba fazendo com seu dedo indicador nesse gatilho, e estudar neurônios particulares e milissegundos específicos

* Arrá!

** Certa vez perguntaram ao dalai-lama o que ele faria ante o dilema do "bonde desgovernado" (um bonde que perdeu os freios corre em alta velocidade pelos trilhos, prestes a matar cinco pessoas; é aceitável empurrar alguém na frente do veículo, matando-o intencionalmente, para salvar as cinco?); ele respondeu que se jogaria na frente do bonde.

a fim de compreender o instante em que sente que escolhe fazer uma coisa, o instante em que seu cérebro se compromete com essa ação, e se essas duas coisas são a mesma coisa. Mas eis o motivo pelo qual tanto esses debates libetianos como o sistema de justiça criminal que quer saber apenas se as ações de alguém são intencionais nada significam quando se pensa em livre-arbítrio. Como já mencionado no começo do capítulo, isso ocorre porque nem nos debates nem no sistema de justiça se faz a pergunta essencial para cada página deste livro: *De onde veio essa intenção, para começo de conversa?*

Sem fazer essa pergunta, você se restringe ao domínio de uns poucos segundos. Para muita gente, não há problema nisso. Escreve Frankfurt: "As perguntas sobre como as ações e as identificações dele com suas fontes são causadas não têm relevância para as questões sobre se ele realiza as ações livremente ou é moralmente responsável por realizá-las". Ou, nas palavras de Shadlen e Roskies, a neurociência libetiana "pode fornecer uma base para responsabilização e responsabilidade que se concentra no agente, e *não em causas anteriores*" (grifo meu).

De onde vem a intenção? Sim, da biologia interagindo com o ambiente um segundo antes de sua AMS se aquecer. Mas também de um minuto antes, uma hora antes, um milênio antes — a principal música, a principal dança deste livro. O debate do livre-arbítrio não pode começar e terminar com potenciais de prontidão ou com o que alguém estava pensando quando cometeu um crime.* Por que gastei páginas e mais páginas repassando as minúcias dos debates sobre o que Libet quer dizer antes de descartar tudo com a pergunta "E ainda assim, acho que é irrelevante"? Porque o estudo de Libet é tido como *o* mais importante já realizado na investigação da neurobiologia para saber se temos

* Essa distinção entre explicações proximais versus explicações distais de comportamento (ou seja, causas próximas ao comportamento versus causas distantes) é bem apreendida pelo neurocirurgião Rickard Sjöberg, da Universidade de Umeå, na Suécia. Ele se imagina andando por um corredor de seu hospital quando alguém lhe pergunta por que acabou de colocar o pé esquerdo na frente do pé direito. Sim, um tipo de resposta nos mergulha no mundo dos potenciais de prontidão e dos milissegundos. Mas respostas igualmente válidas seriam "Porque quando acordei de manhã resolvi não faltar ao trabalho alegando estar doente" ou "Porque resolvi fazer residência em neurocirurgia, apesar de saber das longas horas de plantão". Sjöberg é autor de um trabalho importante sobre os efeitos da remoção da AMS nas questões de volição, e numa revisão extremamente ponderada conclui que a resolução dos debates sobre livre-arbítrio, seja ela qual for, não será encontrada nos milissegundos de atividade da AMS.

livre-arbítrio. Porque praticamente todo artigo científico a respeito do livre-arbítrio já menciona Libet logo no começo. Porque talvez você tenha nascido no exato momento em que Libet publicou seu primeiro estudo e agora, tantos anos depois, você já tem idade suficiente para que sua música seja chamada de rock "clássico" e para produzir os gemidinhos da meia-idade quando se levanta da cadeira... *e eles continuam discutindo Libet.* E, como já notado, isso é como tentar entender um filme assistindo apenas aos três minutos finais.[33]

Essa acusação de miopia não pretende soar pejorativa. A miopia é essencial para a maneira como nós, cientistas, descobrimos coisas — aprendendo cada vez mais sobre cada vez menos. Certa vez investi nove anos num único experimento; isso pode vir a ser o centro de um universo bem pequeno. E não estou acusando o sistema de justiça criminal de se concentrar, estreitamente, apenas em saber se houve intenção — afinal, de onde veio a intenção, a história da pessoa e possíveis fatores atenuantes são levados em conta quando se trata de sentenças.

Onde tento de fato soar pejorativo é quando essa visão a-histórica de julgar o comportamento é moralista. Por que você ignoraria o que veio antes do momento atual quando analisa o comportamento da pessoa? Porque você não quer nem saber por que motivo alguém acabou sendo bem diferente de você.

Como numa das poucas vezes neste livro em que adoto um tom conscientemente pessoal, isso me faz lembrar o pensamento de Daniel Dennett, da Universidade Tufts. Dennett é um dos filósofos mais conhecidos e influentes que existem, um destacado compatibilista que defende sua posição tanto em obras técnicas dentro de sua área como em livros populares espirituosos e envolventes.

Ele implicitamente adota essa posição a-histórica e a justifica com uma metáfora que aparece com frequência em seus escritos e debates. Por exemplo, em *Elbow Room: The Varieties of Free Will Worth Wanting* [Liberdade de ação: As variedades de livre-arbítrio que vale a pena desejar], ele pede que imaginemos uma corrida em que uma pessoa começa bem atrás das demais na linha de partida. Isso seria injusto? "Sim, se a corrida for de cem metros." Mas é justo se for uma maratona, porque "numa maratona, uma vantagem inicial tão pequena não conta, pois se pode seguramente esperar que outras pausas fortuitas tenham efeitos ainda maiores". Resumindo em poucas palavras essa opinião, ele escreve: "Afinal, a sorte acaba equilibrando tudo no longo prazo".[34]

Não, não acaba.* Suponhamos que você nasceu de uma mãe dependente de crack. Para contrabalançar essa falta de sorte, por acaso a sociedade toma rápidas providências para que você seja criado em relativa abundância e com acesso a várias terapias para superar seus problemas de neurodesenvolvimento? Não, há uma probabilidade enorme de que você nasça na pobreza e na pobreza permaneça. Então, diz a sociedade, nós pelo menos vamos garantir que sua mãe seja amorosa, estável e disponha de tempo livre para cuidar bem de você com muitos livros e visitas a museus. Sim, claro: como sabemos, sua mãe provavelmente está se afogando nas consequências patológicas da própria má sorte na vida, e há boas chances de que você seja abandonado, maltratado, transferido de um lar adotivo para outro. Bem, pelo menos a sociedade se mobiliza para contrabalançar essa má sorte adicional garantindo que você viva num bairro seguro com excelentes escolas, não? Nada disso, é provável que seu bairro esteja infestado de gangues e sua escola não tenha recursos.

Você começa uma maratona alguns passos atrás do resto do grupo neste nosso mundo. E contrariando o que diz Dennett, aos quatrocentos metros, como é visível que você continua na retaguarda do grupo, são seus os tornozelos que umas hienas malditas beliscam. Na marca dos oito quilômetros, a barraca de reidratação quase não tem mais água e você consegue apenas alguns goles das sobras. Aos dezesseis quilômetros, começa a sentir câimbras estomacais por causa da água ruim. Aos trinta, o caminho é bloqueado por pessoas que acham que a corrida acabou e estão varrendo a rua. E o tempo todo você vê as costas dos outros corredores se afastarem, cada um deles achando que merece, que tem direito a uma chance decente de vencer. A sorte não equilibrou coisa alguma com o passar do tempo, e, nas palavras de Levy, "não podemos desfazer os efeitos da sorte com mais sorte"; ao contrário, nosso mundo praticamente nos garante que a má sorte e a boa sorte sejam mais e mais amplificadas.

No mesmo parágrafo, Dennett escreve que "um bom corredor que começa na retaguarda do grupo, se for de fato bom para *MERECER* ganhar, terá provavelmente muitas oportunidades de superar a desvantagem inicial" (grifo meu). Isso é melhor ainda do que achar que Deus inventou a pobreza para punir pecadores.

* Argumento elegantemente exposto pelo filósofo Gregg Caruso em alguns debates emocionantes com Dennett.

Dennett tem mais uma coisa a dizer que resume essa atitude moral. Mudando a metáfora esportiva para o beisebol e a possibilidade de você achar que há qualquer coisa de injusto na maneira como os *home runs* funcionam, escreve ele: "Se você não gosta da regra do *home run*, não se meta a jogar beisebol; escolha outro jogo qualquer". Sim, quero outro jogo, diz nosso agora adulto bebê de mãe dependente de crack de alguns parágrafos atrás. Desta vez, quero nascer numa família abastada, instruída, de pessoas muito bem-sucedidas no setor de tecnologia do Vale do Silício que, se eu decidir, por exemplo, que patinar no gelo é divertido, pagará aulas para mim e me incentivará desde meus primeiros esforços canhestros no gelo. Dane-se a vida em que me despejaram; quero mudar para *esse* jogo.

Achar que basta saber sobre intenção no momento presente é muito pior do que cegueira intelectual, muito pior do que acreditar que a primeira tartaruga da série de tartarugas é a que flutua no ar. Num mundo como este de que dispomos, é profundamente errado também do ponto de vista ético.

Hora de ver de onde vem a intenção e como a biologia da sorte nem de longe equilibra as coisas no longo prazo.[35]

3. De onde vem a intenção?

Graças a nosso apreço por tudo que é libetiano, colocamos você sentado diante de dois botões; você deve apertar um deles. Damos-lhe apenas vagas informações sobre as consequências de apertar este ou aquele botão, além de lhe explicar que, se escolher o botão errado, milhares de pessoas morrerão. Vamos lá, escolha.

Nenhum descrente do livre-arbítrio sustenta que às vezes você forma sua intenção, se debruça para apertar o botão adequado e, de repente, as moléculas que compõem seu corpo, de maneira determinística, a empurram na outra direção e o fazem pressionar o outro botão.

Em vez disso, o último capítulo mostrou que o debate libetiano diz respeito a quando exatamente você formou essa intenção, quando se conscientizou de tê-la formado, se os neurônios que comandam seus músculos tinham sido ativados a essa altura, quando ainda lhe era possível vetar essa intenção. Além de questões sobre sua AMS, córtex frontal, amígdala, gânglios da base — o que eles sabiam e quando souberam. Enquanto isso, e paralelamente no tribunal ao lado, advogados discutem a natureza de sua intenção.

O último capítulo concluiu alegando que todos esses detalhes de milissegundos são irrelevantes para explicar por que não existe livre-arbítrio. Sendo por isso que não nos preocupamos em colocar eletrodos em seu cérebro antes de você se sentar. Eles não revelariam nada importante.

Isso acontece porque as Guerras Libetianas não fazem a pergunta mais importante de todas: por que você formou a intenção que formou?

Este capítulo mostra que você, em última análise, não tem controle sobre a intenção que forma. Você deseja fazer alguma coisa, tem a intenção de fazê-la e então a faz. Mas por mais fervoroso, por mais desesperado que esteja, *você não consegue desejar ter uma intenção diferente*. E você não consegue desejar as ferramentas (digamos, mais autodisciplina) que o tornarão mais apto a conseguir desejar o que quer. Nenhum de nós consegue.

É por isso que nada nos diria a ação de colocar eletrodos em sua cabeça para monitorar o que os neurônios fazem nos milissegundos em que você forma sua intenção. Para entender de onde sua intenção vem, tudo que precisamos saber é o que acontece com você nos segundos ou minutos antes de você formar a intenção de apertar o botão escolhido. Bem como o que aconteceu com você nas horas ou dias anteriores. E nos anos e nas décadas anteriores. E durante a adolescência, a infância, a vida fetal. E o que aconteceu quando o esperma e o óvulo destinados a ser você se fundiram, formando seu genoma. E o que aconteceu a seus antepassados séculos atrás, quando formavam a cultura em que você foi criado, e à sua espécie milhões de anos atrás. Sim, isso mesmo.

Compreender esse "tartaruguismo" mostra que a intenção que você forma, a pessoa que você é resultam de todas as interações entre biologia e ambiente ocorridas antes. Tudo coisa fora de seu controle. Cada influência anterior flui sem interrupção dos efeitos das influências anteriores. Portanto, não há ponto nessa sequência onde você possa inserir uma liberdade de arbítrio que venha a estar presente nesse mundo biológico, mas não faça parte dele.

Vejamos então que o que somos é resultado dos segundos, minutos, décadas, eras geológicas anteriores, sobre os quais não temos controle algum. E que não há a menor dúvida de que no fim a má sorte e a boa sorte não se equilibram.

DE SEGUNDOS A MINUTOS ANTES

Fazemos a primeira versão da pergunta sobre de onde veio nossa intenção: quais informações sensoriais que fluíam para seu cérebro (incluindo algumas das quais você nem sequer tem consciência) nos segundos e minutos anteriores ajudaram a formar essa intenção?* Isso pode ser óbvio — "Formei a intenção de apertar aquele botão porque ouvi a ordem rigorosa para fazê-lo e vi uma arma apontada para meu rosto".

Mas as coisas podem ser mais sutis. Você vê a foto de alguém segurando um objeto, por uma fração de segundo; precisa decidir se é um celular ou um revólver. E sua decisão naquele segundo pode ser influenciada pelo gênero, pela raça, pela idade e pela expressão facial da pessoa retratada. Todos nós conhecemos versões desse experimento na vida real e seus resultados — a polícia atirando por engano num indivíduo desarmado — e sabemos quais são os preconceitos implícitos que contribuíram para esse erro.[1]

Alguns exemplos de intenção influenciada por estímulos aparentemente irrelevantes têm sido bem estudados.** Uma área diz respeito a como o nojo sensorial influencia comportamento e atitudes. Num estudo bastante citado, participantes classificaram suas opiniões sobre vários tópicos sociopolíticos (por exemplo, "Numa escala de 1 a 10, até que ponto você concorda com esta declaração?"). E se os participantes estivessem numa sala que cheirasse mal (versus uma com cheiro neutro), o nível médio de simpatia tanto de conservadores como liberais para com homens gays diminuía. Claro, pensaria você — a gente sente menos simpatia por alguém quando está enjoado. No entanto, o efeito era específico para homens gays, sem mudança de simpatia para com lésbicas, idosos ou afro-americanos. Outro estudo mostrou que cheiros enjoativos tornam os participantes menos favoráveis ao casamento gay (bem como a outros aspectos politizados do comportamento sexual). Além disso, pensar numa coisa repugnante (comer larvas) basta para tornar os conservadores menos dispostos a ter contato com homens gays.[2]

Há também um estudo divertido em que os participantes são induzidos

* Se tiver lido meu livro *Comporte-se*, você verá que o restante deste capítulo é um resumo das primeiras quatrocentas e tantas páginas. Boa sorte...

** Estou sendo diplomático. Muitos leitores devem saber o que é "crise de replicação" em psicologia, em que uma porcentagem alarmante de descobertas publicadas, mesmo em livros didáticos, acaba sendo de difícil ou impossível replicação independente por outros cientistas (incluindo algumas descobertas, admito com pesar, citadas em meu livro *Comporte-se*, de 2017, no qual eu deveria ter sido mais criterioso). Assim, esta seção só leva em conta descobertas cujas amplas conclusões foram replicadas de maneira independente.

a uma situação desconfortável (a mão mergulhada em água gelada) ou repulsiva (a mão com uma luva fina em contato com vômito artificial).* Os participantes então recomendavam punições para a violação de normas ligadas a pureza (por exemplo, "John esfregou a escova de dentes de alguém no chão de um banheiro público" ou para o ato de extrema peculiaridade em que "John empurrou alguém para dentro de uma lixeira fervilhando de baratas") ou violações que nada tinham a ver com pureza (por exemplo, "John arranhou o carro de alguém com uma chave"). Sentir nojo do vômito falso, mas não se sentir gelidamente desconfortável, tornava os participantes mais seletivos na escolha do castigo para violações de pureza.[3]

Como um cheiro ou uma sensação tátil desagradável podem alterar julgamentos morais? O fenômeno envolve uma região cerebral chamada ínsula (também conhecida como córtex insular). Nos mamíferos, ela é ativada pelo cheiro ou pelo sabor de alimento rançoso, deflagrando de maneira automática o gesto de cuspir a comida e a versão de vômito da espécie. Assim, a ínsula faz a mediação entre o nojo olfativo e o nojo gustativo e protege contra a intoxicação alimentar, coisa muito útil do ponto de vista evolutivo.

Mas a versátil ínsula humana também responde a estímulos que consideramos repugnantes *em termos morais*. A função da ínsula que informa "este alimento estragou" em mamíferos tem talvez 100 milhões de anos. Há poucas dezenas de milhares de anos, os humanos inventaram conceitos como moralidade e repulsa a violações de normas morais. É pouco tempo para desenvolver uma nova região cerebral destinada a "cuidar" da repulsa moral. Em vez disso, a repulsa moral foi acrescentada às atribuições da ínsula; como se diz, a evolução, em vez de inventar, conserta, improvisando (de forma elegante ou desajeitada) com o que tem à mão. Nossos neurônios da ínsula não distinguem cheiros repulsivos de comportamentos repulsivos, o que explica o fato de metáforas sobre repulsa moral deixarem um gosto ruim na boca, provocando náuseas, vontade de vomitar. Você sente uma coisa repugnante... e, inconscientemente, se dá conta de que é repugnante e errado quando *aquelas*

* Para quem gosta de fazer coisas por conta própria, o artigo trazia a receita do vômito: sopa de cogumelos, sopa de frango, feijão preto, pedaços de glúten frito; as quantidades não eram especificadas, sugerindo que basta ter noção dessas coisas — uma pitada disto, um bocadinho daquilo. O estudo notava também que essa receita era em parte baseada num estudo anterior — ou seja, a inovação corajosa está fazendo avançar a ciência do vômito artificial.

pessoas fazem X. E a ínsula, quando ativada dessa maneira, ativa a amígdala cerebral, região essencial para o medo e para a agressividade.[4]

Há, é claro, o outro lado da moeda do fenômeno do nojo sensorial — petiscos doces (em contraste com salgados) fazem com que os participantes se classifiquem como indivíduos mais agradáveis e prestativos e classifiquem rostos e obras de arte como mais atraentes.[5]

Pergunte a um participante: ei, no questionário da semana passada você achava legal o comportamento A, mas agora (nesta sala fedorenta) você não acha. Por quê? Ele não vai explicar que um cheiro confundiu sua ínsula e o tornou menos relativista do ponto de vista moral. Vai dizer que um insight recente o levou, com falso livre-arbítrio e a intenção consciente em brasa, a decidir que o comportamento A, afinal, não está certo.

Não é só o nojo sensorial que pode influenciar a intenção em questão de segundos ou minutos; a beleza também pode. Durante milênios, sábios proclamaram que a beleza exterior reflete a bondade interior. Embora não se possa mais dizer isso às claras, a ideia de que beleza é bondade ainda tem muita força em termos inconscientes; pessoas atraentes são tidas como mais honestas, inteligentes e competentes; têm maior probabilidade de serem eleitas ou empregadas, e com salários mais altos; têm menor probabilidade de serem condenadas por crimes e recebem penas mais curtas. Caramba, será que o cérebro não consegue separar a beleza da bondade? Não muito. Em três estudos diferentes, participantes com scanners cerebrais alternavam entre classificar a beleza de uma coisa (por exemplo, um rosto) ou a bondade de um comportamento. Ambas as avaliações ativavam a mesma região (o córtex orbitofrontal, ou COF); quanto mais belo ou bom, mais ativação do COF (e menos ativação da ínsula). É como se emoções irrelevantes sobre a beleza atrapalhassem a contemplação cerebral das escalas de justiça. O que foi mostrado em outro estudo — julgamentos morais não eram mais influenciados pela estética depois da inibição temporária de uma parte do CPF que direciona informações sobre emoções para o córtex frontal.* "Curioso", informaram ao participante. "Semana passada, você mandou aquela outra pessoa para a cadeia pelo resto

* A região era o CPF dorsomedial, como demonstrado pela estimulação magnética transcraniana. Como controle, nenhum efeito foi observado quando se inibiu o CPF dorsolateral, mais "cerebral". Muito mais sobre essas regiões do cérebro no próximo capítulo.

da vida. Mas agora, ao examinar esta outra pessoa que fez a mesma coisa, você votou nela para o Congresso — como assim?" E a resposta não é: "Assassinato é sem a menor dúvida errado, mas, pelo amor de Deus, aqueles olhos são como piscinas profundas, límpidas". De onde veio a intenção por trás da decisão? Do fato de o cérebro ainda não ter tido tempo para desenvolver circuitos separados para avaliar moralidade e estética.[6]

Agora, se quiser aumentar a probabilidade de alguém resolver limpar as mãos, peça-lhe que descreva alguma coisa reles e antiética que tenha feito. Depois, é mais provável que ela lave as mãos ou use desinfetante para as mãos do que se tivesse contado alguma coisa eticamente neutra. Participantes *instruídos* a mentir sobre alguma coisa avaliam produtos de limpeza (porém não produtos que não sejam de limpeza) como mais desejáveis do que participantes instruídos a serem honestos. Outro estudo mostrou notável especificidade somática, quando mentir por via oral (correio de voz) aumentava o desejo de enxaguante bucal, enquanto mentir por escrito (via e-mail) tornava os desinfetantes mais desejáveis. Um estudo de neuroimagem mostrou que, quando se mente por correio de voz e isso aumenta a preferência por enxaguante, a parte do córtex sensorial ativada é diferente de quando se mente por e-mail e isso aumenta o apelo do desinfetante manual. Neurônios acreditando, literalmente, que sua boca ou sua mão, a depender do caso, está suja.

Assim, sentirmo-nos moralmente sujos nos dá vontade de nos purificarmos. Não acredito que haja uma alma para a qual essa mancha moral tenha grande peso, mas ela decerto pesa em nosso córtex frontal; depois de revelar um ato antiético, os participantes se tornam menos eficientes em tarefas cognitivas que envolvem a função frontal... a não ser que lavem as mãos entre uma coisa e outra. Os cientistas que primeiro relataram esse fenômeno geral lhe deram o poético nome de "efeito Macbeth", em referência a Lady Macbeth lavando as mãos para limpar a mancha imaginária causada por seus impulsos assassinos.* Refletindo isso, ao provocar repulsa nos participantes e permitir que lavem as mãos, eles julgam violações de normas relativas a pureza com menos severidade.[7]

Nossos julgamentos, decisões e intenções também são moldados por in-

* E não nos esqueçamos de Pôncio Pilatos, que teria "lavado as mãos" ante o mal-estar causado por aquela crucificação.

formações sensoriais oriundas de nosso corpo (ou seja, sensação interoceptiva). Examinemos um estudo relativo à confusão feita pela ínsula entre repulsa moral e repulsa visceral. Se você estiver um dia num navio em águas revoltas e vomitando sobre a amurada, com certeza alguém vai se aproximar e dizer, com ar presunçoso, que está se sentindo muito bem porque comeu gengibre, que acalma o estômago. No estudo, participantes julgaram a impropriedade das violações de normas (por exemplo, um funcionário do necrotério tocar nos olhos de um cadáver quando ninguém está olhando; ou beber água de um vaso sanitário novo); consumir gengibre antes diminuía a desaprovação. Interpretação? Primeiro, ouvir sobre aquele toque ilícito nos olhos faz você ficar com o estômago embrulhado, graças à estranha ínsula humana. O cérebro decide então seus sentimentos a respeito desse comportamento com base em parte na severidade do mal-estar estomacal. Menos enjoo, graças ao gengibre, e as palhaçadas da funerária não parecem assim tão ruins.*[8]

Descobertas de especial interesse relativas à interocepção dizem respeito à fome. Um estudo muito conhecido sugeriu que a fome nos torna menos tolerantes. Especificamente, em mais de mil decisões judiciais, quanto mais tempo se passava desde a última refeição dos juízes, menor a probabilidade de que concedessem liberdade condicional a um preso. Outros estudos também mostram que a fome muda o comportamento pró-social. "Muda" — diminuindo a pró-socialidade, como no caso dos juízes, ou aumentando-a? Depende. A fome parece ter diferentes efeitos sobre quanto os participantes dizem que vão ser caridosos, versus quanto eles de fato o são,** ou onde os participantes têm apenas uma ou múltiplas chances de serem malvados ou legais num jogo econômico. Mas, como ponto essencial, as pessoas não citam níveis de glicose no sangue ao explicar por que, digamos, foram legais agora e não antes.[9]

* Os fãs da psicologia reconhecerão que esse estudo apoia a teoria da emoção de James-Lange (sim, William James!). Em sua encarnação moderna, ela postula que o cérebro "decide" a força com que nos sentimos em relação a algo, em parte examinando informações interoceptivas do corpo; por exemplo, se seu coração estiver acelerado (por ter recebido inadvertidamente uma droga semelhante à adrenalina), você percebe seus sentimentos como mais intensos.

** Com pelo menos um artigo inevitavelmente fazendo referência no título a "jogos de fome [jogos vorazes]". A propósito, no capítulo 11 examinaremos uma circunstância de fato importante na qual existe uma grande discrepância entre quanto as pessoas caridosas dizem que são caridosas e quanto de fato são.

Em outras palavras, enquanto nos sentamos ali, decidindo que botão apertar com uma suposta intenção livremente escolhida, estamos sendo influenciados por nosso ambiente sensorial — um cheiro ruim, um rosto lindo, o toque no ensopado de vômito, o estômago embrulhado, o coração aos pulos. Isso refuta o livre-arbítrio? Não — os efeitos costumam ser suaves e só ocorrem no participante médio, com muitos indivíduos que são exceções. Este é apenas o primeiro passo para entendermos de onde vêm as intenções.[10]

DE MINUTOS A DIAS ANTES

A escolha que você faria — livremente, ao que parece — sobre a tarefa de apertar o botão vida-ou-morte pode também ter forte influência de acontecimentos de minutos a dias anteriores. Como uma das rotas mais importantes, consideremos a abundância de hormônios de diferentes tipos em nossa circulação — cada um produzido numa taxa diferente e afetando o cérebro de várias maneiras de um indivíduo para outro, tudo sem que tenhamos controle ou consciência. Comecemos com um dos suspeitos de praxe, quando se trata de hormônios que alteram comportamento, quer dizer, a testosterona.

Como a testosterona (T) nos minutos ou dias anteriores desempenha um papel em sua decisão de matar aquela pessoa? Bem, a testosterona produz agressividade, portanto, quanto mais alto o nível dela, maior a probabilidade de que você tome a decisão mais agressiva.* Simples. Mas, como primeiro complicador, T na verdade não produz agressividade.

Para começar, é raro que T gere novos padrões de agressividade; em vez disso, aumenta a probabilidade de padrões preexistentes acontecerem. Aumente os níveis de testosterona de um macaco e ele se torna mais agressivo com macacos *já* em posição inferior à sua na hierarquia da dominação, ao mesmo tempo que bajula os superiores sociais, como de hábito. A testosterona torna a amígdala cerebral mais reativa, mas só se os neurônios ali já estiverem sendo estimulados por olhar, digamos, para o rosto de um estranho. Além

* Seja qual for seu sexo, uma vez que ambos secretam T (embora em quantidades diferentes) e têm receptores de T no cérebro. O hormônio tem efeitos amplamente similares nos dois sexos, apenas em geral com mais potência nos homens.

disso, aumenta de maneira drástica a probabilidade de agressividade em indivíduos já propensos a ela.[11]

O hormônio também distorce o julgamento, tornando-nos mais propensos a interpretar como ameaça uma expressão facial neutra. Elevar nossos níveis de testosterona aumenta a probabilidade de nos tornarmos confiantes demais num jogo econômico, e como resultado disso ficamos menos cooperativos — quem precisa de alguém quando acha que está muito bem sozinho?* Além disso, a testosterona nos inclina a comportamentos mais arriscados e impulsivos, fortalecendo a capacidade da amígdala cerebral de ativar diretamente o comportamento (e enfraquecendo a capacidade do córtex frontal de controlá-lo — aguarde o próximo capítulo).** Por fim, a testosterona nos torna menos generosos e mais egocêntricos em, por exemplo, jogos econômicos, e bem menos empáticos e confiantes no trato com estranhos.[12]

Uma imagem bem desagradável. Voltemos à sua decisão sobre que botão apertar. Se T estiver causando efeitos particularmente fortes em seu cérebro no momento, você fica mais propenso a perceber ameaças, reais ou imaginárias, menos preocupado com a dor alheia e mais propenso a ceder às tendências agressivas que já tem.

Que fatores determinam se a testosterona tem intensos efeitos no cérebro? A hora do dia é importante, pois os níveis desse hormônio são quase duas vezes maiores no pico circadiano do que no vale circadiano. Se você estiver doente, ferido ou acabou de brigar ou de fazer sexo, isso influencia a secreção de T. Esta também depende da altura média de seus níveis de testosterona; eles podem quintuplicar em indivíduos saudáveis do mesmo sexo, mais ainda em

* Esses estudos são quase sempre "duplos-cegos", nos quais metade dos participantes recebe o hormônio, o restante recebe uma solução salina, e nem os participantes nem os pesquisadores que os testam sabem quem recebeu o quê.

** O que quero dizer com a testosterona "fortalecer" uma projeção da amígdala para outra parte do cérebro (os gânglios da base, nesse caso)? A amígdala é particularmente sensível à testosterona, tem muitos receptores para ela; a testosterona reduz o limiar para que os neurônios das amígdalas tenham potenciais de ação, aumentando a probabilidade — "fortalecendo" — de que um sinal se propague de um neurônio para outro, subsequentemente. Enquanto isso, a testosterona tem o efeito oposto quando "enfraquece" projeções. Pondo os pingos nos is: receptores de T são tecnicamente chamados de receptores androgênicos, o que reflete a existência de uma série de hormônios "androgênicos", com T como o mais poderoso. Vamos deixar isso de lado, pelo bem da sanidade de todos.

adolescentes. Além disso, a sensibilidade do cérebro a T também varia, com o número de seus receptores em algumas regiões cerebrais até decuplicando entre indivíduos. E por que indivíduos diferem na quantidade de T que suas gônadas produzem ou na quantidade de receptores existentes em determinadas regiões cerebrais? Os genes e o ambiente fetal e pós-natal são importantes. E por que indivíduos diferem na extensão de suas tendências preexistentes à agressividade (ou seja, em como a amígdala, o córtex frontal etc. diferem)? Acima de tudo, pelo quanto a vida lhes ensinou, quando ainda jovens, que o mundo é um lugar ameaçador.*[13]

A testosterona não é o único hormônio que influencia nossas intenções de apertar botões. Existe a oxitocina, aclamada por ter efeitos pró-sociais entre mamíferos. Ela reforça o vínculo mãe-bebê nos mamíferos (e o vínculo homem-cachorro). O hormônio relacionado vasopressina torna os machos mais paternais nas raras espécies em que os machos ajudam na criação. Essas espécies também tendem a formar laços monogâmicos entre pares; a oxitocina e a vasopressina fortalecem o vínculo em fêmeas e machos, respectivamente. Qual é a biologia básica que explica o fato de os machos em algumas espécies de roedores serem monógamos e em outras não? Espécies monogâmicas são, em termos genéticos, propensas a concentrações mais altas de receptores de vasopressina na parte dopaminérgica de "recompensa" do cérebro (núcleo *accumbens*). O hormônio é liberado durante o sexo, a experiência com essa fêmea é realmente, *realmente* prazerosa, por causa do número maior de receptores, e o macho não sai mais de perto. Pasme, se aumentarmos os níveis de receptores de vasopressina naquela parte do cérebro em machos de espécies polígamas de roedores, eles se tornam monogâmicos (pimba, pam, obrigado... estranho, não sei o que deu em mim, mas acho que vou passar o resto da vida ajudando esta fêmea a criar nossos filhos).[14]

A oxitocina e a vasopressina têm efeitos que são o polo oposto dos efeitos da testosterona. Elas diminuem a excitabilidade na amígdala, tornando os roedores menos agressivos e as pessoas, mais calmas. Aumente seus níveis

* Para complicar, a testosterona pode tornar as pessoas mais pró-sociais em circunstâncias nas quais isso lhes confere status (por exemplo, num jogo econômico em que se ganha status mediante ofertas generosas). Em outras palavras, a testosterona só tem a ver com agressividade em circunstâncias nas quais o tipo certo de agressividade nos confere um status elevado.

de oxitocina experimentalmente e é provável que você fique mais caridoso e confiante num jogo competitivo. E, numa demonstração de que essa é a endocrinologia da sociabilidade, você não responderia à oxitocina se achasse que estava jogando contra um computador.[15]

Uma particularidade muitíssimo interessante é que a oxitocina não nos torna calorosos e pró-sociais com todo mundo. Só com membros do grupo, gente que consideramos "nós". Num estudo na Holanda, participantes tinham que decidir se era correto matar uma pessoa para salvar cinco; a oxitocina não produziu qualquer efeito quando a vítima provável tinha nome holandês, mas tornava os participantes mais propensos a sacrificar alguém com nome alemão ou do Oriente Médio (dois grupos que despertam conotações negativas entre os holandeses) e aumentava o preconceito implícito contra esses dois grupos. Em outro estudo, embora tornasse os membros do time mais cooperativos num jogo competitivo, como seria de esperar, a oxitocina também os tornava mais preventivamente agressivos com os adversários. O hormônio aumenta até nossa satisfação diante da falta de sorte de estranhos.[16]

Portanto, o hormônio nos torna mais legais, generosos, empáticos, confiantes, amorosos... com pessoas que consideramos "nós". Mas se for um "eles", que tem outra aparência, que fala, come, reza, ama de um jeito diferente do nosso, nem pensar em cantar a união, a paz, a harmonia.*

Vejamos agora as diferenças individuais relacionadas à oxitocina. Os níveis do hormônio variam bastante de indivíduo para indivíduo, assim como os níveis de seus receptores no cérebro. Essas diferenças surgem dos efeitos de tudo, desde genes e ambiente fetal ao fato de você ter acordado hoje de manhã ao lado de alguém que o faz se sentir seguro e amado. Além disso, receptores de oxitocina e receptores de vasopressina vêm em diferentes versões em diferentes pessoas. A versão que você recebeu na concepção influencia estilo parental, estabilidade das relações românticas, agressividade, sensibilidade a ameaças e generosidade.[17]

Assim, as decisões que você em tese toma livremente em momentos que testam seu caráter — generosidade, empatia, honestidade — são influencia-

* Observe antes que a testosterona pode ter efeitos opostos nos neurônios de duas partes diferentes do cérebro. Aqui temos a oxitocina produzindo efeitos opostos no comportamento em dois contextos sociais diferentes.

das pelos níveis desses hormônios em sua corrente sanguínea e pelos níveis e variantes dos receptores em seu cérebro.

Uma última classe de hormônios. Um organismo, quando está sob estresse, seja ele mamífero, peixe, ave, réptil ou anfíbio, secreta das glândulas adrenais hormônios chamados glicocorticoides, que fazem mais ou menos as mesmas coisas ao corpo em todos esses casos.* Mobilizam energia de pontos de armazenamento no corpo, como o fígado ou as células de gordura, para alimentar os músculos em exercício — muito útil se você está estressado, porque, digamos, um leão tenta comê-lo, ou se você for esse leão e vai ficar com fome se não caçar alguma coisa. Seguindo a mesma lógica, os glicocorticoides aumentam a pressão sanguínea e a frequência cardíaca, fornecendo oxigênio e energia àqueles músculos salva-vidas com muito mais rapidez. Eles suprimem a fisiologia reprodutiva — não desperdice energia, digamos, ovulando, se estiver correndo para salvar sua vida.[18]

Como seria de esperar, em situação de estresse os glicocorticoides alteram o cérebro. Os neurônios da amígdala ficam mais excitáveis, ativando mais poderosamente os gânglios da base e perturbando o córtex frontal — tudo isso contribuindo para respostas rápidas, habituais, com baixa precisão na avaliação do que se passa. Enquanto isso, como veremos no próximo capítulo, neurônios corticais frontais ficam menos excitáveis, limitando sua capacidade de fazer a amígdala agir com sensatez.[19]

Com base nesses efeitos específicos do cérebro, os glicocorticoides têm efeitos previsíveis no comportamento durante o estresse. Seus julgamentos ficam mais impulsivos. Se você for reativamente agressivo, vai ficar ainda mais, se for ansioso, mais ansioso, se depressivo, idem. Você fica menos empático, mais egoísta, mais egocêntrico na tomada de decisões morais.[20]

O funcionamento de cada parte desse sistema endócrino refletirá se você se estressou recentemente, digamos, com um chefe mesquinho, com uma viagem infernal de manhã para o trabalho, ou se sobreviveu a uma onda de saques em sua aldeia. Suas variantes genéticas influenciarão a produção e a

* Um detalhe: os glicocorticoides, vindos da glândula adrenal numa situação de estresse, são diferentes da adrenalina, também proveniente da adrenal em situação de estresse. Diferentes classes hormonais, mas efeitos semelhantes em termos gerais. O principal glicocorticoide em humanos e outros primatas é o cortisol, também conhecido como hidrocortisona.

degradação de glicocorticoides, assim como o número e a função de receptores de glicocorticoides em diferentes partes de seu cérebro. E o sistema teria se desenvolvido de maneira diferente em você, dependendo de coisas como a quantidade de inflamações pelas quais passou quando era um feto, o status socioeconômico de seus pais e o estilo de criação de sua mãe.*

Portanto, três diferentes classes de hormônio trabalham durante minutos ou horas para alterar a decisão que você tomou. Isso apenas arranha a superfície; pesquise no Google "lista de hormônios humanos" e encontrará mais de 75, a maioria afetando o comportamento. Todos vibrando sob a superfície, influenciando seu cérebro sem que você se dê conta. Será que esses efeitos endócrinos durante minutos ou horas refutam o livre-arbítrio? Decerto não por eles mesmos, porque em geral alteram a probabilidade de certos comportamentos, em vez de provocá-los. Passemos à próxima tartaruga, descendo mais um pouco.[21]

DE SEMANAS A ANOS ANTES

Assim, hormônios podem alterar o cérebro no decurso de minutos a horas. Nesses casos, "alterar o cérebro" não é uma abstração. Como resultado das ações de um hormônio, os neurônios podem liberar pacotes de neurotransmissores, quando em geral não o fariam; específicos canais de íons podem abrir ou fechar; o número de receptores para algum mensageiro pode mudar numa região cerebral específica. O cérebro, em termos estruturais e funcionais, é maleável, e seu padrão de exposição hormonal nesta manhã terá alterado seu cérebro agora, enquanto contempla os dois botões.

A ideia desta seção é que essa "neuroplasticidade" é insignificante em comparação com a forma como o cérebro pode mudar em resposta a experiências durante períodos mais longos. Sinapses podem se tornar permanentemente excitáveis, mais propensas a enviar uma mensagem de um neurônio para o próximo. Pares de neurônios podem formar sinapses novas ou desconectar sinapses existentes. Ramificações de dendritos e axônios podem se

* Só para demonstrar como o foco da ciência pode ser estrito, passei mais de três décadas de minha vida obcecado por questões relacionadas aos quatro últimos parágrafos.

expandir ou se contrair. Neurônios podem morrer; outros nascem.* Determinadas regiões do cérebro podem se expandir ou se atrofiar de maneira tão drástica que dá para ver as mudanças num exame tomográfico de investigação do órgão.[22]

Parte dessa neuroplasticidade é muitíssimo interessante, mas periférica para as disputas sobre livre-arbítrio. Se alguém fica cego e aprende a ler braille, seu cérebro é remapeado — ou seja, a distribuição e a excitabilidade das sinapses para regiões específicas do cérebro se alteram. Resultado? Ler braille com a ponta dos dedos, uma experiência tátil, estimula neurônios no córtex visual, como se ele estivesse lendo um texto impresso. Cubra os olhos de um voluntário durante uma semana e suas projeções auditivas começam a colonizar o córtex visual adormecido, aprimorando sua audição. Aprenda um instrumento musical e o córtex auditivo é remapeado para dedicar mais espaço ao som do instrumento. Convença alguns voluntários bastante empenhados em prati-

* Hora de entrar em campo minado. Desde que os humanos descobriram o fogo, as aulas de introdução à neurociência ensinavam que o cérebro adulto não produz novos neurônios. Então, a partir dos anos 1960, bravos pioneiros descobriram indícios de que na verdade existe "neurogênese adulta", sim. Eles foram ignorados por décadas até que as provas se tornaram incontestáveis, e a neurogênese adulta passou a ser o tópico mais sexy e mais revolucionário da neurociência. Houve um sem-número de descobertas sobre como/quando/por que ela ocorre em animais, que tipo de coisa a promove (por exemplo, exercício voluntário, estrogênio, um ambiente enriquecido) e o que a inibe (por exemplo, estresse, inflamação). Para que servem os novos neurônios? Vários estudos de roedores indicam que eles contribuem para a resistência ao estresse, para a previsão de uma nova recompensa e para a chamada separação de padrões — uma vez que você aprende as características gerais de uma coisa, os novos neurônios o ajudam a fazer distinções entre diferentes exemplos dela: digamos, uma vez que você aprende a reconhecer uma apresentação de *Next to Normal*, você recorre à separação de padrões no hipocampo para aprender a diferença entre uma apresentação desse musical na Broadway e uma apresentação dele numa escola de ensino médio (as distinções podem ser mínimas e sutis, se esta última produção estiver nas mãos de um diretor excelente).

À medida que essa literatura da neurogênese ia amadurecendo, surgiram provas de que o cérebro humano adulto também era capaz de produzir novos neurônios. Então, um artigo bastante exaustivo publicado em 2018 pela *Nature*, usando o maior número de cérebros humanos estudados até aquela altura, sugeriu que talvez não houvesse muita, ou mesmo nenhuma, neurogênese no cérebro humano adulto no fim das contas (apesar de ela ser abundante em outras espécies). Seguiu-se uma gigantesca controvérsia, que até hoje prossegue. Acho esse estudo convincente (mas, para ser sincero, não sou imparcial, uma vez que o autor principal do artigo, Shawn Sorrells, agora da Universidade de Pittsburgh, foi um de meus mais brilhantes alunos de pós-graduação).

car um exercício de cinco dedos no piano duas horas por dia durante semanas e o córtex motor deles é remapeado para dedicar mais espaço ao controle dos movimentos dos dedos naquela mão; e, veja só — a mesma coisa acontece se o voluntário passar esse tempo *imaginando* o exercício dos dedos.[23]

Mas existe neuroplasticidade relevante para a falta de livre-arbítrio. Desenvolver o transtorno de estresse pós-traumático depois de um trauma transforma a amígdala. O número de sinapses aumenta junto com a extensão do circuito pelo qual a amígdala influencia o restante do cérebro. O tamanho geral da amígdala aumenta e ela fica mais excitável, com um limiar mais baixo para deflagrar medo, ansiedade e agressividade.[24]

E existe o hipocampo, região do cérebro essencial para a aprendizagem e para a memória. Sofra de depressão severa por décadas e o hipocampo encolhe, comprometendo a aprendizagem e a memória. Já se você experimentar duas semanas de crescentes níveis de estrogênio (ou seja, estiver na fase folicular do ciclo ovulatório), o hipocampo se fortalece. O mesmo acontece se você gosta de se exercitar com regularidade ou é estimulado por um ambiente enriquecedor.[25]

Além disso, mudanças induzidas pela experiência não se limitam ao cérebro. O estresse crônico expande as glândulas adrenais, que então bombeiam mais glicocorticoides, mesmo quando não estamos estressados. Tornar-se pai reduz os níveis de testosterona; quanto mais carinhoso o pai, maior a queda.[26]

E vejamos agora como podem ser improváveis as forças biológicas subterrâneas de seu comportamento ao longo de semanas a meses — seu intestino está repleto de bactérias, e a maioria delas ajuda a digerir alimento. Dizer "repleto" é dizer pouco — você tem mais bactérias no intestino do que células no corpo,* de centenas de tipos diferentes, pesando juntas mais do que seu cérebro. Como um novo e florescente campo, a composição das diferentes espécies de bactéria em seu intestino nas semanas anteriores influenciará coisas como apetite e vontade de comer este ou aquele alimento específico... e padrões de expressão genética nos neurônios... e propensão à ansiedade e à ferocidade com que algumas doenças neurológicas se espalham pelo cérebro.

* O que significa, entre outras coisas, que se alguém centrifugasse você e depois extraísse seu DNA, poderia, se não tomasse cuidado, estar inadvertidamente estudando o DNA das bactérias do seu intestino.

Se limparmos todas as bactérias do intestino de um mamífero (com antibióticos) e transferirmos para ele bactérias de outro indivíduo, teremos transferido esses efeitos comportamentais. Tais efeitos são quase todos muito sutis, mas quem diria que as bactérias de seu intestino influenciavam o que você confundia erroneamente com livre-arbítrio?

As implicações de todas essas descobertas são óbvias. Como funcionará seu cérebro enquanto você contempla os dois botões? Vai depender em parte de acontecimentos das semanas aos anos anteriores. Você mal tem conseguido pagar o aluguel? Está sentindo a emoção de encontrar o amor ou de ser pai? Sofrendo de depressão debilitante? Trabalhando bem num emprego estimulante? Recuperando-se depois de um trauma de combate ou de uma agressão sexual? Fazendo uma mudança drástica de dieta? Tudo isso mudará seu cérebro e seu comportamento, sem que você tenha controle, quase sempre sem que sequer se dê conta. Além disso, haverá um metanível de diferenças fora de seu controle, uma vez que seus genes e sua infância terão regulado a *facilidade* com que seu cérebro muda em resposta a experiências específicas da vida adulta — há uma plasticidade relativa a quanto e a que tipo de neuroplasticidade o cérebro de cada um é capaz de gerenciar.[27]

A neuroplasticidade mostra que o livre-arbítrio é um mito? Por si só, não. Passemos à próxima tartaruga.[28]

DE VOLTA À ADOLESCÊNCIA

Como sabe qualquer leitor que é, foi ou será adolescente, essa é uma fase complicada da vida. Tumultos emocionais, riscos assumidos de maneira impulsiva e busca de sensações, o momento supremo da vida para comportamentos pró-sociais e antissociais, para a criatividade individualizada e para o conformismo pressionado por colegas; do ponto de vista comportamental, um período enigmático, intratável.

Do ponto de vista neurobiológico também. A maioria das pesquisas tenta descobrir por que adolescentes se comportam de um jeito adolescente; já nosso objetivo é compreender como as características do cérebro adolescente ajudam a explicar intenções de apertar botões na idade adulta. Convenientemente, a mesma parte tão interessante da neurobiologia é relevante nos dois casos. No começo da adolescência, o cérebro já está muito próximo de sua versão adulta, com densidades adultas de neurônios e sinapses, e o processo de mielinização do cérebro já concluído. À exceção de uma região cerebral que, pasme, só amadurecerá por completo dentro de mais uma década. Que região? O córtex frontal, claro. A maturação dessa região é mais lenta do que o restante do córtex — até certo ponto, em todos os mamíferos, e de maneira acentuada nos primatas.[29]

Parte dessa maturação tardia é simples. Começando com a construção do cérebro fetal, há um aumento constante na mielinização até chegar a níveis adultos, incluindo o córtex frontal, só que com um atraso imenso. Mas a situação é muito diferente quando se trata de neurônios e sinapses. No início da adolescência, o córtex frontal tem *mais* sinapses do que no adulto. A adolescência e o começo da vida adulta consistem na poda de sinapses que se revelam supérfluas, apertadas ou apenas incorretas, à medida que a região vai ficando cada vez mais enxuta e precisa. Como grande demonstração disso, embora um adolescente de treze anos e um jovem de vinte possam se sair igualmente bem num teste de função frontal, o adolescente precisa mobilizar uma parte maior da região para tal.

Assim, o córtex frontal — com seus papéis na função executiva, no planejamento, no adiamento da gratificação, no controle de impulsos, na regulação emocional — ainda não funciona em plenitude na adolescência. O que você acha que isso explica? Quase tudo na adolescência, em especial quando se adicionam os tsunâmis de estrogênio, de progesterona e de testosterona que inundam o cérebro. Um rolo compressor de apetites e de ativação, contido apenas pelos fragilíssimos freios corticais frontais.[30]

Para nossos objetivos, o que mais importa no atraso da maturação frontal não é que ele produz adolescentes com tatuagens horrorosas, mas o fato de que a adolescência e o começo da idade adulta envolvem um gigantesco projeto de construção na parte mais interessante do cérebro. As implicações são evidentes. Se você é adulto, suas experiências adolescentes de trauma, excitação, amor, fracasso, rejeição, felicidade, desespero, espinhas — toda essa tralha — terão desempenhado um papel desproporcional na construção do córtex frontal com que você trabalha enquanto contempla aqueles botões. Claro, a imensa variedade de experiências adolescentes ajudará a produzir córtex frontais muitíssimo variados na idade adulta.

É importante termos em mente uma fascinante implicação da maturação tardia quando chegarmos à seção sobre genes. Por definição, o córtex frontal, se é a última parte do cérebro a se desenvolver, é também a região do cérebro menos afetada pelos genes e mais afetada pelo ambiente. Isso nos leva a querer saber por que o córtex frontal amadurece tão devagar. Será ele um projeto de construção em si mesmo mais difícil do que o restante do córtex? Existem neurônios especializados, neurotransmissores exclusivos da região que sejam mais difíceis de sintetizar, sinapses distintas tão sofisticadas que exijam grossos manuais de construção? Não, praticamente não existe nada tão exclusivo assim.*[31]

Portanto, a maturação atrasada não é inevitável, dada a complexidade da construção frontal, durante a qual o córtex frontal, se pudesse, se desenvolveria mais depressa. Em vez disso, o atraso foi ativamente desenvolvido, selecionado. Se essa é a região do cérebro essencial para que se faça o que deve ser feito quando isso é o que há de mais difícil, nenhum gene pode especificar o que deve ser feito. Isso tem que ser aprendido da maneira mais demorada e difícil, por experiência. É assim para qualquer primata, que passa por complexidades sociais tendo que decidir se cria problemas para alguém, se se submete a alguém, se se alinha com alguém ou se apunhala alguém pelas costas.

Se isso é verdade para babuínos, imagine para humanos. Temos que aprender as racionalizações e as hipocrisias de nossa cultura — não matarás, a menos que seja um deles, e nesse caso aqui está uma medalha. Não mentirás, a não ser que haja uma grande recompensa, ou que seja um ato profundamente bom ("Não, não há refugiados escondidos em meu sótão, de jeito nenhum"). As leis a serem seguidas à risca, as leis a serem ignoradas, as leis a serem desafiadas. Conciliar a ideia de agir como se cada dia fosse o último com a ideia

* Há um tipo de neurônio, chamado neurônio de Von Economo, que só é encontrado praticamente em duas regiões cerebrais intimamente vinculadas ao córtex frontal — o córtex insular e o córtex cingulado anterior. Por um tempo, houve uma enorme onda de entusiasmo com o fato de que ele parecia ser exclusivo dos humanos, uma novidade. Mas as coisas eram na verdade ainda mais interessantes — ele também existe no cérebro de algumas das espécies mais socialmente complexas da Terra, como outros grandes primatas, cetáceos e elefantes. Ninguém sabe direito para que servem esses neurônios, mas já houve algum progresso. No entanto, apesar de sua existência, as semelhanças entre os elementos do córtex frontal e o restante do córtex são muito maiores do que as diferenças.

de que hoje é o primeiro dia do resto de sua vida. E assim por diante. Como reflexo disso, enquanto a maturação do córtex frontal afinal atinge o auge na puberdade em outros primatas, nós, humanos, precisamos de mais uns dez anos. Isso sugere algo notável — o programa genético do cérebro humano evoluiu no sentido de liberar o córtex frontal o máximo possível dos genes. Muito mais sobre o córtex frontal no próximo capítulo.

Próxima tartaruga.[32]

E INFÂNCIA

Assim, a adolescência é a fase final da construção do córtex frontal, com o processo profundamente influenciado pelo ambiente e pela experiência. Recuando mais até a infância, há uma enorme quantidade de construções de *tudo* no cérebro,* um processo de suave aumento na complexidade do circuito neuronal e da mielinização. Há a maturação das habilidades de raciocínio e de cognição e de afeto relevantes para a tomada de decisões morais (por exemplo, a transição de obedecer à lei para evitar castigo para obedecer à lei porque onde iria parar a sociedade se as pessoas não obedecessem?). Há a maturação da empatia (com a capacidade cada vez maior de sentir empatia pelo estado emocional e não pelo estado físico de alguém, de empatia a respeito da dor abstrata, a respeito de dores que jamais sentimos, a respeito da dor de gente em tudo diferente de nós). O controle de impulsos também está amadurecendo (evitar por alguns minutos comer um marshmallow para depois ser recompensado com dois marshmallows, manter-se concentrado em seu projeto de oitenta anos para ingressar na casa de repouso de sua preferência).

Em outras palavras, coisas mais simples precedem coisas mais complicadas. Pesquisadores do desenvolvimento infantil em geral formulam essas trajetórias de maturação como algo que ocorre em "fases" (por exemplo, as fases canônicas do desenvolvimento moral de Lawrence Kohlberg, da Universidade Harvard). Como é previsível, há enormes diferenças quanto ao estágio específico de maturação em que diferentes crianças se encontram, à rapidez

* Nota: "*tudo* no cérebro" inclui o córtex frontal; em meio ao drama da maturação atrasada, uma porcentagem considerável de sua construção ocorre durante a infância.

das transições entre estágios e ao estágio que perdura de maneira estável até a vida adulta.*[33]

No que tange a nossos interesses, é preciso perguntar de onde vêm as diferenças individuais em maturação, que controle temos sobre esse processo e como ele ajuda a gerar o você que é você, ao contemplar os botões. Que tipos de influência afetam a maturação? Uma lista sobreposta dos suspeitos mais rotineiros, com resumos incrivelmente sucintos:

1. Parentalidade, claro. Diferenças nos estilos de criação foram o foco de trabalho bastante influente originado pela psicóloga Diana Baumrind, da Universidade da Califórnia em Berkeley. Há a parentalidade assertiva, na qual altos níveis de exigências e expectativas são depositados na criança, junto com muita flexibilidade na resposta às necessidades da criança; esse é em geral o estilo a que aspiram pais neuróticos de classe média. Em seguida, há a parentalidade autoritária (muita demanda, baixo nível de resposta — "Faça isso porque estou mandando"), a parentalidade permissiva (pouca demanda, alto nível de resposta) e a parentalidade negligente (pouca demanda, baixo nível de resposta). E cada uma tende a produzir um tipo diferente de adulto. Como veremos no próximo capítulo, o status socioeconômico (ss) dos pais é também importantíssimo; por exemplo, baixo ss da família prediz uma maturação atrofiada do córtex frontal no *jardim de infância*.[34]

2. Socialização entre pares, com diferentes pares influenciando diferentes comportamentos com diferente poder de atração. A importância dos pares costuma ser subestimada por psicólogos do desenvolvimento, mas não é surpresa para nenhum primatólogo. Os humanos inventaram uma nova maneira de transmitir informações através de gerações, pela qual um especialista adulto dirige de modo intencional

* Naturalmente, há problemas com uma dependência excessivamente literal no pensamento que divide o desenvolvimento em estágios — as transições de um estágio para o próximo podem ser suaves, em vez de serem cruzamentos de fronteiras distintas; o estágio, digamos, de raciocínio moral de uma criança pode diferir de acordo com variados estados emocionais; em grande parte os insights vêm de estudos de meninos em culturas ocidentais. Apesar disso, a ideia básica é realmente útil.

informações para jovens — em outras palavras, um professor. No entanto, o mais comum entre primatas é as crianças aprenderem observando os colegas um pouco mais velhos.[35]

3. Influências ambientais. O parque do bairro é seguro? Existem mais livrarias ou lojas de bebida? É fácil comprar alimentos saudáveis? Qual é a taxa de criminalidade? Aquilo de sempre.

4. Crenças e valores culturais, que influenciam essas outras categorias. Como veremos, a cultura influencia de maneira drástica o estilo de parentalidade, os comportamentos moldados por pares, os tipos de comunidades físicas e sociais que são construídas. Variações culturais em ritos de passagem explícitos e ocultos, as afiliações religiosas dos locais de culto, se as crianças aspiram a ganhar muitos distintivos de mérito ou a se tornarem hábeis em incomodar membros de outros grupos.

Uma lista bem simples. E, claro, há muitas diferenças individuais nos padrões de exposição hormonal, nutrição, carga de patógenos e assim por diante. Tudo isso convergindo para produzir um cérebro que, como veremos no capítulo 5, tem que ser único.

A grande questão que surge, portanto: como diferentes infâncias produzem diferentes adultos? Por vezes, o trajeto mais provável parece bastante claro, sem que seja preciso recorrer à terminologia neurocientífica. Por exemplo, um estudo que examinou mais de 1 milhão de pessoas na China e nos Estados Unidos mostrou os efeitos de crescer em clima ameno (ou seja, suaves flutuações em torno dos vinte graus Celsius). Esses indivíduos são, na média, mais individualistas, extrovertidos e abertos a experiência novas. Explicação provável: o mundo é um lugar mais seguro, mais fácil de explorar na fase de crescimento quando não se precisa passar períodos significativos do ano preocupado com a possibilidade de morrer de hipotermia e/ou de insolação quando sai de casa, onde a renda média é mais alta e a estabilidade alimentar maior. E a magnitude do efeito não é banal, igualando ou superando o da idade, do gênero, do PIB do país, da densidade populacional e dos meios de produção.[36]

A conexão entre a benignidade do clima na infância e a personalidade adulta pode ser formulada em termos biológicos da maneira mais informativa

— a benignidade do clima influencia *o tipo de cérebro que você está construindo* e que levará para a vida adulta. Como é quase sempre o caso. Por exemplo, muito estresse de infância, via glicocorticoides, prejudica a construção do córtex frontal, produzindo um adulto menos competente em coisas úteis, como o controle dos impulsos. Muita exposição à testosterona no começo da vida contribui para a construção de uma amígdala de alta reatividade, produzindo um adulto mais propenso a responder de maneira agressiva a provocações.

Os detalhes práticos de como isso acontece giram em torno do campo bastante em voga da "epigenética", revelando que a experiência do começo da vida provoca mudanças de longa duração na expressão genética em determinadas regiões cerebrais. Agora, não se trata aqui de experiências alterando os próprios genes (ou seja, mudando sequências de DNA), mas, sim, alterando sua regulação — se um gene ficará sempre ativo, se jamais ficará ativo ou se ficará ativo num contexto, mas não em outro; muito se sabe agora sobre como isso funciona. Um exemplo célebre é o seguinte: se você é um rato bebê crescendo com uma mãe atipicamente desatenta,* mudanças epigenéticas na regulação de um gene em seu hipocampo tornarão mais difícil para você se recuperar do estresse quando adulto.[37]

De onde vêm as diferenças no estilo materno dos roedores? De um segundo, de um minuto, de uma hora antes na história biológica dessa mãe rata, é óbvio. O conhecimento das bases epigenéticas disso tem crescido a uma velocidade vertiginosa, mostrando, por exemplo, que algumas mudanças epigenéticas no cérebro podem ter consequências multigeracionais (por exemplo, ajudando a explicar por que o fato de um rato, um macaco ou um humano ter sido vítima de maus-tratos na infância aumenta as chances de ele vir a ser um pai abusivo). Só para mostrar a escala da complexidade epigenética, diferenças de estilo materno em macacos provocam mudanças epigenéticas em mais de mil genes expressos no córtex frontal da prole.[38]

Se você tivesse de condensar a variabilidade em todas essas facetas das influências da infância num único eixo, seria muito fácil — até que ponto a infância que você teve foi feliz? Esse fato de enorme importância foi forma-

* Uau, diferentes mães de rato são diferentes como mães? Sim, com variações na frequência com que acariciam e lambem os filhotes, respondem a suas vocalizações e assim por diante. Isso é trabalho pioneiro de autoria do neurocientista Michael Meaney, da Universidade McGill.

lizado numa pontuação chamada Experiências Adversas na Infância (EAI). O que conta como experiência adversa nessa medição? Uma lista lógica:

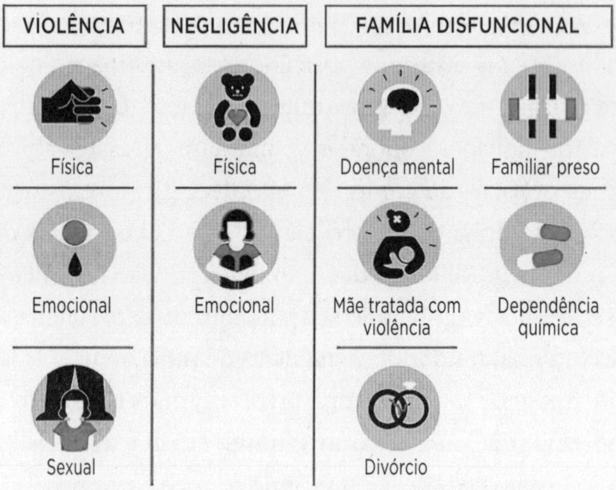

FONTE: Centro de Controle e Prevenção de Doenças.

Para cada uma dessas experiências vividas, você ganha um ponto na lista de verificação, em que os menos afortunados têm pontuações beirando um inimaginável dez e os mais afortunados se deliciam em torno de zero.

Esse campo produziu uma descoberta que deveria surpreender qualquer um que alimente esperanças no livre-arbítrio. Para cada ponto a mais na escala EAI, há um aumento de cerca de 35% na probabilidade de comportamento antissocial na vida adulta, incluindo violência; deficiente cognição dependente do córtex frontal; problemas com controle de impulsos; dependência química; gravidez na adolescência e sexo sem proteção, além de outros comportamentos de risco; e maior vulnerabilidade à depressão e a transtornos de ansiedade. Ah, sim, e saúde precária e morte precoce.[39]

A história seria a mesma se você invertesse a abordagem em 180 graus. Quando criança, você se sentiu amado e seguro dentro de sua família? Houve bons exemplos de sexualidade? Seu bairro era livre de crimes, sua família, mentalmente saudável, seu status socioeconômico, confiável e bom? Pois bem, você estaria a caminho de uma alta pontuação em Experiências de Infância Ridiculamente Afortunadas (EIRS), preditiva de todo tipo de bons resultados importantes.

Assim, em suma, cada aspecto de sua infância — bom, ruim ou no meio —, em outras palavras, fatores sobre os quais você não teve controle nenhum, esculpiram o cérebro adulto que você tem enquanto contempla esses botões. Veja isso como um exemplo fora do controle da pessoa — devido à aleatoriedade do mês de nascimento, algumas crianças podem ser até seis meses mais novas ou mais velhas do que a média de seu grupo de colegas. Crianças mais velhas no jardim de infância, por exemplo, costumam ser mais avançadas do ponto de vista cognitivo. Resultado: elas recebem mais atenção individual e mais elogios dos professores, de tal maneira que no primeiro ano sua vantagem é ainda maior, assim como no segundo ano... E no Reino Unido, que tem um limite de 31 de agosto para ingresso no jardim de infância, esse "efeito de idade relativa" produz uma enorme distorção no nível de escolaridade. Por exemplo:

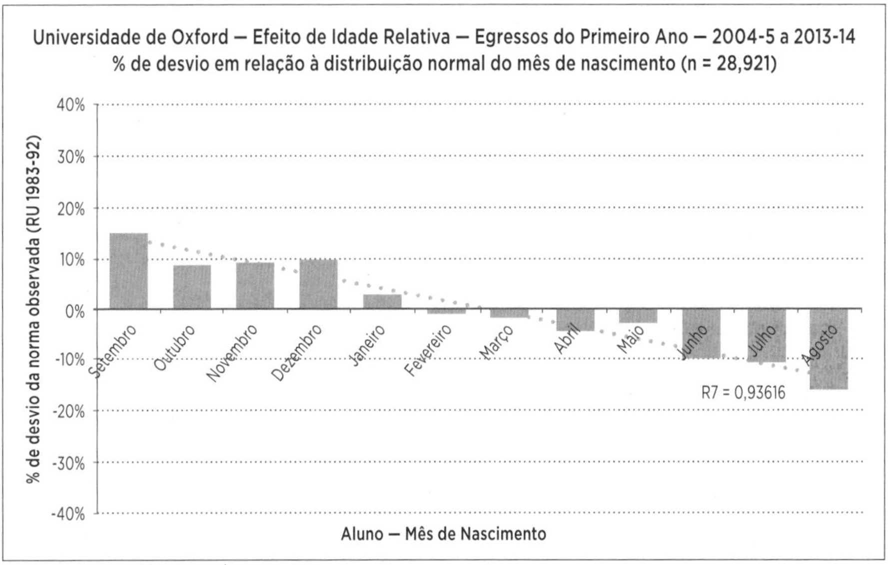

A sorte se equilibra com o tempo uma ova.*[40]

O papel da infância invalida o livre-arbítrio? Nada disso — as notas em EAI dizem respeito ao potencial e à vulnerabilidade na vida adulta, e não a

* O mesmo efeito ocorre nos esportes. Os times de atletismo profissionais são desproporcionalmente formados por jogadores que eram mais velhos do que a média do seu grupo esportivo infantil.

um destino inevitável, e há um número imenso de pessoas cuja vida adulta é radicalmente diferente do que se poderia esperar, levando em conta a infância que tiveram. É só mais uma peça na sequência de influências.[41]

DE VOLTA AO ÚTERO

Se você não teve controle sobre a família em que lhe coube nascer, sem dúvida não teve qualquer controle sobre o útero em que lhe coube passar nove meses muito influentes. As influências ambientais começam muito antes do nascimento. A maior fonte dessas influências é o que está na circulação materna, que ajudará a definir o que está no feto — níveis de uma série imensa de hormônios diferentes, de fatores imunológicos, de moléculas inflamatórias, de patógenos, de nutrientes, de toxinas ambientais, de substâncias ilícitas, tudo coisa que regula a função cerebral na vida adulta. Não é de surpreender que os temas gerais ecoem os da infância. Se houver muitos glicocorticoides da mãe marinando seu cérebro fetal, graças ao estresse materno, maior será a vulnerabilidade à depressão e à ansiedade na vida adulta. Muitos andrógenos na circulação fetal (vindos da mãe; as fêmeas secretam andrógenos, embora em menor quantidade do que os machos) aumentam a probabilidade de que você, quando adulto, seja homem ou mulher, demonstre agressividade espontânea e reativa, regulação emocional deficiente, pouca empatia, alcoolismo, criminalidade, até mesmo péssima caligrafia. A escassez de nutrientes para o feto, causada por desnutrição materna, aumenta os riscos de esquizofrenia na vida adulta, além de uma variedade de doenças metabólicas e cardiovasculares.*[42]

As implicações dos efeitos ambientais fetais? Outro elemento para definir a probabilidade de você ter sorte ou azar no mundo que o aguarda.[43]

* Esses efeitos nos fetos foram identificados pela primeira vez em humanos em dois horrivelmente não naturais "experimentos naturais de fome" — o Inverno da Fome holandês, de 1944, quando os ocupantes nazistas submeteram a Holanda à fome coletiva, e a escassez generalizada de alimentos durante o Grande Salto Adiante na China no fim dos anos 1950.

Desçamos para a próxima tartaruga. Se não escolheu o útero onde lhe coube crescer, você sem dúvida não escolheu a mistura única de genes que herdou dos pais. Genes têm muito a ver com encruzilhadas de tomadas de decisão, e de maneiras mais interessantes do que se costuma acreditar.

Comecemos com uma cartilha bem superficial sobre genes, para que possamos apreciar as coisas quando chegarmos a genes e livre-arbítrio.

Em primeiro lugar, o que são genes e o que eles fazem? Nosso corpo é repleto de milhares de diferentes tipos de proteínas que executam tarefas muitíssimo variadas. Algumas são proteínas "citoesqueléticas" que dão aos diferentes tipos de célula sua forma distinta. Algumas são mensageiras — muitos neurotransmissores, hormônios e mensageiros imunológicos são proteínas. São as proteínas que constituem as enzimas que constroem esses mensageiros e os destroem quando ficam obsoletos; praticamente todos os receptores de mensageiros no corpo são compostos de proteínas.

De onde vem essa versatilidade proteica? Cada tipo de proteína é construído segundo uma sequência distinta de diferentes tipos de elementos aminoácidos; a sequência determina a forma da proteína; a forma determina a função. Um "gene" é o trecho do DNA que especifica a sequência/forma/função de determinada proteína. Cada um de nossos cerca de 20 mil genes codifica a produção de uma proteína específica.*

Como um gene "decide" quando iniciar a construção da proteína que ele codifica, e se haverá uma ou 10 mil cópias dela? Essa pergunta traz implícita a crença popular nos genes como o princípio e o fim de tudo, o código dos códigos na regulação do que se passa em nosso corpo. Ocorre que os genes não decidem coisa alguma, estão perdidos. Dizer que um gene decide quando gerar sua proteína associada é como dizer que a receita decide quando assar o bolo que ela codifica.

A rigor, os genes são ativados e desativados pelo ambiente. O que significa *ambiente* neste caso? Pode ser o ambiente dentro de uma única célula — uma

* Para quem tem formação na área, vale a pena notar algumas das coisas que ignorei neste parágrafo: a estrutura intrônica/exônica dos genes, a emenda genética, as múltiplas conformações em proteínas priônicas, transpósons, genes que codificam pequenos RNAs interferentes e enzimas de RNA...

célula está com pouca energia, o que gera uma molécula mensageira que ativa os genes que codificam proteínas que aumentam a produção de energia. O ambiente às vezes abrange todo o corpo — um hormônio é secretado e levado na circulação para as células-alvo no outro extremo do corpo, onde se liga a seus distintos receptores; como resultado, determinados genes são ativados ou desativados. Ou então o ambiente pode assumir a forma de nosso uso diário, ou seja, dos acontecimentos do mundo à nossa volta. Essas diferentes versões de ambiente estão interligadas. Por exemplo, viver numa cidade estressante e perigosa produzirá níveis cronicamente elevados de glicocorticoides secretados pelas glândulas adrenais, que ativarão determinados genes em neurônios na amígdala, tornando essas células mais excitáveis.*

Como diferentes mensageiros ativados pelo ambiente ativam diferentes genes? Nem todo trecho de DNA contribui para o código num gene; na verdade, longos trechos não codificam coisa alguma. Na verdade, eles são os interruptores de liga/desliga que ativam genes próximos. Agora, um fato espantoso — apenas cerca de 5% do DNA forma genes. Os outros 95%? São os interruptores vertiginosamente complexos de liga/desliga, o meio pelo qual várias influências ambientais regulam redes únicas de genes, com múltiplos tipos de interruptor num único gene e múltiplos genes sendo regulados pelo mesmo tipo de interruptor. Em outras palavras, a maior parte do DNA é dedicada à regulação genética, mais do que aos próprios genes. Além disso, mudanças evolutivas no DNA em geral são mais significativas quando alteram os interruptores de liga/desliga em vez do gene. Outra medida da importância da regulação é o fato de que quanto mais complexo o organismo, maior a porcentagem de seu DNA dedicada à regulação genética.**

O que aprendemos nessa cartilha? Genes codificam proteínas que são burros de carga; genes não decidem quando estão ativos, mas são, em vez disso, regulados por sinais ambientais; a evolução do DNA diz respeito, de maneira desproporcional, à regulação genética, mais do que aos genes.

* Coisas que ficaram fora desse parágrafo: fatores de transcrição, vias de transdução de sinal, o fato de que são apenas hormônios esteroides, em contraste com hormônios peptídeos, que regulam diretamente a transcrição...

** Algumas coisas deixadas de fora aqui: promotores e outros elementos reguladores no DNA, cofatores transcricionais que conferem especificidade tecidual à transcrição genética, DNA egoísta derivado de retrovírus autorreplicantes...

Assim, sinais ambientais ativaram algum gene, levando à produção de sua proteína; as proteínas recém-produzidas então fazem o que costumam fazer. Como próximo ponto essencial, a mesma proteína pode trabalhar de modo diferente em diferentes ambientes. Essas "interações gene/ambiente" são menos importantes em espécies que habitam apenas um tipo de ambiente. Mas muito relevantes naquelas que habitam múltiplos tipos de ambiente — espécies como, digamos, nós. Somos capazes de viver na tundra, no deserto, na floresta tropical; numa megalópole de milhões de habitantes ou em pequenos grupos de caçadores-coletores; em sociedades capitalistas ou socialistas, em culturas poligâmicas ou monogâmicas. Quando se trata de humanos, pode ser bobagem perguntar o que determinado gene faz — é melhor perguntar o que ele faz em determinado ambiente.

Como são essas interações gene/ambiente? Suponhamos que alguém tem uma variante genética relacionada à agressividade; dependendo do ambiente, isso pode resultar numa probabilidade maior de envolvimento em brigas de rua ou de jogar xadrez de um jeito deveras aguerrido. Ou um gene relacionado a comportamentos de risco, que, dependendo do ambiente, determina se você rouba uma loja ou aposta na criação de uma startup. Ou um gene relacionado à adicção, que, dependendo do ambiente, produz um intelectual que extrapola nas doses de uísque no clube ou alguém que rouba desesperadamente para conseguir o dinheiro da heroína.*

Última parte da cartilha. A maioria dos genes vem em várias versões, com pessoas herdando dos pais suas variantes particulares. Essas variantes genéticas codificam versões um pouco diferentes de suas proteínas, sendo algumas delas melhores no desempenho de suas funções do que outras.**

Onde viemos parar? Pessoas que diferem nos tipos de genes que possuem, genes esses que são regulados diferentemente em diferentes ambientes,

* Coisas deixadas de fora incluem o quanto é simplista nos concentrarmos num único gene e em seu efeito singular, mesmo dando um desconto para o ambiente. Isso por causa dos efeitos genéticos pleiotrópicos e poligênicos; surpreendentes provas da importância destes últimos vêm de estudos de levantamento do genoma, indicando que mesmo as características humanas mais enfadonhamente simples, como altura, são codificadas por centenas de genes diferentes.

** Algumas coisas deixadas de fora: homozigosidade versus heterozigosidade, traços dominantes versus traços recessivos...

produzindo proteínas cujos efeitos variam em diferentes ambientes. Agora vamos considerar os genes relativos a essa nossa obsessão pelo livre-arbítrio.

Hora de apertar botão; como seu cérebro será influenciado nesse momento pelos tipos específicos de genes que você herdou? Considere o neurotransmissor serotonina — perfis diferentes de sinalização de serotonina entre pessoas ajudam a explicar diferenças individuais relativas a humor, níveis de excitação, tendência a comportamento compulsivo, pensamento ruminativo e agressividade reativa. E como podem as diferenças individuais em variantes genéticas contribuir para diferenças na sinalização da serotonina? Fácil — existem diferentes tipos para os genes que codificam as proteínas que sintetizam a serotonina, que a removem da sinapse e que a degradam,* além de variantes nos genes que codificam mais de uma dezena de tipos diversos de receptor de serotonina.[44]

É a mesma história com o neurotransmissor dopamina. Para arranhar um pouco a superfície, diferenças individuais na sinalização da dopamina são relevantes para recompensa, antecipação, motivação, adicção, adiamento da gratificação, planejamento de longo prazo, comportamento de risco, busca de novidade, saliência de pistas e capacidade de concentração — sabe como é, coisas relevantes para julgarmos, digamos, se alguém poderia ter escapado de suas terríveis circunstâncias se ao menos tivesse demonstrado alguma autodisciplina. E as fontes genéticas das diferenças dopaminérgicas entre pessoas? Variantes genéticas relacionadas à síntese, degradação e remoção da dopamina da sinapse,** bem como nos vários receptores de dopamina.[45]

Podemos passar agora para o neurotransmissor norepinefrina. Ou enzimas que sintetizam e degradam vários hormônios e receptores de hormônio. Ou praticamente qualquer coisa relevante para a função cerebral. Costuma haver uma ampla variação individual em todo gene relevante, e você não foi consultado sobre qual deles preferiria herdar.

E quanto ao outro lado — um monte de gente que tem a mesma variante genética, mas vive em diferentes ambientes? Você vai ter exatamente o que já

* Aficionados: os genes que codificam a triptofano hidroxilase e a descarboxilase de aminoácidos aromáticos, o transportador de serotonina 5HTT, monoamina oxidase-alfa, respectivamente.

** Mais detalhes: os genes da tirosina hidroxilase, o transportador de dopamina DAT, catecol-O-metiltransferase.

foi discutido, quer dizer, efeitos drasticamente diferentes da variante genética, dependendo do ambiente. Por exemplo, uma variante do gene cuja proteína decompõe a serotonina aumentará o risco de que você tenha um comportamento antissocial... mas só se você sofreu maus-tratos graves na infância. Uma variante de um gene receptor de dopamina o torna mais ou menos inclinado a ser generoso, dependendo de ter sido criado com ou sem uma ligação segura com os pais. Essa mesma variante está associada a adiamento da gratificação deficiente... se você foi criado na pobreza. Uma variante do gene que dirige a síntese da dopamina está associada à raiva... mas só se você sofreu abuso sexual quando criança. Uma versão do gene do receptor de oxitocina está associada a uma parentalidade menos sensível... mas só quando combinada com maus-tratos na infância. E assim por diante (com muitas dessas mesmas relações sendo observadas também em outras espécies de primata).[46]

Caramba, como pode o ambiente fazer os genes funcionarem de maneiras tão diferentes, até opostas? Só para começar a juntar as peças, é porque diferentes ambientes produzem diferentes tipos de alterações epigenéticas no mesmo gene ou no mesmo interruptor genético.

Dessa maneira, as pessoas têm todas essas diferentes versões de todas essas coisas, e essas diferentes versões funcionam de maneira diferente, dependendo do ambiente na infância. Só para dar alguns números, os humanos têm por volta de 20 mil genes no genoma; destes, cerca de 80% estão ativos no cérebro — 16 mil. Desses genes, quase todos se apresentam em mais de uma variante (são "polimórficos"). Isso significa que em cada gene o polimorfismo consiste num ponto da sequência de DNA desse gene que pode diferir entre indivíduos? Não — na verdade, há em média 250 pontos na sequência de DNA de cada gene... o que resulta na existência de variabilidade individual em cerca de 4 milhões de pontos na sequência do DNA que codifica genes ativos no cérebro.*[47]

Então a genética do comportamento refuta o livre-arbítrio? Não por si só — como um tema já bem conhecido, genes dizem respeito a potenciais e vulnerabilidades, não a inevitabilidades, e os efeitos da maioria desses genes

* Se cada um desses pontos polimórficos vem em uma de apenas duas versões possíveis, o número de diferentes composições genéticas seria de dois elevado a 4 milhões, uma boa aproximação de infinito — dois elevado à mera quadragésima potência é qualquer coisa como 1 trilhão.

no comportamento são relativamente suaves. No entanto, todos esses efeitos no comportamento vêm de genes que você não escolheu, interagindo com uma infância que você também não escolheu.[48]

SÉCULOS ATRÁS: O TIPO DE GENTE QUE DEU ORIGEM A VOCÊ

Os botões libetianos acenam. O que sua cultura tem a ver com a intenção que você vai pôr em prática? Muitíssimas coisas. Desde o momento em que nasceu, você foi submetido a um universal — todos os valores de uma cultura incluem maneiras de fazer com que seus herdeiros recapitulem esses valores, para que você se torne "o tipo de gente que deu origem a você". Como resultado, seu cérebro reflete quem seus antepassados foram e que circunstâncias históricas e ecológicas os levaram a inventar os valores que cercam você. Se um neurobiólogo de visão bastante específica viesse a ser ditador do mundo, a antropologia seria definida como "o estudo das maneiras como diferentes grupos de pessoas tentam influenciar a construção do cérebro dos filhos".

Culturas produzem comportamentos drasticamente diferentes, com padrões consistentes. Um dos contrastes mais estudados diz respeito a culturas "individualistas" versus culturas "coletivistas". As primeiras dão ênfase à autonomia, à realização pessoal, à singularidade e às necessidades e aos direitos do indivíduo; a pensar em você antes de pensar nos outros, onde suas ações são "suas". Já as culturas coletivas, ao contrário, defendem a harmonia, a interdependência e o conformismo, onde as necessidades da comunidade orientam o comportamento; a prioridade é que suas ações sejam motivo de orgulho para a comunidade, porque você é "deles". A maioria dos estudos desses contrastes compara indivíduos do garoto-propaganda das culturas individualistas, os Estados Unidos, com os das culturas coletivistas clássicas do Leste Asiático. As diferenças fazem sentido. Nos Estados Unidos eles são mais propensos a usar pronomes na primeira pessoa do singular, a se definir em termos pessoais e não relacionais ("Sou advogado" e não "sou pai"), a organizar as lembranças em torno de eventos e não de relações sociais ("o verão em que aprendi a nadar" e não "o verão em que ficamos amigos"). Peça aos participantes para desenhar um sociograma — um diagrama com círculos representando a si mesmos e as pessoas importantes de sua vida, conectados por linhas — e os americanos em geral se colocam no maior dos círculos, no centro. Já no caso de alguém do Leste Asiático, é comum que o círculo não seja maior do que os outros, e não esteja na frente ou no centro. O objetivo nos Estados Unidos é se distinguir passando à frente de todos os demais. O objetivo no Leste Asiático é evitar aparecer.* E dessas diferenças vêm importantes discrepâncias sobre o que representa violação das normas e o que fazer a respeito disso.[49]

Isso sem dúvida reflete diferentes maneiras de o cérebro e o corpo funcionarem. Na média, em indivíduos do Leste Asiático, o sistema de "recompensa" da dopamina é mais ativado quando contemplam uma expressão calma do que quando contemplam uma expressão agitada; para os americanos, é o oposto. Mostre aos participantes uma imagem de uma cena complexa. Em *milissegundos*, os leste-asiáticos examinam a cena como um todo, memorizando-a; os americanos se concentram no indivíduo que está no centro. Insista com um americano para lhe contar sobre ocasiões em que outras pessoas o influenciaram e ele secreta glicocorticoides; alguém do Leste Asiático secretará o hormônio do estresse quando instado a lhe contar sobre as vezes em que influenciou outras pessoas.[50]

De onde vêm essas diferenças? As explicações de praxe para o individualismo americano incluem: a) não apenas somos uma nação de imigrantes (até 2017, cerca de 37% eram imigrantes ou filhos de imigrantes), mas não é aleatório quem emigra; na verdade, imigrar é um processo de filtragem que seleciona pessoas dispostas a deixar seu mundo e sua cultura para trás, aguentar uma viagem árdua para um lugar onde barreiras impedem sua entrada e trabalhar no máximo executando serviços deploráveis, quando são admitidas; e b) a maior parte da história americana foi dedicada a ampliar a fronteira ocidental colonizada por pioneiros também durões e individualistas. Já a explicação de praxe para o coletivismo do Leste Asiático é a ecologia ditando os meios de produção — dez milênios de cultura do arroz, o que exige um colossal trabalho coletivo para transformar montanhas em socalcos para o cultivo, plantar

* Só para reiterar um ponto a respeito de cada fato deste capítulo: trata-se de vastas diferenças populacionais, que diferem, com significância estatística, do acaso, e não são preditores confiáveis de comportamento individual. Toda declaração é tacitamente precedida de "*na média*".

e colher coletivamente as safras de cada pessoa em sequência e construir e manter coletivamente gigantescos e arcaicos sistemas de irrigação.*[51]

Uma exceção fascinante que confirma a regra diz respeito a partes do norte da China, onde o ecossistema impede a rizicultura, produzindo milênios do processo muito mais individualista de cultivo de trigo. Agricultores dessa região, e mesmo seus netos universitários, são tão individualistas quanto os ocidentais. Uma descoberta das mais interessantes é que chineses das regiões de cultivo de arroz reconhecem e evitam obstáculos (nesse caso, contornando, num experimento, duas cadeiras colocadas numa loja da Starbucks); pessoas das regiões de cultivo de trigo removem obstáculos (nesse caso, afastando as cadeiras).[52]

Dessa maneira, diferenças culturais surgidas séculos, milênios atrás influenciam comportamentos, desde os mais sutis e minúsculos até os de grande impacto.** Outra literatura compara culturas de habitantes da floresta tropical com habitantes do deserto, tendendo os primeiros a inventar religiões politeístas e os últimos, a inventar religiões monoteístas. É provável que isso reflita influências ecológicas também — a vida no deserto é uma luta extraordinária pela sobrevivência, num clima de fornalha; já as florestas tropicais fervilham com multidões de espécies, o que predispõe à invenção de uma multidão de deuses. Além disso, habitantes monoteístas do deserto são mais aguerridos e mais eficazes como conquistadores do que os politeístas das florestas tropicais, o que explica por que cerca de 55% dos humanos proclamam religiões inventadas por pastores monoteístas do Oriente Médio.[53]

* Um exemplo que realmente me surpreendeu foi o de um sistema de irrigação perto da cidade de Djiuangyan, na China, que irriga 5 mil quilômetros quadrados de arrozais e é coletivamente usado e mantido há *2 mil* anos.

** Para apresentar uma questão problemática: existem diferenças genéticas entre culturas individualistas e coletivistas? Se existem, não podem ser muito importantes; depois de uma ou duas gerações, descendentes de imigrantes asiático-americanos são tão individualistas quanto os euro-americanos. Apesar disso, foram encontradas diferenças genéticas *bem* interessantes. Considere o gene DRD4, que codifica um receptor de dopamina. Dopamina, como se sabe, tem a ver com motivação, antecipação e recompensa. Uma variante do DRD4 produz um receptor menos suscetível à dopamina que aumenta nas pessoas a probabilidade de busca de novidade, extroversão e impulsividade. Europeus e euro-americanos: uma incidência de 23% dessa variante. Leste-asiáticos: 1%, uma diferença muito acima do mero acaso, sugerindo que houve uma seleção *contra* a variante no Leste Asiático durante milhares de anos.

O pastoreio levanta outra diferença cultural. Tradicionalmente, humanos ganham a vida como agricultores, caçadores-coletores ou pastores. Estes últimos são gente dos desertos, das pradarias ou das planícies de tundra, com seus rebanhos de cabras, camelos, ovelhas, vacas, lhamas, iaques ou renas. Esses pastores são de uma vulnerabilidade singular. É difícil se infiltrar às escondidas à noite para roubar um arrozal ou uma floresta tropical. Mas dá para ser um patife sorrateiro e roubar um rebanho, tirando de seu dono o leite e a carne de que este depende para sobreviver.* Essa vulnerabilidade dos pastores gerou a "cultura da honra", com as seguintes características: a) extrema, mas temporária, hospitalidade ao estranho que passa — afinal, a maior parte dos pastores é de andarilhos com seus animais em algum momento; b) adesão a códigos estritos de comportamento, em que a violação de normas costuma ser interpretada como um insulto a alguém; c) esses insultos exigem violência retaliatória — o mundo das rixas e vendetas que se estendem por gerações; d) existência de classe e valores guerreiros em que a bravura na batalha produz status elevado e uma gloriosa vida póstuma. Muito se tem falado sobre a hospitalidade, o conservadorismo (como na rigorosa conservação de normas culturais) e a violência da tradicional cultura da honra no Sul dos Estados Unidos. O padrão de violência diz muita coisa: os assassinatos nessa região, que costuma ter as taxas mais altas do país, não são motivados por assaltos que deram errado numa cidade; referem-se a matar alguém que maculou seriamente sua honra (falando mal de você às claras, deixando de pagar uma dívida, atacando sua cara-metade...), sobretudo na zona rural.** De onde vem

* Entre os pastores massais perto dos quais vivi na África, a violência grupal costuma girar em torno de confrontos com povos agrícolas vizinhos, momentos do tipo Sharks contra Jets [do musical *Amor, sublime amor*] em áreas de mercado visitadas pelos dois lados. Mas os inimigos históricos de meus massais são os kurias, da Tanzânia, pastores inclinados a roubar gado dos massais à noite; isso leva a ataques retaliatórios, com homens armados de lanças, que podem resultar em dezenas de mortos. Para que se tenha ideia da combatividade dos kurias, depois da independência o Exército da Tanzânia era 50% kuria, apesar de essa etnia representar apenas 1% da população.

** Como um grande exemplo experimental, encene as coisas de tal maneira que o participante do sexo masculino seja insultado por alguém; se vier do Sul, há um grande aumento nos níveis circulantes de cortisol e testosterona, e uma maior probabilidade de promover uma violenta resposta a uma hipotética violação da honra (relativa a participantes sulistas não insultados). Nortistas? Nenhuma alteração desse tipo.

essa cultura da honra sulista? Uma teoria bastante aceita entre historiadores reforça bem o argumento deste parágrafo — enquanto a Nova Inglaterra foi povoada por peregrinos e o Médio Atlântico, por povos mercantis como os quacres, o Sul foi desproporcionalmente povoado por pastores violentos do norte da Inglaterra, da Escócia e da Irlanda.[54]

Uma última comparação cultural, entre culturas "rígidas" (com numerosas normas de comportamento aplicadas ao pé da letra) e culturas "frouxas". Alguns preditores de sociedade rigorosa? Uma história de muitas crises culturais, secas, severas crises alimentares, terremotos e altas taxas de moléstias infecciosas.* E enfatizo a importância de "história" — num estudo de 33 países, a rigidez era mais provável em culturas que tinham alta densidade populacional em *1500*.**[55]

Quinhentos anos atrás? É possível? Sim, porque geração após geração a cultura ancestral influenciou coisas como o grau de contato físico das mães com os filhos; a submissão dos filhos a escarificação, a mutilação genital e a ritos de passagem representando risco de vida; se os mitos e as canções diziam respeito a vingança ou a oferecer a outra face.

A influência da cultura refuta o livre-arbítrio? É claro que não. Como sempre, trata-se de tendências, em meio a muita variação individual. Basta pensarmos em Gandhi, Anwar Sadat, Yitzhak Rabin e Michael Collins, atipicamente inclinados à pacificação, assassinados por correligionários atipicamente inclinados ao extremismo e à violência.***[56]

* O vínculo com doenças infecciosas talvez ajude a explicar a descoberta adicional de que culturas oriundas dos trópicos tendem a uma diferenciação mais extrema dentro e fora dos grupos do que culturas de regiões mais distantes do equador. Ecossistemas temperados favorecem culturas mais comedidas com relação a estrangeiros.

** E como possível base neurobiológica disso, veja-se o caso de pessoas de cidades, subúrbios e áreas rurais. Quanto maior a população na qual alguém foi criado, mais provavelmente reativa será sua amígdala durante o estresse. Isso tem produzido muitos artigos com títulos do tipo "O estresse e a cidade".

*** Como voto final no poder das influências ecológicas subjacentes a muitos desses padrões culturais, os humanos e outros animais que vivem no mesmo ecossistema tendem a compartilhar numerosos traços. Por exemplo, altos níveis de biodiversidade em determinado ecossistema predizem altos níveis de diversidade linguística entre os humanos que ali vivem (e lugares onde grande número de espécies corre risco de extinção são também lugares onde línguas e culturas correm maior risco de extinção). Um estudo de 339 culturas de caçadores-coletores no mundo inteiro mostrou uma convergência ainda mais espetacular entre humanos e outros

AH, POR QUE NÃO? EVOLUÇÃO

Por várias razões, os humanos foram esculpidos pela evolução ao longo de milhões de anos para serem, em média, mais agressivos do que os bonobos, porém menos do que os chimpanzés, mais sociáveis do que os orangotangos, porém menos do que os babuínos, mais monogâmicos do que os lêmures-ratos, porém mais poligâmicos do que os saguis. Precisa dizer mais?[57]

ININTERRUPTO

De onde vem a intenção? O que faz de nós quem somos a cada minuto? O que veio antes.* Isso levanta uma questão de enorme importância já mencionada no capítulo 1: as interações entre biologia e ambiente de um minuto ou uma década atrás, digamos, não são entidades separadas. Suponhamos que estamos considerando os genes herdados por uma pessoa quando era um óvulo fertilizado e o que esses genes têm a ver com o comportamento dela. Pois bem, estamos sendo geneticistas pensando sobre genética. Poderíamos até tornar nosso clube mais exclusivo e ser "geneticistas do comportamento", publicando nossa pesquisa apenas numa revista chamada, digamos, *Genética do Comportamento*. Mas se estamos falando a respeito dos genes herdados

animais — culturas humanas com alto grau de poligamia tendem (em nível bem acima do acaso) a ser cercadas por outros animais com alto grau de poligamia também. Além disso, há uma covariância humana/animal na probabilidade de os machos ajudarem a cuidar dos filhos, de armazenar alimentos e de subsistir predominantemente com uma dieta de peixe. E, em termos estatísticos, as semelhanças humanas/animais são explicadas por características ecológicas como latitude, altitude, regime de chuvas e climas extremos versus temperados. Mais uma vez, somos apenas um animal a mais, se bem que peculiar.

* É importante ressaltar que tipos parecidos, ou mesmo idênticos, de tartarugas que não acabam mais explicam por que, digamos, um chimpanzé é o membro mais talentoso de sua geração na confecção de ferramentas: boas habilidades sociais e de observação lhe permitem conviver de perto e aprender o ofício com mestres mais velhos, o controle de impulsos lhe dá paciência para o método de tentativa e erro, para a atenção ao detalhe, assim como a combinação de criatividade e confiança para ignorar como os meninos "legais" estão fazendo — tudo isso decorrendo de acontecimentos de um minuto antes, de uma hora antes, e assim por diante. Nada de "quando a situação fica difícil os chimpanzés durões *resolvem* ficar ainda mais determinados".

que são relevantes para o comportamento, estamos automaticamente falando também de como o cérebro da pessoa foi construído — porque a construção do cérebro é basicamente efetuada pelas proteínas codificadas por "genes envolvidos em neurodesenvolvimento". Da mesma forma, se estamos estudando os efeitos da adversidade na infância no comportamento adulto, muitas vezes mais bem compreendidos no nível psicológico ou sociológico, estamos, de maneira tácita, levando em conta também que a biologia molecular da epigenética infantil ajuda a explicar a personalidade e o temperamento adultos. Se somos biólogos pensando no comportamento humano, somos também, por definição, geneticistas do comportamento, neurobiólogos do desenvolvimento e neuroplasticistas (o corretor ortográfico enlouqueceu). Isso ocorre porque *evoluir* significa mudanças nas variantes de genes encontradas nos organismos e, por conseguinte, nos tipos de influência que exercem na construção do cérebro. Estudar hormônios e comportamento significa também estudar o que a vida fetal teve a ver com o desenvolvimento das glândulas que produzem esses hormônios. E assim por diante. Cada momento jorrando de tudo que veio antes. E seja o cheiro de um quarto, seja o que aconteceu quando você era feto ou com seus antepassados em 1500 — tudo está fora de seu controle.* Um fluxo ininterrupto de influências que, como dito no início, nos impede de encaixar em algum lugar essa coisa chamada livre-arbítrio que supostamente está no cérebro mas não é parte dele. Nas palavras do jurista Pete Alces, não "existe lacuna restante entre natureza e criação a ser preenchida pela responsabilidade moral". O filósofo Peter Tse acerta em cheio quando se refere às tartarugas biológicas que não acabam mais como uma "reversão que destrói responsabilidade".**[58]

* Essa abordagem está implícita no pensamento do filósofo Derk Pereboom, da Universidade Cornell; ele propõe quatro hipóteses: você faz uma coisa horrível porque (1) cientistas manipularam seu cérebro um segundo atrás; (2) eles manipularam suas experiências de infância; (3) eles manipularam a cultura em que você foi criado; (4) eles manipularam a natureza física do universo. Em última análise, são hipóteses igualmente deterministas, embora a intuição da maioria das pessoas solidamente veja a primeira como muito mais determinista do que as outras três, devido a sua proximidade com o comportamento propriamente dito.

** Leve-se em conta que o compatibilista Tse não está muito satisfeito com isso, tendo escrito em algum lugar equilibradamente que essa reversão não pode e não deveria existir — contraste esse que serve de âncora a partes do capítulo 15.

Esse fluxo contínuo mostra por que a falta de sorte não é compensada depois e, em vez disso, até se agrava. Se tiver uma variante genética muito azarada, você infelizmente será sensível aos efeitos da adversidade na infância. Sofrer adversidade no começo da vida é um preditor de que você passará o resto da vida em ambientes que apresentam para você menos oportunidades do que para a maioria, e essa sensibilidade ambiental aumentada infelizmente o tornará menos capaz de aproveitar essas raras oportunidades — você talvez não as entenda, talvez não as reconheça como oportunidades, talvez não tenha as ferramentas para fazer uso delas ou para evitar que, de maneira impulsiva, as desperdice. Menos benefícios desse tipo resultam numa vida adulta estressante, que transformará seu cérebro num cérebro infelizmente ruim em persistência, controle emocional, reflexão, cognição... A má sorte não é compensada pela boa sorte. Costuma ser amplificada de tal maneira que não adianta sequer criar igualdades de condições, porque você não estará mais no páreo.

Essa é a opinião defendida com veemência pelo filósofo Neil Levy no livro *Hard Luck: How Luck Undermines Free Will and Moral Responsibility* [Má sorte: Como a sorte mina o livre-arbítrio e a responsabilidade moral], de 2011. Ele se concentra em duas categorias de sorte. Uma delas, a sorte atual, examina seu papel na diferença entre dirigir tão embriagado que, quando ao álcool se somassem acontecimentos de segundos ou minutos antes, você teria matado alguém que atravessasse a rua, e a má sorte de estar nesse estado e de fato matar alguém. Como vimos, o fato de essa distinção ser ou não significativa quase sempre pertence à área dos juristas. Mais significativa para Levy é o que ele chama de sorte constitutiva, a sina, boa ou má, que esculpiu você até aquele momento. Em outras palavras, nosso mundo de um segundo antes, um minuto antes... (embora ele apenas en passant formule a ideia em termos biológicos). E quando você reconhece que isso é tudo que existe para explicar quem você é, conclui ele, "não é a ontologia que exclui o livre-arbítrio, é a *sorte* (grifo dele)".* Em sua opinião, além de não fazer sentido nos responsabilizarem por nossas ações, não tivemos controle sobre a formação de nossas *crenças* a respeito da retidão e das consequências daquela ação ou da disponibilidade

* Um pequeno esclarecimento: Levy não acredita, necessariamente, que *não* temos controle algum sobre nossas ações, apenas que não temos controle relevante.

de alternativas. Você não consegue acreditar em alguma coisa diferente daquilo em que você acredita.*

No primeiro capítulo, escrevi a respeito do que é preciso para comprovar o livre-arbítrio, e o presente capítulo acrescentou detalhes a essa exigência: mostre-me que a coisa que um neurônio acaba de fazer no cérebro de alguém não foi afetada por nenhum desses fatores precedentes — pelo que acontece nos 80 bilhões de neurônios que o cercam, por uma das infinitas combinações de níveis de hormônio que ocorreram naquela manhã, por um dos incontáveis tipos de infância e de ambiente fetal vividos, por um dos dois elevado a 4 milhões de genomas diferentes que esse neurônio contém, multiplicado pela gama quase igualmente grande de orquestrações epigenéticas possíveis. Etc. Tudo fora de nosso controle.

"É tartaruga que não acaba mais" é uma piada porque a confiante afirmação apresentada a William James é não só absurda como imune a qualquer contestação que ele levante. É uma versão intelectualizada das batalhas de insultos que ocorriam nos pátios escolares de minha juventude: "Você é um péssimo jogador de beisebol". "Sei o que você é, mas e eu, sou o quê?" "Como você é irritante." "Sei o que você é, mas e eu, sou o quê?" "Agora você está se deixando levar por sofismas preguiçosos." "Sei que o que você é..." Se a idosa que enfrenta James em algum momento relatasse que a tartaruga seguinte flutuava no ar, a anedota perderia a graça; embora a resposta ainda fosse absurda, o ritmo da reversão infinita teria sido quebrado.

Por que esse momento acaba de ocorrer? "Por causa do que veio antes." E por que *esse outro* momento ocorreu? "Por causa do que veio antes", e assim para sempre,** não é absurdo; na verdade, é como o universo funciona. O absur-

* Levy tem uma análise interessante centrada numa palavra a ser guardada para uso futuro, acrasia, que é quando um agente atua contra seu melhor juízo. Quando certas acrasias se tornam comuns o bastante, temos inconsistências que parecem insolúveis... até gerarmos uma visão de nós mesmos que consistentemente acomode a acrasia. "Em geral sou uma pessoa muito disciplinada... menos quando se trata de chocolate."

** "Para sempre" talvez não seja bem o caso porque, a certa altura dessa regressão, você chega ao big bang e ao que quer que tenha vindo antes disso, assunto sobre o qual não entendo nada. Independentemente de as coisas retrocederem infinitamente, um ponto crucial é que quanto mais longe você retrocede, menor é a probabilidade de a influência ser significativa — o jeito como você responde a esse estranho que pode ter acabado de insultá-lo é mais influenciado pelos seus níveis circulantes de hormônios do estresse no momento do que pela carga de doenças infecciosas que seus antepassados distantes padeceram. Ao tentar explicar nosso do em meio a essa continuidade toda é achar que temos livre-arbítrio e que ele existe porque, a certa altura, o estado do mundo (ou do córtex frontal, ou neurônio, ou molécula de serotonina...) que "veio antes disso" aconteceu do nada.

Para demonstrar que existe livre-arbítrio é preciso demonstrar que um comportamento acabou de acontecer do nada, no sentido de levar em conta todos esses precursores biológicos. Pode ser possível contornar isso com alguns sutis argumentos filosóficos, mas não com nada de que a ciência tenha conhecimento.

Como observado no primeiro capítulo, o conceituado filósofo compatibilista Alfred Mele achava que esse requisito do livre-arbítrio estabelecia um critério "absurdamente alto". Uma sutileza semântica entra em jogo; o que Levy chama de sorte "constitutiva" é a sorte "remota" para Mele, "remota" no sentido de tão distante no tempo — 1 milhão de anos antes de você decidir, um minuto antes de você decidir — que não exclui o livre-arbítrio e a responsabilidade. Isso ocorre, supostamente, porque o remoto é tão remoto que não é remotamente relevante, ou porque as consequências dessa remota sorte biológica e ambiental no fim ainda são filtradas por um tipo de "você" imaterial, escolhendo e selecionando entre as influências, ou porque a má sorte remota, à Dennett, será equilibrada pela boa sorte no longo prazo e pode, portanto, ser ignorada. É assim que alguns compatibilistas chegam à conclusão de que a história de alguém é irrelevante. A formulação de sorte "constitutiva" por Levy sugere uma coisa bem diferente, ou seja, que não só a história é irrelevante, mas, em suas palavras, "o problema da história *é* um problema de sorte". É por isso que não significa nem de longe elevar demais o critério quando se diz que o livre-arbítrio só pode existir se as ações dos neurônios forem completamente não influenciadas por todos os fatores incontroláveis que vieram antes. É o único requisito que pode existir, porque tudo que veio antes, com seus vários tipos de sorte incontrolável, é o que acabou *formando* você. É assim que você se tornou você.[59]

---

comportamento, estou pronto a dar um tempinho a "o que veio antes disso" quando recuamos o suficiente para explicar, digamos, por que somos um tipo de vida baseado no carbono e não no silício. Mas temos amplas provas da relevância do que veio antes, o que as pessoas costumavam sentir-se justificadas a ignorar — o trauma que ocorreu poucos meses antes de uma pessoa se comportar como se comportou, o nível ideal de estimulação vivido na infância, os níveis de álcool em que seu cérebro fetal foi imerso...

4. A força de vontade: o mito da determinação

Nos dois últimos capítulos, tratamos de como você pode acreditar no livre-arbítrio ignorando a história. E você não pode — para repetir um mantra emergente, tudo que somos é a história de nossa biologia, sobre a qual não tivemos qualquer controle, e de sua interação com ambientes, sobre os quais também não tivemos controle, criando quem somos momento a momento.

No entanto, nem todos os fãs do livre-arbítrio negam a importância da história, e este capítulo analisa duas maneiras de invocá-la. A primeira delas, que abordaremos com relativa rapidez, é o esforço inconsequente de alguns estudiosos sérios para incorporar a história ao quadro geral, como parte de uma estratégia mais ampla de dizer: "Sim, é claro que o livre-arbítrio existe. Mas não onde você está olhando". Aconteceu no passado. Acontecerá em seu futuro. Acontece sempre que você não está olhando no cérebro. Acontece *fora* de você, flutuando nas interações entre as pessoas.

Analisaremos melhor o segundo uso indevido da história. Os dois últimos capítulos falaram sobre o dano causado quando você decide que castigo e recompensa são justificáveis em termos morais porque a história não importa quando se explica o comportamento. Este capítulo fala sobre como é igualmente destrutivo concluir que a história só é relevante para *alguns* aspectos do comportamento.

Suponhamos que alguém se encontra numa situação difícil — ameaçado por um estranho que o ataca com uma faca. Essa pessoa puxa uma arma e dá um tiro, deixando o agressor estirado no chão. O que esse nosso amigo faz em seguida? Ele conclui: "Acabou, ele está incapacitado, tudo bem comigo"? Ou continua atirando? E se ele esperar onze segundos antes de alvejar de novo o agressor? Na segunda hipótese, ele é acusado de homicídio premeditado — se tivesse parado depois do primeiro tiro, o caso contaria como legítima defesa; mas teve onze segundos para pensar sobre suas opções, ou seja, os tiros que disparou depois foram por livre escolha e premeditação.

Examinemos a história dessa pessoa. Nasceu com síndrome alcoólica fetal, devido ao consumo de álcool pela mãe. Ela o abandonou quando ele tinha cinco anos, o que resultou numa série de lares adotivos com maus-tratos físicos e abuso sexual. Um problema com a bebida aos treze anos, sem-teto aos quinze, múltiplos ferimentos na cabeça por causa de brigas, sobrevivendo de esmola e como profissional do sexo, muitas vezes assaltado, esfaqueado um mês antes por um estranho. Um assistente social psiquiátrico o viu uma vez e achou que ele devia ter transtorno de estresse pós-traumático (TEPT). O que acha disso?

Alguém tentou matar *você* e você tem onze segundos para tomar uma decisão de vida ou morte; há uma neurobiologia bem explorada que explica por que você rapidamente toma uma decisão terrível durante esse monumental estressor. Agora, em vez disso, eis nosso homem, com um transtorno do neurodesenvolvimento devido a neurotoxidade fetal, traumas recorrentes na infância, toxicodependência, repetidas lesões cerebrais e um esfaqueamento recente numa situação parecida. Sua história resultou no aumento desta parte do cérebro, na atrofia dessa outra parte, na desconexão daquele caminho. E como consequência não há praticamente chance alguma de ele tomar uma decisão prudente, autorregulada, naqueles onze segundos. E você teria feito a mesma coisa se a vida lhe tivesse dado esse cérebro. Em tal contexto, "onze segundos para premeditar" é uma piada.*

* Eu disse coisa parecida com esse parágrafo para uma dezena de júris como testemunha especializada, em repetidos casos em que alguém, com esse tipo de história de vida, teve alguns

Apesar disso, os filósofos compatibilistas (e a maioria dos promotores... e juízes... e júris) não acham que seja piada. Claro, a vida fez coisas terríveis com o sujeito, mas ele teve tempo suficiente no passado para *escolher* não ser o tipo de pessoa que volta ao agressor caído no chão e enfia mais uma bala no cérebro dele.

Um ótimo resumo desse ponto de vista é dado pelo filósofo Neil Levy (resumo com o qual ele mesmo *não* concorda):

> Agentes não são responsáveis a partir do momento em que adquirem um conjunto de inclinações e valores ativos; na verdade, eles se tornam responsáveis ao assumir a responsabilidade por suas inclinações e seus valores. Agentes manipulados não são imediatamente responsáveis por suas ações, porque só depois de terem tido tempo suficiente para refletir e experimentar os efeitos de suas novas inclinações é que se qualificam como agentes plenamente responsáveis. O passar do tempo (em condições normais) oferece oportunidades de deliberação e reflexão, permitindo que os agentes se tornem responsáveis por quem são. Agentes se tornam responsáveis por suas inclinações e por seus valores ao longo da vida normal, mesmo quando essas inclinações e esses valores são produto de terrível sorte constitutiva. Em algum momento, a má sorte constitutiva deixa de ser desculpa, porque os agentes tiveram tempo para assumir responsabilidade por ela.[1]

Claro, talvez não haja livre-arbítrio agora, mas *houve* livre-arbítrio relevante no passado.

Como está implícito na citação de Levy, o processo de escolher com liberdade o tipo de pessoa que você se torna, apesar da má sorte constitutiva que lhe coube, costuma ser formulado como um processo gradual, de maturação. Num debate com Daniel Dennett, o incompatibilista Gregg Caruso delineou a essência do capítulo 3 — não temos controle algum sobre a biologia ou sobre o ambiente que nos são impostos. A resposta de Dennett foi:

---

segundos para tomar uma decisão semelhante e partiu de novo para cima do agressor estirado no chão, esfaqueando-o mais 62 vezes. Até agora, com uma única exceção que considero um acaso, os jurados decidiram que foi homicídio premeditado e o consideraram culpado de todas as acusações.

E daí? A questão que acho que você não está entendendo é que autonomia é uma coisa que *se desenvolve*, e é de fato um processo que *de início* está totalmente fora de nosso controle, mas, à medida que amadurecemos e aprendemos, começamos a controlar mais e mais nossas atividades, nossas escolhas, nossos pensamentos, nossas atitudes etc.

Isso é uma consequência lógica da afirmação de Dennett de que a má e a boa sorte se equilibram com o passar do tempo: vamos lá, cresça e apareça. Você já teve tempo de sobra para assumir a responsabilidade e decidir correr junto com todos na maratona.[2]

Uma visão parecida vem do renomado filósofo Robert Kane, da Universidade do Texas: "O livre-arbítrio, na minha opinião, envolve mais do que mera *liberdade de ação*. Tem a ver com *autoformação*. A questão relevante para o livre-arbítrio é esta: *Como você se tornou o tipo de pessoa que é agora?*". Roskies e Shadlen escrevem: "É plausível pensar que agentes podem ser moralmente responsabilizados até por decisões não conscientes, se essas decisões resultam de configurações políticas que sejam expressões do agente [em outras palavras, atos de livre-arbítrio no passado]".[3]

Nem todas as versões dessa ideia exigem a aquisição gradual do livre-arbítrio no passado. Kane acredita que "escolher que tipo de pessoa você vai ser" acontece em situações de crise, em grandes encruzilhadas, em momentos do que ele chama de "Ações de Autoformação" (e propõe um mecanismo pelo qual isso em tese ocorre, a ser abordado de forma resumida no capítulo 10). Já o psiquiatra Sean Spence, da Universidade de Sheffield, acha que esses momentos do tipo "eu *tinha* livre-arbítrio naquela época" acontecem quando a vida está indo muito bem, e não em crise.[4]

Tenha sido esse livre-arbítrio passado um lento processo de amadurecimento ou ocorrido num lampejo de crise ou momento propício, o problema deveria ser óbvio. O que *foi* já foi *agora*. Se a função de um neurônio agora está incorporada a seu ambiente neuronal, aos efeitos de hormônios, ao desenvolvimento do cérebro, aos genes e assim por diante, você não pode se ausentar durante uma semana e mostrar então que a função uma semana antes não estava incorporada afinal.

Uma variante dessa ideia é que você pode não ter livre-arbítrio agora sobre o *agora*, mas tem livre-arbítrio agora sobre *quem vai ser* no futuro. O filósofo Peter Tse, que chama isso de livre-arbítrio de segunda ordem, escreve que o cérebro pode "cultivar e criar novos tipos de opções para si mesmo no futuro". Não qualquer cérebro, no entanto. Os tigres, observa ele, não podem ter esse tipo de livre-arbítrio (por exemplo, escolher que vão se tornar veganos). "Já os humanos têm sua cota de responsabilidade por terem escolhido se tornar o tipo de escolhedor que são agora." Combine isso com a visão retrospectiva de Dennett e teremos uma coisa semelhante à ideia de que em algum lugar no futuro você terá tido livre-arbítrio no passado — vou escolher livremente.[5]

Em vez de haver livre-arbítrio, "só não quando você está olhando", há livre-arbítrio "só não *onde* você está olhando" — você pode ter mostrado que o livre-arbítrio não vem da área do cérebro que você está estudando; está vindo da área que você *não* está estudando.

Escreve Roskies:

> É possível que um acontecimento indeterminista em algum outro lugar no sistema maior afete a ativação de [neurônios na região X do cérebro], tornando o sistema indeterminista como um todo, ainda que a relação entre [atividade neuronal na região X do cérebro] e comportamento seja determinista.

E o neurocientista Michael Gazzaniga transfere por completo o livre-arbítrio para fora do cérebro: "A responsabilidade existe num nível diferente de organização: no nível social, e não em nossos cérebros determinados". Há dois grandes problemas aqui. Em primeiro lugar, não é livre-arbítrio e responsabilidade só porque todo mundo diz que é no nível social — este é um argumento central deste livro. Em segundo lugar, socialidade, interações sociais, organismos sendo sociais entre si são tanto um produto final da biologia interagindo com o ambiente como a forma de nosso nariz.[6]

Aceite o desafio lançado no capítulo 3 — apresente-me o neurônio, *aqui* mesmo, *agora* mesmo, que tenha causado esse comportamento, independentemente de qualquer outra influência biológica atual ou histórica. A resposta não pode ser "Bem, a gente não pode, mas isso aconteceu antes". Nem "Vai acontecer, mas ainda não aconteceu". Nem "Isso está acontecendo agora mesmo, mas não aqui — está acontecendo ali; não ali *ali*, mas ali *lá*...". É tartaruga que não acaba mais, em todos os lugares, em todos os momentos; não há rachaduras no processo pelo qual o "*foi*" gera o "*é*" onde se possa enfiar o livre-arbítrio.

Passemos agora para o tópico talvez mais importante desta metade do livro, um jeito de erroneamente ver o livre-arbítrio que não está lá.

O QUE NOS FOI DADO E O QUE FAZER COM ISSO

Kato e Finn (nomes alterados para proteger suas identidades) estão indo bem, apoiando-se mutuamente em lutas e servindo como braço direito um do outro no departamento sexual. Cada um tem uma personalidade bastante dominante e trabalhando juntos são imbatíveis.

Estou vendo os dois correrem num campo. Kato saiu na frente, mas Finn está se recuperando. Tentam alcançar uma gazela, que se afasta deles. Kato e Finn são babuínos, determinados a conseguir uma refeição. Se pegarem a gazela, o que parece cada vez mais provável, Kato vai comer primeiro, pois é o número dois na hierarquia e Finn, o número três.

Finn ainda está se recuperando do atraso. Percebo uma sutil mudança em sua corrida, uma coisa que não sei descrever, mas, tendo-o observado por muito tempo, sei o que está vindo por aí. "Idiota, vai estragar tudo", penso. Finn pelo visto decidiu: "Nada de esperar pelas sobras. Quero ser o primeiro a pegar as melhores partes". Ele acelera. "Babuínos idiotas", penso. Finn pula nas costas de Kato, morde-o, derruba-o, para pegar a gazela. Como esperado, tropeça em Kato e se esborracha no chão. Ambos se levantam, se encaram e a gazela some no mundo; fim de sua coalizão cooperativa. Sem Kato disposto a apoiá-lo numa luta, Finn logo é derrubado por Bodhi, o número quatro na hierarquia, antes de ser derrotado pelo número cinco, Chad.

Alguns babuínos são assim. Cheios de potencial — grandes, musculosos, com caninos aguçados —, mas não sobem na hierarquia porque jamais perdem uma oportunidade de perder uma oportunidade. Rompem coalizões com um ato impulsivo, como o fez Finn. Vivem caindo na tentação de desafiar o macho alfa por causa de uma fêmea e acabam apanhando. Mal-humorados, não conseguem evitar agressividade deslocada, mordendo a fêmea errada que esteja por perto e sendo expulsos do grupo pelos irados parentes de alto escalão da fêmea. Grandes fracassados que resistem a tudo, menos à tentação.

Há abundantes exemplos humanos, sempre associados à palavra "desperdiçar". Atletas que desperdiçam seus talentos naturais vivendo em festas. Crianças inteligentes que desperdiçam seu potencial acadêmico sucumbindo às drogas* ou à preguiça. Socialites que esbanjam a fortuna da família em projetos extravagantes inspirados por pura vaidade — segundo um estudo, 70% das fortunas de família são desperdiçadas pela segunda geração de herdeiros. De Finn em diante, todos perdulários.[7]

E há também pessoas que superaram a má sorte com uma tenacidade e uma determinação espetaculares. Oprah Winfrey, que cresceu usando vestidos confeccionados de saco de batata. Harland Sanders, mais tarde Coronel Sanders, que tentou sem sucesso vender sua receita de frango frito para 1009 restaurantes antes de ficar rico. O maratonista Eliud Kibet, que caiu a poucos metros da linha de chegada e rastejou até o fim; a colega queniana Hyvon Ngetich, que se arrastou nos últimos cinquenta metros da maratona; a corredora japonesa Rei Iida, que caiu, fraturou a perna e rastejou os últimos *duzentos metros* até a linha de chegada. O geneticista Mario Capecchi, premiado com o Nobel, que foi menino de rua sem-teto na Itália da Segunda Guerra Mundial. E há também, claro, Helen Keller e Anne Sullivan com "w-a-t-e-r" [água]. O militar socorrista Desmond Doss, objetor de consciência desarmado, que retornou sob fogo inimigo para conduzir a lugar seguro 75 militares feridos na Batalha de Okinawa. Muggsy Bogues, de 1,60 metro de altura, jogando na NBA, a principal liga de basquete profissional dos Estados Unidos. Madeleine Albright, futura secretária de Estado, que, como adolescente tcheca refugiada, vendia sutiãs numa loja de departamentos em Denver. O argentino que trabalhou como zelador e leão de chácara e arregaçou as mangas para se tornar papa.

Seja considerando Finn e os perdulários ou Albright vendendo sutiãs, somos mariposas atraídas pela chama do mito mais arraigado do livre-arbítrio. Já examinamos versões do livre-arbítrio parcial — não agora, mas no passado; não aqui, mas onde você não está olhando. Essa é outra versão do livre-arbítrio parcial — sim, há nossos atributos, talentos, falhas e defeitos sobre os quais não temos qualquer controle, mas nós, agentes proativos, livres, capitães

* Para minha surpresa, alguns estudos mostraram que crianças com QI elevado são mais propensas do que a média ao uso de drogas ilícitas e ao abuso de álcool na vida adulta.

de nosso destino, é que escolhemos *o que fazer* com nossos atributos. Sim, você não teve controle algum sobre a proporção ideal de fibras de contração lenta e rápida nos músculos de sua perna que fizeram de você um maratonista natural, mas foi você que superou a dor na linha de chegada. Sim, você não escolheu as versões dos genes dos receptores de glutamato que herdou e que lhe deram uma excelente memória, mas você é responsável por ser preguiçoso e arrogante. Sim, você pode ter herdado genes que predispõem ao alcoolismo, mas é você que, de maneira louvável, resiste à tentação de beber.

Uma declaração surpreendentemente clara desse dualismo compatibilista diz respeito a Jerry Sandusky, treinador de futebol americano da Universidade Estadual da Pensilvânia, condenado a sessenta anos de prisão em 2012 por ser um horrível molestador de crianças. Logo depois disso, a CNN publicou em seu site um provocativo artigo de opinião sob o título "Pedófilos merecem nossa solidariedade?". O psicólogo James Cantor, da Universidade de Toronto, analisou a neurobiologia da pedofilia. A mistura errada de genes, anomalias endócrinas na vida fetal e lesões na cabeça durante a infância aumentam a probabilidade. Isso levanta a possibilidade de que um dado neurobiológico seja lançado, de que algumas pessoas estejam destinadas a ser assim? Exatamente. Cantor conclui, de maneira correta: "Não se pode escolher não ser pedófilo".

Mas então ele dá um salto olímpico na falsa dicotomia, do tamanho do Grand Canyon, do compatibilismo. Alguma coisa nessa biologia diminui a condenação ou o castigo que Sandusky merecia? Não. "Não se pode escolher não ser pedófilo, *mas é possível escolher não ser molestador de crianças*" (grifo meu).[8]

A tabela a seguir formaliza essa dicotomia. À esquerda estão coisas que a maioria das pessoas aceita como fora de nosso controle — coisas biológicas. Claro, às vezes temos dificuldade para nos lembrar disso. Fazemos elogios e damos destaque ao membro do coro que é uma âncora de confiabilidade por causa de seu ouvido absoluto (uma característica genética herdável).* Elogiamos a cesta de um jogador de basquete, ignorando que ter 2,20 metros de

* O ouvido absoluto é na verdade o clássico exemplo de que os genes estão relacionados a potencial, não a certezas. Pesquisas sugerem que provavelmente é preciso ter herdado o potencial para ouvido absoluto; no entanto, isso não se manifesta na pessoa, a não ser que ela seja exposta a uma boa quantidade de música no começo da vida.

altura tem alguma influência nisso. Sorrimos mais para uma pessoa atraente, temos mais probabilidade de votar nela numa eleição e menos probabilidade de condená-la por um crime. Sim, sim, concordamos um tanto constrangidos quando se diz isso, é óbvio que ela não escolheu o formato das maçãs do rosto. Em geral conseguimos lembrar que as coisas biológicas na coluna à esquerda estão fora de nosso controle.[9]

"Coisas biológicas"	Você tem garra?
Ter impulsos sexuais destrutivos	Você resiste a eles?
Ser um maratonista nato	Você supera a dor?
Não ser tão brilhante	Você vence estudando mais?
Ter tendência ao alcoolismo	Você pede cerveja sem álcool?
Ter um rosto lindo	Você resiste a concluir que tem direito a que as pessoas sejam legais com você por causa disso?

E na coluna à direita está o livre-arbítrio que você em tese exercita ao escolher o que fazer com seus atributos biológicos, o *você* que se senta num bunker *em* seu cérebro, mas não *de* seu cérebro. Sua "vocêzice" é feita de nanochips, de válvulas eletrônicas, de pergaminhos antigos com transcrições de sermões dominicais, estalactites da voz de repreensão de sua mãe, riscas de enxofre, rebites feitos de iniciativa. Seja lá de que o *você* real é composto, sem dúvida não é de gosma biológica melequenta de cérebro.

Quando visto como prova de livre-arbítrio, o lado direito da tabela é um playground compatibilista de recriminação e elogio. Parece tão difícil, tão contraintuitivo, pensar que a força de vontade é feita de neurônios, neurotransmissores, receptores e assim por diante. Parece haver uma resposta bem mais simples — a força de vontade é o que acontece quando essa essência não biológica de você é salpicada de pó de pirlimpimpim.

E como um dos argumentos mais importantes deste livro, temos tão pouco controle sobre o lado direito como sobre o lado esquerdo da tabela. Ambos os lados são igualmente resultado de uma biologia incontrolável interagindo com um ambiente incontrolável.

Para entender a biologia do lado direito da tabela, é hora de nos concentrarmos na parte mais sofisticada do cérebro, o córtex frontal, no qual já tocamos de leve nos dois últimos capítulos.

FAZER O QUE DEVE SER FEITO QUANDO ISSO É O MAIS DIFÍCIL

Falando bem do córtex frontal, é a parte mais recente do cérebro; nós, primatas, temos, proporcionalmente, mais dele do que outros mamíferos; quando você examina variantes genéticas exclusivas dos primatas, uma porcentagem desproporcional delas é expressa no córtex frontal. Nosso córtex frontal é proporcionalmente maior e/ou mais complexamente conectado do que o de qualquer outro primata. Como foi dito no último capítulo, é a última parte do cérebro a amadurecer por completo, só estando concluída por volta dos 25 anos; isso é extraordinariamente tarde, levando em conta que quase todo o cérebro está pronto e operante poucos anos depois do nascimento. E como importante implicação desse atraso, um quarto de século de influências ambientais define a montagem do córtex frontal. É uma das partes que mais trabalham no cérebro, em termos de consumo de energia. Tem um tipo de neurônio que não se encontra em nenhuma outra parte do órgão. E sua parte mais interessante — o córtex pré-frontal (CPF) — é proporcionalmente ainda maior do que o restante dele, e de evolução mais recente.*[10]

Como lembrete, o CPF é essencial para a função executiva, para a tomada de decisões. Vimos isso no capítulo 2, onde, no alto da cadeia de comandos libetianos, havia um CPF tomando decisões até dez segundos antes de o participante se dar conta de sua intenção. O CPF, mais que tudo, lida com tomar decisões *difíceis* em face da tentação — adiamento da gratificação, planejamento de longo prazo, controle de impulsos, regulação emocional. Ele é indispensável para que você faça o que deve ser feito quando isso é o que há de mais difícil. O que é *muito* relevante para a falsa dicotomia entre quais atributos o destino lhe dá e o que você faz com eles.

O CPF COGNITIVO

Como aquecimento, examinemos o "fazer o que deve ser feito" no campo cognitivo. É o CPF que impede você de fazer uma coisa do jeito habitual quan-

* Os neuroanatomistas vão revirar no túmulo, mas de agora em diante passo a me referir a todo o córtex frontal como CPF, para simplificar.

do deveria fazê-la de um jeito novo. Bote alguém sentado diante de um computador e lhe diga: "Eis a regra — quando uma luz azul piscar na tela, aperte o botão da esquerda o mais rápido possível; quando piscar uma luz vermelha, aperte o botão da direita". Faça-o repetir muitas vezes, para pegar o jeito. "*Agora* inverta isso — luz azul, o botão da direita; vermelha, o da esquerda." Peça-lhe que faça isso por um tempo. "Agora vamos mudar de novo." A cada vez que a regra muda, o CPF está encarregado do "Lembre, azul agora significa...".

Agora, rápido, diga os meses do ano de trás para a frente. O CPF é ativado, suprimindo a resposta mil vezes aprendida — "Lembre, desta vez setembro-agosto e não setembro-outubro". Mais ativação frontal prediz um desempenho melhor aqui.

Uma das melhores maneiras de entender essas funções frontais é examinar pessoas com CPF lesionado (como depois de certos tipos de derrame ou demência). Existem imensos problemas com tarefas "invertidas" como essas. É tão difícil fazer o que deve ser feito quando se trata de uma mudança do habitual.

Assim, o CPF serve para aprender uma nova regra, ou uma nova variante de uma regra. Está implícito nisso que o funcionamento do CPF pode mudar. Quando a nova regra persiste e deixa de ser nova, ela se torna a tarefa de outros circuitos cerebrais, mais automáticos. Poucos de nós precisam ativar o CPF para urinar em outro lugar que não seja o banheiro; mas sem dúvida precisávamos quando tínhamos três anos.

"Fazer o que deve ser feito" exige dois tipos diferentes de habilidade do CPF. Há o envio do sinal decisivo "faça isto" ao longo do caminho do CPF até o córtex frontal para a área motora suplementar (a AMS do capítulo 2) e para o córtex motor. Porém, ainda mais importante, há o sinal de "e não faça isso, mesmo que seja o habitual". Ainda mais do que enviar sinais excitatórios para o córtex motor, o CPF tem a ver com inibir circuitos cerebrais habituais. Para retrocedermos de novo ao capítulo 2, o CPF é essencial para mostrar que carecemos tanto de livre-arbítrio como do poder de veto consciente da liberdade de não querer.[11]

O CPF SOCIAL

O remate de milhões de anos de evolução do córtex frontal não é recitar meses de trás para a frente, claro. É social — é suprimir o que é mais fácil de fazer do ponto de vista emocional. O CPF é o centro de nosso cérebro social. Quanto maior o tamanho médio do grupo social numa espécie de primatas, maior a porcentagem do cérebro dedicada ao CPF; quanto maior o tamanho da rede de troca de mensagens de texto de um humano, maior a sub-região específica do CPF e sua conectividade com o sistema límbico. Portanto, a sociabilidade aumenta o CPF, ou um CPF grande é que impulsiona a sociabilidade? Pelo menos em parte, o primeiro — pegue macacos alojados individualmente e os coloque juntos em grandes e complexos grupos sociais, e um ano depois o CPF de todos eles terá aumentado de tamanho; além disso, o indivíduo que emerge no topo da hierarquia apresenta o maior aumento.*[12]

Estudos de neuroimagem mostram o CPF controlando regiões do cérebro mais emocionais em prol de fazer (ou pensar) o que deve ser feito. Coloque um voluntário num scanner cerebral e mostre a ele rapidamente imagens de rostos. E, numa descoberta deprimente e bem replicada, mostre o rosto de alguém de outra raça e em cerca de 75% dos participantes há uma ativação da amígdala, a região do cérebro essencial para o medo, a ansiedade e a agressividade.** Em menos de *um décimo* de segundo.*** E então o CPF faz o que há de mais difícil. Na maioria desses participantes, alguns segundos depois que

* O que nos diz algo muito importante sobre a dominância entre os primatas. Por exemplo, para um babuíno macho, alcançar uma posição alta tem tudo a ver com músculos, caninos afiados e vencer a briga certa. Mas *manter-se* na posição elevada tem a ver com evitar brigas, ter autocontrole para ignorar provocações, desestimular brigas por ser psicologicamente intimidante, ser um parceiro de coalizão suficientemente disciplinado e estável (coisa que Finn não era) para ter sempre alguém vigiando suas costas. Um macho alfa que vive brigando não ficará no cargo por muito tempo; ser macho alfa bem-sucedido é uma arte minimalista de não guerra.

** Há um mundo de complexidade nisso. Depende de quem é a imagem — um homem forte, jovem, e a amígdala entra ruidosamente em atividade; um tipo frágil, de avó, nem tanto. Mais para um estranho do que para uma celebridade amada de outra raça — pessoa que conta como um Nós honorário. E o que dizer dos 25% que não têm a resposta da amígdala? São pessoas em geral criadas em comunidades multirraciais, que tiveram relações íntimas com gente daquela outra raça, ou que foram psicologicamente preparadas antes do experimento para processar cada face como um indivíduo. Em outras palavras, o racismo implícito codificado na amígdala está longe de ser inevitável.

*** Esses estudos produziram outra descoberta perturbadora. Quando olhamos para rostos, é ativada uma parte muito primata do córtex chamada área fusiforme de faces. E na maioria dos participantes, a face de um Eles de outra raça ativa a área fusiforme menos do que o normal. Seu rosto não conta como sendo bem um rosto.

a amígdala é ativada, o CPF entra em ação, desativando a amígdala. É uma voz frontocortical atrasada — "Não pense assim. Isso não é quem eu sou". E quem são as pessoas nas quais o CPF não amordaça a amígdala? Aquelas cujo racismo é declarada e assumidamente explícito — "Isso *é* quem eu sou".[13]

Em outro paradigma experimental, um participante num scanner cerebral joga on-line com outras duas pessoas — cada um dos três representado por um símbolo na tela, formando um triângulo. Eles lançam uma bola virtual — o participante aperta um de dois botões, determinando em qual dos dois símbolos a bola é lançada; os outros dois a lançam um para o outro, e de volta para o participante. Isso continua por um tempo, todo mundo se divertindo, até que, ah, não, as outras duas pessoas param de lançar a bola para o participante. É o pesadelo do ensino médio: "Eles sabem que sou babaca". A amígdala rapidamente é ativada, junto com o córtex insular, região associada à repulsa e à angústia. E então, depois de um atraso, o CPF inibe essas outras regiões — "Entenda a verdadeira importância disso; é só um jogo idiota". Num subconjunto de indivíduos, no entanto, o CPF não é tão ativado, e a amígdala e o córtex insular continuam funcionando, à medida que o participante sente mais angústia subjetiva. Quem são esses indivíduos debilitados? Adolescentes — o CPF ainda não está à altura de descartar o ostracismo social como insignificante. Aí está.*[14]

Mais sobre o CPF controlando a amígdala. Dê a um voluntário um leve choque de vez em quando; a amígdala desperta de maneira significativa a cada vez. Agora condicione o voluntário: um pouco antes de cada choque, mostre-lhe a imagem de algum objeto com associações de todo neutras — digamos, uma panela, uma vassoura, um chapéu. Logo a simples visão desse objeto antes inócuo ativa a amígdala.** No dia seguinte, mostre ao participante uma imagem daquele objeto que ativa nele uma resposta condicionada de medo. Ativação da amígdala. Exceto hoje, não há choque. Faça isso de novo, e de novo. Cada vez

* Estudos como este incluem um controle-chave, mostrando que é ansiedade social que está sendo gerada: os outros dois param de lançar a bola para o participante, que é informado de que isso se deve a um problema com o computador. Se é isso, e não ostracismo social, não há resposta cerebral equivalente.

** Descoberta deprimente: em vez de condicionar participantes a um objeto neutro, inócuo, condicione-o à imagem de um Eles de fora do grupo. As pessoas aprendem a associar isso a um choque mais depressa do que se fosse um membro do grupo.

sem choque. E devagar você "extingue" a resposta de medo; a amígdala para de reagir. A menos que o CPF não esteja funcionando. Ontem foi a amígdala que aprendeu que "vassouras são assustadoras". Hoje é o CPF que aprende, "mas não hoje", e acalma a amígdala.*[15]

Mais insights sobre o CPF vêm de brilhantes estudos do neurocientista Josh Greene, da Universidade Harvard. Participantes num scanner cerebral jogam repetidas partidas de um jogo de adivinhação com uma taxa de acerto de 50%. Então vem a manipulação diabolicamente engenhosa. Diga aos participantes que houve uma falha no computador e que eles não podem inserir seus palpites; diga-lhes que não há problema, pois a resposta lhes será mostrada e eles só precisam dizer se estavam certos. Em outras palavras, uma oportunidade para *trapacear*. Acrescente várias oportunidades desse tipo com a desculpa de que "deu problema de novo no computador", e você consegue perceber se alguém começa a trapacear — sua taxa de acerto fica acima de 50%. O que acontece no cérebro dos trapaceiros diante de uma tentação? Ativação maciça do CPF, o equivalente neural da pessoa lutando para decidir se trapaceia ou não.[16]

Então vem a profunda descoberta adicional. O que dizer das pessoas que jamais trapaceiam — como conseguem? Talvez seu CPF espantosamente forte prenda Satanás no chão sempre que ele tenta. Mas não é isso que ocorre. Nessas pessoas, o CPF não se mexe. A certa altura depois que "Não faça xixi nas calças" não exige mais que o CPF flexione os músculos, uma coisa equivalente aconteceu nesses indivíduos, gerando um "Eu não trapaceio" automático. Como formulado por Greene, em vez de resistir ao canto da sereia graças à "força de vontade", isso representa um estado de "graça". Fazer o que deve ser feito não é a coisa mais difícil.

O córtex frontal controla o comportamento impróprio de outras formas. Um exemplo envolve uma região cerebral chamada corpo estriado, relacionada com comportamentos automáticos, habituais, exatamente o tipo de coisa de que a amígdala tira vantagem quando é ativada. O CPF envia projeções inibi-

* O CPF está fazendo a amígdala esquecer que sinos são assustadores? Não — o insight ainda está lá, mas está sendo suprimido pelo córtex frontal. Como é que você sabe? No terceiro dia do estudo, volte à visão daquele objeto arbitrário com um choque logo em seguida. A pessoa reaprende a associação mais depressa do que aprendeu da primeira vez — a amígdala se lembra.

tórias para o estriado como um plano de backup — "Eu avisei à amígdala para não fazer isso, mas se essa maluca fizer isso assim mesmo, não lhe dê atenção".[17]

O que acontece com o comportamento social se o CPF for lesionado? Uma síndrome de "desinibição frontal". Todos nós temos pensamentos — de ódio, de lascívia, de arrogância, de petulância — que nos deixariam humilhados se alguém descobrisse. Se você for uma pessoa frontalmente desinibida, vai dizer e fazer essas coisas. Quando uma dessas doenças* ocorre num octogenário, é caso de mandá-lo ao neurologista. Quando ocorre num homem de cinquenta, quem cuida em geral é o psiquiatra. Ou a polícia. Acontece que uma porcentagem considerável de pessoas presas por crime violento tem um histórico de traumatismo craniano concussivo no CPF.[18]

COGNIÇÃO VERSUS EMOÇÃO, COGNIÇÃO E EMOÇÃO OU COGNIÇÃO VIA EMOÇÃO?

Assim, o córtex frontal não é apenas essa região cerebral, intelectual, pesando prós e contras de cada decisão e enviando lindos comandos racionais libetanos para o córtex motor — ou seja, uma função excitatória. É também um moralistazinho inibitório, apegado às regras, dizendo às partes mais emocionais do cérebro que não façam isto ou aquilo porque vão se arrepender. E, basicamente, essas outras regiões do cérebro acham que o CPF é um chato moralista que não os deixa em paz, sobretudo quando fica provado que tem

* Eis alguns factoides que ressaltam até que ponto demandas sociais esculpem a evolução do CPF. O CPF contém um tipo de neurônio que não existe em nenhum outro lugar do cérebro. Para torná-lo mais legal, por um tempo as pessoas achavam que esses "neurônios de Von Economo", introduzidos na nota de rodapé da página 69, só ocorriam em humanos. Mas uma coisa ainda mais legal é que eles ocorrem também nas espécies mais socialmente complexas que existem — outros primatas, elefantes e cetáceos. Uma doença neurológica chamada demência frontotemporal comportamental demonstra que danos ao CPF causam comportamento social inadequado. Quais são os primeiros neurônios que morrem nessa doença? Os de Von Economo. Assim, o que quer que eles façam (e isso não está muito claro), traz escrito a frase "A coisa mais difícil de fazer". (Breve aparte de interesse apenas para alguns leitores: apesar das alegações neurocientíficas pseudo-Nova Era, os neurônios de Von Economo não são neurônios-espelho responsáveis pela empatia. Eles não são neurônios-espelho. E neurônios-espelho não produzem empatia. Não me provoquem.)

razão. Isso gera uma dicotomia (*spoiler*: falsa) de que existe uma divisão significativa entre pensamento e emoção, entre o córtex, capitaneado pelo CPF, e a parte do cérebro que processa emoções (em termos gerais chamada de sistema límbico, contendo a amígdala junto com outras estruturas* relacionadas à excitação sexual, ao comportamento materno, à tristeza, ao prazer, à agressividade...).

A imagem de um conflito de vontades entre o CPF e o sistema límbico sem dúvida faz sentido agora. Afinal, é o CPF dizendo ao sistema límbico para parar com esses pensamentos racistas implícitos, para avaliar melhor o significado de um jogo idiota, para resistir à tentação de trapacear. E é o sistema límbico que perde o controle com coisas malucas quando o CPF se cala — por exemplo, durante o sono REM, quando estamos dormindo. Mas não é sempre que as duas regiões se digladiam.** Às vezes elas apenas têm diferentes jurisdições. O CPF cuida de 15 de abril; o sistema límbico, de 14 de fevereiro. O primeiro faz com que você respeite *Caminhos da floresta* mesmo a contragosto; o último faz você verter lágrimas durante *Os miseráveis*, apesar de saber que está sendo manipulado. O primeiro é envolvido quando júris decidem se o réu é culpado ou inocente; o último, quando decidem com que rigor punir o culpado.[19]

Mas — e esse é um ponto de fato crucial —, em vez de estarem em oposição ou ignorarem um ao outro, o CPF e o sistema límbico quase sempre estão entrelaçados. Para fazer o que deve ser feito, e que é o mais difícil, o CPF requer uma quantidade imensa de input límbico, emocional.

Para compreender isso, precisamos nos aprofundar nas minúcias, examinando duas sub-regiões do CPF.

A primeira é o CPF dorsolateral (CPFdl), o decisor racional definitivo no córtex frontal. Como uma boneca russa, o córtex é a parte mais nova do cérebro a evoluir, o córtex frontal é a parte mais nova do córtex, o CPF é a parte mais nova do córtex frontal e o CPFdl é a parte mais nova do CPF.

O CPFdl é a última parte do CPF a amadurecer por completo. Ele é a essência do CPF como superego excessivamente rigoroso. É a parte mais ativa do

* Como o hipocampo, o septo, a habênula, o hipotálamo, os corpos mamilares e o núcleo *accumbens*.

** E, de considerável importância, abordaremos situações em que o sistema límbico convence o CPF a aprovar decisões fortemente emocionais.

CPF durante as tarefas de "contar os meses de trás para a frente", ou quando avalia uma tentação. É um feroz utilitarista — mais atividade do CPFdl durante uma tarefa de julgamento moral prediz que o participante escolherá matar uma pessoa inocente para salvar cinco.[20]

O que acontece quando o CPFdl é silenciado é de fato informativo. Isso pode ser feito por via experimental com uma técnica muito legal chamada estimulação magnética transcraniana (introduzida na nota de rodapé da página 34), pela qual um forte pulso magnético no couro cabeludo pode temporariamente ativar ou desativar a pequena área de córtex logo abaixo. Ative o CPFdl desse jeito e os participantes se tornam mais utilitários ao decidir sacrificar um para salvar muitos. Desative o CPFdl e os participantes ficam mais impulsivos — eles consideram injusta uma oferta ruim num jogo econômico, mas não têm o autocontrole necessário para aguardar uma recompensa melhor. Isso tem tudo a ver com sociabilidade — manipular o CPFdl não tem qualquer efeito se os participantes acharem que o adversário é um computador.*[21]

Há também pessoas que sofreram danos seletivos no CPFdl. O resultado é exatamente o que seria de esperar — prejuízo no planejamento ou adiamento da gratificação, perseverança em estratégias que oferecem recompensa imediata, além de fraco controle executivo de comportamento social inadequado. Um cérebro sem voz dizendo: "Eu, se fosse você, não faria isso".

A outra sub-região essencial do CPF é chamada de córtex pré-frontal ventromedial (CPFvm), e, simplificando ao extremo as coisas, ela é o oposto do CPFdl. O CPFdl está sobretudo recebendo inputs de outras regiões corticais, pesquisando os distritos externos para descobrir seus pensamentos bem ponderados. Mas o CPFvm traz informações do sistema límbico, aquela região do cérebro desfalecente e sobrecarregada de emoção — o CPFvm é como o CPF descobre o que você está sentindo.**

* Atenção, lacaios capitalistas: um estudo usou estimulação magnética transcraniana para manipular a projeção do CPFdl nas vias de recompensa dopaminergéticas no corpo estriado, alterando transitoriamente o gosto musical das pessoas — aprimorando a apreciação subjetiva de uma peça musical e a resposta fisiológica a ela... bem como aumentando o valor monetário que os participantes atribuem à música.

** A partir dos anos 1960, o estimado neuroanatomista Walle Nauta, do Instituto de Tecnologia de Massachusetts (MIT), quase arruinou a carreira ao declarar que o CPFvm deveria ser

O que acontece se o CPFvm estiver lesionado? Só coisas boas, se você não gosta de emoções. Para essa tribo, somos melhores quando funcionamos como máquinas racionais, otimizadas, pensando bem para tomarmos nossas melhores decisões morais. Segundo essa visão, o sistema límbico atrapalha a tomada de decisões por ser muito sentimental, cantar alto demais, vestir-se de maneira extravagante e ter quantidades perturbadoras de pelos nas axilas; se pudéssemos nos livrar do CPFvm, seríamos mais calmos, mais racionais e funcionaríamos melhor.

Uma descoberta bastante significativa: alguém com danos no CPFvm toma decisões terríveis, mas de um tipo bem diferente de alguém com danos no CPFdl. Para começar, pessoas com danos no CPFvm têm dificuldade para tomar decisões, porque não sentem em seu íntimo como deveriam decidir. Enquanto tomamos uma decisão, o CPFdl filosofa, conduz experimentos mentais sobre que decisão tomar. O que o CPFvm relata ao CPFdl são os resultados de um experimento *sentimental*. "Como me sentirei se fizer X e Z acontecer?" E sem esse input visceral, é dificílimo tomar decisões.[22]

Além disso, as decisões tomadas podem ser erradas por qualquer padrão. Pessoas com danos no CPFvm não mudam de comportamento com base em feedback negativo. Suponhamos que participantes escolham repetidas vezes entre duas tarefas, uma das quais traz mais recompensa. Troque a tarefa que traz mais recompensa e as pessoas em geral mudam de estratégia (ainda que não estejam conscientes da mudança nas taxas de recompensa). Mas com danos no CPFvm o indivíduo pode até dizer que a outra tarefa é que ficou mais compensadora... enquanto se apega à tarefa anterior. Sem um CPFvm, você ainda sabe o que significa feedback negativo, mas não tem capacidade de entender isso em termos emocionais.[23]

Como vimos, danos no CPFdl produzem comportamentos inadequados, emocionalmente desinibidos. Mas sem um CPFvm, você sofre uma espécie de secura emocional, de desapego insensível. É o caso da pessoa que, ao encontrar alguém, diz: "Oi, que bom ver você. Vejo que está bem acima do peso". E

---

visto como parte do sistema límbico. Horror — o córtex trata de resolver o teorema de Fermat, e não de ficar choroso quando Mimi morre nos braços de Roger. E levou anos para que todos percebessem que o CPFvm é o portal do sistema límbico para o CPF.

quando repreendida mais tarde pelo parceiro envergonhado, pergunta, com calma perplexidade: "Como assim? É verdade". Ao contrário da maioria de nós, aqueles que têm dano no CPFvm não defendem punição mais severa para crimes violentos em comparação com crimes não violentos, não alteram o jeito de jogar se acham que estão jogando contra um computador, e não contra um humano, e não distinguem entre um ente querido e um estranho ao decidir sacrificar um para salvar cinco. O CPFvm não é o apêndice vestigial do CPF, onde a emoção é como apendicite, inflamando um cérebro sensível. Na verdade, é essencial.

Portanto, o CPF faz a coisa mais difícil quando isso é o que deve ser feito. Mas, como ponto crucial, *deve ser feito* é usado num sentido neurobiológico e instrumental, e não num sentido moral.

Consideremos a mentira e o papel óbvio que o CPF desempenha quando se resiste à tentação de mentir. Mas você também usa o CPF para mentir bem; mentirosos patológicos, por exemplo, têm conexões atipicamente complexas nessa região do cérebro. Além disso, mentir bem é algo isento de valor, é amoral. Uma criança treinada em ética situacional mente ao dizer que adorou o jantar preparado pela avó. Um monge budista joga dados mentirosos magnificamente. Um ditador inventa que ocorreu um massacre como pretexto para invadir um país. Um financista com esquemas de pirâmide no sangue frauda investidores. Como em muita coisa relacionada ao córtex frontal, é tudo contexto, contexto, contexto.

Concluído esse passeio pelo CPF, voltamos à falsa e por demais destrutiva dicotomia entre seus atributos, os dons e fraquezas naturais que você simplesmente tem porque tem e suas escolhas em tese feitas com liberdade sobre o que fazer com esses atributos.

"Coisas biológicas"	Você tem garra?
Ter impulsos sexuais destrutivos	Você resiste a eles?
Ser um maratonista nato	Você supera a dor?
Não ser tão brilhante	Você vence estudando mais?
Ter tendência ao alcoolismo	Você pede cerveja sem álcool?
Ter um rosto lindo	Você resiste a concluir que tem direito a que as pessoas sejam legais com você por causa disso?

EXATAMENTE A MESMA COISA

Examine mais uma vez as ações na coluna da direita, as encruzilhadas que testam nossa determinação. Você resiste a ceder a seus impulsos sexuais destrutivos? Aguenta a dor, trabalha duro para superar suas fraquezas? Dá para perceber aonde estamos indo; se quiser terminar este parágrafo e depois pular o resto do capítulo, aqui estão os três desfechos: a) garra, caráter, espinha dorsal, tenacidade, fortes princípios morais, espírito decidido prevalecendo sobre a carne fraca, tudo isso é produzido pelo CPF; b) o CPF é feito de material biológico idêntico ao resto do cérebro; c) seu CPF atual é o resultado de toda essa biologia incontrolável interagindo com todo esse ambiente incontrolável.

O capítulo 3 explorou a resposta biológica à pergunta "Por que esse comportamento acaba de ocorrer?", sendo a resposta: Por causa do que veio um segundo antes, e um minuto antes, e... Agora fazemos a pergunta mais específica sobre por que o CPF funcionou como acaba de funcionar. E a resposta é a mesma.

O LEGADO DOS SEGUNDOS PRECEDENTES A UMA HORA

Você senta lá, alerta, concentrado na tarefa. Cada vez que a luz azul acende, você logo aperta o botão da esquerda; luz vermelha, o da direita. Então, a regra se inverte — azul, da direita, vermelha, da esquerda. Depois se inverte de novo, e depois de novo...

O que acontece em seu cérebro durante essa tarefa? Cada vez que uma luz acende, seu córtex visual é brevemente ativado. Um instante depois, há uma breve ativação da via que transporta essa informação do córtex visual para o CPF. Um instante depois, as vias de lá para seu córtex motor e depois do córtex motor para seus músculos ativam seu córtex motor para os músculos. O que acontece DENTRO do CPF? É estar lá sentado tendo que se concentrar, repetindo "Azul esquerda, vermelha direita" ou "Azul direita, vermelha esquerda". É trabalhar muito *o tempo todo*, cantando qual é a regra em vigor. Quando você tenta fazer o que deve fazer, que é a coisa mais difícil, o CPF se torna a parte mais dispendiosa do cérebro.

Dispendiosa. Bela metáfora. Mas não é metáfora. Qualquer neurônio do

CPF está disparando sem parar, cada potencial de ação desencadeando ondas de íons fluindo através de membranas e depois tendo que ser encurralados e bombeados de volta para onde começaram. E esses potenciais de ação podem ocorrer *cem vezes por segundo*, enquanto você está concentrado na regra agora em vigor. Esses neurônios do CPF consomem quantidades industriais de energia.

Pode-se demonstrar isso com técnicas de imagens cerebrais, mostrando como um CPF em operação consome toneladas de glicose e oxigênio do fluxo sanguíneo, ou medindo quanto dinheiro bioquímico está disponível em cada neurônio a qualquer momento.* O que leva ao principal argumento desta seção, que é: quando não tem energia suficiente a bordo, o CPF *não funciona direito.*

Esta é a base celular de conceitos como "carga cognitiva" ou "reserva cognitiva", mencionados no capítulo 3.** À medida que seu CPF trabalha duro para cumprir uma tarefa, essas reservas são esgotadas.[24]

Por exemplo, coloque uma tigela de M&M's diante de alguém que está de dieta. "Aqui, sirva-se à vontade." A pessoa tenta resistir. E se acaba de fazer uma coisa que exige esforço frontal, ainda que seja uma tarefa tolamente irrelevante com luz vermelha/luz azul, ela come mais confeitos do que de costume. Nas palavras de parte do gracioso título de um artigo sobre o assunto, "Não nos deixeis esgotar em tentação". A mesma coisa ao contrário — esgote a reserva frontal permanecendo sentado durante quinze minutos e resistindo àqueles M&M's e depois você se sairá muito mal em luz vermelha/luz azul.[25]

A função e a autorregulação do CPF vão por água abaixo se você estiver aterrorizado ou sentindo dores — o CPF usa energia para lidar com o estresse. Lembremo-nos do efeito Macbeth, no qual refletir a respeito de uma coisa antiética que você fez prejudica a cognição frontal (a não ser que tenha se livrado dessa sujeira opressiva lavando as mãos). A competência frontal diminui até quando o impede de se distrair com uma coisa positiva — é maior a probabilidade de pacientes morrerem em consequência de uma cirurgia se ela for realizada no dia do aniversário do cirurgião.[26]

* Dinheiro = ATP, também conhecido como trifosfato de adenosina, apenas para remexer nos recessos de sua memória, trazendo à tona um factoide da biologia do primeiro ano do ensino médio.

** Conceitos similares invocados incluem "esgotamento do ego" e "fadiga da decisão". Ver notas sobre como os conceitos centrais de reserva cognitiva e esgotamento do ego têm sido severamente criticados nos últimos anos.

A fadiga também esgota os recursos frontais. À medida que o dia de trabalho avança, os médicos escolhem o caminho mais fácil, pedindo menos exames, tendendo mais a receitar opiáceos (mas não um remédio sem graves efeitos adversos, como um anti-inflamatório, ou fisioterapia). Participantes têm maior probabilidade de se comportar de forma antiética e ficar menos reflexivos do ponto de vista moral à medida que o dia avança, ou depois de terem se esforçado numa tarefa cognitivamente desafiadora. Num estudo bastante perturbador de médicos de pronto-socorro, quanto mais exigente, em termos cognitivos, for a jornada de trabalho (medida pela carga de pacientes), mais altos são os níveis de preconceito racial implícito no fim do dia.[27]

O mesmo ocorre com a fome. Eis um estudo que deveria fazer você parar e pensar (e foi mencionado pela primeira vez no último capítulo). Pesquisadores estudaram um grupo de juízes que supervisionavam mais de mil decisões de conselhos de livramento condicional. O que melhor predizia se um juiz ia conceder livramento condicional ou mais tempo de cadeia? O tempo decorrido desde sua última refeição. Aparecer diante de um juiz logo após ele ter comido significava cerca de 65% de chance de livramento condicional; poucas horas depois disso, a chance era de quase 0%.*[28]

De que se trata aqui? Não é como se os juízes ficassem meio tontos no fim da tarde, falando arrastado, confundindo-se e prendendo o estenógrafo do tribunal. O psicólogo e prêmio Nobel Daniel Kahneman, ao discutir esse estudo, sugere que à medida que as horas vão passado depois da última refeição, e o CPF fica menos capaz de se concentrar nos detalhes de cada caso, o juiz tende a optar pela saída mais fácil, mais automática, que é mandar a pessoa de volta para a cadeia. Apoio importante para essa ideia vem de um estudo no qual participantes tinham que tomar decisões de complexidade crescente; à medida que o experimento avançava, quanto mais lento se tornasse o CPFdl durante a deliberação, mais propensos se tornavam os participantes a recorrerem a uma decisão habitual.[29]

* A descoberta foi contestada por alguns críticos, que sugeriram que se tratava de um artefato estatístico da forma como as audiências de livramento condicional eram conduzidas; os autores voltaram a analisar os dados para controlar essas possibilidades, mostrando, de maneira convincente, que os efeitos persistiam. Um estudo adicional mostrou o padrão idêntico: participantes liam os perfis dos candidatos a emprego pertencentes a minorias; quanto mais tempo se passava depois da última refeição, menos tempo era dedicado a cada pedido.

Por que negar livramento condicional é a resposta fácil e habitual? Porque exige menos do CPF. Diante de você está alguém que fez coisas ruins, mas vem se comportando bem na cadeia. Só um CPF extremamente dinâmico e enérgico vai tentar compreender, *sentir*, o que tem sido a vida do prisioneiro — definida por horrível má sorte —, vai tentar ver o mundo de sua perspectiva, estudar seu rosto em busca de indícios de mudança e de potencial sob a expressão dura. É preciso muito esforço frontal para que um juiz se coloque no lugar de um prisioneiro antes de decidir sobre o livramento condicional. E refletindo isso, em todas essas decisões judiciais, os juízes levaram em média mais tempo para conceder o livramento condicional do que para mandar de volta para a cadeia.* **[30]

Assim, o que ocorre no mundo à nossa volta modula a capacidade de resistência de nosso CPF àqueles M&M's, ou uma decisão judicial rápida e fácil. Outro fator relevante é a química cerebral que regula o grau de tentação de uma tentação. Isso tem muito a ver com o neurotransmissor dopamina liberado no CPF a partir de neurônios originários do núcleo *accumbens* no sistema límbico. O que a dopamina está fazendo no CPF? Sinalizando a saliência de uma tentação, o quanto seus neurônios imaginam o ótimo sabor do M&M's. Quanto mais dopamina é despejada no CPF, mais forte é o sinal de saliência da tentação, maior o desafio para ele resistir. Aumente os níveis de dopamina em seu CPF e você de repente terá dificuldade para controlar seus impulsos.*** E, como seria de esperar, há todo um mundo de fatores fora de seu controle influenciando a quantidade de dopamina que vai saturar seu CPF (ou seja, entender o sistema de dopamina também requer a análise de um segundo antes, um século antes...).[31]

* "Minha nossa, esse cara é um liberal mole demais." Não. *Bem mais* que isso — você vai ver.
** Na mesma linha, funcionários do departamento de crédito ficam mais propensos a recusar pedidos de empréstimo à medida que o dia avança. De maneira análoga, atores experientes sabem que devem evitar o horário pouco antes do almoço e no fim do dia para fazer um teste.
*** Como isso foi aprendido? Do jeito difícil. A doença de Parkinson, um distúrbio de movimento no qual iniciar movimentos voluntariamente fica difícil, é causada por uma falta de dopamina numa parte não relacionada do cérebro. Então tratamos isso elevando os níveis de dopamina da pessoa (o que é feito usando-se um medicamento chamado levodopa; uma longa história). Não é preciso furar a cabeça da pessoa para infundir o fármaco direto naquela parte do cérebro. Na verdade, ela engole um comprimido de levodopa, resultando em mais dopamina naquela parte afetada do cérebro... bem como no restante dele, incluindo o CPF. Resultado? Um efeito colateral de regimes de altas doses de levodopa pode ser comportamentos como jogo compulsivo.

Naqueles segundos ou horas anteriores, informações sensoriais modulam a função do CPF sem que você perceba. Faça um participante cheirar um frasco de suor de alguém amedrontado e sua amígdala será ativada, ficando mais difícil para o CPF controlá-la.* E veja só este exemplo de como alterar com rapidez a função frontal — pegue um heterossexual masculino comum, exponha-o a um estímulo específico e seu CPF fica mais propenso a decidir que atravessar a rua fora da faixa de pedestre é uma boa ideia. Que estímulo específico é esse? A proximidade de uma mulher bonita. Eu sei, é patético.**[32]

Portanto, coisas muitas vezes fora de nosso controle — estresse, dor, fome, fadiga, de quem é o suor que você está cheirando, quem se encontra em sua visão periférica — podem modular a eficácia com que seu CPF executa seu trabalho. Em geral, sem que você saiba que está acontecendo. Nenhum juiz, se indagado sobre o motivo de sua decisão judicial, vai citar seus níveis de glicose no sangue. Com certeza vamos ouvir um discurso filosófico a respeito de um barbudo de toga já morto.

Para fazer uma pergunta derivada do último capítulo, será que essas conclusões provam que não existe determinação por livre escolha? Mesmo que os efeitos sejam imensos (o que é raro, embora taxas de livramento condicional de 65% versus quase zero no estudo de juízes e fome não sejam pouca coisa), a resposta é não por si mesmas. Agora, ampliemos a visão.

O LEGADO DAS HORAS A DIAS ANTERIORES

Isso nos leva ao reino do que os hormônios têm feito com o CPF quando é preciso mostrar o que seria interpretado como persistência proativa.

* Ah, esse experimento foi sobre o quê? O suor amedrontado veio de amostras tiradas com cotonete das axilas de pessoas depois do seu primeiro salto de paraquedas. Qual é o grupo de controle? Suor de pessoas felizes que acabaram de fazer uma agradável corrida pelo parque. Nada melhor que ciência; adoro essas coisas.

** A propósito, mulheres heterossexuais não passam a se comportar de forma igualmente estúpida por causa da proximidade de um galã. Outro estudo mostrou que skatistas homens fizeram manobras mais arriscadas, com mais quedas, quando perto de uma mulher bonita. (Só para mostrar que a ciência foi rigorosa, a beleza foi avaliada por equipes de jurados independentes. E nas palavras dos autores, "as avaliações da beleza foram comprovadas por muitos comentários informais e pedidos de número de telefone da parte dos skatistas".)

Como lembrete dos últimos capítulos, elevações de testosterona durante esse período de tempo tornam as pessoas mais impulsivas, mais confiantes e mais dispostas a se arriscar, mais egocêntricas, menos generosas ou empáticas e mais propensas a reagir com agressividade a uma provocação. Os glicocorticoides e o estresse tornam as pessoas mais incompetentes em função executiva e controle de impulso e mais propensas a perseverar numa resposta corriqueira a um desafio que não está funcionando, em vez de mudar de estratégia. E existe a oxitocina, que melhora a confiança, a sociabilidade e o reconhecimento social. O estrogênio aprimora a função executiva, a memória operacional e o controle de impulsos e torna as pessoas mais aptas na troca rápida de tarefas quando necessário.[33]

Muitos desses efeitos hormonais ocorrem no CPF. Tenha uma manhã estressante ao extremo e ao meio-dia glicocorticoides terão mudado a expressão genética no CPFdl, tornando-o menos excitável e menos capaz de interagir com a amígdala e acalmá-la. Enquanto isso, o estresse e os glicocorticoides tornam o CPFvm emocional mais excitável e mais impermeável ao feedback negativo sobre comportamento social. O estresse também causa liberação no CPF de um neurotransmissor chamado norepinefrina (espécie de equivalente cerebral da adrenalina), que também perturba o CPFdl.[34]

Nesse meio-tempo, a testosterona terá mudado a expressão genética em neurônios em outra parte do CPF (chamada córtex orbitofrontal), tornando-os mais sensíveis a um neurotransmissor inibitório, acalmando os neurônios e diminuindo a capacidade deles de falar de maneira racional com o sistema límbico. A testosterona também reduz a integração entre uma parte do CPF e uma região implicada na empatia; isso ajuda a explicar por que o hormônio torna as pessoas menos precisas na avaliação das emoções de alguém olhando em seus olhos. Enquanto isso, a oxitocina tem seus efeitos pró-sociais fortalecendo o córtex orbitofrontal e alterando as taxas com que o CPFvm utiliza os neurotransmissores serotonina e dopamina. E há também o estrogênio, que não só aumenta o número de receptores para o neurotransmissor acetilcolina, mas até altera a estrutura de neurônios no CPFvm.*[35]

Por favor me diga que você não está anotando esses factoides para memorizar. A questão é a natureza mecanicista de tudo isso. Dependendo de onde

* Minúcias: não só no CPF ventromedial, mas em todo o "CPF medial".

você está em seu ciclo ovulatório, se é no meio da noite ou no meio do dia, se alguém lhe deu um maravilhoso abraço que a deixou arrepiada até agora, ou se alguém lhe deu um ultimato ameaçador que a deixou tremendo até agora — engrenagens e peças de seu CPF vão funcionar de maneira diferente. E, como antes, raramente com efeitos grandes o bastante para arruinar de vez o mito da determinação como coisa autônoma. Só mais uma peça.

O LEGADO DOS DIAS A ANOS ANTERIORES

O capítulo 3 tratou de como, nesse período, a estrutura e a função do cérebro podem mudar de maneira drástica. Lembremo-nos de que anos de depressão podem atrofiar o hipocampo, que o tipo de trauma que produz TEPT pode aumentar a amígdala. É claro que a neuroplasticidade em resposta a experiências ocorre também no CPF. Sofra de depressão ou, num grau menor, de transtorno de ansiedade durante anos e o CPF atrofia; quanto mais tempo o transtorno de humor persistir, maior será a atrofia. Estresse prolongado ou exposição a níveis elevados de glicocorticoides têm o mesmo efeito; o hormônio suprime o nível ou a eficácia de um fator-chave de crescimento neuronal chamado BDNF* no CPF, causando tanta retração de espinhas dendríticas e de ramos dendríticos que as camadas do CPF afinam. Isso compromete a função do CPF, incluindo uma reviravolta deveras danosa: como já foi comentado, a amígdala, quando ativada, ajuda a dar início à resposta do corpo ao estresse (incluindo a secreção de glicocorticoides). O CPF trabalha para acabar com essa resposta ao estresse acalmando a amígdala. Elevados níveis de glicocorticoides prejudicam a função do CPF; ele não é muito bom para acalmar a amígdala, resultando na secreção de níveis cada vez mais elevados de glicocorticoides, que por sua vez prejudicam... um círculo vicioso.[36]

A lista de outros reguladores é longa. O estrogênio faz com que os neurônios do CPF formem ramos mais espessos, mais complexos, conectando-se a outros neurônios; remova por completo o estrogênio e alguns neurônios do CPF morrem. O abuso do álcool destrói neurônios nesse córtex orbitofrontal, que encolhe; quanto mais encolhe, maior a probabilidade de que um alcoólatra

* *Brain-derived neurotrophic factor* [fator neurotrófico derivado do cérebro].

abstinente sofra uma recaída. O uso crônico de *cannabis* diminui o fluxo sanguíneo e a atividade tanto no CPFdl como no CPFvm. Faça exercícios aeróbicos regularmente e os genes relacionados à sinalização de neurotransmissores são ativados no CPF, mais fator de crescimento BDNF é produzido e a interação de atividades de várias sub-regiões do CPF fica mais firme e eficiente; ocorre mais ou menos o oposto com os transtornos alimentares. A lista prossegue.[37]

Alguns desses efeitos são sutis. Se quiser ver uma coisa nada sutil, observe o que acontece dias ou anos depois que o CPF é danificado por uma lesão cerebral traumática (LCT — à Phineas Gage), ou demência frontotemporal redux. Danos extensos ao CPF aumentam a probabilidade, muito tempo depois, de comportamento desinibido, de tendências antissociais e de violência, fenômeno que tem sido chamado de "sociopatia adquirida"* — de maneira notável, esses indivíduos podem dizer, por exemplo, que matar é errado; sabem disso, mas não conseguem regular seus impulsos. Mais ou menos metade das pessoas presas por violenta criminalidade antissocial tem uma história de LCT, em comparação com 8% da população geral; ter tido uma LCT aumenta a probabilidade de reincidência em populações carcerárias. Além disso, estudos de neuroimagem revelam elevadas taxas de anomalias estruturais e funcionais no CPF entre prisioneiros com histórico de criminalidade violenta, antissocial.**[38]

E há também o efeito de décadas sofrendo discriminação racial, um preditor de saúde ruim em todas as partes do corpo. Afro-americanos com históricos mais severos de discriminação (com base na pontuação de um questionário, que leva em consideração o TEPT e histórico de trauma) apresentam maiores níveis de atividade *em repouso* na amígdala e maior interação entre a amígdala e as regiões que ela ativa subsequentemente. Se os participantes desse deplorável paradigma de exclusão social (onde os outros dois jogadores param de lançar a bola virtual para você) são afro-americanos, quanto mais o ostracismo for atribuído ao racismo, mais ativação do CPFvm haverá. Em outro estudo de neuroimagem, o desempenho numa tarefa frontal diminuiu em

* Por falar nisso, *psicopatia* e *sociopatia* não são a mesma coisa, e para mim é tão difícil distingui-las como usar "este" ou "esse". Existem diferenças cruciais entre as duas. No entanto, bárbaros que somos, vamos nos concentrar nas semelhanças e usar os termos indistintamente.

** Taxas elevadas em comparação com quem? Com ganhadores do prêmio Nobel? Os grupos de comparação nessa literatura são pessoas não encarceradas e/ou pessoas presas por crimes não violentos semelhantes em termos demográficos.

participantes expostos a imagens de aranhas (e não de pássaros); entre participantes afro-americanos, quanto mais histórico de discriminação havia, mais as aranhas ativaram o CPFvm e mais o desempenho diminuiu. Quais são os efeitos de um histórico de discriminação prolongada? Um cérebro num estado de repouso sem baixar a guarda, que é mais reativo a ameaças percebidas, e um CPF sobrecarregado por uma torrente de relatos do CPFvm acerca desse constante estado de doença.[39]

Para resumir esta seção, quando você tenta fazer a coisa mais difícil que é a melhor, o CPF com o qual você está trabalhando exibirá as consequências do que quer que os anos anteriores lhe tenham trazido.

O LEGADO DA ÉPOCA DAS ESPINHAS

Pegue o último parágrafo, substitua *os anos anteriores* por *adolescência*, sublinhe toda a seção e você está pronto. O capítulo 3 forneceu os fatos essenciais: a) quando você é adolescente, seu CPF ainda tem pela frente uma tonelada de construção; b) já o sistema de dopamina, crucial para recompensa, antecipação e motivação, está a todo vapor, de modo que o CPF não tem a menor chance de controlar de fato a busca de emoções, a impulsividade, o desejo de novidade, o que significa que os adolescentes se comportam de um jeito adolescente; c) se o CPF adolescente ainda é um canteiro de obras, essa época da vida é o último período em que ambiente e experiência têm grande influência sobre seu CPF adulto;* d) a maturação frontocortical tardia deve ter evoluído justamente para que a adolescência tenha essa influência — de que outra forma dominaríamos as divergências entre a letra e o espírito das leis da sociabilidade?

Assim, a experiência social adolescente, por exemplo, vai alterar a forma como o CPF regula o comportamento social nos adultos. De que maneira? Pro-

* Só para lembrar algo do capítulo 3, a maturação frontocortical durante a adolescência não corresponde à etapa final da construção de novas sinapses, projeções neuronais e circuitos. Na verdade, o córtex frontal do início da adolescência tem *mais* dessas coisas, é proporcionalmente maior, do que o córtex frontal adulto. Em outras palavras, a maturação frontocortical durante esse período consiste em aparar os circuitos e sinapses supérfluos, menos eficientes, reduzindo-os a seu córtex frontal adulto.

cure os suspeitos de sempre. Muitos glicocorticoides, muito estresse (físico, psicológico, social) durante a adolescência e seu CPF não será o melhor que poderia ser na vida adulta. Haverá menos sinapses e ramificações dendríticas menos complexas no CPFvm e no córtex orbitofrontal, além de mudanças permanentes no modo como os neurônios do CPF respondem ao neurotransmissor excitatório glutamato (devido a persistentes mudanças na estrutura de um dos principais receptores de glutamato). O CPF adulto será menos eficaz para inibir a amígdala, tornando mais difícil desaprender o medo condicionado, e menos eficaz para impedir o sistema nervoso automático de reagir com exagero a um susto. Controle de impulsos prejudicado, tarefas cognitivas dependentes do CPF prejudicadas. O de sempre.[40]

Por outro lado, um ambiente enriquecido e estimulante durante a adolescência tem grandes efeitos no CPF adulto resultante e pode reverter alguns efeitos da adversidade na infância. Por exemplo, um ambiente enriquecido durante a adolescência provoca mudanças permanentes na regulação genética no CPF, produzindo níveis adultos mais elevados de fatores de crescimento neuronal, como o BDNF. Além disso, embora o estresse pré-natal cause reduções nos níveis de BDNF (fique atento), o enriquecimento adolescente pode reverter esse efeito. Todas as mudanças que prejudicam a capacidade do CPF de controlar impulsos e adiar a gratificação. Portanto, se quiser ter melhor desempenho nas coisas mais difíceis quando adulto, certifique-se de escolher a adolescência certa.[41]

MAIS PARA TRÁS

Volte agora ao parágrafo que você sublinhou, discutindo "o que quer que a adolescência lhe tenha trazido", substitua *adolescência* por *infância* e sublinhe o parágrafo mais dezoito vezes. Veja só, o tipo de infância que você teve define a construção do CPF na época e o tipo de CPF que terá na vida adulta.*

Por exemplo, não surpreende que maus-tratos na infância produzam crianças com um CPF menor, menos massa cinzenta e alterações em circuitos:

* Ainda que o desenvolvimento do CPF só esteja concluído aos vinte e poucos anos, a construção começa na vida fetal.

menos comunicação entre diferentes sub-regiões do CPF, menos interação entre o CPFvm e a amígdala (e quanto maior o efeito, mais a criança é propensa à ansiedade). As sinapses no cérebro são menos excitáveis; há mudanças no número de receptores para vários neurotransmissores e mudanças em expressão genética e nos padrões de marcação epigenética dos genes — ao lado de prejuízos na função executiva e no controle de impulsos. Muitos desses efeitos ocorrem nos primeiros cinco anos de vida. Poderia surgir aqui uma dificuldade para determinar causa e efeito — a suposição nesta seção é que os maus-tratos causam essas mudanças no cérebro. Mas que dizer da possibilidade de que crianças que já têm essas diferenças se comportem de tal maneira que ficam mais expostas a maus-tratos? Isso é muitíssimo improvável — os maus-tratos em geral precedem as mudanças de comportamento.[42]

Também não é de surpreender que essas mudanças no CPF na infância persistam na vida adulta. Maus-tratos na infância produzem um CPF adulto menor, mais fino e com menos massa cinzenta, com atividade alterada em resposta a estímulos emocionais, níveis alterados de receptores para vários neurotransmissores, interação enfraquecida entre ele e regiões dopaminérgicas de "recompensa" (predizendo risco maior de depressão) e interação enfraquecida com a amígdala também, predizendo maior tendência a responder a frustrações com raiva ("traço de raiva"). E, mais uma vez, todas essas mudanças estão associadas a um CPF adulto não tão bom quanto poderia ser.[43]

Assim, maus-tratos na infância produzem um CPF adulto diferente. E, o que é triste, ter sido vítima deles quando criança produz um adulto com maior probabilidade de maltratar o próprio filho; com *um* mês de idade, os circuitos do CPF já são diferentes em crianças cujas mães sofreram maus-tratos na infância.[44]

Essas descobertas são relativas a dois grupos de pessoas — as que sofreram e as que não sofreram maus-tratos na infância. Que tal examinarmos todo o espectro da sorte? Que dizer dos efeitos do status socioeconômico da infância em nosso reino de suposta determinação?

Não surpreende que o status socioeconômico da família de uma criança prediga o tamanho, o volume e o conteúdo de massa cinzenta do CPF em crianças do jardim de infância. O mesmo é válido para crianças pequenas. Para bebês de seis meses. De *quatro semanas* de idade. A vida é tão injusta que dá vontade de gritar.[45]

Todas as peças individuais dessas descobertas vêm disso. O status socioeconômico prediz quanto do CPFdl de uma criança pequena é ativado e recruta outras regiões cerebrais durante uma tarefa executiva. Prediz mais capacidade da amígdala de dar respostas a ameaças físicas ou sociais, um sinal de ativação mais forte que carrega essa resposta emocional para o CPF via CPFvm. E esse status prediz todas as medidas possíveis de função executiva frontal em crianças; naturalmente, status socioeconômico mais baixo prediz um desenvolvimento do CPF mais fraco.[46]

Há indícios quanto aos mediadores. Aos seis anos, o baixo status já prediz elevados níveis de glicocorticoides; quanto mais altos os níveis, menos atividade no CPF em média.* Além disso, os níveis de glicocorticoides em crianças são influenciados não apenas pelo status socioeconômico da família, mas também pelo dos vizinhos.** O aumento do estresse medeia a relação entre baixo status e menos ativação do CPF em crianças. Como tema relacionado, o status socioeconômico mais baixo prediz um ambiente menos estimulante para a criança — todas essas atividades extracurriculares enriquecedoras que não podem ser bancadas, o mundo de mães solteiras trabalhando em múltiplos empregos, tão cansadas quando chegam em casa que não conseguem ler para o filho. Uma manifestação chocante disso é que até os três anos uma criança de status socioeconômico elevado ouviu cerca de 30 milhões de palavras a mais em casa do que uma criança pobre, e num estudo a relação entre status socioeconômico e a atividade do CPF da criança foi em parte mediada pela complexidade do uso da linguagem em casa.[47]

Um horror. Levando em conta o início da construção do córtex frontal nesse período, não seria loucura predizer que o status socioeconômico da

* O que significa que o círculo vicioso notado anteriormente em adultos se aplica também a crianças — elevados níveis de glicocorticoides resultam num desenvolvimento mais fraco do CPF; levando em conta que parte do que o CPF faz é desligar as respostas ao estresse dos glicocorticoides, esse CPF enfraquecido contribui para elevar ainda mais seus níveis.

** Influências do mundo fora da família da criança são mostradas numa literatura relacionada: se tudo o mais for igual, crescer num ambiente urbano (versus um ambiente suburbano ou rural) prediz menos volume de massa cinzenta nas diferentes partes do CPF em adultos, uma amígdala mais reativa e mais secreção de glicocorticoides em resposta a estresse social (quanto maior o tamanho da cidade na infância, mais reativa a amígdala). Além disso, o desenvolvimento do córtex cerebral em recém-nascidos é predito não apenas pela desvantagem social da família, mas também pela taxa de criminalidade do bairro.

infância prediz coisas em adultos. O status na infância (não importando o status alcançado na idade adulta) é um preditor significativo dos níveis de glicocorticoides, do tamanho do córtex orbitofrontal e do desempenho de tarefas dependentes do CPF na vida adulta. Isso para não mencionar as taxas de encarceramento.[48]

Infortúnios como pobreza na infância e maus-tratos na infância são incorporados na pontuação de alguém em Experiências Adversas na Infância (EAI). Como vimos no último capítulo, ali se indaga se a pessoa, quando criança, vivenciou ou testemunhou maus-tratos físicos ou emocionais ou abuso sexual, abandono físico ou emocional, ou disfunção familiar, incluindo divórcio, maus-tratos conjugais ou alguém da família com doença mental, preso ou com problema de dependência química. A cada aumento na pontuação EAI, há um aumento na probabilidade de uma amígdala hiper-reativa que cresceu de tamanho e um CPF lento, que não se desenvolveu por completo.[49]

Levemos as más notícias um pouco mais adiante, para o reino dos efeitos ambientais pré-natais do capítulo 3. Baixo status socioeconômico de uma mulher grávida ou um bairro com altas taxas de criminalidade predizem menos desenvolvimento cortical na época do nascimento da criança. Mesmo antes, quando a criança ainda vivia no útero.* E, claro, altos níveis de estresse maternal durante a gravidez (por exemplo, perda de cônjuge, desastres naturais, ou problemas médicos maternos que necessitem de tratamento com muito glicocorticoide sintético) predizem comprometimento cognitivo numa ampla gama de medições, função executiva mais fraca, diminuição do volume de massa cinzenta no CPFdl, uma amígdala hiper-reativa e uma resposta hiper-reativa ao estresse de glicocorticoides quando esses fetos se tornarem adultos.**[50]

Pontuação EAI, pontuação de adversidade fetal, pontuação de Experiências de Infância Ridiculamente Afortunadas — tudo isso nos diz a mesma coisa. Requer certo tipo de audácia e indiferença olhar para essas descobertas

* A descoberta envolveu imagem por ressonância magnética estrutural do cérebro fetal. Note-se que essas descobertas sobre fetos e recém-nascidos só levam em conta o desenvolvimento do córtex, e não especificamente do córtex frontal. Isso ocorre porque é dificílimo distinguir as sub-regiões nas imagens cerebrais nessa idade.

** Um lembrete para tranquilizar: esses são os grandes estressores maternos, não os da vida diária. Além disso, a magnitude desses efeitos costuma ser leve (a não ser que a adversidade vivida pelo feto inclua dependência materna de álcool ou drogas).

e insistir em que a prontidão com que alguém enfrenta as coisas mais difíceis da vida justifica a culpa, a punição, o elogio ou a recompensa. Basta perguntar a esses fetos no útero de uma mulher de baixo status socioeconômico, já pagando um preço neurobiológico.

O LEGADO DOS GENES QUE VOCÊ RECEBEU E A EVOLUÇÃO DELES

Os genes têm a ver com o tipo de CPF que você tem. Que surpresa — como descrito no último capítulo, os fatores de crescimento, as enzimas que geram ou decompõem neurotransmissores, os receptores de neurotransmissores e hormônios etc. etc., são todos feitos de proteína, o que significa que são codificados por genes.

A noção de que genes têm alguma coisa a ver com tudo isso pode ser superficial e desinteressante. As diferenças entre o tipo de genes que determinada espécie tem ajudam a explicar por que um córtex frontal ocorre em humanos, mas não em cracas no mar ou em urzes na colina. Os tipos de genes que os humanos têm ajudam a explicar por que o córtex frontal (como o restante do córtex) consiste em seis camadas de neurônios e não é maior do que o crânio. No entanto, o tipo de genética que nos interessa quando "genes" entram em cena diz respeito ao fato de que esse gene específico pode vir em diferentes versões, com essas variantes diferindo de pessoa para pessoa. Assim, nesta seção, não estamos interessados em genes que ajudam a formar um córtex frontal em humanos, mas não existem em fungos. Estamos interessados na variação de versões de genes que ajuda a explicar a variação no volume do córtex frontal, seu nível de atividade (como detectado por meio de EEG) e desempenho em tarefas dependentes do CPF.* Em outras palavras, estamos interessados nas variantes desses genes que ajudam a explicar por que duas pessoas diferem na probabilidade de roubar um biscoito.[51]

* Observe que a variabilidade numa característica de uma população é determinada pelo grau de variabilidade nos genes (ou seja, uma "pontuação de herdabilidade"). Esse assunto é imensamente polêmico, quase sempre produzindo diferenças do tipo copo meio vazio/copo meio cheio em relação à importância de um gene. Para uma visão geral mais detalhada, porém não técnica, das controvérsias na genética do comportamento, ver o capítulo 8 de meu livro *Comporte-se: A biologia humana em nosso melhor e pior.*

Ainda bem que o campo progrediu a ponto de entender como as variantes de genes específicos se relacionam com a função frontal. Muitas delas se relacionam com o neurotransmissor serotonina; por exemplo, há um gene que codifica uma proteína que remove a serotonina da sinapse, e qual versão desse gene que você tem influencia o rigor da interação entre o CPF e a amígdala. A variação num gene relacionado à decomposição da serotonina na sinapse ajuda a predizer o desempenho das pessoas em tarefas de reversão dependentes do CPF. Variações no gene de um dos receptores de serotonina (há muitos) ajudam a predizer o quanto elas são boas no controle de impulsos.* E isso diz respeito apenas à genética da sinalização da serotonina. Num estudo dos genomas de 13 mil pessoas, um complexo conjunto de variantes genéticas predisse uma maior probabilidade de comportamento impulsivo, de risco; quanto mais dessas variantes alguém tinha, menor seu CPFdl.[52]

Um ponto crucial sobre os genes relacionados à função cerebral (bem, quase todos eles) é que a mesma variante genética funcionará de maneira diferente, às vezes até dramaticamente diferente, em diferentes ambientes. Essa interação entre variante genética e variação no ambiente significa que, em última análise, não dá para dizer o que um gene "faz", apenas o que ele faz em cada ambiente específico no qual foi estudado. E como grande exemplo disso, em variantes no gene para um tipo de receptor de serotonina ajuda a explicar a impulsividade em mulheres... mas só se elas tiverem transtorno alimentar.[53]

A seção sobre adolescência examinou por que o atraso drástico na maturação do CPF evoluiu nos humanos e como isso torna a construção dessa região tão sujeita a influências ambientais. Como os genes codificam a liberdade dos genes? De pelo menos duas maneiras. A primeira, simples, envolve os genes que influenciam a rapidez com que a maturação do CPF ocorre.** A segunda maneira é mais sutil e elegante — genes relevantes para a futura *sensibilidade* do CPF a diferentes ambientes. Considere um gene (imaginário) que se apresenta em duas variantes e que influencia a tendência a praticar roubos.

* Para os amantes dos detalhes, a proteína que remove serotonina é chamada de transportador de serotonina; a proteína que decompõe a serotonina é chamada de MAO-alfa; o receptor é o receptor 5HT2A.

** Estresse e adversidade são ruins para o desenvolvimento do CPF e, curiosamente, isso toma a forma de maturação *acelerada*. Maturação mais rápida significa que a porta se fecha mais cedo em relação a quanto o ambiente pode fomentar o crescimento ideal do CPF.

Uma pessoa, por si só, tem a mesma baixa probabilidade, seja qual for a variante. No entanto, se houver um grupo de colegas incentivando, uma variante resulta num aumento de 5% na probabilidade de ela sucumbir, a outra num aumento de 50%. Em outras palavras, as duas variantes produzem drásticas diferenças na sensibilidade à pressão dos colegas.

Vamos formular esse tipo de diferença de maneira mais mecânica. Suponha que você tem um cabo elétrico que se liga a uma tomada; quando está ligado, você não rouba. A tomada é feita de uma proteína imaginária que vem em duas variantes, as quais determinam a largura das fendas onde o plugue é encaixado. Numa sala silenciosa, hermeticamente fechada, um plugue fica na tomada, seja qual for a variante. Mas se um grupo de elefantes provocadores, que pressionam os colegas, passar por ali trovejando, é dez vezes mais provável que o plugue saia das fendas largas, com a vibração, do que das fendas apertadas.

E isso acaba sendo um tanto parecido com uma base genética para ficarmos mais livre de genes. O trabalho de Benjamin de Bivort na Universidade Harvard diz respeito a um gene que codifica uma proteína chamada teneurina-A, envolvida na formação de sinapses entre os neurônios. O gene se apresenta em duas variantes que influenciam a firmeza com que um cabo de um neurônio se conecta numa tomada de teneurina-A no outro (para simplificar bastante as coisas). Se você tiver a variante da tomada frouxa, o resultado será maior variabilidade na conectividade sináptica. Ou, dito de nosso jeito, a variante da tomada frouxa codifica neurônios mais sensíveis a influências ambientais durante a formação de sinapses. Ainda não se sabe se as teneurinas funcionam assim em humanos (foram estudadas em moscas — sim, influências ambientais afetam até a formação de sinapses em moscas), mas coisas conceitualmente similares a isso devem ocorrer em inúmeras dimensões em nosso cérebro.[54]

A HERANÇA CULTURAL DEIXADA A SEU CPF POR SEUS ANTEPASSADOS

Como vimos na sinopse do capítulo anterior, diferentes tipos de ecossistemas geram diferentes tipos de culturas, que afetam a criação de alguém praticamente a partir do instante do nascimento, fazendo a construção do cérebro se inclinar para maneiras que facilitem sua adaptação à cultura. E assim transmitir para a próxima geração seus valores...

Claro, diferenças culturais influenciam de maneira significativa o CPF. Essencialmente, todos os estudos realizados tratam de comparações entre as culturas coletivistas do Sudeste Asiático que valorizam a harmonia, a interdependência e o conformismo e as culturas individualistas norte-americanas, que ressaltam a autonomia, os direitos individuais e as conquistas pessoais. E as descobertas desses estudos fazem sentido.*

Eis uma coisa que não seria possível inventar — nos ocidentais, o CPFvm é ativado em resposta à visão de uma imagem de seu próprio rosto, mas não de uma imagem do rosto da mãe; nos asiáticos, o CPFvm é ativado da mesma maneira em resposta à visão das duas imagens; essas diferenças ficam ainda mais extremas se você preparar os participantes para pensarem em seus valores culturais. Estude indivíduos biculturais (ou seja, com um pai de cultura coletivista e o outro de cultura individualista); prepare-os para pensar sobre uma cultura ou a outra e eles vão exibir o perfil típico de ativação do CPFvm dessa cultura.[55]

Outros estudos mostram diferenças no CPF e na regulação de emoções. Uma meta-análise de trinta estudos de neuroimagens produzidas durante tarefas de processamento social mostrou que os asiáticos têm em média atividade mais alta no CPFdl do que os ocidentais (junto com a ativação de uma região cerebral chamada junção temporoparietal, que é indispensável para a teoria da mente); isso é em essência um cérebro trabalhando mais ativamente na regulação de emoções e na compreensão das perspectivas de outras pessoas. Já os ocidentais apresentam uma imagem de mais intensidade emocional, autorreferência, capacidade de forte repulsa ou empatia emocional — níveis mais altos de atividade no CPFvm, na ínsula e no cingulado anterior. E essas diferenças de neuroimagem são maiores em participantes que abraçam mais fortemente seus valores culturais.[56]

Há diferenças também no CPF em relação ao estilo cognitivo. Em geral, indivíduos de culturas coletivistas preferem e executam melhor tarefas cognitivas dependentes de contexto, enquanto indivíduos de culturas individualis-

* Uns poucos estudos se dedicaram a europeus ocidentais, e não a norte-americanos, com as mesmas diferenças gerais das culturas do Sudeste Asiático.

tas preferem tarefas independentes de contexto. E em ambas as populações, o CPF tem que trabalhar com mais afinco quando os participantes se esforçam no tipo de tarefa menos favorecido por sua cultura.

De onde vêm essas diferenças num nível mais amplo?* Como discutido no último capítulo, em geral se acredita que o coletivismo do Leste Asiático surge das demandas de trabalho comunitário da cultura de arroz nas planícies alagadas. Imigrantes chineses recém-chegados aos Estados Unidos já mostram a distinção ocidental entre ativar o CPFVM quando você pensa em si mesmo e ativá-lo quando pensa em sua mãe. Isso sugere que as pessoas mais individualistas no país de origem eram aquelas com maior probabilidade de emigrar, um mecanismo de autosseleção dessas características.[57]

De onde vêm essas diferenças num nível mais estreito? Como discutido no último capítulo, humanos são criados de maneira diferente em culturas coletivistas e em culturas individualistas, com implicações na construção do cérebro.

Mas, além disso, é provável que haja influências genéticas. Pessoas espetacularmente bem-sucedidas em expressar os valores de sua cultura tendem a legar cópias de seus genes. Já as que deixam de aparecer com o restante da aldeia no dia da colheita do arroz porque resolveram praticar *snowboard*, ou que atrapalham o Super Bowl tentando convencer os times a cooperar em vez de competir — bem, esses dissidentes culturais, esses elementos do contra, esses excêntricos têm menos probabilidade de passar adiante seus genes. E se esses traços são influenciados de alguma forma pelos genes (e são, como vimos na seção anterior), isso pode produzir diferenças culturais nas frequências genéticas. Culturas coletivistas e culturas individualistas diferem na incidência de variantes genéticas relacionadas à dopamina e ao processamento da norepinefrina, variantes do gene que codifica a bomba que remove serotonina da sinapse e variantes do gene que codifica o receptor da oxitocina no cérebro.[58]

Em outras palavras, há coevolução de frequências genéticas, valores culturais, práticas de desenvolvimento infantil, reforçando uns aos outros através de gerações, definindo como será seu CPF.

* Lembrando mais uma vez que se trata de diferenças em graus *médios* de traços, diferenças populacionais com muitas exceções individuais.

Somos muito bons em reconhecer que não temos controle sobre os atributos com que a vida nos presenteou ou nos amaldiçoou. Mas o que fazemos com esses atributos nas encruzilhadas de certo e errado nos convida poderosamente, toxicamente, a concluir, com a mais forte das intuições, que assistimos ali ao livre-arbítrio em plena ação. Mas a realidade é que se você exibe admirável determinação, se desperdiça oportunidades num turvo clima de dissipação, se encara com imponência a tentação ou nela mergulha de cabeça — tudo isso resulta do funcionamento do CPF e das regiões cerebrais às quais está conectado. E esse funcionamento do CPF é resultado do segundo anterior, dos minutos anteriores, do milênio anterior. O mesmo desfecho do capítulo relativo ao cérebro inteiro. E, invocando a mesma palavra crítica — *sem emendas*. Como vimos, fale sobre a evolução do CPF e estará falando também dos genes que evoluíram, das proteínas que eles codificam no cérebro e de como a infância alterou a regulação desses genes e proteínas. Um arco contínuo, sem emendas, de influências que trouxeram seu CPF a este momento, sem uma brecha onde o livre-arbítrio pudesse se alojar.

Eis minha descoberta favorita com relação a este capítulo. Temos uma tarefa que pode ser executada de duas maneiras diferentes. Na primeira versão, você faz certa quantidade de trabalho e consegue determinada recompensa, mas se fizer o dobro do trabalho conseguirá o triplo da recompensa. Segunda versão: você faz certa quantidade de trabalho e consegue determinada recompensa, mas se fizer o triplo do trabalho receberá uma recompensa multiplicada por zilhões de vezes. Que versão deve escolher? Se acha que pode escolher livremente exercer a autodisciplina, escolha a segunda versão — fazer um pouco mais de trabalho para receber um aumento gigantesco na recompensa. As pessoas costumam optar pela segunda versão, não importando o tamanho das recompensas. Um estudo recente mostra que a atividade no CPFvm* rastreia o grau de preferência pela segunda versão. O que significa isso? Nesse cenário, o CPFvm está codificando o quanto preferimos situações que recompensem a autodisciplina. Portanto, essa é a parte do cérebro que codifica o quanto julgamos estar exercendo com sabedoria o livre-arbítrio. Em

* Mais outra região, o CPF rostrolateral.

outras palavras, estes são os elementos básicos e fundamentais da maquinaria biológica que codifica uma crença de que não existem elementos básicos e fundamentais.[59]

Sam Harris afirma de maneira convincente que é impossível pensar no que vamos pensar em seguida. A conclusão dos capítulos 1 e 2 é que é impossível desejar o que vamos desejar. O desfecho deste capítulo é que é impossível desejar ter mais força de vontade. E não é uma grande ideia governar o mundo achando que as pessoas podem e devem.

5. Uma cartilha do caos

Suponha que pouco antes de começar a ler esta frase você estendeu a mão para coçar o ombro, notou que está ficando cada vez mais difícil alcançar aquele ponto, pensou nas articulações que calcificam com a idade, por causa disso prometeu se exercitar mais, e então pegou um lanche. A ciência oficialmente entrou no assunto — cada uma dessas ações, cada um desses pensamentos, conscientes ou inconscientes, e cada aspecto da neurobiologia que lhes serve de base foi determinado. Nada disso simplesmente resolveu, do nada, ser uma causa sem causa.

Por mais fino que você o fatie, cada estado biológico único foi causado por um estado único que o precedeu. E se quiser de fato entender as coisas, você terá que decompor esses dois estados nas partes que os compõem e descobrir como cada componente do Pouco-Antes-do-Agora deu origem a cada parte do Agora. É assim que o universo funciona.

Mas e se não for? E se alguns momentos não forem causados por nada que os precede? E se alguns Agoras únicos puderem ser causados por múltiplos e únicos Pouco-Antes-dos-Agoras? E se a estratégia de aprender como alguma coisa funciona decompondo-a nas partes que a formam for muitas vezes inútil? Ocorre que tudo isso é verdade. Ao longo do último século, a imagem do universo apresentada no parágrafo anterior foi derrubada, dando origem às ciências da teoria do caos, da complexidade emergente e da indeterminação quântica.

Rotular essas coisas como revoluções não é hiperbólico. Quando menino li um romance chamado *Os vinte e um balões*,* sobre uma sociedade utópica na ilha de Krakatoa construída com base na tecnologia dos balões, destinada a ser destruída pela famosa erupção do vulcão em 1883. Era fantástico, e assim que cheguei ao fim voltei à primeira página para recomeçar a leitura. E quase um quarto de século depois, recomecei de imediato a leitura de outro livro,** uma introdução a uma dessas revoluções científicas.

Coisas muitíssimo interessantes. Este capítulo e os cinco seguintes analisam essas três revoluções, e numerosos pensadores que acham que se pode encontrar o livre-arbítrio em suas brechas. Reconheço que os três capítulos anteriores têm uma intensidade emocional para mim. Sou tomado por uma raiva objetiva, professoral, cerebral diante da ideia de que é possível avaliar o comportamento de alguém fora do contexto do que o levou àquele momento de intenção — de que sua história não importa. Ou de que, mesmo que o comportamento pareça determinado, o livre-arbítrio espreita onde você não está olhando. E diante da conclusão de que o julgamento virtuoso de outros é aceitável porque, embora a vida seja dura e sejamos injustamente agraciados ou amaldiçoados por nossos atributos, o que escolhemos livremente fazer com eles é o que dá a medida de nosso valor. Essas posturas têm alimentado quantidades imensas de dor injustificada e de privilégio imerecido.

As revoluções nos próximos cinco capítulos não têm a mesma agudeza visceral. Como veremos, não há muitos pensadores que citem, digamos, a indeterminação quântica subatômica quando proclamam com arrogância que o livre-arbítrio existe e que eles conquistaram por mérito próprio a vida de que desfrutam no 1% do topo. Esses temas não me dão uma vontade urgente de erguer barricadas em Paris, cantando hinos revolucionários de *Os miseráveis*. Na verdade, esses temas me animam demais, pois revelam estruturas e padrões bastante inesperados; isso aumenta, em vez de extinguir, a sensação de

* De autoria de William Pène du Bois (Nova York: Viking, 1947) (Rio de Janeiro: Ediouro, 1974).

** *Caos: A criação de uma nova ciência* (Rio de Janeiro: Campus, 1990), de James Gleick.

que a vida é mais interessante do que se poderia imaginar. São assuntos que viram de pernas para o ar nosso jeito de pensar em como funcionam as coisas complexas. Mas, apesar disso, não é neles que reside o livre-arbítrio.

Este capítulo e o próximo se concentram na teoria do caos, o campo que pode tornar inútil o estudo das partes componentes de coisas complexas. Depois de apresentar uma cartilha sobre o tópico neste capítulo, o próximo cobrirá duas maneiras de as pessoas acharem, de maneira enganosa, que encontraram livre-arbítrio em sistemas caóticos. A primeira é a ideia de que se começarmos com uma coisa simples em biologia e, inesperadamente, surgir um comportamento por demais complexo, é porque o livre-arbítrio acaba de ocorrer. A segunda é a crença de que, se tivermos um comportamento complexo que possa ter decorrido de qualquer um de dois diferentes estados biológicos precedentes, e não houver como sabermos qual dos dois, então é possível alegar que ele não foi causado por nada, que o evento estava livre de determinismo.

VOLTANDO A QUANDO AS COISAS TINHAM SENTIDO

Suponha que

$X = Y + 1$

Se esse for o caso, então

$X + 1 = ?$

— e você pôde calcular com facilidade que a resposta é

$(Y + 1) + 1$.

Faça $X + 3$ e você logo obtém $(Y + 1) + 3$. E aqui está o ponto crucial — depois de resolver $X + 1$, você pôde resolver $X + 3$ *sem antes ter que descobrir* $X + 2$. Você pôde extrapolar para o futuro sem examinar cada etapa intermediária. O mesmo vale para X + *um zilhão*, ou X + *meio zilhão*, ou X + *uma toupeira-nariz-de-estrela*.

Um mundo como esse tem várias propriedades:

- Como acabamos de ver, conhecer o estado inicial de um sistema (por exemplo, $X = Y + 1$) nos permite prever com precisão quanto será X + *seja lá o que for*, sem as etapas intermediárias. Essa propriedade funciona em ambas as direções. Se você tiver ($Y + 1$) + *seja lá o que for*, você sabe que seu ponto de partida foi X + *seja lá o que for*.

- Implícita nisso há uma via única ligando os estados inicial e final; é inevitável também que $X + 1$ não possa ser igual a $(Y + 1) + 1$ apenas algumas vezes.

- Como mostrado lidando com alguma coisa como "meio zilhão", a magnitude de incerteza e aproximação no estado inicial é diretamente proporcional à magnitude no outro extremo. Você pode saber o que não sabe, pode predizer o grau de imprevisibilidade.[1]

Essa relação entre estados iniciais e estados maduros ajudou a dar origem ao que tem sido o conceito central da ciência há séculos. É o reducionismo, a ideia de que para compreender alguma coisa complicada você deve separar as partes que a compõem, estudá-las, acrescentar seus insights sobre cada parte e acabará compreendendo o todo complicado. E se uma dessas partes for complicada demais para entender, estude suas minúsculas partes subcomponentes e acabará entendendo-as.

Reducionismo como esse é vital. Se seu relógio, que funciona com base na arcaica tecnologia de engrenagens, para de repente, você adota uma abordagem redutiva para resolver o problema. Desmonta o relógio, identifica a minúscula engrenagem com um dente quebrado, substitui-a, junta as peças de novo e o relógio volta a funcionar. Essa abordagem é também a do trabalho de detetive — você chega à cena do crime e entrevista as testemunhas. A primeira testemunha observou apenas as partes 1, 2 e 3 do evento. A segunda só viu as partes 2, 3 e 4. A terceira, as partes 3, 4 e 5. Que lástima, ninguém viu tudo que se passou. Mas, graças a uma mentalidade redutiva, você consegue resolver o problema pegando as partes componentes fragmentadas — as observações sobrepostas de cada uma das três testemunhas — e *as combina* para entender a sequência completa.* Ou, em outro exemplo, na primeira temporada da

* A mesma estratégia foi usada para sequenciar pela primeira vez o genoma humano. Suponha que determinado trecho de DNA tenha nove unidades de comprimento a mais para que se consiga sistematicamente descobrir sua sequência — as técnicas de laboratório simplesmente não

pandemia o mundo aguardava respostas para perguntas redutivas, como qual receptor na superfície de uma célula pulmonar se liga à proteína da espícula do Sars-cov-2, permitindo-lhe penetrar nessa célula e infectá-la.

Lembre-se, uma abordagem redutiva não serve para qualquer coisa. Se houver uma seca, com o céu pontilhado de nuvens inchadas que há um ano não trazem chuva, você não isola primeiro uma nuvem, estuda sua metade esquerda, depois a metade direita, depois metade de cada metade e assim por diante, até descobrir no centro a minúscula engrenagem com um dente quebrado. Apesar disso, uma abordagem redutiva tem sido há muito tempo o padrão-ouro para explorar de maneira científica um assunto complexo.

Até que, a partir do começo dos anos 1960, surgiu uma revolução científica que veio a ser chamada de caoticismo, ou teoria do caos. A ideia central é que coisas de fato interessantes e complicadas muitas vezes não são bem compreendidas, *não podem* ser compreendidas, num nível redutivo. Para entender, digamos, um ser humano cujo comportamento é anormal, encare o problema como se fosse uma nuvem que não traz chuva, em vez de um relógio que não funciona. E, é claro, homens-como-nuvens geram impulsos quase irresistíveis para você concluir que está observando o livre-arbítrio em ação.

IMPREVISIBILIDADE CAÓTICA

A teoria do caos tem sua história de criação. Quando eu era menino, nos anos 1960, as previsões meteorológicas imprecisas eram ridicularizadas com comentários mordazes como "O homem do tempo no rádio [sempre um homem] disse que vai fazer sol hoje, portanto é melhor pegar o guarda-chuva". O meteorologista Edward Lorenz, do Instituto de Tecnologia de Massachusetts (MIT), começou a usar um computador antediluviano para criar um padrão de tempo numa tentativa de tornar as previsões mais precisas. Inclua variáveis como temperatura e umidade no modelo e verifique se as previsões ficam

---

estão à altura desse desafio. Em vez disso, divida esse trecho numa série de fragmentos curtos o suficiente para serem sequenciados, digamos, fragmento 1/2/3, fragmento 4/5/6 e fragmento 7/8/9. Agora pegue uma segunda cópia do mesmo trecho de DNA e divida-a segundo outro padrão: fragmento 1, depois fragmento 2/3/4, depois 5/6/7, depois 8/9. Corte uma terceira em 1/2, 3/4/5 e 6/7/8/9. Case os fragmentos sobrepostos e conhecerá toda a sequência.

mais exatas. Veja se variáveis adicionais, se outras variáveis, se ponderar variáveis* melhoram a previsibilidade.

Lorenz estudava um modelo em seu computador usando doze variáveis. Hora do almoço; pare o programa no meio da produção de uma sequência temporal de previsões. Volte depois do almoço e, para ganhar tempo, reinicie o programa um pouco antes do ponto onde o interrompeu, em vez de recomeçar tudo. Insira os valores das doze variáveis naquele ponto no tempo e deixe o modelo retomar suas previsões. Foi o que fez Lorenz, e então nossa compreensão do universo mudou.

Uma variável naquele ponto no tempo tinha um valor de 0,506127. Só que, na impressão, o computador arredondou para 0,506, talvez por não querer sobrecarregar esse Humano 1.0. De qualquer maneira, 0,506127 passou a ser 0,506, e Lorenz, sem saber dessa pequena imprecisão, rodou o programa com a variável em 0,506, achando que era na verdade 0,506127.

Assim, ele agora estava lidando com um valor um pouquinho diferente do valor real. E sabemos muito bem o que deveria ter acontecido agora, em nosso mundo supostamente linear, redutivo; o grau de incorreção do estado inicial em relação ao que ele achava que era (ou seja, 0,506 e não 0,506127) predizia o quanto seu estado final seria impreciso — o programa geraria um ponto que era apenas um pouquinho diferente daquele mesmo ponto antes do almoço; sobrepondo os gráficos antes e depois do almoço, você mal veria diferença.

Lorenz deixou o programa, ainda dependendo de 0,506 em vez de 0,506127, continuar a rodar, e o resultado foi ainda mais discrepante do que ele tinha esperado do programa que vinha rodando antes do almoço. E a cada ponto sucessivo as coisas ficavam mais estranhas — às vezes pareciam ter retornado ao padrão pré-almoço, mas logo voltavam a divergir, com as divergências cada vez maiores, de um jeito imprevisível, maluco. E, por fim, em vez de o programa gerar uma coisa ainda que remotamente próxima do que ele viu na primeira vez, a discrepância nos dois gráficos se tornou quase tão grande quanto possível.

* Ponderar variáveis é o resultado da transição de "Some as variáveis A e B e obterá uma previsão decente sobre qualquer coisa" para "Some as variáveis A e B... e lembre-se de que a variável A é mais importante do que a variável B" para "Some as variáveis A e B... e dê à variável A, digamos, 3,2 vezes mais peso na equação do que à variável B".

Eis o que Lorenz viu: os gráficos de antes e depois do almoço superpostos, uma impressão que hoje tem status de relíquia sagrada nesse campo (veja a figura a seguir).

Lorenz afinal percebeu o pequeno erro de arredondamento introduzido depois do almoço e se deu conta de que aquilo tornou o sistema imprevisível, não linear e não envolvendo soma matemática.

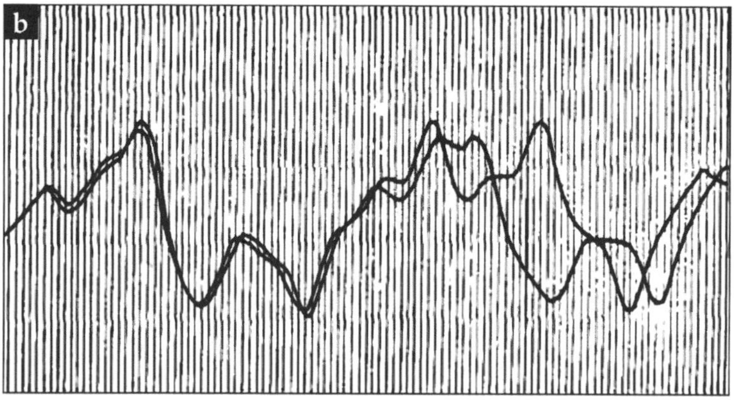

TEMPO

Em 1963, Lorenz anunciou a descoberta num denso artigo técnico, "Deterministic Non-periodic Flow" [Fluxo determinístico não periódico], no altamente especializado *Journal of Atmospheric Sciences* (e no artigo, Lorenz, embora começasse a entender que aqueles insights revolucionavam séculos de pensamento redutivo, não esqueceu de onde tinha vindo. Algum dia será possível prever com perfeição todo o clima futuro?, indagavam leitores da revista. Não, concluiu Lorenz, a chance de isso acontecer é "inexistente"). E desde então o artigo foi citado em outros artigos mais de assombrosas 26 mil vezes.[2]

Se o programa original de Lorenz contivesse apenas duas variáveis climáticas, em vez das doze que ele usou, a bem conhecida redutividade teria sido mantida — depois que um número ligeiramente errado fosse inserido no computador, o resultado seria precisamente tão errado quanto, em cada etapa, pelo resto do tempo. Como era de prever. Imagine-se um universo que consiste em apenas duas variáveis, a Terra e a Lua, exercendo suas forças gravitacionais uma sobre a outra. Nesse mundo linear, em que as coisas se somam, é possível inferir com exatidão onde estavam em qualquer ponto do passado e prever com exatidão onde cada uma estará em qualquer ponto no futuro;* se uma aproximação fosse introduzida acidentalmente, a mesma magnitude de aproximação continuaria para sempre. Mas adicione o Sol à mistura e a não linearidade se instala. Isso ocorre porque a Terra influencia a Lua, o que significa que a Terra influencia o modo como a Lua influencia o Sol, o que significa que a Terra influencia a forma como a Lua influencia a influência do Sol sobre a Terra... E não nos esqueçamos da outra direção, Terra, Sol, Lua. As interações entre as três variáveis impossibilitam a previsibilidade linear. Quando entramos no reino do que é conhecido como "problema dos três corpos", com três ou mais variáveis interagindo, é inevitável que as coisas se tornem imprevisíveis.

Quando se tem um sistema não linear, diferenças minúsculas num estado inicial de um momento para o próximo podem fazer com que eles divirjam muitíssimo, até exponencialmente,** coisa que desde então é conhecida como "dependência sensível das condições iniciais". Lorenz notou que a imprevisibilidade, em vez de se precipitar para sempre na estratosfera exponencial, é às vezes limitada, restrita e "dissipativa". Em outras palavras, o grau de imprevisibilidade oscila de forma errática em torno do valor previsto, repetidamente um pouco mais, um pouco menos do que previsto na série de números que você está gerando, o grau de discrepância sempre diferente, para sempre. É como se cada ponto de dados que você obtém fosse de algum modo atraído pelo valor previsto, mas não o suficiente para de fato alcançar o valor previsto. Estranho. E, portanto, Lorenz os chamou de atratores estranhos.***[3]

* O que significa que passado e futuro são idênticos, que não existe direção no tempo, que acontecimentos um segundo no futuro já são o passado de dois segundos no futuro. O que me causa enjoo, lembrando-me de que já morri em algum momento no futuro.

** O pessoal dessa área passa muito tempo debatendo se aumentos exponenciais são ocasionais, prováveis ou inevitáveis, onde o resultado depende do expoente de Lyapunov a tempo finito. Não faço ideia do que isso significa, e esta nota de rodapé é totalmente gratuita. As opiniões divergentes sobre exponencialidade são analisadas pelo filósofo e matemático Robert Bishop, do Wheaton College, que caracteriza a opinião de que sistemas caóticos sempre têm aumentos exponenciais na imprevisibilidade como "folclore" risível.

*** As oscilações de imprevisibilidade em torno da resposta prevista num atrator estranho mostra algumas propriedades absurdamente interessantes:

a. A primeira é uma extensão da experiência de Lorenz com suas seis casas decimais. Assim, os valores nas oscilações caóticas jamais alcançam de fato o atrator — apenas ficam dançando em volta dele. Se você tem dúvida sobre esse caos, saiba que em algum mo-

Assim, uma diferença minúscula no estado inicial pode se ampliar de maneira imprevisível ao longo do tempo. Lorenz resumiu a ideia com uma metáfora sobre gaivotas. Um amigo sugeriu coisa mais pitoresca, e em 1972

---

mento esse estranho conjunto de resultados que obtém se ajustará ao que está previsto. E isso parece acontecer — suas boas previsões lineares dizem que o valor observado em algum ponto deveria ser, digamos, 27 unidades de alguma coisa. E é isso que você mede, exatamente. Ah, vamos parar com esse negócio de o sistema ser imprevisível. Mas então um caoticista lhe entrega uma lupa, você olha com atenção e vê que o valor observado não era 27. Era 27,1, em vez dos 27,0 previstos. "Tudo bem, tudo bem", você diz. "Continuo não acreditando nessa coisa de teoria do caos. Tudo que acabamos de aprender é que temos de ser precisos até uma casa decimal." E então, em certo ponto no futuro, quando você previu que a medida deveria ser, digamos, 47,1, é exatamente isso que você de fato observa; adeus, teoria do caos. Mas o caoticista lhe entrega uma lupa ainda maior, e o valor observado acaba sendo 47,09 em vez dos previstos 47,10. Tudo bem, isso não prova que o mundo matemático tem elementos caóticos; temos que ser precisos até duas casas decimais. E então você descobre uma discrepância na terceira casa decimal. E se esperar o suficiente vai encontrar outra na quarta casa decimal. E isso continua, até que você esteja lidando com um número infinito de casas decimais, e os resultados ainda não são previsíveis (mas se você pudesse ultrapassar o infinito, as coisas se tornariam perfeitamente previsíveis; em outras palavras, o caos mostra apenas superficialmente que Laplace estava errado — o que ele mostra sobretudo é como o infinito é longo). Assim, a magnitude relativa das oscilações caóticas em torno do atrator estranho continua a mesma, seja qual for a ampliação que você estiver usando (coisa semelhante à natureza livre de escalas dos fractais).

b. As oscilações em torno dos valores previstos são a manifestação de sua atração estranha pelo que é previsto. Mas o fato de que as oscilações jamais de fato alcançam precisamente o valor previsto (numa escala suficiente de ampliação) mostra que um atrator estranho tanto repele quanto atrai.

c. Como extensão lógica dessas ideias, o padrão de oscilação em torno do valor previsto jamais se repete. Mesmo que pareça oscilar para o mesmo ponto imprevisto onde estava na semana passada, olhe mais de perto e repare que ele será ligeiramente diferente. A mesma característica livre de escala. Um padrão dinâmico que se repete muitas vezes é chamado de "periódico", e a infinitude do padrão pode ser comprimida numa coisa mais curta, como a declaração "Continua assim para sempre" ou "Alterna entre dois padrões para sempre" (o que significa que a mudança previsível entre múltiplos padrões é o padrão). Em contraste com isso, quando o padrão de oscilações imprevisíveis em torno do atrator estranho jamais se repete até o fim dos tempos, é chamado de não periódico, como no título do artigo de Lorenz. E, com a não periodicidade, a única descrição possível de um padrão infinitamente longo só pode ser igualmente longa. (Jorge Luis Borges escreveu um conto muito curto — ou seja, com apenas um parágrafo —, "Do rigor na ciência", no qual um cartógrafo faz o mapa perfeito de um império, sem excluir nenhum detalhe; o mapa, claro, é do tamanho do próprio império.)

isso foi formalizado no título de uma palestra dada por Lorenz. Eis outra relíquia sagrada dessa área de estudo (veja a figura a seguir).

Assim nasceu o símbolo da revolução da teoria do caos, o efeito borboleta.*[4]

ASSOCIAÇÃO AMERICANA PARA O AVANÇO DA CIÊNCIA, 139º ENCONTRO

Assunto........................Previsibilidade: O bater de asas de uma borboleta no Brasil causou um tornado no Texas?

Autor..........................Edward N. Lorenz, Ph.D., professor de meteorologia

Endereço.......................Instituto de Tecnologia de Massachussetts, Cambridge, Mass. 02139

Data e horário.................29 de dezembro de 1972, 10 horas.

Local ....Sheraton Park Hotel, Wilmington Room

Programa.......................AAAS Section on Environmental Sciences New Approaches to Global Weather: GARP (The Global Atmospheric Research

Endereço da convenção......Sheraton Park Hotel

HORÁRIO DE LANÇAMENTO
10 horas, 29 de dezembro

CAOTICISMO QUE VOCÊ PODE FAZER EM CASA

Chegou a hora de verificar como são na prática o caoticismo e a dependência sensível das condições iniciais. Para tal se usa um sistema modelo tão interessante e divertido que cheguei a pensar em aprender codificação de computador, pois ficaria mais fácil brincar com isso.

* Ray Bradbury previu tudo isso em seu conto "Um som de trovão", de 1952. Um homem viaja 60 milhões de anos para trás no tempo, tendo o cuidado de não alterar nada enquanto estiver lá. Inevitavelmente, altera alguma coisa, e quando volta ao presente descobre que o mundo está diferente — na formulação de Bradbury, o homem tinha derrubado um pequeno dominó, que provocou a queda de dominós maiores e, por fim, dominós gigantescos. Qual foi o impacto infinitesimal que o homem causou no passado? Pisou numa borboleta. A sugestão do amigo de Lorenz foi mera coincidência? Acho que não.

Comece com um diagrama parecido com o de uma folha de papel quadriculado, onde a primeira linha é sua condição inicial. Especificamente, cada quadrado da linha pode estar em um de dois estados, em branco ou preenchido (ou, em codificação binária, zero ou um). Há 16 384 padrões possíveis para essa linha;* eis o que escolhemos ao acaso:

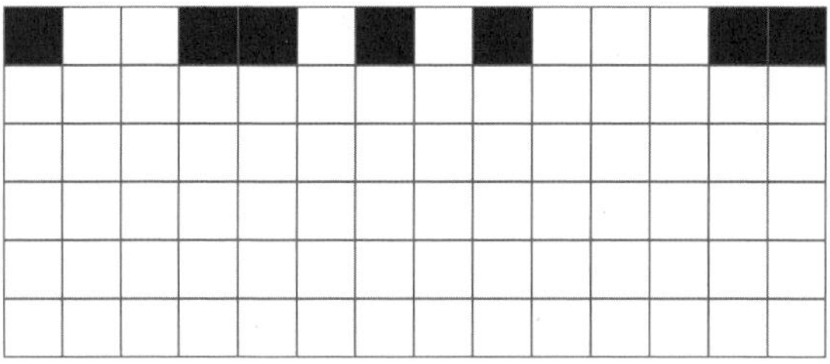

É hora de gerar a segunda linha de quadrados em branco ou preenchidos, o novo padrão determinado** pelo padrão da linha 1. Precisamos de uma regra para fazer isso. Eis o exemplo mais sem graça possível: na linha 2, um quadrado que estiver abaixo de um quadrado preenchido é preenchido; um quadrado abaixo de um quadrado em branco continua em branco. Aplicar essa regra repetidas vezes, usando a linha 2 como base para a linha 3, a 3 para a 4 e assim por diante, vai produzir apenas algumas colunas sem graça. Seguir a regra oposta, de tal maneira que se um quadrado é preenchido, o que está abaixo dele na linha seguinte permanece em branco, enquanto um quadrado em branco gera um preenchido, dá um resultado não muito emocionante, produzindo uma espécie de padrão xadrez assimétrico:

* O diagrama tem catorze quadrados de largura; cada quadrado pode estar em um de dois estados; portanto, o número total de padrões possíveis é 2^{14}, ou 16 384.
** Palavra impregnada de significado.

Como ponto principal, começando com qualquer dessas regras, se você souber qual é o estado inicial (ou seja, o padrão na linha 1), vai poder prever com exatidão como será uma linha em qualquer momento futuro. De novo, nosso universo linear.

Voltemos a nossa linha 1:

Agora, o que determina se um quadrado específico na linha 2 será em branco ou preenchido é o estado de três quadrados — o quadrado da linha 1 logo acima e os quadrados vizinhos seus da linha 1.

Aqui vai uma regra aleatória sobre como o estado de três quadrados adjacentes da linha 1 determina o que acontece no quadrado da linha 2 abaixo: *um quadrado da linha 2 é preenchido se e apenas se um dos três quadrados acima dele estiver preenchido.* Do contrário, o quadrado da linha 2 fica em branco.

Comecemos pelo segundo quadrado da esquerda na linha 2. Eis o trio logo acima dele (ou seja, os primeiros três quadrados da fila 1):

Um dos três quadrados está preenchido, significando que o quadrado da fila 2 em que estamos pensando será preenchido:

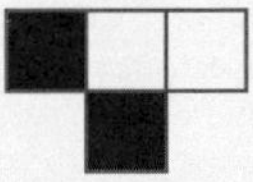

Veja o próximo trio na linha 1 (ou seja, quadrados 2, 3 e 4). Só um quadrado está preenchido, portanto o quadrado 3 na linha 2 também será preenchido:

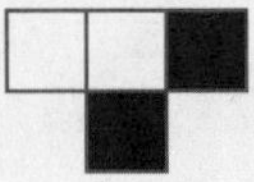

Nos quadrados 3, 4 e 5 da linha 1, dois quadrados (4 e 5) estão preenchidos, portanto o próximo quadrado da linha 2 fica em branco. E assim por diante. A regra com a qual estamos trabalhando — se, e apenas se, um quadrado de um trio estiver preenchido, preencha o quadrado da linha 2 em questão — pode ser resumida assim:

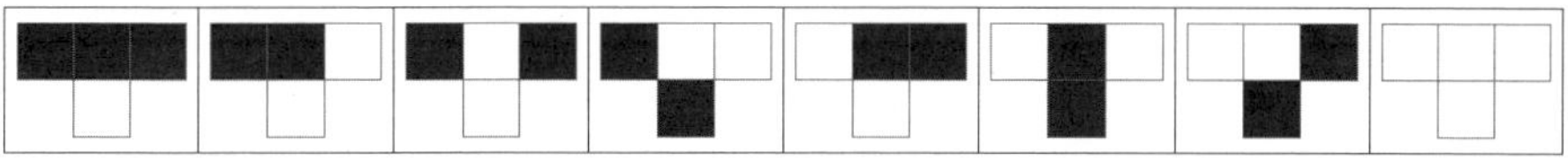

Há oito trios possíveis (dois estados possíveis para o primeiro quadrado de um trio vezes dois estados possíveis para o segundo quadrado vezes dois para o terceiro) e apenas os trios 4, 6 e 7 resultam no preenchimento do quadrado da linha 2 em questão.

De volta a nosso estado inicial, e usando essa regra, as duas primeiras linhas ficam assim:

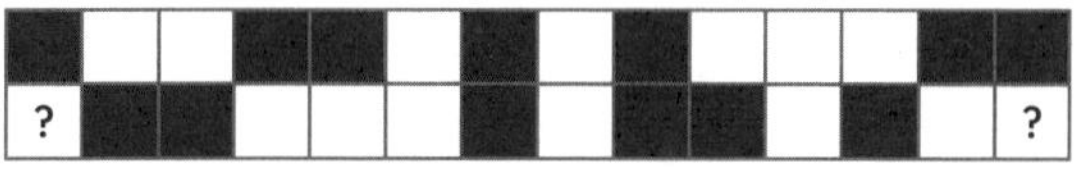

Mas espere um pouco — o que dizer do primeiro e do último quadrados da linha 2, onde o quadrado acima tem apenas um vizinho? Não teríamos esse problema se a linha 1 fosse infinitamente longa em ambas as direções, mas não contamos com esse luxo. O que fazer com cada um? Olhar para o quadrado acima dele e para o único vizinho e usar a mesma regra — se um dos dois estiver preenchido, preencher o da linha 2; se nenhum dos dois estiver preenchido, o quadrado da linha 2 fica em branco. Então, com esse adendo, as duas primeiras linhas ficam assim:

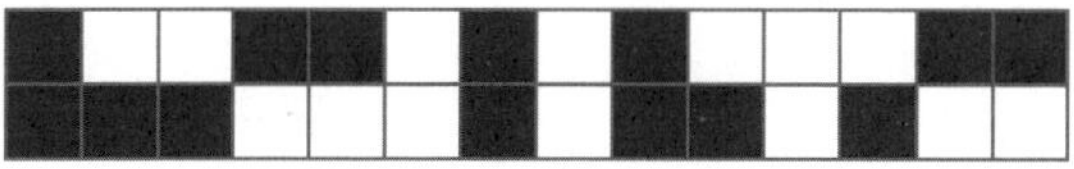

Agora use a mesma regra para gerar a linha 3:

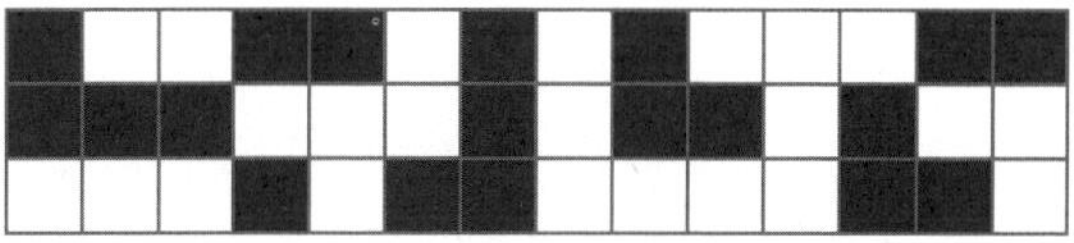

Continue, se não tiver nada mais para fazer.

Vamos agora usar esse estado inicial com a mesma regra:

As duas primeiras linhas ficam assim:

Complete as primeiras 250 linhas e terá isto:

Pegue um estado inicial diferente, aleatório, mais amplo, aplique a mesma regra repetidas vezes e terá isto:

Uau.

Agora experimente este estado inicial:

Na linha 2, você tem isto:

Nada. Com esse estado inicial específico, a linha 2 é toda de quadrados em branco, como será o caso em cada linha subsequente. O padrão da linha 1 é eliminado.

Vamos descrever o que aprendemos até agora de forma metafórica, em vez de usar termos como *input*, *output* e *algoritmo*. Com alguns estados iniciais e a regra de reprodução usada para produzir cada geração subsequente, as coisas podem evoluir para estados maduros muitíssimo interessantes, mas podem também obter alguns que sejam extintos, como o último exemplo.

Por que metáforas biológicas? Porque este mundo de gerações de padrões como este se aplica à natureza (veja a figura a seguir).

Acabamos de explorar um exemplo de *autômato celular*, em que você começa com uma linha de células que estão em branco ou preenchidas, fornece uma regra de reprodução e deixa o processo se repetir.*[5]

* Os autômatos celulares foram estudados pela primeira vez, e batizados, pelo matemático, físico e cientista da computação húngaro-americano John von Neumann nos anos 1950. É, a bem dizer, uma exigência legal chamá-lo de gênio. Ele era fantasticamente precoce — aos seis anos, conseguia dividir de cabeça números de oito dígitos e era fluente em grego antigo. Um dia, com essa mesma idade, encontrou a mãe devaneando e perguntou: "O que você está calculando?". (Já a filha de um amigo meu, ao encontrar o pai perdido em pensamentos, perguntou: "Papai, em que doce você está pensando?".)

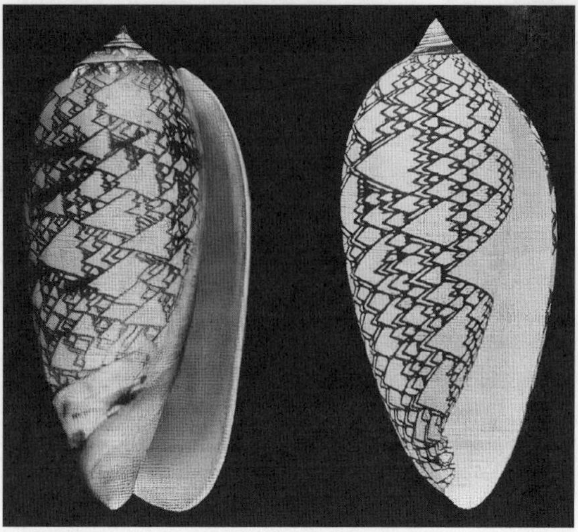

Uma concha real à esquerda, um padrão gerado por computador à direita.

A regra que estamos seguindo (se, e apenas se, um quadrado do trio acima estiver preenchido...) é chamada de Regra 22 no universo dos autômatos celulares, o qual consiste em 256 regras.* Nem todas elas geram alguma coisa interessante — dependendo do estado inicial, algumas produzem um padrão que apenas se repete infinitamente, de um jeito inerte, sem vida, ou que é extinto na segunda linha. Pouquíssimas geram padrões complexos, dinâmicos. E, das poucas que geram, a Regra 22 é uma das favoritas. Há quem tenha passado toda uma carreira estudando seu caoticismo.

O que há de caótico na Regra 22? Vimos agora que, dependendo do estado inicial, ao se aplicar a Regra 22 se obtém um de três padrões maduros: a) nada, porque foi extinto; b) um padrão periódico cristalizado, sem graça, inorgânico; c) um padrão que cresce, se contorce e muda, com bolsões de estrutura dando lugar a qualquer coisa, exceto um perfil dinâmico, orgânico. E, como ponto crucial, *não há como pegar qualquer estado inicial irregular e prever como será*

* De volta ao nosso conjunto de instruções para a Regra 22: basta olhar para a primeira linha. Como vimos, há oito trios possíveis. Cada trio pode resultar em dois estados possíveis na geração seguinte, ou seja, em branco ou preenchido. Por exemplo, nosso primeiro trio, onde os três quadrados do trio estão preenchidos, poderia levar a um quadrado em branco na linha 2 (como seria o caso se aplicássemos a Regra 22) ou a um preenchido (aplicando outras regras). Assim, dois estados possíveis para cada um dos oito trios significam 2^8, que é igual a 256, o número total de regras possíveis nesse sistema.

a linha 100, ou a linha 1000, ou a linha com um número grande qualquer. É preciso percorrer cada linha intermediária, simulá-la, para descobrir. Impossível prever se a forma madura de determinado estado inicial será extinta, cristalina ou dinâmica ou, no caso de qualquer dessas duas últimas, qual será o padrão; pessoas com espetaculares poderes matemáticos tentaram e não conseguiram. E esse limite, paradoxalmente, se estende para mostrar que não há como provar que em algum lugar, uns poucos passos antes de atingir o infinito, a imprevisibilidade caótica de repente se acalmará, num padrão sensato, repetitivo. Temos uma versão do problema dos três corpos, com interações nem lineares nem aditivas. Não se pode adotar uma abordagem redutiva, separando coisas em suas partes componentes (os oito diferentes trios possíveis de quadrados e seus resultados), e prever o que vamos obter. Esse não é um sistema destinado a gerar relógios. É destinado a gerar nuvens.[6]

Acabamos, portanto, de ver que conhecer o estado inicial irregular não nos dá nenhum poder preditivo sobre o estado maduro — teremos que simular cada etapa intermediária para descobrir.

Consideremos, agora, a Regra 22 aplicada a cada um desses quatro estados iniciais (veja a figura a seguir).

Dois dos quatro, passadas dez gerações, produzem um padrão idêntico pelo resto do tempo. Desafio qualquer um a olhar bem para esses quatro e prever corretamente quais serão os dois. Não dá para prever.

Pegue um papel quadriculado, trabalhe nisso e verá que dois dos quatro *convergem*. Em outras palavras, conhecer o estado maduro de um sistema como este não lhe dá nenhum poder preditivo sobre qual era o estado inicial, ou se poderia ter surgido de múltiplos estados iniciais diferentes, outra característica definidora do caoticismo desse sistema.

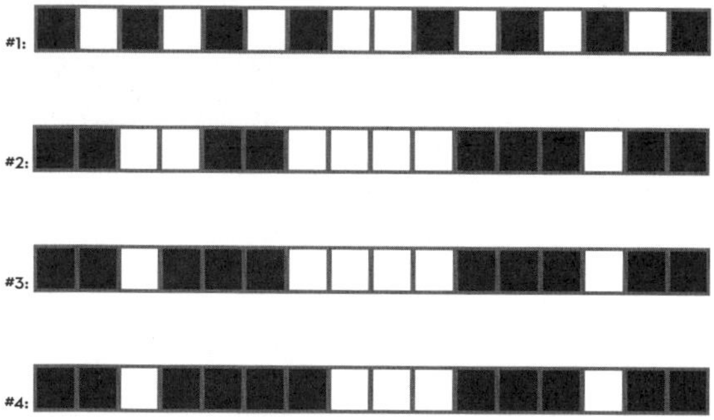

Por fim, considere o seguinte estado inicial:

Que é extinto na linha 3:

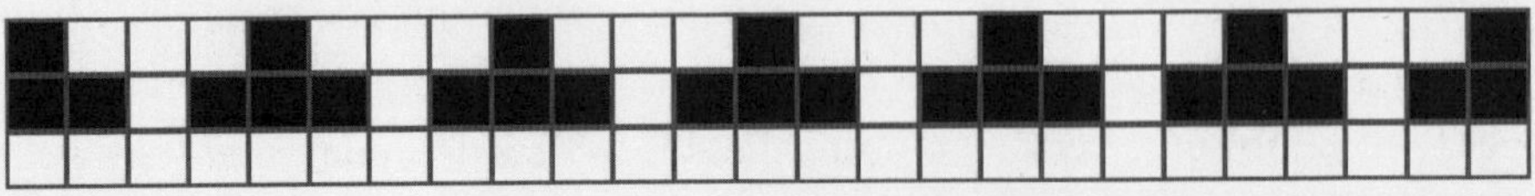

Introduza uma pequena diferença nesse estado inicial inviável, ou seja, que o status em branco/preenchido de apenas um dos 25 quadrados difere — o quadrado 20 está preenchido, e não em branco:

E, de repente, a vida irrompe num padrão assimétrico (veja a figura a seguir).

Vamos declarar isso em termos biológicos: uma única *mutação*, no quadrado 20, pode ter grandes consequências.

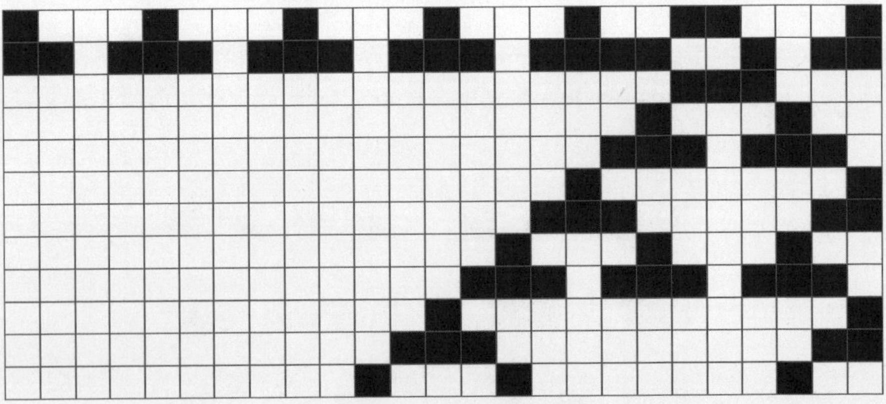

Vamos declarar isso com o formalismo da teoria do caos: esse sistema mostra dependência sensível da condição inicial do quadrado 20.

Vamos declarar isso de um jeito que acaba sendo o mais significativo: uma borboleta no quadrado 20 bateu ou não as asas.

Adoro essas coisas. Um dos motivos é que dá para modelar sistemas biológicos com isso, ideia bastante explorada por Stephen Wolfram.* Autômatos celulares também são muito interessantes porque é possível aumentar sua dimensionalidade. A versão que vínhamos cobrindo é unidimensional, no sentido de que você começa com uma linha de quadrados e gera mais linhas. O Jogo da Vida de Conway (inventado pelo falecido matemático John Conway, da Universidade Princeton) é uma versão bidimensional em que você começa com um diagrama de quadrados e gera o diagrama de cada geração subsequente. E produz padrões dinâmicos, caóticos, absolutamente assombrosos, que costumam ser descritos como envolvendo quadrados individuais que estão "vivos" ou "morrendo". Tudo com as propriedades de sempre — não se pode prever o estado maduro a partir do estado inicial —, é preciso simular cada etapa intermediária; não se pode prever o estado inicial a partir do estado maduro por causa da possibilidade de que múltiplos estados iniciais convirjam para o mesmo estado maduro (retornaremos a essa característica de convergência em grande estilo); o sistema mostra dependência sensível das condições iniciais.[7]

(Há uma esfera adicional classicamente discutida quando se introduz o

* Como no caso de Von Neumann, é impossível mencionar Wolfram sem notar que ele é um gênio do primeiríssimo time. Aos catorze anos, Wolfram já tinha escrito três livros sobre física de partículas, aos 21 era professor do Instituto de Tecnologia da Califórnia (Caltech), produziu uma linguagem de computador e um sistema de computação chamado Mathematica que é amplamente usado, ajudou a criar a linguagem na qual os alienígenas se comunicam no filme *A chegada*, gerou o atlas de autômatos, que nos permite jogar com as 256 regras etc. etc. Em 2002, publicou um livro chamado *A New Kind of Science* [Um novo tipo de ciência], que explora a ideia de que sistemas computacionais como autômatos celulares são fundamentais para tudo, da filosofia à evolução, do desenvolvimento biológico ao pós-modernismo. Isso provocou muita controvérsia em torno da questão de saber se esses sistemas computacionais são boas maneiras de gerar *modelos* de coisas no mundo real, ou de gerar as próprias coisas complicadas (como parte da crítica, as coisas na natureza não avançam em "*time steps*" discretos, sincronizados, como nesses modelos). Houve também muitos que não ficaram nem um pouco entusiasmados com a grandiosidade das afirmações do livro (a começar pelo título) ou com a suposta tendência de Wolfram para reivindicar como suas todas as ideias nele contidas. Todo mundo comprou seu exemplar e o discutiu sem parar (e quase ninguém leu o livro inteiro, que tem 1192 páginas — sim, inclusive eu).

caoticismo. No entanto, evitei abordá-la aqui, porque aprendi, do jeito mais difícil em minhas salas de aula, que é muito difícil e/ou sou muito ruim para explicar. Se estiver interessado, leia a respeito da roda-d'água de Lorenz, a duplicação de período e o significado do período 3 para o início do caos.)

Com essa introdução ao caoticismo, podemos agora entender o próximo capítulo desse campo — de maneira inesperada, os conceitos da teoria do caos se tornaram *realmente* populares, lançando as sementes de certo estilo de crença no livre-arbítrio.

6. Seu livre-arbítrio é caótico?

A ERA DO CAOS

A turbulência causada no começo dos anos 1960 pela teoria do caos, pelos atratores estranhos e pela dependência sensível das condições iniciais foi sentida com rapidez em todo o mundo, alterando do modo fundamental tudo, desde as mais pretensiosas reflexões filosóficas às preocupações da vida diária.

Na verdade, nada disso. O revolucionário artigo de Lorenz de 1963 foi recebido sobretudo com silêncio. Ele levou anos para começar a conquistar os primeiros seguidores, em especial um grupo de alunos de pós-graduação de física na Universidade da Califórnia em Santa Cruz, que segundo consta passavam boa parte do tempo chapados e estudavam coisas como o caoticismo do gotejamento das torneiras.* Os teóricos tradicionais em grande parte ignoraram as implicações.

Parte da negligência refletia o fato de que a *teoria do caos* é um nome horrível, na medida em que se refere ao oposto do caos niilista e na verdade diz

* Esse estudo produziu o hoje lendário trabalho *The Dripping Faucet as a Model Chaotic System* [O gotejamento de torneira como modelo de sistema caótico], de Robert Shaw, de 1984 (Santa Cruz: Aerial, 1984).

respeito aos padrões de estrutura escondidos na desordem aparente. A razão mais fundamental para o caoticismo ter começado devagar foi que, se você tem uma mentalidade redutiva, as interações insolúveis, não lineares, entre numerosas variáveis são uma dificuldade para estudar. Assim, a maioria dos pesquisadores tentava estudar coisas complicadas limitando o número de variáveis examinadas, para que as coisas continuassem manejáveis e tratáveis. E isso garantia a conclusão incorreta de que o mundo tem a ver basicamente com previsibilidade linear, aditiva, e que o caoticismo não linear era uma anomalia estranha que poderia ser em grande parte ignorada. Até que ela não pôde mais ser ignorada, à medida que ficava claro que o caoticismo espreitava por trás das coisas complicadas mais interessantes. Uma célula, um cérebro, uma pessoa, uma sociedade estavam mais para o caoticismo de uma nuvem do que para o reducionismo de um relógio.[1]

Nos anos 1980, a teoria do caos tinha explodido como assunto acadêmico (foi mais ou menos na época em que a geração pioneira de físicos renegados e chapados começou a ocupar posições como o de professor da Universidade de Oxford ou de fundador de uma empresa que a usava para obter ganhos significativos no mercado de ações). De repente, surgiram revistas especializadas, conferências, departamentos e institutos interdisciplinares. Apareceram artigos e livros acadêmicos sobre as implicações do caoticismo na educação, na gestão empresarial, na economia, no mercado financeiro, na arte e na arquitetura (com a curiosa ideia de que achamos a natureza mais bonita do que, digamos, os prédios de escritórios modernistas porque a natureza tem exatamente a dose certa de caos), na crítica literária, nos estudos culturais da televisão (com a observação de que, como sistemas caóticos, as "produções dramáticas televisivas são ao mesmo tempo complexas e simples"), na neurologia e na cardiologia (nas quais, curiosamente, *pouco* caoticismo já parecia ser uma coisa ruim).* Surgiram até artigos acadêmicos sobre a relevância da teoria do caos para a teologia (incluindo um com o maravilhoso título "Chaos at the Marriage of Heaven and Hell" [Caos no casamento do céu e do inferno],

* Na cardiologia, sistemas cardiovasculares mais saudáveis apresentam mais variabilidade caótica no intervalo de tempo entre as batidas do coração; na neurologia, o caoticismo insuficiente é indicador de neurônios que acabam disparando em taxas anormalmente altas em ondas anormalmente sincronizadas — uma convulsão. Ao mesmo tempo, outros neurocientistas investigaram como o caoticismo pode ser explorado pelo cérebro para aprimorar alguns tipos de transmissão de informações.

no qual o autor escreveu: "Aqueles que procuram envolver a cultura moderna na reflexão teológica não podem se dar ao luxo de ignorar a teoria do caos").[2]

Enquanto isso, o interesse pela teoria do caos, precisa ou imprecisa, também irrompeu na consciência do grande público — quem teria previsto isso? Havia os ubíquos calendários de parede com fractais. Romances, livros de poesia, filmes, episódios de séries de TV, numerosas bandas, álbuns e canções se apropriaram de termos como "atrator estranho" e "efeito borboleta" nos títulos.* De acordo com um site de fãs de *Os Simpsons*, num episódio durante seu período como treinadora de beisebol, Lisa é vista lendo um livro chamado *Chaos Theory in Baseball Analysis* [Teoria do caos na análise do beisebol]. E, como meu favorito, no romance *Chaos Theory*, parte da série de romances Nerds of Paradise, nossa protagonista está de olho no belo engenheiro Will Darling. Apesar da camisa desabotoada, do abdome sarado e dos olhares sugestivos, entende-se que Will ainda é um nerd, pois usa óculos.[3]

* A popularização deste último também levou a uma proliferação que observei nas localizações do efeito borboleta, com as diferentes citações situando a borboleta em lugares como Congo, Sri Lanka, deserto de Gobi, Antártida e Alpha Centauri. Já o tornado quase sempre parece estar no Texas, em Oklahoma ou, evocando Dorothy e Toto também, no Kansas.

O crescente interesse pela teoria do caos gerou o som de um zilhão de asas de borboleta batendo. Levando isso em conta, era inevitável que vários pensadores começassem a proclamar que a nebulosidade imprevisível e caótica do comportamento humano é onde o livre-arbítrio se manifesta à vontade. Esperemos que o material já abordado, mostrando o que é e o que não é o caoticismo, ajude a mostrar que isso não pode ser verdade.

A frívola conclusão de que o caoticismo comprova o livre-arbítrio assume pelo menos duas formas.

CONCLUSÃO ERRADA NÚMERO 1: A NUVEM COM LIVRE-ARBÍTRIO

Para os crentes no livre-arbítrio, o xis da questão é a falta de previsibilidade — em incontáveis encruzilhadas da vida, incluindo as mais importantes, escolhemos entre X e não X. E nem mesmo o observador mais experiente poderia ter prevista cada escolha dessas.

Nessa mesma linha, o físico Gert Eilenberger escreve: "É simplesmente improvável que a realidade seja total e exaustivamente mapeável por conceitos matemáticos". É assim porque "as habilidades matemáticas da espécie *Homo sapiens* são, em princípio, limitadas por sua base biológica. [...] Por causa do [caoticismo], o determinismo de Laplace* não pode ser absoluto e a questão da possibilidade do acaso e da liberdade está de novo aberta!". O ponto de exclamação no fim da citação é de Eilenberger; um físico fala sério quando usa pontos de exclamação em seus escritos.[4]

A biofísica Kelly Clancy defende ponto de vista parecido em relação ao caoticismo no cérebro:

> Com o tempo, trajetórias caóticas tendem a se mover em direção a [atratores estranhos]. Como o caos pode ser controlado, ele consegue um delicado equilíbrio

* Como lembrete do começo do livro, Laplace foi o filósofo do século XVIII que proclamou o grito de guerra do determinismo científico, ou seja, que, se compreendesse as leis físicas do universo e soubesse a posição exata de cada partícula dele, você seria capaz de prever com exatidão tudo que aconteceu a cada momento desde o começo dos tempos, e tudo que aconteceria a cada momento subsequente até o fim dos tempos. O que significa que tudo que acontece no universo estava fadado a acontecer (num sentido matemático, e não teológico).

entre confiabilidade e exploração. No entanto, por ser imprevisível, é um forte candidato a substrato dinâmico do livre-arbítrio.[5]

Doyne Farmer também dá uma opinião para mim decepcionante, levando em conta que ele era um dos apóstolos dos apóstolos da teoria do caos do grupo da torneira gotejante e deveria ter pensado melhor.

> Num nível filosófico, me ocorreu [que o caoticismo era] uma forma operacional de definir o livre-arbítrio, de um jeito que nos permitisse compatibilizar o livre-arbítrio com o determinismo. O sistema é determinista, mas não se pode dizer o que ele fará em seguida.[6]

Como exemplo final, o filósofo David Steenburg vincula de maneira explícita o suposto livre-arbítrio do caos à moralidade: "A teoria do caos torna possível a reintegração de fato e valor ao abrir uma para o outro de novas maneiras". E, para sublinhar esse vínculo, o artigo de Steenburg não foi publicado numa revista de ciência ou filosofia. Foi publicado na *Harvard Theological Review*.[7]

Um grupo de pensadores, portanto, encontra livre-arbítrio na estrutura do caoticismo. Compatibilistas e incompatibilistas discutem se o livre-arbítrio é possível num mundo determinista, mas agora podemos pular todo esse bafafá porque, segundo eles, o caoticismo mostra que o mundo não é determinista. Como diz Eilenberger, resumindo: "Mas como agora sabemos que diferenças mais sutis, imensuravelmente pequenas, no estado inicial podem levar a estados finais (ou seja, decisões) de todo diferentes, a física não pode provar por meios empíricos a impossibilidade do livre-arbítrio".[8] Nessa visão, o indeterminismo do caos significa que, embora não ajude a provar que o livre-arbítrio existe, ele lhe permite provar que não pode provar que não existe.

Mas eis o erro essencial que perpassa tudo isso: determinismo e previsibilidade são coisas muito diferentes. Ainda que seja imprevisível, o caoticismo *continua sendo determinista*. A diferença pode ser formulada de várias maneiras. Uma delas é que o determinismo lhe permite explicar por que uma coisa aconteceu, ao passo que a previsibilidade lhe permite dizer o que acontece em seguida. Outra é o nebuloso contraste entre ontologia e epistemologia; a primeira se refere ao que está acontecendo, uma questão de determinismo, ao passo que a última lida com o que é cognoscível, uma questão de previsibilidade. Outra, ainda, é a diferença entre "determinismo" e "determinável" (dando origem ao título pesado de um artigo pesado, "Determinism Is Ontic, Determinability Is Epistemic" [Determinismo é ôntico, determinabilidade é epistêmica], do filósofo Harald Atmanspacher).[9]

Especialistas se descabelam com a incapacidade dos fãs do "caoticismo = livre-arbítrio" de fazer essas distinções. "Existe uma persistente confusão sobre determinismo e previsibilidade", escrevem os físicos Sergio Caprara e Angelo Vulpiani. O filósofo Greg M. K. Hunt, da Universidade de Warwick, escreve: "Num mundo onde medições perfeitamente exatas são impossíveis, o determinismo físico clássico não implica determinismo epistêmico". O mesmo pensamento vem do filósofo Mark Stone: "Sistemas caóticos, ainda que sejam deterministas, não são previsíveis [não são *epistemicamente* deterministas] [...]. Dizer que sistemas caóticos são imprevisíveis não é dizer que a ciência não consegue explicá-los". Os filósofos Vadim Batitsky e Zoltan Domotor, em seu artigo com o maravilhoso título "When Good Theories Make Bad Predictions" [Quando boas teorias fazem más previsões], descrevem sistemas caóticos como "deterministicamente imprevisíveis".[10]

Eis uma maneira de pensar nesse ponto importantíssimo. Acabo de voltar a esse padrão fantástico no capítulo anterior, na página 144, e calculei que ele tem mais ou menos 250 linhas de comprimento e quatrocentas colunas de largura. Isso significa que a figura consiste em mais ou menos 100 mil quadrados, cada um deles em branco ou preenchido. Pegue uma folha de papel grosso, copie o estado inicial da linha 1 da figura e então passe o próximo ano sem dormir aplicando a Regra 22 a cada linha sucessiva, preenchendo os 100 mil quadrados com seu lápis nº 2. E você terá gerado exatamente o mesmo padrão que está na figura. Respire fundo e faça uma segunda vez — o resultado é o mesmo. Ponha um golfinho treinado com uma extraordinária capacidade de repetição para fazer isso — o resultado é o mesmo. A linha 113 não seria o que é porque na linha 112 você ou o golfinho decidiu deixar a divisão em branco/preenchido depender do espírito que o move, ou por causa do que você acha que Greta Thunberg faria. Esse padrão foi resultado de um sistema completamente determinista que consiste nas oito instruções que compõem a Regra 22. Em nenhuma das 100 mil encruzilhadas poderia ter havido um resultado diferente (a menos que ocorresse um erro aleatório; como veremos no capítulo 10, construir um edifício de livre-arbítrio com base em obstáculos aleatórios é bastante duvidoso). A busca de um quadrado sem causa seria tão infrutífera como a busca de um neurônio sem causa.

Formulemos isso no contexto do comportamento humano. É 1922 e você é apresentado a uma centena de jovens adultos destinados a viver vidas convencionais. É informado de que, em cerca de quarenta anos, um dos cem vai se desviar do padrão, tornando-se impulsivo e socialmente inadequado num grau criminoso. Aqui estão amostras de sangue de cada uma dessas pessoas, dê uma olhada. E não há como prever qual delas está acima dos níveis do acaso.

É 2022. O mesmo grupo com, mais uma vez, uma pessoa destinada a sair dos eixos dentro de quarenta anos. Mais uma vez, aqui estão amostras de sangue. Desta vez, neste século, você usa as amostras para sequenciar o genoma de cada um. Descobre que um indivíduo tem uma mutação num gene chamado MAPT, que codifica uma coisa no cérebro chamada proteína tau. E como resultado você pode prever com exatidão que será essa pessoa, porque, aos sessenta anos, ela apresentará os sintomas da variante comportamental da demência frontotemporal.[11]

De volta ao grupo de 1922. A pessoa em questão começou a furtar nas lojas, a ameaçar estranhos, a urinar em público. Por que se comportava assim? Porque escolheu fazê-lo.

Grupo de 2022, os mesmos atos inaceitáveis. Por que ele terá se comportado assim? Por causa de uma mutação determinista num gene.*

Pela lógica dos pensadores citados, o comportamento da pessoa de 1922 resultou do livre-arbítrio. Não "resultou de um comportamento que *de maneira errônea atribuíamos* ao livre-arbítrio". *Foi* livre-arbítrio. E, em 2022, *não* foi livre-arbítrio. De acordo com esse ponto de vista, "livre-arbítrio" é *o que chamamos* de biologia que ainda não entendemos num nível preditivo, e quando entendemos deixa de ser livre-arbítrio. Não que deixe de ser erroneamente confundido com livre-arbítrio. Literalmente deixa de ser livre-arbítrio. Há qualquer coisa de errado se um caso de livre-arbítrio só existe até que nossa ignorância diminua. Como ponto crucial, nossas intuições de livre-arbítrio decerto funcionam assim, mas o livre-arbítrio, em si, não pode.

* Com um lembrete, do capítulo 3, de que é muito raro um único gene ser tão determinista. Repetindo, quase todos os genes dizem respeito a potencial e vulnerabilidade, e não a inevitabilidade, interagindo de maneira não linear com o ambiente e com outros genes.

Fazemos uma coisa, adotamos um comportamento e temos a *sensação* de fazer uma escolha, de que existe um Eu lá dentro, separado de todos aqueles neurônios, que agência e volição lá residem. Nossas intuições gritam isso, porque não conhecemos, não conseguimos imaginar, as forças subterrâneas de nossa história biológica que o trouxeram à tona. É um imenso desafio superar essas intuições enquanto esperamos que a ciência consiga predizer esse comportamento com exatidão. Mas a tentação de equiparar caoticismo a livre-arbítrio mostra como é difícil superar essas intuições quando a ciência *jamais* será capaz de predizer com precisão os resultados de um sistema determinista.

CONCLUSÃO ERRADA NÚMERO 2: UM INCÊNDIO SEM CAUSA

Grande parte do encantamento com o caoticismo vem do fato de que não se pode começar com algumas regras deterministas simples para um sistema e produzir uma coisa elaborada e totalmente imprevisível. Já vimos que confundir isso com indeterminismo leva a um tráfico mergulho num caldeirão de crença no livre-arbítrio. É hora de abordar outro problema.

Volte à figura da página 147 com sua demonstração, usando a Regra 22, de que dois diferentes estados iniciais podem se transformar no padrão idêntico e de que, por conseguinte, não é possível saber *qual* dos dois foi a fonte real.

Esse é o fenômeno da convergência. É um termo que costuma ser usado em biologia evolutiva. Nesse caso, não é tanto o fato de você não poder dizer de qual de dois possíveis ancestrais diferentes surgiu uma espécie particular (por exemplo, "O ancestral dos elefantes tinha três ou cinco pernas? Quem sabe dizer?"). É mais o fato de que duas espécies muito diferentes convergiram para a mesma solução do mesmo tipo de desafio seletivo.* Entre os filósofos

* Observei um grande exemplo disso. Perto do equador no Quênia fica o monte Quênia, a segunda montanha mais alta da África, com mais de 5 mil metros de altura. Uma das coisas interessantes a seu respeito é que o clima é equatorial africano na base e glacial no topo (pelo menos glacial por mais um tempinho — pois derrete de modo acelerado), com ecossistemas diferentes a cada centena de metros de altura. Há espécies vegetais de aparência estranha na zona montanhosa dos 4500 metros. Uma vez conversei com um biólogo evolucionista em seu escritório e havia fotos de uma dessas plantas. "Que legal, vejo que você subiu o monte Quênia", comentei. "Não, tirei essas aí nos Andes." A planta andina não tinha qualquer parentesco com a queniana, mas parecia praticamente a mesma. Pelo visto, existem poucas maneiras de

analíticos, o fenômeno é chamado de *superdeterminação* — quando duas vias diferentes podem, em separado, determinar a progressão para o mesmo resultado. Está implícita nessa convergência uma perda de informações. Instale-se numa fileira no meio de um autômato celular e, além de não conseguir predizer o que *vai acontecer*, você não terá também como saber o que *aconteceu*, que possível caminho conduziu ao estado atual.

Essa questão de convergência tem um paralelo surpreendente na história jurídica. Por negligência, começa um incêndio no prédio A. Ali perto, sem qualquer relação, também por negligência tem origem um incêndio no prédio B. Os dois incêndios se propagam na direção um do outro e convergem, reduzindo a cinzas o prédio C, no centro. O proprietário do prédio C processa os proprietários dos dois outros prédios. Mas que pessoa negligente foi responsável pelo incêndio? Não fui eu, alega cada uma delas no tribunal — se meu incêndio não tivesse acontecido, ainda assim o prédio C teria pegado fogo. E funcionou, pois nenhum dos proprietários seria responsabilizado. Foi assim até 1927, quando a justiça decidiu, no caso Kingston versus Chicago & Northwestern Railway, que é possível ser em parte responsável pelo que aconteceu, que pode haver frações de culpa.[12]

Na mesma linha de raciocínio, considere-se um grupo de soldados num pelotão de fuzilamento para matar alguém. Não importa o quanto um deles aperte o gatilho em gloriosa obediência a Deus e à pátria, quase sempre existe alguma ambivalência, talvez certa culpa por matar alguém ou medo de que as circunstâncias mudem e ele acabe diante de um pelotão de fuzilamento. E, durante séculos, isso deu origem a uma manipulação cognitiva — um soldado qualquer recebia ao acaso uma bala de festim, em vez de uma bala de verdade. Ninguém sabia qual deles, e assim cada atirador sabia que talvez tivesse recebido a bala de festim e, portanto, não era de fato assassino. Quando as máquinas de injeção letal foram inventadas, alguns estados estipularam que haveria duas vias diferentes para o procedimento, cada qual com uma seringa cheia de veneno. Duas pessoas apertariam dois botões e um randomizador na

---

ser uma planta de altas altitudes no equador, e essas espécies vegetais muito diferentes, em lados opostos do globo, convergiram para as mesmas soluções. Está implícita nisso uma grande citação de Richard Dawkins: "Por mais numerosas que sejam as maneiras de estar vivo, há muitíssimo mais maneiras de estar morto" — há um número bem finito de maneiras de estar vivo, e cada espécie convergiu para uma delas.

máquina injetaria o veneno de uma seringa da pessoa e despejaria o conteúdo da outra num balde. Sem deixar registrado quem fez o quê. Cada pessoa sabia, portanto, que poderia não ter sido o algoz. São belos truques psicológicos para atenuar o senso de responsabilidade.[13]

O caoticismo favorece um tipo de truque psicológico parecido. Sua característica segundo a qual conhecer um estado inicial não nos permite predizer o que vai acontecer é um golpe devastador contra o reducionismo clássico. Mas a incapacidade de jamais saber o que aconteceu no passado destrói o chamado *reducionismo eliminativo radical*, a capacidade de excluir cada causa concebível de alguma coisa até que se chegue *à* causa.

Portanto, não se pode praticar o reducionismo eliminativo radical e decidir que coisa causou o incêndio, qual apertador de botão injetou o veneno, ou que estado anterior deu origem a determinado padrão caótico. Mas *isso não significa que o incêndio não foi causado por nada, que ninguém atirou no prisioneiro crivado de balas, ou que o estado caótico surgiu simplesmente do nada.* Excluir o reducionismo eliminativo radical não comprova o indeterminismo.

É óbvio. Mas isso é o que, de maneira sutil, alguns defensores do livre-arbítrio concluem — se não podemos dizer o que causou X, então não podemos excluir um indeterminismo que abre espaço para o livre-arbítrio. Como disse um conceituado compatibilista, é improvável que o reducionismo exclua as possibilidades de livre-arbítrio, "porque a cadeia de causa e efeito contém rupturas do tipo que minam o reducionismo radical e o determinismo, pelo menos na forma exigida para minar a liberdade". Que Deus me ajude por ter chegado ao ponto de examinar as filigranas de *e*, mas a convergência caótica não mina o reducionismo radical *e* o determinismo. Só o primeiro. E na opinião desse escritor, esse suposto enfraquecimento do determinismo é relevante para "políticas nas quais baseamos a responsabilidade". Não conseguir dizer qual das duas torres de tartarugas que o sustentam vai até o fundo não significa que você esteja flutuando no ar.[14]

CONCLUSÃO

Aonde foi mesmo que já chegamos? Ao esmagamento do reducionismo automático, à demonstração de que o caoticismo mostra o exato oposto do caos, ao fato de que existe menos aleatoriedade do que se costuma supor e, em vez disso, estrutura inesperada e determinismo — tudo isso é maravilhoso. Idem para as asas de borboleta, para a geração de padrões nas conchas do mar e para Will Darling. Mas partir daí e chegar ao livre-arbítrio requer que você confunda uma falha do reducionismo que torna impossível descrever com precisão o passado e prever o futuro como prova de indeterminismo. Diante de coisas complicadas, nossas intuições nos imploram para preencher o que não entendemos, e mesmo o que jamais poderemos entender, com atribuições equivocadas.

Seguimos para nosso próximo assunto, que tem tudo a ver com isso.

7. Uma cartilha da complexidade emergente

Os dois capítulos anteriores podem ser, basicamente, resumidos assim:

— O reducionismo do tipo "separe as partes que o compõem" não funciona para entendermos algumas coisas bastante interessantes a nosso próprio respeito. Na verdade, nesses sistemas caóticos, diferenças minúsculas nos estados iniciais ampliam muitíssimo suas consequências.

— Essa não linearidade contribui para uma imprevisibilidade fundamental, sugerindo para muita gente que existe um essencialismo que desafia o determinismo redutivo, fazendo com que a posição de que "não pode haver livre-arbítrio porque o mundo é determinista" vá por água abaixo.

— Nada disso. Imprevisível não é a mesma coisa que indeterminado; determinismo redutivo não é o único tipo de determinismo; sistemas caóticos são puramente deterministas, eliminando essa perspectiva específica de proclamar a existência do livre-arbítrio.

Este capítulo enfoca uma área relativa de espanto que parece desafiar o determinismo. Comecemos com alguns tijolos. Concedendo-nos alguma liberdade artística, eles podem rastejar com suas perninhas invisíveis. Coloque um tijolo num campo; ele rasteja sem rumo. Dois tijolos, idem. Um monte, e alguns começam a se esbarrar. Quando isso acontece, eles interagem de maneira simples e sem graça — podem se acomodar um ao lado do outro e assim permanecer, ou um pode rastejar por cima do outro. Isso é tudo. Agora espalhe um zilhão desses tijolos idênticos nesse campo e eles rastejam devagar, um zilhão sentados uns ao lado dos outros, um zilhão rastejando uns por cima dos outros... e eles devagar constroem o Palácio de Versalhes. O espantoso não é que, uau, alguma coisa complicada como Versalhes possa ser construída com simples tijolos.* É que, uma vez que você junta uma pilha de tijolos grande o suficiente, todos esses pequenos elementos desajeitados, operando de acordo com algumas regras simples, sem um humano à vista, *se arranjam* para formar Versalhes.

Isso não é dependência sensível do caos às condições iniciais, quando esses idênticos blocos de construção na verdade diferiam se vistos com grande ampliação, e você então voou como uma borboleta para Versalhes. Em vez disso, junte uma quantidade suficiente dos mesmos elementos simples e eles, por si sós, se arranjam para formar uma coisa assombrosamente complexa, elaborada, adaptativa, funcional e interessante. Com quantidade suficiente, a qualidade extraordinária simplesmente... surge, às vezes até de maneira imprevisível.**[1]

Acontece que essa *complexidade emergente* ocorre em domínios muito pertinentes a nossos interesses. A vasta diferença entre uma pilha de blocos de construção sem graça, idênticos, e o Versalhes em que se transformaram parece desafiar causa e efeito convencionais. Nosso lado sensato pensa (incorretamente...) em palavras como *indeterminista*. Nosso lado menos racional pensa em palavras como *magia*. Em ambos os casos, a parte do "eu" embutida

* Nota para mim mesmo: verificar se Versalhes é feito de tijolos.

** Esse conceito foi invocado pelo grande mestre de xadrez Garry Kasparov em 1996, quando perdeu uma célebre partida para Deep Blue, o computador enxadrista da IBM. Referindo-se ao poder do computador, decorrente de sua capacidade de avaliar 200 milhões de posições no tabuleiro por segundo, Kasparov explicou: "O que descobri ontem foi que estamos vendo, pela primeira vez, o que acontece quando quantidade se torna qualidade" (B. Weber, "In Kasparov vs. Computer, the Chess Scorecard Is 1-1", *New York Times*, 12 fev. 1996). Esse princípio foi formulado de início por Hegel e teve grande influência sobre Marx.

na expressão "em que se transformaram" parece tão agentiva, tão cheia de "seja o palácio de tijolos que você quiser", que sonhos de livre-arbítrio começam a acenar. Uma ideia que este capítulo e o próximo tentarão dissipar.

POR QUE NÃO ESTAMOS FALANDO SOBRE O *MOONWALKING* DE MICHAEL JACKSON

Comecemos com o que *não seria* considerado uma complexidade emergente.

Ponha um sujeito musculoso fantasiado com um uniforme militar carregando um sousafone no meio de um campo de futebol americano. Seu comportamento é simples — ele pode andar para a frente, para a esquerda ou para a direita, e o faz ao acaso. Espalhe um bando de outros instrumentistas ali e a mesma coisa acontece, todos se movimentando de maneira aleatória, sem nenhum sentido coletivo. Mas coloque trezentos deles no campo e disso surge um Michael Jackson gigante, fazendo *moonwalk* na linha de cinquenta jardas durante o show do intervalo.*

Existem todos esses marchadores de bandas intercambiáveis e fungíveis, com o mesmo minúsculo repertório de movimentos. Por que isso não conta como emergência? Porque existe um plano mestre. Não dentro do sousafonista, mas no visionário que jejuou no deserto, tendo alucinações com pilares de sal fazendo *moonwalk*, e voltou para a fanfarra levando a Boa-Nova. Não se trata de emergência.

Eis a verdadeira complexidade emergente: comece com uma *formiga*, andando sem destino pelo campo. Assim como dez formigas. Cem formigas talvez interajam com vagas sugestões de padrões. Mas junte milhares e elas formam uma sociedade com especialização de tarefas, estruturam com seus corpos pontes ou jangadas que flutuam durante semanas, constroem ninhos subterrâneos à prova de inundações com passagens pavimentadas de folhas, conduzindo a câmaras especializadas, com microclima próprio, algumas adequadas para o cultivo de fungos e outras para a criação de ninhadas. Uma sociedade que chega

* Veja a fanfarra da Universidade Estadual de Ohio fazendo o truque de Michael Jackson em <www.youtube.com/watch?v=RhVAga3GhNM>.

a alterar suas funções em resposta a demandas de mudanças ambientais. Sem plano, sem planejador.[2]

O que produz a complexidade emergente?

— Há um número gigantesco de elementos semelhantes a formigas, todos idênticos ou de poucos tipos diferentes.

— A "formiga" tem um repertório muito limitado de coisas que sabe fazer.

— Há algumas regras simples baseadas em interações casuais com vizinhos imediatos (por exemplo, "caminhe com esta pedra em suas pequeninas mandíbulas de formiga até topar com outra formiga segurando uma pedra, quando você deve deixar cair a sua"). Nenhuma formiga sabe mais do que essas poucas regras e cada uma delas age como agente autônomo.

— A partir dos fenômenos imensamente complicados que isso pode produzir surgem propriedades irredutíveis que só existem no nível coletivo (por exemplo, uma única molécula de água não pode ser úmida; a "umidade" surge apenas da coletividade de moléculas de água e o estudo de moléculas de água individuais não prediz muita coisa acerca da umidade) e que são *autônomas* em seu nível de complexidade (ou seja, é possível fazer predições precisas sobre o comportamento do nível coletivo sem saber muita coisa sobre as partes componentes). Como resumiu o físico e prêmio Nobel Philip Anderson, "Mais é diferente".*[3]

— Essas propriedades emergentes são robustas e persistentes — uma cachoeira, por exemplo, mantém consistentes características emergentes ao longo do tempo, apesar do fato de que nenhuma molécula participa da cachoeira mais de uma vez.[4]

— Uma imagem minuciosa do sistema emergente pode ser (mas não necessariamente) imprevisível, o que deveria trazer recordações dos dois capítulos anteriores. Saber o estado inicial e as regras de reprodução (à autômato celular) nos dá os meios para *desenvolver* a complexidade, mas não os meios para a *descrever*.

* Anderson dá um maravilhoso exemplo dessa ideia, citando uma conversa entre F. Scott Fitzgerald e Ernest Hemingway: "Fitzgerald: Os ricos são diferentes de nós. Hemingway: Sim, têm mais dinheiro. Tudo o mais que se refere a riqueza vem apenas disso".

Ou, para usar uma palavra oferecida por um destacado neurobiólogo do desenvolvimento do século passado, Paul Weiss, o estado inicial jamais pode conter um "itinerário".*[5]

— Parte dessa imprevisibilidade se deve ao fato de que nos sistemas emergentes a estrada que você percorre está sendo construída ao mesmo tempo e, na verdade, por estar nela você influencia o processo de construção constituindo um feedback no processo de construção da estrada.** Além disso, o objetivo em direção ao qual você viaja talvez ainda nem exista — você está destinado a interagir com um ponto-alvo que pode não existir ainda, mas que, com sorte, será construído a tempo. E, ao contrário dos autômatos celulares do último capítulo, os sistemas emergentes também estão sujeitos a aleatoriedade (no jargão, "eventos estocásticos"), nos quais a sequência de eventos aleatórios faz diferença.***

— Muitas vezes as propriedades emergentes podem ser surpreendentemente adaptativas, e, apesar disso, não haver plano nem planejador.[6]

Eis uma versão simples da adaptabilidade: duas abelhas saem da colmeia, cada uma voando ao acaso até achar uma fonte de alimento. Ambas encontram, mas uma das fontes é melhor. As abelhas retornam à colmeia, nenhuma delas sabendo que há *duas* fontes. Apesar disso, todas as abelhas voam direto para o melhor lugar.

Agora um exemplo mais complexo: uma formiga procura comida, checando oito lugares diferentes. Suas perninhas se cansam e, idealmente, ela vi-

* O neurobiólogo Robin Hiesinger, cuja obra será abordada mais adiante neste capítulo, dá um ótimo exemplo dessa ideia. Você está aprendendo uma peça para piano, comete um erro e para abruptamente de tocar. Em vez de retomar dois compassos antes, como quem retoma a estrada, quase todos nós vamos precisar que a complexidade se revele novamente — voltando para o início da seção.

** O ensaísta Lu Xun, do começo do século XX, capturou a essência disso, escrevendo: "O mundo não tinha estrada no começo; mas quando muitas pessoas começaram a andar por ela, a estrada apareceu" (Liqun Luo, comunicação pessoal).

*** Suponha, por exemplo, que você compartilha uma sequência de dez itens, nove dos quais são mais ou menos semelhantes. Há uma flagrante exceção, e sua avaliação geral das propriedades dessa sequência pode mudar dependendo de o acaso que resultou na exceção ser o segundo ou o décimo exemplo que você vê.

sita cada lugar apenas uma vez, e no caminho mais curto possível entre 5040 possibilidades (ou seja, 7 fatorial). Essa é uma versão do célebre "problema do caixeiro-viajante", que há séculos dá trabalho aos matemáticos, na busca infrutífera de uma solução geral. Uma estratégia para resolver o problema é a da força bruta — examine *cada* rota possível, compare-as e escolha a melhor. Isso exige muitíssimo trabalho e capacidade de cálculo — quando você tem que visitar dez lugares há mais de 360 mil maneiras de fazê-lo, mais de 80 bilhões se forem quinze. Impossível. Mas pegue as 10 mil formigas de uma colônia típica, solte-as na versão com oito locais de alimentação e elas encontram uma solução quase ideal, entre as 5040 possibilidades, numa fração do tempo de que você precisaria para forçar a solução, sem que nenhuma formiga saiba mais do que o caminho que percorreu, mais duas regras (que veremos adiante). Funciona tão bem que cientistas da computação podem resolver problemas desse tipo com "formigas virtuais", usando o que agora é conhecido como inteligência de enxame.*[7]

A mesma adaptabilidade existe no sistema nervoso. Pegue um desses vermes microscópicos que os neurobiólogos adoram;** a fiação de seus neurônios está perto da otimização do caixeiro-viajante, em termos do custo de conectar todos eles; o mesmo se aplica ao sistema nervoso das moscas. E também ao cérebro dos primatas; examine o córtex de um primata, identifique onze regiões diferentes que se interligam. E dos milhões de maneiras possíveis, o cérebro em desenvolvimento encontra a solução ideal. Como veremos, em todos esses casos, isso acontece a partir de regras parecidas, do ponto de vista conceitual, às das formigas caixeiras-viajantes.[8]

Outros tipos de adaptabilidade também proliferam. O neurônio "quer" espalhar seu leque de milhares de ramos dendríticos de maneira tão eficiente

* Pondo os pingos nos is: como observei, o problema do caixeiro-viajante é formalmente insolúvel, no sentido de que, em termos matemáticos, não é possível provar ou refutar que determinada solução seja a ideal. Isso está intimamente ligado aos chamados "problemas de árvores geradoras mínimas", em que provas matemáticas são impossíveis. Estes últimos são importantes para situações como as de empresas de telecomunicações que tentam descobrir a maneira mais eficiente de conectar várias torres de transmissão minimizando a quantidade total de cabos.

** O verme, chamado *Caenorhabditis elegans*, é adorado porque cada um tem exatamente 302 neurônios, sempre conectados do mesmo jeito. É um sonho para quem estuda a formação de circuitos neuronais.

quanto possível para receber inputs de outros neurônios, até competindo com células vizinhas. Nosso sistema circulatório "quer" espalhar seus milhares de ramificações arteriais de maneira tão eficiente quanto possível para fornecer sangue a cada célula do corpo. A árvore "quer" se ramificar em direção ao céu de maneira mais eficiente para maximizar a exposição de suas folhas à luz solar. E, como veremos, os três resolvem o desafio com regras emergentes similares.[9]

Como é possível? Chegou a hora de examinar exemplos de como a emergência de fato ocorre, usando regras simples que funcionam de maneiras semelhantes na solução de desafios de otimização para, entre outras coisas, formigas, bolores limosos, neurônios, humanos e sociedades. Esse processo elimina com facilidade a primeira tentação: decidir que emergência demonstra indeterminação. A mesma resposta do capítulo anterior — imprevisível não é sinônimo de indeterminado. Eliminar a segunda tentação é um desafio maior.

EXPLORADORES DE INFORMAÇÕES SEGUIDOS POR ENCONTROS ALEATÓRIOS

Muitos exemplos de emergência envolvem um tema que requer duas fases simples. Na primeira, "exploradores" numa população investigam um ambiente; quando descobrem algum recurso, divulgam a notícia.* A transmissão deve incluir informações sobre a qualidade do recurso — por exemplo, recursos melhores produzindo sinais mais altos e mais longos. Na segunda fase, outros indivíduos vagam a esmo em seu ambiente com uma simples regra no tocante a sua resposta à notícia.

De volta às abelhas melíferas como exemplo. Duas abelhas batedoras checam a vizinhança em busca de possíveis fontes de alimento. Cada qual encontra uma, volta à colmeia para informar o achado; elas divulgam a notícia por meio da célebre dança das abelhas, cujas características comunicam a direção e a distância do alimento. Crucialmente, quanto melhor a fonte de alimentos

* Trata-se de uma espécie de "ambiente" muito abstrato e não dimensional, de modo que a saída de uma formiga do ninho para procurar alimento, um neurônio estendendo um cabo até outro para formar uma conexão e alguém fazendo uma pesquisa on-line podem ser reduzidos a suas semelhanças.

encontrada por uma batedora, mais tempo ela se demora executando uma parte da dança — é assim que a qualidade é transmitida.* Como segunda fase, outras abelhas vagueiam pela colmeia e, deparando com uma batedora dançante, saem voando para checar a fonte de alimento que ela está divulgando... e então voltam para comunicar a notícia dançando também. E como quanto melhor o lugar potencial, mais longa a dança, maior é a probabilidade de que uma das abelhas aleatórias esbarre na abelha da grande notícia do que na abelha da boa notícia. O que aumenta a chance de logo haver duas dançarinas da grande notícia, depois quatro, depois oito... até toda a colônia convergir rumo ao lugar ideal. E a batedora original da boa notícia já terá parado de dançar há muito tempo, esbarrado numa dançarina da grande notícia e sido recrutada para a solução ideal. Observe que *não há uma abelha com poder de decisão que recebe informações sobre ambos os lugares, compara as duas opções, escolhe a melhor e conduz todo mundo para lá.* Na verdade, danças mais longas recrutam abelhas que vão dançar mais tempo, e a comparação e a escolha ideal emergem implicitamente; aí está a essência da inteligência de enxame.[10]

Da mesma forma, suponhamos que duas abelhas batedoras descobrem dois lugares potenciais igualmente bons, mas a distância de um até a colmeia é metade da distância do outro. Para fazer a viagem de ida e volta à fonte de alimento a abelha com notícia local levará metade do tempo que a abelha com notícia distante leva — e assim a duplicação de dois para quatro, para oito, começa mais cedo, afogando de maneira exponencial a mensagem da abelha com a notícia distante. Todos logo seguem para a fonte mais próxima. É assim que as formigas encontram o lugar ideal para uma nova colônia. As batedoras saem e cada uma acha um lugar possível; quanto melhor o lugar, mais tempo elas permanecem. Então as formigas errantes se espalham, obedecendo à regra de que, se você esbarra numa formiga parada num lugar possível, talvez valha a pena dar uma checada. Mais uma vez, melhor qualidade se traduz em sinal de recrutamento mais forte, que reforça a si mesmo. O trabalho de minha colega pioneira Deborah Gordon mostra uma camada

* As informações contidas na dança das abelhas foram decodificadas pela primeira vez por Karl von Frisch no começo do século XX; o trabalho foi crucial para a fundação do campo da etologia e rendeu a Von Frisch o prêmio Nobel de Fisiologia ou Medicina, para perplexidade da maioria dos cientistas — o que abelhas dançantes têm a ver com fisiologia ou medicina? Muita coisa, como um ponto deste capítulo.

extra de adaptabilidade. Um sistema como esse tem vários parâmetros — até que distância as formigas vagam, quanto mais tempo você fica num bom local em comparação com o tempo que fica um local ruim e assim por diante. Ela mostra que esses parâmetros variam em diferentes ecossistemas em função da abundância das fontes de alimento, da regularidade com que são distribuídas e do custo do forrageio (este, por exemplo, é mais caro, em termos de perda de água, para formigas do deserto do que para formigas de floresta); quanto mais uma colônia evoluiu no sentido de ajustar de forma correta esses parâmetros a seu ambiente específico, maior a probabilidade de que sobreviva e deixe descendentes.* **[11]

As duas etapas de batedoras-locutoras de notícias seguidas pelo recrutamento de formigas errantes explicam a otimização das formigas caixeiras-

* Portanto, colônias diferem quanto ao grau de "aptidão" evolutiva para obter uma inteligência de enxame auto-organizada de forma correta. Um artigo sobre esse tema traz o melhor título de todos os tempos numa revista científica: "Colônias de abelhas adquirem aptidão através da dança". É de supor que esse artigo apareça regularmente em pesquisas no Google sobre aulas de zumba.

** Essa abordagem não é perfeita e pode produzir uma decisão de consenso errada. Formigas que vivem na planície querem um posto de observação realmente bom no alto de uma colina. Há duas colinas próximas, uma duas vezes mais alta do que a outra. Duas batedoras saem, cada uma para sua colina, e a que está na coluna mais baixa chega e começa a divulgá-la na metade do tempo que a formiga da colina mais alta leva para começar. Isso significa que ela começa a duplicação do recrutamento mais cedo do que a outra formiga, e logo a colônia escolheu... a colina mais baixa. Nesse caso, o problema surge porque a força da mensagem de recrutamento está inversamente correlacionada à qualidade do recurso. Às vezes o processo pode estar todo desajustado. Há casos e mais casos de algoritmos de aprendizado de máquina que produzem uma solução bizarra para um problema porque o programador não especificou de modo adequado as instruções, deixando de informar tudo que não era permitido fazer, quais informações não deveriam ser levadas em conta e assim por diante. Por exemplo, uma IA ao que parecia aprendeu a diagnosticar melanomas, mas na verdade aprendeu que lesões fotografadas com uma régua ao lado são provavelmente malignas. Em outro caso, um algoritmo foi projetado para desenvolver um organismo simulado que fosse muito rápido; a IA simplesmente criou um organismo incrivelmente alto, que, assim, atingia grandes velocidades quando se lançava para a frente. Em outro, a IA deveria projetar um aspirador de pó robótico que se movimentasse sem bater nas coisas — o que era avaliado pelo impacto do para-choque — e na verdade ele aprendeu a simplesmente zanzar de costas, pois na parte de trás não havia para-choque. Para mais exemplos, ver "Specification Gaming Examples in AI — Master List: Sheet1", disponível em: <docs.google.com/spreadsheets/u/1/d/e/2PACX-1vRPiprOaC3HsCf5Tuum8bRfzYUiKLRqJmbOoC-32JorNdfyTiRRsR7Ea5ezWtvs Wzuxo8bjOxCG84dAg/pubhtml>.

-viajantes virtuais. Coloque um monte de formigas em cada local virtual de forrageio; cada formiga então escolhe ao acaso uma rota que implica visitar cada local uma vez e deixa durante esse processo um rastro de feromônios.* Como uma qualidade melhor se traduz numa transmissão mais forte? Quanto mais curta a rota, mais espesso é o rastro de feromônios deixado pela batedora; feromônios evaporam, e, portanto, rastros de feromônios mais curtos e espessos duram mais. Uma segunda geração de formigas aparece; elas andam ao acaso, seguindo a regra de que, se encontrarem uma trilha de feromônios, a ela se atêm, acrescentando seus próprios feromônios. Como resultado, quanto mais espessa a trilha, e portanto mais duradoura, maior a probabilidade de que outra formiga a ela se atenha e amplifique a mensagem de recrutamento. E logo as rotas menos eficientes para conectar os locais evaporam, restando a solução otimizada. Não há necessidade de coletar dados sobre a extensão de cada rota possível e de ter uma autoridade central que compare as rotas e depois direcione todo mundo para a melhor solução. Na verdade, uma coisa que se aproxima da solução ideal emerge por conta própria.**

(Algo para o que vale a pena chamar atenção: como veremos, esses algoritmos de recrutamento que favorecem os já favorecidos explicam compor-

* Feromônios são mensagens químicas liberadas no ar — odorantes — que transmitem informações; no caso das formigas, elas têm glândulas para esse feromônio específico no traseiro, que ao tocar no chão deixa um rastro de gotículas da substância. Portanto, essas formigas virtuais estão deixando feromônios virtuais. Se houver uma quantidade constante de feromônio na glândula no começo, quanto mais curta a caminhada, mais espessa será a camada de feromônio depositada por unidade de distância.

** Esse algoritmo de busca foi proposto pela primeira vez pelo pesquisador de IA Marco Dorigo em 1992, dando origem a estratégias de "otimização de colônias de formigas", com formigas virtuais, na ciência da computação. É um belíssimo exemplo de quantidade produzindo qualidade; quando o entendi, fiquei inebriado por sua elegância. E, como resultado, a qualidade dessa abordagem é refletida no barulho de meu discurso a respeito dela — falo sobre isso com mais frequência em minhas palestras do que sobre assuntos menos interessantes, aumentando a probabilidade de que meus alunos entendam e contem aos pais no Dia de Ação de Graças, e de que os pais contem aos vizinhos, aos clérigos e aos representantes eleitos, levando ao comportamento emergente otimizado de todos darem ao próximo filho o nome de Dorigo.

Note que, como afirmado, esse é um modo ideal de se aproximar da solução otimizada. Se você precisar da solução otimizada, será necessário forçá-la com um comparador centralizado lento e caro. Além disso, é óbvio que formigas e abelhas não seguem esses algoritmos com exatidão, pois as diferenças individuais e o acaso se infiltram.

tamentos otimizados em nós também, assim como em outras espécies. Mas "ótimo" não é usado no sentido carregado de valor de "bom". Basta considerar cenários em que ricos ficam mais ricos nos quais, graças a mensagens de recrutamento de desigualdade econômica, são literalmente os ricos que ficam mais ricos.)

Em seguida veremos como a emergência ajuda bolores limosos a resolver problemas.

Bolores limosos são esses protistas unicelulares limosos, bolorentos, fúngicos, ameboides, apenas para cometer um monte de erros taxonômicos, que crescem e se espalham como um tapete sobre superfícies, em busca de microrganismos para comer.

Num bolor limoso, zilhões de amebas unicelulares somaram forças para se fundir numa célula única gigantesca e cooperativa que se derrama sobre superfícies em busca de alimento, ao que tudo indica uma eficiente estratégia para caçar alimento* (e como indício da emergência iminente, uma única célula independente de bolor limoso não pode se derramar mais do que uma molécula de água pode ser úmida). O que antes eram células individuais está interconectado por túbulos que podem se esticar e contrair, dependendo da direção do derramamento (veja a figura a seguir).

Dessas coletividades, emergem capacidades de resolução de problemas. Borrife um bocadinho de bolor limoso num pequeno poço de plástico que conduz a dois corredores, um com um floco de aveia no fim, outro com dois flocos de aveia (que os bolores limosos adoram). Em vez de enviar batedores, todo o bolor limoso se expande para preencher ambos os corredores, atingindo ambas as fontes de alimento. E em poucas horas o bolor limoso se retrai do corredor de um floco de aveia e se aglomera em volta dos dois flocos de aveia. Tenha duas vias de tamanhos diferentes levando à mesma fonte de alimento; o bolor limoso a princípio preenche as duas vias, mas acaba ficando com o caminho mais curto. O mesmo ocorre com um labirinto de múltiplas rotas e becos sem saída.**[12]

* Como dicotomia, em espécies de bolor limoso celular, o coletivo se forma apenas temporariamente; em bolores limosos plasmodiais, ele é permanente.

** Levantando a questão de quando o comportamento otimizado dessas ex-células individuais constitui "inteligência", da mesma maneira que a função otimizada de vastos números de neurônios pode constituir uma pessoa inteligente.

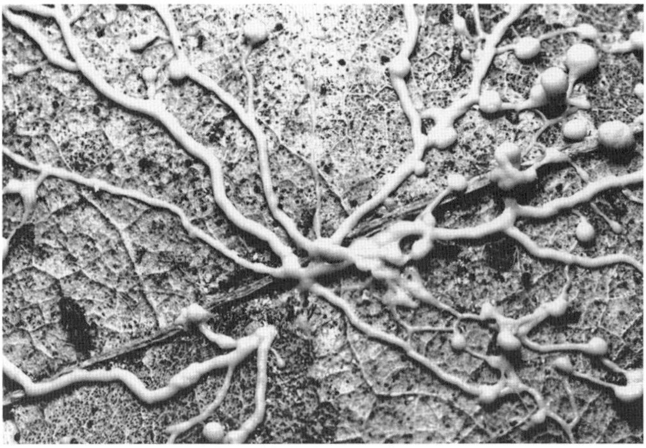

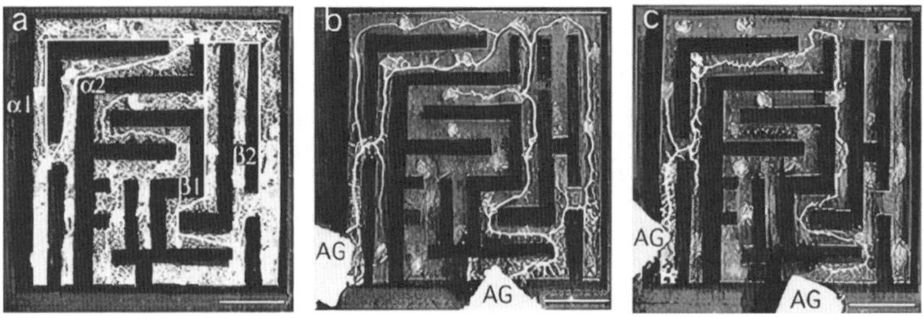

De início, o bolor limoso preenche todos os caminhos (painel a); então começa a se retrair dos caminhos supérfluos (painel b), até por fim alcançar a solução ótima (*painel c*). (*Ignore as diversas marcações.*)

Como um tour de force da inteligência do bolor limoso, Atsushi Tero, da Universidade de Hokkaido, despejou bolor limoso numa área emparedada de formato estranho, com flocos de aveia em lugares bem específicos. A princípio, o bolor se expandiu, formando túbulos que conectavam todas as fontes de alimento umas com as outras de várias maneiras. Por fim, a maioria dos túbulos se retraiu, deixando em seu lugar alguma coisa próxima do comprimento total mais curto de túbulos entre as fontes de alimento. O Bolor Limoso Viajante. Eis o tipo de coisa que faz a plateia pedir mais: a parede delineia a costa em volta de Tóquio; o bolor foi despejado onde Tóquio estaria e os flocos de aveia correspondiam a estações ferroviárias suburbanas situadas em volta da capital. E do bolor emergiu um padrão de ligações tubulares estatisticamente similar às ferrovias reais que ligam aquelas estações. Um bolor limoso sem um neurônio para chamar de seu de um lado e equipes de planejadores urbanos do outro.[13]

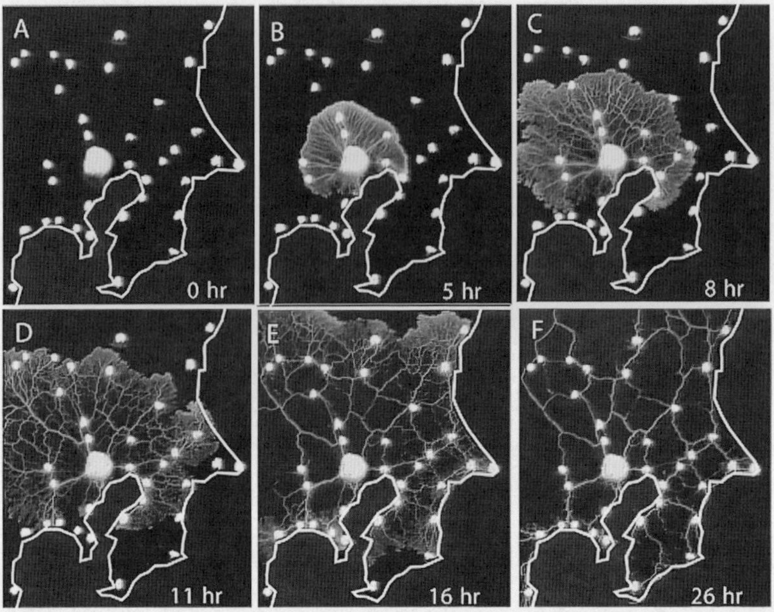

Como os bolores limosos conseguem isso? De um jeito muito parecido com o das formigas e das abelhas. Pegue os dois corredores que levam a um ou a dois flocos de aveia. De início o bolor limoso se espalha pelos dois corredores, e, quando o alimento é encontrado, túbulos se contraem na direção do alimento, puxando o restante do bolor limoso. Crucialmente, quanto melhor a fonte de alimento, maior a força contrátil gerada nos túbulos. Então, os túbulos um pouco mais distantes dissipam a força contraindo-se na mesma orientação, aumentando a força de contração, esparramando-se até que todo o bolor limoso tenha sido puxado para o melhor caminho. Nenhuma parte do bolor limoso compara as duas opções ou toma uma decisão. Na verdade, as extensões dele nos dois corredores funcionam como batedores, com a melhor rota sendo divulgada de um jeito que provoca o recrutamento segundo o modelo "os mais ricos ficam mais ricos" via forças mecânicas.[14]

Examinemos agora um neurônio em crescimento. Ele estende uma projeção que se ramificou em dois braços batedores ("cones de crescimento") em direção a dois neurônios. Simplificando o desenvolvimento do cérebro a um único mecanismo, cada neurônio-alvo atrai o cone de crescimento ao secretar um gradiente de moléculas "atratantes". Um alvo é "melhor", secretando, portanto, mais dessas atratantes, e o resultado é que um cone de crescimento o alcança primeiro — o que leva um túbulo dentro da projeção desse neurônio em crescimento a se curvar nessa direção, para ser atraído nessa direção. O que torna o túbulo paralelo adjacente mais propenso a fazer o mesmo. O que aumenta as forças mecânicas que recrutam mais e mais desses túbulos. O outro braço batedor é recolhido e nosso neurônio em crescimento está conectado com o melhor alvo.*[15]

Analisemos nosso tema formiga/abelha/bolor limoso aplicado ao desenvolvimento do cérebro na formação do córtex, a parte mais refinada, mais recentemente desenvolvida, do cérebro.

O córtex é um manto de seis camadas espessas sobre a superfície do cérebro e, cortado em seções transversais, cada camada consiste em diferentes tipos de neurônio (veja a figura a seguir).

A arquitetura de múltiplas camadas tem muito a ver com a função cortical. Na imagem, pense nessa placa de córtex dividida em seis colunas verticais (vistas com mais clareza como seis densos aglomerados de neurônios no nível da seta). Os neurônios dentro de cada uma dessas minicolunas enviam muitas projeções verticais (ou seja, axônios) uns aos outros, trabalhando juntos como uma unidade; por exemplo, uma minicoluna pode decodificar o significado

* Para simplificar *imensamente* as coisas, os dois cones de crescimento têm na superfície receptores para a molécula "atratante". À medida que esses receptores são preenchidos pela atratante, um diferente tipo de molécula atratante é liberado dentro do ramo do cone de crescimento, formando um gradiente até o tronco que puxa os túbulos para esse ramo. Mais transmissão de atratante extracelular, através de mais receptores preenchidos, e mais mensagem de transmissão intercelular recrutando túbulos. Como uma complexidade em sistemas nervosos reais, diferentes neurônios-alvos podem secretar *diferentes* moléculas atratantes, possibilitando a divulgação de informações qualitativas e quantitativas. Como outra complexidade, às vezes um cone de crescimento tem em mente um endereço específico para o neurônio com o qual deseja se conectar. Às vezes, porém, há codificação posicional relativa, na qual o neurônio A deseja se conectar com o neurônio-alvo adjacente ao neurônio-alvo que se conectou ao neurônio ao lado do neurônio A. Está implícito em tudo isso que os cones de crescimento estão secretando mensagens que se repelem, para que os batedores explorem áreas diferentes. Agradeço a meus colegas de departamento Liqun Luo e Robin Hiesinger, dois batedores pioneiros nesse campo, pelas generosas e úteis discussões sobre o assunto.

da luz caindo num ponto da retina, com a minicoluna ao lado dela decodificando a luz num ponto adjacente.*

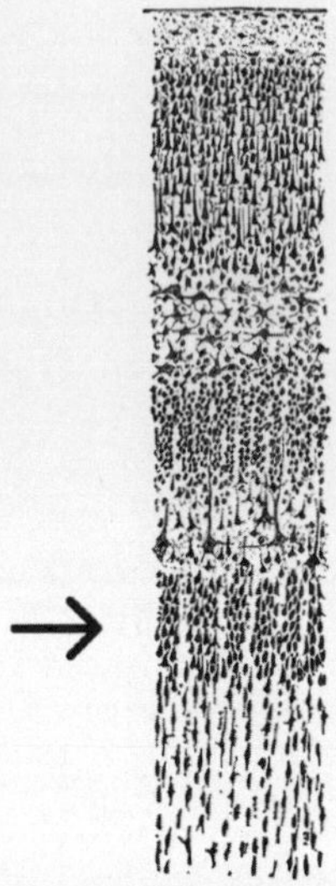

São as formigas de volta na construção de um córtex. O primeiro passo no desenvolvimento cortical ocorre quando uma camada de células na parte inferior de cada seção transversal do córtex envia projeções para a superfície, funcionando como um andaime vertical. São nossas formigas batedoras, chamadas de glias radiais (ignore as letras na figura a seguir). Há de início um excesso delas, e as que desbravaram os caminhos menos ótimos, menos diretos, são eliminadas (mediante um tipo controlado de morte celular). Dessa maneira, temos nossa primeira geração de exploradoras, com aquelas que encontraram a solução mais ideal para a construção do córtex persistindo por mais tempo.[16]

* Como um aparte, existem também conexões horizontais dentro da mesma camada entre diferentes minicolunas. Isso produz um circuito muitíssimo interessante. Considere uma minicoluna cortical respondendo à luz que estimula uma pequena área da retina. Como já mencionado, as minicolunas que a cercam respondem à luz que estimula áreas em ambos os lados da primeira área. Como um excelente truque de circuito, uma minicoluna, quando estimulada, usa suas projeções horizontais para silenciar as minicolunas circundantes. Resultado? Uma imagem mais nítida nas bordas, fenômeno chamado inibição lateral. Isso é muito bom.

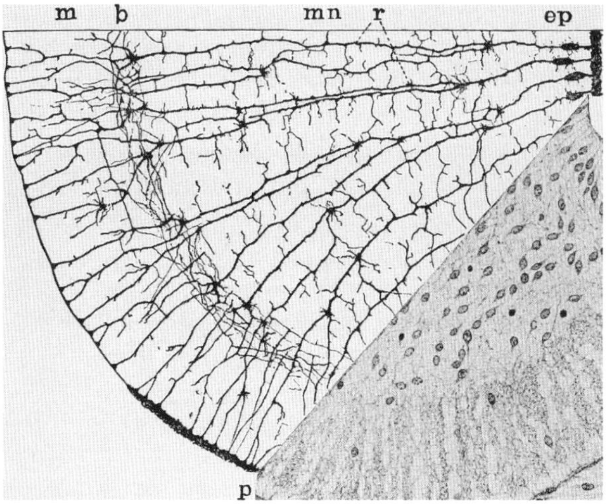

Glias radiais irradiando a partir do centro de uma seção transversal.

Você já sabe o que vem em seguida. Neurônios recém-nascidos perambulam na base do córtex até topar com uma glia radial. Então migram para cima, ao longo do trilho guia glial, deixando para trás mensagens quimioatratantes, que recrutam mais novatos para se juntarem à futura minicoluna.*[17]

Batedores, transmissão dependente de qualidade e recrutamento do tipo "os mais ricos ficam mais ricos", de insetos e bolores limosos a nosso cérebro. Tudo sem um plano mestre, ou sem que as partes constituintes saibam alguma coisa além de sua vizinhança imediata, ou sem qualquer componente comparando opções e escolhendo a melhor. Com notável clarividência sobre essas ideias, em 1874 o biólogo Thomas Huxley escreveu a respeito da natureza mecanicista dos organismos, de tal maneira que eles "apenas simulam inteligência, como a abelha simula um matemático".[18]

É hora de abordar outro tema em sistemas emergentes.

* À medida que chega à cena, cada novo neurônio vai formando sinapses em sequência, uma de cada vez, que é um jeito de o neurônio saber se atingiu o número desejado de sinapses. Inevitavelmente, entre os vários cones de crescimento que se espalham, buscando alvos dendríticos para começar a formar sinapses, um cone de crescimento terá mais fator de crescimento de "sementeira" do que os outros, totalmente por acaso. Muito fator de sementeira faz com que o cone de crescimento recrute ainda mais fator de sementeira e suprima o processo nos cones de crescimento vizinhos. Esse cenário de "os mais ricos ficam mais ricos" resulta na formação de uma sinapse de cada vez.

FAZENDO COISAS INFINITAMENTE GRANDES CABEREM EM ESPAÇOS INFINITAMENTE PEQUENOS

Examine a figura a seguir. A fila de cima consiste numa única linha reta. Remova o terço do meio, produzindo as duas linhas que constituem a segunda fileira; o comprimento das duas juntas é dois terços do comprimento da linha original. Remova o terço do meio de cada uma, produzindo quatro linhas que, juntas, são quatro nonos do comprimento total da linha original. Repita isso para sempre e você gera uma coisa que parece impossível — um número infinitamente grande de pontos que têm um comprimento cumulativo infinitamente pequeno.

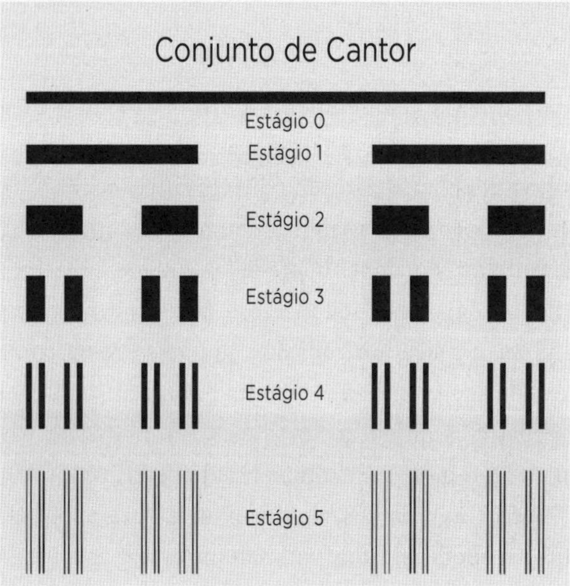

Façamos o mesmo em duas dimensões (veja a figura a seguir). Pegue um triângulo equilátero (1). Gere outro triângulo equilátero em cada face, usando o terço do meio como base para o novo triângulo, para resultar numa estrela de seis pontas (2). Faça o mesmo com cada um desses pontos, produzindo uma estrela de dezoito pontas (3), depois uma estrela de 64 pontas (4) e assim por diante. Faça isso para sempre e você vai gerar uma versão bidimensional da mesma impossibilidade, ou seja, uma forma cujo aumento em área de uma repetição para a próxima é infinitamente pequeno, ao passo que seu perímetro é infinitamente longo:

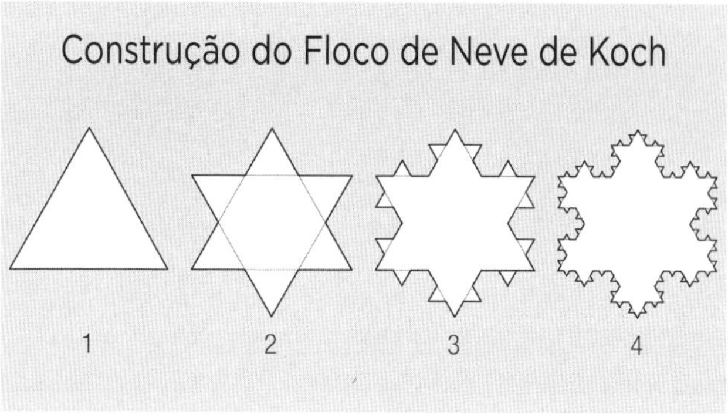

Agora, três dimensões. Pegue um cubo. Cada face pode ser imaginada como um diagrama de três por três de nove quadrados. Remova o quadrado do meio desses nove quadrados, deixando oito:

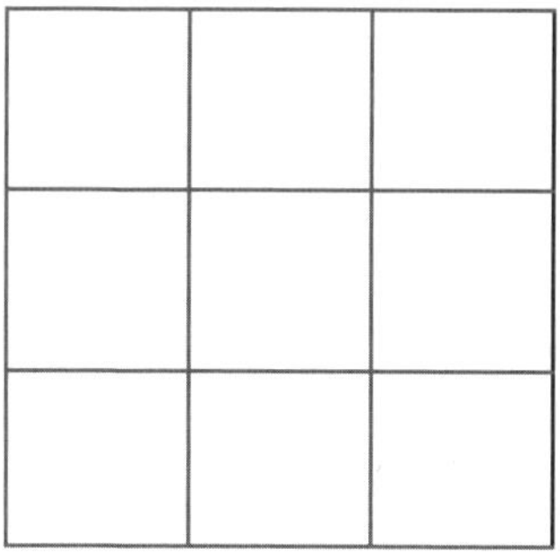

Agora pense em cada um dos oito restantes como um diagrama de três por três e retire o quadrado do meio. Repita o processo para sempre nas seis faces do cubo. E a impossibilidade alcançada quando você atingir o infinito é um cubo com volume infinitamente pequeno, mas com uma área de superfície infinitamente grande (veja a figura a seguir).

São chamados, respectivamente, de conjunto de Cantor, floco de neve de Koch e esponja de Menger. São os pilares da geometria fractal, na qual você repete a mesma operação várias vezes, até produzir uma coisa impossível na geometria tradicional.[19]

O que ajuda a explicar um pouco nosso sistema circulatório. Cada célula do corpo está, no máximo, a algumas células de distância de um capilar, e o sistema circulatório consegue isso desenvolvendo cerca de 77 mil quilômetros de capilares num adulto. No entanto, esse número absurdamente grande de quilômetros ocupa apenas 3% do volume do corpo. Da perspectiva de corpos reais no mundo real, isso começa a chegar perto da situação em que o sistema circulatório está em toda parte, infinitamente presente, enquanto ocupa uma quantidade de espaço infinitamente pequena.[20]

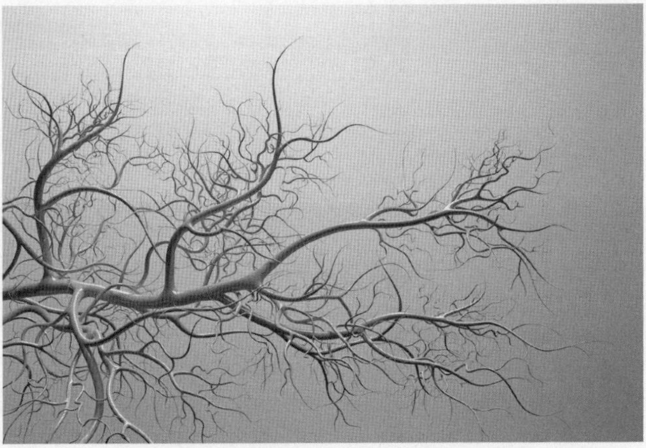

Padrões de ramificação em leitos capilares.

Um neurônio enfrenta desafio parecido, pois deseja enviar um emaranhado de ramos dendríticos que possam acomodar inputs em 10 mil a 50 mil sinapses, tudo isso com a "árvore" dendrítica ocupando o mínimo possível de espaço e custando o mínimo possível para ser construída (veja a figura a seguir).

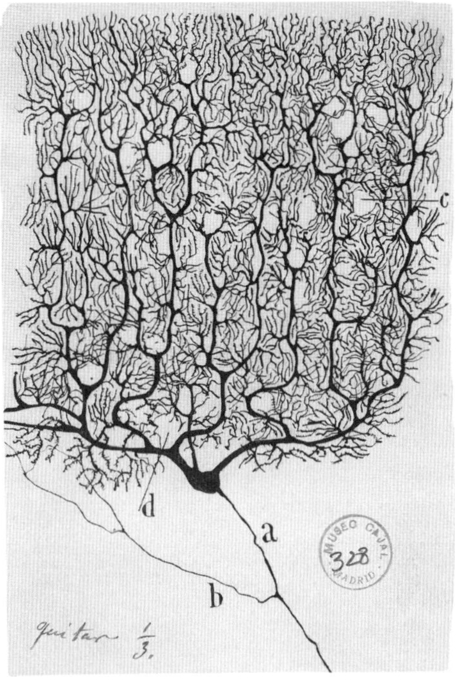

Desenho clássico de um neurônio real em livros didáticos.

E, claro, existem árvores formando ramos reais a fim de gerar a quantidade máxima de superfície para a folhagem absorver a luz solar, ao mesmo tempo minimizando os custos de desenvolver tudo isso.

As semelhanças e os mecanismos subjacentes seriam óbvios para Cantor, Koch ou Menger,* quer dizer, a bifurcação repetitiva — uma coisa cresce um tanto e se divide em duas; esses dois ramos crescem um tanto e cada um se divide em dois; esses quatro ramos… e assim por diante, da aorta aos 77 mil quilômetros de capilares, do primeiro ramo dendrítico num neurônio às 200 mil espinhas dendríticas, de um tronco de árvore a qualquer coisa em torno de 50 mil pontas de galhos com folhas.

Como estruturas de bifurcação como essas são geradas em sistemas biológicos, em escalas que vão de uma única célula a uma árvore gigantesca? Bem,

* Para não ficarmos íntimos demais, trata-se de Georg Cantor, matemático alemão do século XIX; Helge von Kock, matemático sueco da virada do século; e Karl Menger, matemático austro-americano do século XX.

posso dizer que o que *não* acontece aqui é haver instruções específicas para cada bifurcação. Para gerar uma árvore bifurcante com dezesseis pontas de galho, é preciso gerar quinze eventos de bifurcação separados. Para 64 pontas, 63 ramificações. Para 10 mil espinhas dendríticas num neurônio, 9999 ramificações. É impossível dedicar um gene à supervisão de cada um desses eventos de bifurcação, pois não haveria genes suficientes (temos apenas cerca de 20 mil). Além disso, como assinalado por Hiesinger, construir uma estrutura dessa maneira requer um plano tão complicado quanto a própria estrutura, o que levanta o problema das tartarugas: como o projeto é gerado e como é gerado o plano que gerou esse plano...? Esse tipo de problema ocorre em escalas cada vez maiores no caso do sistema circulatório e de árvores reais.

Na verdade, você precisa de instruções que funcionem da mesma maneira em cada escala de ampliação. Instruções independentes de escala como esta:

> *Passo 1.* Comece com um tubo de diâmetro Z (um tubo porque, em termos geométricos, um ramo de vaso sanguíneo, um ramo dendrítico e um ramo de árvore podem ser pensados dessa forma).
>
> *Passo 2.* Estenda esse tubo até que ele fique, para tirar um número da cartola, quatro vezes maior do que seu diâmetro (ou seja, 4Z).
>
> *Passo 3.* Nessa altura, o tubo se bifurca. Repita.

Isso produz dois tubos, cada qual com um diâmetro de 1/2Z. E quando tiverem quatro vezes o tamanho desse diâmetro (ou seja, 2Z), esses dois tubos se dividem em dois, produzindo quatro ramos, cada um com 1/4Z de diâmetro, que se dividirão em dois quando cada um tiver 1Z (veja a figura a seguir).

Embora uma árvore madura pareça ter uma imensa complexidade, a codificação idealizada para ela pode ser comprimida em três instruções cuja execução requer apenas um punhado de genes, em vez de metade de nosso genoma.* Podemos até fazer com que os efeitos desses genes interajam com o ambiente. Digamos que você é um feto dentro de alguém que vive numa

* Com a probabilidade de que dendritos, vasos sanguíneos e árvores difiram no tocante a quantos múltiplos do diâmetro dos galhos precisam crescer para se dividir.

grande altitude, com baixos níveis de oxigênio no ar e, portanto, na circulação fetal. Isso desencadeia uma mudança epigenética (de volta ao capítulo 3), de modo que os tubos em sua circulação alcançam apenas 3,9 vezes a largura, em vez de quatro, antes de se dividirem. Isso produzirá uma distribuição mais densa de capilares (não sei se resolveria o problema das grandes altitudes — estou inventando).*

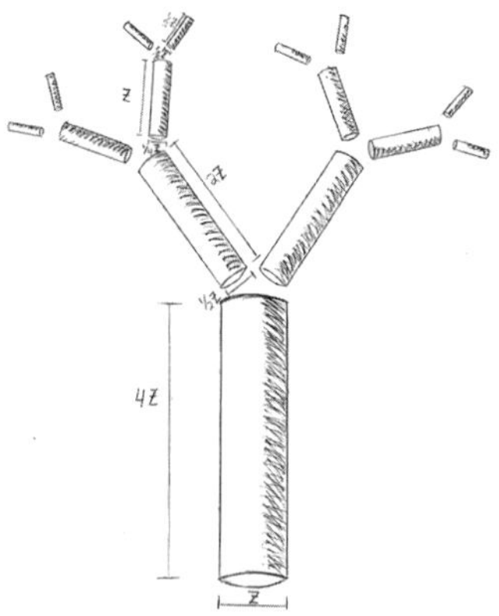

Portanto, dá para fazer isso com um punhado de genes que podem até interagir com o ambiente. Mas transformemos isso na realidade dos tubos biológicos de verdade e no que os genes de fato fazem. Como nossos genes podem codificar uma coisa tão abstrata como "alcance quatro vezes o tamanho de seu diâmetro e então se divida, não importando a escala"?

Foram propostos vários modelos; este aqui é lindo. Consideremos um neurônio fetal prestes a gerar uma árvore bifurcante de dendritos (embora possa ser qualquer dos outros sistemas de bifurcação já vistos). Iniciemos com um trecho da membrana superficial do neurônio, destinado a ser o ponto onde a árvore começa a crescer (veja a figura a seguir, à esquerda). Note que nessa versão muito artificial a membrana é feita de duas camadas e que entre as camadas há uma substância de crescimento (hachurada), codificada por um gene. A substância de crescimento aciona a área do neurônio logo abaixo para começar a construir um tronco que se erguerá dali (à direita):[21]

* Parece surgir aqui a necessidade de uma quarta regra, ou seja, de saber quando parar de bifurcar. No caso dos neurônios, ou dos sistemas circulatório ou pulmonar, é quando as células atingem seus alvos. No de árvores que crescem e se ramificam... não sei dizer.

Quanta substância de crescimento havia no começo? O bastante para 4Z, que fará o tronco crescer 4Z de comprimento antes de parar. Por que ele para? De maneira decisiva, a camada interna da frente de crescimento do neurônio cresce um pouco mais depressa do que a camada externa, de modo que, mais ou menos em torno do comprimento de 4Z a camada interna toca na camada externa, dividindo ao meio o estoque da substância de crescimento. Não mais substância de crescimento na ponta; as coisas param em 4Z. Mas, crucialmente, agora há substância de crescimento suficiente para 2Z em cada lado da ponta do tronco (abaixo, à esquerda). O que aciona a área abaixo para começar a crescer (à direita).

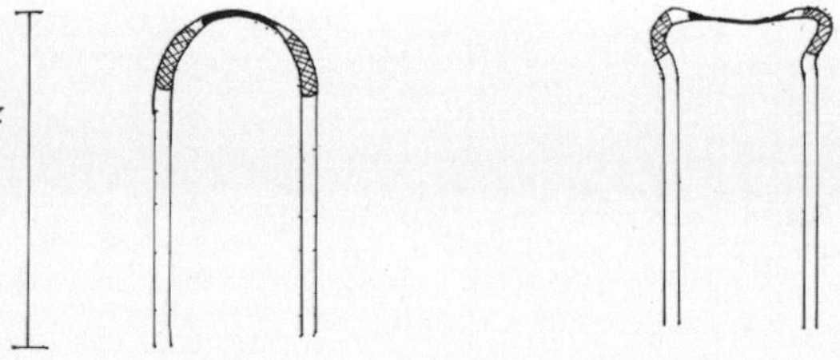

Como esses dois ramos são mais estreitos, as camadas internas tocam nas camadas externas depois de um comprimento de apenas 2Z (a seguir, à esquerda), o que divide a substância de crescimento em quatro estoques, cada um suficiente para 1Z. E assim por diante (à direita).*[22]

* O capítulo 10 investigará onde a aleatoriedade entra na biologia, nesse caso na forma da substância de crescimento que não se divide *exatamente* ao meio (ou seja, 50% das moléculas indo para cada lado) todas as vezes. Essas pequenas diferenças significam que pode haver alguma tolerância à variabilidade num sistema de bifurcação; em outras palavras, o mundo real é mais bagunçado do que esses modelos lindos e claros. Como ressaltado pelo biólogo húngaro Aristid Lindenmayer, é por isso que todos os cérebros (ou neurônios, ou sistemas circulatórios...) são parecidos, mas jamais idênticos (mesmo em gêmeos idênticos). Isso é representado, simbolicamente, pela assimetria do desenho final do nível 1Z (que não era o que eu planejava, mas que acabei estragando ao desenhar).

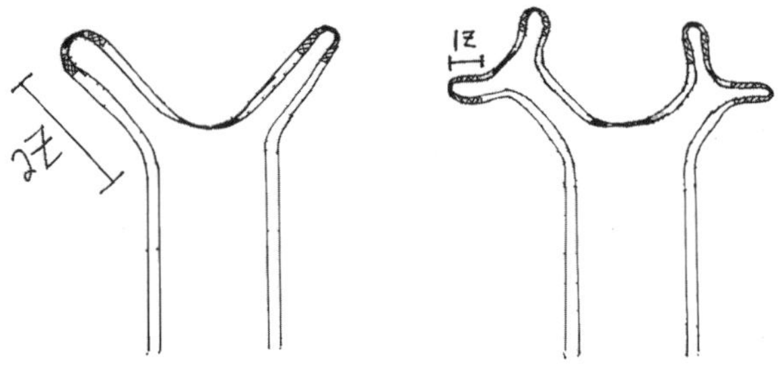

A chave para esse modelo de "geometria baseada em difusão" está na diferença de velocidade de crescimento das duas camadas. Em termos conceituais, a camada externa tem a ver com crescer, a camada interna, com parar de crescer. Numerosos outros modelos produzem bifurcações de maneira igualmente emergente, com temas similares.* Maravilhosamente, foram identificados dois genes que codificam moléculas com propriedades de crescimento e interrupção de crescimento, respectivamente, e que são essenciais para a bifurcação no pulmão em desenvolvimento.**[23]

E a coisa imensamente curiosa é que esses sistemas fisiológicos tão diferentes — neurônios, vasos sanguíneos, o sistema pulmonar e os gânglios linfáticos — usam alguns dos *mesmos* genes, codificando as mesmas proteínas no processo de construção (uma variedade de proteínas como VEGF, efrinas, netrinas e semaforinas). Não são genes usados, digamos, para gerar o sistema circulatório. São genes para gerar sistemas de bifurcação, aplicáveis a um único neurônio e aos sistemas vascular e pulmonar que utilizam bilhões de células.[24]

Os entusiastas vão reconhecer que esses sistemas de bifurcação formam fractais, nos quais o grau relativo de complexidade é constante, seja qual for a escala de ampliação em que você considere o sistema (com o reconhecimento

* Um modelo é chamado de mecanismo de Turing, em homenagem a Alan Turing, um dos fundadores da ciência da computação e a fonte do teste de Turing e das máquinas de Turing. Quando não estava ocupado com essas coisas, Turing gerava a matemática que mostrava como padrões (por exemplo, bifurcações em neurônios, manchas em leopardos, listras em zebras, impressões digitais em nós) podem ser gerados emergentemente com algumas regras simples. Ele teorizou a esse respeito em 1952; depois disso os biólogos só precisaram de sessenta anos para provar que o modelo dele estava correto.

** Estudo recente mostrou que dois genes praticamente explicam o padrão de ramificação da couve-flor romanesco. Se você não sabe como é essa couve, pare de ler e vá procurar uma imagem dela no Google.

de que, ao contrário dos fractais da matemática, os fractais do corpo não se bifurcam para sempre — a certa altura a realidade física se impõe). Estamos agora em terreno muito estranho, tendo que considerar que as moléculas do tipo mencionado no parágrafo anterior são codificadas por "genes fractais". O que significa que deve haver mutações fractais perturbando a ramificação normal em tudo, desde neurônios individuais a sistemas orgânicos inteiros; há indícios preliminares apontando nessa direção.[25]

Esses princípios se aplicam a complexidades não biológicas também — por exemplo, à razão pela qual os rios que deságuam no mar se bifurcam em deltas fluviais. Aplicam-se até a culturas. Consideremos uma última árvore bifurcante emergente, uma que mostra a ubiquidade profundamente abstrata do fenômeno ou que estou levando a metáfora longe demais.

Observe com atenção o diagrama bifurcado a seguir. Não se preocupe com o que são as pontas dos ramos — observe apenas as bifurcações generalizadas.

Árvore das religiões do mundo

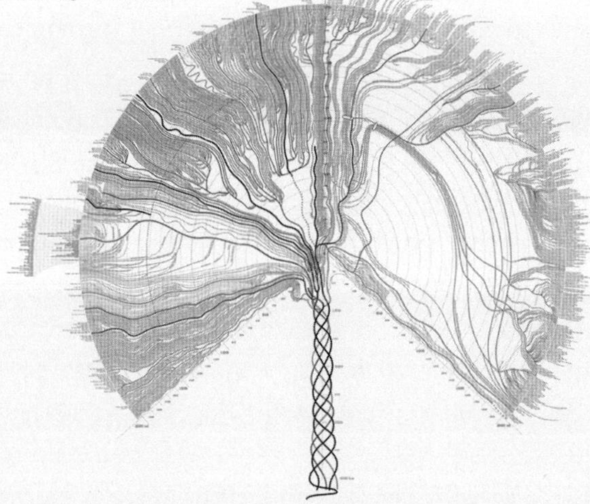

O que é essa árvore? O perímetro representa o presente. Cada anel representa cem anos atrás, remontando ao ano zero da Era Cristã no centro, com um tronco retrocedendo milênios a partir de então. E o padrão de ramificação? A história da emergência das religiões na Terra — uma massa de bifurcações, trifurcações, ramos laterais que são becos sem saída e assim por diante. Uma ampliação parcial:[26]

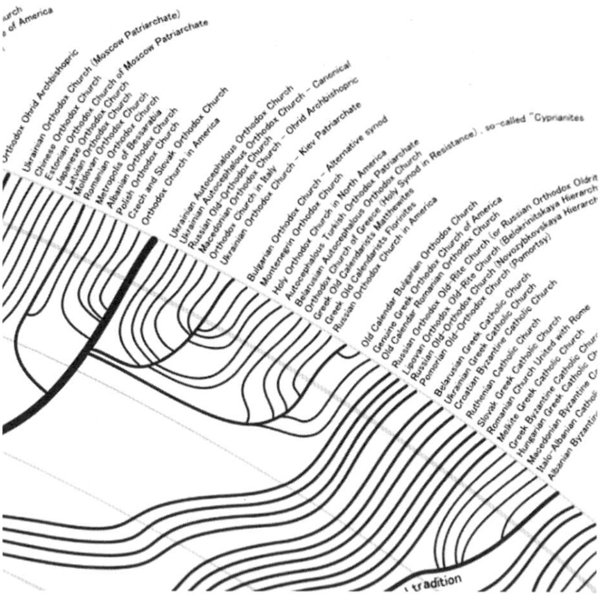

Um minúsculo pedaço da história da ramificação religiosa.

O que constitui o diâmetro de cada "tubo" nessa emergente história das religiões? Talvez medidas da intensidade da crença religiosa — o número de adeptos, sua homogeneidade cultural, sua riqueza ou seu poder coletivo. Quanto maior o diâmetro, maior o tempo que o tubo provavelmente persistirá antes de se desestabilizar, mas independentemente de escalas.* Seria isso semelhante, digamos, a analisar vasos sanguíneos bifurcantes? Acho que é hora de reconhecer que estou andando numa fina camada de gelo especulativo e parar por hoje.

O que esta seção nos trouxe? Os mesmos temas da seção anterior sobre formigas, neurônios e bolores limosos que encontram caminhos — regras simples de interação local de elementos de um sistema, quando repetidas numerosas vezes com números imensos desses elementos, fazem emergir uma

* Com eventos históricos sendo responsáveis por parte dessa instabilidade. Pense em Martinho Lutero cansado da corrupção de Roma, o que levou ao cisma católico/protestante; uma divergência sobre se Abu Bakr ou Ali deveria suceder a Maomé, resultando na separação entre sunitas e xiitas; os judeus da Europa Central autorizados a se fundir na sociedade cristã, em contraste com os judeus da Europa Oriental, dando origem ao judaísmo reformista mais secular dos primeiros.

complexidade otimizada. Tudo isso sem autoridades centrais que comparem as opções e tomem decisões por sua livre escolha.*

VAMOS PROJETAR UMA CIDADE

Você faz parte do conselho de planejamento de uma nova cidade, e depois de infindáveis reuniões foi decidido em conjunto onde ela será construída e que tamanho terá. Vocês estabeleceram um traçado urbano, definindo lugares para escolas, hospitais e pistas de boliche. É hora de decidir onde ficarão as lojas.

O Comitê das Lojas primeiro propôs que elas fossem espalhadas ao acaso por toda a cidade. Não é a solução ideal; as pessoas querem as lojas agrupadas de maneira conveniente. Certo, diz o comitê, e propõe que todas as lojas fiquem reunidas no centro da cidade.

Também não é isso. Se tudo for agrupado num só lugar, não haverá estacionamento conveniente e as lojas no centro desse megashopping, de tão inacessíveis, vão acabar fechando as portas — morrerão do equivalente comercial da insuficiência de oxigênio.

Próximo plano: seis shoppings do mesmo tamanho localizados a distâncias iguais umas às outras. Isso é bom, mas alguém lembra que todas as lanchonetes estão no mesmo shopping; a concorrência as levará à falência, enquanto cinco shoppings ficarão sem lanchonete.

De volta ao planejamento, prestando atenção não só às lojas em si, mas ao tipo de loja. Em cada shopping, uma farmácia, um mercado, duas lanchonetes. Considerar interações entre diferentes tipos de loja. Separar a loja de doce do consultório do dentista. O optometrista fica perto da livraria. Obter a proporção correta de lugares de pecado — uma sorveteria, um bar — e de lugares de penitência — uma academia de ginástica, uma igreja. E, pelo amor de Deus, não coloque a loja que vende camisetas de "Deus Abençoe os Estados Unidos" ao lado da loja que vende "Estados Unidos sem Deus".

Quando isso estiver implementado, a última etapa será construir grandes vias de conexão entre os shoppings.

* Mais uma vez um lembrete de que o mundo real de células e corpos não é tão limpo como esses modelos altamente idealizados.

Por fim, os distritos comerciais da cidade estão planejados, depois de tantas reuniões de *planejamento* urbano repletas de indivíduos com diferentes especializações, perspectivas de carreira, projetos pessoais, com a cooperação sendo prejudicada porque uma pessoa se ressente de outra que infringiu uma regra de etiqueta.

Pegue um béquer cheio de neurônios. Eles acabam de nascer, portanto ainda não têm axônios nem dendritos, só pequenas células arredondadas destinadas à glória. Despeje o conteúdo numa placa de Petri cheia de sopa de nutrientes que mantêm os neurônios felizes da vida. As células agora são espalhadas ao acaso por toda parte. Desapareça por alguns dias, volte, dê uma olhada nos neurônios no microscópio e eis o que você vai ver:

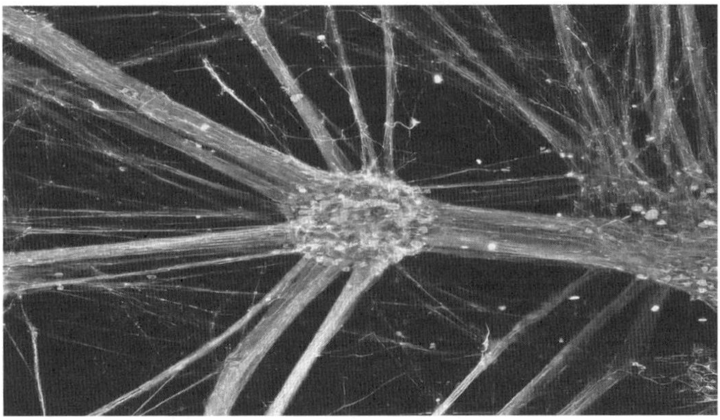

Muitos neurônios num shopping, quer dizer, um aglomerado de neurônios. Na extrema direita está o começo de outro aglomerado de corpos celulares, com grandes vias de projeções que ligam as duas coisas, bem como distantes aglomerados fora da imagem.

Nada de comitês, nada de planejamento, nada de especialistas, nada de escolhas feitas livremente. Apenas o mesmo padrão da cidade planejada emergindo a partir de algumas regras simples:

— Cada neurônio jogado de forma aleatória na sopa secreta um sinal quimioatratante; todos tentam fazer com que os demais migrem para eles. Acontece que dois neurônios estão mais próximos um do outro do que a média, por acaso, e acabam sendo o primeiro par a se juntar em sua vizinhança. Isso duplica a força do sinal atratante emanado dali, aumentando a probabilidade de que atraiam um terceiro neurônio, depois um quarto... Assim, através de um cenário do tipo os ricos ficam mais ricos, isso forma um nidus, o ponto de partida de um aglomerado local que cresce para fora. Agregados em crescimento como esse são espalhados por toda a vizinhança.

— Cada aglomerado de neurônios atinge certo tamanho, ponto em que o quimioatratante para de funcionar. Como seria isso? Eis um mecanismo: à medida que uma bola de neurônios aglomerados cresce, os do centro recebem menos oxigênio, o que os leva a começar a produzir uma molécula que desativa as moléculas quimioatratantes.

— Durante todo o tempo os neurônios secretaram um segundo tipo de sinal atratante em quantidades minúsculas. Só quando um número suficiente de neurônios tiver migrado para o aglomerado de tamanho otimizado é que haverá coletivamente substância suficiente para estimular os neurônios do aglomerado a começarem a formar dendritos, axônios e sinapses entre si.

— Assim que essa rede local é conectada (detectável por, digamos, certa densidade de sinapses), um quimio*rrepelente* é secretado, que faz com que os neurônios parem de fazer conexões com os vizinhos, e em vez disso comecem a enviar longas projeções para outros aglomerados, seguindo um gradiente quimioatratante para chegar lá, formando as vias principais entre aglomerados.*

Esse é um padrão de como sistemas complexos, adaptativos, à maneira de shoppings neuronais, podem emergir graças ao controle sobre o espaço e o tempo de sinais atratantes e repelentes. Essa é a polaridade fundamental yin/yang da química e da biologia — ímãs que se atraem ou se repelem, íons de carga positiva ou negativa, aminoácidos atraídos ou repelidos por água.** Longas cadeias de aminoácidos formam proteínas, cada qual com uma forma

* E há um nível adicional de regras como essas com diferentes sinais atratantes e repelentes que esculpem que tipos de neurônios vão acabar em cada aglomerado, regras como "Apenas duas lanchonetes por shopping".

** Que são chamados de aminoácidos hidrofóbicos e hidrofílicos — se o aminoácido é atraído ou repelido pela água. Certa vez ouvi uma cientista mencionar en passant que não gostava de nadar, referindo-se a si mesma como hidrofóbica.

distinta (e, portanto, uma função distinta), que representa a mais estável formação para equilibrar as várias forças de atração e repulsão.*

Como acabamos de mostrar, a construção de shoppings neuronais no cérebro em desenvolvimento envolveu dois diferentes tipos de sinais atratantes e um sinal repelente. E a sofisticação aumenta: tenha uma variedade de sinais atratantes e repelentes que funcionem de maneira individual ou em combinações. Tenha regras emergentes para a parte de um neurônio com a qual um neurônio em crescimento forma uma conexão. Tenha cones de crescimento com receptores que respondam apenas a um subconjunto de sinais atratantes ou repelentes. Tenha um sinal atratante puxando um cone de crescimento em sua direção; no entanto, quando ele chega perto, o atratante começa a funcionar como repelente; como resultado, o cone de crescimento passa rápido — é como os neurônios fazem projeções de longa distância, fazendo voos rasantes em placas de sinalização, uma depois da outra.[27]

A maioria dos neurobiólogos gasta seu tempo atrás de minúcias, como, digamos, a estrutura de determinado receptor para um sinal atratante específico. E então há aqueles que marcham magnificamente ao som de seu próprio tambor, como Robin Hiesinger, já citado aqui, que estuda como o cérebro se desenvolve segundo regras informacionais simples, emergentes, como temos examinado. Hiesinger, cujos artigos de revisão trazem seções com títulos engraçados ("As regras simples que podem"), mostrou coisas como as três regras simples necessárias para que os neurônios do olho de uma mosca se conectem de maneira correta. Regras simples sobre a dualidade de atração e repulsão, e nada de planos.** É hora de abordar um último estilo de padrão emergente.[28]

FALE LOCALMENTE, MAS NÃO SE ESQUEÇA DE FALAR TAMBÉM GLOBALMENTE DE VEZ EM QUANDO

Suponha que você mora numa comunidade muito peculiar. Há nela um total de 101 moradores, cada qual na própria casa. As casas são arranjadas em

* Pense no equivalente em bioquímica dos domos, que são mais estáveis pelo menor custo quando geodésicos.

** Como esses diversos neurônios sabem, digamos, *quais* sinais atratantes ou repelentes secretar, e quando fazê-lo? Graças a outras regras emergentes que surgiram antes, e antes desse antes, e... tartarugas.

linha reta, digamos, ao longo de um rio. Você mora na primeira casa dessa fila de 101 casas; com que frequência interage com cada um dos cem vizinhos?

Existem mil maneiras potenciais. Talvez você fale apenas com o vizinho do lado (figura A). Talvez, só para contrariar, você interaja apenas com o vizinho mais distante (figura B). Talvez o mesmo número de vezes com cada pessoa (figura C), talvez aleatoriamente (figura D). Talvez você interaja mais com o vizinho do lado, X% menos com o vizinho seguinte e X% menos com o vizinho depois desse, diminuindo a uma taxa constante (figura E).

Então, há uma distribuição interessante em que cerca de 80% de suas interações ocorrem com os vinte vizinhos mais próximos e o restante se espalha por todos os demais, com interações um pouco menos prováveis a cada etapa de distanciamento (figura F).

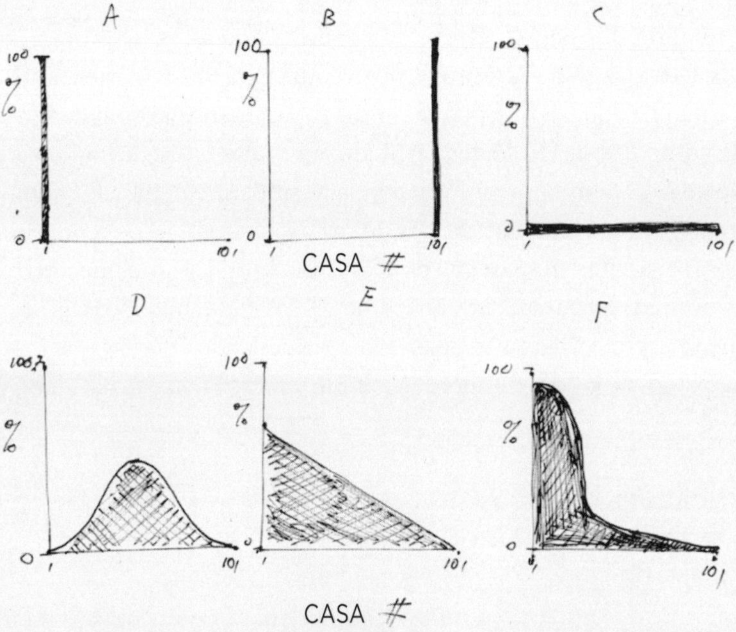

Essa é a regra 80/20 — cerca de 80% das interações ocorrem entre cerca de 20% da população. No mundo comercial, afirma-se sarcasticamente que 80% das reclamações vêm de 20% dos clientes. Oitenta por cento dos crimes são cometidos por 20% dos criminosos. Oitenta por cento do trabalho da empresa resulta dos esforços de 20% dos empregados. Nos primeiros dias da pandemia, a grande maioria de infecções de covid-19 foi causada pelo pequeno subconjunto de superpropagadores infectados.[29]

O descritor 80/20 captura o espírito daquilo que é conhecido como distribuição de Pareto, de um tipo que os matemáticos chamam de "lei de potência". Embora seja formalmente definida pelas características da curva, é mais fácil de entender em bom português: uma distribuição de lei de potência ocorre quando há predominância substancial de interações locais, com uma queda acentuada depois disso, e quanto mais você se afasta, mais raras se tornam as interações.

Todas as coisas estranhas acabam tendo distribuições de lei de potência, tal como demonstrado pelo trabalho pioneiro do cientista de redes Albert-László Barabási, da Northeastern University. Dos cem sobrenomes anglo-saxões mais comuns nos Estados Unidos, mais ou menos 80% das pessoas com esses sobrenomes têm os nomes mais comuns. Vinte por cento dos relacionamentos por mensagem de texto representam cerca de 80% das mensagens de texto. Vinte por cento dos sites da internet são responsáveis por 80% das pesquisas. Cerca de 80% dos terremotos têm magnitude dentro da faixa mais baixa de 20%. Dos 54 mil ataques violentos em oito diferentes guerras de insurgência, 80% das baixas resultaram de 20% dos ataques. Outro estudo analisou a vida de 150 mil intelectuais notáveis dos dois últimos milênios, determinando a que distância do local de nascimento cada indivíduo morreu — 80% dos indivíduos ficaram dentro de 20% da distância máxima.* Vinte por cento das palavras de uma língua respondem por 80% do uso corriqueiro. Oitenta por cento das crateras da Lua estão no menor vigésimo percentil de tamanho. Atores recebem um número de Bacon do seguinte modo: se você esteve num filme com o prolífico Kevin Bacon (1600 pessoas), seu número Bacon é 1; se esteve num filme com alguém que esteve num filme com ele, seu número é 2; num filme com alguém que esteve num filme com alguém que esteve num filme com Bacon, 3 (o número mais comum, recebido por cerca de 350 mil atores), e assim por diante. E começando com

* É um estudo fascinante. Alguns lugares eram exportadores líquidos de intelectuais, lugares de onde era mais provável que saíssem, e não para onde habitualmente iam — Liverpool, Glasgow, Odessa, Irlanda, o Império Russo e minha simples aldeia de Brooklyn. É um cenário do tipo "por favor, me tirem daqui". E então havia os importadores líquidos, ímãs como Manhattan, Paris, Los Angeles, Londres, Roma. Um desses ímãs onde intelectuais se amontoavam, para viver o que restava de sua (curta) vida, era Auschwitz.

esse número modal e aumentando o número de Bacon a partir daí, existe uma distribuição de lei de potência para um número cada vez menor de atores.*[30]

Eu teria dificuldade para encontrar algo adaptativo nas distribuições de lei de potência em números de Bacon ou no tamanho das crateras lunares. No entanto, distribuições de lei de potência no mundo biológico podem ser altamente adaptativas.**[31]

Por exemplo, quando há muito alimento num ecossistema, várias espécies forrageiam de maneira aleatória, mas quando o alimento é escasso cerca de 80% das excursões de forrageio (ou seja, seguir numa direção à procura de alimento, antes de tentar outra direção) estão dentro dos 20% da distância máxima já explorada — isso acaba otimizando a energia gasta na busca em relação à probabilidade de encontrar comida; células do sistema imunológico mostram o mesmo quando procuram um patógeno raro. Golfinhos mostram uma distribuição 80/20 de interações sociais dentro da família e entre famílias; os 80% significam que grupos familiares permanecem estáveis mesmo depois

* Os números de Bacon mostram como é a longa cauda da improbabilidade numa distribuição de lei de potência. Há quase 100 mil atores com número de Bacon 4 (84 615), quase 10 mil com 5 (6178), quase mil com 6 (788), cerca de cem com 7 (107) e onze com número de Bacon 8 — a cada nova etapa na distribuição, o evento se torna mais ou menos dez vezes mais raro.

Matemáticos têm "números de Erdös", que levam esse nome em homenagem ao brilhante e excêntrico matemático Paul Erdös, que publicou mais de 1500 artigos com 504 colaboradores; um baixo número de Erdös é motivo de orgulho entre os matemáticos. Só existe, é claro, uma pessoa com o número de Erdös 0 (ou seja, Erdös); o número de Erdös mais comum é 5 (com 87 760 matemáticos), a frequência declinando depois disso com uma distribuição de lei de potência.

Veja só isto: há pessoas com um número de Bacon baixo *e* com um número de Erdös baixo. O recorde, 3, é compartilhado por duas pessoas. Há Daniel Kleitman (que publicou com Erdös e apareceu no filme *Gênio indomável*, como um matemático do MIT, que é, bem, o que ele é; Minnie Driver, com um número de Bacon 1, coestrelou). E há o matemático Bruce Reznick (também com número de Erdös 1, que, estranhamente, figurou no que foi, pelo visto, um filme bem ruinzinho, com uma pontuação de 8% no site Rotten Tomatoes, intitulado *Garotas lindas aos montes*, que incluía no elenco Roddy McDowall, com número de Bacon 1). Já que estamos nisso, o matemático do MIT John Urschel tem um número combinado de Flacco/Erdös 5, devido a um número de Erdös 4 mais um número de Flacco 1; Urschel jogou na National Football League (NFL) junto com o *quarterback* Joe Flacco, que ao que parece é/era muito importante.

** A maioria, mas não todas, exibe essa propriedade. As exceções são importantes, mostrando que casos com a distribuição foram selecionados, evolutivamente, em vez de serem apenas características inevitáveis de redes.

que um indivíduo morre, enquanto os 20% permitem o fluxo de informações sobre forrageio entre famílias. Quase todas as proteínas em nosso corpo são especialistas, interagindo apenas com um punhado de outros tipos de proteína, formando unidades pequenas e funcionais. Já uma pequena porcentagem é de generalistas, interagindo com dezenas de outras proteínas (generalistas são pontos de comutação entre sistemas de proteínas — por exemplo, se uma fonte de energia é rara, uma proteína generalista passa a usar uma fonte de energia diferente).*[32]

Existem, ainda, relações adaptativas de lei de potência no cérebro. O que conta como adaptativo ou útil na forma como as redes neuronais são conectadas? Depende do tipo de cérebro que se quer. Talvez um cérebro no qual cada neurônio faça sinapse com o maior número possível de outros neurônios, ao mesmo tempo que minimiza os quilômetros de axônios necessários. Talvez um cérebro que otimize a solução rápida de problemas bem conhecidos, fáceis de resolver, ou seja criativo na solução de problemas raros, complicados. Ou talvez um cérebro que perca a mínima quantidade de função quando é danificado.

Não se pode otimizar mais de um desses atributos. Por exemplo, se seu cérebro só quer saber de resolver com rapidez problemas previsíveis, graças aos neurônios conectados em módulos pequenos, altamente interligados, de neurônios similares, você estará em apuros quando algo imprevisível exigir alguma criatividade.

Embora não se possa otimizar mais de um atributo, pode-se otimizar o modo como diferentes demandas são *equilibradas*, que permutas são feitas para compensar, para obter uma rede que seja ideal para o equilíbrio entre previsibilidade e novidade em determinado ambiente.** E isso muitas vezes acaba tendo uma distribuição de lei de potência em que, digamos, uma vasta maioria de neurônios em minicolunas corticais interagem apenas com os vizinhos imediatos, com um subconjunto cada vez mais raro se aventurando por distâncias

* Como exemplo de generalista, a mutação na doença de Huntington produz uma versão anormal de uma proteína específica. Como isso explica os sintomas da doença? Quem sabe? A proteína interage com mais de *uma centena* de outros tipos de proteína.

** Um contraste que tem sido formulado como uma escolha entre maximizar força versus robustez, ou maximizar evolutibilidade versus flexibilidade, ou maximizar estabilidade versus manobrabilidade.

cada vez maiores.* Claramente, isso explica "ser cérebro", um lugar onde a ampla maioria de neurônios forma uma rede local coesa — o "cérebro" — com uma pequena porcentagem projetando-se até lugares como os dedos dos pés.[33]

Assim, em escalas que vão de neurônios individuais a redes distantes, os cérebros desenvolveram padrões que equilibram redes locais resolvendo problemas rotineiros com redes distantes sendo criativas, ao mesmo tempo que mantêm baixos os custos de construção e o espaço necessário. E, como sempre, sem um comitê central de planejamento.**[34]

EMERGÊNCIA *DELUXE*

Vimos uma série de temas que entram em jogo nos sistemas emergentes — fenômenos em que ricos ficam mais ricos nos quais soluções de alta qualidade emitem sinais de recrutamento mais fortes, a bifurcação repetitiva que insere o quase infinito em lugares finitos, o controle espaçotemporal de regras de atração e repulsão, a otimização matemática do equilíbrio entre diferentes necessidades de conexão — e há muito mais.***[35]

* O cérebro contém "redes de mundo pequeno", um tipo particular de distribuição de lei de potência que enfatiza o equilíbrio entre otimizar a natureza interconectada de aglomerados de nós funcionalmente relacionados, de um lado, e otimizar o menor número médio de etapas ligando qualquer nó a outro.

** Nota de devida precaução: Nem todo mundo acha o máximo a ideia de que o cérebro está abarrotado de distribuições de lei de potência. Para começar, à medida que algumas técnicas de detecção de finas projeções axonais melhoram, muitas das escassas projeções de longa distância acabam se tornando menos escassas do que seria de esperar. Além disso, há uma diferença entre distribuições de leis de potência e distribuições de lei de potência "truncadas". E, em termos matemáticos, outras distribuições "de cauda pesada" são incorretamente rotuladas como distribuições de lei de potência em muitos casos. É aqui que desisti de ler essas coisas.

*** "Muito mais" incluindo um fenômeno emergente chamado estimergia, que, entre outras coisas, explica como os cupins removem mais de um quarto de tonelada de solo para construir cupinzeiros de dez metros de altura que efetuam trocas gasosas como nossos pulmões; redes neurais de retropropagação que os cientistas da computação copiam para construir máquinas que aprendem; a emergência da sabedoria da multidão, em que um grupo de indivíduos com expertise média sobre alguma coisa supera um *super*especialista; e sistemas de curadoria de baixo para cima que, quando utilizados pela Wikipédia, geram um nível de precisão na escala da *Enciclopédia britânica* (a Wikipédia se tornou a principal fonte de informações médicas usadas por médicos).

Aqui vão dois últimos exemplos de emergência que incorporam muitos desses temas. Um é surpreendente em suas implicações; outro é tão encantador que não posso omiti-lo.

Primeiro, o encanto. Pense numa unha do pé que é um retângulo platônico perfeito com X unidades de altura (quando se ignora a curvatura da unha) (diagrama A). Destrua a perfeição com umas tesouradas, cortando um triângulo de unha (diagrama B). Se o universo das unhas de pé não envolvesse complexidade emergente, a unha voltaria a crescer como no diagrama C. Em vez disso, você obtém o diagrama D.

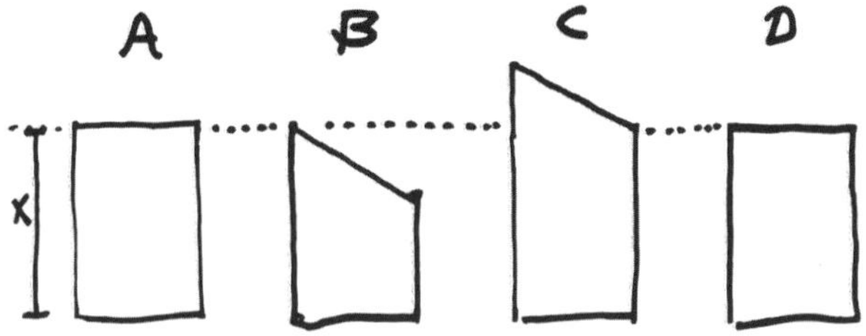

Como assim? A parte superior da unha do pé engrossa para aguentar o impacto do contato com o mundo exterior (por exemplo, o avesso de sua meia; uma pedra; aquela maldita mesinha de centro, por que não nos livramos dela, só serve mesmo para amontoar coisas inúteis), e, quando engrossa, para de crescer. Depois do corte, apenas o ponto a, com o comprimento original (diagrama a seguir), mantém a espessura. E, enquanto o crescimento do ponto b o leva à mesma altura do ponto a, ele aguenta o impacto do mundo exterior e engrossa (talvez seu crescimento excessivo também seja limitado pela grossura do ponto a adjacente a ele). O mesmo processo ocorre quando o ponto c chega... Não há informações comparativas envolvidas; o ponto c não precisa escolher entre imitar o ponto b ou imitar o ponto d. Na verdade, a solução ótima emerge da natureza do crescimento da unha do pé.

O que me inspirou a incluir esse exemplo? Um homem chamado Bhupendra Madhiwalla, então com 82 anos, que morava em Mumbai, na Índia, fez esse experimento com uma unha de seu pé, fotografou repetidas vezes o processo de crescimento e depois mandou as fotos para mim por e-mail, assim do nada, sem mais nem menos. O que me deixou imensamente feliz.

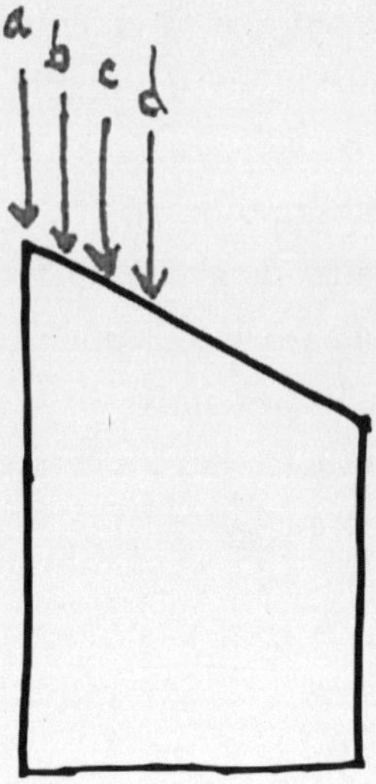

Agora o assombroso exemplo final. Tautologia é isto: estudar a função dos neurônios no cérebro nos ensina sobre a função dos neurônios no cérebro. Mas às vezes informações mais minuciosas podem ser encontradas através de neurônios em crescimento em placas de Petri. Trata-se em geral de culturas bidimensionais aderentes, nas quais uma pasta de neurônios individuais é espalhada de forma aleatória e eles começam a se conectar entre si como um tapete. No entanto, algumas técnicas sofisticadas tornam possível cultivar culturas tridimensionais, em que a mistura de alguns milhares de neurônios fica suspensa numa solução. E esses neurônios, cada qual flutuando por conta própria, se encontram e se conectam, formando aglomerados de "organoides" cerebrais. E, depois de meses, esses organoides, tão pequenos que mal conseguimos vê-los a olho nu, se organizam em estruturas cerebrais. Uma pasta de neurônios corticais humanos começa a formar um andaime radial,* construindo o córtex primitivo com o começo de camadas separadas, até mesmo o início do fluido cerebrospinal. E esses organoides acabam produzindo *ondas cerebrais sincronizadas que amadurecem de maneira semelhante ao que ocorre nos cérebros fetais e neonatais*. Um grupo aleatório de neurônios, estranhos

* O que parece importante, uma vez que as diferenças nos padrões de genes expressos nessas células, quando se comparam organoides cerebrais humanos com os de outros primatas, são realmente notáveis.

perfeitos flutuando num béquer, se forma espontaneamente para começar a construir o cérebro.* Em comparação com isso, um Versalhes que se organizasse sozinho seria brincadeira de criança.[36]

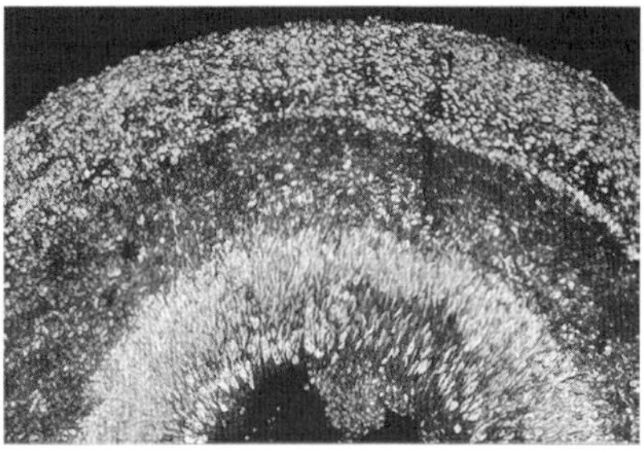

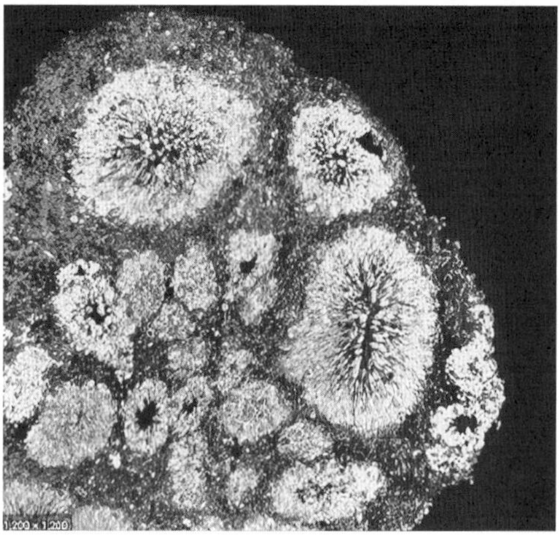

O que essa viagem nos mostrou? A) De moléculas a populações de organismos, sistemas biológicos geram complexidade e otimização equiparáveis ao que cientistas da computação, matemáticos e planejadores urbanos conseguem alcançar (e de onde roboticistas tomam explicitamente emprestadas de insetos estratégias de inteligência de enxame).[37] B) Esses sistemas adaptativos emergem de simples elementos constitutivos que têm interações locais, tudo sem

* Há vários laboratórios produzindo organoides do cérebro humano que contêm genes de Neandertal. Outras pesquisas permitem que organoides corticais se comuniquem com organoides de células musculares, fazendo-as se contraírem. E outro grupo está desenvolvendo interfaces entre organoides e robôs, cada um se comunicando com o outro.

Ok, hora de entrar em pânico? Estão essas coisas a caminho de adquirir consciência, de sentir dor, de ter sonhos, aspirações e sentimentos de amor e ódio a respeito de nós, seus criadores? Como formulado no título de um importante artigo, hora de um "*check* de realidade". Trata-se de modelos de cérebro, e não de cérebros em si (úteis para entender, digamos, por que o vírus Zika causa grandes anomalias estruturais no cérebro fetal humano); para dar uma ideia de escala, os organoides são formados por uns poucos milhares de neurônios, enquanto cérebros de insetos estão na casa das centenas de milhares. No entanto, tudo isso deve nos fazer parar para pensar ("Cérebros cultivados em laboratório podem vir a ser conscientes?", pergunta outro artigo já no título), e juristas e bioeticistas começam a refletir sobre tipos de organoide que talvez não valha a pena criar.

autoridade centralizada, sem comparações explícitas para tomar decisões, sem plano e sem planejador.* C) Esses sistemas têm características que só existem no nível emergente — um único neurônio não pode ter traços relacionados a circuitaria — e cujo comportamento pode ser previsto sem necessidade de recorrermos ao conhecimento redutivo dos elementos constitutivos. D) Isso não só explica a complexidade emergente em nosso cérebro, mas mostra também que nosso sistema nervoso usa alguns *dos mesmos* truques usados por coisas como proteínas individuais, formigueiros e bolores limosos. Tudo sem ilusionismo.

Muito legal, não? E onde entra o livre-arbítrio?

* Há uma maravilhosa citação muito utilizada sobre emergência: "[...] os gafanhotos que não têm rei e marcham todos em ordem [...]". Gosto da ironia disso, uma vez que está num livro que enaltece o suposto indivíduo que se beneficia mais se o mundo for governando com base numa autoridade centralizada rigorosamente de cima para baixo — vem do Antigo Testamento (Provérbios 30,27). Ah, e já que estamos falando nisso, por que é mesmo que os gafanhotos marcham? Cada gafanhoto avança porque o gafanhoto que vem logo atrás dele está tentando comê-lo.

8. Seu livre-arbítrio é novidade?

PRIMEIRO AQUILO SOBRE O QUE PODEMOS TODOS CONCORDAR

Então emergência diz respeito a pilhas redutivas de tijolos produzindo espetaculares estados emergentes, estados que podem ser totalmente imprevisíveis ou previsíveis com base em propriedades que só existem em nível emergente. O reconfortante é que ninguém acha que o livre-arbítrio se esconde no equivalente neuronal dos tijolos individuais (quer dizer, quase ninguém; aguarde o próximo capítulo). Isso é lindamente resumido pelo filósofo Christian List, da Universidade Ludwig-Maximilians, em Munique: "Se olharmos para o mundo só pelas lentes da física fundamental, ou mesmo da neurociência, talvez não encontremos agência, escolha e causalidade mental", e as pessoas que rejeitam o livre-arbítrio "cometem o erro de procurar o livre-arbítrio no nível errado, ou seja, no nível físico ou neurobiológico — nível onde não pode ser encontrado". Robert Kane declara a mesma coisa:

> Achamos que temos de nos tornar iniciadores no nível micro [para explicar o livre-arbítrio] [...] e percebemos, claro, que isso não é possível. Mas não temos que fazê-lo. É o lugar errado para procurar. Não precisamos microgerenciar nossos neurônios individuais, um por um.[1]

De modo que os crentes no livre-arbítrio aceitam que o neurônio individual não pode desafiar o universo físico e ter livre-arbítrio. Mas um monte de neurônios pode; para citar List, "o livre-arbítrio e seus pré-requisitos são fenômenos emergentes, de nível superior".[2]

Portanto, muitas pessoas associam emergência a livre-arbítrio. Não vou considerar a maioria delas porque, para ser franco, não consigo entender o que estão sugerindo e, para ser ainda mais franco, não acredito que a falta de entendimento seja de todo culpa minha. Quanto àquelas que exploraram, de maneira mais acessível, a ideia de que o livre-arbítrio é emergente, acho que elas erram de três formas bastante diferentes.

PROBLEMA NÚMERO 1: PASSOS CAÓTICOS REPRISADOS

Sabemos como é. Os compatibilistas e os incompatibilistas céticos em relação ao livre-arbítrio concordam que o mundo é determinista, mas discordam sobre se o livre-arbítrio pode coexistir com isso. Mas se o mundo é indeterminista, você enfraquece bastante a posição dos céticos em relação ao livre-arbítrio. O capítulo a respeito do caos mostrou como chegar lá confundindo a imprevisibilidade de sistemas caóticos com o indeterminismo. É possível observar as pessoas perderem o rumo cometendo o mesmo erro sobre a imprevisibilidade de muitos casos de complexidade emergente.

Um ótimo exemplo disso está na obra de List, um peso pesado da filosofia que causou forte impacto com seu livro *Why Free Will Is Real* [Por que o livre-arbítrio é um fato], de 2019. Como foi observado, List reconhece prontamente que os neurônios individuais funcionam de maneira determinista, ao mesmo tempo que defende o livre-arbítrio emergente em níveis mais altos. Em sua opinião, "o mundo pode ser determinista em alguns níveis e indeterminista em outros".[3]

List ressalta a evolução única, uma característica definidora dos sistemas deterministas, nos quais qualquer estado inicial só pode produzir determinado resultado. Repita várias vezes o mesmo estado inicial e você não só deve obter um resultado maduro todas as vezes como é melhor que seja o mesmo. List então prova de forma ostensiva a existência do indeterminismo emergente com um modelo que aparece em várias formas em numerosas publicações suas (veja a figura a seguir).

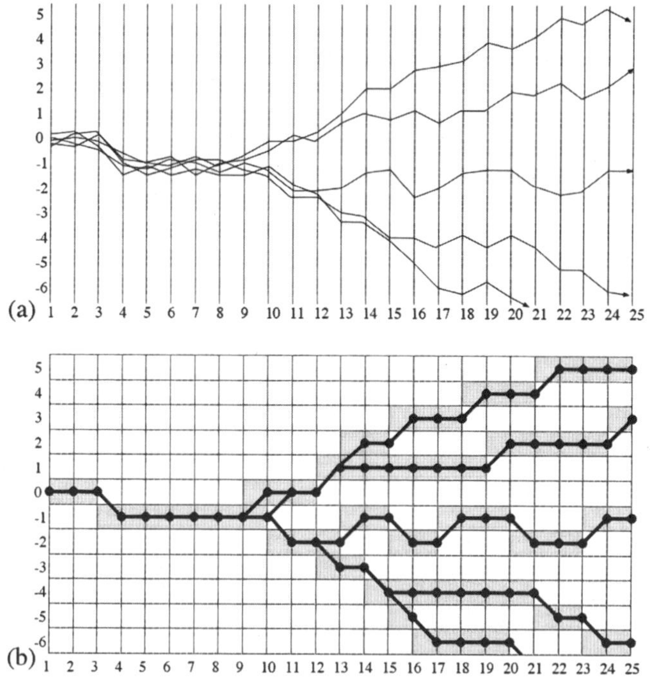

Indeterminismo emergente.

O painel superior representa um cenário redutivo, de granularidade fina no qual (avançando da esquerda para a direita) cinco estados iniciais similares produzem, cada um, cinco resultados distintos. Voltamos em seguida para o painel inferior, que é um estado que, segundo List, exibe indeterminismo emergente. Como ele chegou a isso? O painel inferior "mostra o mesmo sistema num nível superior de descrição, obtido pela *granulação grossa* do espaço de estados", fazendo uso da "convenção costumeira de arredondamento". E quando você faz isso, os cinco diferentes estados iniciais se tornam o mesmo e esse estado inicial singular pode produzir cinco caminhos completamente diferentes, provando que ele é indeterminista e imprevisível.[4]

Ah, pode ser que não. Claro, um sistema que é determinista no nível micro pode muito bem ser indeterminista no macro dessa maneira, *mas só se você tiver permissão para decidir que cinco estados iniciais diferentes (embora parecidos) são de fato iguais*, fundindo-se numa única simulação de ordem superior. Isso é uma repetição do último capítulo — quando você é Edward Lorenz, volta do almoço e reduz a granularidade de seu programa de computador, decide que os parâmetros da manhã podem ser arredondados segundo a *costumeira convenção de arredondamento* e você é mordido na traseira por uma borboleta. Duas coisas similares não são idênticas e você não pode decidir que são apenas porque isso representa as convenções do pensamento.

Refletindo minhas raízes biológicas, eis uma demonstração do mesmo argumento:

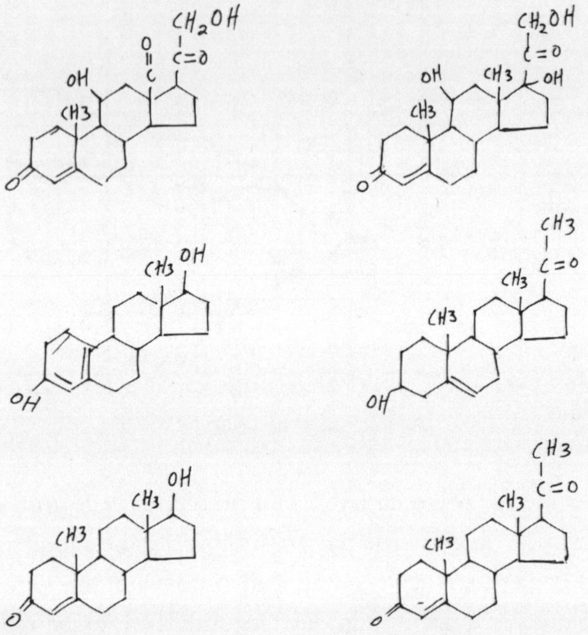

Aqui estão seis moléculas diferentes, todas com estruturas similares.* Agora vamos "granulá-las", decidir que são parecidas o suficiente para serem consideradas iguais, pela convenção costumeira de arredondamento, e, portanto, podem ser usadas de forma intercambiável quando injetamos uma delas no corpo de alguém para ver o que acontece. E se nem sempre o efeito for exatamente o mesmo, sim, em tese acabamos de demonstrar o indeterminismo emergente.

Mas elas não são todas iguais. Reflita sobre as estruturas intermediária e inferior na primeira coluna. Em grande parte similares — tente lembrar

* Jargão: todas têm uma "estrutura de anel esteroide".

suas diferenças estruturais para uma prova final. Mas se você diminuir sua granularidade para as tornar iguais, e não só apenas muito parecidas, as coisas vão ficar realmente caóticas — porque a molécula superior é um tipo de estrogênio e a inferior é testosterona. Ignore a dependência sensível das condições iniciais, decida que as duas moléculas são iguais pelo que considera arredondamento convencional e às vezes você obtém alguém com uma vagina, às vezes com um pênis, às vezes mais ou menos com as duas coisas. Supostamente provando o indeterminismo emergente.*

É uma reprise do último capítulo; imprevisível não é sinônimo de indeterminista. Espalhe exércitos de formigas em dez pontos de alimentação e você não conseguirá predizer o quanto (e por qual rota) *a* solução do problema do caixeiro-viajante, com suas mais de 360 mil probabilidades, estará perto de ser alcançada por elas. Na verdade, você vai precisar simular passo a passo o que acontece com o autômato celular delas. Faça tudo de novo, com as mesmas formigas nos mesmos pontos de largada, mas com um dos dez pontos de alimentação num local um pouco diferente, e você talvez consiga uma aproximação diferente (mas ainda assim notável) da solução do problema do caixeiro-viajante. Faça isso repetidamente, cada vez com um leve deslocamento numa das estações de alimentação, e é provável que consiga uma série de excelentes soluções. Pequenas diferenças nos estados iniciais podem gerar resultados muito diferentes. Mas um estado inicial idêntico não pode fazer isso e, supostamente, comprovar a indeterminação.

PROBLEMA NÚMERO 2: ÓRFÃOS À SOLTA

Chega da ideia de que em sistemas emergentes o mesmo estado inicial pode dar origem a múltiplos desfechos. O próximo erro é mais abrangente — a ideia de que emergência significa que os elementos redutivos com que você começou podem dar origem a estados emergentes capazes, então, de fazer o que bem quiserem.

* Para completar, o hormônio superior na coluna da esquerda é aldosterona; começando pelo topo da coluna da direita, os hormônios são cortisol, um neuroesteroide chamado pregnenolona e progesterona.

Isso já foi dito de várias maneiras, com termos como *cérebro*, *causa e efeito* ou *materialismo* representando o nível redutivo, enquanto termos como *estados mentais*, *uma pessoa* ou *eu* implicam o grande produto final emergente. De acordo com o filósofo Walter Glannon, "apesar de gerar e sustentar nossos estados mentais, o cérebro não os determina, o que abre espaço suficiente para indivíduos 'quererem ser' por meio de suas escolhas e ações". Ele conclui: "As pessoas são formadas por seus cérebros, mas não são idênticas a eles". O neurocientista Michael Shadlen escreve que estados emergentes têm um status especial em "consequência de sua emergência como *entidades órfãs da* cadeia de causa e efeito que levou à sua implementação na maquinaria neural" (grifo meu). Na mesma linha, Adina Roskies escreve: "As explicações de nível macro são independentes da verdade do determinismo. Esses mesmos argumentos bastam para explicar por que um agente ainda faz uma escolha num mundo determinista e por que esse agente é responsável por ela".[5]

Isso causa uma importante dicotomia. Filósofos com esse interesse discutem a "emergência fraca", na qual o estado emergente, por mais interessante, ornamentado, inesperado e adaptativo que seja, ainda é limitado pelo que seus elementos redutivos podem e não podem fazer. Isso é contrastado com a "emergência forte", na qual o estado emergente que surge do micro já não pode ser explicado por ela, mesmo no sentido caótico de forma gradual.

O conceituado filósofo Mark Bedau, do Reed College, considera que a emergência forte capaz de fazer o que bem entender com seu jovial livre-arbítrio é quase uma impossibilidade teórica.* As alegações de emergência forte "intensificam a preocupação tradicional de que emergência implica obter de maneira ilegítima algo do nada", o que é "incomodamente parecido com magia".** O influente filósofo David Chalmers, da Universidade de Nova York, também dá seu palpite, opinando que a única coisa que chega perto de se qualificar como caso de emergência forte é a consciência; o mesmo ocorre com outro importante contribuinte nesse campo, o físico Sean Carroll, da

* A filosofia do século XX praticamente só levou em conta a emergência forte como hipótese, e Bedau oferece uma razão notável para que os filósofos se interessem pela emergência fraca — porque é assim que o mundo real de fato funciona.

** O filósofo brasileiro Gilberto Gomes, defensivamente rejeitando a magia, escreve que, de seu ponto de vista compatibilista, "esse eu não é uma entidade abstrata ou sobrenatural fora do reino da causalidade natural. É um sistema que se auto-organiza e se autodirige".

Universidade Johns Hopkins, para quem a consciência, apesar de ser o único motivo real para que nos interessemos pela emergência forte, sem dúvida não é um exemplo dela.

Com uma função limitada, se é que existe uma, para a emergência forte (e, por conseguinte, para que ela seja a raiz do livre-arbítrio), ficamos com a emergência fraca, que, nas palavras de Bedau, "não é um solvente universal". Você pode estar fora de si, mas não fora de cérebro; por mais legais que sejam como emergência, as colônias de formigas ainda são formadas por formigas, limitadas pelo que uma formiga individual pode e não pode fazer, e os cérebros ainda são feitos de células cerebrais que funcionam como células cerebrais.[6]

A menos que se recorra a um último truque para extrair livre-arbítrio de emergência.

PROBLEMA NÚMERO 3: DESAFIANDO A GRAVIDADE

O lugar onde um erro final se infiltra é a ideia de que um estado emergente pode alcançar e alterar a natureza fundamental dos elementos que o compõem.

Sabemos que uma alteração no nível dos elementos pode mudar o produto final emergente. Se você receber muitas cópias de uma molécula que ativa seis dos catorze subtipos de receptores de serotonina,* é provável que seu nível macro inclua a percepção de vívidas imagens que outras pessoas não percebem, e talvez até alguma transcendência religiosa. Reduza drasticamente o número de moléculas de glicose na corrente sanguínea de alguém e seu nível macro resultante terá dificuldade para lembrar se Grover Cleveland foi presidente antes ou depois de Benjamin Harrison.** Mesmo que a consciência se qualifique como a coisa mais próxima da verdadeira emergência forte, induza inconsciência infundindo uma molécula como fenobarbital e você terá mostrado que ela não está nem de longe livre de seus elementos constitutivos.

Que bom, todos concordamos que alterar o pequeno pode mudar o grande que emerge. E o inverso sem dúvida é verdadeiro. Sente aqui e aperte o

* Ou seja, LSD.

** Pergunta capciosa.

botão A ou o botão B, e os neurônios motores que instruem os músculos de seu braço a se moverem para este lado ou para aquele serão manipulados pelo macrofenômeno emergente chamado estética, caso lhe perguntem qual pintura você prefere, a da mulher renascentista com um meio sorriso ou a das latas de sopa Campbell's. Ou aperte o botão indicando qual de duas pessoas você acha que talvez esteja destinada a ir para o inferno, ou qual dos dois, *Call Me Mister*, de 1946, ou *Call Me Madam*, de 1950, é o musical mais obscuro.

Um estudo de 2005 a respeito de conformismo social mostra uma versão particularmente nítida e fascinante do nível emergente que manipula a questão redutiva dos neurônios individuais. Mande um participante sentar e mostre-lhe três linhas paralelas, uma claramente mais curta do que as outras. Qual é a mais curta? Essa, é lógico. Mas coloque-o num grupo onde todo mundo (trabalhando em segredo no experimento) diz que a linha mais longa é na verdade a mais curta — a depender do contexto, uma porcentagem chocante de pessoas acabará dizendo, sim, essa linha longa é a mais curta. O conformismo se apresenta em dois tipos. No primeiro, o conformismo público do tipo "concorde para não ter problemas", você sabe qual é a linha mais curta, porém concorda com todos os demais para ser agradável. Nessa circunstância, ocorre a ativação da amígdala, refletindo a ansiedade que leva você a concordar com a resposta que sabe que está errada. O segundo tipo é o "conformismo privado", no qual você demonstra lealdade incondicional e de fato acredita que de alguma forma, estranhamente, entendeu tudo errado a respeito daquelas linhas e que todos os demais estão mesmo certos. E nesse caso há também a ativação do hipocampo, com seu papel central em aprendizado e memória — o conformismo tentando reescrever a história do que você viu. Mas ainda mais interessante é que existe ativação do córtex visual — "Vocês aí, seus neurônios, a linha que vocês estupidamente acharam de início que era a mais longa é, na realidade, a mais curta. Será que agora conseguem ver a verdade?".*[7]

* Essa abordagem experimental faz referência à clássica pesquisa de Solomon Asch nos anos 1950 mostrando que uma porcentagem desconcertantemente alta de pessoas aceita, quando em ambientes particulares, alguma coisa que elas sabem que é/está errada (com tudo que *errado* pode significar, desde "Qual é a linha mais curta?" a "Essas pessoas devem ser exterminadas?"). Não é de surpreender que esses e outros estudos clássicos de conformismo e obediência tenham sido provocados pela Segunda Guerra Mundial: todos aqueles alemães acreditavam mesmo naquelas coisas, ou estavam só jogando em equipe?

Pense nisso. Quando se supõe que um neurônio no córtex visual deve ser ativado? Só para chafurdar em minúcias que podem ser ignoradas, quando o fóton de luz é absorvido pela rodopsina nas membranas do disco dentro de uma célula fotorreceptora da retina, fazendo a forma da proteína mudar, alterando as correntes iônicas transmembranares, diminuindo com isso a liberação do neurotransmissor glutamato, que envolve o próximo neurônio da fila, dando início à sequência que culmina naquele neurônio cortical visual tendo um potencial de ação. Uma grande explosão de reducionismo em nível micro.

E o que acontece durante o conformismo privado? O mesmo pequeno neurônio do Sr. Máquina no córtex visual é ativado devido ao estado emergente de nível macro que chamaríamos de vontade de se encaixar, um estado construído a partir das manifestações neurobiológicas de coisas como valores culturais, desejo de parecer agradável, acne adolescente deixando cicatrizes de baixa autoestima e assim por diante.*[8]

Portanto, alguns estados emergentes têm *causalidade descendente*, o que quer dizer que podem alterar a função redutiva e convencer o neurônio de que longo é curto e de que guerra é paz.

O equívoco está na crença de que, uma vez que uma formiga se junta a milhares de outras formigas na descoberta de um caminho ideal de forrageio, a causalidade descendente a leva a adquirir de súbito a capacidade de falar francês. Ou de que uma ameba, quando se junta a uma colônia de bolor limoso que encontra um caminho num labirinto, se torna zoroastrista. E de que um único neurônio, normalmente sujeito à gravidade, se liberta disso quando se junta a todos os outros neurônios que produzem algum fenômeno emergente. De que os elementos constitutivos funcionam *de maneira diferente* quando fazem parte de uma coisa emergente. É como acreditar que quando

* Outro exemplo fascinante do macro influenciando o micro diz respeito a alguma coisa coberta no capítulo 3 — em geral, indivíduos das culturas individualistas procuram a pessoa no centro de uma imagem, enquanto os de culturas coletivistas investigam a cena inteira. Reflita sobre isto: a cultura é o que pode haver de mais emergente, influenciando a definição dos alimentos que são sagrados, os tipos de sexo que são tabu, o que conta como heroísmo ou maldade nas histórias. E tudo isso determina a microfunção dos neurônios que controlam os movimentos inconscientes de seus olhos. Hmm, por que você olhou primeiro para aquela parte da imagem? Por causa de minha circuitaria neuronal. Por causa do que aconteceu com minha gente há cinco séculos na Batalha de Sei Lá Onde. Por causa...

você junta muitas moléculas de água a umidade resultante faz com que cada molécula deixe de ser composta de dois hidrogênios e um oxigênio e passe a ser composta de dois oxigênios e um hidrogênio. Mas o que há de mais importante na emergência, a base de sua incredibilidade, é que aqueles elementos constitutivos idiotamente simples que só conhecem algumas regras sobre como interagir com seus vizinhos imediatos continuam *tão idiotamente simples* quando seu coletivo de elementos constitutivos supera os planejadores urbanos, desses que andam por aí distribuindo cartões de visita. A causalidade descendente não faz com que elementos constitutivos individuais adquiram complexas habilidades; na verdade, ela determina os contextos nos quais os elementos fazem suas coisas idiotamente simples. Os neurônios individuais não se tornam causas sem causa que desafiam a gravidade e ajudam a gerar livre-arbítrio só porque estão interagindo com um monte de outros neurônios.

E a crença fundamental entre os que fazem parte desse estilo de defensores do livre-arbítrio emergente é que estados emergentes podem, na verdade, alterar o funcionamento dos neurônios e que o livre-arbítrio depende disso. É a suposição de que sistemas emergentes "têm elementos básicos que se comportam de novas maneiras quando operam como parte de um sistema de ordem superior". Mas, por mais imprevisível que seja uma propriedade emergente no cérebro, os neurônios não são libertados de suas histórias quando se juntam à complexidade.[9]

É outra versão de nossa velha dicotomia. Há a causalidade descendente *fraca*, na qual alguma coisa emergente, como o conformismo, pode fazer um neurônio disparar da mesma maneira que o faria em resposta a fótons de luz — o funcionamento dessa parte constitutiva não mudou. E há a causalidade descendente *forte*, na qual pode mudar. A opinião comum entre quase todos os filósofos e neurobiólogos que pensam sobre isso é a de que a causalidade descendente forte, se existe, é irrelevante para o ponto central deste livro. Numa crítica a essa abordagem para descobrir livre-arbítrio, os psicólogos Michael Mascolo, do Merrimack College, e Eeva Kallio, da Universidade de Jyväskylä, escrevem: "Embora irredutíveis, [sistemas emergentes] não são autônomos no sentido de terem poderes causais que se sobrepõem aos de seus constituintes", argumento ressaltado também pelo filósofo espanhol Jesús Zamora Bonilla em seu ensaio "Por que os níveis emergentes não salvarão o livre-arbítrio". Ou, dito em termos biológicos por Mascolo e Kallio, "embora as capacidades de experiência e significado sejam propriedades emergentes dos sistemas biofísicos, a capacidade de regulação comportamental não é. A capacidade de autorregulação é uma capacidade já existente dos sistemas vivos". A gravidade continua existindo.[10]

POR FIM, ALGUMAS CONCLUSÕES

Assim, na minha opinião, a complexidade emergente, apesar de muitíssimo interessante, não é onde o livre-arbítrio existe, por três razões:

a. Por causa das lições do caoticismo — não se pode simplesmente seguir a convenção e dizer que duas coisas são iguais quando são diferentes, e de um jeito que importa, por mais que essa diferença pareça minúscula; imprevisível não significa indeterminado.

b. Mesmo que um sistema seja emergente, não significa que pode escolher fazer o que quiser; ele ainda é feito e limitado pelas partes que o constituem, com todos os seus limites e fraquezas mortais.

c. Sistemas emergentes não podem fazer os elementos que os construíram deixarem de ser elementares.*[11]

Essas propriedades são todas inerentes a um mundo determinista, seja ele caótico, emergente, previsível ou imprevisível. Mas e se o mundo não for de fato determinista, no fim das contas? Passemos para os dois próximos capítulos.

* Apesar do fato de que, para citar o arquiteto Louis Kahn, "até um tijolo quer ser alguma coisa".

9. Uma cartilha da indeterminação quântica

Cá entre nós, não quero escrever este capítulo, nem o próximo. Na verdade, tenho relutado muito. Quando amigos me perguntam como vai a redação do livro, respondo com uma careta: "Tudo bem, mas ainda estou adiando os capítulos sobre indeterminação". Por que o medo? Para começar, a) o assunto dos capítulos se baseia em ciência bizarra e contraintuitiva b) que mal posso dizer que entendo e c) que mesmo as pessoas que pelo visto deveriam entender reconhecem que não entendem, mas com uma profunda incompreensão que nem se compara à minha pateticamente trivial ignorância, e d) o tópico exerce uma atração gravitacional sobre ideias malucas, tanto quanto uma estátua exerce sobre pombos com intestino solto, uma atração que constitui um estranho atrator do tipo "Do que é mesmo que eles estão falando?". Mesmo assim, vamos lá.

Este capítulo examina alguns domínios fundamentais do universo nos quais coisas extremamente minúsculas operam de maneiras que não são deterministas. Onde a imprevisibilidade não reflete as limitações de humanos lidando com a matemática, ou a espera por uma lupa ainda mais poderosa, mas na verdade reflete maneiras pelas quais o estado físico do universo *não* a determina. E o próximo capítulo versa sobre conter os defensores do livre-arbítrio nesse playground de indeterminação.

Se eu amarelasse e pusesse um ponto-final nesses dois capítulos aqui mesmo, as conclusões seriam que, sim, o determinismo laplaciano de fato parece desmoronar no nível subatômico. No entanto, é bastante improvável que esse indeterminismo infinitesimal influencie qualquer coisa ligada a comportamento; mesmo que influenciasse, é mais improvável ainda que produzisse alguma coisa parecida com livre-arbítrio. Tentativas acadêmicas de encontrar livre-arbítrio nesse domínio quase sempre abusam de nossa credulidade.

ALEATORIEDADE INDETERMINADA

O que queremos dizer com "aleatoriedade"? Vamos supor que temos uma partícula que se move "aleatoriamente". Para se qualificar, ela exibiria as seguintes propriedades:

— Se no tempo 0 uma partícula estiver no ponto X, o lugar mais provável onde você esperaria encontrar essa partícula de movimento aleatório pelo resto do tempo é de volta ao ponto X. E se em algum momento depois do tempo 0 acontecer de a partícula estar no ponto Z, agora, pelo resto do tempo, o ponto Z é onde é mais provável que ela esteja. O melhor preditor de onde uma partícula de movimento aleatório provavelmente estará é onde ela está agora.

— Pegue qualquer unidade de tempo — digamos, um segundo. A quantidade de variabilidade no movimento da partícula no próximo segundo será tanto quanto durante um segundo daqui a 1 milhão de anos.

— O padrão de movimento no tempo 0 tem zero correlação com o tempo 1 ou com o tempo -1.

— Se parece que a partícula se moveu em linha reta, pegue a lupa, olhe mais de perto e verá que não é de fato uma linha reta. Na verdade, a partícula ziguezagueia, não importando a escala da ampliação.

— Por causa do zigue-zague, quando ampliada infinitamente, a partícula terá percorrido uma distância infinitamente longa entre quaisquer dois pontos.

Trata-se de critérios rigorosos para que uma partícula se qualifique como indeterminada.* Esses requisitos, em especial aquele negócio espacial da esponja de Menger, sobre uma coisa infinitamente longa caber num espaço finito, mostram que Aleatoriedade com A maiúsculo difere da navegação aleatória por canais.

Então, o que o fato de uma partícula ser aleatória tem a ver com você ser o capitão agentivo de seu próprio destino?

BAIXA ALEATORIEDADE: MOVIMENTO BROWNIANO

Comecemos com a versão de indeterminismo que raramente é contemplada em retiros de meditação.

Sente-se numa sala escura onde há um feixe de luz vindo de uma janela e observe o que está sendo iluminado ao longo do feixe (ou seja, não o ponto da parede que está iluminado, mas o ar iluminado entre a janela e a parede iluminada). Você verá minúsculas partículas de poeira em constante movimento, vibrando, oscilando para um lado e para o outro. Comportando-se aleatoriamente.

Pessoas (por exemplo, Robert Brown, em 1827) tinham observado o fenômeno havia muito tempo, mas foi só no último século que se identificou que o movimento aleatório (também conhecido como "estocástico") ocorria entre partículas suspensas num fluido ou num gás. Partículas minúsculas oscilam e vibram pelo fato de serem atingidas aleatoriamente por fótons de luz, que transferem energia para a partícula, produzindo o fenômeno vibratório de energia cinética. Isso faz com que as partículas esbarrem umas nas outras aleatoriamente. O que faz com que esbarrem em outras partículas. Tudo se movendo aleatoriamente, a imprevisibilidade do problema dos três corpos com esteroides.

Veja só, essa não é a imprevisibilidade dos autômatos celulares, na qual cada passo é determinista, mas não determinável. Na verdade, o estado de uma partícula em qualquer instante *não* depende de seu estado no instante anterior. Laplace vibra desconsolado no túmulo. As características dessa es-

* Nesse caso, uma "partícula" é qualquer coisa que esteja entre partículas subatômicas e átomos, moléculas e coisas macroscópicas como grãos de poeira.

tocasticidade foram formalizadas por Einstein em 1905, seu *annus mirabilis*, quando anunciou ao mundo que não ia passar o resto da vida como funcionário de escritório de patentes. Einstein explorou os fatores que influenciam a extensão do movimento browniano de partículas suspensas (note que é "partículas", no plural — qualquer partícula específica é aleatória e a previsibilidade só é probabilística no nível agregado de muitas partículas). Uma coisa que aumenta o movimento browniano é o calor, que aumenta a energia cinética nas partículas. Inversamente, ele é reduzido quando o fluido ou o ambiente gasoso circundante é pegajoso ou viscoso, ou quando a partícula é maior. Pense nesta última da seguinte maneira: quanto maior a partícula, maior o alvo e maior a probabilidade de que seja atingida por muitas outras partículas, por todos os lados. O que aumenta a chance de todas essas colisões cancelarem umas às outras e de a grande partícula ficar onde está. Assim, quanto menor a partícula, mais fascinante é o movimento browniano que ela exibe — a Grande Pirâmide de Gizé pode até estar vibrando, mas não dá para perceber.*

Então, esse é o movimento browniano, partículas que esbarram umas nas outras de maneira aleatória. Que relação tem isso com a biologia (um primeiro passo para entender sua relevância para o comportamento)? Pelo visto, tem muita relação. Um artigo investiga como um tipo de movimento browniano explica a distribuição de populações de terminais axonais. Outro trata de como cópias do receptor do neurotransmissor acetilcolina se aglomeram ao acaso, o que é importante para sua função. Outro exemplo diz respeito a anomalias no cérebro — alguns fatores, na maioria misteriosos, aumentam a produção de um fragmento estranhamente dobrado chamado peptídeo beta--amiloide. Se uma cópia desse fragmento esbarrar por acaso em outra, elas se grudam e esse aglomerado de sedimentos de proteína cresce. Esses agregados amiloides solúveis são os mais prováveis assassinos de neurônios na doença de Alzheimer. E o movimento browniano ajuda a explicar as probabilidades de fragmentos esbarrarem uns nos outros.[1]

* Esses fatores que influenciam o movimento browniano estão formalizados na equação Stokes-Einstein (em homenagem a sir George Stokes, especialista em viscosidade que morreu pouco antes de Einstein entrar em cena). O numerador na equação diz respeito à principal força que aumenta o movimento, ou seja, a temperatura; o denominador diz respeito às forças que resistem às partículas, ou seja, a alta viscosidade do ambiente circundante e o grande tamanho médio das partículas.

Gosto muito de citar em aula um exemplo de movimento browniano, porque ele desfaz o mito de que os genes determinam tudo que há de interessante em sistemas vivos. Pegue um óvulo fertilizado. Quando ele se divide em dois, há uma divisão browniana aleatória das substâncias que flutuam lá dentro, como milhares dessas usinas de energia da célula, as mitocôndrias — nunca é uma divisão exata meio a meio, muito menos a mesma divisão sempre. Isso significa que as duas células já diferem na capacidade de gerar energia. O mesmo se aplica a vastos números de cópias de proteínas chamadas fatores de transcrição, que ativam ou desativam genes; a distribuição desigual de fatores de transcrição quando a célula se divide significa que as duas células vão diferir em sua regulação gênica. E, com cada divisão celular subsequente, a aleatoriedade desempenha esse papel na produção de todas as células que no fim das contas formam você.*[2]

Chegou a hora de ampliar isso para ver onde a aleatoriedade browniana influencia o comportamento. Consideremos um organismo qualquer — digamos, um peixe à procura de alimento. Como ele encontra comida com mais eficiência? Se houver abundância de alimento, o peixe forrageia em pequenas incursões ancoradas em torno desse lugar de alimentação fácil.** Mas se a comida é difusa e escassa, a maneira mais eficiente de esbarrar nela é mudar para um padrão de forrageio aleatório, browniano, chamado "caminhada de Levy". Portanto, se você é a única coisa que vale a pena comer no meio do oceano, é provável que o predador que o pega tenha chegado até você fazendo uma caminhada de Levy. E, é claro, muitas espécies de presa se movimentam de maneira aleatória e imprevisível ao escapar de predadores. A mesma matemática descreve outro tipo de predador atrás de uma presa — um glóbulo branco em busca de patógenos para engolir. Se estiver no meio de um aglomerado de patógenos, o glóbulo faz o mesmo tipo de excursão de base domiciliar de uma orca se banqueteando no meio de um bando de focas. Mas quando os

* É por isso que gêmeos idênticos, com genes idênticos, não têm células idênticas, mesmo quando cada gêmeo é formado por apenas duas células, com as diferenças aumentando a partir daí. Isso ajuda a explicar por que gêmeos idênticos não são pessoas idênticas com cérebros supostamente esculpidos de maneira idêntica por seus genes idênticos.

** Com o padrão de movimento mostrando uma distribuição de lei de potência. De volta ao capítulo 7 — cerca de 80% das incursões de forrageio estão dentro dos 20% da distância máxima de forrageio.

patógenos são escassos, os glóbulos brancos passam a adotar uma estratégia de caça de caminhada de Levy, tal qual a orca. Biologia é o máximo.[3]

Para resumir, o mundo está cheio de exemplos de movimento browniano indeterminista, com vários fenômenos biológicos que evoluíram para explorar idealmente versões dessa aleatoriedade. Estamos falando de livre-arbítrio aqui?* Antes de responder a essa pergunta, é hora de enfrentar o inevitável e lidar com a mãe de todas as teorias.[4]

INDETERMINAÇÃO QUÂNTICA

Vamos nessa. A clássica imagem física de como o universo funciona, sempre atribuída a Newton, desabou no começo do século XX com a revolução da indeterminação quântica e nada mais foi como antes. O mundo subatômico acaba sendo profundamente estranho e ainda não foi de todo explicado. Vou resumir as descobertas mais pertinentes para os adeptos do livre-arbítrio.

DUALIDADE ONDA/PARTÍCULA

O início da esquisitice mais fundamental foi o experimento da dupla fenda, imensamente interessante e histórico, primeiro conduzido por Thomas Young em 1801 (outro desses polímatas que, quando não estava às voltas com a física, ou delineando a biologia do funcionamento da visão de cores, ajudava a traduzir a Pedra de Roseta). Dispare um feixe de luz contra uma barreira que tem duas fendas verticais. Atrás dela há um anteparo que detecta onde a luz o atinge. Isso mostra que a luz viaja através das duas fendas como ondas. Como detectar isso? Se houvesse uma onda emanando de cada fenda, as duas ondas acabariam se sobrepondo. E há uma assinatura característica quando um par de ondas faz isso — quando os picos de duas ondas convergem, você obtém um sinal fortíssimo; quando os vales das duas convergem, ocorre o

* Na categoria o-mundo-é-pequeno, um dos contribuidores desse tópico, defendendo uma postura de livre-arbítrio tanto para humanos como para outros animais, é o neurobiólogo Martin Heisenberg. Sim, filho de Werner Heisenberg. Ao que tudo indica, a árvore deseja livremente que uma maçã caia localmente.

oposto; quando um pico e um vale se encontram, um cancela o outro. Surfistas sabem disso.

Portanto, a luz se propaga como onda — conhecimento clássico. Dispare um feixe de elétrons na barreira da dupla fenda e o desfecho é o mesmo — uma função de onda. Agora, dispare *um* elétron de cada vez, anotando onde ele atinge o anteparo de detecção, e o elétron individual, a partícula individual, atravessa como uma onda. É isso, o elétron único passa pelas duas fendas simultaneamente. Está em dois lugares ao mesmo tempo.

Acontece que é mais do que só dois lugares. A localização exata do elétron é indeterminista, distribuída de maneira probabilística numa nuvem de lugares ao mesmo tempo, uma coisa chamada superposição.

Relatos sobre isso costumam dizer qualquer coisa como "Agora as coisas ficam estranhas" — como se uma partícula estar em múltiplos lugares ao mesmo tempo não fosse estranho. Agora as coisas ficam mais estranhas. Construa um dispositivo de gravação na barreira de dupla fenda, para documentar a passagem de cada elétron. Você já sabe o que acontece — cada elétron individual passa pelas duas fendas ao mesmo tempo, como onda. Mas não; cada elétron agora passa por uma ou por outra fenda, aleatoriamente. O mero ato de medir, de documentar o que acontece na barreira da dupla fenda faz com que os elétrons (e, como se constatou, feixes de luz, compostos de fótons) parem de agir como ondas. A função de onda "colapsa", e cada elétron passa pela barreira de dupla fenda como uma partícula singular.

Assim, elétrons e fótons mostram a dualidade partícula/onda, com o processo de medição transformando ondas em partículas. Agora meça as propriedades do elétron *depois* que ele passa pelas fendas, mas *antes* de atingir o anteparo de detecção, e como resultado cada elétron passa por uma das fendas como partícula única. Ele "sabe" que *logo será medido*, o que colapsa sua função de onda. Por que o processo de medição colapsa funções de onda — o "problema da medição" — continua sendo um mistério.[5]

(Para avançar um pouco, você pode imaginar que as coisas vão ficar muito New Age se partir do princípio de que o mundo macroscópico — coisas grandes como, digamos, você — também funciona dessa maneira. Você pode estar em múltiplos lugares ao mesmo tempo; você não é nada mais do que potencial. A simples observação de uma coisa pode mudá-la;* sua mente pode

* E repare aqui como a interpretação New Age acaba de passar da consideração das consequências do processo formal de "medição" para o processo altamente pessoal de "observação".

alterar a realidade a seu redor. Sua mente pode determinar seu futuro. Caramba, sua mente pode alterar seu passado. Vem mais bobajada por aí.)

A dualidade partícula/onda gera uma importante implicação. Quando um elétron passa por um lugar como onda, podemos saber qual é sua velocidade, mas, claro, não podemos saber sua localização exata, uma vez que ele está indeterministicamente em toda parte. E uma vez que a função de onda entra em colapso, pode-se medir onde a partícula está agora, mas não se pode saber sua velocidade, uma vez que o processo de medição muda tudo a seu respeito. Sim, é o princípio da incerteza de Heisenberg.*

A incapacidade de saber a localização e a velocidade, o fato da superposição e de as coisas estarem em múltiplos lugares ao mesmo tempo, a impossibilidade de saber por qual das fendas o elétron vai passar depois que uma onda entra em colapso tornando-se partícula — tudo isso introduz um indeterminismo fundamental no universo. Einstein, apesar de ter subvertido o mundo redutivo, determinista, da física newtoniana, odiava esse tipo de indeterminismo, fazendo a famosa declaração: "Deus não joga dados com o universo". Isso deu início a uma indústria caseira de físicos tentando enfiar alguma forma de determinismo pela porta dos fundos. A versão de Einstein é que o sistema na verdade é determinista, graças a algum fator (ou a alguns fatores) não descoberto(s), e as coisas voltarão a ter sentido quando essa "variável oculta" for identificada. Outra manobra de porta dos fundos é a ideia bastante opaca dos "muitos mundos", que postula que as ondas não entram em colapso tornando-se uma singularidade; na verdade sua natureza de onda continua num número infinito de universos, criando um mundo (ou mundos) completamente determinista(s), e só parece singular se você olhar de apenas um universo de cada vez. Acho eu. Minha impressão é que a evasiva da variável oculta é a favorita da maioria dos céticos. No entanto, quase todos os físicos aceitam a imagem indeterminista da mecânica quântica — conhecida como interpretação de Copenhague, refletindo o fato de ter sido defendida por Niels Bohr, que vivia nessa cidade. Em suas palavras: "Quem não fica cho-

* O que não só despertou o interesse do público como também gerou infindáveis piadas sobre a incerteza de Heisenberg (Heisenberg, em alta velocidade pela estrada, é parado por um policial. "O senhor sabe a que velocidade estava dirigindo?", pergunta o policial. "Não, mas sei onde estou", responde Heisenberg. "O senhor dirigia a 130 quilômetros por hora", informa o policial. "Ah, beleza", diz Heisenberg, "agora estou perdido.").

cado quando depara com a teoria quântica pela primeira vez possivelmente não a entendeu".*[6]

EMARANHAMENTO E NÃO LOCALIDADE

A próxima esquisitice.** Duas partículas (digamos, dois elétrons em diferentes camadas de um átomo) podem ficar "emaranhadas", com suas propriedades (como direção de rotação) ligadas e perfeitamente correlacionadas. A correlação é sempre negativa — se um elétron gira numa direção, seu parceiro acoplado gira na direção oposta. Fred Astaire avança com a perna esquerda; Ginger Rogers recua com a direita.

Mas é mais estranho ainda. Para começar, os dois elétrons não precisam estar no mesmo átomo. Podem estar a alguns átomos de distância um do outro. Tudo bem, claro. Ou, como se viu, eles podem estar separados por uma distância ainda maior. O recorde atual é de partículas separadas por quase *1450 quilômetros*, em duas estações terrestres ligadas por um satélite quântico.*** Além disso, se você alterar a propriedade de uma partícula, a outra também se altera, implicando uma causalidade não local. Não há limite teórico para a distância entre as partículas emaranhadas. Um elétron na Nebulosa do Caranguejo, na constelação de Touro, pode estar emaranhado com um elétron num pedaço de brócolis preso entre seus dentes incisivos. E como a característica mais estranha, quando o estado de uma partícula é alterado, a mudança complementar na outra ocorre *instantaneamente***** — ou seja, o

* É de Bohr também uma de minhas citações favoritas sobre a empreitada científica: "O oposto do fato é a falsidade, mas o oposto de uma verdade profunda pode muito bem ser outra verdade profunda".

** Agradeço ao físico Sean Carroll por me guiar através de boa parte disso. A propósito, a pesquisa sobre emaranhamento foi a base do prêmio Nobel de Física de 2022, concedido a John Clauser, Alain Aspect e Anton Zeilinger.

*** Está implícito nisso que você pode experimentalmente induzir emaranhamento em duas partículas, o que aparentemente envolve apontar lasers para coisas.

**** Ou pelo menos muito mais rápido do que os limites experimentais de resolução temporal, na escala dos quadrilionésimos de segundo. O que é pelo menos nove ordens de magnitude mais rápido do que a velocidade da luz. A propósito, se entendo corretamente as coisas, pode-se imaginar que a superposição de uma única partícula envolve emaranhamento — um elétron está emaranhado consigo mesmo quando passa pelas duas fendas ao mesmo tempo.

brócolis e a Nebulosa do Caranguejo estão influenciando um ao outro mais rápido do que a velocidade da luz.[7]

Einstein não achou graça nenhuma (e rotulou o fenômeno com um termo sarcástico alemão equivalente a *assustador*).* Em 1935, ele e dois colaboradores publicaram um artigo que contestava a possibilidade desse emaranhamento instantâneo, mais uma vez postulando variáveis ocultas que explicavam as coisas sem invocar uma qualidade mágica mais rápida do que a velocidade da luz. Nos anos 1960, o físico irlandês John Stewart Bell mostrou que havia alguma coisa errada na matemática daquele artigo de Einstein. E, nas décadas seguintes, experimentos de uma dificuldade extraordinária (como o daquele satélite) confirmaram que Bell estava certo quando disse que Einstein estava errado ao dizer que a interpretação do emaranhamento era errada. Em outras palavras, o fenômeno é pra valer, embora ainda permaneça basicamente inexplicado, mesmo gerando previsões de alta precisão.[8]

Desde então, cientistas exploram o potencial de usar o emaranhamento quântico na computação (com gente da Apple ao que parece fazendo progressos significativos), em sistemas de comunicação, talvez até no recebimento automático de um *widget* da Amazon no instante em que você pensa que vai se sentir mais feliz se tiver um. E a esquisitice simplesmente não para — o emaranhamento envolvendo distâncias longas o suficiente pode também mostrar não localidade ao longo do tempo. Suponha que você tem dois elétrons emaranhados separados por um ano-luz de distância; altere um deles e a outra partícula é alterada no mesmo instante... um ano atrás. Os cientistas já mostraram também o emaranhamento quântico em sistemas vivos, entre um fóton e a ma-

* Em 1905, Einstein era o revolucionário mais glamoroso e intrépido desde Che (se o tempo andasse para trás). No entanto, à medida que foi envelhecendo encabeçou algumas reações de retaguarda contra subsequentes revoluções na física. É um padrão muito conhecido entre muitos pensadores revolucionários. O psicólogo Dean Simonton mostrou que esse fechamento a ideias novas é função não tanto da idade cronológica do indivíduo como de sua idade disciplinar — é ser aclamado em um campo específico por muito tempo (afinal, tudo que qualquer coisa nova e revolucionária faz é remover você e seus colegas dos livros didáticos). Anos atrás fiz um estudo quase científico (publicado nessa respeitada revista técnica *The New Yorker*), mostrando como a maioria das pessoas, sejam elas pensadores aclamados ou não, se fecha para as novidades na música, na culinária e na moda com a idade. Saber que Einstein virou contrarrevolucionário na velhice é decepcionante para todos nós, que ostentávamos nas paredes de nossos dormitórios o indefectível pôster em que ele aparece dando a língua.

quinaria fotossintética de bactérias.* Pode apostar que vamos ter conjeturas sobre livre-arbítrio que invoquem viagens no tempo, emaranhamento entre neurônios no mesmo cérebro e, por falar nisso, entre cérebros.[9]

TUNELAMENTO QUÂNTICO

Isso é moleza do ponto de vista conceitual, depois de toda a esquisitice anterior. Dispare um feixe de elétrons numa parede. Como sabemos, cada um viaja como uma onda, com a superposição ditando que até alguém medir sua localização cada elétron está probabilisticamente em vários lugares ao mesmo tempo. Isso inclui o desfecho improvável, mas em tese possível, de um desses vários lugares estar no *outro* lado da parede, porque o elétron criou um túnel através dela. E, pelo visto, isso pode ocorrer.

Isso é tudo no que diz respeito a esse lamentável passeio pela mecânica quântica. No que nos diz respeito, os principais aspectos são que, para a maioria dos especialistas, o universo subatômico opera num nível fundamentalmente indeterminista tanto num nível ôntico como num nível epistêmico. As partículas podem estar em múltiplos lugares ao mesmo tempo, podem se comunicar entre si através de vastas distâncias numa velocidade maior que a da luz, tornando tanto o espaço como o tempo fundamentalmente suspeitos, e são capazes de criar túneis através de objetos sólidos. Como veremos agora, isso é mais do que suficiente para as pessoas pirarem quando proclamam o livre-arbítrio.

* O estudo é controvertido, no entanto, já que alguns cientistas sugerem mecanismos de não emaranhamento como explicações. O estudo envolveu bactérias colocadas entre dois espelhos, separados por menos de um fio de cabelo de distância. E o fenômeno foi demonstrado em *seis* bactérias individuais. Estamos acostumados com coisas como "neuroimagem foi realizada em seis adultos portadores da mutação" ou "pesquisas epidemiológicas foram conduzidas em seis países". Um estudo usando seis bactérias é muito charmoso e compatível com toda essa esquisitice. Mas, levando em conta o número ínfimo de bactérias, é preciso fazer perguntas como o que cada uma tinha comido de manhã; se, quando eram fetos, as mães faziam exames de bem-estar periódicos; em que tipo de cultura os antepassados dessas bactérias foram criados.

10. Seu livre-arbítrio é aleatório?

ORGASMO QUÂNTICO: ATENÇÃO E INTENÇÃO SÃO A MECÂNICA DA MANIFESTAÇÃO

O capítulo anterior revelou coisas deveras esquisitas sobre o universo que introduzem um indeterminismo fundamental nos procedimentos. E a bem dizer desde o primeiro momento em que esta notícia se espalhou, alguns crentes no livre-arbítrio têm atribuído todo tipo de bobagem mística à mecânica quântica.* Agora há proponentes da metafísica quântica, da filosofia quânti-

* Curiosamente, não tenho visto nada desse tipo ser feito com a indeterminação do movimento browniano — por exemplo, ninguém está promovendo um ciclo de palestras sobre transcendência browniana. Isso não é de surpreender — a indeterminação quântica tem a ver com estar em vários lugares ao mesmo tempo, enquanto o movimento browniano trata do fato de partículas de poeira serem aleatórias. Assim, suspeito que os adeptos da New Age veem o movimento browniano como masculino-branco-inútil, tipo sindicalistas que, apesar de tudo, votam em republicanos, enquanto a indeterminação quântica diz respeito a amor, paz e orgasmos múltiplos. (Essa imagem bonita é complicada pelo fato de o patriarca da mecânica quântica, Werner Heisenberg, ter trabalhado para fabricar uma bomba atômica para os nazistas. Historiadores se dividem quanto à questão de saber se a afirmação de Heisenberg, no pós-guerra, de que a bomba não se concretizou porque ele discretamente sabotou o programa é uma verdade redentora ou se Heisenberg estava salvando a própria pele.)

ca, da psicologia quântica. Existe teologia quântica e realismo cristão quântico; num folheto nessa linha, a mecânica quântica é citada como prova de que os humanos não podem ser reduzidos a máquinas previsíveis, contribuindo para uma singularidade humana que se alinha com a afirmação bíblica de que Deus ama cada um de nós de maneira única. Para a turma do "Não acredito em religião organizada, mas sou uma pessoa muito espiritualizada", existe espiritualidade quântica e misticismo quântico. Então há o empresário New Age Deepak Chopra, que, em seu livro *A cura quântica*, de 1989, promete um caminho para a cura do câncer, para reverter o processo de envelhecimento e, que Deus nos ajude, até para a imortalidade.* Há um ativismo quântico, que, como defendido por um físico New Age em seus seminários, "é a ideia de transformarmos, a nós mesmos e às nossas sociedades, segundo os princípios da física quântica". Há "cognição quântica", "consciência mediada por spin", "neurofísica quântica" e — que tal isto? — um "sistema cartesiano nebuloso" de oscilações e dinâmica quânticas, explicando a função de livre-arbítrio do cérebro. E, um ramo que me incomoda em particular, há a psicoterapia quântica, na qual um artigo sugere que a depressão clínica está radicada em anomalias quânticas nos ácidos graxos encontrados nas membranas das células plaquetárias; para alimentar suas esperanças, fique sabendo que há pessoas explorando essa abordagem para ajudá-lo, caso você sinta uma tristeza sufocante dia após dia. Enquanto isso, a mesma revista traz um artigo que visa ajudar no tratamento de quem sofre de esquizofrenia, intitulado "Quantum Logic of the Unconscious and Schizophrenia" [Lógica quântica do inconsciente e esquizofrenia] (no qual *quântico* representa 9,6% das palavras do resumo do artigo). Não vou mentir — não sou um grande fã de gente que divulga esse tipo de bobagem com relação a pessoas que sofrem.[1]

O absurdo tem alguns temas consistentes. Existe a noção de que se as partículas podem estar emaranhadas e em comunicação umas com as outras

* Por falar nisso, a citação no começo desta seção, "Atenção e intenção são a mecânica da manifestação", é de alguém chamado Tom Williamson, que junta palavras aleatoriamente do *stream* de Deepak Chopra no Twitter. Duas das citações fictícias aleatórias de Chopra de hoje no site de Williamson (wisdomofchopra.com) são "Um vazio informe está dentro da barreira dos fatos" e "Sua intuição reflete suas próprias moléculas". O site é abordado num artigo irresistivelmente interessante do psicólogo Gordon Pennycook, intitulado "On the Reception and Detection of Pseudo-profound Bullshit" [Sobre a recepção e a detecção de bobagens pseudoprofundas].

instantaneamente, há uma unidade, uma unicidade que conecta todas as coisas vivas, incluindo todos os seres humanos (exceto pessoas que maltratam golfinhos ou elefantes). A assustadora peculiaridade das viagens no tempo ligadas ao emaranhamento pode ser distorcida com a ideia de que não há acontecimento infeliz em nosso passado ao qual não possamos, em tese, voltar para consertar. Há o tema de que, se você supostamente pode colapsar uma onda quântica apenas olhando para ela, também pode alcançar o nirvana ou entrar no escritório do chefe e sair de lá com um aumento de salário. De acordo com o mesmo físico New Age, "o mundo material a nossa volta nada mais é do que movimentos possíveis de consciência. Escolho momento a momento minha experiência". Há também o clichê costumeiro de que tudo que os físicos quânticos descobrirem com seus dispositivos de alta tecnologia apenas confirma o que os antigos já sabiam; uma grande quantidade de posições de lótus. E a rejeição quase vilã vem dos "materialistas", com sua "física clássica"* — "esses elitistas que ditam as experiências de significado das pessoas". Todo esse potencial infinito é uma grande saudação à conceituada curandeira New Age Mary Poppins.**[2]

Alguns problemas aqui são óbvios. Esses artigos, que não costumam ser revisados nem lidos por neurocientistas, aparecem em revistas que os índices científicos não classificam como científicas (por exemplo, *NeuroQuantology*) e são escritos por pessoas sem formação profissional para saber como o cérebro funciona.[3]

Mas de vez em quando a crítica que se faz a esse pensamento precisa ser ajustada, para dar voz a alguém que conhecia o funcionamento do cérebro, o que nos leva ao caso complicado do neurofisiologista australiano John Eccles. Ele não era apenas um bom, ou mesmo um grande, cientista. Era Sir John,

* Dito isso, alguns especialistas, como a filósofa da física J. T. Ismael, da Universidade Columbia, veem o livre-arbítrio como produto da física clássica.

** Na versão musical da Broadway (mas *não* no filme, digo isso com inexplicável amargura), Mary emancipa Jane e Michael cantando: "Qualquer coisa pode acontecer, se você deixar", uma opinião sobre exercer o livre-arbítrio para impedir o exercício indesejado da liberdade de não querer. A canção então entra para a história dos musicais da Broadway ao rimar *marvel* ("*anything can happen, it's a marvel*" [qualquer coisa pode acontecer, é uma maravilha]) com *larval* [larvar] (Michael: "*You can be a butterfly*" [Você pode ser uma borboleta], Jane: "*Or just stay larval*" [ou permanecer larvar]). Décadas se passaram até que Idina Menzel superasse isso, cantando sobre fractais em "Let It Go".

prêmio Nobel, pioneiro na compreensão, nos anos 1950, de como as sinapses funcionam. Trinta anos depois, em seu livro *How the Self Controls Its Brain* [Como o eu controla o cérebro] (1994), Eccles postulou que a "mente" produz "psicons" (ou seja, unidades fundamentais de consciência, termo usado antes disso sobretudo em ficção científica barata), que regulam "dendrons" (ou seja, unidades funcionais de neurônios) por meio de tunelamento quântico. Ele não se limitou a rejeitar o materialismo em favor do dualismo; declarou-se "trialista", abrindo espaço para a categoria de alma/espírito, o que libertava o cérebro humano de algumas leis do universo físico. Em seu livro *Evolution of the Brain: Creation of the Self* [A evolução do cérebro: A criação do eu], de 1989, um amálgama não irônico de espiritualidade e paleontologia, Eccles tentou identificar quando essa singularidade evoluiu, o ancestral hominídeo que deu origem ao primeiro organismo com alma. Também acreditava em percepção extrassensorial e psicocinese, perguntando aos novos membros do laboratório se compartilhavam essas crenças. Em meus tempos de estudante, a menção a Eccles, com seu misticismo religioso e sua aceitação do paranormal, só provocava revirar de olhos. Como concluiu uma devastadora crítica do *New York Times* ao livro, o mergulho de Eccles na espiritualidade evoca o "pranto de Ofélia por Hamlet: 'Que mente nobre aniquilada'".*[4]

É óbvio para mim que não basta rejeitar a ideia de que a indeterminação quântica é uma porta aberta para o livre-arbítrio apenas citando a escassez de neurocientistas que pensam dessa maneira, ou executando o canto fúnebre para Eccles. É hora de examinar o que vejo como, coletivamente, três problemas fatais nessa ideia.

PROBLEMA NÚMERO 1: BORBULHAR

O ponto de partida é a ideia de que os efeitos quânticos, no nível dos elétrons emaranhados uns com os outros, afetarão a "biologia". Há precedente

* Eccles costuma ser retratado como um triste caso de devastação do tempo, um cientista octogenário deplorável proclamando de repente que o cérebro funciona com matéria invisível proveniente das estrelas. A bem da verdade, ele começou a seguir nessa direção antes de fazer cinquenta anos.

no que diz respeito à fotossíntese. Nesse domínio, os elétrons excitados pela luz são impossivelmente eficientes em achar o caminho mais rápido para ir de uma parte da célula de uma planta para outra, ao que parece porque cada elétron faz isso num estado de superposição quântica, verificando todas as rotas possíveis ao mesmo tempo.[5]

Mas isso é com as plantas. Tentar extrair o livre-arbítrio de elétrons no cérebro é o desafio imediato — podem os efeitos quânticos borbulhar, ampliar seus efeitos de modo a influenciar coisas gigantescas, como uma única molécula, ou um único neurônio, ou as convicções morais de uma única pessoa? Quase todos que pensam no assunto concluem que isso não pode acontecer, porque, como logo veremos, os efeitos quânticos se dissipam, cancelam uns aos outros no ruído — as ondas de superposição perdem coerência. Como resume muito bem o título de um livro do físico David Lindley, de 1996, *Where Does the Weirdness Go? Why Quantum Mechanics Is Strange, but Not as Strange as You Think* [Para onde vai a esquisitice? Por que a mecânica quântica é estranha, mas não tão estranha quanto se pensa].

No entanto, pessoas que associam a indeterminação quântica ao livre-arbítrio sustentam o contrário. O desafio que têm pela frente é mostrar que qualquer elemento constitutivo da função neuronal está sujeito aos efeitos quânticos. Uma possibilidade é explorada por Peter Tse, que considera o neurotransmissor glutamato, no qual o funcionamento de um dos receptores requer a libertação de um único átomo de magnésio de um canal iônico que ele bloqueia. Na opinião de Tse, a localização do magnésio pode mudar na ausência de causas antecedentes, devido à aleatoriedade quântica indeterminada. E esses efeitos se propagam ainda mais para cima: "O cérebro na verdade evoluiu para *amplificar* a aleatoriedade do domínio quântico [...] até um nível de aleatoriedade no timing de picos neurais" (grifo meu) — ou seja, até o nível em que os neurônios individuais são indeterminados. E as consequências então se propagam ainda mais para cima em circuitos de neurônios e além.[6]

Outros defensores também deram atenção aos efeitos quânticos ocorrendo num nível parecido, tal como capturado no título de um livro — *Probabilidade na neurobiologia: Dos canais iônicos à questão do livre-arbítrio.** O psiquiatra Jeffrey Schwartz, da Universidade da Califórnia em Los Angeles, vê

* Foi o melhor que consegui com o Google Tradutor, pois está em alemão.

o nível de canais iônicos e de íons individuais como alvo natural para efeitos quânticos: "A extrema pequenez da abertura nos canais iônicos de cálcio tem profundas implicações na mecânica quântica". O biofísico Alipasha Vaziri, da Universidade Rockefeller, examina o papel da física "não clássica" na determinação do *tipo* de íon que flui através de determinado canal.[7]

Na opinião do anestesiologista Stuart Hameroff e do físico Roger Penrose, a consciência e o livre-arbítrio surgem de uma diferente parte dos neurônios, ou seja, dos microtúbulos. Revisando: os neurônios enviam projeções axonais e dendríticas por todo o cérebro. Isso exige um sistema de transporte dentro dessas projeções para, por exemplo, entregar os elementos constitutivos de novas cópias de neurotransmissor ou de receptores de neurotransmissor. Isso é feito com feixes de tubos de transporte — microtúbulos — dentro das projeções (assunto rapidamente abordado no capítulo 7). Apesar de alguns indícios de que podem conter informações, os microtúbulos são em essência como os tubos pneumáticos dos edifícios de escritório dos anos 1900, em que alguém da contabilidade enviava um bilhete através de um cilindro para o pessoal do marketing lá embaixo. Hameroff e Penrose (em artigos com títulos do tipo "Como a biologia quântica pode salvar o livre-arbítrio consciente") se concentram nos microtúbulos. Por quê? Na opinião deles, os microtúbulos paralelos, firmemente agrupados e razoavelmente estáveis, são ideais para efeitos de emaranhamento quântico entre eles, e partindo daí se chega ao livre-arbítrio. Acho isso parecido com trabalhar com a hipótese de que o conhecimento contido numa biblioteca emana não dos livros, mas dos carrinhos usados para transportá-los para serem recolocados nas estantes.[8]

As ideias de Hameroff e Penrose ganharam particular destaque entre os adeptos do livre-arbítrio quântico, sem dúvida em parte porque Penrose ganhou o prêmio Nobel de Física pelo trabalho acerca de buracos negros, e também porque escreveu o best-seller *A mente nova do rei: Computadores, mentes e as leis da física*, de 1989. Apesar desse poder de fogo, neurocientistas, físicos, matemáticos e filósofos têm ridicularizado essas ideias. O físico Max Tegmark, do MIT, mostrou que o curso temporal dos estados quânticos nos microtúbulos é muitas, mas muitas ordens de magnitude mais curto do que qualquer coisa que seja significativa do ponto de vista biológico; em termos de discrepância de escala, Hameroff e Penrose estão sugerindo que o movimento de uma geleira ao longo de um século pode ser significativamente influenciado por espirros aleatórios dos moradores de um vilarejo próximo. Outros lembraram que o modelo depende de uma proteína-chave nos microtúbulos ter uma conformação que não ocorre, de tipos de conexão intercelular que não acontecem no cérebro adulto e de uma organela nos neurônios estar num lugar onde não está.[9]

Então, deixando de lado essa violência crítica, os efeitos quânticos de fato se propagam para cima a ponto de influenciar o comportamento? A indeterminação que libera magnésio de um único receptor de glutamato não aumenta muito a excitação através de uma sinapse. E nem mesmo a grande excitação de uma única sinapse é suficiente para desencadear um potencial de ação num neurônio. E um potencial de ação num neurônio não basta para fazer uma mensagem se propagar por uma rede de neurônios. Vamos colocar alguns números nesses fatos. O dendrito numa única sinapse glutamatérgica contém por volta de duzentos receptores de glutamato, e é bom lembrar que estamos considerando eventos quânticos num único receptor de cada vez. Um neurônio tem, num cálculo por baixo, de 10 mil a 50 mil dessas sinapses. Só para escolher uma região do cérebro ao acaso, o hipocampo tem cerca de 10 milhões desses neurônios. Isso é de 20 trilhões a 100 trilhões de receptores de glutamato (200 × 10 000 × 10 000 000 = 20 trilhões, e 200 × 50 000 × 10 000 000 = 100 trilhões).* É possível que um evento sem causa determinista anterior altere o funcionamento de um único receptor de glutamato. Mas qual é a probabilidade de que eventos quânticos como esses ocorram ao mesmo tempo e na mesma direção (ou seja, aumentando ou diminuindo a ativação do receptor) numa quantidade suficiente desses 20 trilhões a 100 trilhões de receptores para produzir um evento neurobiológico real sem causa determinista anterior?[10]

Aplique números semelhantes aos do hipocampo nesses supostos microtúbulos produtores de consciência: seu elemento constitutivo básico, uma proteína chamada tubulina, tem 445 aminoácidos de comprimento, e os aminoácidos têm em média vinte átomos cada um. Portanto, cerca de 9 mil átomos em cada molécula de tubulina. Cada trecho de microtúbulo é feito de treze moléculas de tubulina. Cada trecho de axônio contém cerca de cem feixes

* Estimativa exagerada, pois você não está usando todos os neurônios do hipocampo ao mesmo tempo. Mesmo assim, está nessa faixa.

de microtúbulos, e cada axônio ajuda a formar as 10 mil a 50 mil sinapses em cada um desses 10 milhões de neurônios. Haja zeros.

É um problema de propagação ascendente da indeterminação quântica em nível subatômico para cérebros que produzem comportamento — você precisaria de um número assombrosamente grande desses eventos aleatórios ocorrendo ao mesmo tempo, no mesmo lugar e na mesma direção. Na verdade, a maioria dos especialistas conclui que a hipótese mais provável é que qualquer evento quântico específico se perca no ruído de um número assombroso de outros eventos quânticos ocorrendo em tempos e direções diferentes. As pessoas que atuam nesse ramo veem o cérebro não só como "ruidoso" nesse sentido, mas também como "quente" e "úmido", o tipo do ambiente vivo e caótico que prejudica a persistência de efeitos quânticos. Como resumiu um filósofo,

> a lei dos grandes números, combinada com o grande número de eventos quânticos ocorrendo em qualquer objeto de nível macro, nos garante que as flutuações quânticas aleatórias são de todo previsíveis no nível macro, da mesma forma que os lucros dos cassinos são previsíveis, ainda que se baseiem em milhões de eventos "puramente aleatórios".

O físico Paul Ehrenfest, do começo do século XX, num teorema que leva seu nome, estabelece que, à medida que consideramos números cada vez maiores de elementos, a física não clássica da mecânica quântica se funde com a física clássica previsível de estilo antigo.* Para parafrasear Lindley, é por isso que a esquisitice desaparece.[11]

Assim, um único receptor de glutamato é insuficiente para constituir uma filosofia moral. A resposta dada a isso pelos defensores do livre-arbítrio quântico é que várias características da física não clássica podem coordenar eventos quânticos numa série de constituintes do sistema nervoso (alguns postulam que a indeterminação quântica se propaga para cima até certo ponto e encontra o caoticismo, pegando uma carona até o comportamento).

* O físico Sean Carroll ressalta essa dicotomia, notando que, no mundo micro não clássico, não há seta do tempo; a única diferença entre o passado e o futuro é que um é mais fácil de explicar e o outro, mais fácil de influenciar, e nenhum dos dois interessa ao universo. É só no nível macro da física clássica que nosso senso costumeiro de tempo adquire sentido.

Para Eccles, o tunelamento quântico através de sinapses permite a interação de redes de neurônios em estados quânticos compartilhados (e note-se que está implícito nessa ideia e nas que se seguem que o emaranhamento ocorre não apenas entre duas partículas, mas entre neurônios inteiros também). Para Schwartz, superposição quântica significa que um único íon fluindo por um canal não é de fato singular. Na verdade, é uma "*nuvem quântica de possibilidades* associadas ao íon [de cálcio] que *se espalha* por uma área cada vez maior, à medida que se afasta do minúsculo canal para a região-alvo, onde o íon será absorvido inteiro, ou não o será de forma alguma". Em outras palavras, graças à dualidade partícula/onda, cada íon pode ter efeitos coordenados em muitas direções. E, prossegue Schwartz, esse processo borbulha para abranger todo o cérebro: "Na verdade, em razão das incertezas de timing e localização, o que é gerado pelo processo físico no cérebro não será um único conjunto discreto de possibilidades físicas não sobrepostas, mas uma *mancha* imensa de possibilidades classicamente concebidas" agora sujeitas a regras quânticas. Sultan Tarlaci e Massimo Pregnolato citam uma física quântica parecida ao especular que uma única molécula de neurotransmissor tem uma nuvem semelhante de possibilidades de superposição, ligando-se a uma série de receptores ao mesmo tempo e envolvendo-os em ação coletiva.*[12]

Assim, a noção de que efeitos quânticos aleatórios, indeterministas, podem se propagar para cima até o comportamento me parece um pouco duvidosa. Além disso, quase todos os cientistas com a expertise apropriada a acham muitíssimo duvidosa.

Mais ou menos por aqui parece útil abordar as coisas num nível mais empírico. As sinapses de fato agem de maneira aleatória? E que dizer de neurônios inteiros? Redes inteiras de neurônios?

* Para Hameroff, essa não localidade espacial (ou seja, digamos, como uma molécula de neurotransmissor pode estar interagindo com uma mancha de receptores ao mesmo tempo) é acompanhada por não localidade temporal. De volta a Libet e ao capítulo 2, onde neurônios se comprometem a ativar músculos antes de a pessoa achar conscientemente que tomou essa decisão. Mas há uma solução alternativa para Hameroff. Fenômenos quânticos "podem causar não localidade temporal, enviando informações quânticas *para trás no tempo clássico*, possibilitando o controle consciente do comportamento" (grifo meu).

Um rápido lembrete: um potencial de ação, quando ocorre num neurônio, se precipita pelo axônio e acaba alcançando todos os milhares de terminais axonais desse neurônio. Como resultado, pacotes de neurotransmissores são liberados de cada terminal.

Se você estivesse projetando coisas, talvez os neurotransmissores de cada terminal axonal ficassem contidos num único recipiente, uma única vesícula grande, que então seria esvaziada na sinapse. Isso tem certa lógica. Na verdade, essa mesma quantidade de neurotransmissores é armazenada numa série de recipientes bem menores e todos eles são esvaziados na sinapse em resposta ao potencial de ação. O neurônio médio do hipocampo que libera glutamato como neurotransmissor tem cerca de 2,2 milhões de cópias de moléculas de glutamato armazenadas em cada um de seus terminais axonais. Em tese, cada terminal poderia ter todas essas cópias em nossa única grande vesícula; na verdade, como já mencionado, o terminal contém uma média de 270 vesículas pequenas, cada uma contendo cerca de 8 mil cópias de glutamato.

Por que essa organização evoluiu, em vez da abordagem do recipiente único? Talvez porque ela permita um controle mais preciso. Por exemplo, uma grande porcentagem de vesículas é em geral desativada nos fundos do terminal, armazenada para quando for preciso. Portanto, um potencial de ação não causa de fato a liberação de neurotransmissores de *todas* as vesículas em cada terminal axonal. Falando de maneira mais correta, causa a liberação de todas as vesículas no "pool prontamente liberável". E os neurônios podem regular qual porcentagem de suas vesículas fica prontamente liberável, e não armazenada, uma maneira de alterar a força do sinal através da sinapse.

Esse foi o trabalho de Bernard Katz, que teve parte de sua formação com Eccles e acabou sagrado cavaleiro e agraciado com o prêmio Nobel. Katz isolava um único neurônio e, usando uma droga específica, o impedia de ter potencial de ação. Em seguida, estudava o que estaria acontecendo em determinado terminal axonal. Observou então que, em meio ao bloqueio de potenciais de ação, de tempos em tempos, talvez uma vez por minuto,* o terminal axonal

* O que é lento do ponto de vista do sistema nervoso — um potencial de ação demora alguns milésimos de segundo.

liberava um pequeno soluço de excitação, coisa que acabou sendo chamada de potencial de placa terminal em miniatura. Mostrando que pedacinhos de neurotransmissor eram espontânea e aleatoriamente liberados.

Katz notou uma coisa interessante. Os pequenos soluços eram todos mais ou menos do mesmo tamanho, digamos, 1,3 unidade de excitação. Nunca 1,2, nem 1,4. Até os limites da medição, sempre 1,3. E então, depois de sentar ali registrando vez ou outra essas fagulhas de 1,3 unidade de excitação, Katz notou que, muito mais raramente do que isso, haveria um soluço de 2,3 unidades. Uau. E ainda mais raramente, de 3,9 unidades. O que Katz estava observando? Que 1,3 unidade era a quantidade de excitação de uma única vesícula espontaneamente liberada; 2,6, a muito mais rara liberação espontânea de duas vesículas ao mesmo tempo, e assim por diante.* Disso veio a percepção de que os neurotransmissores eram armazenados em pacotes vesiculares individuais, e que de tempos em tempos, de uma maneira puramente probabilística, uma vesícula individual despejava seus neurotransmissores — rufem seus tambores, por favor — *na ausência de uma causa antecedente.*** [13]

Embora o campo tenha se acostumado a ver o fenômeno como não muito interessante, quase sempre se referindo a ele, de um jeito meio sarcástico, como "sinapse gotejante", a noção de não haver causas antecedentes transformou a liberação vesicular espontânea de neurotransmissores num parque de diversões, no qual os neuroquantologistas podem se esbaldar. Arrá, a liberação vesicular de neurotransmissores espontânea, não determinista, como elemento constitutivo do cérebro como uma nuvem de potenciais, para ser o capitão de seu próprio destino. Quatro razões para ficarmos com o pé atrás a respeito disso:[14]

— Vamos devagar nessa parte da ausência de causa antecedente. Há uma cascata de moléculas envolvidas no processo em que um potencial de ação faz com que

* "Muito mais rara." Se houvesse liberação espontânea de uma única vesícula de um terminal axonal a cada cem segundos, a probabilidade de duas vesículas serem liberadas simultaneamente era de uma a cada 10 mil segundos (como em 100 × 100 = 10 000). Três ao mesmo tempo? Uma vez a cada 1 milhão de segundos. Katz ficou muito tempo sentado ali para observar tudo isso.

** Sou forçado agora a usar um termo que tentei desesperadamente evitar no texto principal, por causa da confusão que ele poderia semear. O fenômeno da liberação de neurotransmissores em pacotinhos de tamanho irredutível é conhecido como liberação "quantal". Não vou chegar nem perto de explicar por que *quantal* e *quântico* têm a mesma raiz.

as vesículas despejem seu neurotransmissor na sinapse — canais iônicos abrem ou fecham, enzinas sensíveis ao íon são ativadas, uma matriz de proteínas que mantém uma vesícula ainda em seu estado inativo tem que ser clivada, um facão molecular precisa cortar mais a matriz para permitir que a matriz se mova em direção à membrana do neurônio, a vesícula agora precisa atracar num portal de liberação específico na membrana. Os insights de muitas carreiras frutíferas na ciência. Ok, você acha que sabe aonde quero chegar — sim, sim, o neurotransmissor não é simplesmente descartado sem mais nem menos, há toda uma complexa cascata mecanicista explicando a liberação intencional de neurotransmissores, portanto vamos reformular nosso livre-arbítrio como quando essa cascata determinista é desencadeada na ausência de uma causa antecedente. Mas, não — não é só quando o processo é deflagrado aleatoriamente, pois acontece que a cascata mecanicista para a liberação vesicular espontânea é *diferente* da cascata para a liberação evocada por um potencial de ação. Não se trata de um universo aleatório apertando um botão que costuma representar intenção. Um botão separado evoluiu.[15]

— Além disso, o processo de liberação vesicular espontânea é *regulado* por fatores extrínsecos ao terminal axonal — outros neurotransmissores, hormônios, álcool, uma doença como diabetes ou determinada experiência visual, tudo isso pode alterar a liberação espontânea sem provocar um efeito semelhante na liberação evocada de neurotransmissores. Eventos no dedão do pé podem alterar a probabilidade de esses soluços acontecerem no terminal axonal de algum neurônio no canto do cérebro. Como um neurônio faria isso? Ele com certeza não mudaria a natureza fundamental da mecânica quântica ("Desde que a puberdade e os hormônios chegaram, tudo que recebo dela é mau humor e emaranhamento quântico"). Mas um hormônio pode alterar a oportunidade de eventos quânticos se manifestarem. Por exemplo, muitos hormônios mudam a composição de canais iônicos, alterando sua suscetibilidade a efeitos quânticos.[16]

Assim, a neurobiologia determinista pode tornar a aleatoriedade não determinista mais ou menos propensa a ocorrer. É como se você fosse o diretor de um espetáculo no qual, a certa altura, o novo rei surge sob aplausos. E, dirigindo, você diz às vinte pessoas do elenco: "Ok, quando o rei aparecer do lado esquerdo do palco, gritem 'Viva!', 'Eis o rei!', 'Vida longa, senhor!', 'Hurra!' — basta escolher um desses".* E pode ter certeza de que vai conseguir a mistura de respostas que queria. *Indeterminação determinada*. Isso sem dúvida não vale como aleatoriedade como causa sem causa.[17]

— A liberação vesicular espontânea de neurotransmissores tem um bom propósito. Se uma sinapse ficou em silêncio por um tempo, a probabilidade de liberação espontânea aumenta — a sinapse se levanta e faz um pouco de alongamento. É como, depois de um longo período em casa, ligar o carro de vez em quando para evitar que a bateria descarregue.** Além disso, a liberação espontânea de neurotransmissores desempenha grande papel no cérebro em desenvolvimento — é boa ideia excitar um pouco uma sinapse recém-conectada, para ter certeza de que tudo está funcionando direito, antes de encarregá-la, por exemplo, da respiração.[18]

— Por fim, ainda há o problema do borbulhamento.

A questão do borbulhamento nos leva ao próximo nível. Assim, vesículas individuais despejam ao acaso seu conteúdo de vez em quando, ignorando por ora a questão de envolverem uma maquinaria única, de serem reguladas de forma intencional e de terem um propósito. Será que um número suficiente de vesículas alguma vez despeja tudo ao mesmo tempo para provocar um grande surto de excitação numa única sinapse? Improvável; um potencial de ação suscita quarenta vezes mais excitação do que o despejo espontâneo de uma única vesícula.*** Você precisaria de *muitos* soluços ao mesmo tempo para produzir isso.

Subindo um degrau, será que os neurônios às vezes têm potenciais de ação aleatórios, despejando vesículas nos 10 mil a 50 mil terminais axonais, pelo visto sem uma causa antecedente?

* Como já mencionei, minha esposa é diretora de teatro musical numa escola, e é por isso que esse cenário me vem à mente. E, apesar das expectativas, o resultado nunca é aleatório — num padrão conhecido nos círculos da psicologia, é mais provável que os membros do elenco gritem particularmente alto na primeira ou na última opção da lista, ou na mais divertida de dizer (por exemplo, "Oba!"). Mas há também aquele aluno, mais raro, que grita qualquer coisa como "Elmo!" ou "Tofu!" e que está destinado à grandeza e/ou à sociopatia.

** Sim, estamos em meados de 2020 e acabamos de descobrir que a bateria do carro descarregou, no terceiro mês de confinamento da pandemia.

*** Se você insiste: cerca de vinte milivolts para o primeiro, meio milivolt para o segundo.

De vez em quando. Já saltamos para um nível mais integrado de função cerebral que poderia estar sujeito a efeitos quânticos? A mesma cautela é de novo recomendável. Esses potenciais de ação têm suas próprias causas antecedentes mecanicistas, são extrinsecamente regulados e têm um propósito. Como exemplo deste último ponto, os neurônios que enviam seus terminais axonais para os músculos, estimulando o movimento muscular, terão potenciais de ação espontâneos. Ocorre que, quando o músculo está parado por um tempo, uma parte dele (chamada fuso muscular) pode tornar os neurônios mais propensos a terem potenciais de ação espontâneos — quando você está parado por muito tempo, seus músculos ficam irrequietos, só para que a bateria não descarregue.* Outro caso em que um loop regulatório mecanicista, determinista, pode tornar eventos não deterministas mais prováveis. Mais uma vez, veremos como interpretar essa indeterminação determinada.

Um nível acima: será que redes inteiras, circuitos de neurônio, são ativadas aleatoriamente alguma vez? Suponha que você está interessado em saber quais áreas do cérebro respondem a determinado estímulo. Coloque alguém num scanner cerebral, exponha-o a esse estímulo e veja que regiões do cérebro são ativadas (por exemplo, a amígdala tende a ser ativada em resposta a imagens de caras assustadoras, envolvendo essa região do cérebro no medo e na ansiedade). E ao analisar os dados você teria sempre que subtrair o nível de atividade ruidosa de fundo em cada região do cérebro, para poder identificar o que foi explicitamente ativado pelo estímulo. *Ruído de fundo.* Termo interessante. Em outras palavras, quando você está lá simplesmente deitado, sem fazer coisa alguma, há todo tipo de borbulhamento aleatório ocorrendo no cérebro, mais uma vez implorando por uma interpretação de indeterminação.

Até que alguns dissidentes, sobretudo Marcus Raichle, da Faculdade de Medicina da Universidade de Washington, decidiram estudar o entediante ruído de fundo. Ruído esse que acaba sendo tudo, menos entediante, claro — não existe isso de o cérebro não fazer "nada" —, e agora é conhecido como "rede de modo padrão". E, a essa altura não é mais surpresa, tem seus próprios mecanismos subjacentes, é sujeita a todo tipo de regulação e serve a um propósito. Um desses propósitos é de fato interessante, por seu desfecho contrain-

* E agora não conseguimos achar nossa carteirinha da Associação Automobilística Americana para quando o guincho vier.

tuitivo. Pergunte a participantes num scanner o que estavam pensando em determinado momento e a rede de modo padrão fica muito ativa quando estão sonhando acordados, ou seja, "devaneando". A rede é regulada com mais força pelo CPFdl. A predição óbvia agora seria que o CPFdl rígido inibe a rede de modo padrão, fazendo a pessoa voltar ao trabalho quando está pensando nas próximas férias. Na verdade, ao estimular o CPFdl de alguém, você *aumenta* a atividade da rede de modo padrão. Uma mente ociosa não é a oficina do Diabo. É um estado que a parte mais superegoica de seu cérebro *pede* de vez em quando. Por quê? Conjetura-se que é para tirar vantagem da solução criativa de problemas que costuma ocorrer durante nossos devaneios.[19]

Como interpretar esses casos de neurônios agindo de forma espontânea? Mais uma vez de volta ao cenário que requer provas concretas — se o livre-arbítrio existe, mostre-me um neurônio que faça um comportamento ocorrer na ausência total de quaisquer influências vindas de outros neurônios, do estado de energia do neurônio, dos hormônios, de quaisquer eventos ambientais remontando à vida fetal, dos genes. E assim por diante. E nenhuma das versões de ativação ostensivamente espontânea de uma vesícula, de uma sinapse, de um neurônio ou de uma rede neuronal é exemplo disso. Nenhuma delas é um evento de fato aleatório que possa estar diretamente radicado em efeitos quânticos; na verdade, todas são circunstâncias nas quais alguma coisa muito mecanicista no cérebro determinou que é hora de ser indeterminista. Sejam quais forem os efeitos quânticos existentes no sistema nervoso, nenhum deles borbulha até atingir o nível de nos dizer alguma coisa sobre alguém que aperta um gatilho de maneira cruel ou heroica.

PROBLEMA NÚMERO 2: SEU LIVRE-ARBÍTRIO É UMA MANCHA?

O que nos leva à segunda grande dificuldade com a ideia de que a mecânica quântica significa que nosso mundo macroscópico não pode de fato ser determinista e que o livre-arbítrio vai bem, obrigado. Em vez das tecnicalidades das sinapses gotejantes, dos fusos musculares e de vesículas quanticamente emaranhadas, esse problema é simples. E, na minha opinião, devastador.

Suponha que não houvesse problemas com o borbulhamento — que a indeterminação no nível quântico não fosse cancelada pelo ruído e, em vez disso, influenciasse eventos macroscópicos de tamanho dezenas de ordens de magnitude maiores. Suponha que o funcionamento de cada parte de seu cérebro, assim como seu comportamento, pudesse ser de fato mais bem entendida no nível quântico.

Difícil imaginar como seria isso. Seríamos, cada um de nós, uma nuvem de superposição, acreditando em cinquenta sistemas morais contraditórios ao mesmo tempo? Apertaríamos e simultaneamente não apertaríamos o gatilho durante o assalto à loja de bebidas, e, só quando a polícia chegasse, a função de onda macro entraria em colapso e o balconista estaria morto ou não?

Isso levanta um problema fundamental que requer atenção, um problema que estudiosos de todos os naipes que pensam sobre o assunto costumam enfrentar. Nosso comportamento, se estivesse radicado na indeterminação quântica, seria aleatório. Em seu influente artigo "Free Will as a Problem in Neurobiology" [O livre-arbítrio como problema em neurobiologia], de 2001, o filósofo John Searle escreveu:

> O indeterminismo quântico não nos ajuda em nada no problema do livre-arbítrio porque esse indeterminismo introduz a aleatoriedade na estrutura básica do universo, e a hipótese de que alguns de nossos atos ocorrem livremente não é de forma alguma igual à hipótese de que alguns de nossos atos ocorrem de modo aleatório [...]. Como passamos da aleatoriedade para a racionalidade?*

Ou, como muitas vezes assinalado por Sam Harris, se a mecânica quântica de fato desempenhasse um papel no suposto livre-arbítrio, "todo pensamento e toda ação pareceriam merecer a declaração 'Não sei o que deu em

* Searle, pensador e escritor particularmente claro, ataca a implausibilidade de um dualismo que separa eu, mente e consciência, da biologia subjacente, indagando, sarcástico, se num restaurante faria sentido dizer ao garçom: "Veja, sou determinista — o que será, será, ficarei aqui esperando para ver o que vou pedir". Qual é o problema do livre-arbítrio na neurobiologia? Para Searle, não é saber se o livre-arbítrio existe, independente da biologia subjacente — não existe. Para ele, a "solução [filosófica] chuta o problema para cima, para a neurobiologia". Ele acha que o problema é saber por que temos ilusões tão fortes sobre livre-arbítrio, e se isso é bom. Com certeza não, mas abordaremos isso perto do fim do livro.

mim'". Só que, eu acrescentaria, você não seria de fato capaz de fazer essa declaração, uma vez que se limitaria a produzir ruídos incoerentes, porque os músculos de sua língua estariam fazendo coisas aleatórias. Como ressaltado por Michael Shadlen e Adina Roskies, acredite você ou não que o livre-arbítrio é compatível com determinismo, ele não é compatível com o indeterminismo.* Ou nas palavras realmente elegantes de um filósofo: "O acaso é tão implacável quanto a necessidade".[20]

Quando discutimos se nosso comportamento é produto de nossa agência, não estamos interessados em comportamento aleatório, algo como: poderia ter havido aquela vez em Estocolmo que Madre Teresa ameaçou alguém com uma faca e roubou sua carteira. O que nos interessa é a *consistência* do comportamento que constitui nosso caráter moral. E as formas consistentes pelas quais tentamos conciliar nossas multifacetadas inconsistências.** Tentamos compreender por que Martinho Lutero aguentou firme e disse: "Minha posição é esta, não tenho outra", quando valentões ecumênicos que queimavam gente na fogueira por diversão lhe exigiram que renunciasse às suas opiniões. Estamos tentando entender essa pessoa que é uma causa perdida e tenta endireitar sua vida, mas não se cansa de tomar decisões autodestrutivas e impulsivas. É por isso que os funerais costumam incluir um discurso fúnebre do

* Além de a aleatoriedade ser um implausível elemento constitutivo do livre-arbítrio, acaba sendo extremamente difícil para as pessoas de fato produzirem aleatoriedade. Peça a alguém que gere aleatoriamente uma sequência de uns e zeros, e é inevitável que surja um significativo grau de padronização.

** Como um aparte que pode ser imensamente relevante para um livro sobre comportamento e responsabilidade, Searle apresenta um exemplo das dificuldades de integrar inconsistências acentuadas num todo coerente. Ele era um filósofo conceituado na Universidade da Califórnia em Berkeley, com diplomas honorários e um centro de filosofia que levava seu nome. Em termos sociopolíticos, estava do lado dos anjos — como estudante de graduação na Universidade do Wisconsin nos anos 1950, organizou protestos estudantis contra o senador do estado Joe McCarthy, e nos anos 1960 foi o primeiro professor titular de Berkeley a aderir ao Movimento pela Liberdade de Expressão. É certo que, nos últimos anos, sua política progressista deu lugar ao neoconservadorismo, mas essa é a trajetória de muitos esquerdistas que envelhecem. Porém o mais importante é que, em 2017, Searle, com 84 anos e tanta coisa a dizer sobre filosofia moral, foi acusado de agressão sexual por uma assistente de pesquisa, e depois disso toda uma série de alegações de assédio, agressão e troca de favores sexuais com alunas e funcionárias veio à tona. Alegações que, concluiu a universidade, mereciam crédito. Assim, filosofanças morais e comportamento moral não são sinônimos.

amigo mais antigo do morto, testemunha histórica de consistência: "Mesmo na escola primária, ele já era o tipo da pessoa que...".

Mesmo que os efeitos quânticos borbulhassem o suficiente para tornar nosso mundo macro tão indeterminista quanto nosso mundo micro, isso não seria um mecanismo de livre-arbítrio que valesse a pena desejar. Ou seja, a não ser que você descubra um jeito de supostamente aproveitar a indeterminação quântica para direcionar as consistências de quem você é.

PROBLEMA NÚMERO 3: APROVEITAR A ALEATORIEDADE DA INDETERMINAÇÃO QUÂNTICA PARA DIRECIONAR AS CONSISTÊNCIAS DE QUEM SOMOS

Que é exatamente o que dizem alguns crentes no livre-arbítrio escorando-se na indeterminação quântica. Daniel Dennett descreveu sua opinião com estas palavras (grifo meu):

> Seja você o que for, não vai conseguir influenciar o evento indeterminado — o xis da indeterminação quântica é que esses eventos quânticos não são influenciados por coisa alguma —, de modo que terá de algum jeito que *cooptá-lo ou se unir a ele, pondo-o em uso* de alguma maneira íntima.

Ou, nas palavras de Peter Tse, seu cérebro "precisaria ser capaz de aproveitar essa aleatoriedade para cumprir objetivos de processamento de informações".[21]

Vejo duas formas genéricas de pensar sobre como aproveitarmos, cooptarmos e somarmos forças com a aleatoriedade para fins de consistência moral. Num modelo de "filtragem", a aleatoriedade é gerada de modo não determinístico, como de hábito, mas o "você" agentivo instala um filtro no topo que permite apenas que parte da aleatoriedade que borbulhou passe e influencia o comportamento. Já num modelo "intromissor", seu eu agentivo vai até o fundo e interfere na própria indeterminação quântica de um jeito que produz o comportamento em tese escolhido.

A biologia fornece pelo menos dois exemplos fantásticos desse tipo de filtragem. O primeiro é a evolução — os processos físico-químicos das mutações ocorrendo no DNA proporcionam variedade genotípica, e a seleção natural é então o filtro que escolhe quais mutações passam e se tornam mais comuns num pool genético. O outro exemplo diz respeito ao sistema imunológico. Suponha que você é infectado por um vírus que seu corpo jamais tinha visto; não há, portanto, anticorpo contra ele no armário de remédios de seu corpo. O sistema imunológico agora embaralha alguns genes para gerar aleatoriamente uma variedade gigantesca de diferentes anticorpos. E aí começa a filtragem. A cada novo tipo de anticorpo é apresentado um pedaço do vírus, para ver como o primeiro reage ao último. É um longo passe para a frente, na esperança de que alguns desses anticorpos aleatoriamente gerados alveje o vírus. Identifique-os e depois destrua o resto dos anticorpos, num processo chamado seleção positiva. Agora cheque cada tipo de anticorpo restante e certifique-se de que ele também não faça nada que seja perigoso, como, por exemplo, alvejar um pedaço de você que por acaso se pareça com o fragmento de vírus apresentado. Cheque cada candidato a anticorpo apresentando um fragmento de seu "eu"; encontre qualquer um que o ataque e livre-se dele e das células que o criaram — seleção negativa. Agora você dispõe de um punhado de anticorpos que atacam o novo vírus sem por descuido atacarem você.[22]

É um processo em três etapas. Etapa um: o sistema imunológico determina que é hora de induzir alguma aleatoriedade indeterminista. Etapa dois: o embaralhamento aleatório de genes ocorre. Etapa três: seu sistema imunológico determina quais resultados aleatórios servem e elimina o resto por filtragem. Induzir de modo determinístico um processo de aleatoriedade; ser aleatório; usar critérios predeterminados para eliminar por filtragem a aleatoriedade inútil. No jargão desse campo de estudo, trata-se de "aproveitar a estocasticidade da hipermutação".

Que é supostamente o que acontece na versão filtrante de efeitos quânticos geradores do livre-arbítrio. Nas palavras de Dennett:

> O modelo de tomada de decisão que proponho tem a seguinte característica: quando enfrentamos uma decisão importante, um gerador de consideração cujo

resultado é até certo ponto indeterminado produz uma série de considerações, algumas das quais, claro, podem ser rejeitadas de imediato, como sendo irrelevantes, pelo agente (consciente ou inconscientemente). As considerações selecionadas pelo agente como tendo um peso mais do que insignificante na decisão então figuram num processo de raciocínio, e se o agente for razoável no essencial essas considerações servem, em última análise, como preditores e explicadores de sua decisão final.[23]

Em si, determinar que você está num momento de tomada de decisão ativa um gerador indeterminista e você então passa a raciocinar sobre qual consideração é escolhida.* Como observado, Roskies não equipara o ruído aleatório dos sistemas nervosos (radicado em indeterminação quântica ou não) com as nascentes do livre-arbítrio; na verdade, para Roskies, escrevendo com Michael Shadlen, o livre-arbítrio é o que acontece quando você separa por filtragem o joio do trigo: "O ruído impõe um limite às capacidades e ao controle de um agente, mas o convida a compensar essas limitações por meio de decisões e políticas de alto nível** que podem ser a) conscientemente acessíveis; b) voluntariamente maleáveis; e c) indicativas de caráter". Filtrar, selecionar, escolher como ato de livre-arbítrio e caráter suficientes que, como declaram eles, isso "pode fornecer uma base para responsabilização e responsabilidade".[24]

Um cenário de aproveitamento como esse tem pelo menos três limitações, de significado crescente:

— Uma criança caiu num rio gelado e seu gerador de consideração produz três possibilidades de escolha: pular e salvar a criança; gritar pedindo ajuda; fingir que não viu e sair correndo. Escolha. Mas, como estamos lidando com indeterminação quântica, que tal se as três primeiras possibilidades forem: dançar tango sem um par; confessar que não paga impostos; produzir ruídos estridentes enquanto pula para trás como os golfinhos do Sea World? Plausível, se as ondas de elétrons superpostos forem a fonte de onde fluem suas decisões morais.

* Dennett não está necessariamente atrelando sua abordagem à indeterminação quântica nesse cenário; trata-se apenas de uma descrição clara do que pode ser o aproveitamento da indeterminação quântica.

** Com Roskies e Shadlen definindo "políticas" como "constituição, temperamento, valores, interesses, paixões, capacidades e assim por diante".

— Para não ficar apenas com o tango, a confissão e os golfinhos como opções, determine que precisa gerar de modo indeterminado *cada* possibilidade aleatória. Mas agora você tem que passar a vida inteira avaliando e comparando cada uma antes de escolher a melhor. Vai precisar de um algoritmo de busca impossivelmente eficiente.*[25]

* As pessoas costumam formular isso no contexto do teorema do macaco infinito, o experimento mental em que um número infinito de macacos digitando num teclado por um período infinito de tempo acaba produzindo toda a obra de Shakespeare. Uma característica do experimento mental explorada por muitos cientistas da computação é como verificar de modo mais eficiente qual, entre os infinitos manuscritos gerados, corresponde à obra do Bardo, até nas vírgulas. É trabalho árduo, porque, entre os manuscritos produzidos, haverá um zilhão que reproduzem perfeitamente Shakespeare, até a última página da última peça, antes de se extraviarem numa linguagem desconexa. Um experimento utilizou macacos virtuais digitando; depois de mais de 1 bilhão de anos de macaco (quanto dura um ano de digitação de macaco?), um deles digitou: "VALENTINE. Cease toIdor:eFLP0FRjWK78aXzVOwm)-';8.t...,". As primeiras dezenove letras ocorrem em *Os dois cavalheiros de Verona*; é até hoje o recorde da mais longa citação shakespeariana feita por um macaco virtual. Encontrar algoritmos que eficientemente eliminem por filtragem o não Shakespeare do Shakespeare é um processo muitas vezes chamado de doninha de Dawkins (em homenagem a Richard Dawkins [autor de *O relojoeiro cego*], que propôs algoritmos de ordenação no contexto da geração de variações aleatórias na evolução). Esse nome representa uma redução misericordiosa na tarefa dos macacos, que agora só precisam digitar uma frase de *Hamlet*. Hamlet mostra a Polônio uma nuvem em forma de camelo. "Se parece deveras com um camelo", diz Polônio. "Não seria mais parecida com uma doninha?", opina Hamlet, pondo em dúvida a noção de realidade compartilhada, ao mesmo tempo que lança o desafio para os macacos digitadores.

Nota de rodapé concernente a uma nota de rodapé: desmancha-prazeres sugeriram que, ainda que um macaco digitasse o *Hamlet* inteiro, o resultado não seria *Hamlet*, porque o macaco não havia tido a intenção de digitar *Hamlet*, não entendia a cultura elisabetana, e assim por diante. Parece muitíssimo interessante pensar nisso, em relação às máquinas de Turing e à inteligência artificial. Borges escreveu um conto maravilhoso, "Pierre Menard, autor do *Quixote*", sobre um escritor do século XX que tenta mergulhar tão completamente na vida espanhola do século XVII que quando recria o manuscrito de *Dom Quixote*, gerando-o por conta própria, este não será uma cópia plagiada do *Dom Quixote* de Cervantes. Na verdade, apesar da semelhança palavra por palavra, acabará sendo o *Dom Quixote* de Menard. O conto é engraçadíssimo e mostra por que jamais haverá *A tragédia de Hamlet, príncipe da Dinamarca* de autoria de Chim-Chim.

Ok, mais uma nota de rodapé concernente a uma nota de rodapé: se você pesquisar "teorema do macaco infinito" no Google, cerca de 90% das imagens relacionadas são de chimpanzés, que por sinal são *primatas*, não macacos. Isso me irrita. Alguns bons cartuns, no entanto, têm "macacos" datilografando sonetos a respeito de bananas.

— Então, ufa, gere opções suficientes para que nem todas sejam bobas, descubra como avaliá-las com eficiência e use seus critérios para eliminar por filtragem todas elas, exceto a vencedora. Mas de onde vem esse filtro, que reflete seus valores, sua ética e seu caráter? Está no capítulo 3. E de onde vem a intenção? Como o filtro de uma pessoa elimina por filtragem todas as possibilidades aleatórias que não sejam "Roubar o banco", enquanto o filtro de outra fica com "Dê bom-dia para o caixa do banco"? E de onde vêm os valores e critérios quando se decide de início se alguma circunstância merece a ativação do gerador de considerações aleatórias de Dennett? Alguém pode fazê-lo ao refletir se deve dar início a um ato de desobediência civil com grande custo pessoal, enquanto outra pessoa pode fazê-lo ao tomar uma decisão de moda. Da mesma forma, de onde vêm as diferenças relativas a qual algoritmo de busca utilizar e por quanto tempo? De onde vem tudo isso? Dos eventos, fora do controle pessoal, que ocorrem um segundo antes, um minuto antes, uma hora antes e assim por diante. Eliminar bobagens por filtragem pode impedir que a indeterminação quântica gere comportamentos aleatórios, mas sem dúvida não se trata de uma manifestação de livre-arbítrio.

Intrometer-se

Repetindo, num modelo em que há interferência, você não se limita a escolher entre os efeitos quânticos aleatórios gerados. Na verdade, vai fundo e altera o processo. Como discutido no último capítulo, a causação descendente é válida; a metáfora muitas vezes usada é que, quando uma roda gira, sua rotação de alto nível faz com que as partes constituintes rolem para a frente. E quando você decide apertar um gatilho, todas as células, organelas, moléculas, todos os átomos e quarks de seu dedo se movem mais ou menos 2,5 centímetros.[26]

Assim, em tese, algum "eu" de alto nível desce, faz alguma causação descendente para que eventos subatômicos produzam o livre-arbítrio. Nas palavras do neurocientista irlandês Kevin Mitchell, "a indeterminação cria alguma margem de manobra [...]. O que a aleatoriedade faz, segundo se postula, é introduzir algum espaço, alguma folga causal no sistema, para que fatores de ordem superior exerçam uma influência *causal*" (grifo meu).

Como primeiro problema, a "aleatoriedade controlada" implícita no ato de interferir nos eventos quânticos é uma contradição tão grande quanto dizer "indeterminação determinada". E de onde vêm os critérios sobre como você vai interferir em seus elétrons? Entre essas questões, o maior desafio que tenho para avaliar essas ideias é que na verdade é difícil entender o que de fato está sendo sugerido.

Uma imagem da causalidade descendente alterando a capacidade de eventos quânticos influenciarem nosso comportamento é oferecida pelo filósofo libertário Robert Kane, que, como se há de lembrar do capítulo 4, sugere que, nos momentos da vida em que nos achamos numa grande encruzilhada de tomada de decisão, o caráter consistente em jogo quando fazemos uma escolha foi formado no passado por meio do livre-arbítrio (ou seja, sua ideia de "Ações de Autoformação"). Mas como o eu autoformado realmente chega a essa decisão? Nessas importantes encruzilhadas,

> há tensão e incerteza em nossa mente sobre o que fazer, imagino eu, que se refletem em regiões adequadas do cérebro pelo movimento que nos afasta do equilíbrio termodinâmico — em suma, uma espécie de agitação do caos no cérebro que o torna sensível a microindeterminações no nível neuronal.

Nessa visão, nosso eu consciente usa a causação descendente para induzir o caoticismo neuronal de uma maneira que permite que a indeterminação quântica borbulhe até o topo exatamente como escolhemos.[27]

Uma abordagem parecida de interferência vem de Peter Tse, que, como já citado, afirma que "o cérebro tem de fato evoluído para amplificar a aleatoriedade no domínio quântico" (e então conjetura que animais que tinham cérebro capaz disso "procriam melhor do que os que não tinham"). Para ele, o cérebro desce e interfere na indeterminação fundamental: "Isso permite que as informações sejam causais descendentes em relação a quais eventos indeterministas no nível mais básico serão realizados".*[28]

Não sei mesmo como Tse propõe que isso aconteça. Ele sabiamente enfatiza que causa e efeito no sistema nervoso podem ser conceituados como o fluxo de "informações". Mas em seguida surge uma nuvem de dualismo. Para ele,

* Note que ele está usando o significado menos comum da palavra "realizado", como algo que toma forma.

informações causais descendentes não são materialmente reais, o que vai de encontro ao fato de que no cérebro a "informação" é composta de coisas reais, materiais, como neurotransmissor, receptor e moléculas de canais iônicos. Os neurotransmissores se ligam a receptores específicos por durações específicas; cadeias de proteínas mudam conformações, de tal maneira que canais abrem e fecham como as comportas no canal do Panamá; íons fluem como tsunâmis para dentro ou para fora de células. Mas, apesar disso, "informações não podem ser nem um pouco parecidas com uma energia que impõe forças". No entanto, essas informações, que não são causais, podem permitir informações que *são* causais: "Informações não são causais como uma força. Em vez disso, são causais por permitirem que essas cadeias causais físicas que são *também* cadeias causais informacionais [...] se tornem reais". E, embora "padrões" informacionais não tenham materialidade, há "detectores de padrões fisicamente realizados". Em outras palavras, embora as informações possam ser feitas de poeira imaterial, os detectores de poeira imaterial do cérebro são feitos de concreto armado, vergalhões de aço e, se você for mais velho, de amianto.

Meu problema com as opiniões de Kane e de Tse, e com opiniões parecidas de outros filósofos, é que, por mais que me esforce, não consigo compreender como essa interferência na indeterminação microscópica no cérebro deveria funcionar. Não consigo aceitar que informação seja e não seja uma força sem sentir que o bolo está sendo ao mesmo tempo guardado e comido. Quando Kane escreve: "Há tensão e incerteza em nossa mente sobre o que fazer, imagino eu, refletidas em regiões adequadas do cérebro pelo movimento que nos afasta do equilíbrio termodinâmico",[29] não fica claro para mim se "refletidas" supõe uma relação causal ou uma correlação. Além disso, não conheço nenhuma biologia que explique como ter que tomar uma decisão difícil causa desequilíbrio termodinâmico no cérebro; como o caoticismo pode ser "agitado" em sinapses; como o determinismo caótico e o determinismo não caótico diferem na sensibilidade à indeterminação quântica ocorrendo numa escala muitas e muitas ordens de magnitude menor; se a causalidade descendente fazendo com que a aleatoriedade quântica alimente a consistência de nossas escolhas na vida consegue isso mudando *quais* elétrons se emaranham uns com os outros, quantas não localidade de tempo e quantas viagens para trás no tempo estão ocorrendo, ou se a disseminação de nuvens de possibilidades superpostas pode ser ampliada o suficiente para que, em princípio, nosso córtex olfatório, e não nosso córtex motor, às vezes nos faça assinar um cheque. Não se trata mais do desafio que estou sempre lançando — "Mostre-me um neurônio que dê início a um comportamento completo, coerente, sem motivo algum, e podemos falar a sério sobre livre-arbítrio". Na verdade, trata-se de "Mostre-me como um neurônio consegue isso pelas razões dos tipos apresentados por esses acadêmicos". O que temos é uma versão turva de uma forte causalidade descendente bastante improvável.

Por favor, acredite — estou tentando não soar sarcástico e, na verdade, parecer respeitoso. Eu com certeza inventaria erros maiores se levantasse hipóteses sobre temas filosóficos como agnotologia, mereologia ou a filosofia do antirrealismo matemático. No entanto, me parece que esses defensores do livre-arbítrio estão dizendo, indignados: "Não estamos afirmando que a indeterminação quântica gera nossas decisões livremente escolhidas *sem razão alguma*. Estamos dizendo que a indeterminação quântica o faz por razões mágicas".*

ALGUMAS CONCLUSÕES

Quando pessoas sugerem que indeterminações fundamentais na forma como o universo funciona podem ser a base do livre-arbítrio, da responsabilidade e de nosso sagrado senso de agência, só os esquisitos estão se referindo ao movimento browniano de partículas de pó.

A indeterminação quântica é para lá de estranha, e, nas lendárias palavras do deus da física Richard Feynman, "Se você acha que entende mecânica quântica é porque você não entende mecânica quântica".**

É bem plausível, talvez até inevitável, que haja efeitos quânticos na maneira como coisas como íons interagem com coisas como canais iônicos ou receptores no sistema nervoso.

No entanto, não há provas de que esses efeitos quânticos se propaguem

* Searle dá uma explicação particularmente clara da razão pela qual a ideia de aproveitar de cima para baixo a aleatoriedade para criar o livre-arbítrio é uma bobagem. J. Searle, "Philosophy of Free Will", YouTube, canal Closer to Truth, 19 set. 2020. Disponível em: <youtube.com/watch?v=973akk1q5Ws&list=PLFJr3pJl27pIqOCeXUnhSXsPTcnzJMAbT&index=14>.

** "Lendárias", no sentido de que todos as atribuem a Feynman, mas não consegui encontrar uma fonte exata, além da frase "em uma de suas [célebres] palestras".

para cima a ponto de alterar o comportamento, e a maioria dos especialistas acha que isso é, a rigor, impossível — a estranheza quântica não é *tão* estranha assim, e os efeitos quânticos são eliminados em meio ao ruído descoerente tépido e úmido do cérebro à medida que se aumenta a escala.

Mesmo que a indeterminação quântica de fato se propague para cima até o comportamento, há o problema inevitável de que tudo que ela produziria é aleatoriedade. Você quer mesmo afirmar que o livre-arbítrio pelo qual você ora merece castigo, ora merece recompensa se baseia na aleatoriedade?

As supostas maneiras que nos permitem explorar, filtrar, agitar ou interferir na aleatoriedade a ponto de produzir livre-arbítrio parecem muito pouco convincentes. Se o indeterminismo determinado é um elemento constitutivo do livre-arbítrio, então ter aulas de teatro de improvisação é um elemento constitutivo válido para, à maneira de Sartre, acreditarmos que estamos condenados a ser livres.

E ALGUMAS CONCLUSÕES SOBRE OS SEIS ÚLTIMOS CAPÍTULOS

Reducionismo é o máximo. É muito melhor enfrentar uma pandemia sequenciando o gene de uma proteína de revestimento viral do que tentar apaziguar uma divindade vingativa por meio de oferendas sacrificiais de tripa de cabra. No entanto, tem seus limites, e o que as revoluções do caoticismo, da complexidade emergente e do indeterminismo quântico mostram é que algumas das coisas mais interessantes que existem a nosso respeito desafiam o puro reducionismo.

Essa rejeição do reducionismo traz implicações subversivas e libertadoras de todos os tipos. Que a coletividade de baixo para cima construída sobre interações entre vizinhos e encontros casuais tem o potencial de esfarelar o controle autoritário de cima para baixo. Que nessas circunstâncias, os generalistas, mais do que os especialistas, são mais valiosos. Que o que parece ser a norma, quando examinado mais de perto, jamais é de fato alcançado por ninguém; a rigor, é a realidade oscilando de maneira estranha e não periódica em torno de um ideal platônico. Que esse negócio de normas se aplica à ideia de ser normal, não importa o que digam os meninos descolados; não existem formas reais de perfeição que não conseguimos alcançar — *normal* é um descritor não tão preciso, e sem dúvida não é uma receita. E que, como detalhe que sempre ressalto para meus alunos sem nenhuma sutileza, se você consegue explicar uma coisa de complexidade, adaptabilidade e até mesmo beleza espantosas sem invocar um projeto original, também não vai precisar invocar um projetista.[30]

Mas apesar do comovente poder dessas revoluções não redutivas, elas não são o leite materno que nutre o livre-arbítrio. Não reducionismo não significa inexistência de partes componentes. Ou que partes componentes funcionem de maneira diferente quando há muitas delas, ou que coisas complexas possam se desprender de suas partes componentes para sair voando livremente. O fato de um sistema ser imprevisível não significa que seja encantado, e explicações mágicas para coisas não são de fato explicações.

10,5. Interlúdio

Por que aquele comportamento — covarde, nobre ou ambiguamente na coluna do meio — acaba de ocorrer? Por causa do que ocorreu um segundo antes, um minuto antes, e um... A conclusão fácil a ser tirada da primeira metade deste livro é que os determinantes biológicos de nosso comportamento se estendem amplamente no espaço e no tempo — respondendo a eventos aqui na nossa frente, neste instante, mas também a eventos no outro lado do planeta, ou que influenciaram nossos antepassados séculos atrás. E essas influências são profundas e subterrâneas, e nossa ignorância das forças definidoras abaixo da superfície nos leva a preencher o vácuo com histórias de agência. Só para reafirmar essa noção, a esta altura irritantemente bem conhecida, somos nada mais, nada menos, do que a soma daquilo que não tínhamos como controlar — nossa biologia, nosso ambiente, suas interações.

A mensagem mais importante foi que não se trata de campos separados, terminados em "-logia", produzindo comportamento. Todos eles se fundem numa coisa só — a evolução produz genes marcados pela epigenética do ambiente inicial, que produzem proteínas que, facilitadas por hormônios num contexto específico, trabalham no cérebro para produzir você. Um continuum perfeito que não deixa brechas entre as disciplinas onde algum livre-arbítrio possa se introduzir.

Por causa disso, como abordado no capítulo 2, não importa o que experimentos ao estilo de Libet mostram ou deixam de mostrar; não importa quando a intenção ocorreu. Tudo que importa é como essa intenção surgiu. Não podemos desejar não desejar o que desejamos; não podemos anunciar que a sorte e o azar se equilibrem com o passar do tempo, uma vez que é muito mais provável que divirjam cada vez mais. Não se pode ignorar a história de alguém, porque nossa história é tudo que somos.

Além disso, como argumento do capítulo 4, é tartaruga biológica que não acaba mais no que diz respeito a *tudo* que somos, não apenas a algumas partes. Não é o caso de, apesar de nossos atributos e aptidões naturais serem feitos de material científico, nosso caráter, nossa perseverança e nossa espinha dorsal virem embalados numa alma. Tudo que existe é tartaruga que não acaba mais, e quando chegamos a uma encruzilhada na qual temos que escolher entre o caminho fácil e o caminho mais difícil, porém melhor, as ações de nosso córtex frontal resultam exatamente do segundo anterior, do minuto anterior, como tudo o mais no cérebro. É por isso que, por mais que nos esforcemos, não conseguimos nos obrigar a ter mais força de vontade do que temos.

Além do mais, esse continuum impecável de biologia e ambiente que nos forma não deixa espaço para portais novos de livre-arbítrio por meio das revoluções dos capítulos 5 a 10. Sim, todas as coisas interessantes do mundo podem estar impregnadas de caoticismo, incluindo uma célula, um órgão, um organismo, uma sociedade. E, como resultado, há coisas realmente importantes que não podem ser previstas, que jamais podem ser previstas. Mas, apesar disso, cada passo na progressão de um sistema caótico é feito de determinismo, não de capricho. E, sim, pegue um número imenso de partes componentes simples que interagem de maneira simples, deixe-as interagir e uma complexidade espantosamente adaptativa surge. Mas as partes componentes continuam sendo simples e não podem transcender suas limitações biológicas para conter coisas mágicas, como o livre-arbítrio — um tijolo pode ser uma coisa elegante e glamorosa, mas sempre será um tijolo. E, sim, coisas realmente indeterministas parecem acontecer lá embaixo, no nível subatômico. No entanto, não é possível que esse nível de estranheza vá se infiltrando para cima até chegar a influenciar comportamento, e, além disso, caso sua noção de ser um agente livre e persistente se baseie na aleatoriedade, você vai ter problemas. Assim como as pessoas presas a seu redor; pode ser bastante perturbador quando uma frase não termina como você esperava. O mesmo se dá quando o comportamento é aleatório.

Como mostrado na vida diária, nos júris, nas salas de aula, nas cerimônias de premiação, nos discursos laudatórios e na obra de filósofos experimentais, as pessoas se apegam à noção de livre-arbítrio com feroz tenacidade. A tendência a atribuir motivos e a julgar, aos outros ou a nós mesmos, é enorme e demonstrável (em graus variados) em todas as culturas do mundo. Caramba, até chimpanzés acreditam em livre-arbítrio.*[1]

Levando isso em conta, meu objetivo não foi convencer o leitor de que não existe livre-arbítrio em absoluto. Reconheço que minha posição aqui não é a posição dominante, compartilhada apenas por um punhado de especialistas (por exemplo, Gregg Caruso, Sam Harris, Derk Pereboom, Peter Strawson). Já me dou por satisfeito se conseguir abalar a crença de alguns no livre-arbítrio. O suficiente para que reformulem seu pensamento tanto sobre nossa vida diária como sobre nossos momentos mais importantes. Minha esperança é que você tenha chegado a esse ponto.

No entanto, temos um grande problema: o fato de que, apesar de tanta ciência, de tanto determinismo, de tanto mecanismo, ainda não somos muito bons para prever comportamento. Pegue alguém com vastos danos no córtex frontal e terá uma base sólida para prever que seu comportamento social será inapropriado, mas boa sorte na tentativa de prever se vai ser um assassino impulsivo ou um convidado rude com o anfitrião do jantar. Pegue alguém criado num inferno de adversidades e privações e poderá com bastante segurança prever que o resultado não será boa coisa, mas não muito além disso.

* Tanto macacos como chimpanzés interagem de maneira diferente com uma pessoa que não pode lhes dar comida e com uma que pode, mas não dá; eles não querem andar por perto desta última: "Que primata sem pelos mais malvado — podia me dar comida, mas preferiu não dar". Um trabalho particularmente interessante da psicóloga Laurie Santos, da Universidade Yale, mostrou que outros primatas têm seu próprio senso de agência. Um participante de teste humano classifica suas preferências por uma série de objetos domésticos. Pegue dois que receberam a mesma avaliação e obrigue a pessoa a escolher um em vez de outro; a partir de então, ela demonstra preferência por esse objeto: "Bem, sou um agente racional de livre-arbítrio, e se escolhi este e não aquele deve ter havido um bom motivo". Faça a mesma coisa com macacos-prego — obrigue-os a escolher entre dois M&M's de cores diferentes, induza-os a *acreditar* que fizeram uma escolha (mesmo em circunstâncias nas quais, sem que saibam, a escolha é forçada) — e a partir de então eles mostrarão preferência por aquela cor. Se um humano escolher por eles, não haverá preferência.

Além das versões imprevisíveis de resultados previsíveis, há um mundo de exceções, de resultados absolutamente imprevisíveis. De vez em quando, dois estudantes de direito ricos e brilhantes assassinam um adolescente de catorze anos só para testar sua confusa filosofia.* Ou um membro da gangue Crips, durante sua segunda passagem pela prisão, tem a foto de sua ficha policial viralizada e acaba se tornando modelo internacional de moda, embaixador de uma marca de perfumes suíça e namorado da filha de um magnata britânico sagrado cavaleiro.** Talvez Laurey, em meio aos trigais ondulantes de Oklahoma, perceba que Curley é só um menino bonito e sem graça e decida viver com Jud Fry.[2]

Chegaremos algum dia ao nível em que nosso comportamento seja de todo previsível graças aos mecanismos deterministas subjacentes? Jamais — essa é uma das características do caoticismo. Mas a rapidez com que acumulamos novos insights sobre esses mecanismos é estonteante — quase todos os fatos citados neste livro foram descobertos nos últimos cinquenta anos, metade talvez nos últimos cinco. A Sociedade de Neurociência, a principal organização profissional mundial de cientistas do cérebro, pulou de quinhentos fundadores para 25 mil membros nos primeiros 25 anos. No tempo que você levou para ler este parágrafo, dois cientistas diferentes descobriram a função de algum gene no cérebro e já estão brigando para decidir quem o fez primeiro. A menos que o processo de descoberta na ciência emperre à meia-noite de hoje, o vácuo de ignorância que tentamos preencher com um senso de agência continuará encolhendo. O que levanta a questão que motiva a segunda metade deste livro.[3]

Estou sentado à minha escrivaninha no expediente da tarde no escritório; dois alunos de minha turma fazem perguntas a respeito de tópicos das palestras; abordamos o determinismo biológico, o livre-arbítrio, essa coisa toda, que é, afinal, o tema do curso. Um dos alunos tem dúvida sobre até que ponto carecemos de livre-arbítrio: "Claro, se houver um dano significativo nessa parte do cérebro, se sofrermos mutação neste ou naquele gene, o livre-arbítrio

* Leopold e Loeb. Não confundir com Lerner e Loewe [respectivamente libretista e compositor de famosos musicais americanos].
** Jeremy Meeks, o célebre "prisioneiro gato".

é prejudicado, mas é tão difícil aceitar que isso se aplique ao comportamento diário, normal". Já estive muitas vezes nesse lugar nessa discussão e percebo que há uma grande probabilidade de que esse aluno agora adote um comportamento específico — inclinar-se para a frente, pegar uma caneta em minha escrivaninha, segurá-la no ar e me dizer, enfático: "Veja, acabo de decidir pegar esta caneta — você quer me convencer de que isso estava completamente fora de meu controle?".

Não tenho dados para comprová-lo, mas acho que posso prever, sem chutar, quem, em qualquer dupla de alunos, vai pegar a caneta. É mais provável que seja o aluno que pulou o almoço e está faminto. É mais provável que seja do sexo masculino, se a dupla for mista. É especialmente mais provável que seja um homem heterossexual e a mulher, alguém em quem ele quer causar boa impressão. É mais provável que seja do tipo extrovertido. É mais provável que seja o aluno que dormiu pouco na noite passada e estamos no fim da tarde. Ou cujos níveis circulantes de androgênios sejam mais altos do que o normal (não importa o sexo). É mais provável que seja o aluno que, durante meses de aula, concluiu que sou um fanfarrão irritante, igualzinho a seu pai.

Recuando mais ainda, é mais provável que seja aquele da dupla que vem de uma família rica e não depende de uma bolsa, e que faz parte da enésima geração da família a estudar numa universidade de prestígio, em vez de ser a primeira pessoa de uma família de imigrantes a concluir o ensino médio. É mais provável que não seja primogênito. É mais provável que os pais imigrantes tenham decidido morar nos Estados Unidos em busca de ganhos econômicos, e não para fugir de sua terra natal como vítimas de perseguição, e mais provavelmente seus ancestrais são de uma cultura individualista, e não de uma cultura coletivista.

É a primeira metade deste livro respondendo à pergunta: "Veja, acabo de decidir pegar esta caneta — você quer me convencer de que isso estava completamente fora de meu controle?". Sim, quero.

A esta altura, é fácil. Mas fico de fato acuado se o aluno fizer uma pergunta diferente: "E se todo mundo começasse a acreditar que não existe livre-arbítrio? Como deveríamos funcionar? Por que nos daríamos ao trabalho de levantar de manhã se não passamos de máquinas?". Ei, não me pergunte isso; é muito difícil de responder. A segunda metade deste livro é uma tentativa de dar algumas respostas.

11. Vamos todos enlouquecer?

A ideia de surtar tem certo encanto. Explodir como uma galinha frenética sem cabeça pode ser um jeito de desabafar. É quase sempre um jeito de conhecer pessoas novas e interessantes, e também um bom exercício aeróbico. Apesar desses benefícios óbvios, não tenho sentido vontade de pirar com tanta frequência assim. Parece meio cansativo e você fica todo suado. E tenho medo de não parecer empenhado o bastante nessa empreitada e ficar com cara de bobo.

No entanto, não falta gente que acha o máximo surtar — salivando, falando coisas sem sentido e disposta a causar o maior estrago. Embora isso possa ocorrer a qualquer momento, certas circunstâncias predispõem as pessoas a se descontrolar, em especial aquelas situações em que há uma promessa de impunidade. O anonimato ajuda. Durante o que foi oficialmente chamado de "motim policial" na Convenção Nacional do Partido Democrata de 1968, policiais tiraram seus crachás de identificação antes de pirar, espancando manifestantes pacíficos e transeuntes e destruindo câmeras de equipes de filmagem. Numa linha parecida, em várias culturas tradicionais, quando os guerreiros são anônimos (por usarem máscara, por exemplo), aumentam as chances de eles mutilarem os cadáveres dos inimigos. Num comportamento relacionado ao escudo do anonimato, há a desculpa do tipo "Mas todo mundo estava pirando", uma clara variante de ter um surto de raiva porque você não será flagrado.[1]

O século passado nos trouxe um pretexto mais sutil para acharmos que é possível se descontrolar impunemente, mesmo que o façamos sob o clarão do sol do meio-dia. A desculpa dada foi uma das mais discutidas durante os julgamentos de Nuremberg, assim como a mais comum na geração de alemães que tentavam se explicar para seus descendentes enojados. O cerne da desculpa do tipo "Eu só estava seguindo ordens" para o enlouquecimento genocida pressupõe uma falta de responsabilidade, de culpabilidade ou de volição.

A direção que isso está tomando já deveria ser clara a esta altura do livro, ou seja, o oposto de todos aqueles filósofos franceses que pensam em assassinar estranhos para proclamar sua liberdade existencialista de escolha. Se o livre-arbítrio é um mito e nossas ações são meros resultados amorais da sorte biológica pela qual não somos responsáveis, o que nos impede de simplesmente surtar?

A certeza de que o que quer que você faça, por mais terrível que seja, não é culpa sua está no cerne do surto de fúria [*running amok*] original. *Meng-âmuk*, a palavra malaia/indonésia que gerou o inglês *amok*, de *run amok*, se refere à circunstância ocasional em que uma pessoa retraída e pacífica de repente explode numa violência inexplicável, indiscriminada, furiosa. A interpretação tradicional habilmente evita a questão do livre-arbítrio — sem culpa nenhuma de sua parte, acredita-se que ela está possuída de um espírito maligno e não é responsável pelos próprios atos.[2]

"Não jogue a culpa em mim. Eu fui possuído por Hantu Belian, o espírito maligno do tigre da floresta" está a um pulo de distância de "Não jogue a culpa em mim; nós somos apenas máquinas biológicas".

Então, se as pessoas aceitarem que não existe livre-arbítrio, será que todo mundo vai ter surtos de fúria? É o que alguns pesquisadores parecem sugerir.

DETERMINISTAS INTRANSIGENTES ZANZANDO PELAS RUAS

Para testar isso, a abordagem experimental é simples — induza as pessoas a diminuir sua crença no livre-arbítrio e veja se elas se tornam babacas. Como fazer com que os participantes do teste duvidem do livre-arbítrio? Uma técnica eficiente consiste em fazê-los passar vinte anos estudando neurociência, com um pouco de genética do comportamento, teoria da evolução e etologia só para garantir. Impraticável. Na verdade, a alternativa mais comum nesses estudos é fazer com que os participantes leiam uma convincente discussão sobre nossa falta de livre-arbítrio. Estudos costumam usar uma passagem do livro de Francis Crick *The Astonishing Hypothesis: The Scientific Search for the Soul* [A hipótese espantosa: A busca científica da alma], de 1994. Crick, da dupla Watson e Crick, que identificou a estrutura do DNA, ficou fascinado pelo cérebro e pela consciência em seus últimos anos. Determinista intransigente, além de escritor elegante e claro, ele resume o argumento científico de que somos a mera soma de nossos componentes biológicos. "Você não é nada mais que um pacote de neurônios", conclui.[3]

Faça os participantes lerem essa passagem de Crick. O grupo de controle lê uma versão adulterada afirmando o oposto (por exemplo, "Você é muito mais do que um pacote de neurônios") ou um trecho a respeito de qualquer coisa chata e nada instigante.* Os participantes então respondem a um questionário sobre crença no livre-arbítrio (por exemplo, "Até que ponto você concorda com a declaração de que as pessoas devem assumir responsabilidade total pelas más escolhas que fazem?"); isso visa garantir que a manipulação sobre os participantes seja de fato eficaz.[4]

O que se passa no cérebro quando você, por meios experimentais, diminui a crença das pessoas no livre-arbítrio? Em primeiro lugar, há uma diminuição daquilo que pode ser descrito como a intencionalidade ou o esforço que as pessoas colocam em suas ações. Isso é demonstrado com o uso da eletroencefalografia para monitorar as ondas cerebrais. De volta ao experimento de Libet. Quando um participante de teste decide mexer um dedo, há um padrão de onda característico, emanando, muito provavelmente, do córtex motor, cerca de meio segundo antes. Mas o primeiro sinal do comportamento iminente é detectável poucos segundos antes como onda denominada "potencial de prontidão ante-

* As variantes de manipulação incluem: ler frases simples que dizem coisas como "Cientistas acreditam que o livre-arbítrio é..." e "Cientistas acreditam que o livre-arbítrio não é..."; ter que escrever um resumo da leitura de Crick (ou de controle); ser solicitado a falar de uma época em que o participante exerceu muito livre-arbítrio ou quando não o exerceu em absoluto.

cipada". Isso parece surgir na área motora pré-suplementar, um passo anterior no circuito que leva ao movimento e é interpretado como sinal da intencionalidade de que está se revestindo o movimento subsequente (e lembre-se de que, como peça central do capítulo 2, Libet informou que o potencial de prontidão antecipada ocorria *antes* de as pessoas terem consciência de pretender fazer determinada coisa; e seguiu-se o debate interminável). Quando as pessoas se sentem desamparadas e com menos agência por estarem bloqueadas por um quebra-cabeça insolúvel, o tamanho de seu potencial de prontidão antecipada diminui. E acontece a mesma coisa quando elas são induzidas a acreditar menos no livre-arbítrio, com menos crença predizendo um maior amortecimento da onda (sem alterar o tamanho da onda subsequente no próprio córtex motor) — as pessoas parecem não se esforçar tanto, não se concentrar tanto, na tarefa.[5]

Outra característica da onda eletroencefalográfica, denominada sinal de "negatividade relacionada ao erro" (NRE), ocorre quando nos damos conta de ter cometido um erro. Isso é mostrado numa tarefa "go/no-go", na qual uma tela de computador exibe um de dois estímulos (digamos, um ponto vermelho ou verde) e você tem que apertar rápido um botão para uma cor e se inibir de apertar para a outra. A tarefa se torna uma maluquice de rapidez, e quando as pessoas cometem um erro há um sinal NRE do córtex pré-frontal — "Aii, errei" — e um ligeiro atraso na resposta depois, à medida que elas investem mais esforço e atenção para dar a resposta certa — "Qual é, consigo fazer melhor que isso". Primeiro, induza um senso de desamparo e ineficácia nos participantes e eles então mostram menos onda NRE e menos desaceleração pós-erro (sem mudança na taxa de erro real). Instigue as pessoas a acreditarem menos no livre-arbítrio e verá a mesma coisa. Juntos, esses estudos de eletroencefalografia mostram que, quando acreditam menos no livre-arbítrio, elas põem menos intencionalidade e menos esforço em suas ações, monitoram seus erros de forma menos atenta e se interessam menos pelos resultados de uma tarefa.[6]

Quando tiver certeza de que induziu algum ceticismo quanto ao livre-arbítrio em seus participantes, avaliados seja por questionário, seja por EEG, é hora de soltá-los no mundo desavisado. Eles surtam? É o que parece.

Uma série de estudos iniciados pela economista comportamental Katherine Vohs, da Universidade de Minnesota, mostra que os céticos quanto ao livre-arbítrio se tornam mais antissociais em seu comportamento. Em experimentos, eles são mais propensos a trapacear num teste e a tirarem mais dinheiro do que deveriam de um pote comum. Ficam menos propensos a ajudar um estranho necessitado e mais agressivos (depois de ser rejeitado por alguém, o participante se vinga determinando quanto molho de pimenta a pessoa terá que consumir — converta alguém em cético acerca do livre-arbítrio e ele quase dobra a quantidade desse molho de pimenta). Quanto menor a crença no livre-arbítrio, menos grato será o indivíduo a quem lhe fez um favor — por que sentir gratidão por um ato que foi um simples imperativo biológico do outro? E, caso pareça que esses céticos estão se divertindo niilisticamente demais por se vingarem com um prato apimentado, a manipulação também faz com que as pessoas encontrem menos sentido na vida e menos senso de pertencer a outros seres humanos. Além disso, a diminuição da crença no livre-arbítrio leva as pessoas a achar que se conhecem menos e a se sentir alienadas de seu "verdadeiro eu" quando tomam uma decisão moral. Isso não chega a surpreender, seja porque a principal coisa que a descrença no livre-arbítrio faz é levar você a aceitar que a imensa maioria de seus atos surge de forças biológicas subterrâneas das quais você não tem a menor consciência, seja por causa do desafio mais global de tentar imaginar onde fica o "eu" dentro da máquina.*[7]

Mas não é só isso. Diminuir a crença das pessoas no livre-arbítrio diminui seu senso de agência, como demonstrado pelo astuto fenômeno da "vinculação intencional". Participantes veem um ponteiro girando num mostrador de relógio (à velocidade de uma rotação a cada três segundos). Sempre que quiserem, apertam um botão e calculam onde o ponteiro do relógio estava naquele momento. Como alternativa, um sinal sonoro é tocado ao acaso e os participantes calculam onde estava o ponteiro quando isso ocorreu. Em seguida juntam-se as duas coisas — o indivíduo aperta o botão e o sinal sonoro surge uma fração de segundo depois. E as pessoas veem agência nisso, achando, de maneira inconsciente, que o sinal sonoro *é causado* pelo botão que apertaram, percebem ambos os acontecimentos como vinculados por intencionalidade e com isso subestimam minuciosamente o intervalo de tempo entre os dois.** Diminua a crença das pessoas no livre-arbítrio e você diminui esse efeito vinculante.[8]

* A obra de Vohs é extremamente influente e bastante citada.

** O fenômeno implícito da vinculação tem alguns refinamentos. Num estudo, o botão foi apertado por outro indivíduo; em geral os participantes subestimavam o intervalo entre o aperto do botão e o sinal sonoro subsequente, mostrando que estavam projetando agência em outra pessoa... a menos que achassem que o timing do aperto do botão fosse determinando por um computador, e não por um ser humano.

Diminuir a crença das pessoas no livre-arbítrio talvez tenha implicações negativas até no combate à adicção. Não, esse não é um experimento em que voluntários são transformados em dependentes de crack e depois a gente vê se para eles é mais fácil se livrar da dependência se estiverem lendo Francis Crick. Na verdade, isso pode ser inferido. As pessoas em geral percebem a adicção como algo que envolve uma perda de livre-arbítrio; além disso, muitos especialistas em dependência química acreditam que os adictos muitas vezes adotam uma visão determinista da adicção como uma característica destrutiva que lhes permite arranjar desculpas para si mesmos. Essa é uma linha tênue que está sendo negociada. Se a escolha for entre rotular dependência química como moléstia biológica e rotulá-la como uma alma fraca marinando em gim feito em fundo de quintal, a primeira opção representa um imenso avanço humano em termos de pensamento. Mas, dando um passo adiante, se a escolha for entre rotular a dependência química como moléstia biológica incompatível com o livre-arbítrio e rotulá-la como uma moléstia compatível, a maioria dos clínicos verá no segundo rótulo o que provavelmente mais ajudará a pessoa a largar a droga. Note-se, no entanto, que a suposição é que ver a dependência química como incompatível com o livre-arbítrio é a mesma coisa que ela ser incompatível com mudança. Isso nem de longe é correto — aguarde o capítulo 13.[9]

Assim, mine a crença da pessoa no livre-arbítrio e ela terá menos senso de agência, de significado, ou de autoconhecimento, menos gratidão para com a bondade alheia. E, o que é mais importante para nossos objetivos, ela se torna menos ética em seu comportamento, menos prestativa e mais agressiva. Queime este livro antes que alguém o ache e perca sua bússola moral.

As coisas são bem mais complicadas, claro. Para começar, os efeitos sobre o comportamento nesses estudos são mínimos; ler Crick não torna os participantes mais propensos a trapacear na execução de uma tarefa e a roubar o notebook do pesquisador na hora de sair. Os resultados foram mais uma tendência à violenta perda de controle do que propriamente a violenta perda de controle. Um reflexo disso é o importante fato de que você normalmente não destrói a crença de alguém no livre-arbítrio com uma dose de Crick. Na verdade, você apenas o torna um pouco menos ardoroso em sua crença (sem mudar o valor que atribui ao livre-arbítrio).* Isso não chega a surpreender — qual é a probabilidade de que ler um trecho de livro, estando você informado de que "os cientistas agora questionam…", ou mesmo de que ser instigado a se lembrar de uma época em que você tinha menos livre-arbítrio do que pensava tenha um grande efeito em seus sentimentos básicos sobre seu grau de agência na vida? A crença no livre-arbítrio em geral está incrustada em nós desde quando aprendemos a respeito dos pecados da gula ao ler *Uma lagarta muito comilona*.[10]

Mais importante ainda, a maior parte dos estudos foi incapaz de replicar a descoberta básica de que as pessoas ficam menos éticas em seu comportamento quando sua crença no livre-arbítrio é enfraquecida. É importante ressaltar que alguns desses estudos trabalhavam com muito mais amostras do que os originais que geraram as conclusões de que "todos enlouqueceremos". Uma meta-análise de toda a literatura (consistindo em 145 experimentos, com 95 inéditos) realizada em 2022 mostra que manipulações crickianas de fato enfraquecem um pouco a crença no livre-arbítrio e aumentam a crença no determinismo… sem quaisquer efeitos consistentes no comportamento ético.**[11]

Dessa maneira, a literatura mostra que é praticamente impossível usar uma breve manipulação experimental para transformar alguém num descrente convicto no livre-arbítrio; além disso, mesmo que você diminua em alguém a aceitação geral do livre-arbítrio, não há na verdade o efeito consistente de comprometer seu comportamento ético em ambiente de laboratório.

Essas conclusões têm que ser um pouco provisórias porque, levando tudo em conta, a verdade é que não houve até agora uma quantidade significativa de pesquisa nessa área. No entanto, "Não me culpe por roubar o doce daquela criança; não existe livre-arbítrio" tem um primo próximo que foi estudado em grande profundidade, e as descobertas a respeito são imensamente interessantes e nos ensinam muitíssimo.

* O que, é bom lembrar, sugere que, mesmo que você diminua um pouco a crença no livre-arbítrio, pessoas que de maneira geral ainda acreditam nele se tornam mais propensas a surtos de comportamento violento. Não chega a ser uma boa notícia.

** Numa nota relacionada, submeter juízes a um pouco de Crick diminui a crença deles no livre-arbítrio… sem alterar suas sentenças. Por que é mesmo que estou me dando ao trabalho de escrever este livro?

Assim, consideramos o paralelo entre a não existência do livre-arbítrio e a perda violenta de controle: as pessoas se comportam imoralmente quando concluem que não serão responsabilizadas por seus atos porque não existe um Alguém Onipotente distribuindo as consequências? Como diz Dostoiévski, se Deus não existe, tudo é permitido.

Mesmo antes de levar em conta os ateus, vale a pena refletir sobre deuses que julgam e castigam — eles estão longe de ser universais ou antigos. Um trabalho fascinante do psicólogo Ara Norenzayan, da Universidade da Colúmbia Britânica, mostra que esses "deuses moralistas" são invenções culturais relativamente novas. Os caçadores-coletores, cujo estilo de vida dominou 99% da história humana, não inventaram deuses moralistas. Claro, seus deuses podem exigir de vez em quando altos sacrifícios, mas não têm o menor interesse em saber se os seres humanos são corteses uns com os outros. Tudo aquilo que diz respeito à evolução da cooperação e à pró-socialidade é facilitado pelas relações estáveis, transparentes, construídas com base na familiaridade e no potencial de reciprocidade; são essas as condições que levariam às restrições morais em pequenos bandos de caçadores-coletores, eliminando a necessidade de algum deus bisbilhoteiro. Só quando os humanos começaram a viver em comunidades maiores as religiões com deuses moralistas começaram a surgir. Quando os humanos fizeram a transição para aldeias, cidades e proto-estados, a socialidade humana passou a incluir encontros frequentes, transitórios e anônimos com estranhos. O que gerou a necessidade de inventar olhos que lá do céu tudo veem, os deuses moralistas que dominam as religiões do mundo.[12]

Assim, se a crença num deus ou em deuses moralistas é o que nos mantém na linha, fica claro para onde a falta de crença nos levará. Isso gera o inevitável diálogo que todo ateu tem que aguentar em algum momento:

> *Teísta* — Como acreditar na moralidade de vocês, ateus, se vocês não acreditam que Deus os responsabiliza por suas ações?
> *Ateu* — O que isso diz sobre vocês, pessoas religiosas, que só agem moralmente porque do contrário vão arder no fogo do inferno?
> *Teísta* — Pelo menos temos nossos princípios morais.
> *Etc.*

E como vamos funcionar se ninguém acredita no livre-arbítrio? Pode-se entender muita coisa vendo as pessoas funcionarem quando não acreditam num deus moralista.

(Nota: No contexto da imagem comum, as opiniões de alguém sobre religião e sobre a existência de livre-arbítrio não estão inevitavelmente interligadas. Só estamos explorando o ateísmo em profundidade como aquecimento para retomar os desafios de rejeitar a noção de livre-arbítrio.)

ATEUS ENLOUQUECIDOS

Os ateus por acaso enlouqueceram? A maioria das pessoas sem dúvida tem essa opinião e o preconceito contra os ateus é grande e profundo. Há 52 países em que o ateísmo é punido com morte ou prisão. A maior parte dos americanos tem sentimentos negativos com relação a ateus e o preconceito contra estes é mais forte do que a antipatia contra muçulmanos (a qual vem em segundo lugar), afro-americanos, indivíduos LGBT+, judeus ou mórmons. Essa negatividade tem sérias consequências. Júris simulados dão a ateus sentenças de prisão mais longas; advogados de defesa aumentam a probabilidade de êxito quando ressaltam o teísmo de seus clientes; pessoas põem o nome de supostos ateístas mais para o fim de uma lista hipotética de transplante de órgãos; a custódia de crianças tem sido negada a pais por causa do ateísmo destes. Em alguns estados ainda vigoram leis que proíbem ateus de ocupar cargos públicos; em cantões mais esclarecidos, eleitores têm menor probabilidade de eleger pessoas em virtude do ateísmo delas. Nos Estados Unidos, ateus têm taxas de depressão clínica mais altas do que pessoas religiosas, e é provável que parte disso reflita o status marginalizado e minoritário deles (que são cerca de 5% dos americanos, segundo pesquisas).*[13]

Eis um exemplo de como o preconceito contra ateus pode surgir nos lugares mais improváveis. Os psicólogos Will Gervais e Maxine Najle, da Universidade do Kentucky, contam a história de uma empresa de calçados na

* Será por causa daquele vazio depressogênico deixado pela falta de um deus? Em parte, talvez, mas é provável que o status minoritário desempenhe um papel — em países escandinavos de marcada secularidade, é a minoria altamente religiosa que tem taxas mais altas de depressão.

Alemanha que começou a receber muitas reclamações de americanos — sapatos comprados on-line demoravam a chegar ou nunca chegavam. O nome da empresa? Sapatos Ateus. O dono fez um experimento despachando metade das mercadorias para os Estados Unidos sem o nome da empresa na etiqueta e metade com. Os primeiros foram entregues de imediato; os últimos chegavam com atraso ou se extraviavam. Funcionários dos correios americanos estavam tomando uma posição contra a suposta imoralidade daqueles sapateiros ateus, providenciando para que nenhum americano temente a Deus andasse inadvertidamente um quilômetro que fosse com *aqueles* sapatos. Nenhum fenômeno parecido foi observado com sapatos despachados dentro da Europa.[14]

Por que a implicância contra ateus? Não é por serem vistos como menos calorosos ou competentes do que as pessoas religiosas. Na verdade, sempre tem a ver com moralidade — a crença generalizada de que acreditar num deus é essencial para a moralidade, tida pela maioria dos americanos e por mais de 90% das pessoas em lugares como Bangladesh, Senegal, Jordânia, Indonésia e Egito. Na maioria dos países pesquisados, as pessoas associam ateísmo a violação de normas morais, como assassinatos em série, incesto e necrozoofilia.* Num desses estudos, cristãos religiosos relataram uma sensação de repulsa visceral ao ler um panfleto ateísta. Até ateus associam o ateísmo à violação de normas, o que é um tanto patético; aí está o ateu que tem ódio de si mesmo.**[15]

Dessa maneira, a expectativa de que ateus surtem a qualquer momento é profundamente arraigada (só para amenizar um pouco a dor da picada, pessoas religiosas têm preconceitos parecidos, embora mais suaves, contra simpatizantes "espiritualizados, mas não religiosos"). Mas vamos à questão es-

* Necrofilia *e* zoofilia erótica? Fala sério. Este ateu aqui finalmente está perdendo a paciência com tudo isso.

** Esse preconceito contra ateus anda de mãos dadas com a crença generalizada de que ser cientista torna impossível ser uma criatura moral (apesar de cientistas geralmente serem respeitados e tidos como "normais" em termos de cuidado, confiabilidade e valorização da justiça, e não especialmente propensos ao ateísmo). Na verdade, cientistas são vistos como imorais no tocante a lealdade, pureza e obediência à autoridade. Uma razão disso faz sentido para mim, apesar de estar quase sempre errada — a de que, na busca de descobertas científicas, os cientistas não hesitariam em fazer coisas que algumas pessoas consideram imorais (por exemplo, vivissecção, experimentação humana, pesquisa com tecido fetal). A segunda razão me surpreende e confunde — a de que cientistas estariam dispostos a minar as normas morais promulgando uma coisa, só porque essa coisa por acaso... é verdade.

sencial: ateus de fato demonstram menos comportamentos pró-sociais e mais comportamentos antissociais do que pessoas religiosas?[16]

Logo de cara há uma grande dificuldade para conseguir uma resposta clara a uma pergunta como essa. Suponha que você deseje saber se um novo medicamento é capaz de proteger contra certa doença. O que você faz? Pega dois grupos de voluntários, pareados por idade, sexo, histórico médico e assim por diante; metade das pessoas aleatoriamente selecionadas recebe o remédio, a outra metade, um placebo (sem que os participantes saibam o que receberam). Mas você não pode fazer isso com coisas como religiosidade. Não dá para pegar dois grupos de voluntários de mente vazia, ordenar que metade adote a religião e metade a rejeite e depois ver quem se comporta melhor.* Não é por acaso que alguém acaba religioso ou ateu — como um exemplo que voltaremos a abordar, homens são duas vezes mais propensos ao ateísmo do que mulheres. Da mesma forma, crentes e descrentes no livre-arbítrio não chegam a essas posições tirando cara ou coroa.

Outra complicação nesses estudos sobre teístas e ateus é óbvia para qualquer um que tenha ficado confinado numa ilha deserta com um unitarista e um evangélico batista do Sul — religião e religiosidade são loucamente heterogêneas. Que religião? A pessoa é seguidora de longa data ou recém-convertida? Sua religiosidade, em essência, diz respeito a relações pessoais com a divindade, com os correligionários, com os seres humanos em geral? Seu deus é só amor ou punitivo? A pessoa costuma rezar sozinha ou em grupo? Sua religiosidade tem mais a ver com pensamentos, com emoções ou com ritualismo?**[17]

* Um desafio semelhante prejudica a literatura que mostra que a crença religiosa parece ter alguns benefícios para a saúde: "Você, sim, você mesmo, comece a acreditar. Você, lá, você não. Vamos nos encontrar daqui a vinte anos e checar seus níveis de colesterol".

** Existe, claro, uma heterogeneidade similar, embora menos estudada, nos estilos de ateísmo — pessoas que basicamente chegaram a essa posição de maneira analítica ou que o fizeram por via emocional, pessoas criadas na crença que se afastaram dela em contraste com pessoas que jamais foram crentes, pessoas cuja posição é ativa ou passiva (fique ligado no fim deste capítulo), adquirida aos poucos ou surgida de um raio à la Zeus. Apesar dessa heterogeneidade, a maioria dos ateus parece ter chegado onde está pela via analítica (não foi meu caso, porém), e, quando experimentalmente instigadas a pensar de maneira mais analítica, as pessoas também relatam menos crença religiosa. E existem os ateus que, apesar disso, adotam a cultura e os rituais de uma religião ou buscam o apoio estável de uma comunidade humanista de não cren-

Apesar disso, a maioria dos estudos nessa vasta literatura apoia a ideia de que decidir que não existe um deus para monitorá-las torna as pessoas piores. Em comparação com pessoas religiosas, os ateus são menos honestos e confiáveis, menos caridosos tanto em ambientes experimentais como no mundo real, dedicam menos tempo aos outros. Assunto encerrado. A única questão agora é saber se aqueles que não acreditam em um deus ou aqueles que não acreditam no livre-arbítrio enlouquecem mais rápido.

O que precisamos fazer agora é desconstruir essa descoberta genérica. Porque, claro, a imagem real é bem diferente e muito relevante para a descrença no livre-arbítrio.

DIZER E FAZER

A primeira questão a ser resolvida é facílima. Se estiver interessado nesses assuntos, você observa o quanto os participantes do estudo são caridosos, ou apenas pergunta com que frequência doam para instituições de caridade? Fazer esse tipo de pergunta a alguém mostra apenas o quanto ele quer parecer caridoso. Uma grande porcentagem da literatura a esse respeito se baseia em "*self-reporting*", e não em dados empíricos, e acontece que pessoas religiosas se preocupam mais do que ateus em manter uma reputação moral — preocupação decorrente do traço de personalidade mais comum de querer ser socialmente desejável.[18] Isso sem dúvida reflete o fato de que os teístas são mais propensos do que os ateus a viver sua vida moral no contexto de um grupo social coeso. Além disso, a preocupação das pessoas religiosas com a desejabilidade social é maior em países mais religiosos.[19]

Quando você presta atenção no que as pessoas de fato fazem, em vez de escutar o que dizem, não há diferença entre teístas e ateus nas taxas de doação de sangue, na quantidade de gorjetas ou no respeito aos pagamentos no

tes, em contraste com os que exercem seu ateísmo de maneira solitária. Isso tudo traz à mente a discussão em *Ardil-22* entre Yossarian e a sra. Scheisskopf, ambos ateus, sobre a natureza do Deus em que nenhum dos dois acredita. O amargo Yossarian deseja que houvesse um Deus para que pudesse expressar a violência e o ódio que sente contra Ele por Sua divina crueldade; a sra. Scheisskopf fica horrorizada com tanta blasfêmia, sustentando que o Deus em que ela não acredita é terno, amoroso e benevolente.

"sistema de honra"; também não há diferença em ser altruísta, compreensivo ou grato. Além disso, não há diferença em ser agressivo ou vingativo em ambientes experimentais onde os participantes podem revidar uma violação de norma (por exemplo, aplicar o que acreditam ser um choque em alguém).[20]

Assim, observe o que as pessoas fazem, e não o que elas dizem, e as diferenças de pró-socialidade entre teístas e ateus praticamente desaparecem. A lição para quem estuda crentes e descrentes no livre-arbítrio é óbvia. Juntos, os estudos que examinam o que as pessoas de fato fazem em ambientes experimentais não mostram qualquer diferença de comportamento ético entre os dois grupos.

MULHERES DE IDADE RICAS E SOCIALIZADAS E HOMENS JOVENS, POBRES E SOLITÁRIOS

De volta ao desafio da autosseleção: em comparação com ateus, pessoas religiosas tendem a ser do sexo feminino, mais velhas, casadas e de posição socioeconômica mais alta, e a ter uma rede de contatos sociais maior e mais estável. E esse é um campo minado de variáveis de confusão, porque, independentemente de religiosidade, são traços associados a níveis mais altos de comportamento pró-social.[21]

Estar numa rede de contatos sociais estável parece de fato importante. Por exemplo, a disposição maior para a caridade e para o trabalho voluntário encontrada em pessoas religiosas não é função da frequência de suas orações, mas, na verdade, da frequência com que comparecem à igreja, e ateus que mostram o mesmo grau de envolvimento numa comunidade unida apresentam o mesmo grau de aproximação com seus vizinhos (numa linha similar, controlar envolvimento numa comunidade social diminui de maneira significativa a diferença em taxas de depressão entre teístas e ateus). Uma vez controlados sexo, idade, posição socioeconômica, estado civil e socialidade, a maior parte das diferenças entre teístas e ateus desaparece.[22]

A relevância desse ponto para questões de livre-arbítrio é clara; o grau de crença ou descrença no livre-arbítrio e a prontidão com que essa postura pode ser alterada por via experimental talvez estejam intimamente relacionados a variáveis como idade, sexo, instrução e assim por diante, e estas podem ser preditores mais importantes de enlouquecimento.

QUANDO VOCÊ É PREPARADO PARA SER BOM SÓ POR AMOR À BONDADE

Uma instância em que pessoas religiosas tendem a se tornar mais pró-sociais do que os ateus é quando você as induz a se lembrarem de sua religiosidade. Isso pode ser feito de forma explícita: "Você se considera religioso?". Mais interessante é quando pessoas religiosas ficam mais pró-sociais depois de serem implicitamente preparadas para pensar em sua religiosidade — por exemplo, peça a alguém que ponha em ordem alfabética uma lista de palavras que inclui termos religiosos (versus uma lista sem nenhum termo religioso) ou para enumerar os Dez Mandamentos (versus enumerar dez livros que leu no ensino médio). Outras abordagens incluem fazer o participante andar num quarteirão que tem ou não tem uma igreja, ou tocar música religiosa versus música secular no fundo da sala de teste.[23]

Juntos, esses estudos mostram que sugestões de religiosidade trazem à tona o que há de melhor nas pessoas religiosas, tornando-as mais caridosas, generosas e honestas, mais resistentes à tentação e mais capazes de autocontrole. Nesses estudos, algumas das sugestões implícitas mais eficazes trazem à mente recompensa e castigo divinos (levantando a interessante questão de saber se um comportamento melhor é provocado pelo desembaralhamento da palavra "lehl" [=> *hell*, inferno] em contraste com a palavra "neehav" [=> *heaven*, céu).[24]

Agora estamos chegando a algum lugar. Pessoas religiosas, quando não estão pensando em seus princípios religiosos, chafurdam no mesmo atoleiro moral que os ateus. Mas é só lembrar a eles o que de fato importa e o halo de santidade aparece.

Duas grandes complicações: a primeira é que em muitos desses estudos os estímulos religiosos implícitos também tornam os ateus mais pró-sociais. Afinal, não é preciso ser cristão para achar que o Sermão da Montanha tem partes legais. Mas, como uma complicação mais informativa, enquanto a pró-socialidade em pessoas religiosas é impulsionada por sugestões religiosas, a pró-socialidade em ateus é impulsionada *também* pelo tipo certo de estímulo secular. "É melhor eu ser bom, do contrário vou arranjar encrenca" pode com certeza ser motivado por "alij" [=> *jail*, prisão] ou "eocpli" [=> *police*, polícia].

A pró-socialidade em ateus também é incentivada por conceitos seculares mais elevados, como "cívico", "dever", "liberdade" e "igualdade".*[25]

Em outras palavras, lembretes, incluindo lembretes implícitos, das posturas éticas, dos princípios morais e dos valores de alguém produzem o mesmo grau de decência em teístas e em ateus. A diferença está só no fato de que a pró-socialidade dos dois grupos está ancorada em valores e princípios diferentes e é estimulada em contextos diferentes.

É óbvio, portanto, que o que conta como comportamento moral é importantíssimo. O trabalho do psicólogo Jonathan Haidt, da Universidade de Nova York, agrupa as preocupações morais em cinco domínios — as relacionadas a obediência, lealdade, pureza, justiça e prevenção de danos. Seu influente trabalho mostrou que os conservadores políticos e as pessoas muito religiosas tendem a valorizar obediência, lealdade e pureza. Já a esquerda e os irreligiosos estão mais preocupados com justiça e prevenção de danos. É possível formular isso em termos da mais pretensiosa filosofia. Pode-se abordar um dilema moral como um deontologista, acreditando que a moralidade de uma ação deveria ser avaliada sejam quais forem suas consequências ("Não quero nem saber quantas vidas isso vai salvar, nunca é correto..."). Essa postura contrasta com a de um consequencialista ("Bem, de modo geral sou contra X, mas o bem que vai trazer neste caso supera..."). Portanto, quem são os deontologistas — os teístas ou os ateus? Depende. As pessoas religiosas tendem à deontologia em questões de obediência, lealdade e pureza — nunca é aceitável desobedecer a uma ordem, voltar-se contra o próprio grupo, ou profanar o sagrado. No entanto, quando se trata de questões de justiça e prevenção de danos, os ateus tendem a ser tão deontológicos quanto os religiosos.[26]

As diferenças de valores se manifestam ainda de outra forma. Os muito religiosos tendem a ver as boas ações num contexto pessoal, privado, o que ajuda a explicar por que os americanos religiosos doam uma fatia maior de sua renda para as instituições beneficentes do que os seculares. Já os ateus são mais propensos a ver as boas ações como uma responsabilidade coletiva, o que ajuda a explicar por que os ateus tendem a apoiar candidatos que defendam a

* Um curioso paralelo ocorre com a noção de que, em tempos de dificuldade, os ateus não contam com as estruturas de conforto mais amplas disponíveis para os teístas. Na realidade, nesses momentos muitos ateus buscam e encontram conforto em sua crença na ciência.

distribuição de riqueza para diminuir a desigualdade. Portanto, se você está tentando decidir quem tem mais probabilidade de se comportar de forma antissocial, os ateus se saem mal na questão "Quanto de seu dinheiro você daria para caridade com os pobres?". Mas se a pergunta for "Quanto de seu dinheiro você estaria disposto a pagar em impostos mais altos para financiar mais serviços sociais para os pobres?", a conclusão será diferente.[27]

A relevância para os crentes versus descrentes no livre-arbítrio? É óbvia — depende de qual estímulo e de que valor esteja sendo evocado. Isso gera uma predição simples: implicitamente estimule alguém pedindo-lhe que localize um erro de ortografia em "Capitãm do seu destinho", e os crentes no livre-arbítrio serão mais suscetíveis, e no sentido de demonstrar mais autocontrole. Em contraste, tente "Vítime das circunsrâncias" e os céticos acerca do livre-arbítrio é que se tornarão menos severos e mais tolerantes.

UM ATEU DE CADA VEZ OU UMA INFESTAÇÃO DELES

As seções anteriores sugerem que decidir que não existe um ser onipotente para punir transgressões não lança os ateus numa espiral moral descendente. Deve-se notar, no entanto, que uma imensa porcentagem das pesquisas discutidas foi feita com participantes americanos, de um país onde apenas 5% das pessoas se declaram ateístas. Vemos que a pró-socialidade até pode ser fortalecida em ateus mediante estímulos religiosos. Talvez a moralidade relativa dos ateus se deva a estarem cercados pela moralidade dos teístas que lhes é transmitida. O que aconteceria se a maior parte das pessoas se tornasse ateia ou irreligiosa — que tipo de sociedade elas construiriam, quando todos estivessem livres da ideia de serem bons só por causa do temor de Deus?

Uma sociedade moral e humana, e essa conclusão não está baseada em experimento mental. Estou me referindo aos escandinavos, sempre confiavelmente utopistas. A religiosidade em toda a região despencou ao longo do século XX e os países escandinavos são os mais secularistas do mundo. Como se saem em comparação com um país muito religioso como os Estados Unidos? Estudos de qualidade de vida e de saúde mostram que os escandinavos se saem bem melhor (em critérios como felicidade e bem-estar, expectativa de vida, taxas de mortalidade infantil e taxas de mortalidade durante o parto); além disso, as taxas de pobreza são mais baixas e a desigualdade de renda é comparativamente ínfima. E indicadores da prevalência de comportamento antissocial, índices de criminalidade e índices de violência e agressão danosa — da guerra à violência criminal, ao bullying nas escolas e ao castigo físico — são mais baixos. No tocante a alguns índices de pró-socialidade, os gastos per capita dos países escandinavos com serviços sociais para os próprios cidadãos* e com ajuda a países pobres são maiores.[28]

Além disso, essas diferenças não se resumem a estereótipos como escandinavos se banqueteando com *lutefisk* de um lado e americanos suados e capitalistas do outro. Num vasto número de países, taxas médias mais baixas de religiosidade predizem taxas mais altas de todos esses resultados salutares. Tem mais: globalmente, taxas mais baixas de religiosidade num país predizem níveis mais baixos de corrupção, mais tolerância para com minorias raciais e étnicas, taxas mais altas de alfabetização, taxas mais baixas de criminalidade em geral e de homicídios e guerras menos frequentes.[29]

Estudos correlacionais como esses sempre têm o grande problema de não nos dizerem coisa alguma sobre causa ou efeito. Por exemplo, taxas mais baixas de religiosidade levam a maiores gastos governamentais com serviços sociais para os pobres, ou gastos governamentais maiores nesses serviços resultam em taxas mais baixas de religiosidade (ou as duas coisas surgem de um terceiro fator)? Difícil responder, mesmo com o bem documentado perfil escandinavo, uma vez que o declínio na religiosidade e o modelo escandinavo de bem-estar social ocorreram paralelamente. É provável que seja um pouco das duas coisas. A preferência dos ateus pela responsabilidade coletiva por boas ações sem dúvida ajudaria a fomentar modelos escandinavos. E à medida que as sociedades ficam mais estáveis e seguras, as taxas de crença religiosa entram em declínio.[30]

Fora essas complexas questões do tipo quem-nasceu-primeiro-o-ovo-ou-a-galinha, temos uma resposta bem clara para nossa pergunta sobre se países

* Deve-se notar que, embora os governos escandinavos gastem mais dinheiro com os pobres do que os Estados Unidos, o povo escandinavo doa individualmente a instituições de caridade a uma taxa menor do que os americanos; no entanto, as taxas mais altas de serviços sociais governamentais na Escandinávia mais do que compensam as taxas mais altas de doações individuais para instituições de caridade nos Estados Unidos. As distintas respostas culturais a tragédias num país escandinavo serão exploradas no capítulo 14.

menos religiosos estão infestados de cidadãos surtando. De forma alguma. Na verdade, eles são absolutamente edênicos.*

De maneira que não é verdade que os ateus se igualam aos teístas em sua moralidade só porque, graças a Deus ou aos deuses, os ateus são constrangidos pela abundância dos teístas. Meu palpite é que, de forma semelhante, o comportamento ético dos céticos acerca do livre-arbítrio não é função de serem eles uma minoria cercada por agressivos empreendedores transpirando senso de agência.

Isso nos leva à questão que provavelmente mais importa para avaliar se pessoas religiosas são mais pró-sociais do que os ateus, bem como para examinar a perspectiva de os crentes no livre-arbítrio serem mais pró-sociais do que os céticos acerca do livre-arbítrio.

QUEM PRECISA DA AJUDA?

Mesmo depois de controlar fatores como autorrelato ou correlações demográficas de religiosidade, e depois de considerar definições mais amplas de pró-socialidade, ainda assim as pessoas religiosas se mostram mais pró-sociais do que os ateus em certos ambientes experimentais e do mundo real. O que nos leva a uma questão crucial: *a pró-socialidade religiosa se resume a pessoas religiosas sendo legais com pessoas iguais a elas*. É mais uma coisa dentro do grupo. Em jogos econômicos, por exemplo, a maior honestidade de participantes religiosos só se estende a outros jogadores que lhes são descritos como correligionários, coisa que sugestões religiosas tornam ainda mais extrema. Além disso, a maior generosidade filantrópica das pessoas religiosas em estudos é explicada por sua contribuição maior para correligionários, e o grosso da filantropia de pessoas muito religiosas no mundo real consiste em ser generoso para com o próximo dentro de seu próprio grupo.[31]

Mas, sempre atentos às variáveis de confusão, talvez essa relação seja es-

* Ok, apesar de meu óbvio entusiasmo, é indispensável ressaltar que os países escandinavos obtiveram uma vantagem imensa em termos de igualitarismo por serem pequenos e homogêneos étnica e linguisticamente, e mais problemas do tipo americano estão surgindo à medida que eles se tornam menos homogêneos. E não nos esqueçamos do ABBA.

púria — talvez as pessoas religiosas sejam mais gentis com correligionários porque provavelmente vivem entre eles. Assim, talvez a bondade seja motivada não pela religiosidade, mas pela familiaridade. No entanto, a despeito disso, é provável que não seja esse o caso. Por exemplo, um estudo transcultural de quinze sociedades diferentes mostrou que o favoritismo dentro do grupo das pessoas religiosas se estendia a correligionários distantes, com quem nunca se haviam encontrado.[32]

Portanto, apesar das alegações de bondade universal, a bondade teísta tende a ficar limitada ao grupo. Além do mais, isso é acentuado sobretudo em grupos religiosos caracterizados por crenças fundamentalistas e por autoritarismo.[33]

E quanto a membros de outros grupos sociais? Nessas circunstâncias, os ateus são mais pró-sociais, incluindo mais aceitação de que a proteção se estenda a Eles. Além disso, sugestões religiosas podem tornar pessoas religiosas mais preconceituosas contra membros de outros grupos, o que inclui mais sede de vingança e disposição para punir suas transgressões. Num estudo clássico, crianças religiosas em idade escolar achavam inaceitável que uma população de inocentes fosse destruída... a menos que isso fosse apresentado como a destruição da população inocente de Jericó por Josué no Antigo Testamento. Em outro, o resultado de sugestões religiosas foi colonos judeus fundamentalistas da Cisjordânia expressarem mais admiração por um terrorista judeu que tinha matado palestinos. Num estudo, o resultado de cristãos religiosos simplesmente passarem pela frente de uma igreja foi a expressão de mais sentimentos negativos sobre ateus, minorias étnicas e indivíduos LGBT+. Em outro, estimular participantes cristãos com a versão cristã da Regra de Ouro não diminuiu a homofobia; no entanto, estimulá-los com o que lhes foi apresentado como o equivalente budista da Regra de Ouro *aumentou* a homofobia. Por fim, alguns estudos com frequência citados analisaram o grau de agressividade dos participantes contra um adversário em um jogo (por exemplo, o volume de barulho alto com que bombardeariam o outro jogador). Essa agressividade aumentou quando participantes leram antes uma passagem que mencionava Deus ou a Bíblia, em relação à leitura de passagens sem essas menções; a agressividade cresceu ainda mais quando os participantes leram uma passagem sobre a vingatividade bíblica autorizada por Deus versus a mesma descrição de vingatividade sem aprovação divina.[34]

De maneira que uma variedade de estudos mostra que, quando se trata de teístas versus não teístas serem gentis com alguém, vai depender de quem é esse alguém. E a maioria dos estudos experimentais que examinaram essas questões envolveu participantes pensando em membros do próprio grupo. Imagine isto: um professor que estuda o assunto recruta um grupo de alunos da disciplina Fundamentos da Psicologia para participarem de um experimento sobre o quanto eles próprios são generosos e confiáveis. Como parte disso, jogam um jogo econômico on-line, supostamente contra alguém que está na sala ao lado. Quem você acha que os estudantes assumem implicitamente que está na sala ao lado — um colega de classe ou um pastor de iaques do Butão? Projetos experimentais como esse levam implicitamente os participantes a pensar nos outros participantes, hipoteticamente ou não, como membros de seu grupo, com isso estimulando de maneira desproporcional mais pró-socialidade da parte dos teístas do que dos ateus.

De que maneira a questão de quem está sendo ajudado se desenrolaria na comparação entre crentes e descrentes do livre-arbítrio? Eu diria que os crentes do livre-arbítrio sentirão mais um imperativo moral (versus uma estratégia calculista) para ajudar alguém que faz um esforço extra em alguma coisa, enquanto os céticos acerca do livre-arbítrio sentirão mais um imperativo para compreender os atos de alguém muito diferente deles.

Voltamos à questão geral desta seção: a descrença de que os atos de alguém são julgados por uma força onipotente rebaixa a moralidade? Ao que tudo indica, sim. Ou seja, desde que você peça às pessoas que digam o quanto elas são éticas, em vez de pedir-lhes que o demonstrem, ou que as estimule com dicas religiosas e não com dicas seculares de poder simbólico equivalente. E desde que "boas ações" sejam individuais e não coletivas, e dirigidas a gente parecida com elas. O ceticismo em relação à existência de um deus ou de deuses moralistas não gera particularmente um comportamento imoral; isso acontece por razões subjacentes que ajudam a explicar por que ser cético em relação ao livre-arbítrio tampouco gera.

Vamos agora ao ponto mais importante sobre a ameaça de os céticos pirarem. Perguntar a respeito de diferenças entre crentes e descrentes do livre-arbítrio é fazer a pergunta errada.

Examine a curva em forma de U a seguir:

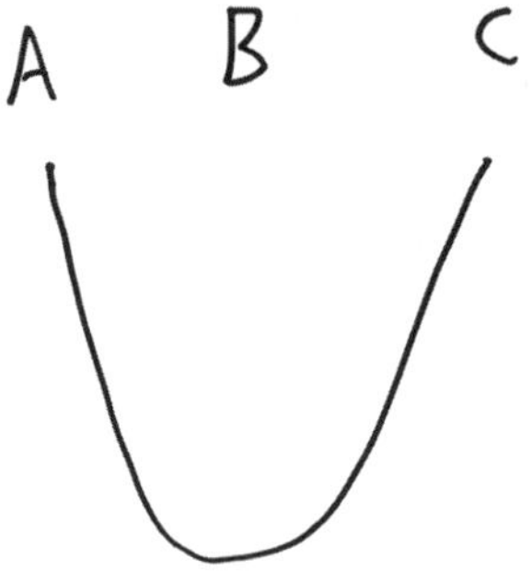

À esquerda (A) estão pessoas que acreditam que não existe livre-arbítrio e assunto encerrado; no ponto mais baixo (B) estão pessoas cuja crença no livre-arbítrio é um tanto flexível, enquanto à direita (C) estão pessoas cuja crença no livre-arbítrio é inabalável.

Voltando à Tentação de Crick. O conjunto de participantes voluntários nos estudos revisados era quase seguramente composto de pessoas da categoria B ou C, dada a raridade com que o livre-arbítrio é rejeitado por completo. O que mostram, juntos, esses estudos?

> — Em primeiro lugar, quando crentes no livre-arbítrio leem que não existe livre-arbítrio, na média há uma pequena queda na crença no livre-arbítrio, e com muita variabilidade, refletindo o fato de que algumas pessoas não se deixam abalar por argumentos contra o livre-arbítrio. Em si, os participantes cuja crença se altera podem ser vistos como categoria B, aqueles cuja crença não se abala, categoria C.
>
> — Quanto mais a crença de um participante no livre-arbítrio se altera, maior a probabilidade de que ele esteja agindo de maneira antiética no experimento.

Em outras palavras, quando se trata de crenças sobre a natureza da agência e da responsabilidade humanas, são as pessoas da categoria B que de repente perdem violentamente o controle, e não as pessoas da categoria C. Toda essa literatura evita tratar do que de fato nos interessa, que é saber se as categorias A e C diferem em retidão moral.

Que eu saiba, só um estudo examinou de maneira explícita essa questão. Ele foi conduzido pelo psicólogo Damien Crone, então da Universidade de Melbourne, na Austrália, e pelo filósofo Neil Levy, cujas ideias já foram abordadas aqui. Os participantes acreditavam firmemente no livre-arbítrio ou identificavam sua descrença no livre-arbítrio como bastante antiga. O estudo, de fato excelente, examinou até as razões da rejeição do livre-arbítrio por determinados participantes, contrastando deterministas científicos (que endossavam afirmações como "Seus genes determinam seu futuro")* com deterministas fatalistas ("O futuro já foi determinado pelo destino"). Em outras palavras, tratava-se de descrentes do livre-arbítrio que tinham chegado a suas posições por diferentes vias emocionais e cognitivas. O ponto em comum era que todos tinham rejeitado a crença no livre-arbítrio havia muito tempo.[35]

Os resultados? Céticos acerca do livre-arbítrio (de qualquer tipo) e crentes no livre-arbítrio foram idênticos no comportamento ético. E, como uma descoberta que em última análise nos conta toda a história, as pessoas que mais se definiam por sua identidade moral foram as mais honestas e generosas, não importando o que achavam do livre-arbítrio.[36]

O padrão idêntico permanece quando se consideram crença religiosa e moralidade. Os da categoria A são ateus cujos caminhos até essa visão estão marcados por crateras — "Perder minha religião foi o momento mais solitário de minha vida" ou "Teria sido tão fácil continuar depois de tantos anos, mas foi quando saí do seminário". Os da categoria C? Pessoas para quem a crença é o pão de cada dia, e não o pão de mel do domingo,** influenciando e orientando cada ato seu, que sabem quem são e o que Deus espera delas.*** E há também a categoria B, abrangendo desde apateístas, para quem dizer que não acreditam em Deus é tão irrelevante como dizer que não esquiam,**** assim

* Apenas como importante lembrete lá do capítulo 3: os genes não determinam seu futuro; na verdade, eles funcionam de maneiras diferentes em ambientes diferentes. Apesar disso, a posição de que "é tudo genético" é um aceitável substituto, neste caso, para "é tudo biológico".

** Para parafrasear Henry Ward Beecher.

*** Para parafrasear Tevye.

**** Para parafrasear o comediante Ricky Gervais (tal como citado, ah, acho que agora entendi, pelo psicólogo Will Gervais).

como aqueles cuja religiosidade decorre de hábito, convenção, nostalgia, desejo de dar um exemplo para os filhos — dos 90% dos americanos que são teístas, é provável que metade se enquadre nessa categoria, levando em conta que mais ou menos metade não frequenta com regularidade serviços religiosos. Um ponto de enorme importância é que, quanto ao comportamento ético, os teístas do pão de cada dia e os ateus do pão de cada dia se parecem mais uns com os outros do que com os da categoria B.[37]

Por exemplo, pessoas muito religiosas e muito seculares obtêm a mesma pontuação em testes de consciência, com resultados superiores aos do terceiro grupo. Em estudos experimentais de obediência (em geral variantes da clássica pesquisa de Stanley Milgram sobre quanto os participantes estão dispostos a obedecer à ordem de dar um choque em alguém), as taxas mais altas de obediência vieram de "religiosos moderados", ao passo que os "crentes extremos" e os "descrentes extremos" se mostraram resistentes na mesma medida. Em outro estudo, médicos que escolheram cuidar dos desassistidos à custa da renda pessoal eram, desproporcionalmente, muito religiosos ou muito irreligiosos. Além disso, estudos clássicos sobre gente que arriscou a vida para salvar judeus durante o Holocausto deixaram documentado que as pessoas que não conseguiam fazer vista grossa ao que estava acontecendo tinham uma probabilidade desproporcional de serem muito religiosas ou muito irreligiosas.[38]

Eis nosso motivo vitalmente importante para sermos otimistas, sobre por que o céu não vai necessariamente desabar em nós se as pessoas deixarem de acreditar no livre-arbítrio. Há gente que pensou muito e com afinco acerca, digamos, do efeito dos privilégios ou das adversidades no começo da vida no desenvolvimento do córtex frontal e sua conclusão foi: "Não existe livre-arbítrio, e eis o motivo". Essa gente é um espelho daquela que pensou muito e com afinco sobre o mesmo assunto e concluiu: "Ainda assim existe livre-arbítrio, e eis o motivo". As similaridades entre os dois grupos são, em última análise, maiores do que as diferenças, e o verdadeiro contraste está entre eles e as pessoas cuja reação às perguntas sobre as raízes da nossa decência moral é "Ah, tanto faz".

12. As engrenagens antigas dentro de nós: como se dá a mudança?

Um dos objetivos deste livro é levar as pessoas a pensarem de forma diferente sobre responsabilidade moral, culpa e elogios, e sobre a noção de sermos indivíduos livres. E também a terem outras ideias, opiniões e reações a respeito dessas questões. E, acima de tudo, *mudar* aspectos fundamentais de nosso comportamento.

Este é o objetivo de muitas coisas a que estamos expostos: mudar nosso comportamento. Decerto é o objetivo da maioria dos discursos, das palestras, dos livros — ou seja, mudar seu voto, sua opinião sobre como foram os sete primeiros dias do universo, ou seu compromisso com os trabalhadores do mundo para que se unam e percam seus grilhões. O mesmo vale para muitas de nossas interações pessoais — persuadir, convencer, recrutar, coagir, repelir, induzir, seduzir. E, claro, há os esforços para que você mude seu comportamento de uma forma que torne cada momento restante de sua vida *tão* mais feliz se você comprar o objeto anunciado.

Todas essas maneiras, enfim, de fazer você e o resto do mundo mudarem de comportamento.

Isso levanta uma questão gigantesca. A pergunta do capítulo anterior foi: "Se as pessoas deixassem de *acreditar* no livre-arbítrio, haveria caos amoral?". A pergunta deste capítulo é: "Se não existe livre-arbítrio, como alguma coisa vai mudar?". Como você decide, pouco depois desta frase, mudar seu comportamento e pegar um brownie? Se o mundo é determinista no nível que importa, tudo *já* não está determinado?

A resposta é que não *mudamos* nossa mente. Nossa mente, que é o produto final de todos os momentos biológicos anteriores, é *mudada* pelas circunstâncias que nos rodeiam. O que parece uma resposta de todo insatisfatória, incompatível com nossas intuições sobre como funcionamos.

O objetivo deste capítulo, portanto, é conciliar a ausência de livre-arbítrio com o fato de que mudanças ocorrem. Para tanto, vamos examinar como o comportamento muda em organismos bem mais simples do que os humanos, até o nível de moléculas e genes. Isso nos levará a examinar mudanças comportamentais em nós, esclarecendo talvez um ponto de enorme importância: uma mudança de comportamento em nós não envolve biologia com alguns temas e motivos semelhantes aos observados em organismos mais simples. Envolve, sim, as *mesmas* moléculas, os *mesmos* genes e os *mesmos* mecanismos de função neuronal. Quando você começa a se predispor contra um grupo externo só porque ele tem costumes diferentes dos seus, a biologia subjacente a sua mudança de comportamento é igual à de quando uma lesma-do-mar aprende a evitar um choque dado por um pesquisador. Sem dúvida a lesma-do-mar não está fazendo uma demonstração de livre-arbítrio quando essa mudança ocorre. O notável e provavelmente mais importante é que a antiguidade e a ubiquidade dessas engrenagens biológicas que explicam a mudança comportamental acabam sendo motivo de otimismo.

PROTEGER SUAS GUELRAS

Comecemos com uma lesma-do-mar, a *Aplysia californica*, a lebre-do-mar-da-Califórnia, uma lesma gigante que chega a mais de sessenta centímetros de comprimento. Neurocientistas adoram essa espécie, escrevem óperas a seu respeito, tudo porque uma das pesquisas mais importantes, belas e inspiradoras em neurociência no século XX foi feita com ela.

Na superfície da *Aplysia* fica sua guelra, de extrema importância para a sobrevivência desse molusco. Se você tocar de leve na área em torno da guelra, chamada sifão, a *Aplysia* recolhe sua guelra para dentro por um tempo, por proteção (veja a figura a seguir).

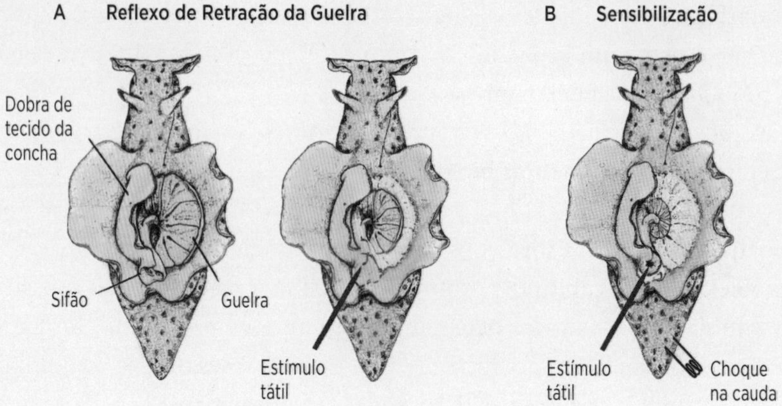

A circuitaria subjacente é simples: em todo o sifão há neurônios sensoriais (NSs), que têm potenciais de ação para o caso de alguma coisa tocar no sifão. Uma vez ativados, os NSs ativam os neurônios motores (NMs), que retraem a guelra:

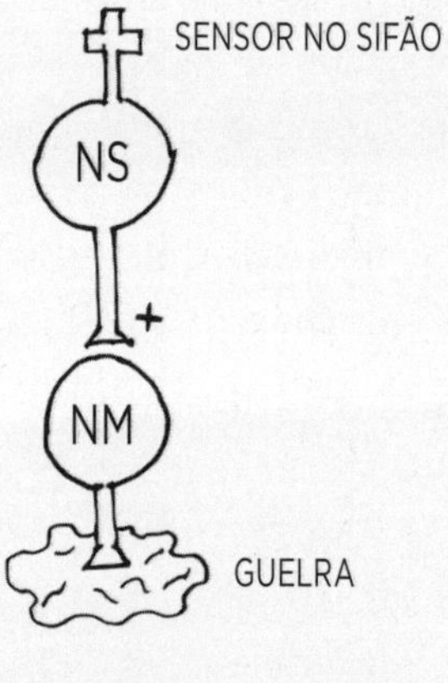

A guelra é essencial para a sobrevivência, e a *Aplysia* desenvolveu uma rota backup para o caso de falha na conexão NS-NM. Ocorre que o NS também manda uma projeção para um pequeno nó excitatório local (Exc). Quando o sifão é tocado, o NS ativa tanto os NMs como esse nó Exc; o nó envia uma projeção para o NM, ativando-o. Assim, se a conexão NS-NM falhar, ainda existe a rota NS-Exc-NM disponível (veja a figura a seguir).*

* A rota NS-Exc-NM funciona um pouco mais devagar do que a rota NS-NM, uma vez que o sinal NS-NM só precisa atravessar uma sinapse, enquanto a NS-Exc-NM envolve duas.

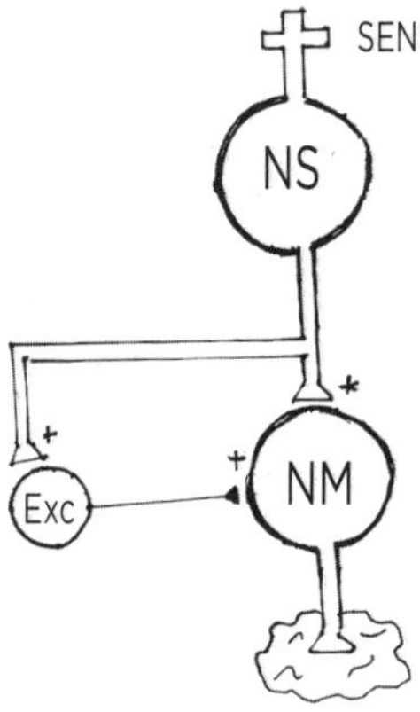

A guelra não pode ficar para sempre retraída, pois só funciona se estiver na superfície. Portanto, depois de um tempinho, a retração tem que ser interrompida; um interruptor de desligamento se desenvolveu com esse fim. O NS, quando ativado, não só ativa o NM e o Exc, mas também, depois de um *delay*, ativa um pequeno nó inibitório (Inh). Esse nó então inibe o ramo Exc (que, claro, é a rota com *delay* do NS para o NM e que, por isso, é alvo dessa inibição tardia). Como resultado, o NM deixa de ser ativado e a guelra volta para a superfície:

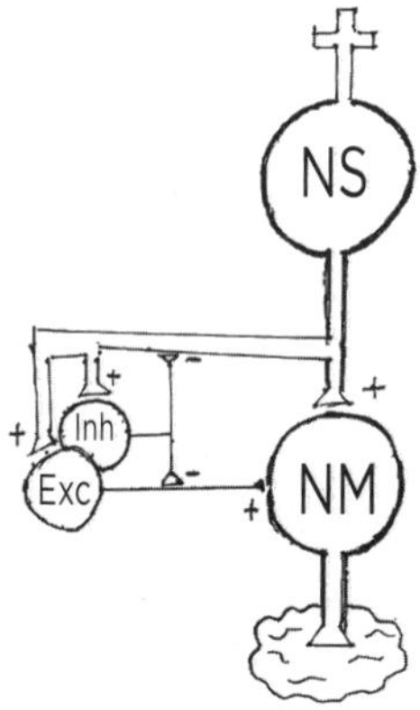

A circuitaria NS/NM/Exc/Inh não é um mundo em si; seu jeito de funcionar pode ser alterado pelo que está acontecendo no restante da *Aplysia*. Na extremidade final de uma *Aplysia* está, claro, a cauda. Se você der um choque na cauda, ela basicamente envia um sinal de alarme para o sifão. Como resultado, se o sifão for tocado logo depois disso, a guelra é retraída pelo dobro do tempo normal. Notícias preocupantes da cauda tornam o sifão mais suscetível a suas próprias notícias preocupantes.

Como conectar as coisas de tal maneira que eventos na cauda tornem a retração da guelra mais sensível? Muito simples. É preciso que haja um neurônio sensorial na cauda (NSC) sensível ao choque, e ele tem que dispor de um meio de comunicação com o circuito NS/NM/Exc/Inh. Quando ativado, o NSC torna tanto o NS como o Exc mais excitáveis:

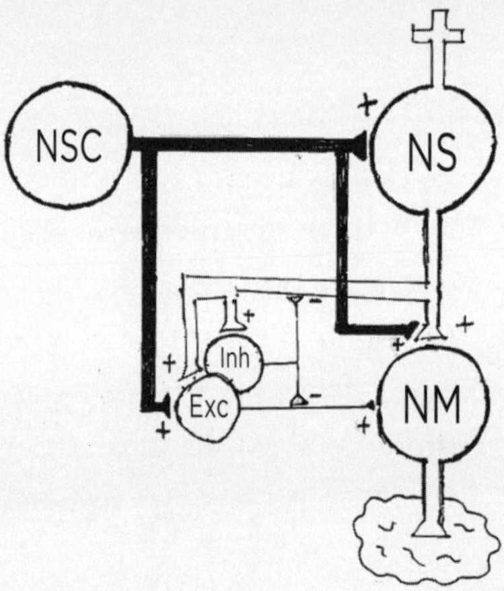

Note que um choque na cauda não faz a guelra se retrair — a excitação do NSC não é forte o suficiente para, sozinha, ativar o NM. Na verdade, o input do NSC está aumentando a força da sinalização NS-NM em resposta ao toque no sifão. Em outras palavras, um choque na cauda sensibiliza o reflexo de retração da guelra.

Perfeito. A *Aplysia* pode retrair a guelra em resposta a uma perturbação no sifão, dispõe de um sistema de backup, só por precaução, tem um meio de reverter o processo de volta ao ponto de partida e pode tornar o circuito mais inquieto e vigilante se coisas ruins acontecerem em outras partes dela.

Como sabemos tanta coisa sobre a vida íntima de uma *Aplysia*? Por causa do trabalho de um dos deuses da neurociência, Eric Kandel, da Universidade Columbia. Eis uma figura relativa à palestra que ele pronunciou ao receber o prêmio Nobel em 2000.[1]

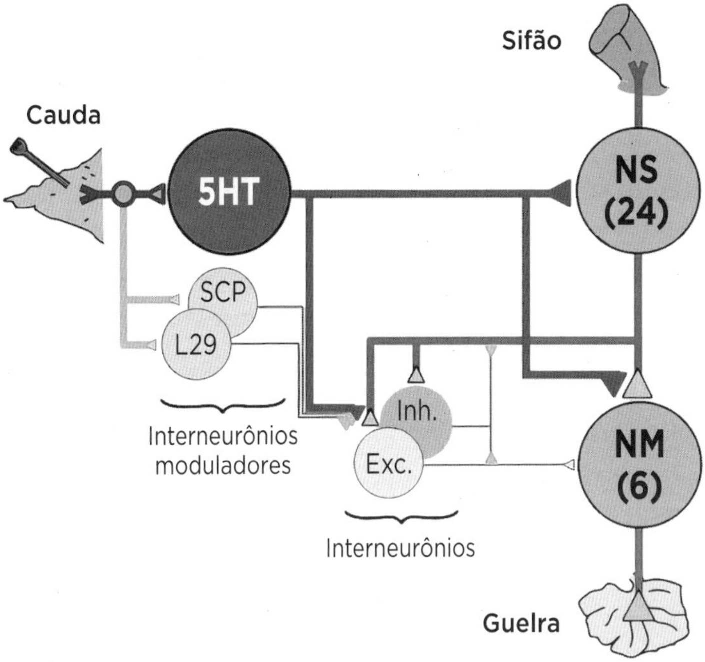

Alguns detalhes: 5HT é a abreviatura química do neurotransmissor (serotonina) usado pelo NSC. SCP e L29 fazem a sintonia fina do sistema; foram deixados de lado para simplificar. Existem 24 NSs num sifão, convergindo em seis NMs.

Isso é muitíssimo interessante, a clareza do sistema de conexão que essa lesma desenvolveu. Infelizmente, porém, é também irrelevante para nossos objetivos; tem mais em comum com o jeito de funcionar de um micro-ondas do que com o que se passa dentro de nós quando erroneamente acreditamos estar agindo por livre-arbítrio. Para isso, precisamos olhar para uma coisa muito mais interessante que ocorre numa *Aplysia* — esse circuito mudará em resposta à experiência. Pode ser treinado. Aprende.

A *APLYSIA* CULTA

Como vimos, eis duas regras básicas. Em primeiro lugar, se o sifão de uma *Aplysia* for tocado, a guelra se retrai por um tempo; em segundo, se o sifão for tocado até um minuto depois de a cauda levar um choque, a guelra fica retraída pelo dobro do tempo. Há mais, porém. E se a cauda levar quatro choques? Se o sifão for tocado até quatro horas depois desses choques, a guelra fica retraída por um período três vezes maior do que o normal. Dê vários choques na cauda e, se o sifão for tocado dentro das próximas semanas, a guelra fica retraída por um período dez vezes maior do que o normal. À medida que o mundo vai ficando mais e mais ameaçador, a *Aplysia* protege mais e mais sua guelra.

Como isso funciona?

Sabemos, por nosso conhecimento básico de neurologia, como a conexão NS-NM funciona — como resultado do sifão ter sido tocado, o NS libera neurotransmissor (o que, por sua vez, faz os NMs retraírem a guelra):

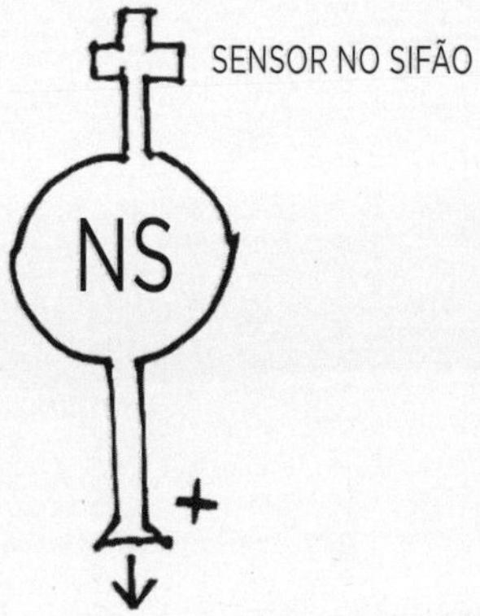

Agora precisamos ver o que se passa dentro do NS quando a cauda leva um choque. O NS e o NM são desenhados de maneiras bem diferentes agora, com pequenos pacotes de neurotransmissores alinhados na parte inferior do NS (os pequenos círculos), e com o NM e seus receptores de neurotransmissor (pequenas linhas horizontais) na parte inferior da sinapse. O neurônio sensorial da cauda foi ativado por um choque, levando-o a liberar seu neurotransmissor, que se liga a um receptor no NS. Como resultado de um único choque, um tipo de "coisa dependente da atividade do NSC" (que vamos chamar de Coisa) é liberado dentro do NS (veja a figura a seguir).

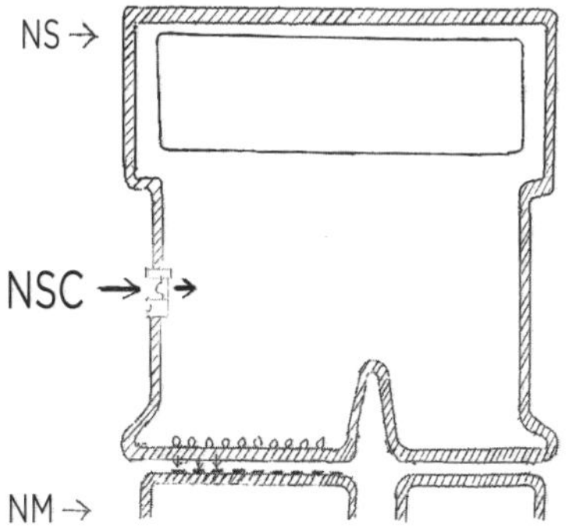

Essa Coisa dentro do NS desliza para o fundo, onde aumenta a quantidade de neurotransmissores ali armazenados (passo 1). Como resultado, se o sifão for tocado, neurotransmissores adicionais em quantidade suficiente são liberados pelo NS para fazer com que a guelra se retraia por um período duas vezes mais longo do que o normal. Em mais ou menos um minuto depois do único choque, os neurotransmissores extras armazenados no NS são degradados e as coisas voltam ao normal:

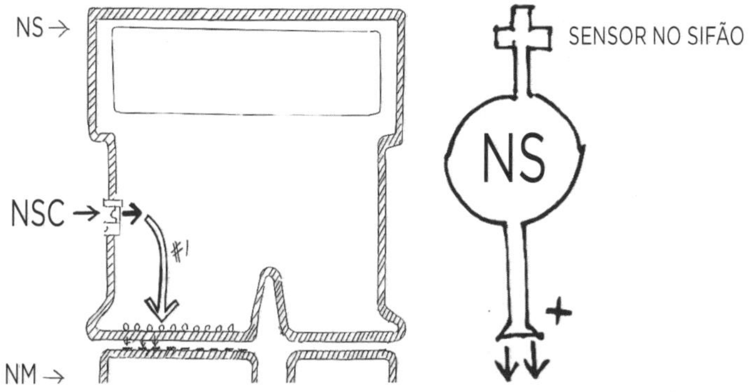

E se a cauda levar quatro choques um atrás do outro? Como resultado, muito mais Coisa é liberada dentro do NS do que com um choque. Isso não só desencadeia os acontecimentos do passo 1, claro, como também o excedente de Coisa é suficiente para deflagrar o passo 2 — essa Coisa adicional ativa um gene no DNA que produz uma proteína que estabiliza o neurotransmissor, para que resista à degradação. Como resultado, o neurotransmissor permanece mais tempo, e se o sifão for tocado neurotransmissores adicionais em quantidade suficiente são liberados pelo NS para fazer com que a guelra se retraia por um período três vezes mais longo do que o normal. Até quatro horas depois desse quarteto de choques, a proteína inibidora de degradação está, ela mesma, degradada. Como resultado, o neurotransmissor extra é degradado e as coisas voltam ao normal:

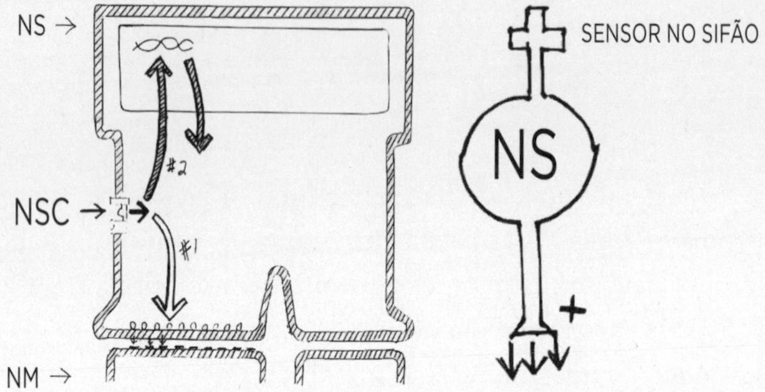

Agora, e se a cauda levar um intenso e sustentado conjunto de choques em poucos dias consecutivos? Quantidades imensas da Coisa são liberadas, o suficiente para ativar não só os passos 1 e 2, mas também o passo 3. Para esse passo final, a Coisa ativa toda uma série de genes* cujas proteínas resultantes, juntas, levam à construção de uma sinapse adicional. Se o sifão for tocado, neurotransmissores em quantidade suficiente são liberados pelo NS para fazer com que a guelra se retraia por um período *dez* vezes mais longo do que o normal. Semanas ou meses depois, a nova sinapse é desconstruída e as coisas voltam ao normal (veja a figura a seguir).**

* Só um lembrete: todo o DNA está num trecho único e contínuo, e não quebrado em partes separadas; o DNA é desenhado assim para maior clareza. Também não sei por que ele vai ficando menor rumo à direita de meu desenho, mas não é assim na vida real.

** Duas sutilezas. Em primeiro lugar, depois de tanto esforço para construir a segunda sinapse, por que não ficar com ela, supondo que ela seria útil em algum momento no futuro para lidar com outro conjunto de choques de alta intensidade? Porque manter uma sinapse é caro — reparar danos causados pelo desgaste nas proteínas, substituí-las por novos modelos, pagar aluguel, conta de luz etc. E aqui houve um arranjo evolutivo econométrico para a *Aplysia* — se vai haver frequentes situações de choque nas quais ela precise retrair sua guelra por um período dez vezes mais longo do que o normal, talvez seja melhor manter essa segunda sinapse. Se for um acontecimento raro, é mais econômico degradar a segunda sinapse e fazer outra em algum

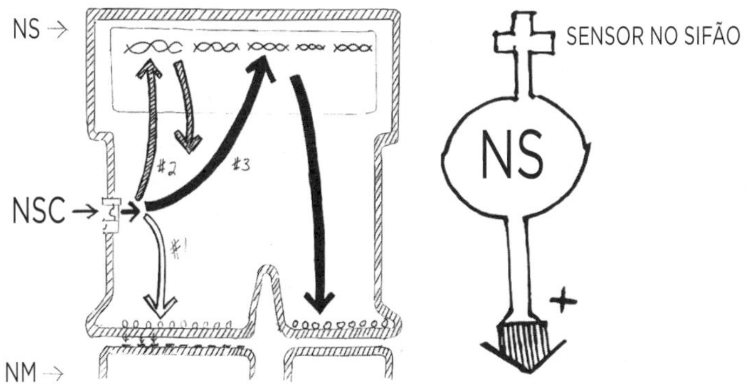

Portanto, temos uma hierarquia. Para um único choque, você acrescenta mais cópias de alguma molécula já existente; para quatro choques, gera uma coisa nova para interagir com aquela molécula já existente; para uma imensa série de choques, dá início a todo um projeto de construção. Tudo muito lógico. E foi isso que Kandel mostrou também (veja a figura a seguir, tirada da mesma palestra relativa ao prêmio Nobel).

momento no distante futuro quando for necessário. Essa é uma questão rotineira em sistemas fisiológicos, o ter que escolher entre manter um sistema de emergência ligado o tempo todo ou torná-lo induzível como função da frequência de emergências. Por exemplo, será que uma planta deve gastar energia produzindo uma toxina custosa em suas folhas para envenenar um herbívoro que a mastigue? Depende — há alguma ovelha vindo pastar todos os dias ou apenas uma cigarra vindo a cada dezessete anos?

Uma questão ainda mais sutil: suponhamos que a cauda levou um choque, e uma pequena quantidade da Coisa é liberada dentro do NS. Como esse pequeno número de moléculas da Coisa "sabe" que é preciso ativar o passo 1 e não os passos 2 e 3? O jeito de resolver isso é um tema comum nos sistemas biológicos: as moléculas deflagradas pela Coisa no passo 1 são muito mais sensíveis à Coisa do que as moléculas pertinentes no passo 2, que por sua vez são mais sensíveis do que as do passo 3. Assim, é como um chafariz em cascata: é preciso uma quantidade X da Coisa para ativar o passo 1; mais do que X para transbordar e também iniciar a ativação do passo 2; muito mais do que X para transbordar também para o passo 3.

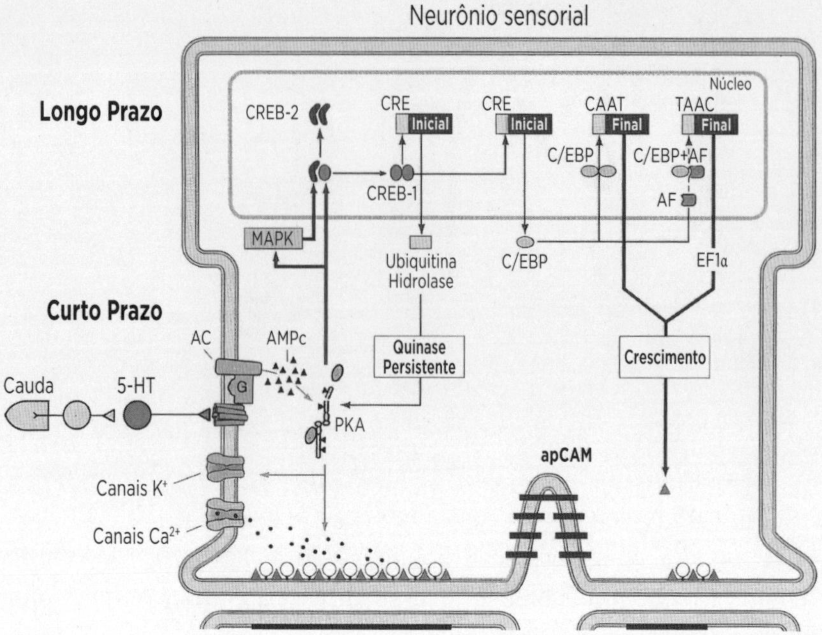

O que ele mostrou, exatamente, que acontece no NS de uma *Aplysia* quando isso está se passando? Leia por alto este parágrafo, sem memorizar uma palavra sequer. Na verdade, talvez você nem deva ler — apenas saiba como encontrá-lo de novo mais tarde. Os detalhes: A) O que está acontecendo mesmo no passo 1? O neurotransmissor 5-HT deflagra a liberação de AMPC, que ativa a PKA previamente desativada, que atua no canal K^+ para deflagrar um influxo de Ca^{2+} através de canais Ca^{2+}, o que resulta na liberação de uma grande quantidade de neurotransmissores. B) Passo 2: AMPC em quantidade suficiente foi despejado não apenas para ativar o passo 2, mas também para transbordar e fazer com que a MAPK separe a CREB-2 da CREB-1, liberando a última para dimerizar em pares de CREB-1, que interage com o promotor CRE, que ativa um gene de fase inicial que leva à síntese da enzima ubiquitina hidrolase, que estabiliza a PKA, permitindo que mantenha seus efeitos por mais tempo. C) Passo 3: O influxo de AMPC é grande o suficiente não só para ativar os passos 1 e 2, mas também o passo 3; isso leva à liberação e dimerização de CREB-1 suficiente para ativar não apenas o gene ubiquitina hidrolase, mas também o gene C/EBP; proteínas C/EBP então ativam uma série de genes de resposta tardia cujos produtos proteicos constroem em conjunto um segundo ramo sináptico.*

Quase meio século de trabalho de Kandel, de seus alunos e de colaboradores, depois todo um campo de neurocientistas partindo dessas descobertas, tudo para responder a apenas duas perguntas: Por que a traumatizada *Aplysia* retrai sua guelra por tanto tempo? Construímos uma máquina tanto no nível dos neurônios se comunicando entre si num circuito como no nível das alterações químicas dentro de um único neurônio-chave. É uma máquina inteiramente mecanicista em termos biológicos e que muda de maneira adaptativa em resposta a um ambiente em processo de mudança; tem sido usada como modelo por roboticistas. Desafio qualquer um a invocar o conceito de livre-arbítrio para entender o comportamento dessa *Aplysia*. Nenhuma *Aplysia*, ao encontrar outra, diria:

> Foi uma temporada difícil, obrigada por perguntar, muitos, muitos choques, nem desconfio por quê. Tive que construir novas sinapses em cada neurônio de meu sifão. Acho que minha guelra agora está a salvo, mas eu mesma não me sinto a salvo. Tem sido um inferno para meu parceiro.

Estamos observando uma máquina que não escolheu mudar de comportamento. Seu comportamento foi alterado pelas circunstâncias por meio de vias lógicas, bastante evoluídas.[2]

E por que esse é o insight neurobiológico mais deslumbrante de todos os tempos? Porque praticamente a mesma coisa ocorre em nós quando nos tornamos pessoas do tipo que apertaria um gatilho, ou entraria correndo num edifício em chamas para salvar uma criança, ou roubaria mais um biscoito, ou defenderia o incompatibilismo num livro destinado a ser lido apenas por duas pessoas que vão odiá-lo. Os circuitos e moléculas da *Aplysia* são todos os elementos constitutivos de que precisamos para dar sentido a mudanças comportamentais em nós.

* Só para sufocar você ainda mais, eis o que as abreviaturas significam: 5-HT = serotonina; AMPC = monofostato cíclico de adenosina; PKA = proteína quinase A; CREB = proteína de ligação ao elemento de resposta ao AMPC; MAPK = proteína quinase ativada por mitógeno; C/EBP = proteína de ligação ao intensificador CCAAT. E assim por diante.

O que, sem dúvida, parece absurdo, implausível, saltar da *Aplysia* para nós. Portanto, vamos chegar lá recorrendo a uns poucos exemplos intermediários (mas com detalhes menos angustiantes do que os usados no entendimento na maquinaria comportamental da *Aplysia*). Quando tivermos terminado, a dura realidade é que somos inimaginavelmente mais complexos do que uma *Aplysia*, porém máquinas biológicas com os mesmos elementos constitutivos e com os mesmos mecanismos de mudança.

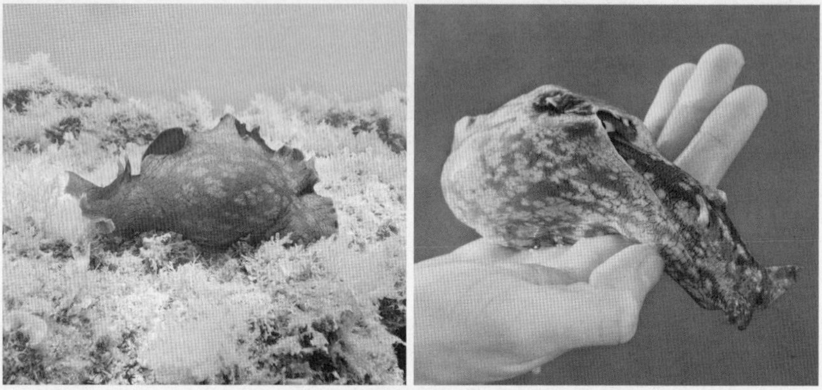

Aplysia californica. *Como deveria ser óbvio, a da esquerda é feliz, de um jeito não reflexivo. A da direita é um maravilhoso brinquedo que poderia ser o objeto de conforto de seu filho até o primeiro ano de faculdade.*

UMA COINCIDÊNCIA DETECTADA

Nossa próxima máquina neuronal pisca o olho. Aproxime-se dela, sopre um pouco de ar na pálpebra e a pálpebra pisca automaticamente, como um reflexo protetor. Já conhecemos a circuitaria simples necessária para a execução dessa façanha. Há um neurônio sensorial que tem potencial de ação em resposta ao sopro de ar. Isso então deflagra um potencial de ação num neurônio motor, levando à piscada (veja a figura a seguir).

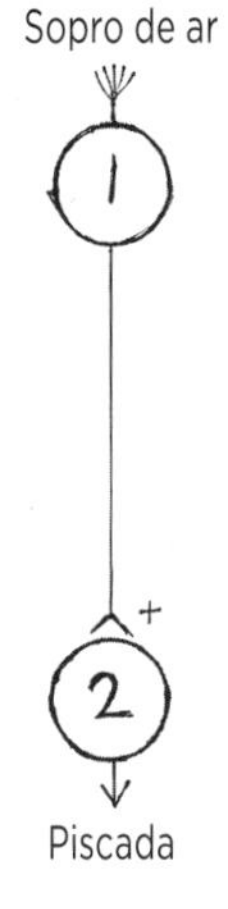

Vamos acrescentar um pedaço de circuitaria totalmente inútil. Temos um segundo neurônio sensorial. Esse não responde à estimulação tátil de um sopro de ar. Na verdade, responde a um estímulo auditivo, um som. O neurônio 3 se projeta no neurônio motor do piscar, onde ele não é excitatório o suficiente para causar um potencial de ação no neurônio 2. Produza o som e nada acontece no neurônio 2:

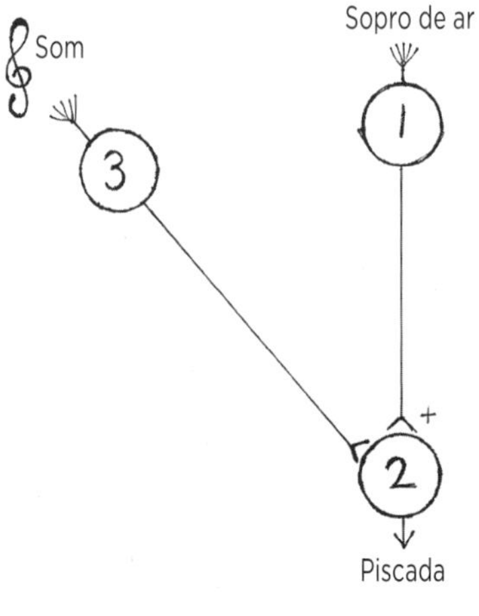

Vamos pegar esse caminho lateral ainda mais ornamentalmente inútil. Agora o som é produzido, ativando o neurônio 3. Como antes, o neurônio 3 é incapaz de causar um potencial de ação no neurônio 2. No entanto, ele causa esse potencial de ação no neurônio 4. Só que o potencial de ação do neurônio 4

tem apenas metade do poder excitatório necessário para evocar um potencial de ação no neurônio 5. Assim, estimule o neurônio 3 com um som e o resultado líquido é que nada acontece nem no neurônio 3 nem no neurônio 5. Um som ainda não tem efeito sobre o ato de piscar:

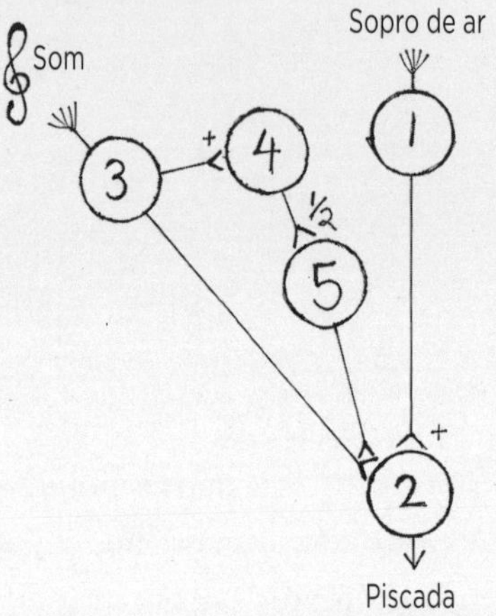

Vamos acrescentar outra projeção inútil a esse circuito. Agora o neurônio 1 envia uma projeção para o neurônio 5 (junto com sua projeção usual para o neurônio 2). Mas quando um sopro de ar deflagra um potencial de ação no neurônio 1, ele só chega à metade do caminho da excitação necessária para que o neurônio 5 tenha um potencial de ação. Portanto: sopro de ar, neurônio 2 é ativado, nada acontece no neurônio 5 (veja a figura a seguir).

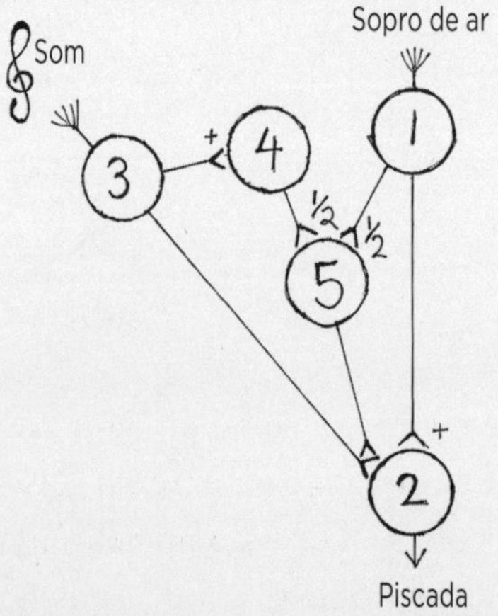

Mas agora vamos ativar o neurônio 1 *e* o neurônio 3. Produzimos um som e soltamos um sopro de ar. De maneira crucial, o som é produzido um segundo antes do sopro de ar, e leva um segundo para que qualquer potencial de ação alcance os terminais axonais. Então:

No momento zero: produza o som, neurônio 3 tem um potencial de ação.

Um segundo depois: o neurônio 4 tem um potencial de ação (graças ao neurônio 3), enquanto o sopro de ar agora causa um potencial de ação no neurônio 1.

Dois segundos depois: o neurônio 2 tem um potencial de ação (graças ao neurônio 1), deflagrando uma piscada. Enquanto isso, os potenciais de ação dos neurônios 4 e 1 chegam ao neurônio 5. De novo, nenhum dos dois inputs é suficiente para deflagrar um potencial de ação por si só, mas quando combinados o neurônio 5 tem um potencial de ação. Em outras palavras, *o neurônio 5 tem um potencial de ação se, e apenas se, o som for produzido e seguido de um sopro de ar um segundo depois*. O circuito permite ao neurônio 5 detectar que os dois estímulos coincidiram. Ou, para usar o jargão da área, o neurônio 5 é um detector de coincidências.

Três segundos depois: o neurônio 5 tem seu potencial de ação e com isso estimula os terminais axonais do neurônio 3. O que, como se vê, não realiza coisa alguma — não é forte o suficiente, digamos, para fazer com que esses terminais axonais despejem muitos neurotransmissores.

Mas produza o som seguido de um sopro de ar uma segunda vez. Uma décima vez, uma centésima vez. A cada vez que estimula os terminais axonais do neurônio 3, o neurônio 5 devagar faz com que o neurônio 3 construa mais neurotransmissores ali, liberando mais a cada vez, até que... por fim... quando estimulado pelo som, o neurônio 3 deflagra um potencial de ação no neurônio 2. E a máquina pisca *antes* que o sopro de ar ocorra, antecipando-se a ele:

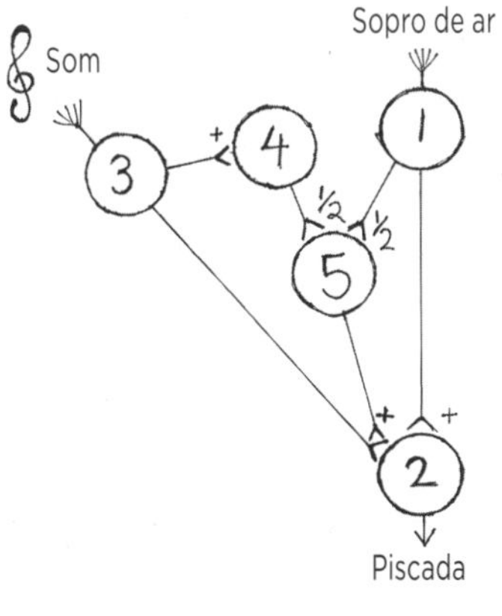

Isso é chamado de condicionamento do piscar de olho e funciona dessa maneira em mamíferos — cobaias de laboratório, coelhos, *seres humanos*. É útil, adaptativo — é muito bom estar condicionado a fechar as pálpebras antes de um estímulo nocivo como proteção, e não depois. Conhecemos o circuito subjacente num cenário diferente, famoso, que dá nome ao fenômeno: condicionamento pavloviano. O velho dr. Pavlov deixa o cachorro sentir o cheiro do jantar; o cachorro saliva. É o circuito de neurônios 1 e 2. O neurônio 1 sente o cheiro da comida, o neurônio 2 estimula a glândula salivar, o cachorro baba. Assim, temos um estímulo não condicionado (o cheiro), que automaticamente evoca a resposta não condicionada da salivação. Agora, toque a sineta pouco antes de a comida chegar; emparelhe as duas coisas várias vezes e, graças aos neurônios 1, 3, 4 e 5, você estabelece um estímulo condicionado e uma resposta condicionada — toque a sineta e o cachorro saliva, antecipando-se ao cheiro da comida.

O ponto-chave onde a mudança ocorre é o lugar onde o neurônio 5 termina no neurônio 3. Como a repetida estimulação dos axônios do último pelo primeiro resulta no aumento da quantidade de neurotransmissor liberada pelo último, até por fim adquirir o poder de provocar um piscar de olhos por conta própria? De volta à descrição, na página 288, do funcionamento do NS numa *Aplysia*. Como funciona o condicionamento da piscada? Através da liberação, pelo neurotransmissor do neurônio 5, do AMPC dentro do neurônio 3, que libera a PKA de seu freio, que ativa a MAPK e a CREB, que ativam certos genes, culminando, entre outras mudanças, na formação de novas sinapses.* Isso não é "Neurônio 5 causa a liberação intracelular de substâncias químicas que funcionam meio como Coisa na *Aplysia*". *São os mesmos mensageiros químicos.*[3]

Pense nisto. Humanos, sendo condicionados a piscar os olhos, e lesmas-do-mar, condicionadas a retrair as guelras, não compartilham um ancestral há mais de meio bilhão de anos. E aqui estamos, com os neurônios delas e os nossos usando a mesma maquinaria intracelular para mudar em resposta à experiência. Você e uma *Aplysia* poderiam trocar seus AMPCS, PKAS, MAPKS e assim por diante, e as coisas continuariam funcionando bem para os dois.** E

* E quanto mais novas sinapses, mais forte o condicionamento.

** E está implícito nisso que nós e a *Aplysia* compartilhamos os genes que codificam o AMPC, a PKA, a MAPK e assim por diante. Na verdade, compartilhamos pelo menos metade de nossos genes. Para dar uma ideia de como essa sobreposição é generalizada, compartilhamos mais ou menos 70% de nossos genes com esponjas — e elas nem sequer têm neurônios.

ambos estariam usando a serotonina para iniciar isso tudo. Essas semelhanças entre *Aplysia* e humanos deveriam acabar de uma vez com a descrença de qualquer um na evolução.[4]

E, mais importante para nossos propósitos, essas descobertas mostram (exatamente como o reflexo de retração das guelras na *Aplysia*) que nós mesmos podemos construir circuitos deterministas com neurônios deterministas que explicam uma *mudança* adaptativa no comportamento humano em resposta à experiência.* Tudo sem precisarmos invocar a noção de que "escolhemos" começar a piscar os olhos quando ouvimos determinado som.[5]

Uau, acabamos de esmagar qualquer filósofo cuja obra da vida inteira se baseie na noção de que temos livre-arbítrio porque podemos ser condicionados a piscar os olhos. Sim, sim, este não é um posto avançado do comportamento humano que se destaque pela sofisticação.

Para entender isso, o que acontece a cobaias de laboratório se, quando filhotes, foram intermitentemente separados das mães por um tempo? Cobaias que viveram essa "separação materna" no começo da vida são, como adultos, um desastre. São mais ansiosos, mostram uma resposta mais glicocorticoide ao estresse leve, não aprendem tão bem, viciam-se com facilidade em álcool ou cocaína. É um modelo de como certo tipo de adversidade no começo da vida em humanos produz adultos disfuncionais, e as pessoas sabem muito bem como cada uma dessas mudanças ocorre no cérebro.[6]

* Só para deixar bem claro, o circuito é mais complexo do que aparece na figura, o que me obrigou a procurar todo tipo de lugar obscuro do cérebro num livro didático de neuroanatomia que abro uma vez a cada dez anos. O neurônio 1, que sinaliza o sopro de ar, é, na verdade, uma sequência de três classes de neurônios — os primeiros neurônios no nervo trigêmeo, que estimulam neurônios no núcleo trigêmeo, que estimulam neurônios no núcleo olivar inferior. O neurônio 2, que transforma o sinal do sopro de ar num piscar de olhos, é também na verdade uma sequência de três classes de neurônios — os primeiros neurônios no núcleo interpósito dentro do cerebelo, que ativam neurônios no núcleo vermelho, que ativam neurônios do nervo facial no núcleo facial, que provocam o piscar de olhos. O neurônio 3 é também uma série de neurônios na vida real, começando com os neurônios do nervo auditivo, que estimulam neurônios no núcleo vestibulococlear, que estimulam neurônios no núcleo pontino. Logicamente, projeções do núcleo olivar inferior (que transportam informações de sopro de ar) e dos núcleos pontinos (que transportam informações de som) convergem no núcleo interpósito. Os neurônios 4 e 5 são um circuito no cerebelo que envolve células granulares, células de Golgi, células em cesto, células estreladas e células de Purkinje. Pronto, cumpri meu dever neuroanatômico e já não lembro o que escrevi três frases atrás.

Então pense nisto: pegue um filhote de cobaia, separe-o da mãe e será bem mais difícil condicioná-lo a piscar os olhos. Em outras palavras, além de outras consequências deletérias da separação materna, você tem animais que não adquirem essa resposta adaptativa tão prontamente. A causa disso é uma mudança epigenética no cérebro, de tal maneira que depois disso, para sempre, haverá níveis elevados de receptores de hormônios glicocorticoides do estresse nos equivalentes do neurônio 2. Bloqueie os efeitos dos glicocorticoides nessa cobaia adulta e o condicionamento do piscar de olhos se normaliza.* Conclusão: as adversidades no começo da vida prejudicam esse circuito tornando um neurônio-chave do circuito mais suscetível ao estresse.**[7]

Pegue uma cobaia heroica que, por alguma razão, pode salvar o mundo do desastre desenvolvendo uma resposta condicionada de piscar os olhos. E ela põe tudo a perder, não pisca e decepciona o mundo. Depois, todos ficam furiosos com a cobaia, culpando-a por não ter se condicionado. Ao que ela pode responder:

> Não é culpa minha — não fiquei condicionada porque, um segundo antes, meu núcleo interpósito não respondeu direito ao estímulo condicionado; porque poucas horas antes meus níveis de hormônio do estresse estavam elevados, o que garantia que o interpósito seria particularmente resistente ao condicionamento; porque, lá atrás em minha infância, minha mãe foi tirada de mim e isso mudou a regulação genética no interpósito, aumentando em caráter permanente os níveis de um receptor de hormônio ali; porque, milhões de anos atrás, minha espécie evoluiu para se tornar muitíssimo dependente dos cuidados maternos depois do nascimento e dos genes necessários para fazer mudanças ao longo da vida no circuito se a mãe estiver ausente.

Uma mudança de comportamento em razão de mudanças específicas que podem ser identificadas num circuito, oriundas de circunstâncias um segundo, uma hora, uma vida inteira, uma era evolutiva antes, sobre as quais o

* Compreende-se também como os glicocorticoides perturbam a função de neurônios como os do interpósito, mas isso é mais detalhe do que o que precisamos aqui.

** Pelo que sei, ninguém viu se humanos adultos que enfrentaram muitas adversidades na infância tiveram o condicionamento do piscar de olhos prejudicado, mas é perfeitamente plausível. O que obviamente seria o menor da longa lista de problemas que alteram sua vida.

organismo não tinha controle. Não há responsabilidade moral roedora envolvida, nenhuma base para que todo mundo culpe a cobaia.

Mas, ainda assim, é só uma questão de piscar de olhos. Vamos aos tipos de hipótese de que este livro inteiro trata.

QUANDO ELES SE TORNAM "ELES"

Não são muitos os problemas do mundo que surgem do fato de que um estímulo neutro pode ser condicionado a provocar um reflexo de piscar de olho. Mas muitos surgem do mesmo processo quando ocorre na amígdala.

Pegue uma cobaia ou um voluntário humano e aplique-lhes um choque. A amígdala é ativada; você pode mostrar isso na cobaia registrando a atividade dos neurônios na amígdala com eletrodos, enquanto em humanos você mostra a mesma coisa com imagens cerebrais. Para nos prepararmos para as sutilezas que virão, logo de cara o vínculo entre choque e a ativação amidaloide é modulado de muitas maneiras interessantes. Por exemplo, tanto na cobaia como no humano, a amígdala é mais ativada se o choque ocorrer de maneira imprevista, e não com você sabendo quando o choque virá.

Uma vez ativada, a amígdala deflagra uma variedade de respostas. O sistema nervoso simpático é ativado, o coração bate mais rápido, a pressão sanguínea aumenta. Glicocorticoides são secretados. Sua cobaia típica ou seu humano típico ficam congelados. De forma nada trivial, se essa cobaia tiver uma cobaia menor e mais fraca ao lado dela, a cobaia que levou o choque fica mais propensa a morder a outra — o que diminui sua própria resposta ao estresse.

Portanto, essa é uma versão do circuito NS-NM, a esta altura já bem conhecido. Agora, antes de cada choque, produza um som como estímulo condicionado. Repita várias vezes e você sabe o que acontece — o próprio som acabará adquirindo o poder de ativar a amígdala e temos uma resposta condicionada de medo. O belo trabalho de Joseph LeDoux, da Universidade de Nova York, revelou a circuitaria que explica isso. Olhe com atenção e — surpresa! — é a mesma fiação básica do condicionamento de um piscar de olhos ou da retração de uma guelra. Se cronometradas de forma correta, informações sobre o estímulo não condicionado (o choque), mediadas pelo tálamo somatossensorial e pelo córtex, e sobre o estímulo condicionado (o som), mediadas pelo ramo auditivo, exatamente como ocorre com o piscar de olhos condicionado, convergem ao mesmo tempo na amígdala. Os neurônios locais ali atuam como detectores de coincidências, a estimulação repetida do ramo auditivo induz todo tipo de mudança na amígdala envolvendo o AMPC, a PKA, a CREB, tudo aquilo de sempre, e um som agora provoca o mesmo terror de um choque.[8]

Vimos que uma coisa simples como o condicionamento da piscada reflete um sistema nervoso esculpido por tudo que veio antes (por exemplo, a experiência materna precoce). A aquisição, a consolidação e a extinção* do medo condicionado de uma coisa neutra como um som reflete ainda mais a história do organismo. A extinção será mais rápida se, nos segundos anteriores, houver na amígdala altos níveis de endocanabinoides (cujo receptor também se liga ao THC, o componente mais ativo da *cannabis*), o que facilita deixar de ter medo de alguma coisa. A amígdala se torna menos propensa a armazenar uma resposta condicionada de medo como memória estável se, nas horas anteriores, o indivíduo tomou um antidepressivo da classe dos inibidores seletivos de recaptação da serotonina (ISRSs), como o Prozac (que faz as pessoas ruminarem menos os pensamentos negativos). A amígdala ficará menos ativa e difícil de condicionar se, nos dias anteriores, foi exposta a altos níveis circulantes de oxitocina, o que ajuda a explicar como a oxitocina pode promover a confiança. Já se o organismo tiver sido exposto a altos níveis de hormônios do estresse no mês anterior, fica mais fácil gerar uma resposta de medo condicionado (graças aos hormônios que aumentam a atividade do gene que produz a versão mamífera da C/EBP, que aparece na figura da página 288. E recuando em nosso arco "um segundo antes, um minuto antes", se foi exposto a muito álcool da mamãe durante a vida fetal, um organismo tem mais dificuldade para lembrar um medo condicionado. E, claro, a rapidez com que o condicionamento se dá é influenciada pelas versões dos genes relacionados aos dessa figura que estejam presentes, assim como por se a espécie do indi-

* Desdobramos as características do condicionamento do medo: aquisição da resposta (adquirir a resposta condicionada em primeiro lugar); consolidação da resposta (lembrar-se dela muito tempo depois); extinção da resposta (perder aos poucos a resposta depois de ser exposto ao som várias vezes quando ele *não é* seguido por um choque).

víduo desenvolveu esses genes em primeiro lugar. A facilidade com que um organismo aprende a ter medo de uma coisa simples como um som é produto final de todas essas influências no funcionamento desse circuito, fatores sobre os quais o indivíduo não tem controle algum.[9]

Tudo isso por um som.

Examine outra coisa que ativa sua amígdala. Neste caso, ouvir a palavra "estuprador". Em termos genéticos, você não foi programado para ativar sua amígdala em resposta a isso, não da maneira que ela seria ativada automaticamente se, digamos, você estivesse pendurado de cabeça para baixo por um fio no ar, coberto de aranhas e cobras. Na verdade, a amígdala passou a responder à palavra através de aprendizagem — você aprende o que as quatro sílabas significam, o que é o ato; você ficou sabendo sobre seu impacto em geral, que ser estuprado, pelo que se diz, é como viver o próprio assassinato; você conhece alguém que foi ou, o que é intolerável, você mesmo foi. De qualquer maneira, agora você tem uma amígdala que é ativada de forma automática em resposta à palavra, tão seguramente como se levasse um choque.

Agora vamos pegar um estímulo neutro e confiar nos detectores de coincidências em nossas amígdalas para gerar uma resposta condicionada de medo. Algo mais complexo do que uma sineta que faria os cachorros de Pavlov salivarem ou um som que deixaria uma cobaia de laboratório paralisada:

> Quando o México manda seu povo, não manda o que tem de melhor. Não está mandando você. Não está mandando você. Está mandando gente com muitos problemas, e essa gente traz esses problemas para nós. Está trazendo drogas. Está trazendo o crime. Eles são estupradores.
>
> — Donald Trump, no famoso discurso com que iniciou sua campanha presidencial em 16 de junho de 2015.

Estudantes de história e assuntos da atualidade: Vamos jogar um jogo chamado "Relacione estímulo condicionado e estímulo não condicionado". Se acertar tudo, você ganha um prêmio. Divirta-se.

ESTÍMULO CONDICIONADO E AS PESSOAS QUE TRABALHARAM PARA GERAR ESSA ASSOCIAÇÃO	ESTÍMULO NÃO CONDICIONADO
1. Muçulmanos na opinião de nacionalistas europeus	a. Vermes, roedores
2. Judeus na opinião dos nazistas	b. Ladrões, batedores de carteira
3. Indo-paquistaneses na opinião de metade dos quenianos que conheço	c. Dependentes de ópio
4. Imigrantes irlandeses na opinião de brancos, anglo-saxões e protestantes do século XIX	d. Uma malignidade, um câncer
5. Roma na opinião de séculos de europeus	e. Superpredadores violentos
6. Mexicanos na opinião de Donald Trump (este vai como brinde)	f. Estupradores
7. Jovens afro-americanos do sexo masculino na opinião de grandes fatias dos Estados Unidos brancos	g. Donos de loja trapaceiros
8. Imigrantes chineses na opinião dos Estados Unidos do século XIX	h. Baratas
9. Tutsis na opinião dos arquitetos hutus do genocídio ruandês	i. Papistas bêbados

Sim, sim, é difícil, porque há sobreposições, mas, vamos lá, faça uma forcinha.*

A questão agora é saber com que prontidão você passa a associar *mexicanos* com *estupradores* enquanto é submetido ao condicionamento trumpista — até que ponto você é resistente ou vulnerável à formação desse estereótipo em sua mente? Como de hábito, depende do que aconteceu um segundo antes de ouvir a declaração dele, um minuto antes, e assim por diante. Aqui vão os tipos de circunstância que aumentam suas chances de ser condicionado pelo homem, caso você seja um americano convencional: se você estiver cansado, faminto ou bêbado. Se alguma coisa assustadora lhe aconteceu um minuto antes. Se, sendo homem, seus níveis de testosterona tiverem disparado nos últimos dias. Se, nos últimos meses, você esteve sob estresse crônico, digamos, por estar desempregado. Se, quando tinha vinte e poucos anos, seu gosto musical o levou a se tornar superfã de algum músico que endossava esse estereótipo. Se

* De acordo com registros históricos, assuntos da atualidade e o tópico *Ver também*, começando com a página "Estereótipos éticos e nacionais" da Wikipédia: 1d, 2a, 3g, 4i, 5b, 6f, 7e, 8c, 9h.

você viveu num bairro etnicamente homogêneo quando adolescente. Se sofreu maus-tratos psicológicos ou físicos quando criança.* Se os valores de sua mãe eram os de uma cultura xenofóbica e não de uma cultura pluralista. Se você foi desnutrido quando feto. Se tiver variantes específicas de genes relacionados a empatia, agressividade reativa, ansiedade e respostas à ambiguidade. Tudo coisas sobre as quais você não teve controle. Tudo coisas que esculpiram a amígdala que você viria a ter nesse instante de exposição a um estereótipo, até quantas moléculas de AMPC cada neurônio libera, ou se os freios da PKA estão apertados, e assim por diante. Por haver milhões de neurônios envolvidos, com zilhões de sinapses, o processo está sujeito a uma vida inteira de influências que são espantosamente mais complexas e matizadas do que o que é preciso para condicionar um piscar de olhos ou mudar a forma como uma *Aplysia* protege sua guelra. Mas são todos os mesmos elementos constitutivos mecanicistas que vão determinar se suas opiniões serão afetadas pela tentativa tóxica de um demagogo de formar em você uma associação condicionada.**[10]

Chegou a hora de por fim passar para o tipo de encruzilhada de que trata este livro, em última análise, examinando a biologia das mudanças de nossos comportamentos morais, e não a ideia de que escolhemos livremente mudar nossos comportamentos.

ACELERAR E DESACELERAR

Estou dirigindo pela rodovia. Passo por um carro ou um caminhão aqui e ali. Alguns me ultrapassam. Estou ouvindo música. E de repente passa por mim um sujeito num sensato carro elétrico, com um desses adesivos de para-choque que dizem FAÇA O BEM SEM OLHAR A QUEM. Nos segundos seguintes, provavelmente esboço um sorriso microexpressivo e me vêm à mente alguns

* Curiosamente, isso acaba sendo um significativo preditor de crescer acreditando que as vacinas contra a covid-19 são parte de uma conspiração para prejudicá-lo.

** A título de esclarecimento, há poucos motivos para achar que essa foi uma circunstância em que muita gente foi de fato condicionada a fazer essa associação apenas como resultado daquela única declaração. Na verdade, boa parte do êxito dela consistiu em sinalizar a pessoas que já pensavam assim que Trump era o homem que queriam. Portanto, esse é apenas um modelo simplificado da realidade, que requer repetição.

pensamentos. "Isso é legal." "Acho que eu ia gostar desse sujeito." "Me pergunto quem será." "Aposto que tem um adesivo de doador de órgãos na carteira de motorista." E então me censuro por ter tido um pensamento tão macabro. Acho que ele com certeza ouve a cadeia pública de rádio NPR. E penso que seria muito irônico se estivesse indo roubar um banco. E então algo dito no rádio prende minha atenção e volto a escutar, pensando em outra coisa.

Trinta segundos depois, o carro à minha frente do lado direito sinaliza que quer mudar para minha faixa. Dando uma de babaca, penso comigo mesmo: "Nem pensar! Estou com pressa". Prestes a pisar no acelerador, lembro-me do adesivo do para-choque. Desisto de acelerar. E meio segundo depois ponho o pé no freio, permitindo que o carro mude de faixa, desfrutando por um instante de um senso de profunda nobreza.

O que aconteceu naqueles segundos depois que vi o adesivo no para-choque? É *Aplysia* determinista que não acaba mais.

Existe a imagem clássica de nós num dilema moral: um anjo num ombro, um demônio no outro.* Temos um output motor, o neurônio ou os neurônios que acionam nossos músculos para pressionar o acelerador. E, num nível metafórico, há a circuitaria neural cujo output líquido é estimular aquele neurônio, uma mensagem de "Faça", enquanto um circuito diferente provoca um inibitório "Não faça; ao contrário, desacelere".

O que é o circuito "Faça"? O de sempre — resultado de influências de um segundo ou de milhões de anos atrás. Você está faminto. Sentiu essa dor misteriosa latejando do lado esquerdo do traseiro e por um momento ficou preocupado achando que tem câncer do lado esquerdo do traseiro, por isso se sente no direito de dirigir como se fosse dono da estrada. Está indo a uma reunião importante e não pode chegar atrasado. Há meses que não dorme direito. No ensino médio, bem lá atrás, os colegas valentões viviam provocando você, e disso ficou uma vaga e tácita ideia de que deixar alguém entrar na sua frente na estrada significa que você é frouxo. É a hora do dia em que seus níveis de

* Aparentemente estou me distraindo com qualquer coisa agora, pois, enquanto procurava uma boa ilustração de anjo/demônio, acabei olhando umas duzentas imagens para confirmar a hipótese repentina de que uma porcentagem desproporcional delas tem o demônio no ombro esquerdo e o anjo no ombro direito. E isso ocorreu 62% das vezes na amostra examinada. Como canhoto, fico um pouco ofendido — já me acostumei a ser canhestro, mas ser satânico é outra coisa.

testosterona estão lá em cima, fortalecendo os sinais do neurônio no circuito "Sou um frouxo se deixar alguém passar na minha frente" (seja qual for seu sexo). Você tem esta ou aquela variante deste ou daquele gene. Você é homem e pertence a uma espécie na qual existe uma correlação moderada, mas significativa, entre a competição entre machos e o sucesso reprodutivo masculino. Tudo isso empurra na direção do "Faça".

Enquanto isso, o neurônio de "Não faça; ao contrário, desacelere" tem seus inputs. Você gosta de pensar que é boa pessoa. Frequentou reuniões dos quacres por um tempo na faculdade. Alguma coisa no noticiário hoje de manhã fez você se sentir um pouquinho menos bilioso e impotente em relação à ideia de que o gradualismo de pequenas boas ações pode tornar o mundo melhor. Há aquela música de rock cristão de que você na verdade gosta, para seu difuso constrangimento ateísta. Você foi criado por pais que, a cada semana no Shabat, lhe davam uma moedinha para pôr na caixa de contribuição para um orfanato e então, em nome dos órfãos, lhe davam um abraço que você ainda hoje sente, sessenta anos depois. Etc.

Os dois circuitos estão lá, impulsionando você para resultados neurobiológicos opostos. Nesse momento, o impulso de "Não faça; ao contrário, desacelere" tem um pouco mais de força do que o normal. Por quê? Porque os neurônios ativados por aquele adesivo de para-choque, ainda reverberando num loop de mais ou menos um minuto no que chamamos de memória de curto prazo, acrescentaram uma voz fraca, mas decisiva, que faz a balança pender para o circuito "Não faça".[11]

Como cada um desses circuitos se formou para adquirir o poder coletivo de influenciar nossa saída motora por meio de neurotransmissores? Por meio de um monte de neurônios formando associações positivas ou negativas com uma coisa ou outra. Em outras palavras, um monte de neurônios em que coisas como AMPC, PKA ou MAPK fizeram isto ou aquilo.

Consideremos um circuito neuronal hipotético, saído direto do apêndice que introduz os fundamentos do sistema nervoso. Suponha que temos uma rede formada por duas camadas de neurônios. A camada 1 consiste nos neurônios A, B e C, enquanto a camada 2 consiste nos neurônios 1 a 5. Observe o padrão de conexão, em que o neurônio A se projeta nos neurônios de 1 a 3, o neurônio B nos neurônios de 2 a 4, o neurônio C nos neurônios de 3 a 5.

Dito de outra maneira, o neurônio 3 recebe inputs de outros três neurônios; os neurônios 2 e 4, de outros dois; os neurônios 1 e 5, de um único input cada:

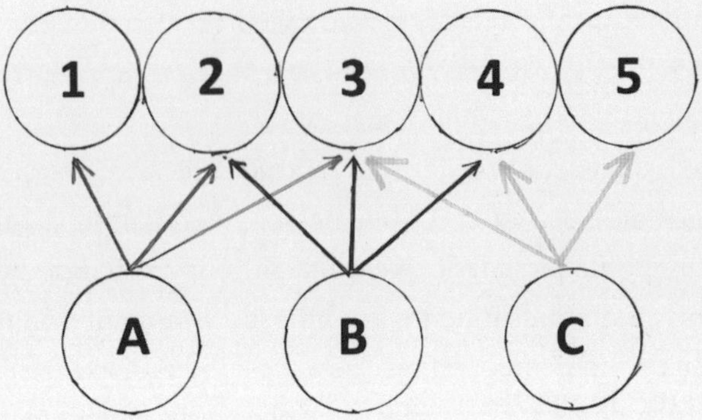

Vamos agora atribuir à camada 1 algumas especializações improváveis. O neurônio A responde a fotos de Gandhi, o neurônio B a fotos de Martin Luther King, o neurônio C a fotos das irmãs Mirabal. A rigor, neurônios não funcionam assim, mas vamos deixar esses três neurônios representarem três redes complexas de reconhecimento especializado (veja a figura a seguir).

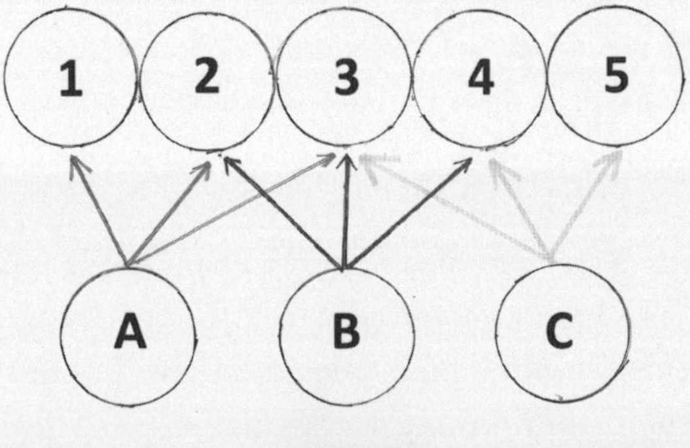

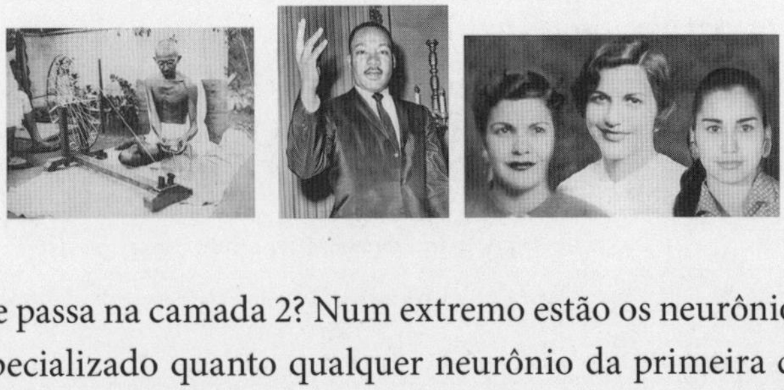

O que se passa na camada 2? Num extremo estão os neurônios 1 e 5; cada um é tão especializado quanto qualquer neurônio da primeira camada, respondendo a Gandhi e às irmãs Mirabal, respectivamente. E o neurônio 3, no outro extremo? É um neurônio generalista, situado na interseção do conhecimento entre os três neurônios da camada 1. O que ele sabe? Da sobreposição de projeções da camada 1 emerge uma categoria de pessoas que morreram por suas convicções.* É o neurônio que armazena o conhecimento sobreposto e a comunalidade desses três exemplos. Os neurônios 2 e 4 também são generalistas nesse sentido, mas menos habilidosos em seu conhecimento, tendo cada um apenas dois exemplos aos quais recorrer. Você pode tornar um neurônio generalista com conhecimento categórico ainda melhor com mais exemplos — não seria difícil imaginar a camada 1 contendo mais exemplos e o neurônio 3, portanto, na interseção de Gandhi, Martin Luther King, as irmãs Mirabal além, digamos, de Sócrates, Harvey Milk, Santa Catarina de Siena,** Lincoln.

* As irmãs Mirabal, Patria, Minerva e Maria Teresa, foram assassinadas em 1960 por causa da oposição política que faziam a Rafael Trujillo, ditador da República Dominicana. Um nível extra de comoção é acrescentado pelo fato de que havia uma quarta irmã, Dede, que era relativamente apolítica, escapou da morte e viveu mais 54 anos sem as irmãs. Nossa família ficou obcecada com as Mirabal algum tempo atrás, quando um de nossos filhos leu um livro sobre elas.

** Imagine uma adolescente, no primeiro ano de faculdade. Durante o primeiro semestre, os amigos começam a notar, com preocupação, que ela não é de comer muito — vive insistindo que está satisfeita na metade do jantar, ou que está se sentindo um pouco mal e sem apetite. Chega a jejuar dois, três dias seguidos. Em mais de uma ocasião, sua colega de quarto a surpreende se esforçando para vomitar depois da refeição. Quando os amigos comentam que está magra demais e precisa se alimentar melhor, ela reage dizendo que tem um enorme apetite, come como uma glutona e acha que isso é um defeito pessoal que precisa superar — é por isso que jejua. Ela vive falando em comida e escrevendo sobre comida nas cartas para a família. Embora tenha muitas amizades femininas, parece evitar homens — planeja continuar virgem a vida toda, diz que o jejum realmente lhe faz bem, afastando de sua cabeça sentimentos sexuais. Há muito tempo parou de menstruar e seu eixo reprodutivo deixou de funcionar por causa da desnutrição.

Sabemos exatamente o que é isso — anorexia nervosa, uma doença potencialmente fatal quase sempre interpretada no contexto de nosso estilo de vida ocidental como situada na interseção entre nossa superabundância de comida e de vidas preenchidas com um interesse pelo consumo de alimentos (*Iron Chef*, alguém aí tem interesse?) de um lado, e de outro a corrosiva e incessante sexualização das mulheres na mídia, que leva tantas mulheres e meninas a terem problemas de imagem corporal.

Faz sentido. Mas vejamos o caso de Catarina de Siena, nascida em 1347, na Itália. Quando adolescente, e para desgosto dos pais, ela começou a limitar a ingestão de alimentos, sempre insistindo que já estava satisfeita ou que não se sentia bem. Começou a fazer jejuns frequentes, de vários dias. Ingressando na Ordem Dominicana da Igreja, fez voto de celibato; agora casada com Cristo, relatou uma visão na qual usava a aliança de casamento de Cristo... feita

O neurônio 3 é muito mais conhecedor dessa categoria de pessoas que morreram por suas convicções.[12]

Opa, você acaba de ter um pensamento um pouco irreverente, reconhecendo que esse grupo de Gandhi, Martin Luther King, as irmãs Mirabal, Sócrates, Harvey Milk, Santa Catarina e Lincoln é descrito com a mesma exatidão com que pessoas são retratadas em filmes biográficos. Em outras palavras, a série de exemplos da camada 1 poderia estar ao mesmo tempo inserida a) junto com Sid Vicious, na categoria de filmes biográficos, ou b) na categoria das pessoas que morreram por suas convicções, agora incluindo um tio-avô morto na Normandia, cuja lembrança ainda provoca lágrimas na adorável irmã caçula dele, sua avó, de 95 anos.[13]

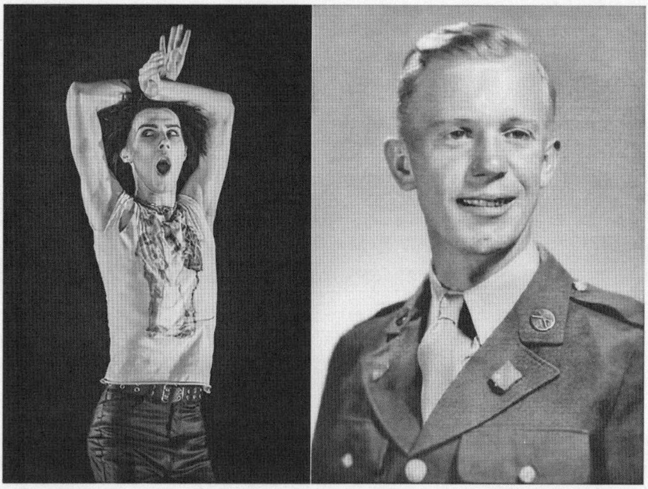

Assim, o mesmo neurônio da camada 1 pode fazer parte de múltiplas redes. Esqueça Sid Vicious e acrescente Jesus à camada e, de acordo com mui-

com seu prepúcio. Forçava o vômito quando achava que tinha comido demais, explicando seus jejuns como uma prova de devoção e como um meio de se controlar e se punir por sua "gulodice" e por sua "luxúria". Seus escritos são repletos de imagens do ato de comer — beber o sangue de Cristo, comer o corpo dele, amamentar-se nos mamilos dele. Por fim, ela chegou ao ponto de (espere só...) se comprometer a comer apenas cascas de ferida de hansenianos e a sugar seu pus, e escreveu: "Nunca na vida provei comida ou bebida tão doce e tão deliciosa [quanto o pus]". Morreu de inanição aos 33 anos, foi canonizada no século seguinte e sua cabeça mumificada está exposta numa basílica em Siena. História irresistível. Até falo sobre ela em minhas aulas; os detalhes sobre pus e cascas de ferida sempre agradam a todos.

tos humanos da Terra, ainda temos a categoria de pessoas que morreram por suas convicções (além de serem temas de filmes biográficos). Enquanto isso, Gandhi e Jesus, mais Johnny Weissmuller, poderiam se projetar como um trio agrupado numa segunda camada codificando para homens de tanga:

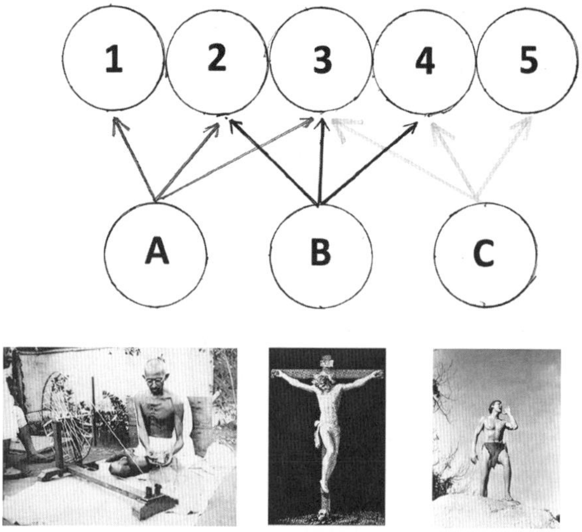

Vamos levar as coisas um pouco mais longe. Para facilitar, ignoremos os neurônios 1, 2, 4 e 5 da segunda camada, reduzindo tudo ao neurônio generalista 3:

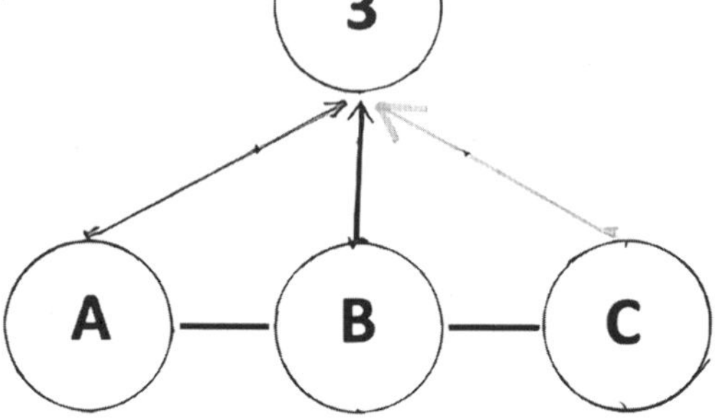

Temos, pois, os neurônios de Gandhi, de Martin Luther King e das irmãs Mirabal convergindo no neurônio 3 de "pessoas que morreram por suas convicções". Ao lado dele há outra rede (mais uma vez ignorando os neurônios 1, 2, 4 e 5 por amor à simplicidade). O que o neurônio A nessa segunda rede codifica? Aquela vez que, apesar de morrer de medo de altura, você se obrigou a pular do trampolim e se sentiu ótimo depois. O neurônio B nessa segunda rede? Aquele semestre em que você por pouco não foi reprovado em geometria já no início, mas se esforçou ao extremo e acabou tirando uma boa nota. O neurônio C? Todas aquelas vezes, quando você era criança, que sua mãe lhe disse que você poderia ser o que quisesse quando adulto, se se empenhasse para valer. A que se refere o neurônio 3 na segunda rede? A uma categoria que pode ser mais ou menos definida como "razões pelas quais tenho uma sensação de otimismo e agência sobre a vida" (veja a figura a seguir).

Ao lado deles há uma terceira rede. Seu neurônio 3 se refere a "a paz ocorreu em lugares realmente improváveis", e os neurônios A/B/C da camada 1 são o Acordo da Sexta-Feira Santa na Irlanda do Norte, os Acordos de Camp David entre Egito e Israel e a trégua de Natal na Primeira Guerra Mundial.

Assim, três redes adjacentes, nas quais o neurônio 3 da primeira camada tem a ver com "pessoas que morreram por suas convicções", o neurônio 3 da segunda, com "por que tenho uma sensação de otimismo e agência sobre a vida" e o neurônio 3 da terceira, com "a paz que ocorreu em lugares realmente improváveis".

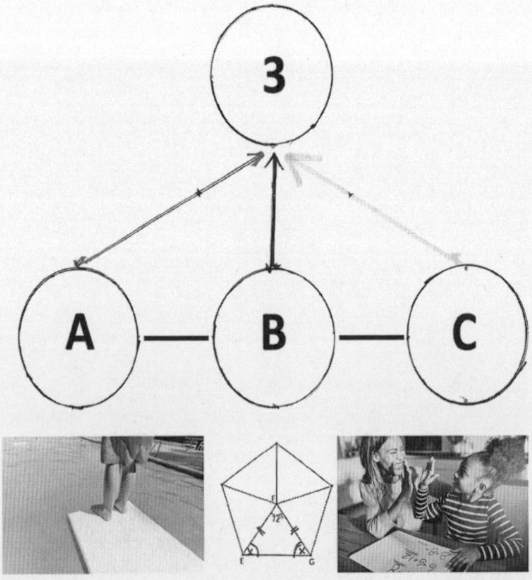

E, como passo final, os três neurônios diferentes, um depois do outro, formam sua própria camada 1, projetando-se em seu próprio superneurônio 3:

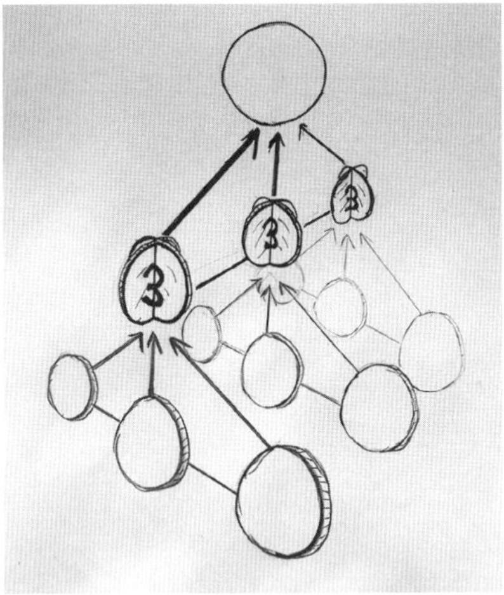

O que há no topo dessa rede de três camadas? Uma conclusão emergente do tipo "As coisas podem melhorar; há pessoas que heroicamente fizeram as coisas melhorarem; até eu posso fazer as coisas melhorarem". Há esperança.

Sim, eu sei, é uma simplificação absurda. Mas ainda assim é uma aproximação de como o cérebro funciona — exemplos convergindo em nós dos quais emerge a capacidade de categorizar e associar. Cada nó é parte de múltiplas redes — serve como elemento de camada inferior em uma e, ao mesmo tempo, serve como elemento de camada superior em outra, ator principal em uma, periférico em outra. Tudo construído segundo princípios de cabeamento idênticos aos de uma *Aplysia*.

E é onde os acontecimentos a nossa volta alteram a força de várias sinapses — outro tirano assume o controle num país que avançava, rastejando, para a democracia, e uma rede como esta última é enfraquecida por esse contraexemplo. Você desacelera para deixar alguém entrar na faixa a sua frente e ela é fortalecida. Existem até loops em que há feedback, de tal maneira que o conteúdo afetivo positivo do output de uma rede hierárquica motiva a pessoa a obter mais exemplos como inputs — "*Hotel Ruanda* foi tão inspirador que comecei a aprender sobre comissões da verdade e de reconciliação" —, fortalecendo-o ainda mais.

A mudança ocorre, efetuada com as mesmas moléculas que permitem a uma *Aplysia* aprender, e sem invocar o tipo de agência voluntária e de liberdade às quais intuitivamente atribuímos a mudança. Você aprende que a experiência muda o sistema nervoso de uma *Aplysia* e, como resultado, seu próprio sistema nervoso muda. Não escolhemos mudar, mas é bem possível sermos mudados, inclusive para melhor. Quem sabe até pela leitura deste capítulo.

13. Já fizemos isso antes, sim

Os capítulos anteriores nos deixaram com um caminho claro que cada um de nós precisa tomar, mais ou menos na seguinte sequência:

Passo 1. Você tem uma vida ótima. Há pessoas que você ama e que o amam; seus dias são repletos de atividades significativas e de fontes de prazer e felicidade.

Passo 2. Alguém faz uma coisa inimaginavelmente horrível, violenta, destrutiva, contra um ente querido. Você fica arrasado, sem achar sentido na vida. Mal consegue funcionar; nunca mais sentirá prazer ou segurança. Jamais sentirá amor de novo, por causa da lição de que um ente querido pode ser arrancado de você dessa forma.

Passo 3. Um cientista pede que você se sente e faz uma apresentação em PowerPoint sobre a biologia do comportamento, incluindo violência; ele discorre interminável e irritantemente acerca do fato de que "nós não somos nada mais do que a soma da biologia, sobre a qual não tivemos controle, e de suas interações com circunstâncias ambientais sobre as quais também não tivemos controle".

Passo 4. Você se convence. Embora espere que o autor daquela violência de pesadelo seja impedido para sempre de voltar a ferir alguém, você de imediato deixa de odiá-lo, vendo aquilo como uma sede de sangue atávica incompatível com nossa época e nosso lugar.

Ok, tudo bem.

O capítulo anterior abordou o equívoco comum sobre o resultado de um mundo determinista sem livre-arbítrio. Se tudo está determinado, por que alguma coisa pode mudar? E por que nos preocuparmos? Afinal, mudança, mesmo mudança gigantesca, acontece o tempo todo, o que parece nos levar de volta ao ponto de partida da crença no papel fundamental do livre-arbítrio no mundo. De acordo com o argumento do último capítulo, embora a mudança ocorra, nós não escolhemos livremente mudar; na verdade, somos mudados pelo mundo a nossa volta, e uma consequência disso é que mudamos também quanto às subsequentes fontes de mudança que procuramos. Ei, aqui você está lendo o próximo capítulo.* E quando você considera a biologia de como o comportamento muda, e sua natureza mecanicista compartilhada em todo o reino animal, o determinismo parece ainda mais convincente. Dê as mãos à sua camarada, a *Aplysia*, e siga em frente para um futuro melhor.

E então um monstro comete aquele ato insuportável contra seu ente querido e todas as implicações das incontáveis páginas anteriores parecem sofismas, dissipados pela dor e pelo ódio.

O objetivo deste capítulo e do próximo é explorar o tema da segunda metade do livro, ou seja, que, apesar de parecer inimaginável, podemos mudar nesses domínios. Já fizemos isso, quando aprendemos a reconhecer as verdadeiras causas de uma coisa e, durante o processo, nos livramos do ódio, da incriminação e do desejo de vingança. Vezes sem conta, na verdade. E a sociedade não só não entrou em colapso como melhorou.

Este capítulo se concentra em dois desses exemplos, o primeiro mostrando o arco dessa mudança ao longo de séculos, o outro mostrando o que ocorreu em grande parte de nosso tempo de vida.

* E, lembre-se, "ser mudado" pelo fato de ter lido este livro pode consistir não só em rejeitar o livre-arbítrio, mas também em decidir que tudo isso é uma tremenda bobagem e que você agora acredita nele ainda com mais convicção do que antes, ou que esse é o assunto mais chato que se possa imaginar.

Você está no meio daquele programa de TV que outro dia todo mundo comentava — qual era mesmo? *Jogo dos Tronos?* Não, não é esse. *Jogo do Choco? Jogo da Lula?* — sim, é isso. Você está nele, jogando Luz Vermelha, Luz Verde. Quando a luz está verde, você corre para a frente, mas assim que muda para vermelha, não se move; misture as coisas e você é abatido a tiros. O bom é que quem está lidando com isso é seu sistema nervoso, e não seu pâncreas. Luz verde e uma parte de seu cérebro é ativada ao máximo, enquanto outra é feroz e energicamente silenciada; luz vermelha, o oposto, com as transições sendo idealmente rápidas e precisas como um raio. Seu sistema nervoso gira em torno de contrastes.

Os neurônios desenvolveram um ótimo truque para acentuar os contrastes. Quando um neurônio silencia, não tem nada a dizer, sua composição elétrica está num extremo, onde o lado interno do neurônio tem carga negativa em relação ao lado de fora. Quando o neurônio é acionado numa explosão de excitação, chamada de potencial de ação, o lado interno fica carregado positivamente. Não há confusão entre nada a dizer e algo a dizer com esse tipo de polarização.

Aí entra o truque. A excitação, aquele potencial de ação, acabou. O neurônio não tem mais nada a dizer. Nesse ponto, aquela carga positiva começa devagar a retornar ao estado negativo original? Esse tipo de lento desvanecer é legal se você for uma célula de bexiga sem muita coisa ocupando a cabeça. Em vez disso, o neurônio tem um mecanismo muito ativo para que a carga positiva volte ao estado negativo com tanta rapidez quanto subiu no milésimo de segundo anterior. Na verdade, para tornar ainda mais dramático esse sinal de que tudo acabou, a carga volta por um tempo a ser ainda *mais* negativa do que o estado de repouso original, antes de reverter à carga negativa original. Assim, em vez de um neurônio normalmente em repouso ser polarizado numa direção negativa, ele é *hiper*polarizado por um breve momento no que se chama de período refratário. Sim — durante esse período, o neurônio tem dificuldade para alcançar um potencial de ação de carga positiva. Tudo acabou mesmo.

Vamos supor que há um problema com esse sistema. Alguma proteína está desregulada, de modo que o período refratário não ocorre. Consequência? Há explosões anormais de aglomerados de potenciais de ação de alta intensidade, um em cima do outro. Ou vamos supor que alguns neurônios inibitórios parem de funcionar. O resultado é uma rota diferente para os neurônios com aglomerados anormais de excitação. O que acabamos de descrever são as duas amplas causas subjacentes de crises epilépticas — excitação demais ou inibição de menos. Dezenas de livros didáticos e dezenas de milhares de artigos de pesquisa já exploraram as causas dessa sobre-excitação sincronizada — genes defeituosos, traumatismo cranioencefálico, complicações no parto, febres altas, toxinas ambientais. Em meio a toda essa complexidade, a doença, que aflige 40 milhões de pessoas no mundo e mata mais de 100 mil por ano, está relacionada a excitação demais e/ou inibição de menos no sistema nervoso.

Como esperado, tudo isso só foi descoberto há pouco tempo. Mas a epilepsia é uma doença antiga. O subtipo de crise com o qual a maioria das pessoas está familiarizada é a convulsão generalizada, na qual o paciente se contorce em grande agitação, com movimentos automáticos, espumando pela boca, revirando os olhos. Todos os tipos de grupos musculares opostos são estimulados ao mesmo tempo. A pessoa cai no chão, o que explica o nome dado à epilepsia por muitos antigos — *a doença da queda*.

Descrições clinicamente precisas de crises remontam pelo menos aos assírios, quase 4 mil anos atrás. Alguns dos insights gerados foram de uma presciência notável. Hipócrates, médico grego da Antiguidade, por exemplo, notou que convulsões crônicas muitas vezes surgem com atraso depois de uma lesão cerebral traumática, coisa que ainda estamos tentando entender no nível molecular. Saiba, no entanto, que foram muitos os equívocos médicos. Havia uma epilepsia tida como causada pelas fases da Lua e sua influência nos fluidos cerebrais (com um intervalo de 1600 anos até que alguém conseguiu refutar, através da estatística, a existência de um vínculo entre a enfermidade e as fases lunares). Plínio, o Velho, achava que a pessoa contraía epilepsia ao comer a carne de uma cabra epiléptica (contornando a questão de "Tudo bem, mas de onde *aquela* cabra contraiu sua epilepsia?" — é cabra carnívora epiléptica que não acaba mais). Galeno, médico do século II, trabalhou com a hipótese predominante na época de que o corpo é composto de quatro humores — bile negra, bile amarela, fleuma e sangue. A teoria de Galeno girava em torno dos ventrículos do cérebro.* Segundo ele, a fleuma podia de vez em quando se espessar e formar um coágulo nos ventrículos, e a convulsão era a tentativa do cérebro de desprendê-lo. Note que, nessa formulação, a fleuma coagulada é a doença, enquanto a convulsão é a resposta protetora que acaba causando mais problemas do que resolvendo.[1]

Esses primeiros esboços de explicação científica também resultaram em tentativas de tratamento — na Grécia do século IV a.C., uma dessas tentativas exigia que a pessoa com epilepsia bebesse uma mistura de órgãos genitais de foca e de hipopótamo, do sangue de uma tartaruga e de fezes de um crocodilo. Outras supostas curas incluíam ingerir o sangue de um gladiador ou de alguém que tivesse sido decapitado. Havia esfregação dos pés do paciente com sangue menstrual. Ou o consumo de ossos humanos queimados. (Só para dar contexto a nossos atuais debates a respeito de seguro-saúde de pagador único, Ateneu de Náucratis, outro sábio do século II, informava sobre um médico que se dizia capaz de curar a epilepsia, sem dar muitos detalhes, desde que o paciente concordasse em ser seu escravo depois.)**

Essas tentativas primitivas de compreender a doença produziram horrores atrás de horrores. Havia a crença equivocada de que a epilepsia era uma doença infecciosa, levando seus portadores a serem marginalizados e estigmatizados — proibidos de comer junto com outras pessoas, indesejáveis em lugares sagrados. Pior ainda era a crença, em grande parte errônea, de que ela era hereditária (só uma porcentagem minúscula de casos se deve a mutações hereditárias). Por essa razão pessoas com epilepsia eram proibidas de casar. Em várias localidades europeias, homens com epilepsia eram castrados, prá-

* Que são câmaras no fundo do cérebro cheias de líquido cefalorraquidiano.

** De onde vêm esses factoides? De eu ter insistido em explorar o que, pelo visto, é o livro definitivo sobre o assunto, um calhamaço de quinhentas páginas de autoria do médico e historiador Owsei Temkin, da Universidade Johns Hopkins (*The Falling Sickness: A History of Epilepsy from the Greeks to the Beginnings of Modern Neurology* [A doença da queda: História da epilepsia desde os gregos até os primórdios da neurologia moderna], primeira edição 1945). É um daqueles volumes eruditos com citações em tudo quanto é língua antiga ("como observou ironicamente Menécrates de Siracusa...") que não são traduzidas porque, ora, afinal de contas, quem precisa que trechos em grego, latim ou aramaico sejam traduzidos? Um desses livros que, se estiver morrendo de tédio depois de centenas de páginas de informações minuciosas, você acha que a culpa é sua por ser filisteu, e mesmo assim um filisteu nem sequer interessante o suficiente para Temkin citar na língua que os filisteus falavam.

tica que perdurou até o século XIX. Entre os escoceses do século XVI, uma mulher com epilepsia que engravidasse era enterrada viva. E, no século XX, a mesma ignorância médica levou à esterilização compulsória de milhares de portadores. Nos Estados Unidos, o caso histórico foi Buck versus Bell (1927), no qual a Suprema Corte confirmou a legalidade da prática em vigor no estado da Virgínia de esterilizar à força "os débeis mentais e os epilépticos", numa lei só revogada em 1974. A prática foi legal na maioria dos estados ao longo do século XX, e comum sobretudo no Sul, onde era sarcasticamente conhecida como "apendicectomia do Mississippi". O mesmo ocorria em toda a Europa, onde a prática atingiu o auge, claro, na Alemanha nazista. Em 1936, o Terceiro Reich providenciou um título de doutor honoris causa para Harry Laughlin, o eugenista americano que arquitetou a lei virginiana, e, nos julgamentos de Nuremberg, médicos nazistas citavam explicitamente Buck versus Bell em sua defesa.

Todos esses horrores foram gerados pela má ciência. Mas a ciência, errada ou não, era um obscuro espetáculo secundário no que dizia respeito à epilepsia. Porque, desde milênios atrás, para a maioria das pessoas, de camponeses a sábios, a explicação para as convulsões era óbvia — possessão demoníaca.

Os mesopotâmios chamavam a epilepsia de "a mão do pecado", considerando-a doença "sagrada", e, o que é surpreendente, estavam sintonizados com a heterogeneidade das convulsões. Pessoas ao que tudo indica acometidas do pequeno mal epiléptico com auras eram vítimas, segundo se acreditava, de um bom tipo de possessão sagrada, quase sempre associada a profecias. Mas as crises que provavelmente eram convulsões generalizadas eram obra de demônios. A maioria dos médicos gregos e romanos tinha a mesma opinião, com os mais avançados integrando interpretações demoníacas com noções médicas materialistas — os demônios faziam com que alma e corpo perdessem o equilíbrio, produzindo a doença da queda. Para os seguidores de Galeno, os demônios faziam a fleuma ficar mais espessa.

O cristianismo entrou na onda, graças a um precedente do Novo Testamento. Em Marcos 9,14-29, um homem leva o filho à presença de Jesus, dizendo que há alguma coisa errada com o menino — desde pequeno um espírito vem e toma conta dele, tornando-o mudo. E então o espírito o joga no chão, onde ele espuma pela boca e range os dentes, e enrijece. Podes curá-lo? Claro, diz Jesus.* O homem apresenta o filho, que no mesmo instante é tomado por aquele espírito e cai no chão, convulsionando e espumando. Jesus percebe que o menino está infestado de um espírito imundo** e ordena que ele saia e vá embora. A convulsão cessa. E assim o vínculo entre epilepsia e possessão estava estabelecido no cristianismo pelos séculos vindouros.

Abrigar um demônio pode ter algumas interpretações diferentes. Uma delas é que um espectador inocente é amaldiçoado e possuído por uma bruxa ou um feiticeiro. Vi essa atribuição de autoria na zona rural da África Oriental, onde trabalhei, em geral levando a esforços para identificar e punir o perpetrador. Mas a outra é quando a epilepsia é sinal de que a própria pessoa acolheu Satanás; era essa a opinião dominante em toda a cristandade.

Naturalmente, um cristão do fim do período medieval não tinha o mesmo poder que Jesus para livrar epilépticos de seus demônios. Assim, uma solução diferente surgiu, tornada mais significativa por dois especialistas alemães.

Em 1487, dois frades dominicanos, Heinrich Kramer e Jakob Sprenger, publicaram *Malleus maleficarum* (*O martelo das feiticeiras* em latim). A obra era em parte uma polêmica religioso-política, uma vigorosa condenação a qualquer pessoa de coração mole daquela época que sugerisse que bruxas não existiam. E, uma vez que essa bobagem liberal foi tirada do caminho, o livro virou manual de instruções, o guia definitivo para autoridades religiosas e seculares reconhecerem que bruxas eram de fato bruxas, obrigá-las a confessar e em seguida distribuir justiça. Um sinal inquestionável de que alguém era bruxa? Convulsões, claro.

Centenas de milhares de pessoas, quase na totalidade mulheres, foram perseguidas, torturadas e mortas durante esse período de caça às bruxas. *O martelo das feiticeiras* chegou bem a tempo de tirar partido da recém-inventada prensa, teve trinta edições no século seguinte e foi lido em toda a Europa.***

* A verdade é que Jesus fica meio irritado por haver dúvidas de que ele seja capaz de controlar aquilo. Podes curar meu filho? "Ó geração incrédula. Até quando estarei convosco? Até quando vos suportarei?" (Marcos 9,19).

** Dependendo da edição, um "demônio" ou "espírito mau", ou "espírito impuro" ou "espírito imundo".

*** O livro demonstra a falácia do mito de que avanços tecnológicos são intrinsecamente progressistas. Nas palavras do historiador Jeffrey Russell, da Universidade da Califórnia em Santa Barbara: "A rápida propagação da histeria das bruxas pela imprensa foi a primeira prova de que Gutenberg não tinha livrado o homem do pecado original".

Embora o foco do livro não fosse nem de longe a epilepsia, sua mensagem era clara: ela era provocada pela maldade que alguém livremente escolhera, e essa possessão demoníaca representava um perigo para a sociedade e precisava ser combatida. E multidões com alguns canais de potássio desregulados em seus neurônios foram queimadas na fogueira.

Com as luzes do Iluminismo, a caça às bruxas foi ficando mais metafórica. Mas a epilepsia continuou sobrecarregada com a percepção de que alguma culpa seus portadores tinham. Era a doença da torpeza moral. Juntava-se à cegueira e ao crescimento de pelos nas mãos como supostas recompensas da masturbação pecaminosa — excessivos e sincronizados potenciais de ação em neurônios, tudo porque alguém abusava do ato de dar prazer a si mesmo. No caso das mulheres, poderia ser causada por um interesse indecoroso por sexo (e às vezes curada, no século XIX, por mutilação genital); sexo fora do sagrado matrimônio era outro fator de risco. Em 1800, o médico britânico Thomas Beddoes propôs uma das versões mais pífias de culpabilização da vítima de que já ouvi falar, postulando que as convulsões eram causadas pelo fato de as pessoas serem sentimentais em excesso e lerem romances demais, em vez de levarem uma vigorosa vida ao ar livre praticando jardinagem. Em outras palavras, em poucos séculos a epilepsia deixou de ser causada pelo hábito de apertar Belzebu contra o peito e passou a ser causada pelo hábito de ler romances água com açúcar.

Ou não. Além da continuidade da culpabilização da vítima, havia também a continuidade da visão da epilepsia como ameaça, só que em termos médico-legais, e não teológicos. Vivemos numa época notável, com uma grande variedade de medicamentos capazes de prevenir a maior parte das convulsões na maioria dos portadores da epilepsia. Mas antes do começo do século XX, um indivíduo epiléptico podia ter centenas de crises convulsivas ao longo da vida; uma pesquisa do começo do século XIX descrita por Temkin revela que pessoas cronicamente hospitalizadas com a doença tinham em média duas crises convulsivas por semana durante anos.[2]

Uma consequência disso é o surgimento de quantidades consideráveis de danos cerebrais. Meu laboratório passou décadas estudando como as convulsões danificam ou matam neurônios (e buscando, quase sempre sem êxito, desenvolver estratégias de terapia genética para tentar proteger esses neurônios); em poucas palavras, os repetidos surtos de disparos esgotam a energia dos neurônios, deixando as células sem os meios energéticos de limpar coisas prejudiciais no rescaldo, como radicais de oxigênio. Décadas de convulsões danosas costumavam produzir extenso declínio cognitivo, explicando os numerosos hospitais e institutos do século XIX dedicados a "epilépticos e débeis mentais". Além disso, os danos induzidos por convulsões quase sempre ocorriam nas regiões corticais frontais envolvidas no controle de impulsos e na regulação emocional, explicando outro tipo de instituição, a dedicada aos "insanos epilépticos".[3]

A despeito de pessoas com epilepsia sofrerem uma quantidade de convulsões muito maior do que é comum hoje em dia, a incidência da epilepsia era maior, graças às taxas mais altas de lesões na cabeça e de epilepsia febril devido a doenças infecciosas das quais agora somos poupados. A incidência mais elevada, somada ao fato de que alguém com epilepsia em geral tinha muito mais convulsões do que hoje estamos habituados, tornava as pessoas naquela época mais conscientes dos raríssimos casos de epilepsia associados à violência. Isso pode envolver automatismos de comportamento agressivo durante uma crise psicomotora (que recebeu o rótulo vitoriano de *furor epilepticus*). Mais comum é a agressividade logo após uma convulsão, em que a pessoa, em estado de confusão agitada, resiste violentamente a ser contida. Mais raros são os surtos de violência horas depois. A violência em geral se segue a uma série de convulsões, não apresenta qualquer indício de premeditação ou motivo e ocorre numa explosão rápida e fragmentária de movimentos estereotipados que dura menos de trinta segundos. Depois, a pessoa tem uma crise de remorso e não se lembra de coisa alguma. Um artigo de 2001 descreve o caso de uma mulher cuja epilepsia rara e intratável produzia convulsões praticamente diárias, associadas a surtos de agressividade agitada. Ela tinha sido presa 32 vezes por causa desses incidentes de violência; a severidade da violência aumentou, culminando num assassinato. O foco da convulsão era próximo da amígdala, e depois da remoção cirúrgica dessa parte de seu lobo temporal tanto as convulsões como os surtos de agressividade cessaram.[4]

Casos como esses são tão raros que um único exemplo justifica a publicação de um artigo; os milhões de pessoas com epilepsia não têm índices de violência mais altos do que as pessoas sem epilepsia, e a maior parte dessa violência não está relacionada com a enfermidade. No entanto, até o século

XIX, havia uma associação pública generalizada entre epilepsia e violência e criminalidade.* *O martelo das feiticeiras* redux — pessoas com essa doença a provocaram com seus defeitos morais e constituem uma ameaça à sociedade pela qual precisam ser responsabilizadas.[5]

Mas havia lampejos de esperança. A ciência do século XIX avançava de tal maneira que é possível imaginar a sucessão de insights ligando o que se sabia naquela época ao conhecimento que se tem hoje. Os estudos de autópsia por fim eliminaram a noção de coágulos de fleuma; os estatísticos acabaram tirando a Lua da equação. Neuropatologistas começaram a notar danos extensos no cérebro post mortem de pessoas com um histórico de convulsões repetidas. Estávamos na era do galvanismo e da eletricidade animal, o reconhecimento crescente da eletricidade natural dos sinais que permitem ao cérebro movimentar os músculos, de que o próprio cérebro era uma espécie de órgão elétrico. O que sugeria que a epilepsia talvez envolvesse algum tipo de problema elétrico. Um gigante da neurologia chamado Hughlings Jackson, gênio absoluto, introduziu a ideia de localização — onde no corpo as contorções convulsivas e os movimentos no início de uma crise poderiam indicar a área em que, no cérebro, o problema estava centralizado.

Mas uma coisa talvez ainda mais importante acontecia — os sussurros da modernidade, a primeira vez que as pessoas começaram a dizer: "Não é ele, é a doença". Em 1808, um indivíduo que tinha matado durante uma convulsão foi absolvido,** e outros casos viriam. Em meados do século, pesos pesados da psiquiatria como Benedict Morel e Louis Delasiauve já argumentavam mais abertamente que pessoas com epilepsia não poderiam ser responsabilizadas por seus atos. Numa publicação importantíssima, em 1860, o psiquiatra Jules Falret escreveu:

> O epiléptico que, num estado de delírio pós-ictal [ou seja, pós-convulsão], tentou cometer ou cometeu suicídio, homicídio ou incêndio criminoso não teve a

* Cesare Lombroso, o inventor, no século XIX, da "criminalidade antropológica", que rotulava a criminalidade como inata, ganhou fama por discernir os traços faciais que supostamente identificavam alguém como um outrora ou futuro criminoso; ele percebia os mesmos traços faciais em pessoas com epilepsia.

** E mandado para uma casa de correção, o que, imagino, representava uma ligeira melhoria em relação a uma prisão naquele tempo.

> menor responsabilidade [...]. [Eles] agem de maneira mecânica, sem motivação, sem interesse, sem saber o que fazem.

Ele está balançando para cá e para lá na borda da primeira metade deste livro. Mas não consegue seguir em frente e, caindo em contradição, conclui:

> Ainda assim, quando não limitamos nossas observações àqueles [com epilepsia] que estão isolados num manicômio e também levamos em conta todos aqueles que vivem em sociedade, sem que ninguém suspeite da existência de sua enfermidade, fica impossível não atribuir a alguns deles o privilégio da responsabilidade moral, se não por toda a vida, pelo menos por períodos significativos de sua existência.*[6]

Portanto, a pessoa não tem a menor responsabilidade, mas ainda tem responsabilidade moral. Você tem certeza de que ainda está disposto a se guiar pelas versões modernas desse impossível compatibilismo?

O que nos traz ao tempo presente. Considere a trágica hipótese de um homem de meia-idade que, a caminho do trabalho, enquanto dirige, tem uma convulsão generalizada. Fora isso ele é saudável, sem histórico nenhum de qualquer coisa que possa prever tal incidente. Totalmente do nada.** Em sua convulsão, braços girando o volante em todas as direções, o pé apertando repetidas vezes o acelerador, ele perde o controle do carro. Atropela uma criança, que morre.

Eis algumas coisas improváveis de acontecer:

> — O homem, debruçado sobre o volante, ainda convulsionando e espumando, é tirado do carro e morto a pauladas pelas testemunhas.

* Falret chegou com um respeitável pedigree em psiquiatria. O pai, Jean-Pierre Falret, foi o primeiro a descrever com precisão e classificar como distúrbio distinto o que hoje chamaríamos de transtorno bipolar, e ele chamava de "insanidade circular" — a alternância das fases maníaca e depressiva. Uma curiosidade sobre Jules — ele nem só viria a herdar a instituição mental que o pai tinha fundado como nasceu lá, o que na psiquiatria, suponho, conta como ter nascido com uma colher de prata na boca.

** Muitas vezes um sinal de tumor cerebral.

— O homem, quando afinal levado ao tribunal para uma audiência, tem que ser conduzido pelos fundos, com colete à prova de bala, por causa da multidão vingativa nos degraus do prédio, que ameaça linchá-lo se não for punido de maneira exemplar.

— O homem é condenado por assassinato, homicídio culposo ou coisa parecida.

Em vez disso, os parentes daquela criança, a vida arrasada pela dor, vão lamentar para sempre a monumental falta de sorte do que aconteceu, que foi como se o motorista sem mais nem menos tivesse sofrido um ataque cardíaco, um cometa caísse do céu, um terremoto rachasse a terra de repente e engolisse seu bebê.

Ah, não é assim tão simples, claro. Com fervor, procuramos inculpação. Espere aí, ele *não* tinha histórico médico de coisa nenhuma? Não estava tomando algum remédio que foi a causa e ninguém avisou? Andou bebendo e isso de alguma maneira provocou uma convulsão? Quando fez o último check-up? Como o médico não percebeu nada? Ele deve ter agido de forma estranha naquela manhã — por que ninguém em casa o impediu de dirigir? Havia alguma luz estroboscópica piscando que desencadeou a convulsão, alguém que deveria saber que isso era perigoso? E assim por diante. Procuramos responsabilizar alguém ou algo, procuramos culpados. E, com sorte, os fatos também acabam ficando emocionalmente aceitáveis e chegamos a uma conclusão impensável para um pai do século XVI que chorava a morte febril do filho, convencido de que alguma bruxa a causara: não é culpa do motorista que isso tenha acontecido, que ele tenha perdido o controle do carro; não há ninguém que tinha a liberdade de querer que aquilo não acontecesse. Só o azar mais revoltante que o coração de um pai deveria suportar.

É mais ou menos o que acontece agora, no sentido de que o motorista não seria acusado de nada. Conseguimos; agora pensamos de maneira diferente de como as pessoas pensavam no passado. Claro, ainda existe um enorme estigma social ligado à epilepsia, sobretudo entre gente com menos instrução. Devido à crença ainda bastante difundida de que ela é contagiosa e/ou uma forma de doença mental, metade das pessoas portadoras da doença se diz estigmatizada; quando isso acontece com crianças, prediz desempenho ruim e mais problemas de comportamento na escola. No mundo desenvolvido, ainda existe a crença de que a epilepsia tem causas sobrenaturais, e quase metade das pessoas entrevistadas seria contrária a partilhar uma refeição com um indivíduo com tal enfermidade. Para citar o neurologista indiano Rajendra Kale: "A história da epilepsia pode ser resumida como 4 mil anos de ignorância, superstição e estigma, seguidos de cem anos de conhecimento, superstição e estigma".[7]

No entanto, houve uma gigantesca mudança em relação ao passado. Depois desses quatro milênios, deixamos para trás os mesopotâmios, os gregos, Kramer e Sprenger, Lombroso e Beddoes. A maioria das pessoas no mundo ocidental subtraiu livre-arbítrio, responsabilidade e culpa de seu pensamento sobre epilepsia. É uma conquista espantosa, um triunfo de civilização e modernidade.

Assim, a mudança de visão da epilepsia oferece um grande modelo para a tarefa mais global que está no centro deste livro. Mas isso é só metade do desafio, porque, quer se pense em bruxas, quer se pense em neurônios sincronizados em excesso, o fato de alguém ter uma convulsão ainda pode ser perigoso. É aquela objeção de sempre: "Oh, então você está me dizendo que assassinos, ladrões e estupradores não são responsáveis por seu comportamento? Vai simplesmente soltá-los nas ruas, para nos atacar?". Não, essa metade do problema também foi resolvida, na medida em que pessoas com convulsões descontroladas não devem operar coisas perigosas, como carros. Alguém que sofra uma convulsão nas circunstâncias descritas teria sua habilitação suspensa até ficar livre de convulsões por em média seis meses.[8]

É assim que as coisas funcionam agora. Quando alguém sofre uma primeira convulsão, turbas de rudes camponeses infestados de parasitas armados de ancinhos não se reúnem para assistir à queima ritualística da carteira de motorista do motorista epiléptico. A dor devastadora de uma tragédia já não se traduz num frenesi de retaliação. Conseguimos subtrair a culpa e o mito do livre-arbítrio de toda essa questão e, mesmo assim, descobrimos formas minimamente restritivas de proteger aqueles que sofrem — direta ou indiretamente — dessa doença terrível. Uma pessoa instruída e compassiva de séculos atrás, impregnada de *Malleus maleficarum*, ficaria estupefata por termos chegado a pensar dessa forma. Nós mudamos.*

Mais ou menos.

* E essa turba hipotética sem dúvida definiria a pessoa por essa doença, queimando a "habilitação do epilético", e não "a habilitação da pessoa que sofre de epilepsia".

Em 5 de março de 2018, Dorothy Bruns, dirigindo um sedã Volvo numa rua comercial do Brooklyn, teve uma convulsão generalizada. Ao que parece pisou no acelerador e o carro avançou um sinal vermelho, atingindo um grupo de pessoas numa faixa de pedestres. Joshua Lew, de um ano e oito meses, e Abigail Blumenstein, de quatro anos, foram mortos, e as mães* e mais uma pedestre foram gravemente feridas. O carro de Bruns arrastou o carrinho de bebê de Joshua por mais de cem metros, antes de bater num carro estacionado e parar. No altar de flores e ursinhos de pelúcia improvisado por moradores, alguém incluiu um carrinho de bebê pintado de branco — um carrinho de bebê fantasma, parecido com as bicicletas fantasmas muitas vezes colocadas para marcar lugares onde ciclistas foram mortos.[9]

De início houve algum ceticismo sobre se Bruns teve mesmo uma convulsão. Um vizinho declarou que ela "não parecia de jeito nenhum ter tido uma convulsão... Saiu falando: 'Ei, ei, o que aconteceu? O que aconteceu?'... Quando tem uma convulsão a gente apaga. E ela estava alerta". Mas foi uma convulsão; Bruns ainda se contorcia e espumava pela boca quando a polícia chegou e teve mais duas convulsões nas horas seguintes.[10]

Apesar do que descrevi nas páginas anteriores, Bruns foi acusada de homicídio doloso. Oito meses depois, enquanto aguardava julgamento, ela se matou.[11]

Por que o desfecho diferente? Por que não "Não é ela, é a doença"? Porque o caso de Bruns não foi o caso hipotético descrito acima, no qual o indivíduo com saúde perfeita teve, do nada, uma convulsão. Bruns tinha um histórico de convulsões, que resistiam a medicamentos (além de esclerose múltipla, derrames e doenças cardíacas); nos dois meses anteriores, três médicos lhe haviam dito que não era seguro dirigir. Apesar disso, ela dirigia.

E houve mais versões desse tema. Em 2009, Auvryn Scarlett foi condenado por assassinato; deixara de tomar seus remédios para epilepsia, teve uma convulsão e atropelou e matou dois pedestres em Manhattan. Em 2017, Emilio Garcia, taxista de Nova York, se declarou culpado de assassinato; não tomara os remédios para sua doença, teve uma convulsão ao volante e matou dois pedestres. E em 2018, Howard Unger foi condenado por homicídio culposo; não

* Uma das quais estava grávida e perdeu o bebê.

tomou seus medicamentos, teve uma convulsão e perdeu o controle do carro, matando três pedestres no Bronx.*[12]

Veja só — se você leva a sério pelo menos uma página deste livro (como quase sempre faço), já deu para perceber onde isso inevitavelmente vai dar. Em cada encruzilhada, esses indivíduos precisaram tomar uma decisão — devo dirigir mesmo sem ter tomado meus remédios? Uma decisão como qualquer outra — apertar o gatilho, participar da violência da multidão, embolsar alguma coisa que não lhe pertence, deixar de ir a uma festa para estudar, contar a verdade, entrar numa casa em chamas para salvar alguém. O de sempre. E sabemos que essa decisão é tão puramente biológica como esticar a perna quando você é atingido no ponto certo do joelho (só que se trata de uma biologia muito mais complicada, sobretudo dramática na interação com o ambiente). Então você está na encruzilhada de uma decisão: "Devo dirigir sem meus remédios ou optar pelo que é mais difícil e correto?". Voltamos ao capítulo 4. Quantos neurônios existem em seu córtex frontal e será que estão funcionando bem? O que a doença subjacente e os remédios que toma fazem com seu julgamento e sua função frontal? Será que seu córtex frontal está um pouco aéreo e vagaroso porque você não tomou o café da manhã e seus níveis de açúcar no sangue estão baixos? Você teve uma criação e uma educação privilegiadas o suficiente para ter um cérebro que aprendeu sobre os efeitos do açúcar no sangue nas tomadas de decisão e na função frontal e um córtex frontal funcional o bastante para fazê-lo decidir tomar o café da manhã? Quais eram seus níveis de hormônios esteroides gonadais naquela manhã? O estresse nas semanas ou meses anteriores prejudicou, do ponto de vista neuroplástico, sua função frontal? Você tem uma infecção por *Toxoplasma gondii* latente no cérebro? A

* Como alguém, em sã consciência, deixaria de tomar seus medicamentos anticonvulsivantes, mesmo que não precisasse dirigir ou fazer qualquer outra coisa perigosa? É simples. Os remédios têm efeitos colaterais significativos, que incluem sedação, fala arrastada, visão dupla, hiperatividade, distúrbios do sono, mudanças de humor, displasia gengival, náusea e erupções cutâneas. Tomar os remédios durante a gravidez aumenta as chances de o bebê nascer com fenda palatina, anomalias cardíacas, defeitos no canal vertebral, como espinha bífida, e alguma coisa muito semelhante a síndrome alcoólica fetal (de acordo com a Sociedade de Epilepsia do Reino Unido e com a Fundação de Epilepsia da Grande Chicago). Ah, e tomar três remédios prejudica a função cognitiva em todos os testes neuropsicológicos que se puder aplicar sobre isso. Não é de surpreender, pois, que a taxa de adesão aos medicamentos varie entre cerca de 75% e 25%.

certa altura da adolescência seus remédios funcionavam bem o bastante para que você pudesse afinal realizar a única coisa que o fazia se sentir normal em face de uma doença devastadora — ou seja, dirigir um carro? Em sua infância, quais foram suas experiências adversas e suas experiências ridiculamente afortunadas? Sua mãe bebia muito quando você era feto? Que tipo de variante do receptor de dopamina D4 você tem? A cultura que seus ancestrais desenvolveram exaltava coisas como seguir regras, pensar nos outros, se arriscar? E assim por diante. Estamos de volta à tabela da página 100 no capítulo 4 — "ter convulsões" e "resolver dirigir mesmo sem ter tomado seus remédios" são atos igualmente biológicos, igualmente produtos de um sistema nervoso esculpido por fatores sobre os quais você não teve controle algum.

Mas a verdade é que isso é muito difícil. Quando Garcia deixou de tomar seus remédios, uma das pessoas mortas era uma criança. Quando Unger fez o mesmo, morreram uma criança e sua avó, que tinham saído de casa para brincar de pedir doces no Halloween. Descobriu-se que Scarlett não estava tomando seus remédios porque "atrapalhavam [seu] prazer de beber"; o juiz, ao proferir a sentença, o chamou de "abominável". Sinto-me idiota, envergonhado, tentando desenvolver o argumento ancorado na ciência do último parágrafo e no capítulo 4 de que uma pessoa não merece ser responsabilizada ou castigada por ter convulsões, porque *também* é injusto e cientificamente injustificável transformar a vida de alguém num inferno só porque a pessoa em questão dirigiu sem ter tomado seus remédios. Mesmo que tenha feito isso para que os medicamentos não interferissem em seu prazer de sentir os efeitos do álcool. Mas é isso que devemos fazer, se quisermos viver as consequências do que a ciência nos ensina — que o cérebro que leva alguém a dirigir sem tomar seus remédios é produto final de todas as coisas além de seu controle acontecidas um segundo, um minuto, um milênio antes. E o mesmo é válido para o caso de o cérebro de alguém ter sido esculpido para torná-lo bondoso, inteligente, determinado.[13]

Esse arco multicentenário da mudança de percepção da epilepsia é um modelo para o que precisamos fazer no futuro. Antigamente, ter uma convulsão estava embasado na percepção de agência, de autonomia e de liberdade de escolha para se juntar aos asseclas de Satanás. Hoje aceitamos sem dificuldade que nenhum desses termos faz qualquer sentido. E o céu não desabou sobre nós. Acho que a maioria de nós está de acordo que o mundo é um lugar melhor agora, porque os portadores dessa doença já não são queimados na fogueira.

E ainda que eu hesite em continuar escrevendo aqui — ah, não, vou alienar o leitor fazendo-o pensar que tudo isso é inusitado demais —, o mundo será um lugar ainda mais justo se mudarmos também de atitude na atribuição de responsabilidade a essas pessoas que dirigiram mesmo sem ter tomado seus remédios. Aqui também não há espaço para queimar na fogueira.*

Essa história de epilepsia me frustra um pouco. É muito bom conseguir identificar com exatidão quando médicos e juristas do século XIX começaram a subtrair a culpa da equação, rastrear o artigo perfeito em alguma revista médica francesa dos anos 1860 e mandar traduzi-lo. Mas, simplesmente por ser assunto muito antigo, não há como saber uma coisa ainda mais importante: Quando a gente *comum* mudou de ideia sobre a epilepsia? Quando alguém, durante um jantar, puxou o assunto de um artigo de jornal sobre essa doença vista sob uma nova luz? Quando adolescentes bem informados começaram a sentir desprezo pela ignorância dos pais, que ainda acreditavam que a masturbação a causava? Quando a maioria das pessoas começou a pensar que a ideia de que "a epilepsia é causada por demônios" era uma bobagem tão grande quanto a de que "tempestades de granizo são obras de bruxas"? Essas são as transformações que importam, e para termos ideia de como se dá uma mudança dessa magnitude temos que examinar a história mais recente de outro equívoco trágico.

GERADORAS E REFRIGERADORES

Embora todas as doenças mentais cobrem um preço altíssimo, você realmente, realmente, não vai querer padecer de esquizofrenia. Modismos idiotas, tipo New Age, chegaram, sabe-se lá como, à conclusão de que a doença tem todas as bênçãos ocultas imagináveis — noções de esquizofrenia como o rótulo aplicado a pessoas na verdade sãs num mundo insano, de esquizofrenia como

* E agora o de sempre: "Ótimo, quer dizer que você defende deixar as pessoas dirigirem mesmo que não tenham tomado os seus remédios?". Nada disso, como veremos no próximo capítulo.

fonte de criatividade ou de profunda espiritualidade xamânica.* Essas afirmações têm um nostálgico odor neo-anos 1960 de gente com calças boca de sino cor de amora gastando uma grana com terapia do grito primal; algumas vêm de pessoas cujas credenciais tornam esse lero-lero uma coisa realmente perigosa.** *** Não há nenhuma bênção na esquizofrenia; é uma doença que acaba com a vida dos pacientes e de suas famílias.[14]

* Um primo genético da esquizofrenia, estilo de personalidade (note-se que não é doença) chamado esquizotipia, está de fato associado historicamente ao xamanismo.

** Declaração do médico Andrew Weil, guru da medicina alternativa: "Os psicóticos são pessoas cuja experiência fora do comum é excepcionalmente forte [...]. Todo psicótico é um sábio ou curandeiro em potencial [...]. Eu quase diria que os psicóticos são a vanguarda evolutiva de nossa espécie".

*** O movimento de idealização das bênçãos ocultas da esquizofrenia estava inserido num movimento maior que questionava a existência de qualquer doença mental. Isso quase sempre surgia em reação a alguns dos recessos horrendos da história da psiquiatria, com maus-tratos perpetrados contra pacientes, psiquiatras de vez em quando agindo como colaboradores submissos de totalitários, a dominação e a coerção desiguais na própria noção de psiquiatria infantil e assim por diante. Um dos líderes desse movimento antipsiquiatria foi, ironicamente, um psiquiatra, Thomas Szasz, que expôs seus argumentos no livro *O mito da doença mental*, de 1961. Um primo dessa escola de pensamento assumiu a forma de "A psiquiatria não consegue sequer distinguir pessoas sãs de pessoas insanas". Essa noção ganhou fama meteórica com a publicação, na revista *Science* em 1973, do artigo "On Being Sane in Insane Places" [Sobre ser são em lugares insanos], de autoria do psicólogo David Rosenhan, da Universidade Stanford. O artigo descrevia um estudo por ele supervisionado no qual colaboradores psiquiatricamente saudáveis procuraram hospitais psiquiátricos alegando ouvir vozes. Todos foram diagnosticados como esquizofrênicos e internados nos hospitais, onde passaram a agir normalmente e não relataram mais alucinações. Apesar desse comportamento normal, todos os falsos pacientes receberam medicação pesada durante meses; alguns foram submetidos a lobotomia e a terapia de eletrochoque; dois foram mortos e canibalizados por psiquiatras das equipes hospitalares, que operavam uma rede de tráfico de crianças numa pizzaria em D.C. Pelo menos essa narrativa chega perto de algumas das lendas urbanas surgidas em torno do estudo, como resultado da ampla cobertura e da má cobertura da mídia. Na realidade, o que aconteceu me parece bastante razoável — os falsos pacientes chegaram fingindo sintomas de esquizofrenia, foram admitidos para observação, e depois as equipes médicas foram perfeitamente capazes de perceber que não havia nada de anormal em seu comportamento; a maioria deles foi liberada com o diagnóstico de "esquizofrenia em remissão", o que significa: "Bem, eles chegaram aqui relatando sintomas de esquizofrenia, mas não achamos nada de errado neles enquanto estavam no hospital". Como pós-escrito, a jornalista Susannah Cahalan, em seu livro sobre Rosenhan, de 2019, mostra de maneira convincente que ele, por conveniência, descartou dados e participantes cujos resultados não se encaixavam na hipótese, e talvez até tenha inventado a existência de alguns desses falsos pacientes — daí o duplo sentido do título do livro — *The Great Pretender* [O grande farsante]. A sensação que tenho, pelo que ouvi de colegas de psicologia de Stanford que chegaram a trabalhar com Rosenhan, é que poucos contestariam com veemência essas alegações.

A esquizofrenia é uma doença do pensamento desordenado. Se você conhece alguém cujas frases separadas fazem sentido, mas quando juntas exibem uma sinuosa incoerência, de tal maneira que depois de trinta segundos você já percebe que há qualquer coisa de errado, há uma boa probabilidade de essa pessoa ser esquizofrênica (e se for um sem-teto, murmurando pensamentos desconexos, é provável que se trate de alguém tirado de uma instituição e jogado na rua, por falta de alternativa). A enfermidade afeta de 1% a 2% da população, sem distinção de cultura, gênero, etnia ou status socioeconômico.

Uma faceta notável da doença é que o pensamento caótico tem alguns traços consistentes. Há pensamento tangencial e associações soltas, em que uma sequência lógica de A para B e para C se extravia em todas as direções, com a pessoa se movendo de forma errática, influenciada pelo som das palavras, por seus homônimos, com tentativas de conexão vagamente compreensíveis. Tangenciamento solto, com elementos de delírio, de perseguição paranoica. Acrescentem-se a isso alucinações, muitas vezes auditivas, assumindo a forma de ouvir vozes — incessantes, às vezes provocativas, ameaçadoras, exigentes, humilhantes.

Esses são alguns dos sintomas "positivos" da esquizofrenia, características que aparecem nos pacientes e em geral não são encontradas em outras pessoas. Os sintomas "negativos" da doença, as coisas que estão ausentes, incluem emoções fortes ou apropriadas, expressão de afeto e conexões sociais. Acrescentem-se a isso altos índices de suicídio, automutilação e violência e é de esperar que a bobajada sobre "bênçãos ocultas" será posta de lado.

Uma característica de notável consistência da esquizofrenia é que ela começa no fim da adolescência ou começo da idade adulta. No entanto, olhando para trás, houve anomalias mais leves que remontavam à infância. Indivíduos destinados a um diagnóstico de esquizofrenia têm níveis mais altos de sinais "neurológicos leves" no começo da vida, como demorar a ficar de pé e andar, atraso no treinamento esfincteriano, problemas persistentes de controle da vontade de urinar à noite. Além disso, há anomalias comportamentais no começo da infância. Num estudo, observadores treinados que assistiram a filmes caseiros conseguiram identificar crianças destinadas à doença.[15]

Embora a maioria das pessoas com esquizofrenia não seja mais violenta do que ninguém, os elevados níveis de violência nos levam numa direção óbvia. Alguém que comete um ato violento durante um delírio esquizofrênico deve ser responsabilizado? Quando as pessoas comuns começaram a pensar: "Não é ele, é a doença"? Em 1981, John Hinckley, havia muito padecendo de esquizofrenia, tentou assassinar Ronald Reagan (o que deixou o presidente, um policial e um agente do serviço secreto feridos e acabou causando a morte do assessor de imprensa James Brady). Quando foi declarado inocente por motivo de insanidade,* grande parte do país explodiu de indignação. Três estados proibiram a defesa por alegação de inimputabilidade; a maioria dos outros estados tornou sua apresentação mais difícil; o Congresso conseguiu coisa parecida aprovando a Lei de Reforma da Defesa por Alegação de Inimputabilidade, sancionada por Reagan.**[16]

Portanto, ainda há um longo caminho a percorrer. Mas o foco desta seção não é a demonização e criminalização da esquizofrenia e suas semelhanças com a epilepsia. Na verdade, tem a ver com sua causa.

Você é uma mulher no começo dos anos 1950. Os anos de guerra foram, claro, dificílimos, com três filhos pequenos para criar sozinha, com o marido no serviço militar. Mas graças a Deus ele voltou para casa são e salvo. Você tem uma casa no novo paraíso americano, o subúrbio. A economia está bombando e seu marido acaba de conseguir uma promoção na hierarquia corporativa. Seus adolescentes prosperam. Salvo o mais velho, o de dezessete anos, que a preocupa cada vez mais. Sempre foi diferente de vocês, que são, vamos dizer assim, normais — extrovertidos, atléticos, populares. A cada ano que passa, desde que era pequeno, ele vai ficando mais retraído, isolado, dizendo e fazendo coisas estranhas. Teve amigos imaginários até idade bem mais avançada do que os colegas, mas não tem um amigo de carne e osso há anos — você é forçada a admitir que faz sentido ele ser evitado, por causa de suas peculiaridades. Fala muito sozinho, quase sempre demonstrando emoções inapropriadas para as circunstâncias. E há pouco se tornou obcecado com a ideia de que os vizinhos o espionam, a ponto de lerem seus pensamentos. Foi isso que afinal

* Hinckley recebeu vários diagnósticos psiquiátricos de especialistas que o examinaram tanto para a acusação como para a defesa, mas o diagnóstico modal, inclusive de médicos que desde então o tratam há décadas num hospital psiquiátrico, é que ele sofria de algum tipo de psicose no momento do ataque a tiros.

** Embora as taxas de violência entre as populações de pessoas com esquizofrenia se situem um pouco acima da média, as taxas de violência perpetrada *contra* essas populações são bem mais elevadas.

a convenceu a levá-lo ao médico da família, que lhe recomendou um especialista na cidade, um "psiquiatra" de modos severos e sotaque europeu. E depois de múltiplos testes, o médico lhe dá um diagnóstico: esquizofrenia.

Você mal ouviu falar dessa doença, e o pouco que sabe só lhe provoca horror. "Tem certeza?", pergunta, com insistência. "Absoluta." "Existe tratamento?" Você tem algumas opções, mas nenhuma delas vai adiantar. E então você faz a pergunta que realmente importa: "Qual foi a causa dessa doença? Por que ele está doente?". E há uma resposta segura: Você. Você causou essa doença por causa de sua terrível maternidade.

Era chamada de maternidade "esquizofrenogênica" e se tornou a explicação dominante para a doença, radicada no pensamento freudiano. A primeira onda de influência freudiana nos Estados Unidos, no começo do século XX, foi um modismo um tanto inconsequente, sobretudo entre intelectuais de Nova York, obsceno e um tantinho escandaloso por causa da insistência em sexo; já estava em declínio nos anos 1920. Então, nos anos 1930 a intelligentsia europeia fugiu de Hitler, uma dádiva de refugiados que fizeram dos Estados Unidos o centro do universo intelectual. E isso incluía a maioria dos luminares do pensamento freudiano, a geração seguinte da realeza psicodinâmica. Com seu ar confiante, autoritário, de superioridade intelectual, eles deslumbraram os caipiras da psiquiatria americana e se tornaram o modelo dominante de pensamento. Em 1940, a chefia de todos os departamentos de psiquiatria das grandes faculdades de medicina do país era ocupada por um psicanalista freudiano, um bastião que duraria décadas. Nas palavras do influente psiquiatra E. Fuller Torrey: "A transformação da teoria de Freud de exótica planta nova-iorquina num *kuzu* cultural americano é um dos acontecimentos mais estranhos na história das ideias".*[17]

E esses não eram os freudianos de outrora, que não paravam de falar, de maneira encantadoramente escandalosa, sobre inveja do pênis. O próprio Freud tinha pouco interesse pela esquizofrenia ou por psicoses de modo geral, preferindo muito mais os clientes refinados, neuróticos, instruídos, os chama-

* O curioso é que Freud desprezava os americanos e lamentava que a maior parte dos royalties de seus livros viesse dessa terra de bárbaros. "Não é triste sermos materialmente dependentes desses selvagens que não são seres humanos da melhor qualidade?" Parte de seu desdém pelos Estados Unidos vinha da suposta tolerância do país à ameaça da "raça negra", de seu éthos igualitário e da igualdade entre os sexos.

dos "saudáveis preocupados". A geração seguinte de freudianos, que ajudou a instilar o que se tornou o clichê psicodinâmico de culpar os pais por nossos problemas psicológicos,* contava com gente bastante interessada em psicoses. A noção de mães esquizofrenogênicas surgiu de uma arrepiante hostilidade contra as mulheres, muitas vezes formulada por analistas mulheres. A refugiada freudiana Frieda Fromm-Reichmann escreveu em 1935 que "o esquizofrênico é dolorosamente desconfiado e ressentido em relação aos outros devido aos severos e precoces sufocamento e rejeição que encontrou em pessoas importantes de sua infância — de regra uma mãe 'esquizofrenogênica'". A analista Melanie Klein (refugiada no Reino Unido e não nos Estados Unidos) escreveu o seguinte sobre a psicose: "Surge nos primeiros seis meses de vida, quando o bebê cospe o leite materno, temendo que a mãe se vingue por causa de seu ódio por ela". Bobajada estranha, tóxica.[18]

Cada psicanalista de dedo acusador tinha uma noção um pouco diferente do que havia de patológico na maternidade esquizofrenogênica, mas os temas gerais giravam em torno de mães supostamente rígidas, rejeitadoras e pouco amorosas, dominadoras ou ansiosas. Diante disso, tudo que restava à criança era se refugiar em delírios e fantasias esquizofrênicos. Um refinamento teórico logo foi acrescentado pelo antropólogo Gregory Bateson,** trabalhando com psicanalistas, na forma da teoria do "duplo vínculo" da esquizofrenia. Desse ponto de vista, o cerne de todos os traços maternos em tese malignos se tornou a geração de duplos vínculos emocionais, aquelas situações muito intensas em que a criança é condenada por fazer ou por deixar de fazer. Isso seria produzido pela mãe que repreende o filho dizendo: "Por que você nunca diz que me ama?". "Amo você", diz a criança. E a mãe retruca: "Acha que isso vale alguma coisa, se tenho que pedir?". E, em face de ataques emocionais invencíveis como esse, a esquizofrenia funciona como retirada protetora da criança para seu mundo de fantasia.

* Para citar o sociólogo Laurence Peter (do princípio de Peter): "A psiquiatria nos permite corrigir nossas falhas confessando os defeitos de nossos pais". Há também uma piada que capta isso muito bem: "Meu Deus, jantei com meus pais ontem à noite e cometi o pior dos atos falhos freudianos. Eu quis dizer: 'Me passe o sal, por favor, pai' e acabei dizendo: 'Você ferrou minha vida, seu filho da puta'".

** Que foi casado por um tempo com Margaret Mead, que deu grande impulso na transformação da antropologia em ramo do pensamento freudiano.

Logo surgiram elaborações da teoria e algumas que até poderiam ser vagamente consideradas liberais ou humanas — teóricos do grupo psicodinâmico ampliaram seu pensamento e incluíram a possibilidade de que a criança fosse prejudicada o bastante a ponto de se tornar esquizofrênica por ter sido vítima de duplo vínculo perpetrado pelo pai. Apesar disso, a imagem mais geral era a do pai como passivo e dominado, culpado apenas na medida em que não dava uma de galo sobre a harpia esquizofrenogênica que tinha por esposa e que vivia solta pela casa.

As coisas cresceram mais ainda com a possibilidade de que o culpado fosse a família inteira. Nos anos 1970, a abordagem dos "sistemas familiares" foi adotada pela primeira leva de psiquiatras feministas, uma das proponentes escrevendo em tom de aprovação que "só há bem pouco tempo os psiquiatras começaram a falar em famílias esquizofrenogênicas". Uau, que progresso![19]

ENTÃO, O QUE HÁ MESMO DE ERRADO?

É claro que não existe qualquer prova empírica em apoio à maternidade esquizofrenogênica ou a qualquer de suas variantes. Nosso entendimento moderno da esquizofrenia não tem semelhança alguma com esses contos de fadas iniciais no estilo Irmãos Grimm. Sabemos que a esquizofrenia é um distúrbio de neurodesenvolvimento com fortes componentes genéticos. Uma grande demonstração disso é o fato de que se alguém tem a doença, seu gêmeo idêntico, que compartilha todos os seus genes, tem 50% de chance de ter a doença também (em contraste com a probabilidade costumeira de 1% a 2% na população em geral). A genética da esquizofrenia, no entanto, não diz respeito a um único gene que se extraviou (em comparação com distúrbios clássicos de gene único, como fibrose cística, doença de Huntington ou anemia falciforme). Na verdade, ela surge de uma combinação infeliz das variantes de uma série de genes, muitos deles relacionados com neurotransmissão e desenvolvimento cerebral.* No entanto, a coleção de genes não causa esquizofrenia, mas na realidade aumenta o risco de adquiri-la. Isso está implícito na inversão da

* Além disso, de forma inesperada, outro problema genético na doença envolve genes normais que foram anormalmente duplicados em múltiplas cópias.

descoberta que acabamos de mencionar — se alguém tem a doença, seu gêmeo idêntico tem 50% de chance de *não* tê-la. Numa interação clássica entre gene e ambiente, contrair a doença requer basicamente uma combinação de vulnerabilidade genética com um ambiente estressante. Que tipo de estresse? Durante a vida fetal, o risco de doença muitos anos depois é ampliado pela desnutrição pré-natal (por exemplo, a escassez de alimentos do inverno holandês de 1944 aumentou bastante a incidência de esquizofrenia entre indivíduos que tinham sido feto naquela época), pela exposição a qualquer um de uma série de vírus por meio de infecção materna, sangramento placentário, diabetes materno ou infecção pelo parasita protozoário *Toxoplasma gondii*.* Os fatores de risco perinatais incluem nascimento prematuro, peso baixo ao nascer e pequeno perímetro cefálico, hipoxia durante o parto, cesariana de emergência e nascimento nos meses de inverno. Mais adiante, no processo de desenvolvimento, o risco é aumentado por estressores psicossociais, como perda de um dos pais, separação dos pais, trauma precoce da adolescência, migração e vida urbana.[20]

Assim, a doença surge de riscos genéticos que levam o cérebro de alguém à beira do precipício, somado a um ambiente estressante, que então o empurra para o abismo. Quais são as anomalias do cérebro depois que ele é empurrado? A mais dramática e certa envolve um excesso do neurotransmissor dopamina. Esse mensageiro químico desempenha um papel, sobretudo no córtex frontal, em assinalar a relevância de um acontecimento. Uma recompensa inesperada e logo pensamos: "Oba, isso é ótimo! O que posso aprender sobre o que acaba de acontecer para que aconteça de novo?". Um castigo inesperado e logo pensamos: "Caramba, isso é terrível. O que posso aprender para tornar isso menos provável?". A dopamina é o mediador da mensagem: "Preste atenção; isso é importante".[21]

A melhor prova é que não só os níveis de dopamina são elevados na esquizofrenia como isso se deve a explosões aleatórias de sua liberação. Produzindo explosões aleatórias de saliência. Por exemplo, se você tem esquizofrenia e uma descarga inútil de dopamina acontece quando você percebe o olhar fixo de alguém, então, oprimido pela falsa sensação de significado naquele olhar,

* Como um aparte, o *Toxo* tem uma variedade de fascinantes efeitos no cérebro, o suficiente para que parte de meu laboratório dedicasse uma década a seu estudo.

você conclui que o estão monitorando, lendo seus pensamentos. A esquizofrenia é um transtorno do pensamento, como se diz, de "saliência aberrante".[22]

Acredita-se que a saliência aberrante também contribua para outra característica definidora da doença, ou seja, para as alucinações. A maioria das pessoas tem uma voz interna na cabeça, narrando acontecimentos, lembrando-as de coisas, intrometendo-se com pensamentos que nada têm a ver. Tenha uma explosão aleatória de dopamina junto com uma dessas e ela ficará marcada com tanta saliência, tanta presença, que você a percebe, responde a ela com se fosse uma voz real. A maioria das alucinações esquizofrênicas é auditiva, refletindo o quanto de nosso pensamento é verbal. E, como exceção verdadeiramente notável que confirma a regra, há relatos de indivíduos surdos de nascença com esquizofrenia cujas alucinações se dão na língua de sinais americana (com alguns tendo alucinações com um par de mãos desencarnadas sinalizando para eles, ou o próprio Deus fazendo as sinalizações).*[23]

A doença envolve também mudanças estruturais no cérebro. Isso é um pouco complicado de demonstrar. As primeiras provas vêm de comparações entre cérebros de pessoas com esquizofrenia e cérebros de controle examinados depois da morte. A natureza das anomalias estruturais levantou a possibilidade de que as descobertas fossem um "artefato post mortem" (ou seja, os cérebros de pessoas com esquizofrenia, por alguma razão, tinham maior probabilidade do que os cérebros de controle de serem esmagados quando removidos na autópsia). Embora meio exagerada, essa preocupação foi eliminada quando surgiram as técnicas de neuroimagem, mostrando os mesmos problemas estruturais no cérebro das pessoas ainda em vida. A outra confusão potencial que ainda precisava ser eliminada tinha a ver com medicamentos: se você observa, digamos, uma coisa estruturalmente diferente no cérebro de alguém de quarenta anos com esquizofrenia, essa diferença será

* Para tornar as coisas ainda mais fascinantes, a maioria dos indivíduos congenitamente surdos com esquizofrenia de fato relata alucinações auditivas — ou seja, relata que ouve vozes. Como é possível que alguém que jamais ouviu ouça vozes? A conclusão da maioria dos especialistas é que isso na verdade não ocorre; a pessoa é que tenta dar significado a sua estranha e desordenada percepção, e depara com esse misterioso conceito de "ouvir" no qual as pessoas que ouvem tanto insistem.

devida à doença ou ao fato de o indivíduo ter tomado vários medicamentos neuroativos durante décadas? Como resultado, o padrão-ouro na área se tornou as neuroimagens do cérebro de adolescentes ou de jovens adultos recém-diagnosticados com a enfermidade, que ainda não tinham sido medicados.* E por fim, uma vez que foi possível identificar pessoas geneticamente em risco e acompanhá-las desde a infância, verificando quem desenvolveria ou não a doença, ficou claro que algum tipo de alteração cerebral ocorria bem antes de os sintomas mais graves surgirem.[24]

Portanto, essas alterações cerebrais precediam e prediziam a doença. A mudança mais dramática é que o córtex é anormalmente fino, comprimido (daí a preocupação com esmagamento). Há diferenças lógicas também nos ventrículos, aquelas cavidades cheias de líquido dentro do cérebro; especificamente, se o córtex é fino, comprimido, os ventrículos se dilatam, exercendo pressão para fora. Isso levanta a questão de saber se o problema são os ventrículos dilatados que esmagam o córtex a partir de dentro ou um córtex adelgaçado que deixa os ventrículos preencherem o espaço vazio. Na verdade, o afinamento cortical vem primeiro.[25]

É muito revelador que as mudanças corticais sejam mais drásticas no córtex frontal. Ocorre que o adelgaçamento não se deve à perda de neurônios. Em vez disso, há perda dos cabos complexos — os axônios e os dendritos — que permitem aos neurônios se comunicarem entre si.** O córtex frontal tem uma capacidade reduzida de possibilitar a comunicação entre os neurônios, de coordenar suas ações. De funcionar de maneira lógica, sequencial.*** E, em

* Outra abordagem, que implicitamente depende de a esquizofrenia ser uma doença de vulnerabilidade genética, tem sido mostrar que algumas versões mais sutis das anomalias estruturais são encontradas em parentes não afetados de pessoas com a doença.

** Um detalhe para os fãs da neurociência: axônios são "mielinizados", envoltos numa bainha isolante composta de células chamadas células gliais. Isso acelera a comunicação neuronal por razões que consigo explicar confusamente numa de minhas aulas, ano após ano. O revestimento é gorduroso, meio esbranquiçado, e, como resultado, partes do cérebro feitas basicamente de cabos mielinizados recebem o nome de "massa branca", enquanto áreas repletas dos corpos celulares não mielinizados de neurônios são chamadas de "massa cinzenta". Autoestradas de massa branca ligando centros urbanos de massa cinzenta, diretamente do planejamento urbano neuronal do capítulo 7. Assim, logicamente, a perda de axônios no córtex na doença é acompanhada por uma redução de massa branca.

*** Existem ainda outras alterações cerebrais, particularmente a atrofia do hipocampo, uma região do cérebro essencial para aprendizagem e memória. Também parece haver anomalias apoio a isso, a ressonância magnética funcional mostra que o córtex frontal adelgaçado e depauperado em alguém que padece de esquizofrenia precisa trabalhar mais para conseguir nas tarefas o mesmo grau de eficácia de um participante de controle num estudo científico.[26]

Portanto, se alguém fosse obrigado a apresentar uma grande síntese da doença, com base no conhecimento atual, o resultado seria mais ou menos este: na esquizofrenia, uma série de variantes genéticas constitui um risco da doença e certas épocas de grande estresse no começo da vida regulam esses genes de tal maneira que as coisas se desviam para o caminho que leva à esquizofrenia. Essas manifestações incluem um excesso de dopamina e esparsas conexões entre neurônios no córtex frontal. Por que o início da doença ocorre em geral no fim da adolescência/início da vida adulta? Porque é quando o córtex frontal tem sua explosão final de crescimento maturacional (e, com isso, é prejudicado na esquizofrenia).[27]

Coisas erradas com genes, neurotransmissores, a quantidade de fiação axonal conectando neurônios. O objetivo de repassar essa visão geral de nosso entendimento atual da doença é insistir neste ponto — é um problema biológico, é um problema biológico. É o mundo das pessoas de jaleco com tubos de ensaio, e não de psicanalistas vienenses cujo modus operandi seria dizer à mãe que ela é péssima como mãe. Um universo de distância da ideia de que se você for um adolescente que sofre a maldição de ter uma mãe esquizofrenogênica, um mergulho na loucura esquizofrênica é sua rota de fuga. Em outras palavras, esse é outro domínio onde conseguimos *subtrair da doença a noção de culpa* (e, ao mesmo tempo, nos tornarmos muitíssimo mais eficazes no tratamento dela do que quando as mães eram estigmatizadas).

Como eu disse, aprender sobre a transição da epilepsia quando ela deixou de ser aquilo que acontece quando você se alista com Satanás para ser um distúrbio neurológico é frustrante, porque não há praticamente informação alguma acerca de como as pessoas comuns começaram a pensar de maneira diferente a respeito da doença nos séculos XVIII e XIX. Mas sabemos como provavelmente se deu essa transição no caso da esquizofrenia.

---

nas camadas neuronais do hipocampo. Na área, é quase consensual a noção de que as mudanças estruturais no córtex frontal são as mais importantes.

A mudança de visão da esquizofrenia deve ter ocorrido nos anos 1950, quando apareceram os primeiros medicamentos que ajudavam a atenuar seus sintomas. A dopamina, quando liberada por um neurônio empenhado em enviar uma mensagem "dopaminérgica" para o próximo neurônio da fila, só funciona se esse próximo neurônio tiver receptores que se liguem e respondam à dopamina. Básica sinalização de neurotransmissores. E os primeiros remédios eficazes eram os que bloqueavam os receptores de dopamina. Eram chamados de "neurolépticos" ou "antipsicóticos", sendo os mais famosos o Thorazine (também conhecido como clorpromazina) e o Haldol. O que acontece quando você bloqueia receptores de dopamina? O primeiro neurônio da fila pode liberar dopamina por muitíssimo tempo, sem que, apesar disso, nenhum sinal dopaminérgico consiga passar. E se as pessoas com a doença começarem a agir de maneira menos esquizofrênica nessa altura, você tem que concluir, claro, que o problema é excesso de dopamina em cena.* O caso foi

* Aqui há um problema à espreita que é sutil e interessante, de uma maneira abstrata (mas com certeza não na vida real). Assim, na esquizofrenia, parece haver um excesso de dopamina em partes do cérebro relacionadas ao pensamento lógico, e um tratamento fundamental consiste em administrar um medicamento que bloqueia a sinalização de dopamina. Já a doença de Parkinson é um distúrbio neurológico no qual os pacientes têm dificuldade para iniciar movimentos, sendo o problema central a *perda* de dopamina numa parte totalmente diferente do cérebro, e um tratamento fundamental consiste em prescrever um remédio (comumente L-DOPA) para *aumentar* a sinalização desse neurotransmissor. Você não injeta nenhum desses remédios direto na região cerebral pertinente. Em vez disso, toma o remédio sistematicamente (ou seja, via oral ou injetável), o que significa que ele entra na corrente sanguínea e tem seus efeitos no cérebro inteiro. Dê a alguém com esquizofrenia um bloqueador de receptor de dopamina e você reduz os níveis anormalmente altos de sinalização dopaminérgica na parte "esquizofrênica" do cérebro de volta ao normal; mas ao mesmo tempo diminui os níveis *normais* em outras partes para abaixo do normal. Dê L-DOPA a alguém com Parkinson e você *eleva* a sinalização de dopamina na parte "parkinsoniana" do cérebro ao nível normal, mas *eleva* a sinalização a níveis acima do normal em outras partes do cérebro. Portanto, se tratar alguém com Parkinson usando doses altas e/ou prolongadas de L-DOPA, você aumenta o risco de uma psicose? Sim. Se tratar alguém com esquizofrenia usando doses altas e/ou prolongadas de bloqueadores de receptor de dopamina, você aumenta o risco de um distúrbio de movimento parkinsoniano? Sim — isso é chamado de "discinesia tardia", e seus sintomas são chamados, meio em tom de gíria, de "embaralhamento de Thorazine". (A banda de rock sulista Gov't Mule tem até uma canção sobre isso chamada "Thorazine Shuffle", cujos versos finais dizem

fortalecido ainda mais pela demonstração do lado oposto — pegue um remédio que aumente de maneira drástica a sinalização de dopamina e as pessoas desenvolvem sintomas semelhantes à esquizofrenia; é uma psicose por anfetamina. Descobertas como essa deram impulso à hipótese da dopamina, ainda hoje a explicação mais plausível para o que há de errado nessa doença. Causaram também uma redução drástica no número de indivíduos com esquizofrenia depositados pelo resto da vida em instituições psiquiátricas, escondidos a uma polida distância de todas as outras pessoas. Foi o fim dos manicômios.[28]

Isso deveria ter interrompido de imediato o vudu esquizofrenogênico. A pressão arterial elevada pode ser baixada com um remédio que bloqueia um receptor para um tipo diferente de neurotransmissor e você conclui que um problema essencial era excesso desse neurotransmissor. Mas sintomas esquizofrênicos podem ser reduzidos com um remédio que bloqueia os receptores de dopamina e você ainda assim conclui que o problema essencial é a maternidade tóxica. Notavelmente, foi o que a classe psicanalítica dominante na psiquiatria concluiu. Depois de lutar com unhas e dentes contra a introdução dos medicamentos nos Estados Unidos, e perder, eles fizeram um acordo: os neurolépticos não estavam atacando de fato os problemas centrais da esquizofrenia; apenas sedavam pacientes o bastante para que fosse mais fácil progredir psicodinamicamente com eles no tocante às cicatrizes deixadas pela forma como tinham sido criados pelas mães.

A escumalha psicanalítica chegou a criar um termo zombeteiro e pejorativo para famílias (ou seja, mães) de pacientes esquizofrênicos que tentavam fugir da responsabilidade acreditando que a doença era cerebral: *tipos dissociativos orgânicos*. O influente livro *Social Class and Mental Illness: A Community Study* [Classe social e doença mental: Um estudo comunitário], de 1958, do psiquiatra vienense Frederick Redlich, que chefiou o departamento de psiquiatria da Universidade Yale por dezessete anos, e do sociólogo da mesma instituição August Hollingshead, explicou tudo. Tipos dissociativos orgânicos eram em geral pessoas de classe baixa, menos instruídas, para quem "é um distúrbio bioquímico" era o mesmo que continuar acreditando em mau-

"Não precisa se preocupar hoje, embaralhar Thorazine deixa tudo ok". Não exatamente, mas é uma boa canção, no estilo Allman Brothers, e é legal ver música popular menos antiquada do que "Lucy in the Sky with Diamonds" ensinando sobre neuroquímica.)

-olhado, uma explicação fácil, equivocada, para quem não tinha inteligência suficiente para entender Freud.* A esquizofrenia ainda resultava de péssima criação e nada mudaria no pensamento convencional por décadas.[29]

A grande ruptura, no fim dos anos 1970, ocorreu na interseção de defesa dos interesses públicos, neuroimagem, influência da mídia, dinheiro e esquizofrenia no armário da família de gente poderosa.

Em certo sentido, tudo começou com um assassinato. No começo dos anos 1970, um jovem portador de esquizofrenia em estado de delírio matou duas pessoas em Olympia, Washington. Uma mulher chamada Eleanor Owen, mãe, irmã e tia de pessoas com esquizofrenia, fez uma coisa que acabou servindo de catalisador. Resistiu à reação costumeira de alguém afetado de alguma forma pela doença — mergulhar em sentimentos de vergonha e culpa, que sempre estavam presentes, mas que eram avassaladoras sobretudo quando o raro ato de violência cometido por alguém com esquizofrenia confirmava o estereótipo. Owen procurou outras sete pessoas que tinham um familiar com a doença e juntas entraram em contato com a família do assassino para oferecer apoio e consolo.

Owen e seu grupo se sentiram fortalecidos por aquele ato, e no lugar da vergonha e da culpa a grande emoção que tomou conta deles foi a raiva. A revolução antipsicótica tinha esvaziado os hospitais psiquiátricos de pacientes esquizofrênicos que necessitavam de cuidados crônicos e que não tinham mais um comportamento normal e saudável. O plano louvável era construir clínicas de saúde mental comunitárias em todo o país, que cuidassem desses indivíduos e os ajudassem a se reintegrar na comunidade. Só que o financiamento demorou muito mais a chegar do que se fazia necessário para atender o número de pessoas desinstitucionalizadas. Nos anos Reagan, a fonte de financiamento praticamente secou. As pessoas desinstitucionalizadas, se tivessem sorte, eram devolvidas às famílias; caso contrário, iam para as ruas. Portanto, a raiva tinha a ver com a ironia de tudo aquilo: somos famílias tão tóxicas que

* Muitos psicanalistas aprovavam a ideia de as mães serem acusadas de maternidade esquizofrenogênica, não só por acharem que era isso mesmo, mas também porque a culpa as tornava mais dispostas a pagar prontamente por sessões de terapia. Alguns sugeriam, no entanto, que esses pais torturados pela culpa deveriam ser tratados com alguma humanidade; mas parece que a maioria via isso como sentimentalismo.

provocamos a doença, e agora nos encarregam de cuidar desses doentes porque as repartições envolvidas foram incapazes de descobrir outra maneira de lidar com eles? Além disso, como grupo, era mais fácil para aquelas pessoas trazer a público a verdadeira fonte de sua raiva — a convicção, cada vez mais forte, de que a ideia de mãe ou família esquizofrenogênica era pura bobagem.

Tive oportunidade de conversar com Owen anos atrás, um encontro de duas horas com essa mulher de 99 anos, que se lembrava muito bem de tudo. "Num nível primevo, eu sabia que não era culpa minha. Eu operava à base da mais pura raiva."* Seu grupo logo deu origem aos Defensores da Saúde Mental de Washington, basicamente uma entidade de apoio que entrava na ponta dos pés nos domínios da defesa de causas.

Enquanto isso, um grupo parecido, chamado Pais de Esquizofrênicos Adultos, foi criado em San Mateo, Califórnia; obteve uma vitória já de início ao assegurar o direito de parentes de indivíduos com esquizofrenia a fazer parte de todos os conselhos de saúde mental dos condados do estado. Em Madison, Wisconsin, outro grupo foi criado, fundado por Harriet Shetler e Beverly Young. Eventualmente, todos souberam uns dos outros e em 1979 foi fundada a Aliança Nacional de Doenças Mentais (National Alliance on Mental Illness, Nami). Uma de suas primeiras contratações foi Laurie Flynn, que se tornou diretora de 1984 a 2000. Dona de casa com alguma experiência em trabalho voluntário na comunidade, ela tinha uma filha que estrelou no musical de escola de ensino médio e sem dúvida seria escolhida oradora da turma quando uma variante da esquizofrenia a destruiu. A ela e Owen logo se juntou Ron Honberg, advogado e assistente social que acabou incumbido dos aspectos políticos da Nami por trinta anos, apesar de não ter nenhum membro da família afetado pela esquizofrenia. Sua motivação era o senso de justiça: "O filho de

* Eleanor DeVito Owen foi uma figura extraordinária. Ao longo da vida foi jornalista, dramaturga, professora, figurinista, atriz de sucesso e uma imensamente bem-sucedida defensora da saúde mental. E nossa conversa foi adiada por algum tempo enquanto ela cruzava sozinha o país para visitar a irmã nonagenária. Morreu no começo de 2022, poucas semanas após a publicação de seu livro de memórias, *The Gone Room*, em seu aniversário de 101 anos. Em nossa conversa, ela se mostrou vibrante, apaixonada em relação ao passado e ao presente político, e modesta quanto a seu papel na correção de um dos embustes do passado da psiquiatria. Se meu sistema de crenças fosse muito diferente, eu diria que foi uma bênção ter tido contato com ela.

alguém ser diagnosticado com câncer é uma coisa. Já se o filho de alguém é diagnosticado com esquizofrenia, os vizinhos não aparecem para oferecer apoio prático e emocional".*

Elas obtiveram alguns êxitos, fazendo com que alguns legislativos estaduais pressionassem no sentido de dar mais cobertura de seguro-saúde para a esquizofrenia. Owen agia como um buldogue. "Não sei dizer como consegui ameaçá-los", recorda-se, referindo-se aos legisladores. "Eu era um monstro. Foi por causa da dor." Flynn descreve os membros como "furiosos, mas à maneira polida do Meio-Oeste".

Então aconteceu uma coisa que serviu de catalisador, quando a Nami se ligou ao híbrido perfeito de indivíduo, parente em primeiro grau de uma pessoa esquizofrênica e por acaso um dos maiores especialistas do mundo no emergente campo da psiquiatria biológica. E. Fuller Torrey, já mencionado aqui, decidiu se tornar psiquiatra quando sua irmã mais nova foi diagnosticada com a doença. Toda aquela teorização esquizofrenogênica lhe parecia profundamente errada, pela mesma razão que parecia também aos primeiros membros da Nami — com vários deles dizendo: "Espere aí, minha mãe criou nove filhos, mas só criou esquizofrenogenicamente um de nós?". Isso fez dele um crítico ferrenho da escola psicanalítica de psiquiatria. Formado em Princeton, McGill e Stanford, poderia ter estabelecido um consultório particular confortável e lucrativo. Mas em vez disso passou anos exercendo a medicina na Etiópia, depois em South Bronx e mais tarde numa comunidade inuíte no Alasca. Acabou se tornando psiquiatra do Instituto Nacional de Saúde Mental e do St. Elizabeths, o mais antigo hospital psiquiátrico dos Estados Unidos. Nesse meio-tempo, tornou-se um crítico feroz da supremacia da psicodinâmica, escrevendo dois livros magníficos, *A morte da psiquiatria* e *Freudian Fraud* [A fraude freudiana] (além de uma elogiadíssima biografia de Ezra Pound, paciente de longa data do St. Elizabeths, e... mais dezoito livros). Sua franqueza lhe custou pelo menos um emprego e ele por fim abandonou o sistema federal de psiquiatria, bem como a Associação Americana de Psiquiatria, dominada pela psicodinâmica,

* Tive o prazer e o privilégio de conversar longamente com Flynn e Honberg também. Agora em seus últimos anos, enquanto refletem sobre a árdua batalha que travaram, é possível ter noção do que é uma vida bem vivida.

fundando seu próprio instituto de pesquisa em saúde mental, com foco nas causas biológicas da esquizofrenia. Era inevitável que ele e a Nami se unissem.

Torrey foi uma bênção para a entidade. "Fuller falou por nós quando ninguém na comunidade médica o faria", disse Flynn — porque era um deles. Tornou-se porta-voz médico da Nami, dando palestras e lecionando para grupos da associação em todo o país (inclusive convencendo muitos membros a abandonarem tratamentos alternativos de eficácia não comprovada para a doença, como a terapia megavitamínica). Escreveu a cartilha best-seller *Esquizofrenia*, de 1995, que teve cinco edições. Torrey doou mais de 100 mil dólares em royalties do livro para a Nami e persuadiu um filantropo a contratar um lobista em Washington D.C. para a entidade, em vez de financiar suas próprias pesquisas.*

Então outra peça do quebra-cabeça se encaixou, uma peça que suspeito ser muitíssimo importante para as batalhas futuras pela remoção da culpa em nosso entendimento sobre o pior e mais perturbador dos comportamentos humanos. É o que o biólogo Brian Farrell, da Universidade Harvard, rotularia de caso de "celebridade aplicada" — pessoas famosas ou poderosas afetadas pela esquizofrenia na família que acabaram se envolvendo na luta. Duas delas foram o senador Paul Wellstone (democrata de Minnesota) e o senador Pete Domenici (republicano do Novo México; Flynn se recorda de ter pensado: "Que bom, um republicano"). Ambos se tornaram apoiadores no Congresso, insistindo por mais cobertura de seguro no tratamento da esquizofrenia e defendendo a causa de outras formas (Honberg lembra que uma vez alugou um caminhão, encheu-o com mais de meio milhão de petições por mais financiamento federal para pesquisas sobre as causas biológicas das doenças mentais, depositou a papelada na escadaria do Capitólio e ali ficou, em pé, ao lado de Domenici).**

E então algo inesperado aconteceu. Em 9 de dezembro de 1988, Torrey

* Sim, caso não dê para perceber, admiro Torrey imensamente e o considero uma inspiração; além disso, é um homem polido e decente.

** Podemos ser céticos e/ou gratos quando um político com histórico de pouca solidariedade para com desfavorecidos desenvolve uma solidariedade seletiva quando o assunto o afeta pessoalmente. Só para levar esse ceticismo um pouco mais longe, muitos cientistas até dizem: "Por favor, por favor, tomara que um ente querido de algum senador republicano contraia a terrível doença que estudo para que afinal haja financiamento e possamos descobrir a cura".

esteve no programa de Phil Donahue. Donahue era então o rei dos talk shows diurnos na TV e tinha, assunto sobre o qual era discreto, um membro da família com a doença. Os convidados incluíam Lionel Aldridge, famoso jogador de futebol americano do Green Bay Packer, que sucumbira à esquizofrenia erroneamente diagnosticada e ficara sem ter onde morar depois de seus dias de Super Bowl. Já estava bem medicado, assim como vários outros convidados do programa, que, junto com membros da plateia que faziam comentários e davam testemunhos semelhantes, pareciam bastante normais. E havia Torrey, afirmando com veemência que a esquizofrenia era uma doença biológica. Ela "não tem nada a ver com o que sua mãe fez com você. Assim como a esclerose múltipla. Como o diabetes". Não por causa de uma infância sem amor. Ele mostrou as imagens cerebrais de um par de gêmeos, um com a doença, o outro sem. Os ventrículos ampliados se destacaram numa poderosa demonstração de que uma imagem vale pelo menos mil palavras. No fim, Torrey fez um agradecimento público à Nami.

Nos dias seguintes, a Nami recebeu "umas dez malas de cartas por dia" de parentes de pessoas com esquizofrenia. O número de membros disparou para mais de 150 mil, choveram doações e a entidade se tornou uma poderosa força de lobby, pressionando para que o público fosse instruído sobre a natureza da doença, propondo que as faculdades de medicina mudassem seus currículos sobre esquizofrenia e que seus departamentos de psiquiatria se distanciassem da psicanálise para adotar a psiquiatria biológica,* financiando a próxima geração de jovens pesquisadores nessa área. Torrey e Flynn apareceram muitas vezes no programa de Donahue, no de Oprah Winfrey e num influente documentário da rede de televisão pública PBS. Celebridades contaram histórias sobre a luta que elas ou pessoas da família travaram contra doenças mentais. *Uma mente brilhante* ganhou o Oscar de melhor filme graças ao jeito como contou a história de John Nash, o economista agraciado com o Nobel que lutou durante toda a vida adulta contra a esquizofrenia.

* Quando eu estava sendo recrutado para a Universidade Stanford em meados dos anos 1980, as pessoas se gabavam da qualidade da psiquiatria biológica na Área da Baía — Stanford já tinha removido os psicanalistas dos cargos de liderança em seu departamento de psiquiatria e a Universidade da Califórnia em San Francisco já começara a fazer o mesmo. Era, definitivamente, um atrativo.

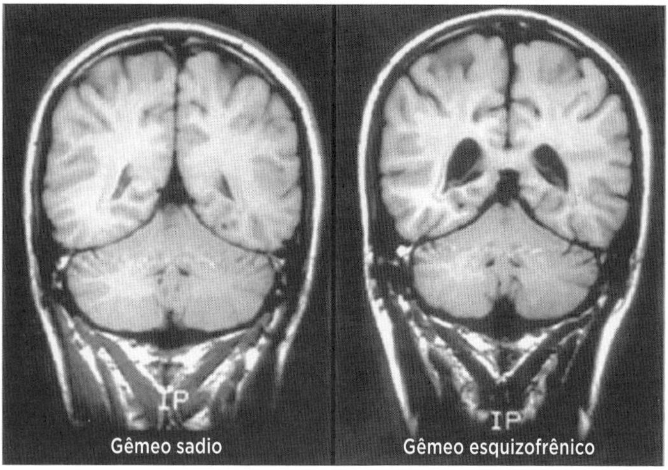

Gêmeos idênticos – Um esquizofrênico, o outro não.

Fotografia exibida por Torrey.

E em meio a tudo isso, morreu o mito das mães, dos pais e das famílias esquizofrenogênicos. Nenhum psiquiatra de respeito explicaria mais a alguém que sua toxidade provocara a esquizofrenia de um ente querido, ou conduziria o paciente esquizofrênico numa jornada psicanalítica de associação livre para descobrir os pecados da mãe. Nenhuma faculdade de medicina ensina isso. Praticamente ninguém mais, no grande público, acredita nisso. O mais frustrante é que ainda não conseguimos compreender os detalhes básicos da doença, nem desenvolver tratamentos novos e eficazes. Nossas ruas fervilham de pessoas sem-teto, portadoras desinstitucionalizadas da esquizofrenia, e famílias ainda são arrasadas pela doença, mas pelo menos nenhum membro da família ouve mais que tudo é culpa sua. Subtraímos a culpa.[30]

A situação não é perfeita, claro. Algumas eminências pardas da psicanálise até se retrataram em revistas acadêmicas, e algumas chegaram a fazer estudos mostrando que abordagens psicanalíticas não ajudaram em nada no tratamento da doença. Mas, para ressentimento dos membros da Nami com quem conversei, nenhum líder nesse campo jamais os procurou para pedir desculpas (o que nos faz lembrar o dito espirituoso do físico Max Planck de que "a ciência progride de funeral em funeral"). A amargura ainda repercute 43 anos depois, numa brilhante peça de teatro sociopolítico de Torrey, publicada em 1977 em *Psychology Today*. Em "A Fantasy Trial about a Real Issue"

[Um julgamento imaginário sobre uma questão real], ele cria um julgamento do establishment psicanalítico pelo dano causado a mães de esquizofrênicos. "Nenhum julgamento, desde Nuremberg, despertou tanto interesse público", afirma, em tom jocoso, sobre o suposto julgamento em massa conduzido num estádio em D.C. Enumera as acusações: "Os acusados, de maneira deliberada e premeditada, mas sem qualquer comprovação científica, culparam os pais de pacientes com esquizofrenia [...] pela enfermidade dos filhos, causando, assim, muita angústia, culpa, dor e sofrimento". Os réus incluem Fromm-Reichmann, Klein, Bateson e Theodore Lidz, que chamou os pais de esquizofrênicos de "narcisistas" e "egocêntricos". Todos são condenados a passar dez anos lendo seus próprios escritos. A peça termina com um floreio ácido: "Parentes choraram abertamente. Ninguém esperava uma sentença tão severa". Eleanor Owen tinha opinião diferente e comovedora disso tudo. Apesar da fúria da defesa que acabou ajudando a mover montanhas, apesar da vergonha e da culpa que pessoas como ela receberam de ideólogos pregando uma pseudorreligião condenatória e sem base em fatos, ela ainda diz: "Mas não havia vilões".*[31]

* Pode parecer que há um problema considerável na derrota da ideia de maternidade esquizofrenogênica. Tal como foi formulada, as mães (ou pais, ou famílias) esquizofrenogênicas levavam entes queridos à esquizofrenia no fim da adolescência devido às formas tóxicas de sua interação com eles. Mas então a descoberta de coisas como níveis elevados de dopamina, circuitaria cortical frontal depauperada e dilatação ventricular gritava tratar-se de doença biológica. Em outras palavras, a experiência (como a adversidade desse estilo de maternidade) não pode ser a causa da doença se a doença envolve mudanças estruturais e químicas no cérebro. Mas é exatamente isso que a experiência faz com o cérebro; basta voltarmos a alguns exemplos dos capítulos 3 e 4 — a pobreza infantil adelgaça o córtex frontal; o estresse crônico encolhe o hipocampo e aumenta a amígdala. Portanto, por que a maternidade esquizofrenogênica não poderia causar a esquizofrenia *por meio* da elevação dos níveis de dopamina, da atrofia do córtex e assim por diante? Isso pareceria uma visão sofisticada, contemporânea, da biologia interagindo com o ambiente. Opa, será que acabamos de revigorar a maternidade esquizofrenogênica? De jeito nenhum. Não há ciência que mostre que o estilo de maternidade pode produzir essas mudanças cerebrais. Especialistas não conseguem sequer chegar a um consenso sobre o que é mesmo esse estilo. Ninguém foi capaz de demonstrar que mães tidas como esquizofrenogênicas foram mães drasticamente diferentes na criação de filhos não esquizofrênicos. Marcadores neurológicos e neuropsicológicos da doença são detectáveis bem cedo na vida, contanto que sejam estudados. E, ah, há os genes envolvidos. A maternidade esquizofrenogênica é uma ideologia morta.

Houve outras histórias de sucesso também. O autismo passou por uma mudança bastante parecida. Outrora vagamente denominado "esquizofrenia infantil", foi formalizado no diagnóstico de "autismo infantil precoce" pelo psiquiatra Leo Kanner. Depois de considerar a possibilidade de causas biológicas, especificamente genéticas, da doença, ele se conformou com o pensamento da época, que mais uma vez consistia, claro, em acusar a mãe. Nesse caso, a suposta toxicidade materna era uma frieza e uma incapacidade de amar; o slogan de Kanner que assombrou gerações de pais era "mães-geladeira". Seguiu-se a história de sempre: décadas de vergonha e culpa. Crescente insight científico mostrando que há comprovação zero do conceito de "maternidade geladeira". Primeiros indícios de defesa e de resistência à acusação. O aumento da conscientização pública sobre a prevalência da doença, tornando a acusação de geladeira mais difícil de sustentar, com alguma celebridade aplicada entrando em jogo. E o papel da culpa no autismo desapareceu, pois agora sabemos que se trata de um transtorno do neurodesenvolvimento alarmantemente comum. Além disso, muitos, com versões mais suaves de autismo (o que já foi nomeado de síndrome de Asperger agora é chamado de algo como transtorno do espectro autista [TEA] de alto funcionamento), se opõem a serem patologizados com o conceito de "transtorno". Em vez disso, sustentam que o TEA deveria ser visto simplesmente como um extremo na variação normal da socialidade humana, e que ele traz muitas características cognitivas que se comparam, de maneira favorável, às dos "neurotípicos" (ou seja, todas as outras pessoas).*

Uma história bastante parecida, com três interessantes diferenças.

A primeira envolve Kanner. Era uma autoridade tão do tipo morto, branco, do sexo masculino quanto se poderia encontrar — professor da Faculdade de Medicina da Universidade Johns Hopkins, o primeiro psiquiatra infantil oficialmente reconhecido do país, autor do primeiro livro didático sobre o assunto. E parece ter sido uma pessoa realmente boa. Como mais um daqueles

* A Joana d'Arc das mudanças climáticas, Greta Thunberg, é um desses indivíduos; ela atribui à síndrome de Asperger a vantagem de poupá-la de distrações sociais, o que lhe permite se dedicar por inteiro a salvar o planeta.

intelectuais que conseguiram fugir da Europa, ajudou a salvar a vida de muitos outros, patrocinando sua entrada nos Estados Unidos, dando-lhes apoio material. Tinha uma profunda inclinação para o ativismo social relativo à saúde pública psiquiátrica e para programas de extensão de psiquiatria comunitária. De maneira notável, mudou seus pontos de vista à medida que mais conhecimentos se acumulavam. E em 1969 fez uma coisa extraordinária: apareceu na reunião anual do grupo de pais da Sociedade de Autismo da América e se desculpou: "Por meio disto, absolvo os senhores como pais".

Em seguida, embora Owen achasse que não havia vilões na saga da maternidade esquizofrenogênica, a saga da maternidade geladeira, na minha opinião, teve um. Bruno Bettelheim tinha sobrevivido a campos de concentração e chegado aos Estados Unidos, um intelectual austríaco da linha psicanalítica, que se tornou o suposto especialista definitivo nas causas e no tratamento do autismo (também escreveu textos influentes sobre as raízes psicodinâmicas de contos de fadas em *A psicanálise dos contos de fadas* e sobre práticas de criação de filhos nos kibutzim israelenses em *The Children of the Dream* [Os filhos do sonho]). Fundou a Escola Ortogênica para crianças autistas, associada à Universidade de Chicago, e se tornou reconhecido pioneiro em seu tratamento bem-sucedido. Era aplaudido e reverenciado. E adotou a maternidade geladeira com uma ferocidade de empalidecer gente como Fromm-Reichmann ou Klein (Torrey incluiu Bettelheim como réu em seu julgamento imaginário). Em seu livro amplamente lido sobre autismo, *A fortaleza vazia*, de 1967, sua crença declarada era "que O fator precipitante do autismo infantil é o desejo dos pais de que seu filho não existisse". Em palavras de tirar o fôlego, escreveu: "Seja nos campos de extermínio da Alemanha nazista, seja deitada num berço possivelmente luxuoso, mas sujeita aos desejos de morte do que em público talvez seja uma mãe conscienciosa — nas duas situações, uma alma viva tem a morte como mestra".[32]

Além disso, Bettelheim era mais vazio do que a suposta fortaleza do autismo. Falsificou suas credenciais europeias e seu histórico de formação. Plagiou escritos. Sua escola na verdade tinha pouquíssimas crianças autistas e ele inventou supostos sucessos. Era um tirano com seus funcionários (ouvi pessoas que estiveram em sua órbita de treinamento se referirem a ele, com sarcasmo, como "Betto Brutalheim") e está bem documentado que maltratava fisicamente as crianças. E, é claro, jamais pediu desculpas por nada. Só depois de sua morte é que artigos, livros e depoimentos de dezenas de sobreviventes de sua sabedoria vieram à tona.*[33]

A última diferença em relação à história da esquizofrenia é a razão pela qual considero "a derrota da culpa" no caso do autismo uma metamorfose ainda em andamento. Trata-se do movimento antivacina, que insiste, a despeito de todas as refutações científicas possíveis, que o autismo pode ser causado por vacinações que deram errado. Contra o pano de fundo desses caçadores de bruxas medievais, muitas vezes instruídos e privilegiados, responsáveis pela diminuição das taxas de vacinação, pelo ressurgimento do sarampo e pela morte de crianças, percebo o que costuma ser um tema secundário. Há, é claro, a teoria da conspiração acerca de algum tipo de empenho médico-farmacêutico em despejar o inferno autista sobre os inocentes em prol dos lucros com a vacinação. Mas há também, muitas vezes, uma acusação adicional e já conhecida: se seu filho tem autismo a culpa é sua, porque você não deu ouvidos ao que dizemos sobre vacinas.

Estamos no meio de outras transições também. Em 1943, num episódio célebre o general George Patton estapeou um soldado no hospital pelo que nós agora chamamos de transtorno de estresse pós-traumático (TEPT), mas que Patton interpretou como covardia; ele ordenou que o soldado fosse submetido a corte marcial, o que por sorte foi desautorizado por Ike. Mesmo bem depois do Vietnã, o TEPT era visto oficialmente como simulação psicossomática pela maioria dos poderes governamentais constituídos, e aos veteranos afetados

* Havia outra área em que Bettelheim praticava suas fraudes, posando de importante e poderoso e culpando os outros, e que me causa especial repugnância, pois ele era o clássico semita antissemita que responsabilizava seus companheiros judeus pelo Holocausto. Falando para um grupo de estudantes judeus, perguntou: "Antissemitismo — de quem é a culpa?". E respondeu aos berros: "De vocês! Porque vocês não se assimilam, é culpa de vocês". Ele foi um dos arquitetos da doentia acusação de que os judeus foram cúmplices do próprio genocídio, por serem passivas "ovelhas conduzidas para os fornos" (já ouviu falar, por exemplo, no Levante do Gueto de Varsóvia, "Dr." Brutalheim?). Fabricou para si mesmo a história de ter sido mandado para os campos por causa de suas heroicas ações de resistência clandestina, quando a verdade é que foi conduzido tão passivamente, ou de outra forma, como aqueles a quem acusava. Tenho que tentar passar pelo mesmo processo de pensamento de que trata este livro para chegar a qualquer sentimento sobre Bettelheim que não seja o de que se tratava de um perturbado e sádico filho da puta. A citação vem de R. Pollack, *The Creation of Dr. B: A Biography of Bruno Bettelheim* (Londres: Touchstone, 1998), p. 228.

se negavam os benefícios de saúde para tratá-lo. E então o de sempre — ligações genéticas, identificação de problemas neurológicos no desenvolvimento inicial e tipos de adversidade na infância que aumentam o risco de sucumbir a ele, neuroimagens mostrando anomalias cerebrais. As coisas devagar estão mudando.

No começo dos anos 1990, mais ou menos um terço dos soldados enviados para a Primeira Guerra do Golfo se queixava de "nunca mais se sentir bem", apresentando uma constelação de sintomas — exaustão, dores crônicas inexplicáveis, comprometimento cognitivo. A "síndrome da Guerra do Golfo" em geral era vista como uma espécie de distúrbio psicológico, ou seja, não real, um indicador de veteranos psicologicamente fracos, mimados. Então a ciência começou a se infiltrar na questão. Os soldados tinham recebido uma robusta classe de medicamentos relacionados a pesticidas como proteção contra o gás nervoso que, esperava-se, Saddam Hussein ia utilizar. Embora esses medicamentos pudessem explicar as características neurológicas da síndrome da Guerra do Golfo, a possibilidade foi desconsiderada — pesquisas cuidadosas logo antes da guerra tinham identificado quais as doses que poderiam ser administradas com segurança, sem danos a funções cerebrais. Mas o que se viu foi que os fármacos se tornavam mais danosos para o cérebro em situações de estresse, coisa que antes não fora levada em conta. Um dos mecanismos envolvidos era que o estresse — nesse caso, o calor corporal gerado por uma carga de 35 quilos de equipamento num clima desértico de quase cinquenta graus, aliado ao básico terror do combate — poderia abrir a barreira hematoencefálica, aumentando a quantidade de medicamento que chegava ao cérebro. Só em 2008 o Departamento de Assuntos de Veteranos oficialmente declarou a síndrome da Guerra do Golfo uma doença, e não uma simulação psicológica.[34]

Tantas frentes de avanço: crianças com dificuldade para aprender a ler e que continuam invertendo as letras não são preguiçosas e desmotivadas; na verdade, há malformações corticais em seu cérebro que causam a dislexia. Questões de livre-arbítrio e de escolha são irrelevantes quando se trata de qualquer interpretação cientificamente embasada da orientação sexual das pessoas. Um indivíduo insiste que, apesar das provas dos genes, gônadas, hormônios, anatomia e caracteres sexuais secundários de que pertence ao sexo que lhe foi atribuído no nascimento, isso não é quem ele é, nunca foi, tanto quanto pode lembrar — e a neurobiologia concorda com ele.[35]

E, mais abrangente ainda, infiltrando-se na vida diária de maneira tão sutil que não conseguimos perceber de imediato a mudança de mentalidade implícita: alguém não ajuda você a carregar um objeto pesado e em vez de se irritar você lembra que ele tem sérios problemas nas costas. A pessoa com voz de soprano em seu coral não para de errar as notas e você recorre ao conhecimento de endocrinologia pré-natal em busca de explicação — oh, na verdade ela é contralto. Estranhamente, você tem um assistente de pesquisa que procura a única meia verde num monte de centenas de milhares de meias vermelhas, atendendo a um pedido seu; o infeliz não consegue, e em vez de ficar ressentido com ele você pensa: ah, sim, claro, ele tem daltonismo vermelho-verde. E, num recente piscar de olhos histórico, a maioria dos americanos mudou de ideia e resolveu que, dada a insuficiência de amor no mundo, o amor entre dois adultos do mesmo sexo deveria ser permitido e consagrado com o casamento.

As longas explorações deste capítulo mostram a mesma coisa: podemos subtrair a responsabilidade de nossa opinião sobre certos aspectos do comportamento. E isso faz do mundo um lugar melhor.

CONCLUSÃO

Podemos fazer muito mais disso aí.

14. A alegria do castigo

JUSTIÇA FEITA I

Em seu clássico *Um espelho distante*, de 1987, a historiadora Barbara Tuchman descreveu a Europa do século XIV como "calamitosa" (e de maneiras análogas ao presente). Espelho ou não, por quaisquer padrões, o século foi um horror. Uma fonte de miséria foi o começo da Guerra dos Cem Anos entre França e Inglaterra em 1337, deixando um rastro de destruição. A cristandade foi abalada pelo cisma papal, que produziu múltiplos papas rivais. Mas, acima de tudo, a calamidade foi a Peste Negra, que assolou a Europa a partir de 1347; nos anos seguintes, quase metade da população morreu em agonia bubônica. A devastação foi tão severa que Londres, por exemplo, levou duzentos anos para recuperar o nível populacional pré-peste.[1]

As coisas já eram bastante terríveis no começo do século. Vejamos o ano de 1321 — o camponês médio era analfabeto, infestado de parasitas, sempre lutando para sobreviver. A expectativa de vida era de mais ou menos 25 anos; um terço dos bebês morria antes do primeiro aniversário. A pobreza era agravada pelo pagamento compulsório de dízimos à Igreja; de 10% a 15% das pessoas na Inglaterra morriam de fome devido à escassez de alimentos.

Além disso, todos ainda se recuperavam de acontecimentos do ano anterior, quando a Cruzada dos Pastores produziu uma devastação na França, em vez de cumprir o objetivo declarado de acabar com os muçulmanos na Espanha. Pelo menos ninguém achava que algum grupo de fora estava envenenando os poços.[2]

No verão de 1321, pessoas em toda a França decidiram que algum grupo de fora — leprosos* — estava envenenando os poços. A teoria da conspiração logo se espalhou até a Alemanha e foi aceita por todos, dos camponeses à realeza. Sob tortura, vítimas da doença confessaram que, sim, tinham formado uma guilda que jurou envenenar poços, usando poções preparadas com coisas como cobras, sapos, lagartos, morcegos e excrementos humanos.

Por que se dizia que os leprosos envenenavam os poços? Numa versão de *A noite dos mortos-vivos*, as pessoas achavam que os venenos causavam lepra — ou seja, eram uma medida de restabelecimento. De acordo com outra interpretação, alguns conjeturavam enfaticamente que leprosos alimentavam um ressentimento tão grande com a falta de empatia com que eram tratados que apelaram para a vingança. Mas alguns indivíduos prescientes, séculos à frente de seu tempo na avaliação da decadência do capitalismo, perceberam por trás daquilo a motivação do lucro. Logo, sob "interrogatório mais intenso", a resposta veio à tona — leprosos torturados passaram adiante a responsabilidade, alegando, entre gritos de dor, que estavam sendo pagos para envenenar os poços por seus comparsas, os judeus. Perfeito — todo mundo achava que judeus não contraíam lepra, o que lhes permitia conspirar com segurança com os leprosos.**

Mas então, por sua vez, os judeus passaram a bola adiante. Apesar de sua riqueza advinda da usura venal e da venda de crianças cristãs sequestradas para sacrifícios de sangue, empregar tantos leprosos lhes custava uma fábula.

* Em meus escritos e palestras, tento me referir, por exemplo, a hansenianos, esquizofrênicos ou epilépticos como "pessoas com" hanseníase, esquizofrenia ou epilepsia. É para lembrar que há seres humanos de carne e osso envolvidos nessas enfermidades, e que pessoas não são apenas sua doença. Abandono a convenção nesta seção, refletindo a natureza do acontecimento histórico — para os promotores dessa selvageria, suas ações não diziam respeito a "pessoas com lepra". Diziam respeito a "leprosos".

** Ao que tudo indica porque os judeus, ao contrário dos cristãos, não faziam sexo durante a menstruação, uma das supostas causas da hanseníase.

Logo os judeus proclamaram sob brutal tortura que eram apenas intermediários — estavam sendo financiados pelos muçulmanos! Especificamente pelo rei de Granada e pelo sultão do Egito, conspirando para derrubar a cristandade. Lamentavelmente, as turbas não conseguiam botar as mãos naqueles dois. Contentando-se com a segunda melhor opção, imolaram leprosos e judeus em cidade após cidade, na França e na Alemanha, matando milhares.

Tendo lidado com o que ficou conhecido historicamente como "a Conspiração dos Leprosos", as pessoas retornaram à luta diária pela subsistência; a justiça tinha sido feita.*[3]

ESSES LIBERAIS DE CORAÇÃO MOLE

Reforma não é o prato preferido de todos. Talvez você esteja numa boa situação no Vaticano e há esse monge alemão rude discorrendo sobre suas 99 teses. Ou se seu gosto for no sentido de que "as coisas precisam piorar antes de melhorar" no contexto da luta do proletariado para se livrar de suas correntes, reforma serve apenas para enfraquecer a revolução. Em especial, reforma não parece ser o caminho a tomar quando é aceito sem contestação um sistema que é absoluta, brutal e indefensavelmente absurdo. Já dá para perceber para onde estamos indo.

Claro, claro, há muito a ser reformado no sistema de justiça criminal. As prisões são criminogênicas, um campo de treinamento para a reincidência

* Importante ressaltar que nenhum poço de verdade jamais foi envenenado.

crônica. O preconceito implícito faz pouco da noção de juízes e júris objetivos. O sistema oferece toda a justiça que o dinheiro pode comprar. Tudo isso precisa de reforma e as pessoas que estão lá nas trincheiras tentando fazê-lo — o Projeto Inocência, candidatos a procuradores distritais empenhados em mudar a partir de dentro, advogados ajudando de graça os desfavorecidos — são incríveis. Tive a chance de trabalhar em mais de dez casos de assassinato com defensores públicos, e eles são uma inspiração para todos — mal pagos, sobrecarregados de trabalho, renunciando às riquezas do mundo corporativo, perdendo a maioria dos casos em que defendem pessoas falidas quase sempre já perdidas quando eram fetos no segundo trimestre de vida.

No entanto, se não existir livre-arbítrio, não há reforma que possa dar ao castigo retributivo nem mesmo um odor de bondade moral.

Eis como pode ser uma reforma da justiça criminal:* na Europa do século XVI, vários testes eram usados para identificar bruxas, todos eles horríveis. Um dos mais benignos era ler para a suspeita o relato bíblico da crucificação de Nosso Senhor. Se ela não se esvaísse em lágrimas, era bruxa. Em 1563-8, o médico holandês Johann Weyer tentou reformar o sistema de justiça das bruxas, publicando um livro, *De praestigiis daemonum et incantationibus ac veneficiis* (*Sobre a ilusão de demônios, feitiços e venenos*). Nele, Weyer calculava que Satã tinha um exército de 7 405 926 demônios, organizados em 1111 divisões de 6666 cada uma. Portanto, Weyer introduziu muita coisa no sistema. O livro fazia três sugestões de reforma. Em primeiro lugar, era óbvio que as não bruxas podiam confessar qualquer coisa, incluindo serem bruxas, simplesmente porque estavam sendo esfoladas. Em segundo lugar, o que levou Weyer a ser visto como um dos precursores da psiquiatria foi que uma pessoa podia parecer bruxa, quando na verdade era apenas mentalmente desequilibrada. Em terceiro lugar, havia o teste das lágrimas. Use-o, claro, recomendava Weyer, mas lembre-se de que as glândulas lacrimais costumam se atrofiar na velhice, portanto aquela idosa que ouve a história da crucificação sem derramar lágrimas é organicamente incapaz de chorar, em vez de ser uma bruxa.**[4]

É isso que acontece quando se tenta reformar um sistema com base em pura baboseira. O mesmo se aplicaria se frenologistas reformistas excluíssem

* Fiz uma abordagem mais minuciosa desse exemplo em meu livro *Comporte-se: A biologia humana em nosso melhor e pior.*

** A propósito, o livro de Weyer foi condenado tanto por católicos como por protestantes.

de seus estudos quaisquer candidatos a participante que tivessem levado uma pancada na cabeça jogando hóquei no gelo, ou se revistas de alquimia reformistas exigissem dos autores uma lista de suas fontes de financiamento. Ou quando reformistas tentam introduzir mais igualdade num sistema de justiça criminal; isso é tentar tornar a administração de justiça mais compatível com seu ideal platônico, quando esse próprio ideal carece de justificação científica ou moral. Isso é só para começar de uma forma meio discreta...

JUSTIÇA FEITA II

Na longa linhagem de reis Luíses da França, Luís xv se revelou sem dúvida uma decepção. Foi ineficaz nas poucas políticas que adotou e era desprezado como um sibarita corrupto que arruinou a França econômica e militarmente; a comemoração de sua morte pelos súditos em 1774 pressagiou a Revolução Francesa, que viria quinze anos depois. Em 1757, um assassino o esfaqueou com o que não passava de um canivete e que, depois de atravessar algumas camadas de roupa (foi ao ar livre, no inverno), causou um ferimento superficial; para ajudar o monarca tão gravemente ferido, o arcebispo de Paris ordenou quarenta horas de orações por sua pronta recuperação.*

A história não é clara sobre os motivos do aspirante a assassino, Robert-François Damiens, criado doméstico demitido de uma série de empregos por roubar dos patrões. Uma interpretação é que estava perturbado, psiquiatricamente doente. Outra diz respeito a uma controvérsia religiosa na qual Damiens estava do lado perdedor, que foi reprimido por Luís, e ele decidiu se vingar. Em particular, o rei temia que o homem fizesse parte de uma conspiração mais ampla, embora este não tenha revelado nenhum nome quando foi torturado. Motivos à parte, a única coisa de fato relevante é que ele tinha tentado matar o rei; Damiens foi condenado e acabou sendo a última pessoa arrastada e esquartejada na França.

A execução, que ocorreu numa praça pública de Paris em 28 de março de 1757, foi bem documentada. Primeiro Damiens teve os pés esmagados por um

* Luís, ao que tudo indica reprimido por esse breve encontro com a mortalidade, prometeu prestar mais atenção aos assuntos de Estado e se divertir menos com as amantes; essa última resolução parece ter durado algumas semanas.

instrumento de tortura chamado "bota". A mão criminosa, com a qual segurara a faca, foi queimada com tenazes em brasa; uma mistura de chumbo derretido, óleo fervente, resina ardente, cera e enxofre foi despejada nos ferimentos. Em seguida, ele foi castrado e a mistura ardente aplicada no local também.

Essas ações, junto com os lamentos de Damiens, que suplicava para ser morto, provocavam aplausos na multidão que lotou a praça, bem como nos apartamentos acima (alugados para os ricos, como camarotes, a preços exorbitantes).*

Mas essas torturas eram só o aquecimento para o grande espetáculo do dia, o "esquartejamento" — cada membro da vítima era amarrado a um cavalo e os quatro animais eram conduzidos em diferentes direções, arrancando os membros. Pelo visto, Damiens tinha tecido conjuntivo mais resistente do que o esperado; os membros continuaram intactos, apesar de repetidas tentativas com os cavalos. Por fim, o carrasco supervisor cortou os tendões e os ligamentos dos quatros membros de Damiens e os cavalos tiveram êxito. Reduzido a um torso e ainda respirando, o homem foi lançado a uma fogueira, junto com os membros decepados. Quando ficou reduzido a cinzas depois de quatro horas, a multidão se dispersou, uma vez que a justiça tinha sido feita.[5]

LE SUPPLICE DE DAMIENS

* Que incluíam Giacomo Casanova — você sabe, o próprio —, que tinha alugado um apartamento com amigos farristas (e que descreveu um ato sexual com uma das mulheres enquanto ela se debruçava na janela para ver melhor o que estava acontecendo).

Suponhamos que os julgamentos fossem abolidos, substituídos por meras investigações para descobrir quem de fato perpetrou determinado ato, e em que estado mental. Sem prisões, sem prisioneiros. Sem responsabilidade num sentido moral, sem acusação ou castigo.

Essa hipótese provoca a resposta automática: "Você está dizendo que criminosos violentos deveriam agir de maneira descontrolada, sem responsabilidade por seus atos?". Não. Um carro que, sem ter culpa, tem freios que não funcionam deve ser mantido fora das ruas e estradas. Uma pessoa com covid-19 ativa, sem ter culpa nenhuma, deve ser impedida de assistir a um concerto na plateia lotada. Um leopardo capaz de despedaçar você, sem ter culpa nenhuma, deve ser impedido de entrar em sua casa.

O que fazer, então, com criminosos? Tem havido abordagens que, apesar de excelentes, ainda aceitam a premissa do livre-arbítrio, mas pelo menos mostram que pessoas realmente inteligentes e sérias estão pensando em alternativas radicais a nossas respostas a pessoas causadoras de danos. Uma possibilidade é o modelo "comissão de verdade e reconciliação", de início imposto na África do Sul pós-apartheid e desde então utilizado em países que se recuperam de uma guerra civil ou de uma ditadura violenta. Tendo a África do Sul como arquétipo, arquitetos e capangas do apartheid puderam comparecer diante da comissão, em vez de serem mandados para a cadeia. Cerca de 10% dos requerentes tiveram essa oportunidade, sendo obrigados a confessar em detalhes as violações dos direitos humanos politicamente motivadas que cometeram — quem tinham matado, torturado e feito sumir —, mesmo aquelas de que ninguém sabia, que não lhes haviam sido atribuídas. Juravam jamais repetir aquilo (ou seja, jamais ingressar nas milícias brancas que ameaçavam uma transição pacífica para uma África do Sul livre); parentes das vítimas que estivessem presentes juravam, em essência, não buscar vingança. O assassino então era solto, em vez de ser preso ou executado. Vale lembrar que não havia exigência de remorso — nenhuma seção de fotos em que algum assassino do apartheid, angustiado pela contrição, é abraçado e perdoado pela viúva que ele mesmo produziu. Em vez disso, a abordagem era pragmática (para desgosto de muitos parentes), ajudando o país a se reconstruir.* O mais importante é que isso criava uma situação paralela à estratégia policial de conseguir informações sobre um pé de chinelo qualquer de nível básico do crime organizado e lhe oferecer imunidade em troca de comprometer seu superior, que por sua vez também seria pressionado, e assim por diante, até comprometer o esquivo chefão do crime. Nesse caso, oferecia-se imunidade a soldados do apartheid para comprometer o chefão criminoso lá no topo, ou seja, a própria sustentação do regime. À diferença do Holocausto e do genocídio armênio, jamais poderia haver negacionistas repulsivos do apartheid insistindo que a violência foi exagerada para fins de propaganda ou obra de lobos solitários não autorizados.[6]

Apesar de comoventes e surpreendentemente bem-sucedidas na prevenção de violência subsequente, essas comissões têm limitada relevância no que diz respeito a nossas preocupações. Alguma coisa parecida pode surgir durante a fase de sentença de um criminoso condenado, quando ele assume responsabilidade pelo crime e se diz arrependido, muitas vezes resultando numa sentença mais branda. Mas essa abordagem toda nada mais é do que reforma, na qual um criminoso é apenas menos castigado por um sistema sem sentido. Basicamente, alguém alega que suas ações criminosas foram resultado de livre-arbítrio e que suas ações atuais, também resultado de livre-arbítrio, são as de uma pessoa mudada. Não é com isso que estamos lidando aqui.

Outro modelo, com algumas semelhanças e a mesma irrelevância final, surge do movimento de "justiça restaurativa", que trata das relações entre criminoso e vítima, mais do que entre criminoso e Estado. Como no caso das comissões de verdade e reconciliação, espera-se que o criminoso se responsabilize por todos os detalhes de suas ações. A ênfase então recai na compreensão entre as partes. Para o perpetrador, é reconhecer a dor e o sofrimento causados — compreender, sentir, a ponto de ter remorso. E, para a vítima, o objetivo é compreender as circunstâncias, quase sempre terríveis e totalmente estranhas, que fizeram do criminoso a pessoa nociva que ele é. E, a partir daí, o objetivo para ambas as partes (em geral com um mediador) passa a ser descobrir o que

* Como medida do status de Nelson Mandela como um gigante moral, ele fez questão de que a comissão investigasse também as violações de direitos humanos cometidas pelos combatentes do Congresso Nacional Africano (ou seja, gente do "lado dele").

podem fazer para que uma elimine um pouco da dor da outra e encontrar maneiras de diminuir a probabilidade de aquilo voltar a acontecer.

A justiça restaurativa parece funcionar, diminuindo as taxas de reincidência. Dito isso, existe a possibilidade de viés de autosseleção — é quase certo que o criminoso que decide enfrentar a vítima nesses termos não é o prisioneiro comum e já está caminhando na direção certa.

Parece também que a justiça restaurativa impacta a vítima de forma salutar. Quem se submete ao processo relata menos medo e ódio do criminoso, menos ansiedade em relação à segurança, mais funcionalidade e prazer nas atividades diárias. Muito legal, porém, mais uma vez existe a probabilidade de viés de autosseleção.[7]

Mas justiça restaurativa nada tem a ver com nosso tema central. Isso ocorre porque ela aceita a necessidade de punição como dado indiscutível, com o prisioneiro, agora compreendendo a dor que causou, aceitando melhor a legitimidade de ser punido por um sistema irracional.

A abordagem que faz mais sentido para mim é a ideia da "quarentena". Do ponto de vista intelectual, é clara como o dia e cem por cento compatível com a inexistência de livre-arbítrio. Também de imediato tira o sono de muita gente.

Tal como delineado pelo filósofo incompatibilista Derk Pereboom, da Universidade Cornell, essa abordagem surge diretamente dos quatro princípios do modelo médico de quarentena: A) É possível alguém ter uma enfermidade médica que o torne contagioso, perigoso ou nocivo para as pessoas à sua volta. B) Não é culpa dele. C) Para proteger dele todos os demais, numa medida que se parece a um ato coletivo de legítima defesa, é aceitável prejudicá-lo restringindo sua liberdade. D) Devemos restringir a liberdade dessa pessoa o mínimo necessário para proteger a todos, nem um centímetro a mais.

É a colônia de leprosos, é a hospitalização involuntária em alguns casos de doença psiquiátrica, é a exigência europeia no fim do século XIV de que navios vindos da Ásia ficassem no porto quarenta dias (daí o *quar* de *quarentena*) para evitar que trouxessem outra leva de peste bubônica.

Esse modelo de quarentena médica é parte da vida diária. Se seu filho no jardim de infância tiver tosse ou febre, espera-se que você o mantenha em casa, longe da escola, até melhorar. Se você é piloto, não pode voar se estiver tomando um remédio que dá sono. Se seu pai idoso dá sinais de senilidade, não pode mais dirigir.

Às vezes a quarentena é imposta por ignorância — ocorre que nem todas as formas de hanseníase são contagiosas, o que elimina a necessidade de tantas dessas pitorescas colônias de hansenianos. Às vezes ela é imposta por causa de alguma coisa profundamente incognoscível — quando voltaram do primeiro pouso na Lua, os astronautas da *Apolo 11* passaram 21 dias em quarentena, só por prevenção contra sabe-se lá o quê. Às vezes, ela vem eivada de violência e preconceito — um exemplo notável é o de Mary Mallon, conhecida como "Maria Tifoide". Como primeiro caso identificado de um disseminador assintomático da febre tifoide, responsável por deixar mais de cem pessoas doentes, Mallon foi presa em 1907 e isolada à força numa ilha de quarentena no East River, em Nova York.*[8]

A quarentena médica gera controvérsias desde o primeiro dia, uma batalha entre os direitos individuais e o bem maior coletivo. Nós sem dúvida vimos quão explosivo pode ser esse tema no começo da covid-19, com aquelas festas estupidamente irresponsáveis e desafiadoras, nas quais superdisseminadores mataram multidões pela prática da expiração insegura.

A extensão disso para a criminologia no pensamento de Pereboom é óbvia: A) Algumas pessoas são perigosas devido a problemas como controle de impulso, propensão à violência, ou incapacidade de empatia. B) Se você de fato aceita que não existe livre-arbítrio, elas não têm culpa — é resultado dos genes, da vida fetal, dos níveis de hormônio, o de sempre. C) Apesar disso, o público precisa se proteger contra elas até que sejam reabilitadas, se possível, justificando as restrições a sua liberdade. D) Mas sua "quarentena" deve ser aplicada

* Por que "preconceito"? Mallon, imigrante irlandesa numa época em que sua gente ocupava o degrau mais baixo na hierarquia étnica de Nova York, provavelmente não teria sido tratada dessa forma se seu sobrenome fosse, digamos, Forbes ou Sedgwick; prova disso é que durante o resto de sua vida mais de quatrocentos disseminadores assintomáticos foram identificados e nenhum deles foi posto de quarentena do mesmo jeito. Na verdade, o preconceito teve uma motivação adicional — as transgressões de Mallon consistiam não apenas em ser pestilenta como irlandesa, não apenas em adoecer outros moradores de cortiço, mas também em adoecer as famílias ricas para as quais trabalhava como cozinheira. Ela foi tirada da ilha em 1910 e voltou a trabalhar como cozinheira sob nome falso, mais uma vez espalhando a doença; apreendida em 1915, viveu a contragosto na ilha durante 25 anos. Esse negócio de usar nome falso mancha um pouco sua imagem de vítima inocente. Por outro lado, o outro único trabalho possível para ela seria como lavadeira, ganhando metade do salário de fome que recebia como cozinheira.

de uma forma que restrinja o mínimo possível — fazer o que for necessário para torná-las seguras e em tudo o mais deixá-las livres. O sistema de justiça retributiva é construído com base numa proporcionalidade retrógrada, na qual quanto mais danos causados, mais severo o castigo. O modelo de quarentena da criminalidade mostra uma proporcionalidade progressista, na qual quanto maior o perigo representado no futuro, mais restrições são necessárias.[9]

O modelo de quarentena de Pereboom foi estendido pelo filósofo Gregg Caruso, da Universidade Estadual de Nova York, outro incompatibilista de destaque. Cientistas de saúde pública não se limitam a descobrir, por exemplo, que o cérebro de filhos de trabalhadores agrícolas migrantes é danificado por resíduos de pesticidas. Também têm o imperativo moral de trabalhar para impedir que isso aconteça (digamos, testemunhando em processos contra fabricantes de pesticidas). Caruso estende esse pensamento à criminologia — sim, a pessoa é perigosa por razões que ela não pôde controlar e não sabemos como reabilitá-la, portanto vamos restringi-la o mínimo possível para manter todos em segurança.* Mas vamos atacar também as causas profundas, em geral nos colocando no campo da justiça social. Assim como os profissionais de saúde pública pensam nos determinantes sociais da saúde, um modelo de quarentena orientado para a saúde pública que substitua o sistema de justiça criminal exige atenção aos determinantes sociais do comportamento criminoso. Na verdade, isso implica que, embora um criminoso possa ser perigoso, a pobreza, o preconceito, as desvantagens sistêmicas etc. que produzem criminosos são ainda mais perigosos.[10]

Naturalmente, modelos de quarentena têm sido alvo de críticas pesadas, de pelo menos três maneiras importantes.

A questão da detenção por tempo indeterminado. Com a prisão, há um limite máximo para o tempo de encarceramento (salvo no caso de prisão perpétua sem liberdade condicional), mas um modelo de quarentena poderia manter alguém com restrição de liberdade por tanto tempo quanto Mary Mallon. Portanto, parece um primo troll desfigurado mandar um criminoso que não é culpado por motivo de insanidade para um hospital psiquiátrico, onde a estadia média costuma ser mais longa do que uma sentença de prisão. Infelizmente, faz sentido, se a pessoa continua sendo perigosa, que as restri-

* Caruso formula isso como "incapacitar" a pessoa com o "mínimo de infringência".

ções continuem pelo tempo que for necessário — mas no contexto do mínimo de infringência, em que "restrição" pode consistir em ter que dar satisfações à polícia sempre que se deslocar, ou usar uma tornozeleira eletrônica. E observe que, nesse mundo alegre e perfeito que estou imaginando, se as coisas chegassem a esse ponto, as pessoas já não se afastariam desse indivíduo de movimentos restritos como um criminoso repulsivo e indefensável, mas apenas como alguém cujos problemas em certa área exigem que não se permita que faça isto ou aquilo. Sim, eu sei, temos um *longo* caminho a percorrer.*

A questão da restrição preventiva. Se acha que um criminoso de quarentena ("Por favor, parem de chamá-lo de criminoso") provavelmente voltará a ofender alguém, você deveria ter sido capaz de prever isso antes de ele prejudicar alguém a primeira vez. Isso levanta o espectro da arrepiante apreensão pré-crime (bem como a necessidade de ficar de olho nos preconceitos das pessoas que predizem a criminalidade futura). Sem dúvida, uma coisa de que não queremos nos aproximar, mesmo que Tom Cruise esteja disposto a estrelar na adaptação para o cinema. Ainda assim. Fazemos "apreensão pré-crime" o tempo todo em saúde pública. A regra para os pais de crianças em idade escolar é "se seu filho não estiver se sentindo bem, mantenha-o em casa", e não "se seu filho não estava se sentindo bem, infectou todo mundo na sala e ainda se sente mal, então mantenha-o em casa". Restrição pré-tosse. Em termos ideais, você impedirá que um indivíduo cada vez mais prejudicado pela demência dirija um carro, antes que ele atropele alguém, e não depois. Um equivalente da apreensão pré-crime é padrão na saúde pública. Então, como seria isso em nosso mundo pós-justiça criminal? Com certeza, qualquer coisa não distópica, se nos lembrarmos da ênfase de Caruso em que o "mínimo de infringência" precisa estar associado a um foco primordial nos determinantes sociais da criminalidade — outra versão de "E de onde veio essa

* Isso levanta uma questão que realmente me deixa numa situação difícil: se chegamos ao ponto de reconhecer que não é correto culpar ou castigar alguém por uma coisa negativa que faça, está certo não querermos a companhia de uma pessoa que anseia por contato social porque as circunstâncias fizeram dela uma pessoa irritante, chata, cansativa, que mastiga de boca aberta, atrapalha a conversa com trocadilhos bobos, assobia desafinado e assim por diante? Isso não seria como convencer meu filho de que *todas* as crianças de sua turma de jardim de infância devem ser convidadas para sua festinha de aniversário, até o menino de que ele não gosta?

intenção?". Identifique o próximo atirador de escola e, sim, torne impossível para ele comprar uma arma automática, ou uma grande faca afiada, ou um porrete no mercado clandestino. Mas também faça alguma coisa a respeito do bullying que sofre na escola e em casa e do fato de que ele está perto de naufragar devido a problemas psicológicos não tratados. Sim, identifique o sujeito cuja onerosa e crescente dependência de uma droga de rua está prestes a levá-lo a assaltar alguém, coloque-o num programa de reabilitação para se contorcer, tremer e vomitar num ambiente seguro, mas também faça alguma coisa a respeito do fato de que ele não adquiriu nenhuma capacitação e não tem opções de emprego. Eu sei, depois de tentar ser uma mistura de Emma Goldman de mau humor e John Lennon cantando "Imagine", mais pareço um candidato moderadamente progressista à câmara municipal, sem faltar sequer o endosso de Mister Rogers. Tudo que posso dizer é que qualquer versão de restrição preventiva teria que estar no contexto de um mundo no qual as pessoas de fato entendessem e aceitassem que indivíduos horríveis são produzidos por circunstâncias horríveis (um minuto antes, uma hora antes...). Temos *mesmo* um longo caminho pela frente.

A questão dessa diversão potencial. Uma objeção aparentemente vigorosa vem do filósofo israelense Saul Smilansky, que sustenta que, por mínimas que sejam as restrições impostas ao comportamento de alguém para garantir sua segurança, esse alguém continua sendo restringido por alguma coisa que não é culpa sua. Diante disso, a única postura moralmente aceitável tem que ser compensar de maneira apropriada a pessoa restringida. Nessa visão, se você é um pedófilo condenado e, portanto, como costuma acontecer, está impedido de chegar perto de escolas e parques, pelo menos deveria receber um bom desconto na conta das bebidas nos clubes de striptease; se você é tão violento que precisa ser isolado numa pequena ilha, que pelo menos haja ali um resort cinco estrelas, com aulas de golfe particulares. Se a restrição, por mínima que seja, envolve um elemento adverso que constitui um castigo imerecido, os proponentes da quarentena têm que oferecer, nas palavras de Smilansky, uma "*funishment*" — mistura de castigo e diversão — compensatória.* E, na

* Como uma espécie de piada cósmica, o corretor ortográfico continua transformando *funishment* [castigo + diversão] em *punishment* [castigo]. Além disso, ao pesquisar "*funishment*" no Google, você é redirecionado não só para vários debates filosóficos, mas também para sites

opinião dele, isso vai gerar mais crimes — se não for pego, você se beneficia; se for pego, tem uma compensação; ganha de um lado e ganha de outro. Isso provocaria o que ele chama de "catástrofe motivacional".[11]

A convincente resposta de Caruso se baseia em sólidas comprovações empíricas da parte desses divertidos *funishers*, os escandinavos. Em comparação com os Estados Unidos, a Noruega, por exemplo, tem um oitavo da taxa de homicídios, um onze avos da taxa de encarceramento, um quarto da taxa de reincidência. Bem, isso com certeza se deve a um sistema prisional draconiano. Pelo contrário — é do tipo que Smilansky prevê com pavor. No sistema de "prisão aberta" da Noruega, os criminosos, mesmo aqueles mantidos em condições de segurança máxima, têm quartos em vez de celas, computadores e TVs em cada um, liberdade de movimentos, cozinhas para cozinhar em comunidade, oficinas para hobbies, estúdios musicais repletos de instrumentos, arte nas paredes, árvores no terreno, que lembra um campus, chance de esquiar no inverno e ir à praia no verão. Mas e quanto ao custo, que deve ser pesado? É verdade que o custo anual de abrigar um prisioneiro na Noruega é três vezes mais alto do que nos Estados Unidos (mais ou menos 90 mil dólares, em comparação com 30 mil). Apesar disso, se você analisar direito, o custo geral per capita de conter o crime na Noruega é bem menor do que nos Estados Unidos: menos prisioneiros, que recebem instrução suficiente na cadeia para que a maioria volte ao mundo exterior como assalariada, e não como provável reincidente; enormes economias graças a forças policiais menores; menos famílias perturbadas e levadas à pobreza pelo encarceramento da principal fonte de renda; caramba, até os mais abastados economizam, graças à menor necessidade de onerosos sistemas de segurança doméstica com circuitos de televisão e botões de pânico.* Mas o que dizer da catástrofe motivacional de Smilansky, com pessoas atraídas pela criminalidade para ir morar num resort prisional? As taxas de reincidência bem mais baixas mostram que nenhuma quantidade de arte nas paredes e cozinhas bem equipadas supera o valor in-

---

de sadomasoquismo, e para algum fabricante de cerveja cujo produto é tido como ideal para alguém faminto por *funishment*.

* Uma comparação entre Noruega e Estados Unidos é obviamente complicada por se tratar de maçãs versus laranjas, pois o governo de um lugar como a Noruega já percebe as obrigações morais de cuidar dos cidadãos num grau com o qual os americanos de hoje só podem sonhar.

calculável da liberdade. Ao que parece, não precisamos temer a torpeza e o caos provocados pelo *funishment*.*[12]

Gosto dos modelos de quarentena como meio de conciliar a inexistência de livre-arbítrio com a proteção da sociedade contra indivíduos perigosos. Parece uma abordagem lógica e moralmente aceitável. Apesar disso, há um problema inusitado, em geral formulado estritamente como a questão dos "direitos da vítima". Isso é na verdade a ponta do iceberg de um problema gigantesco, capaz de levar a pique qualquer abordagem que consista em subtrair o livre-arbítrio no trato com indivíduos perigosos. Refiro-me aos sentimentos intensos, complexos, quase sempre compensadores que tomam conta de nós quando temos oportunidade de punir alguém.

JUSTIÇA FEITA III

Como esperado, os estados sulistas ficaram algumas décadas atrás dos estados nortistas, mas, graças à crescente condenação da atmosfera de carnaval caipira que quase sempre se criava, os enforcamentos públicos foram proibidos em todo o território dos Estados Unidos até os anos 1930. Em todo o território menos no Kentucky, onde, na cidade de Owensboro, em 1936, houve o que acabaria sendo o último enforcamento público da história americana.

O caso foi uma mutação qualquer de caso "perfeito". Uma mulher branca idosa, Lischia Edwards, tinha sido roubada, estuprada e assassinada em casa. Logo veio a prisão de Rainey Bethea, um afro-americano de vinte e poucos anos** com um histórico de arrombamentos em residências. Ao que parecia,

* Uma instrutiva lição vem de um casal em lua de mel no resort de uma pequena ilha nas Maldivas, quando veio a pandemia; por causa do momento em que diferentes países resolveram interromper as viagens aéreas, o casal ficou preso ali durante meses, os únicos hóspedes, mais os funcionários do resort que também ficaram ilhados. Garçons entediados disputavam o privilégio de encher seus copos de água depois de cada gole, os travesseiros eram ajeitados de hora em hora pelas camareiras. Basicamente, parecia o inferno com uma cabana particular. "Todo mundo diz que gostaria de ficar preso numa ilha tropical, até o dia em que de fato fica. Só parece legal porque você sabe que pode ir embora", disse um dos bronzeados cativos.

** Seu ano de nascimento é desconhecido.

tinham capturado o homem certo. Bethea confessou, o que, é evidente, não significava quase nada em se tratando de um homem negro interrogado pela polícia de um estado em que vigoravam leis segregacionistas. Mas o criminoso tinha roubado umas joias de Edwards e depois de confessar levou a polícia ao lugar onde elas estavam escondidas. O julgamento durou três horas; o advogado de Bethea não interrogou as testemunhas de acusação, nem chamou qualquer testemunha para depor;* o júri deliberou por quatro minutos e meio, Bethea foi condenado e sua execução, marcada para dois meses depois que o crime foi cometido.

Há um pormenor extraordinário. Apesar de ter estuprado e assassinado Edwards, ele só foi acusado de estupro. Por quê? Pela lei estadual, assassinos eram executados na cadeira elétrica, dentro da prisão. Já um estuprador ainda poderia ser enforcado em público. Em outras palavras, a alegria de poder enforcar à vista de todos um homem negro pelo estupro de uma mulher branca era irresistível.

Havia um detalhe interessante na execução planejada que virou notícia nacional — Bethea seria enforcado por uma mulher. Em 1936, o antigo xerife de Owensboro, Everett Thompson, tinha morrido de pneumonia. Num ato de "sucessão de viúva", o condado nomeou sua viúva, Florence Shoemaker Thompon, para substituí-lo. Ela tinha apenas dois meses no cargo quando presidiu a caça a Bathea e agora ia presidir seu enforcamento.

A imprensa e o público estavam eufóricos. Havia um jogo de adivinhação nacional — Thompson de fato puxaria a alavanca ou um carrasco profissional cuidaria disso com ela presidindo? Correram boatos, clarividentes deram palpite, as pessoas fizeram apostas. Na véspera do enforcamento, Thompson anunciou que haveria um carrasco profissional (coisa que ela, na verdade, decidira semanas antes).**

Nesse período de frenéticas conjeturas, Thompson se tornou uma das figuras mais controvertidas do país. Inspiradora para uns, uma pessoa do sexo

* Cinco advogados afro-americanos tentaram recorrer da condenação de Bethea alegando representação legal incompetente durante o julgamento. Foram informados de que, puxa, que pena, o tribunal de apelações estava fechado durante o verão; quando chegou o outono, Bethea estava morto havia muito tempo.

** O carrasco chegou bêbado demais para abrir o alçapão; um subxerife interveio.

frágil, nascida para bordar e tomar conta de criança, no entanto disposta a ocupar o cargo e cumprir seu dever cívico. Execrável para outros, assumindo trabalho de homem e deixando de lado os filhos; ela recebeu ameaças de morte. Num estranho espírito paleofeminista (apenas dezesseis anos depois que as mulheres conquistaram o direito de voto), era elogiada por mostrar que elas eram tão capazes quanto os homens nesse nicho de mercado. Do começo ao fim, desenrolava-se a poderosa narrativa de Thompson como uma espécie de espírito animal retaliativo tomando as dores da assassinada Edwards — um homem negro que desonrara a feminilidade branca sulista seria enforcado por uma mulher branca sulista. Os jornais ressaltavam o fato de ela ser mãe (ASSASSINO SERÁ ENFORCADO POR MÃE DE QUATRO FILHOS, declarou uma manchete do *Republican*, de Springfield, Massachusetts); o *Washington Post* a chamou de "rechonchuda, de meia-idade"; o *New York Times*, de "a bela xerife"; na reportagem de outro jornal, ela era "matronal", outro notou que ela era boa cozinheira. Além de montanhas de cartas de apoio e de cartas de ódio, Thompson recebeu muitas propostas de casamento.*

Quando chegou o dia, os quartos de hotel em Owensboro estavam lotados, com gente de todos os cantos do país. Na véspera, bares ficaram abertos a noite inteira, num clima de expectativa. O local de enforcamento teve que ser transferido da frente do tribunal para uma praça maior, para que a multidão não pisoteasse as flores recém-plantadas no prédio. Muita gente passou a noite acampada na esperança de ter uma boa visão do espetáculo; houve brigas na disputa pelos melhores lugares (mesmo entre mulheres com bebê no colo); jovens empreendedores vendiam cachorro-quente e limonada para a multidão. Um homem de Owensboro, fugitivo da lei, foi preso quando voltou à cidade natal para assistir ao enforcamento. Vinte mil pessoas lotaram a praça.

Bethea foi conduzido à forca. Parou ao pé da escada para fazer um pedido improvável — em seu bolso havia um par de meias novas que queria calçar. Depois de algumas consultas apressadas, o pedido foi aceito; algemado, ele se sentou no primeiro degrau para trocar de roupa e foi levado escada acima sem sapatos, com meias novas.

* A despeito da controvérsia em nível nacional, Thompson foi aclamada em Owensboro. Quando concorreu à reeleição, recebeu todos os 9824 votos contados, menos três.

Houve poucos gritos dispersos na multidão pedindo forca para ele; a maioria esticava o pescoço, em silêncio.

Puseram-lhe um capuz e depois de uma primeira tentativa frustrada de abrir o alçapão Bethea foi devidamente enforcado. Algumas pessoas avançaram, enquanto ele ainda respirava, para rasgar o capuz e levar um pedaço de pano como suvenir. Apesar do princípio de violência de turba, a maioria dos presentes se dispersou sem alvoroço, depois que a justiça foi feita.*[13]

* Muitos jornalistas do Norte cobriram o acontecimento, atraídos pela oportunidade de ver Thompson abrir o alçapão. Privados disso, enviaram reportagens sobre a barbárie sulista. Constrangido, o legislativo do Kentucky logo proibiu os enforcamentos públicos.

A notoriedade pesou sobre Owensboro durante décadas, e a cidade desenvolveu um revisionismo encrespado e narcisista, segundo o qual os 20 mil espectadores que haviam disputado bons lugares e pedaços de pano como suvenir eram só gente de fora, e a cidade em si tinha repudiado o espetáculo.

Não resisto à tentação de observar que o filho mais célebre de Owensboro é Johnny Depp. Tire suas próprias conclusões.

PUNIR TRAPACEIROS

Assim, temos o plano de abolir as prisões e a ideia de criminalidade, e adotar abordagens de quarentena. Tudo pronto. Mas é provável que não tenhamos êxito, por causa daqueles "sentimentos intensos, complexos, quase sempre compensadores que tomam conta de nós quando temos oportunidade de punir alguém". O que levanta a questão fundamental da evolução do castigo.

É fácil ficarmos impressionados com a extensão de nossa própria sociabilidade humana; 2,9 bilhões de usuários do Facebook, a Europa abrindo as portas para refugiados ucranianos,* caçadores-coletores mbuti, da floresta tropical do Congo, em dia com as notícias das Kardashian. Mas não somos os únicos. Babuínos vivem em grupos de cinquenta a cem integrantes. Zilhões de peixes nadam em cardumes. Um milhão de gnus migra como um só rebanho no Serengeti todos os anos, produzindo montanhas de esterco de gnu.

* Abrir as portas para pessoas de cor provenientes de um dos outros infernos da terra? Nem tanto. Suponho que nesse caso nossa espantosa sociabilidade humana se manifesta quando nacionalistas cooperam entre si para formar partidos políticos que acusam os imigrantes de destruírem a cultura europeia.

Uma multidão de suricatos, uma matilha de lobos, um clã de hienas. Insetos sociais, bolores limosos, bactérias unicelulares vivendo em colônias.

Uma das forças motrizes da evolução da sociabilidade é o fato de que ela fomenta a cooperação, muitas mãos aliviando fardos pesados. Mabecos do Cabo perseguem presas num sistema de cooperação, no qual alguns cortam caminho, correndo na diagonal, para o caso de a presa mudar de direção. O mesmo ocorre entre chimpanzés, com alguns empurrando uma presa em potencial, quase sempre um macaco, na direção onde outros chimpanzés estão à espera. Fêmeas de morcegos alimentam os bebês umas das outras; suricatos e macacos-vervet arriscam a própria vida revelando sua localização quando emitem gritos de alarme que beneficiam a todos. Há os insetos sociais que renunciam à reprodução em obediente lealdade à rainha da colônia. Bactérias unicelulares formam cooperativamente estruturas multicelulares necessárias para a reprodução. E há os membros constituintes do bolor limoso, estudando juntos a solução final do problema apresentado por um labirinto. Há até o campo incipiente da sociovirologia, que diz respeito à cooperação entre vírus para melhor penetrar e replicar numa célula-alvo. Na virada do último século, cientistas no Ocidente interpretavam mal Darwin, que teria mostrado que o êxito evolutivo se baseia apenas em competição, agressão e dominação. Enquanto isso, o cientista (e historiador, filósofo, ex-príncipe czarista, revolucionário e gentilmente furioso anarquista) russo Piotr Kropotkin publicou um livro sessenta anos à frente de seu tempo, *Ajuda mútua: Um fator de evolução*.[14]

A ubiquidade da cooperação entre espécies sociais levanta um problema ubíquo. Claro, é ótimo quando todo mundo coopera para o bem maior, mas é melhor ainda quando todos os demais fazem isso enquanto você se aproveita deles. É o problema da trapaça. Uma leoa convenientemente fica atrás das outras numa caçada perigosa; um morcego fêmea não amamenta os bebês dos outros, mas se aproveita de sua cooperação; um babuíno dá uma facada nas costas do parceiro de coalizão. Duas colônias separadas de amebas sociais geneticamente idênticas se fundem para formar uma estrutura multicelular chamada corpo de frutificação, que consiste num caule, que dá estabilidade, e num chapéu. Só as amebas do chapéu se reproduzem e a cooperação consiste em cada colônia compartilhar de forma equitativa a chatice de serem células de caule não reprodutoras; na verdade, cepas diferentes tentam trapacear, explorando outra colônia ao monopolizar de forma preferencial assentos no chapéu. Até mitocôndrias e trechos de DNA trapaceiam em empreendimentos cooperativos.*[15]

E, com toda a certeza, a onipresença da trapaça levou à evolução de contramedidas para detectá-la e castigá-la. Chimpanzés que deixam de apoiar um aliado numa luta levam uma surra depois. Garrinchas que não alimentam os filhotes do casal reprodutor dominante são atacadas. As rainhas dos ratos-toupeiras-pelados são agressivas com os operários preguiçosos. No mutualismo em que a limpeza dos peixes reefer é feita pelos bodiões-limpadores, que comem os parasitas colhidos, alguns bodiões-limpadores trapaceiam para

* Longa digressão biológica: as mitocôndrias, as "casas de força da célula" da biologia do ensino médio, estão no centro de um dos acontecimentos mais legais na história da vida. Elas já foram células minúsculas, independentes, com seus próprios genes, dispostas a atacar células maiores em benefício próprio; essas células maiores contra-atacavam com proteínas que perfuravam as mitocôndrias, ou as engoliam para colher suas moléculas. Então, na revolução "endossimbiótica", cerca de 1,5 bilhão de anos atrás, espadas foram transformadas em relhas de arado, e quando uma célula grande engolia uma mitocôndria, em vez de destruí-la, deixava-a viver ali e as duas saíam ganhando. As mitocôndrias desenvolveram a capacidade de usar oxigênio para gerar energia, uma mudança muitíssimo eficiente; elas compartilhavam os frutos abundantes de seu metabolismo à base de oxigênio com a célula envolvente, a qual, por sua vez, as protegia dos desgastes do mundo exterior. Numa ação que lembra dois governantes medievais assinando um tratado de paz, porém sempre desconfiados um do outro, enviando os filhos como hóspedes/espiões/prisioneiros ao outro reino, as mitocôndrias e as células hospedeiras chegaram a trocar alguns de seus próprios genes originais (embora quase sempre mitocôndrias transferissem genes para a célula hospedeira).

Onde entra a trapaça? Na hora de se dividir, a célula tem que fazer novas cópias de todas as suas estruturas, como o DNA no núcleo, as mitocôndrias e assim por diante. E algumas mitocôndrias trapaceiam, fazendo muito mais cópias de si mesmas do que "deveriam", dominando recursos replicativos para si mesmas. A contramedida da célula? Chegaremos lá.

E sobre a trapaça no DNA? O genoma inteiro é um empreendimento cooperativo, genes individuais e outros elementos de DNA trabalhando coletivamente ao se replicar. Acontece que há trechos de DNA, os chamados transpósons, que não codificam nada de útil e em geral são derivados de vírus antigos. E são egoístas, na medida em que só se preocupam em fazer cópias de seu próprio ser inútil, tentando monopolizar o mecanismo de replicação. Como medida da eficiência de sua trapaça, mais ou menos metade do DNA humano vem dessas cópias interesseiras de transpósons imprestáveis. E a resposta da célula a esse egocentrismo? Vamos chegar lá também.

Só como lembrete, leoas, peixes, morcegos, bactérias, mitocôndrias e transpósons não conspiram conscientemente para trapacear em benefício próprio. Essa linguagem personificadora é só um atalho para coisas como "Ao longo do tempo, os transpósons que desenvolveram a capacidade de autorreplicação preferencial acabaram prevalecendo".

conseguir alimento ainda melhor dando uma mordida no peixe reefer; eles são expulsos e castigados, ficando menos propensos a violar seu contrato mutualista. Bactérias sociais não formam corpos frutíferos com linhagens clonais bacterianas que trapaceiam. Algas verdes desenvolvem meios de não passar adiante mitocôndrias notoriamente egoístas quando a célula se divide. As células desenvolvem meios de silenciar todas as cópias de um transpóson cuja replicação interesseira fugiu de controle — por exemplo, um tipo específico de transpóson explorador invadiu as moscas-das-frutas nos anos 1970, e estas levaram quarenta anos para desenvolver um meio de silenciá-lo punitivamente.[16]

Crucialmente, o castigo *funciona* para manter cooperação. Em jogos econômicos envolvendo dois jogadores (por exemplo, Jogo do Ultimato), um dos dois tem o poder de explorar o outro. E contradizendo o mito de que não passamos de *Homo economicus*, otimizadores racionais do interesse próprio, os jogadores que estão no comando em geral não começam explorando tanto quanto poderiam. Se o outro jogador tem a oportunidade de punir o primeiro jogador por ser indevidamente explorador, a exploração diminui ainda mais; na ausência de um mecanismo de punição, a exploração se agrava.*[17]

A punição certa no momento certo é importante para aumentar a cooperação. Um exemplo bastante influente veio de um estudo da teoria dos jogos realizado em 1981 pelo cientista político Robert Axelrod e pelo biólogo evolucionista W. D. Hamilton, dois titãs em suas áreas de atuação. O experimento envolvia o Dilema do Prisioneiro (DP), jogo no qual dois jogadores, incapazes de se comunicar, devem decidir se cooperam ou se trapaceiam um com o outro — se ambos cooperarem, cada um ganha alguns pontos de crédito; se ambos trapaceiam, os dois perdem. Portanto, é óbvio que se deve cooperar sempre, certo? Calma lá — se o outro coopera enquanto você o esfaqueia pelas costas, não retribuindo na mesma moeda, ele perde um monte de pontos e você fica com a maior recompensa de todas; na situação oposta, se você é quem confia demais, a situação se inverte. Axelrod e Hamilton perguntaram a teóricos de

* Como são a exploração irrestrita, a exploração restrita e a punição no Jogo do Ultimato? Há dois jogadores. O primeiro jogador recebe cem dólares e divide entre eles, da forma que o primeiro jogador quiser. Oferecer zero e ficar com cem dólares é exploração máxima. Metade-metade maximiza a justiça. A maior parte das pessoas começa em torno de uma proporção moderada de sessenta-quarenta. Onde entra a punição? O único poder que o segundo jogador tem é o de recusar a oferta — caso em que nenhum dos dois fica com nada.

jogos qual seria sua estratégia de DP e organizaram uma competição computadorizada do tipo todos-contra-um, na qual cada estratégia disputava contra cada uma das outras duzentas vezes. E, em meio a alguns complexos algoritmos para punição condicional, a estratégia que venceu foi a mais simples — a do olho por olho. Comece cooperando e continue a cooperar a menos que o outro jogador o traia; nesse momento, retribua na mesma moeda na rodada seguinte. Se ele continuar trapaceando, continue punindo-o, mas, se voltar a cooperar, retome a cooperação na rodada seguinte. Uma estratégia que tem regras claras, que começa com cooperação, que é proporcionalmente punitiva contra trapaceiros e que é capaz de perdoar. Esse estudo lançou uma indústria de pesquisas de acompanhamento, explorando variantes da estratégia do olho por olho, sua evolução e exemplos no mundo real em várias espécies sociais.[18]

As hipóteses de punição no Jogo do Ultimato e no Dilema do Prisioneiro são conhecidas como punição "de segunda parte" — na qual a vítima se vinga de um agressor. Um mecanismo de punição ainda mais eficiente para eliminar a trapaça e fomentar a cooperação é a punição de "terceira parte", quando alguém de fora intervém para punir o babaca. Pense na polícia. É uma esfera de punição muito mais sofisticada; embora demonstrem rudimentos disso quando bebês, as pessoas levam anos para fazê-lo de maneira consistente, e ela é exclusiva dos humanos. É um ato de altruísmo, no qual você arca com o custo (por exemplo, seu esforço) de punir alguém em benefício de todos. Refletindo esse altruísmo, as pessoas propensas a fazer isso tendem a ser pró-sociais em outras esferas* e mostram ativação desproporcional de uma região cerebral envolvida na tomada de perspectiva** — têm excelente capacidade de ver o mundo do ponto de vista da vítima. Além disso, tratar participantes com oxitocina, hormônio que estimula a pró-socialidade grupal, aumenta a disposição das pessoas a assumir o fardo de punir terceiros.[19]

Depois, há a punição de quarta parte, em que uma testemunha de terceira ordem é punida por não cumprir seu dever — pense em códigos de honra nos quais você se encrenca se não denunciar a pessoa que você vê trapacean-

* As pessoas *realmente* pró-sociais são aquelas que prontamente se dispõem a executar punição de "terceira parte" sem se preocupar em executar punição de "segunda parte" em benefício próprio.

** A junção temporoparietal.

do, ou em policiais presos por aceitarem suborno. E punição de quinta parte — punir o conselho de disciplina da polícia por não punir policiais corruptos. Depois a punição de sexta, de sétima... nessa altura você já está lidando com uma rede de pessoas dispostas a punir para manter a cooperação.

Pesquisas transculturais interessantes mostram que culturas pequenas, tradicionais — digamos, caçadores-coletores ou agricultores de subsistência —, não aplicam punições de terceira parte (seja na vida real, seja participando de jogos econômicos). Elas entendem muito bem quando há trapaça, mas não ligam. Explicação: todos conhecem todos e sabem o que todos estão fazendo, por isso não precisam de uma sofisticada fiscalização de terceira parte para conter o comportamento antissocial. Em apoio disso, quanto maior a sociedade, mais formalizada é a fiscalização de terceira parte. E, também, a punição de quarta parte de trapaças de terceira parte funciona melhor quando existe apenas um pequeno número de agentes de punição de terceira parte — pense no caos que seria se, em vez da polícia, as coisas dependessem apenas de prisões feitas pelos cidadãos.[20]

A investigação transcultural lança luz sobre a emergência da forma definitiva de punição de terceira parte, ou seja, sobre a emergência de divindades que monitoram e julgam os seres humanos. Segundo estudos do psicólogo Ara Norenzayan, da Universidade da Colúmbia Britânica, os deuses inventados por culturas baseadas em pequenos grupos sociais não se interessam por assuntos humanos. Só quando as comunidades crescem a ponto de possibilitar atos anônimos, ou interações entre estranhos, é que se dá a invenção de deuses "moralistas" que sabem se você foi bom ou foi mau. Em conformidade com isso, em muitas religiões, quanto mais as divindades são vistas como punitivas, mais as pessoas são pró-sociais com correligionários anônimos e distantes.*[21]

Portanto, a punição em suas versões de teoria dos jogos desestimula a trapaça e facilita a cooperação. Mas há um grande problema — *punir custa caro.* Suponhamos que você esteja jogando o Jogo do Ultimato e o outro jogador lhe

* Há ainda um tipo de punição particularmente confuso. A punição "perversa" ou "antissocial", que ocorre quando alguém é punido por fazer uma oferta generosa *demais*; ela é motivada pela noção de que a generosidade não punida fará com que todos nós pareçamos não generosos, pressionando-nos a sermos generosos. Estudos transculturais mostram que esse tipo de punição maligna só é encontrado em culturas onde você não gostaria de viver — culturas com baixo capital social e baixos níveis de confiança e cooperação.

faça uma oferta de 99:1. Se rejeitar a oferta, você está desistindo da oportunidade de ganhar um dólar, o que, apesar de não ser tanto assim, é melhor do que nada. Rejeitar é irracional e custoso… a menos que você esteja jogando com a pessoa uma segunda partida na qual, quando você rejeita uma oferta baixa, o outro jogador faz uma oferta melhor, que produz um lucro líquido para você. Em casos como esse, punir não custa caro; na verdade, essa punição egoísta compensará no futuro (supondo que você tem o privilégio de poder esperar o futuro, em vez de aceitar quaisquer migalhas que lhe ofereçam).

O jogo só é puramente altruísta quando você desiste de um dólar, rejeitando a oferta de 99:1, em jogo de partida única, com o outro jogador castigado de maneira justa fazendo uma oferta melhor… para a próxima pessoa.

A punição de terceira parte é a mais custosa. Num Jogo do Ultimato você percebe que o jogador A está explorando sem dó o impotente jogador B. Indignado, você intervém e gasta, digamos, dez dólares do próprio bolso para que o jogador A tenha que pagar vinte dólares como punição. Humilhado, ele vai ser mais legal com qualquer um contra quem jogue a partir de então, e se isso não incluir você em algum momento seu custoso ato é uma punição puramente altruísta.*[22]

Um jeito de reduzir o custo de punir envolve reputação, um meio muito confiável de influenciar comportamentos. Em testes de teoria dos jogos, a cooperação cresce se as pessoas conhecem seu histórico de jogo (ou seja, um livro aberto sem informações ocultas que produz uma sombra do futuro); seja conhecido como um aproveitador e os outros perdem a confiança em você ou se recusam a jogar com você. Isso ocorre entre os caçadores-coletores, que passam muito tempo fofocando, entre outras coisas, sobre quem trapaceou, digamos, não compartilhando carne; fique conhecido por agir assim e será condenado ao ostracismo, o que pode ser um risco de vida. Já os custos da punição de terceira parte diminuem quando sua reputação é cada vez melhor e as pessoas confiam mais em você; se já é visto como socialmente dominante, ser um punidor de terceira parte o faz parecer mais poderoso e adorável.[23]

Essas são soluções distais para o problema dos custos da punição. Como foi dito no capítulo 2, há o "distal" (níveis de explicação panorâmica e de longo

* Na cultura fijiana tradicional, ser um punidor de terceira parte de comportamento antissocial não custa caro — está entendido que você pode fazer coisas como roubar bens do malfeitor impunemente.

prazo), em contraste com o "proximal" (ênfase em motivações e explicações do momento). Por que os animais se acasalam, gastando esforço e calorias, muitas vezes arriscando a vida? Explicação distal: porque isso permite que eles deixem cópias de seus genes na geração seguinte. Explicação proximal: porque é bom. Por que punir trapaceiros, se isso custa caro? A explicação distal é o que temos discutido — porque compartilhar os custos de maneira confiável e em conjunto beneficia a todos. Mas quando buscamos uma explicação proximal fica claro que será dificílimo convencer as pessoas a proclamarem a ausência de livre-arbítrio e se limitarem a colocar os elementos perigosos em quarentena. Por que punir trapaceiros quando isso é dispendioso? Proximalmente, porque *gostamos* de punir malfeitores. É *muito bom*.

JUSTIÇA FEITA IV

É uma atração magnética de nossa atenção. Queremos identificar um perímetro; é a pornografia de campo de concentração de sentir os limites da depravação humana. Permite um experimento de bem-estar: "E se fosse um ente querido meu?", acompanhado pelo alívio de escolher recuar da beira do abismo sabendo que não se aplica a nós. Às vezes é apenas voyeurismo de primata. É o fascínio exercido por assassinos em série, com o registro do número de vítimas e das formas grotescas das mortes.* Jeffrey Dahmer fazendo sexo com os cadáveres das vítimas, canibalizando-as, proclamando seu amor por elas. John Wayne Gacy vestido de palhaço para divertir crianças hospitalizadas. Charles Manson, a encarnação cultural do filho de Satanás nos anos 1960. Indivíduos que recebem apelidos como Filho de Sam, o Estrangulador de Boston, o Assassino do Zodíaco, o Perseguidor Noturno, o Atirador de D.C. O kitsch tecnovapor de Jack, o Estripador.

Outro assassino em série cuja notoriedade persiste é Ted Bundy. Para usar um termo sinistro, foi um assassino em série comum, matando mais ou

* Por exemplo, uma seleção dos muitos livros disponíveis na Amazon: *The Ultimate Serial Killer Trivia Book* [O livro definitivo de curiosidades sobre assassinos em série] (Jack Rosewood, 2022); *True Crime Activity Book for Adults* [Livro de atividade de crimes verdadeiros para adultos] (fica-se imaginando como seria a edição infantil; Brian Berry, 2021); e, claro, *Serial Killers Coloring Book with Facts and Their Last Words* [Livro de colorir sobre assassinos em série, com fatos e suas últimas palavras] (Gregory Kurchap, 2020).

menos trinta mulheres em meados dos anos 1970, longe de ser um recordista. A ladainha repugnante de sempre — estupro, assassinato, necrofilia, canibalismo; ele guardava cabeças decapitadas das vítimas em seu apartamento, como suvenires, lavando os cabelos com xampu e fazendo a maquiagem.

Sentimos uma fascinação especial por assassinos em série improváveis — o marido e pai cumpridor de seus deveres, o líder dos escoteiros, o ancião da igreja — e Bundy está no topo da lista. É praticamente obrigatório descrevê-lo como "bonito e carismático", o que ele de fato era nas entrevistas. Aluno exemplar da Universidade de Washington, depois estudante de direito ativo na política (delegado de Nelson Rockefeller na Convenção Nacional do Partido Republicano de 1968), voluntário gentil e empático numa linha direta de prevenção de suicídio. Trabalhou na bem-sucedida campanha de alguém para governador do estado de Washington; o candidato manifestou sua gratidão com a tremenda ironia de nomeá-lo para o Comitê Consultivo de Prevenção do Crime de Seattle.

Mais ou menos nessa época Bundy começou a matar. Escolhia mulheres jovens. Bem no início, simplesmente invadia apartamentos e atacava pessoas dormindo. Sua abordagem evoluiu e ele passou a atrair alguém até seu carro, pedindo ajuda para carregar alguma coisa. Conseguia isso com charme e um braço ou perna aparentemente quebrado. Às vezes, para dar mais verossimilhança ao disfarce, usava muletas. Era então que espancava a vítima.

Por fim capturado, Bundy foi condenado à morte por múltiplos assassinatos (num caso que recebeu muita publicidade, ele foi incriminado em parte pela correspondência entre marcas de mordida deixadas nas nádegas de uma vítima e o formato de seus dentes). Fugiu da prisão duas vezes e foi executado em 1989.

Bundy fascinou criminologistas e profissionais de saúde mental, que apresentaram variados diagnósticos de psicopatia, refletindo sua capacidade de manipulação, seu narcisismo e sua ausência de remorso. Também fascinou o grande público; livros foram escritos e filmes foram feitos a seu respeito (dois livros e um filme, enquanto ainda era vivo). Inúmeras mulheres lhe escreveram na prisão, algumas das quais ficaram arrasadas tanto por sua morte como pela descoberta subsequente de que não eram sua amada única e exclusiva. Poucos lembram o nome de suas vítimas.

Bundy foi executado na cadeira elétrica. Em 1881, um trabalhador segurou os fios de um dínamo elétrico numa usina e teve morte instantânea. Ao saber disso, um dentista chamado Alfred Southwick concebeu uma máquina para eletrocutar pessoas como alternativa humana ao enforcamento. Depois de praticar com cães de rua, aperfeiçoou sua invenção. A parte da cadeira da "cadeira elétrica" original, destinada a adquirir status icônico, era uma cadeira de dentista modificada por Southwick. Foi o método de execução preferido durante quase todo o século xx.[24]

Quando dava certo, a onda de eletricidade provocava inconsciência em questão de segundos e uma parada cardíaca fatal em um ou dois minutos. Quando dava errado, múltiplas rodadas de eletrocussão eram necessárias, ou o prisioneiro permanecia consciente, sentindo dores lancinantes; houve um caso em que a máscara facial do prisioneiro pegou fogo. Mas a execução de Bundy foi rotineira.

A execução foi aguardada num clima de grande expectativa em todo o país, com churrascos comemorativos na noite da véspera, muitos deles apelidados de "Bundy-cues" [jogo de palavras com *barbecue*] e oferecendo "Bundyburguer" e "cachorro-quente elétrico". Festas particularmente animadas ocorreram numa sociedade estudantil da Universidade do Estado da Flórida, que duas vítimas de Bundy tinham frequentado. No dia da execução, centenas de pessoas se reuniram do outro lado da rua na frente da prisão em Raiford, Flórida, onde ele seria morto. A multidão, que incluía famílias com crianças, cantava, entoando "Queime, Bundy, queime" e soltando fogos de artifício. A notícia de sua morte foi recebida com aplausos (consta que as sombrias testemunhas da execução, ao sair da prisão, ficaram chocadas com a festança). As comemorações terminaram, a multidão se dispersou, a justiça foi feita.[25]

QUENTE OU FRIO, SEMPRE UMA DELÍCIA

Eis um estudo realmente elegante, realizado pela psicóloga alemã Tania Singer. Os participantes eram crianças de seis anos ou chimpanzés. Um pesquisador entra na sala e faz alguma coisa legal com a criança ou com o chimpanzé — oferece um alimento apetitoso — ou faz alguma maldade — começa a dar comida e de repente a arranca de suas mãos. O pesquisador sai e entra numa sala adjacente, visível para os participantes através de uma janela de observação. Alguém se aproxima do pesquisador por trás e — uau! — ao que parece começa a bater na cabeça dele com um bastão, enquanto o pesquisador grita de dor. Depois de dez segundos, o atacante arrasta o pesquisador para outra sala e recomeça a bater. A criança/o chimpanzé pode ir até a sala adjacente com outra janela, tendo a oportunidade de observar a cena. Os participantes se deslocam para fazer isso? Se o pesquisador sendo espancado tinha sido legal com eles, apenas 18% iam ver o resto do espetáculo; se o pesquisador tinha sido mau, 50% aproveitavam a oportunidade. Tanto crianças como chimpanzés ficavam particularmente interessados em ver alguém que agiu mal com eles ser castigado.[26]

É importante notar que entrar na sala ao lado tinha um custo. As crianças recebiam fichas por uma tarefa irrelevante qualquer, que trocavam por adesivos interessantes; tinham que abrir mão de fichas para assistir à continuação do castigo. Para os chimpanzés, a porta da sala ao lado era bastante pesada, exigindo considerável esforço para assistir à continuação do castigo. E quando era a pessoa má que estava sendo punida, as crianças gastavam as fichas e os chimpanzés moviam montanhas e portas pesadas para ver. Em outras palavras, crianças e chimpanzés estavam dispostos a incorrer em custos — *pagar* com dinheiro ou com esforço — para continuar a desfrutar do prazer de ver a pessoa antissocial receber o que merecia.

Enquanto viam a continuação da punição, as crianças costumavam adotar uma expressão facial associada a *Schadenfreude*, a emoção de se deleitar com a desgraça alheia — um franzir de testa involuntário coincidindo com os golpes, em combinação com um sorriso. Se o castigado era o provocador antissocial, a expressão se repetia quatro vezes mais do que se fosse a pessoa gentil e pró-social. E, para os chimpanzés, se o castigado era o bom samaritano, eles emitiam vocalizações agitadas; se era o humano malvado, não davam um pio.

Pagamos por coisas que nos dão prazer — um filme de terror assustador (se você for esse tipo de pessoa paradoxal), cocaína, bananas, uma chance de ler textos ou ver imagens sexualmente excitantes.* E eis crianças e chimpanzés pagando pelo prazer de ver o malvado receber sua merecida recompensa.[27]

O estudo tinha outra particularidade fascinante, mostrando a sofisticação dos humanos, mesmo crianças, em relação aos chimpanzés. Nessa versão do projeto experimental, a criança/o chimpanzé via o pesquisador ser legal ou malvado com outro humano/chimpanzé (o segundo chimpanzé, chamado de chimpanzé "cúmplice", foi treinado para o papel e supõe-se que recebeu crédito como coautor do artigo). Então, como antes, o pesquisador foi atacado e arrastado para a outra sala. As crianças também pagavam para assistir à pu-

* Seja nós, humanos, seja macacos reso; segundo um artigo intitulado "Monkeys Pay per View: Adaptive Valuation of Social Images by Rhesus Macaques" [Macacos pagam para ver: Avaliação adaptativa de imagens sociais por macacos reso], macacos reso machos se mostraram dispostos a abrir mão de um suco apetitoso para ver, bem, fotos de partes íntimas de macacas. Por sua vez, macacas reso gostavam de ver fotos de machos de alto escalão (o que, levando em conta a característica agressividade dos machos reso, é mais ou menos como se apaixonar pelo magnetismo animal de Billy Bigelow) ou de partes íntimas de macacos reso machos e fêmeas. Ok, para irmos um pouco mais longe nesse assunto estranho, as fêmeas reso, quando estão ovulando, demonstram uma forte preferência por olhar para o rosto de machos reso (mas, de uma forma estranhamente tranquilizadora, não para o rosto de chimpanzés machos ou de homens).

nição de terceira parte; já os chimpanzés, que no experimento não mostram punição de terceira parte, não tinham interesse em assistir a essa punição.

Um excelente estudo, mostrando como está profundamente enraizado, tanto no aspecto de desenvolvimento como no aspecto taxonômico, nosso prazer de ver uma punição justa ser aplicada. Boa sorte para quem tentar convencer as pessoas de que culpa e punição estão científica e moralmente falidas.

A mesma conclusão perturbadora vem de estudos de neuroimagens. Se alguém lhe faz uma oferta injusta no Jogo do Ultimato, sua ínsula, seu córtex cingulado anterior e sua amígdala são ativados, uma imagem de nojo, de dor e de raiva. A oferta insatisfatória deixa você numa encruzilhada. Se for um jogo de partida única, punir de forma retributiva ou ser puramente lógico e aceitar a oferta que é melhor do que nada? Quanto mais ativação de sua ínsula e de sua amígdala, e quanto mais irritado você fica com a iniquidade geral, maior a probabilidade de que rejeite a oferta. Essa irracionalidade retributiva só tem a ver com emoção — se as pessoas julgam estar rejeitando uma oferta injusta de um ser humano e não de um computador, há ativação também do CPFVM; numa linha semelhante, homens com níveis mais altos de testosterona são mais propensos a rejeitar essas ofertas.[28]

A imagem da punição de terceira parte altruísta é bem parecida, com os índices de neuroimagem de raiva e nojo ativados. Junto com isso está o que você também poderia esperar, ou seja, a ativação de uma região do cérebro chamada junção temporoparietal (JTP), aquela região envolvida na tomada de perspectiva. E a tomada de perspectiva não diz respeito apenas às vítimas — quanto mais ativação da JTP, maior a probabilidade de que você perdoe transgressores ou aceite o papel dos fatores atenuantes (por exemplo, a pobreza) na explicação de seu comportamento.[29]

Assim, num nível neurobiológico, punidores de segunda parte dizem respeito a repulsa, raiva e dor, ao passo que punidores de terceira parte têm o mesmo, além da tomada de perspectiva necessária para ver a desgraça alheia quase como própria. Mas então há a crucial descoberta extra nesses três casos: a punição retributiva em qualquer dessas roupagens também *ativa a circuitaria de dopamina envolvida na recompensa* (a área tegmentar ventral e o núcleo *accumbens*). Ativação por punição da região cerebral estimulada por coisas como orgasmo ou cocaína. Uma sensação boa.[30]

Estudos adicionais vão ainda mais longe. A punição simbólica não ativa circuitos de recompensa tanto quanto a coisa real (por exemplo, assustar alguém com um barulho alto). Mais ativação está correlacionada com mais ativação do núcleo *accumbens*, e muita ativação do núcleo *accumbens* quando você pune um trapaceiro de forma gratuita prediz uma probabilidade maior de pagar para punir um trapaceiro. O circuito é ativado quer você seja alguém que está distribuindo punição de maneira independente, quer seja um conformista que se junta à multidão vingativa.

Ser altruísta pode ser uma sensação boa — diminui a dor em pacientes de câncer, reduz a ativação das vias neurais da dor em resposta a choque. Provoca até uma sensação literal de calor (de tal maneira que as pessoas acham que a temperatura ambiente fica mais alta depois de um ato de altruísmo). Legal. Mas ser capaz de punir com justiça malfeitores produz uma sensação *realmente* boa. Mas, como veremos logo mais, até isso pode ser domado.[31]

JUSTIÇA FEITA V

Os Estados Unidos começaram como um experimento para convencer vários estados de mentalidades diferentes a formar uma união que, mesmo não sendo perfeita, funcionasse. Foi uma empresa duvidosa desde o início; demorou mais de um século para que os americanos fizessem a transição de declarações do tipo "Os Estados Unidos estão fazendo X" para "Os Estados Unidos *está* fazendo X". E desde o início sempre houve uma oposição que vê a noção de governo federado como tirania. Isso sem dúvida descreve a Confederação. O mesmo vale para aqueles que resistiam a ordens federais de uso de máscara durante a pandemia. O mesmo vale para aqueles que, em 6 de janeiro de 2020, achavam despótica a insistência dos pedófilos de D.C. em afirmar que a pessoa que perde uma eleição não se torna presidente.

O movimento miliciano antigovernamental "patriota" continua a crescer e forneceu a ideologia tóxica que levou um americano a declarar guerra aos Estados Unidos em 1995. Ele estava indignado com o cerco ao supremacista branco Randy Weaver e sua família em Ruby Ridge, Idaho, em 1992, e com o cerco ao culto Ramo Davidiano, liderado por David Koresh, em Waco, Texas, em 1993.* No segundo aniversário do cerco de Waco, ele usou uma bomba fabricada com 5 mil libras de nitrato de amônio para explodir o prédio Alfred P. Murrah, do governo federal, em Oklahoma City.

O ato terrorista de Timothy McVeigh foi o mais destrutivo da história americana (até o Onze de Setembro). Ele matou 168 pessoas e feriu 853. Mais de trezentos prédios nos arredores foram danificados e quatrocentas pessoas ficaram desabrigadas; a explosão registrou 6,0 na escala Richter a noventa quilômetros de distância. E, como detalhe gravado a ferro e fogo na memória, as vítimas de McVeigh incluíam nove crianças numa creche do prédio.

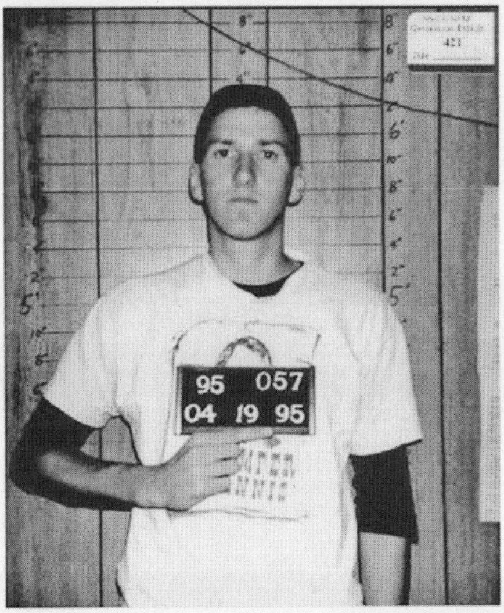

Graças às descrições de testemunhas, McVeigh não demorou a ser detido. Suas declarações nos anos seguintes foram conflitantes: ele alegou que não sabia da existência de uma creche no prédio e que, se soubesse, teria escolhido outro alvo; descartou as crianças mortas como "danos colaterais". Disse que entendia a dor das famílias das vítimas; que não tinha compaixão nenhuma por elas. Perguntava-se se não teria sido melhor evitar um ataque à bomba e usar as habilidades adquiridas no Exército como franco-atirador para atingir

* Não tenho a mínima intenção de sequer tentar resumir o que aconteceu nos dois casos, envoltos para sempre em controvérsia; ambos assumiram um significado quase sagrado para o movimento miliciano antigovernamental.

alvos selecionados; manifestou pesar por não ter matado mais gente. Seu julgamento foi transferido para Denver, devido à impossibilidade de um julgamento justo em Oklahoma City; calculou-se que 360 mil moradores locais conheciam alguém que trabalhava no edifício Alfred P. Murrah. Foi considerado culpado de todas as acusações e condenado à morte. Tentou mostrar sua suposta superioridade descrevendo a futura execução como "suicídio assistido pelo Estado".

Seria executado com injeção letal, na época a técnica preferida, vista como mais humana do que a cadeira elétrica ou a câmara de gás. O prisioneiro é amarrado, um cateter intravenoso é inserido num braço (com um cateter de reserva no outro) e injeta-se um trio de fármacos que deixa a pessoa inconsciente em poucos segundos, em seguida a paralisa, interrompe a respiração e faz o coração parar de bater. O processo, indolor, mata em questão de minutos.

Claro, não é tão simples assim. Profissionais de medicina quase sempre se recusam a participar ou são impedidos de fazê-lo pelo conselho profissional de seu estado. Como resultado, o cateter intravenoso é inserido por um agente penitenciário, que muitas vezes se atrapalha, necessitando aplicar múltiplas injeções, ou erra a veia por completo e o fármaco acaba sendo injetado no músculo e absorvido lentamente.* O anestésico inicial, que induz rápido à inconsciência, também perde o efeito rápido, de modo que as etapas seguintes podem ser aplicadas numa pessoa consciente, que sente dor, mas não pode se expressar porque está paralisada. Às vezes, o segundo fármaco não faz parar a respiração de forma adequada e minutos se passam com o prisioneiro lutando com a falta de ar. Além disso, muitos fabricantes de medicamentos, em particular na União Europeia, se recusam a vender — ou são proibidos de fazê-lo — uma substância que será usada para matar, e vários estados já se viram obrigados a improvisar coquetéis de fármacos alternativos, com variados graus de êxito na indução de uma morte indolor.

Apesar desses contratempos possíveis, a execução de McVeigh em 2001 ocorreu sem qualquer problema. Na noite anterior, ele recebeu a visita de um padre, assistiu a um pouco de TV e teve sua última refeição. A organização

* O processo começa com a etapa aparentemente bizarra de limpar o local da injeção com álcool. É para que a pessoa não pegue uma infecção depois de morta? Por que não tentar vender-lhe, também, uma cafeteira nova, a ser entregue dentro de três ou cinco dias úteis? Na verdade, o álcool torna mais fácil encontrar uma veia.

People for the Ethical Treatment of Animals [Pessoas pelo Tratamento Ético dos Animais] (PETA) tinha escrito ao diretor do presídio declarando que, depois das vidas que McVeigh tinha tirado, os animais deveriam ser poupados e que o certo seria servir-lhe uma refeição vegetariana. O diretor, defendendo os direitos de McVeigh, mandou a PETA se catar e disse que ele comeria o que quisesse, desde que não envolvesse álcool ou custasse mais de vinte dólares; não se sabe se McVeigh considerou o pedido da PETA, mas sua última refeição foi sorvete de menta com chocolate.

Em geral a sala de testemunhas tem cadeiras para parentes da vítima; mais de trezentas pessoas se inscreveram para assistir, além de sobreviventes do ataque. A sala foi reservada para dez e o restante teve permissão para assistir por meio de um vídeo transmitido da prisão de Terre Haute, Indiana, para Oklahoma City; um bug na transmissão atrasou a execução por dez minutos. As demais testemunhas eram na maioria repórteres e todos relataram a mesma coisa: da maca, McVeigh fez contato visual com cada testemunha, acenando de leve com a cabeça; deitou-se de costas, fitando o teto, e morreu de olhos abertos. Apesar de calado o tempo todo, ele pediu que cópias do poema "Invictus", de William Ernest Henley, de 1875, fossem entregues às testemunhas — um hino meloso e arrogante ao estoicismo, no qual o autor se congratula por ser invencível, insubmisso e de expressão destemida e se gaba de ser dono de seu destino e capitão de sua alma. "Vão se ferrar", disse o assassino em massa uma última vez.

Na entrevista coletiva que se seguiu, testemunhas o descreveram de várias maneiras: arrogante, derrotado, envelhecido ou no comando da situação; um repórter parecia acreditar que McVeigh tinha escrito o poema; todos lutavam para dar mais substância à história, notando o número de vezes que ele respirou fundo em dado momento, a cor da camisa, o comprimento do cabelo; opiniões divergiam sobre se a cortina era verde ou azul-esverdeada.

Do lado de fora da prisão, 1400 repórteres ocuparam o lugar por três dias. O evento foi organizado por uma empresa local de reuniões e eventos, sua primeira execução. Por 1146,50 dólares, os jornalistas recebiam um pacote que consistia em uma cadeira acolchoada, uma escrivaninha com uma toalha supostamente trocada todos os dias, água mineral gelada, serviço telefônico e transporte no terreno da prisão em carrinho de golfe. A maioria dos repórteres que não queria pagar por nada se virava em tendas sem cadeira, eletricidade ou linha telefônica. Um repórter do *Washington Post*, envergonhado ou orgulhoso, admitiu na cobertura que o jornal lhe financiara três pacotes de luxo.

A 1200 metros dos repórteres ficavam os terrenos da prisão reservados para manifestantes, duas áreas separadas, uma para os manifestantes contra a pena de morte, mais ou menos uma centena, e a outra para um grupinho de pessoas a favor, conduzidos até ali em dois ônibus; não havia transporte para manifestantes ambivalentes. As autoridades prisionais queriam evitar o circo de grosserias e vulgaridades que acompanhara a execução de Bundy; os manifestantes tinham permissão para levar um cartaz de protesto, uma vela com proteção contra o vento e uma Bíblia. Fora a zombaria dos manifestantes favoráveis à pena de morte, a multidão ficou em silêncio e se dispersou pacificamente. A justiça tinha sido feita.[32]

Estamos batendo de frente. Não existe livre-arbítrio e não há justificativa ética para a responsabilização e para o castigo. No entanto, acabamos encontrando o tipo certo de punição que é visceralmente gratificante. É desesperador.

Talvez não seja, no entanto, pois este capítulo mostrou um novo tipo de evolução. Turbas histéricas, intoxicadas por teorias da conspiração, cortando, apunhalando, para corrigir um suposto erro. Uma turba imensa assistindo, durante quatro horas, ao lento esquartejamento de um homem por cavalos, para corrigir um erro. Vinte mil pessoas vendo alguém cair num alçapão para que uma corda lhe quebre o pescoço, outro ato de correção de erro. Centenas se reunindo para comemorar a notícia de que um erro foi corrigido numa cadeira elétrica. Algumas pessoas, superadas na proporção de dez para um por oponentes da pena de morte, se reunindo para ouvir que um erro foi corrigido pelo fato de alguém ser silenciosamente submetido a uma overdose.

O que explica essas transições? A substituição de turbas violentas por turbas que veem autoridades serem violentas é óbvia, parte da centralização do poder e da legitimação do estado, primeiros passos na direção de um julgamento reificado com o termo "O Estado Tal versus Jones". A transição de arrastar e esquartejar para um rápido enforcamento público? Uma explicação padrão é que isso refletiu pressões reformistas.* A mudança da execução pú-

* Em *Vigiar e punir* (que começa com a execução de Damiens), Michael Foucault rejeita essa ideia otimista; em vez disso, formula-a como parte da mudança do Estado que afirmava seu

blica para a eletrocussão atrás dos muros da prisão? Isso tinha a ver com em nome de quem o assassinato estava sendo cometido. A socióloga Annulla Linders, da Universidade de Cincinnati, sustenta que esse foi outro passo na busca de legitimação por parte do Estado — em vez de obter aprovação de uma turba de observadores que muitas vezes ameaçava linchar a pessoa se o Estado não o fizesse em nome dela, a legitimação agora vinha da presença aprovadora de um punhado de distintos cavalheiros que observavam com tranquilidade o espetáculo. Em outras palavras, adquirir essa nova fonte de legitimidade supera o rejuvenescimento moral da turba e ela foi obtida mostrando visceralmente à turba quem detinha o poder. Da eletrocussão à injeção letal? Com os Estados Unidos no clube cada vez mais reduzido de países que adotam a pena de morte, como Arábia Saudita, Etiópia e Irã, pareceu prudente passar de um método que podia fazer a máscara facial da pessoa pegar fogo para algo mais parecido (idealmente) com a eutanásia de um cão idoso.[33]

De nosso ponto de vista, a transição pode ser formulada de maneira muito mais informativa. A certa altura, as autoridades apareceram e disseram: "Olhem, sabemos que é muito divertido para todos vocês matar leprosos e judeus, mas os tempos estão mudando e de agora em diante nós nos responsabilizamos pela execução e vocês que se conformem em ver a pessoa ser torturada durante horas". Depois veio a transição para "E vocês que se conformem em se deliciar nos vendo levar um ou dois minutos para matar alguém por enforcamento". E depois para "Vocês podem esperar lá fora e nós avisaremos quando terminar. Vamos até deixar jornalistas assistirem para contar a vocês sobre o que há de terrível em eletrocutar alguém,* e isso deve ser prazeroso o suficiente". E depois para "Contentem-se em saber que matamos a pessoa, embora de forma não de todo pacífica".

E, a cada transição, as pessoas se acostumavam com as coisas.

Nem sempre, nem com rapidez, às vezes nunca, é claro. É inevitável que

---

poder sendo dono e quebrando o corpo de alguém — execução — para o Estado que afirma a mesma coisa sendo dono e quebrando seu espírito e sua alma bem antes disso, graças a anos de aprisionamento mofado e de incessante vigilância do pan-óptico. O teórico político C. Fred Alford, da Universidade de Maryland, rejeita essa interpretação. No entanto, deixei de acompanhar o que ele dizia quando começou a discutir o que chamava de microfísica do poder (na verdade, eu estava bastante perdido com Foucault também).

* Linders conjetura que a decisão de incluir a imprensa foi tomada exatamente por essa razão.

toda multidão que comemora a notícia da execução de um criminoso produza um comentário no sentido de que o condenado está tendo uma morte bem mais fácil do que merece, depois de todo o sofrimento que causou às vítimas. E isso deve parecer dilacerante em sua injustiça. É provável que houvesse na multidão quem achasse que Damiens até que recebeu um castigo leve por ter enfiado um canivete no rei.

Portanto, há sempre alguém que acha que houve pouca punição. É importante ressaltar que punição construída com base em percepções de livre-arbítrio ajudam algumas vítimas a alcançar o estado inalcançável de "assunto encerrado". Um jeito complicado de responder a isso é indagar se atos de punição, reformulados como compaixão pelos enlutados, deveriam ser um "direito" das vítimas ou de suas famílias. Uma resposta mais fácil consiste em assinalar o fato bem documentado, mas nem por isso muito conhecido, de que encerrar o assunto para as vítimas ou suas famílias é mais mito do que qualquer outra coisa. A professora de direito Susan Bandes, da Universidade DePaul, descobriu que para muitas delas a execução e a cobertura midiática são retraumatizantes, impedindo sua recuperação.* Um número surpreendente chega ao ponto de se opor com firmeza à execução. Os assistentes sociais Marilyn Armour, da Universidade do Texas, e Mark Umbreit, da Universidade de Minnesota, estudaram familiares de vítimas de homicídio nesses dois estados, o Texas liderando a execução de prisioneiros, Minnesota tendo banido a execução há mais de um século; eles descobriram que, do ponto de vista de saúde, bem-estar psicológico e funcionamento diário, os habitantes de Minnesota se saíram bem melhor do que os do Texas.** Além disso, uma recente pesquisa nacional pioneira de vítimas de crime violento revelou, por ampla margem, uma preferência pela ênfase em reabilitação e não em punição da parte da justiça criminal, e por mais gastos com prevenção de crime do que com encarceramento.[34]

As vítimas e as famílias a favor de punir e de reforçar as prisões talvez estejam em busca de alguma coisa bem diferente e raras vezes enunciada. Ao

* Nas palavras do jurista Pete Alces, o desafio da pena de morte é que tanto pode parecer intensamente excessiva como intensamente insuficiente, muitas vezes para a mesma pessoa (comunicação pessoal).

** É importante, no entanto, destacar o fator óbvio de que Texas e Minnesota diferem entre si em muitos outros aspectos decisivos, portanto essas descobertas são meramente correlativas.

justificar a pena de morte, William Barr, ministro da Justiça tanto de George W. Bush como de Donald Trump, escreveu: "Devemos às vítimas e suas famílias o cumprimento da sentença imposta por nosso sistema de justiça". O que ele de fato está dizendo é que um governo é moralmente obrigado a promulgar a manifestação mais forte possível dos valores de sua cultura nessa esfera — seja arrastando e esquartejando, seja quarentenando.[35]

Podemos ter uma boa ideia disso levando um passo adiante na trajetória evolutiva desde a queima de hansenianos até a overdose injetada em McVeigh. Em julho de 2011, o norueguês Anders Breivik perpetrou o maior ataque terrorista da história da Noruega. Breivik, um amálgama de narcisismo e de mediocridade, tinha tentado sem êxito várias formas de se apresentar ao mundo, com sua ideologia totalmente maleável e a culpa de seus fracassos sempre atribuída a outros; afinal encontrara nos trogloditas da supremacia branca sua tribo. Seguindo um padrão conhecido, Breivik proclamou que a cultura europeia branca e cristã estava sendo destruída em seu país pelos imigrantes, pelo multiculturalismo e pelos políticos progressistas que os apoiavam. Primeiro detonou uma bomba perto do escritório do primeiro-ministro social-democrata, matando oito pessoas. Depois dirigiu quarenta quilômetros até um lago onde fica a pequena ilha de Utøya; ali havia um acampamento de verão para uma organização juvenil associada ao Partido Trabalhista. A organização havia, ao longo de décadas, produzido uma série de primeiros-ministros de esquerda e um ganhador do prêmio Nobel da Paz. Breivik, vestido de policial, foi levado de balsa até a ilha e passou a próxima hora calmamente abatendo a tiros 69 adolescentes.

Durante seu julgamento, ele fez longos e tortuosos discursos sobre a destruição de seu povo cristão europeu, alegando ser cavaleiro numa versão moderna e imaginária da Ordem dos Templários, e fez saudações pseudonazistas. Foi condenado pelo assassinato em massa e recebeu a sentença mais longa possível na Noruega — 21 anos de prisão.

Breivik então foi depositado num dos antros de diversão/punição da Noruega.* Dispõe de um espaço vital de três cômodos, computador, TV, PlaySta-

* Importante notar que, apesar da diversão/punição por tempo limitado, Breivik tem cumprido a maior parte de sua sentença na solitária, por causa do perigo de interagir com outros prisioneiros, e seus 21 anos de prisão podem ser estendidos se acharem que ele continua sendo

tion, esteira para se exercitar e cozinha (inscreveu-se num concurso do presídio de decoração de casa de biscoitos de gengibre). Em meio a acalorado debate político, a Universidade de Oslo aceitou sua matrícula como aluno de ciência política — sem ironia.

A resposta da Noruega ao massacre? Exatamente o que Barr sem querer sugeriu. Um sobrevivente deu sua opinião sobre o julgamento nos seguintes termos: "A decisão no caso Breivik mostra que reconhecemos a humanidade dos extremistas também". E prosseguiu: "Se não for mais considerado perigoso depois de 21 anos, ele deve ser solto [...]. É assim que deveria funcionar. Isso é nos mantermos fiéis a nossos princípios e a melhor prova de que ele não mudou nossa sociedade". O primeiro-ministro na época, Jens Stoltenberg, que conhecia muitas vítimas e suas famílias, declarou: "Nossa resposta é mais democracia, mais abertura e mais humanidade, mas nunca ingenuidade". As universidades da Noruega aceitam prisioneiros como alunos (remotos), e ao explicar sua decisão de oferecer o mesmo a Breivik o reitor da universidade disse que o fazia "para nosso bem, e não para o bem dele". Na versão norueguesa de Barr, aos sobreviventes e famílias dos massacrados era devido o reconhecimento de que o país tinha respondido a seu pesadelo com a manifestação mais forte possível de seus valores.

E qual foi a resposta dos noruegueses comuns ao julgamento? A maioria ficou satisfeita com o resultado, achando que teve valor preventivo, e reafirmou valores democráticos; talvez seja uma medida de sua eficácia o fato de que antes do julgamento 8% deles queriam vingança, e depois só 4%. E a resposta dos noruegueses ao próprio Breivik? Na audiência de acusação, a alegação do réu de que era um cavaleiro (literalmente) do povo indígena norueguês foi recebida com uma onda de risos de escárnio nas galerias. Breivik tinha postado uma foto sua em trajes de cavaleiro da Ordem dos Templários* e um

---

uma ameaça para a sociedade. A certa altura, ele processou o governo norueguês pela natureza cruel de seu isolamento (acabou perdendo). Em busca de uma solução, um psiquiatra que trabalha no presídio sugeriu que policiais aposentados visitassem Breivik, para socializar, tomar um café e jogar cartas.

* Breivik tinha comprado o uniforme e as bugigangas em lojas de excedentes militares e costurado as medalhas; não está claro se sabia o que significavam, mas ele mesmo se concedeu medalhas por, entre outras coisas, bravura na Marinha, na Força Aérea e na Guarda Costeira dos Estados Unidos.

jornal a reproduziu sob o sarcástico e desdenhoso título "Foi Assim Que Ele Formou Seu Exército de Um Homem Só"; o traje foi descrito como "fantasia" e não como "uniforme". Um patético joão-ninguém brincando de se fantasiar e que agora poderia ser esquecido.[36]

Com Breivik, a Noruega entrou para o grupo dos povos que tiveram de descobrir um jeito de não odiar aqueles que lhes causaram danos terríveis. Quando funciona, é espetacular. Além disso, é fascinante ver os métodos específicos usados para chegar a esse estado por diferentes povos já com muita prática nessas situações. Vimos isso em Charleston, depois do massacre da igreja metodista episcopal africana Emanuel, que deixou nove paroquianos afro-americanos mortos pelas mãos de um supremacista branco que eles tinham acolhido — nos dias seguintes, alguns sobreviventes e suas famílias o perdoaram publicamente e rezaram por sua alma. "Nunca mais vou poder abraçá-la, mas o perdoo", disse a filha de uma das vítimas. "Você me fez sofrer. Você fez muita gente sofrer. Mas Deus o perdoa. Eu perdoo também." A cunhada de uma das vítimas esteve frente a frente com o atirador e se ofereceu para visitá-lo na prisão e rezar com ele.* Vimos outra versão cultural disso quando outro supremacista branco abriu fogo e matou onze pessoas na sinagoga Tree of Life, em Pittsburgh. O atirador foi ferido e levado para um hospital, onde ficou sob os cuidados de uma equipe médica formada basicamente por judeus. Quando lhe perguntaram como conseguiram cuidar dele, o dr. Jeff Cohen, diretor do hospital, disse coisas previsíveis sobre o juramento hipocrático, mas entre uma declaração e outra ofereceu uma explicação mais reveladora — afirmou que o atirador era um homem confuso que fora facilmente explorado por grupos de ódio on-line: "Não me pareceu que ele era membro da sociedade Mensa". E, no rescaldo do ataque perpetrado por Breivik, um sobrevivente que mais tarde veio a ser vice-prefeito de Oslo lhe escreveu: "Minha função é garantir que ninguém sinta a mesma rejeição social que o senhor sentiu. Sua luta contra a rejeição social é a única luta que temos em comum, Anders".** Como se consegue não odiar essa pessoa? Ninguém citou

* E, claro, como em todos os exemplos, não houve respostas monolíticas de grupo. "Você é o Satanás. Em vez de coração, o que você tem aí é um lugar frio e escuro", disse a filha de outra vítima, que esperava que o atirador fosse "direto pro inferno".

** Imagine a implausibilidade de isso ocorrer se as circunstâncias fossem tais que Osama bin Laden estivesse vivendo numa prisão de segurança máxima.

córtex frontal ou hormônios do estresse. Na verdade, os outros descobriram meios mais poéticos e pessoais de chegar ao mesmo resultado. Por que não sinto ódio? Porque ele tem uma alma, seja ela suja ou limpa, e Deus o perdoa. Porque ele não é inteligente o bastante para saber que foi manipulado. Porque, desde a infância, a solidão o tornou amargurado, com uma necessidade desesperada de ser aceito e de pertencer a alguma coisa, e estou disposto a tratá-lo por seu primeiro nome e a reconhecer isso por ele.[37]

Estamos todos à beira de um abismo, a cabeça balançando de surpresa e incredulidade, quer olhemos para trás, quer olhemos para a frente. Meu palpite é que a maioria dos noruegueses considera a justiça criminal americana bárbara. Mas ao mesmo tempo a maioria dos noruegueses acha impossível e indesejável situar Breivik num contexto de inexistência de livre-arbítrio. A primeira parte de seu julgamento foi dominada pela questão de saber se ele era ou não insano, e os juízes exibiram a mesma mentalidade criticada no capítulo 4 quando, tendo decidido que era mentalmente são, concluíram que tinha livre-arbítrio, poderia ter escolhido agir de outro jeito e era responsável por seus atos. Um comentarista, indo bem além dos noruegueses, escreveu: "Se os atos de Breivik naquela fatídica sexta-feira estavam por completo fora da esfera de qualquer livre-arbítrio, castigá-lo (em vez de impedi-lo de causar mais danos à comunidade) talvez seja tão imoral quanto nossa percepção dos próprios atos criminosos dele".

Já os americanos se empoleiram num diferente patamar de incredulidade. Estou me arriscando, mas suponho que a maioria deles consideraria uma execução pública, com 20 mil espectadores e multidões deixando de lado seus cachorros-quentes e suas limonadas para disputar suvenires, como um espetáculo bárbaro. No entanto, americanos ficaram boquiabertos com o julgamento de Breivik, a começar pelo espanto diante da cena dos promotores a trocar apertos de mão com ele. "Arremedo de Justiça na Noruega", dizia o título de um artigo criticando os valores nacionais que resultaram no tratamento com luvas de pelica dispensado a Breivik. Um criminologista (britânico) começou seu artigo assim: "Anders Breivik é um monstro que merece morte lenta e dolorosa". De outro lado, um carrasco profissional do século XIX sem dúvida ficaria horrorizado com o arremedo de justiça representado por uma injeção letal, mas também acharia que arrastar e esquartejar era ir um pouco longe demais.[38]

O tema da segunda metade deste livro é o seguinte: já fizemos isso. Repetidas vezes, em várias esferas, mostramos que é possível subtrair a crença de que atos são escolhidos de maneira livre e deliberada, enquanto nos tornamos mais informados, mais reflexivos, mais modernos. E o teto não desabou; a sociedade pode funcionar sem acharmos que pessoas com epilepsia estão mancomunadas com Satanás e que as mães de pessoas com esquizofrenia causaram a doença porque odiavam os filhos.

Mas será dificílimo dar continuidade a essa trajetória. Passei muito tempo, nos últimos cinco anos, postergando este livro, que me parecia perda de tempo. E porque estou sendo lembrado o tempo todo do desafio pessoal que isso representa. Como já disse, trabalhei com defensores públicos em vários julgamentos de assassinato, instruindo jurados sobre as circunstâncias que produzem cérebros que tomam decisões horríveis. Certa vez me perguntaram se poderia assumir essa função no caso de um supremacista branco que, um mês depois de tentar incendiar uma mesquita, invadira uma sinagoga e, armado com um fuzil de assalto, baleou quatro pessoas, matando uma. "Uau", pensei. "Por que é mesmo que eu deveria ajudar nisso?" Membros de minha família morreram nos campos de Hitler. Quando eu era menino, nossa sinagoga foi incendiada; meu pai, arquiteto, a reconstruiu e tive que passar horas a fio segurando a ponta de uma fita métrica em meio às ruínas chamuscadas e ásperas, enquanto ele discorria, num estado quase alterado, sobre a história do antissemitismo. Quando minha esposa dirigiu uma produção de *Cabaret*, em que fui assistente, obriguei-me a tocar nas braçadeiras com suástica ao distribuir os figurinos. Diante disso, querem que eu ajude nesse julgamento? Respondi que sim — se acreditava mesmo em toda essa merda que não me canso de repetir, eu tinha que aceitar. E então, sutilmente, provei a mim mesmo como era longo o caminho que ainda tinha que percorrer. Nos julgamentos em que trabalhei, o advogado com frequência me perguntava se eu queria conversar com o réu e eu de imediato rejeitava a proposta — teria que admitir, durante meu depoimento, que tinha feito isso, o que comprometeria minha credibilidade como testemunha técnica explicando o cérebro de maneira imparcial. Mas dessa vez, antes que me desse conta, eu mesmo perguntei aos promotores se poderia conversar com o réu. Seria porque desejava descobrir que mudanças epigenéticas tinham ocorrido em sua amígdala, que versão do gene MAO-B ele possuía? Ou porque queria compreender seu caso pessoal de "é tartaruga que não acaba mais"? Não. Eu só queria ver de perto como era a face do mal.*

Talvez eu deva ler este livro, quando estiver concluído.

Vai ser difícil. Mas já fizemos isso.

* Para meu grande alívio, o caso jamais chegou a julgamento — houve uma confissão de culpa para obtenção de prisão perpétua sem liberdade condicional em vez da pena de morte.

15. Se você morrer pobre

Eu navegava na internet, fazendo hora para evitar uma tarefa qualquer, quando deparei com um desses sites em que pessoas fazem perguntas e leitores dão palpites. Alguém perguntou: "Depois de fazer cocô, você se limpa da frente para trás ou de trás para a frente?". Houve uma longa série de respostas. Quase todo mundo dizia da frente para trás, muitos de maneira enfática. Dos que diziam da frente para trás, a maioria citava a mãe como fonte desse conselho. E ali estavam todas aquelas pessoas, uma no Oregon e outra a continentes de distância, na Romênia, escrevendo praticamente *a mesmíssima resposta*: "Quando eu era criança, minha mãe sempre me dizia que se eu me limpasse de trás para a frente não teria nenhum amigo".

Fiquei pasmo. Seriam aquelas mães gêmeas idênticas separadas ao nascer? Tinha o Oráculo de Delfos virado franquia e agora existia um Oráculo de Portland e um Oráculo de Bucareste? Por que duas pessoas tinham dado o mesmo conselho bizarro sobre higiene pessoal?

Um homem chamado Bruce Stephan sobreviveu ao colapso da ponte da baía em San Francisco durante o terremoto de Loma Prieta, em 1989, e ao ataque ao World Trade Center no Onze de Setembro. Tsutomu Yamaguchi estava em Hiroshima e em Nagasaki quando essas cidades foram bombardeadas e apesar disso viveu mais 65 anos. De outro lado, Pete Best foi dispensado como baterista dos Beatles poucas semanas antes do primeiro hit da banda e Ron Wayne, um dos três fundadores da Apple Computer, não gostou de trabalhar com Steve e Woz (para ostentar minhas amizades no Vale do Silício), pedindo as contas nas primeiras semanas. Ao mesmo tempo, há Joe Grisamore, recordista mundial por ter um cabelo moicano de mais de um metro de altura.

O que significa o universo convergir no mesmo conselho dado aos filhos pelas duas mães? Ou que Stephan e Yamaguchi tinham sorte, Best e Wayne talvez não e Grisamore vive em Minnesota? O que significa que o médico que um dia lhe dirá quantos meses lhe restam de vida está no momento em frente a uma geladeira aberta comendo macarrão tailandês frio? E que Jennifer Lopez e Ben Affleck voltaram a viver juntos, ao passo que Henrique VIII e Catarina de Aragão nunca o fizeram? Mais fundamentalmente, o que significa você poder olhar para duas crianças de cinco anos e prever com precisão qual das duas será velha aos cinquenta devido a doenças debilitantes e qual será um octogenário fazendo uma prótese de quadril a tempo de aproveitar a temporada de esqui?[1]

O que a ciência deste livro ensina, em última análise, é que *não* existe significado algum. Não há resposta para "Por quê?" além de "Isso aconteceu por causa do que veio pouco antes, que aconteceu por causa do que veio pouco antes". Nada existe além de um universo vazio e indiferente no qual, de vez em quando, átomos se juntam temporariamente para formar uma coisa que cada um de nós chama de Eu.

Há todo um campo da psicologia que explora a teoria da gestão do terror, tentando dar sentido à mixórdia de mecanismos de enfrentamento aos quais recorremos diante da inevitabilidade e imprevisibilidade da morte. Como todos sabem, essas respostas abrangem todo o espectro do ser humano, desde o que ele tem de melhor ao que ele tem de pior — aproximarmo-nos dos mais íntimos, identificarmo-nos mais com nossos valores culturais (sejam de natureza humanitária ou fascista), fazermos do mundo um lugar melhor, decidirmos que viver bem é a melhor vingança. E agora, em nossa era de crise existencial, o terror que sentimos com a proximidade da morte tem um irmão mais novo no terror que sentimos com a proximidade da falta de sentido. Assombrados pelo fato de sermos máquinas biológicas balançando em cima da primeira tartaruga de uma série infinita de tartarugas. Não somos capitães de nosso navio; nossos navios nunca tiveram capitães.[2]

Porra. Isso é mesmo uma desgraça.

O que acho que ajuda a explicar um padrão. Filósofos compatibilistas proclamam de maneira tranquilizadora sua crença na modernidade material, determinista... no entanto, de alguma forma, ainda existe espaço para o livre-arbítrio. Como já deve estar claro a esta altura, acho que isso não funciona (ver capítulos 1, 2, 3, 4, 5, 6...). Desconfio que a maioria deles sabe disso também. Quando lemos nas entrelinhas, ou às vezes até nas linhas, do que eles escrevem, muitos desses compatibilistas na realidade estão dizendo que tem de haver livre-arbítrio, pois do contrário seria deprimente, fazendo contorções para que uma postura emocional pareça intelectual. Os humanos "descendem dos macacos! Esperamos que não seja verdade, mas, se for, vamos rezar para que nem todo mundo saiba", disse a esposa de um bispo anglicano em 1860, quando informada sobre a nova teoria da evolução de Darwin.* Cento e cinquenta e seis anos depois, Stephen Cave deu a um artigo muito discutido que apareceu em *The Atlantic* de junho de 2016 o seguinte título: "There's No Such Thing as Free Will... but We're Better Off Believing in It Anyway" [Não existe livre-arbítrio... mas é melhor acreditarmos nele assim mesmo].**

Ele pode estar certo. No capítulo 2 discutiu-se um estudo no qual um senso de "vontade ilusória" podia ser induzido nas pessoas. Um subgrupo de participantes, no entanto, tinha resistência a isso — indivíduos com depressão clínica. A depressão é muitas vezes formulada como um paciente com senso cognitivamente distorcido de "desamparo aprendido", no qual a realidade de uma perda no passado passa a ser percebida de forma enganosa como um futuro inevitável. Nesse estudo, no entanto, não era o caso de os indivíduos deprimidos estarem cognitivamente distorcidos, subestimando seu controle real. Na verdade eles eram precisos em comparação com as estimativas exageradas de todos os demais. Descobertas como essas respaldam a noção de que, em algumas circunstâncias, indivíduos deprimidos não distorcem, mas são "mais tristes, porém mais sábios". No verdadeiro sentido, depressão é a perda patológica da capacidade de racionalizar a realidade.

* Pode ser que a famosa citação seja apócrifa; veja <quoteinvestigator.com/2011/02/09/darwinism-hope-pray/>.

** Postura filosófica chamada ilusionismo, associada ao filósofo Saul Smilansky, cujas ideias foram discutidas no capítulo anterior.

E assim, talvez, "é melhor acreditarmos nele assim mesmo". A verdade nem sempre nos liberta. Verdade, saúde mental e bem-estar têm uma relação complexa, o que é explorado numa extensa literatura sobre a psicologia do estresse. Exponha um participante de um teste a uma série de choques imprevisíveis e ele ativará uma resposta ao estresse. Se você avisar dez segundos antes que haverá um choque, a resposta ao estresse é atenuada, pois a verdade reforça a previsibilidade, dando tempo para que prepare uma resposta de enfrentamento. Dê o aviso um segundo antes de cada choque e há pouco tempo para um efeito. Mas dê o aviso um *minuto* antes e a resposta ao estresse piora, pois esse minuto se estende até a sensação de um ano de pavor antecipatório. Portanto, informações preditivas verdadeiras podem diminuir ou piorar o estresse psicológico, ou não ter efeito algum sobre ele, dependendo das circunstâncias.[3]

Pesquisadores exploraram outra faceta de nossa complexa relação com a verdade. Se os atos de alguém produziram um efeito um pouco adverso, enfatizar de modo verdadeiro o controle que ele teve — "Pense em como as coisas poderiam ter sido piores, ainda bem que você teve controle" — atenua sua resposta ao estresse. Mas se os atos de alguém produziram um resultado desastroso, enfatizar falsamente o oposto — "Do jeito que aquela criança correu, ninguém conseguiria parar o carro a tempo" — pode ser bastante humano.

A verdade pode até ser fatal. Alguém à beira da morte numa sala de emergência, com 90% do corpo com queimaduras de terceiro grau, reúne forças para perguntar se o resto da família está bem. E a maioria dos médicos ficaria muito indecisa sobre contar à pessoa a verdade arrasadora. Como biólogos evolucionistas ressaltaram, os seres humanos só sobrevivem e conseguem entender verdades acerca da vida porque desenvolveram uma robusta capacidade de se iludir.* E isso sem dúvida inclui a crença no livre-arbítrio.[4]

* Neste exato momento estou muito preocupado com a minha lenga-lenga sobre "verdade", rejeitando o pensamento de tanta gente sobre livre-arbítrio, e com receio de parecer presunçoso. De *ser* presunçoso. Uau, todas essas pessoas superinteligentes que pontificam em círculos filosóficos a minha volta, e eu sou um dos poucos que entendem que não se consegue desejar o que se quer desejar, ou obrigar-se a ter força de vontade. Uau, sou o cara. Os parágrafos anteriores sugerem uma rota adicional para a presunção — uau, todos esses pensadores fugindo de verdades desagradáveis, a ponto de agirem de maneira irracional, e eu sou o único com colhões para lamber o fétido sovaco da verdade.

Apesar disso, acho, claro, que devemos aceitar a realidade de nossos navios sem capitão. Isso, obviamente, tem desvantagens consideráveis.

O QUE VOCÊ ABANDONARIA JUNTO COM O LIVRE-ARBÍTRIO

A área de preocupação mais imediata é consistentemente o desafio do surto de descontrole, retornando ao capítulo 11. Para Gilberto Gomes, a rejeição da ideia de livre-arbítrio "nos deixa com uma imagem incompreensível do mundo humano, uma vez que não há nele responsabilidade nem obrigação moral. Se alguém não conseguia agir de outra forma, não poderia ser o caso de exigir que agisse de outra forma". Michael Gazzaniga evita rejeitar o livre-arbítrio e a responsabilidade porque as pessoas "têm que ser responsabilizadas por suas ações — por sua participação. Sem essa regra, nada funciona" (e onde a única coisa que pode refrear o comportamento é o fato de as pessoas não quererem andar com você, se você perde o controle de um jeito particularmente indesejável). De acordo com Daniel Dennett, sem a crença no livre-arbítrio

---

Depois de tantas páginas deste livro, espero que esteja claro que não acho válido ninguém ser presunçoso sobre coisa alguma. A certa altura do processo de escrever, fiquei muito impressionado com o que parecia explicar por que tenho sido tão inabalável na minha rejeição do livre-arbítrio, apesar dos sentimentos negativos que isso pode provocar. Um argumento apresentado no começo deste capítulo é muito relevante do ponto de vista pessoal. Desde a adolescência, luto contra a depressão. De vez em quando, os medicamentos funcionam muito bem e me livro dela, e a vida parece uma caminhada, lá onde não crescem mais árvores, numa espetacular montanha coberta de neve. Isso acontece de preferência quando estou de fato fazendo isso com minha esposa e filhos. Na maior parte do tempo, porém, a depressão está logo abaixo da superfície, ali mantida à custa de uma tóxica combinação de ambição e insegurança, de uma manipulação qualquer e da vontade de ignorar quem é e o que é que importa. Às vezes, ela me deixa incapacitado, e cada pessoa que vejo sentada me parece estar numa cadeira de rodas, e cada criança para quem olho me parece ter síndrome de Down.

Acho que depressões explicam muita coisa. Desconsolado pelas provas científicas de que não existe livre-arbítrio? Tente olhar para seus filhos, seus filhos belos, perfeitos, brincando e rindo, e de alguma maneira isso parece *tão* triste que dá um aperto no peito e faz você soltar um gemido. Perto disso, lidar com o fato de que nossos microtúbulos não nos libertam é a maior moleza.

não haveria direitos, nem recurso à autoridade para proteção contra fraude, roubo, estupro, assassinato. Em resumo, não haveria moralidade [...]. Você quer mesmo devolver a humanidade ao estado de natureza de [Thomas] Hobbes [filósofo inglês do século XVII], no qual a vida é desagradável, brutal e curta?[5]

Dennett fala mal de neurocientistas nessa mesma linha, repetindo a parábola do "neurocirurgião nefasto". O cirurgião faz um procedimento qualquer num paciente. Depois — por que não? — mente para o paciente, alegando que durante a cirurgia também implantou um chip em seu cérebro que o priva de livre-arbítrio e que agora ele e seus colegas cientistas o controlam. Livre do fardo de ser responsável por suas ações, sem o freio das normas de confiança que sustentam o contrato social, o homem se torna criminoso. É isso que neurocientistas fazem, conclui Dennett, ao mentir de maneira "nefasta" e "irresponsável" para as pessoas dizendo-lhes que não têm livre-arbítrio. Portanto, junto com os terrores da mortalidade e da falta de sentido, há o terror de que existe um assassino desagradável, brutal e curto atrás de você na fila do Starbucks.

Como vimos, a rejeição do livre-arbítrio não o condena a se tornar mau, se você tiver sido devidamente instruído sobre as raízes de nosso comportamento. O problema é que isso requer instrução. E nem mesmo instrução garante um resultado bom, moral. Afinal, a maioria dos americanos foi instruída a acreditar no livre-arbítrio e refletir que isso gera responsabilidade por nossas ações. E a maioria também foi ensinada a acreditar num deus moralista, garantindo que nossas ações têm consequências. E apesar disso nossos índices de violência não têm rival no Ocidente. Estamos tendo surtos de descontrole aos montes do jeito que está. Talvez devêssemos considerar a questão aberta e, com base nas conclusões analisadas no capítulo 11, concluir pelo menos que talvez a rejeição do livre-arbítrio não vá piorar nada.

Rejeitar o livre-arbítrio tem outro inconveniente. Se ele não existe, você não merece aplausos por suas realizações, você não ganhou nada, não tem direito a nada. É a opinião de Dennett — as ruas não só estarão entupidas de estupradores e assassinos se abandonarmos o livre-arbítrio, mas, além disso, "ninguém mereceria receber o prêmio pelo qual competiu de boa-fé e ganhou". Ah, *essa* preocupação, de que seus prêmios pareçam vazios! A julgar por minha experiência, será difícil demais convencer as pessoas de que um assassino impiedoso não merece ser responsabilizado. Mas isso não é pouco diante da dificuldade de convencer as pessoas de que elas próprias não merecem ser aplaudidas por ajudar aquela senhorinha a atravessar a rua.* Esse problema de rejeitar o livre-arbítrio parece genuíno, se bem que um tanto sutil. Voltaremos ao assunto.[6]

Para mim, o grande problema de aceitar que não existe livre-arbítrio leva à parábola do neurocirurgião nefasto numa direção diferente. A cirurgia está feita e o cirurgião mente para o paciente dizendo que não existe mais livre-arbítrio. E em vez de cair na criminalidade mundana, o paciente mergulha num profundo mal-estar, um esgotamento nervoso por causa da falta de sentido. No conto "O que se espera de nós", Ted Chiang pega uma deixa de Libet e escreve sobre uma engenhoca chamada Preditor, com um botão e uma luz. Sempre que você aperta o botão, a luz acende um segundo antes. Não importa o que você faça, não importa o quanto você tente não pensar em apertar o botão, criando estratégias para se aproximar dele às escondidas, a luz acende um segundo antes de você apertar o botão. No momento entre o acender da luz e a escolha supostamente livre que você fez de apertar o botão, sua ação futura já é um passado determinado. Resultado? As pessoas são esvaziadas.

> Alguns, percebendo que suas escolhas não têm importância, se recusam a fazer qualquer escolha. Como uma legião de escrivães Bartleby, já não se envolvem em ações espontâneas. Por fim, um terço dos que brincam com o Preditor precisam de hospitalização, porque deixam de se alimentar. O estado final é o mutismo acinético, uma espécie de coma desperto.[7]

É esse abismo profundo do "Isso aconteceu por causa do que veio antes, que aconteceu por causa do que veio antes, que...", no qual não há lugar para significado ou propósito — o que assombra filósofos, assim como o restante de nós. Ryan Lake, da Universidade Clemson, escreve que rejeitar a crença no livre-arbítrio tornaria impossíveis o arrependimento sincero ou o pedido de

* Na festa de formatura de Harvard em 2018, o equilibrado e eloquente aluno escolhido para fazer um discurso, Jin Park, mostrou que entendia bem de tartarugas. Por que ele estava ali, naquela celebração de talentos e de conquistas? Porque, explicou ele, dia após dia, seu pai, imigrante ilegal, trabalhava como cozinheiro em restaurantes (que provavelmente o exploravam sem dó, uma vez que não tinha documentação), porque sua mãe, imigrante ilegal, trabalhava incansavelmente como pedicure em salões de beleza. "Meus talentos não se distinguem do trabalho deles; são uma coisa só."

desculpas, privando-nos de "um elemento essencial de nossas relações com os outros". Peter Tse escreve: "Acho a rejeição da responsabilidade moral [por um incompatibilista de renome] uma visão profundamente niilista dos seres humanos, de suas escolhas e da vida em geral". O filósofo Robert Bishop, do Wheaton College, dissecando o pensamento de Dennett, conclui que "ele acredita que a perspectiva consoladora que oferece é o único jeito de qualquer um de nós manter uma perspectiva saudável e afirmativa da vida e permanecer engajado nesta de maneira significativa". A vida vivida "como se", vista através das lentes coloridas do livre-arbítrio.[8]

Isso aí paira sobre nós. Evolução, caos, emergência fizeram as reviravoltas mais inesperadas em nós, produzindo máquinas biológicas capazes de reconhecer a própria condição de máquina e cujas respostas emocionais a esse conhecimento parecem reais. *São* reais. A dor dói. A felicidade torna a vida uma delícia. Tento com unhas e dentes me apegar às implicações de todas essas tartaruguices, e às vezes até consigo. Mas há um minúsculo problema de falta de lógica que não consigo superar nem por um milissegundo, para minha vergonha intelectual e para minha gratidão pessoal. É logicamente indefensável, ridículo e sem sentido acreditar que algo de "bom" possa acontecer a uma máquina. Apesar disso, tenho certeza de que é bom as pessoas sentirem menos dor e mais felicidade.

Apesar de tantas desvantagens, acho essencial enfrentarmos nossa falta de livre-arbítrio. Agora pode parecer que estamos a caminho de um grande anticlímax neste livro, um anticlímax tão atraente quanto sobreviver comendo gafanhotos: "É assim que o mundo funciona; encare". Claro, se você tem um paciente coberto de queimaduras à beira da morte, talvez seja melhor não lhe contar que sua família não sobreviveu. Fora isso, quase sempre a verdade é a melhor opção, em especial no tocante ao livre-arbítrio — a fé pode sustentar, mas nada pode ser tão arrasador como descobrir que sua fé, profundamente arraigada, sempre foi um equívoco. Vivemos dizendo que somos seres racionais, então vá lá e prove. Vamos nessa.

Mas "aguente firme, não existe livre-arbítrio" não é nem de longe a questão.

Talvez você fique um pouco desalentado ao perceber que parte de seu sucesso na vida se deve ao fato de ter um rosto atraente. Ou que sua louvável autodisciplina tem tudo a ver com a forma como seu córtex foi construído quando você era feto. Que alguém ama você por causa, digamos, da maneira como os receptores de oxitocina desse alguém funcionam. Que você e as outras máquinas não têm significado.

Se isso gera mal-estar em você, isso significa uma coisa que supera tudo o mais — você é um dos felizardos. É privilegiado o bastante para ter sucesso na vida que não foi obra sua e se cobrir do mito de que fez escolhas voluntárias. Caramba, pode até significar que você encontrou o amor *e* tem acesso a água corrente limpa. Que sua cidade não foi outrora um lugar próspero onde as pessoas fabricavam coisas, mas agora é um cemitério de fábricas fechadas e não há emprego. Que você não foi criado num bairro onde "Diga Não" às drogas era quase impossível, porque havia pouquíssimas coisas saudáveis às quais dizer sim. Que sua mãe não precisava trabalhar em três empregos e mal conseguia pagar o aluguel quando estava grávida de você. Que uma batida na porta não era de agentes da Imigração. Que quando você encontra um estranho, a ínsula e a amígdala desse estranho não são ativadas porque você pertence a outro grupo. Que, quando de fato precisa, você não é ignorado.

Se você é um desses poucos, *pouquíssimos*, felizardos, as implicações mais profundas deste livro não lhe dizem respeito.*

UMA CIÊNCIA LIBERTADORA (SEM IRONIA)

Um estudo de caso

Quando trabalhava neste livro, conversei com muitas pessoas envolvidas na defesa dos que sofrem de obesidade. Uma delas me contou sobre a primeira vez que ouviu falar no hormônio leptina.**[9]

* E, mesmo formulada dessa maneira, a dicotomia é falsa, fazendo uma distinção entre os que vivem na escuridão da desinformação e podem ignorar tudo isso para continuar convencidos de que merecem seu superiate e a maioria plebeia que precisa ser convencida de que não é culpa dela não ter um também. Cada página se aplica a todos, pois todos estamos destinados a atribuir culpa e a sermos declarados culpados, a odiar e a sermos odiados, a achar que merecemos privilégios e a aguentar os que se julgam merecedores de privilégios.

** No título desta seção faço referência à grande farsa intelectual conhecida como caso Sokal. O físico Alan Sokal, da Universidade de Nova York e do University College London, se cansou

Como informação de background, a leptina é a garota-propaganda da percepção de que "é uma doença biológica, não uma medida de sua falta de disciplina", regulando o armazenamento de gordura no corpo e, ainda mais significativo, dizendo a seu hipotálamo que você já comeu o suficiente. Níveis anormalmente baixos de sinalização* de leptina produzem uma capacidade anormalmente baixa de se sentir saciado, resultando em severa obesidade, a

---

do vazio intelectual, da agitação e propaganda políticas e da fidelidade à linha partidária de boa parte do pensamento pós-modernista. Escreveu um artigo que: a) concordava que a física e a matemática são culpadas dos pecados de vários "ismos" antiprogressistas; b) confessava que as supostas "verdades" da ciência, assim como a suposta existência de uma "realidade física", são meras construções sociais; c) citava servilmente pós-modernistas de destaque; e d) era repleto de palavreado científico. O artigo foi submetido e devidamente publicado em 1996 por *Social Text*, uma das mais importantes revistas de estudos culturais pós-modernistas, com o título "Transgressing the Boundaries: Toward a Transformative Hermeneuties of Quantum Gravity" [Transgredindo fronteiras: Rumo a uma hermenêutica da gravidade quântica]. A farsa então foi revelada. Uma confusão dos diabos, conferências de pós-modernistas condenando a sua "má-fé", Jacques Derrida chamando-o de "triste" e assim por diante. Achei o artigo glorioso, uma paródia hilariante do jargão pós-modernista (por exemplo, "O conteúdo de qualquer ciência é profundamente restringido pela linguagem na qual seus discursos são formulados; e a ciência física ocidental dominante tem sido, desde Galileu, formulada na linguagem da matemática. Mas matemática *de quem*?"). Com firme ar de troça, Sokal proclamou que o objetivo do artigo era fomentar uma "ciência libertadora" que estivesse livre da tirania da "verdade absoluta" e da "realidade objetiva". Portanto, no caso presente, estou anotando "sem ironia", porque vou argumentar que o abandono, pela ciência, do conceito de livre-arbítrio é verdadeiramente libertador.

(O caso Sokal foi explorado por gente como Rush Limbaugh como se fosse uma revelação pública da desonestidade intelectual da esquerda, com Sokal adotado como uma espécie de flagelo da direita. Isso me enfureceu, porque Sokal tinha agido como um verdadeiro esquerdista — por exemplo, nos anos 1980, deixou seu confortável posto acadêmico para lecionar matemática na Nicarágua durante a Revolução Sandinista. Além disso, tudo que a direita tinha a dizer sobre verdade acabou com a introdução dos "fatos alternativos" na primeira semana de Donald Trump no cargo. Como um aparte, na faculdade Sokal morava perto de mim, estava dois anos à minha frente e, portanto, era um rapaz grande demais para que eu tivesse coragem de conversar com ele; seu brilhantismo, sua maravilhosa excentricidade e sua disposição para denunciar bobagens já eram legendárias.)

* Aparte detalhista: Por que dizer "sinalização de leptina insuficiente" e não simplesmente "leptina insuficiente"? "Sinalização" é um termo mais amplo, refletindo o fato de que um problema pode estar no nível da quantidade de um mensageiro (por exemplo, um hormônio ou neurotransmissor) ou ter a ver com a sensibilidade das células ao mensageiro (por exemplo, níveis/função anormais de receptores do mensageiro). Às vezes a estação de rádio está com problema, às vezes é o próprio rádio de sua cozinha. (As pessoas ainda têm rádio?)

começar na infância. Descobriu-se que essa pessoa tinha uma mutação na leptina. A inspeção de um álbum de fotos de família sugeriu que ela estava lá havia gerações.

A *mutação* nos coloca no mundo do exotismo médico. A velha leptina regular e não mutada e seus genes receptores se apresentam em vários tipos, diferindo na eficiência de seu funcionamento. O mesmo se aplica a centenas de outros genes envolvidos na regulação do índice de massa corporal (IMC). Claro, o ambiente também desempenha papel importante. Só para ficarmos num posto avançado bem conhecido, o útero, sua propensão à obesidade ao longo da vida é influenciada pelo fato de você ter sido desnutrido quando feto, de sua mãe grávida ter fumado, bebido ou usado drogas ilícitas, até pelas bactérias intestinais que ela transferiu para seu intestino fetal.* Alguns dos genes exatos que teriam sido epigeneticamente modificados em seu pâncreas fetal e em suas células de gordura já foram identificados. E, como sempre, diferentes versões de genes interagem de forma diferente com diferentes ambientes. Uma variante genética aumenta o risco de obesidade, mas só quando associada ao fato de sua mãe ter fumado durante a gravidez. O impacto de uma variante de outro gene é mais forte em moradores urbanos do que em moradores rurais. Algumas variantes aumentam o risco de obesidade dependendo do gênero, da raça ou da etnia, dependendo de você se exercitar (em outras palavras, uma genética que explica por que exercício derrete gordura em algumas pessoas e em outras não), dependendo das especificidades de sua dieta, do fato de você beber e assim por diante. Numa escala mais ampla, tenha baixo status socioeconômico, viva num lugar onde você está cercado de desigualdade (em nível de país, estado e cidade) e é provável que a mesma dieta o torne obeso.[10]

Juntos, esses genes e essas interações gene/ambiente regulam cada recesso da biologia, são relevantes para tudo, desde a avidez com que um recém-

* Um exemplo extraordinário e célebre é o Inverno da Fome na Holanda, quando os ocupantes nazistas cortaram o fornecimento de alimentos naquele país no inverno de 1944-5, e entre 20 mil e 40 mil holandeses morreram de fome. Se você era feto naquela época, com você e sua mãe severamente privados de nutrientes e calorias, mudanças epigenéticas produziram um metabolismo econômico pelo resto da vida, um corpo ferozmente hábil em armazenar calorias. Seja um desses fetos e sessenta anos depois você terá um risco drasticamente aumentado de obesidade, síndrome metabólica, diabetes e, como vimos, esquizofrenia.

-nascido mama até o motivo pelo qual dois adultos com o mesmo IMC elevado têm diferentes riscos de se tornarem diabéticos na idade adulta.

Vamos dar outra espiada na tabela do capítulo 4:

"Coisas biológicas"	Você tem garra?
Ter impulsos sexuais destrutivos	Você resiste a eles?
Ser um maratonista nato	Você supera a dor?
Não ser tão brilhante	Você vence estudando mais?
Ter tendência ao alcoolismo	Você pede cerveja sem álcool?
Ter um rosto lindo	Você resiste a concluir que tem direito a que as pessoas sejam legais com você por causa disso?

Muitos dos efeitos que estamos examinando vêm do lado esquerdo da tabela, as características de sua biologia que você recebeu por sorte. Alguns têm a ver com a eficiência com que seus intestinos absorvem nutrientes em vez de eliminá-los no vaso sanitário; a prontidão com que a gordura é armazenada ou mobilizada; se você tende a acumular gordura no traseiro ou no abdômen (a primeira hipótese é mais saudável); se hormônios do estresse fortalecem essa propensão. Ótima notícia: mesmo assim você ainda pode tomar decisões — os caprichos da vida podem abençoar algumas pessoas e amaldiçoar outras quanto a seus atributos naturais, diz você... mas o que na verdade importa é sua autodisciplina para jogar com as cartas que lhe couberam.

Mas alguns desses efeitos genéticos são mais difíceis de categorizar em relação ao lado da tabela onde devem ser colocados. Por exemplo, os genes codificam tipos de receptores gustativos na língua. Hmm, isso é apenas um atributo biológico, de tal maneira que mesmo o alimento sendo mais saboroso para você do que para outros ainda se espera que você resista à gulodice? Ou é possível que o alimento seja tão saboroso que não há como resistir?* Hormônios como a leptina, que sinalizam se você está saciado, geram algumas dificuldades semelhantes de categorização.

Então há os efeitos genéticos ligados à obesidade que estão solidamente do lado direito do gráfico, o mundo onde somos julgados pela determinação

* E o mundo dos alimentos processados envolve cientistas que tentam alcançar esse estado com qualquer alimento que o chefe deles venda.

e pelo caráter com que lidamos com nossos atributos naturais. A genética de quantos neurônios dopaminérgicos você formou, mediando expectativa e recompensa. A genética de quantas imagens de alimentos saborosos ativam esses neurônios quando você está de dieta. A intensidade do desejo de alimentos ricos em carboidratos e gorduras que o estresse produz, o quanto a sensação de fome é desagradável. E, claro, a prontidão com que seu córtex frontal regula partes do hipotálamo relevantes para a fome, trazendo a questão sempre presente da força de vontade. Mais uma vez, os dois lados do gráfico são feitos da mesma biologia.

Essa verdade científica teve impacto zero no grande público. Estudos encorajadores mostram que os níveis médios de preconceitos implícitos, inconscientes, contra pessoas por causa de raça, idade ou orientação sexual diminuíram bastante na última década. Mas não os preconceitos implícitos contra indivíduos obesos. Eles até se agravaram. De maneira significativa, estão presentes entre estudantes de medicina, em especial entre os magros, brancos e do sexo masculino. Mesmo o indivíduo obeso médio mostra preconceitos implícitos contra a obesidade, inconscientemente associando-a a preguiça; esse tipo de aversão a si mesmo é raro entre grupos estigmatizados. E tal aversão tem um custo; por exemplo, para pessoas com a mesma dieta e o mesmo IMC, internalizar um preconceito antiobesidade triplica as chances de doença metabólica.* Adicione os preconceitos explícitos e temos o mundo no qual os obesos são discriminados quando se trata de emprego, moradia, assistência médica (e um mundo no qual o estigma costuma agravar a obesidade, em vez de gerar num passe de mágica uma força de vontade triunfante).[11]

Em outras palavras, uma área na qual a vida das pessoas está arruinada, em que elas são responsabilizadas por uma biologia sobre a qual não têm o menor controle. E o que aconteceu quando a pessoa com quem eu estava conversando entendeu bem as implicações do que uma mutação na leptina significa? "Foi o começo da fase em que deixei de pensar em mim como um gordo imprestável, de ser o pior torturador de mim mesmo."

* Com o mesmo IMC? É sério? Claro. Mais aversão a si mesmo, mais secreção de hormônios do estresse resultando em mais armazenamento preferencial de gordura no intestino (entre outras desvantagens), mais aumento do risco de doença metabólica e cardiovascular.

Para onde você olhar, há essa dor e essa aversão a si mesmo, maculando toda a vida, sobre traços que são manifestações de biologia. "Às vezes me pego me criticando, me perguntando por que não consigo dar um jeito na vida, se esses distúrbios dizem alguma coisa sobre meu caráter", escreve Sam a respeito de seu transtorno bipolar.

> Ao longo dos anos, comecei a aceitar que era apenas preguiçoso. Em vez de pensar que talvez houvesse alguma coisa errada em termos biológicos, achava que era tudo culpa minha. E sempre que resolvia prestar mais atenção nas aulas, ou ser mais organizado e aplicado nos deveres de casa, o fracasso era certo[,]

escreve Arielle sobre seu Transtorno do Déficit de Atenção com Hiperatividade (TDAH). "Eu me chamava de má, de fria, de esquisita", diz Marianne acerca de seu transtorno do espectro autista.*[12]

Repetidas vezes, a mesma voz, em áreas nas quais atribuir culpa é tão absurdo quanto achar que você é responsável por sua altura. Ah, mas até nisso há culpa: "Minha mãe (1,70 metro) e meu pai (1,85 metro) vivem gritando comigo por ser baixo, dizendo que não sou ativo o bastante nem durmo direito", escreve uma pessoa não identificada. E Manas, que vive na Índia, na interseção de questões de altura e obsessão da sociedade com tons morenos, escreve: "Fiquei mais alto do que todo mundo lá em casa porque levava uma vida ativa. Posso ser alto, mas sou mais escuro do que os outros lá em casa. Isso mostra que a gente ganha em algumas áreas, mas perde em outras", a profunda dor erroneamente atribuída que fica evidente quando a palavra "porque" aparece.[13]

Então há o aprendizado da própria diferença. "Foi uma libertação quando eu soube que existe um nome para o que estava vivendo", escreve Kat sobre seu transtorno bipolar. Erin, sobre seu transtorno de personalidade borderline: "Minha luta contra problemas de saúde mental foi legitimada". Sam, sobre seu transtorno de humor: a descoberta de que "sua primeira dieta ou compulsão não 'causou' seu transtorno alimentar. Seu primeiro corte não 'causou' sua depressão". Michelle escreve sobre seu TDAH: "Todas as peças se encaixaram. Eu não era uma pessoa de merda porque achava declarações de imposto angus-

* E ainda há o horrendo <quora.com/Is-it-my-fault-my-husband-hits-me>.

tiantes, falava sem pensar e me confundia com as coisas. Eu não era uma pessoa de merda. Tenho uma diferença neurológica". Marianne, sobre seu autismo: "Eu só queria não ter desperdiçado tanto tempo de minha vida me odiando".[14]

E durante todo esse tempo o caoticismo nos ensina que "ser normal" é uma impossibilidade, que no fim das contas significa apenas que você tem o mesmo tipo de anormalidade que todo mundo tem e que é aceita como fora de nosso controle. Ei, é normal você não conseguir fazer objetos levitarem.

Além disso, há a libertação de entender que o que você confundia com consequências de diferentes escolhas talvez não fosse mais do que uma borboleta batendo as asas. Certa vez passei um dia instruindo alguns homens encarcerados sobre o cérebro. Depois, um deles me perguntou: "Meu irmão e eu fomos criados na mesma casa. Ele é o vice-presidente de um banco; como eu acabei assim?". Conversamos, encontramos uma provável explicação para seu irmão — por qualquer soluço da sorte, seu córtex motor e seu córtex visual lhe deram uma ótima coordenação olho-mão e ele foi visto jogando basquete pela pessoa certa... que lhe conseguiu uma bolsa de estudos na sofisticada escola preparatória do outro lado dos trilhos que o preparou para ingressar na classe dominante.

Há também uma das fontes mais profundas de dor. Certa vez fiz uma palestra sobre outros primatas numa escola de ensino fundamental. Depois da aula, uma criança bastante feia veio me perguntar se os babuínos se importavam se algum deles não era bonito. Cantando sobre um menino capaz de fazer alguém se sentir amado e desejado, Elphaba, a verde excluída de *Wicked*, conclui: "Ele poderia ser esse menino. Mas eu não sou essa menina". E toda vez que uma pessoa menos atraente tem menos probabilidade de ser contratada, de receber um aumento, de ser votada, de ser absolvida por um júri expressa-se a crença implícita de que a falta de beleza exterior corresponde à falta de beleza interior.

A sexualidade, é claro, também entra nisso. Em 1991, o magnífico neurocientista Simon LeVay, do Instituto Salk, abalou o mundo com uma notícia de primeira página. LeVay, gay e ainda sofrendo com a morte do amor de sua vida levado pela aids, tinha descoberto uma parte do cérebro que apresenta uma diferença estrutural se você ama pessoas de seu sexo ou pessoas do sexo oposto. A orientação sexual como traço biológico — uma libertação da fossa de um pastor cuja igreja fazia piquetes em funerais com cartazes dizendo DEUS ODEIA VIADOS, da medieval terapia de conversão. Como diz Lady Gaga numa canção: "Deus não comete erros, estou no caminho certo, meu querido, nasci assim". Para os felizardos, isso não era novidade, eles sempre souberam. Para os menos afortunados, foi uma libertação da crença de que poderiam, deveriam, ter escolhido um jeito de amar diferente do seu. Ou a revelação poderia ter sido para aqueles que não pertenciam ao círculo — pais escrevendo para LeVay que se libertaram de sensações como "se em vez de o incentivar a seguir as artes eu o tivesse incentivado a jogar basquete, ele não teria virado gay".[15]

A culpa aparece também no tocante à fertilidade, em que a falta de potência reprodutiva da mulher pode levar um médico a exagerar de forma desmedida os efeitos do estresse sobre a fertilidade ("Você é tensa demais", "Você é muito tipo A"), em que as toxinas da psicanálise ainda persistem ("O problema é sua ambiguidade em relação a ter um filho"), em que se joga a culpa nas escolhas de vida ("Você não teria feito o aborto que deixou tecido cicatricial em seu útero se não saísse por aí dormindo com todo mundo e não fosse descuidada"). Em que, como estudos mostram, a infertilidade pode ser, do ponto de vista psiquiátrico, tão debilitante quanto o câncer.[16]

Uma consequência particularmente perniciosa da crença equivocada de que capitaneamos nosso próprio navio vem com o trabalho do epidemiologista Sherman James, da Universidade Duke. Ele descreveu um estilo de personalidade que chamou de "john-henryismo", em homenagem ao popular herói americano, o operário da construção de ferrovias que martelava cravos de aço com uma força incomparável; desafiado pelo chefe a competir com uma nova máquina que fazia a mesma coisa, ele jurou que máquina nenhuma o venceria, enfrentou-a e derrotou-a... para logo em seguida cair morto de exaustão. O perfil do john-henryismo é o de alguém que se julga capaz de vencer qualquer desafio, desde que se dedique o suficiente, endossando num questionário declarações do tipo "Quando as coisas não saem como eu quero, o que faço é me esforçar mais ainda" ou "Sempre achei que poderia fazer da vida praticamente o que quisesse". Mas o que há de errado nisso? Parece um lócus de controle bom, saudável. A não ser que, como John Henry, você seja um operário ou meeiro afro-americano, para quem esse estilo de atribuição resulta num aumento enorme do risco de doença cardiovascular. É uma crença patogênica essa de que você consegue derrotar um sistema racista construído para o manter subjugado.* Uma convicção fatal de que você deveria ser capaz de controlar o incontrolável.[17]

* James não vê a mesma coisa entre afro-americanos de status socioeconômico mais alto ou entre brancos.

Aí está nosso país, com o culto da meritocracia, que julga seu valor pelo QI e pela quantidade de diplomas que tem. Um país que vomita asneiras sobre potencial econômico igual, quando, em 2021, o 1% do topo detém 32% da riqueza, e a metade inferior menos de 3%, onde é possível encontrar uma seção de conselhos intitulada "Não é culpa sua ter nascido pobre, mas é culpa sua morrer pobre", que conclui afirmando que, se esse for seu lamentável fim, "vou dizer que você foi um esperma desperdiçado".[18]

Ser portador de um distúrbio neuropsiquiátrico, ter nascido numa família pobre, ter o rosto ou a cor da pele errados, ter os ovários errados, amar o gênero errado. Não ser inteligente o bastante, bonito o bastante, bem-sucedido o bastante, extrovertido o bastante, adorável o bastante. Ódio, desprezo, decepção, os desfavorecidos convencidos a acreditar que merecem estar onde estão, por causa do defeito no rosto ou no cérebro. Tudo isso embrulhado na mentira de um mundo justo.

Em 1911, o poeta Morris Rosenfeld escreveu a canção "Where I Rest" [Onde descanso], numa época em que os imigrantes italianos, irlandeses, poloneses e judeus é que eram explorados nos piores empregos, morriam de trabalhar ou eram queimados nas fábricas terrivelmente insalubres conhecidas como *sweatshops* [oficinas de suor].* Sempre me arranca lágrimas essa metáfora da vida dos desafortunados:[19]

* A letra de "Mayn Rue-Plats" era em iídiche, numa época em que essa era a língua de agitadores socialistas no Lower East Side de Nova York, e não de aiatolás ultraortodoxos. Rosenfeld escreveu em resposta ao incêndio da Triangle Shirtwaist Factory em março de 1911, no qual 146 trabalhadores de *sweatshops* — quase todos imigrantes, quase todos mulheres, algumas com apenas catorze anos — morreram porque os donos tinham trancado uma saída, com receio de que os trabalhadores saíssem pelos fundos levando roupas roubadas. Um júri considerou os donos responsáveis por homicídio culposo, obrigando-os a pagar apenas 75 dólares de indenização para cada família dos mortos, enquanto eles mesmos receberam mais de 60 mil dólares pela perda da fábrica. Dezessete meses depois, descobriu-se que um deles tinha mais uma vez trancado as saídas da nova fábrica, e ele foi condenado a pagar a multa mínima de vinte dólares. Cento e dois anos depois, o edifício Rana Plaza, em Dacca, Bangladesh, desabou, matando *1134* trabalhadores de *sweatshop*. Um dia antes tinham sido descobertas rachaduras no prédio, forçando sua evacuação. Os donos informaram aos trabalhadores que quem faltasse ao trabalho no dia seguinte teria um mês de salário descontado.

Onde descanso

Não me procure onde tudo é verde
Pois ali não vai me encontrar.
Onde máquinas desperdiçam vidas
É aí que descanso, minha querida.

Não me procure onde pássaros cantam
Lindas canções não me chegam aos ouvidos
Em minha escravidão o tilintar de correntes
É toda a música que escuto.

Nem onde os riachos da vida correm
Nessas fontes claras não me sacio.
Mas onde se colhe o que a ganância semeia
Dentes famintos e lágrimas caindo.

Se seu coração de verdade me ama
Junte-o ao meu e me aperte firme.
E que este mundo de suor e crueldade
*Morra aqui no parto do Éden.**

É o que aconteceu um segundo antes, ou 1 milhão de anos antes, que determina se sua vida e seus amores decorrem ao lado de riachos borbulhantes ou de máquinas que o sufocam com fuligem. Se em cerimônias de formatura você usa o capelo e a beca ou arrasta o saco de lixo. Se você é tido como merecedor de uma longa vida de realizações ou de uma longa sentença de prisão.

Não existe "merecimento" justificável. A única conclusão moral possível é que você não tem mais direito de ter suas necessidades e seus desejos atendidos do que qualquer outro ser humano. Que não existe nenhum ser humano menos digno do que você de ter seu bem-estar levado em conta.** Você pode pensar de

* Tradução em inglês de Daniel Kahn.

** Fui informado de que isso tem alguma semelhança com o conceito budista de "desapego do eu". Não tenho absolutamente nada de útil a dizer sobre o budismo além disso.

outra forma, porque não consegue conceber os fios de causalidade por baixo da superfície que fizeram de você você, porque pode se dar ao luxo de decidir que esforço e autodisciplina não são feitos de biologia, porque se cercou de pessoas que pensam da mesma maneira. Mas foi aqui que a ciência nos trouxe.

E precisamos aceitar o absurdo de odiar alguém por alguma coisa que fez. Em última análise, esse ódio é mais triste do que odiar o céu por formar tempestades, odiar a terra quando ela treme, odiar o vírus porque ele é muito bom em penetrar nas células pulmonares. Aqui também foi onde a ciência nos trouxe.

Nem todos concordam. Há quem sugira que a ciência que enche estas páginas diz respeito a propriedades estatísticas de populações, sendo incapaz de predizer o suficiente sobre o indivíduo. Há quem sugira que ainda não sabemos o suficiente. Mas sabemos, sim, que cada aumento na pontuação de Experiências Adversas na Infância aumenta as chances de comportamento antissocial na vida adulta em mais ou menos 35%; levando isso em conta, já sabemos o suficiente. Sabemos que sua expectativa de vida varia em trinta anos, dependendo do país onde nasceu,* em vinte anos dependendo da família americana em que nasceu; já sabemos o suficiente. E já sabemos o suficiente porque entendemos que a biologia da função frontocortical explica por que nas encruzilhadas da vida algumas pessoas sempre tomam a decisão errada. Já sabemos o suficiente para compreender que as inúmeras pessoas cuja vida é menos afortunada do que a nossa não "merecem" implicitamente ser invisíveis. Em 99% das vezes não consigo chegar nem perto de alcançar essa mentalidade, mas só resta tentar, porque vai ser uma libertação.

Os que vierem depois de nós, no futuro, vão ficar maravilhados com o que ainda não sabíamos. Haverá especialistas opinando sobre por que, nas primeiras décadas do começo do terceiro milênio, a maioria dos americanos parou de se opor ao casamento gay. Estudantes de história vão suar frio na prova final para lembrar se foi no século XIX, no século XX ou no século XXI que as pessoas começaram a entender a epigenética. Vão nos achar ignorantes, assim como achamos ignorantes os camponeses com bócio que pensavam que Satã provocava convulsões. É quase inevitável. Mas não precisa ser inevitável que também nos achem cruéis.

* Em 2022, 85 anos no Japão, 55 na República Centro-Africana.

Agradecimentos

Tenho tido muita sorte na vida, coisa que sem dúvida não é uma conquista pessoal (ver as quatrocentas páginas anteriores para mais detalhes). Em minha área de escritor de livros, essa boa sorte incluiu colegas fantásticos, generosos, e amigos que, junto com minha família, forneceram feedback (às vezes na forma de conversas iniciadas décadas atrás e/ou leram partes deste livro, embora os erros sejam todos de minha inteira responsabilidade). Esse pessoal inclui:

Peter Alces, Faculdade de Direito William & Mary;
David Barash, Universidade de Washington;
Alessandro Bartolomucci, Universidade de Minnesota;
Robert Bishop, Wheaton College;
Sean Carroll, Universidade Johns Hopkins;
Gregg Caruso, Universidade do Estado de Nova York;
Jerry Coyne, Universidade de Chicago;
Paul Ehrlich, Universidade Stanford;
Hank Greely, Universidade Stanford;
Josh Greene, Universidade Harvard;
Daniel Greenwood, Faculdade de Direito da Universidade Hofstra, co-

fundador da série de palestras "Third-Floor Holmes Hall Ethics of Free Will and Determinism" quase meio século atrás;

Sam Harris;

Robin Hiesinger, Universidade Livre de Berlim;

Jim Kahn, Universidade da Califórnia em San Francisco;

Neil Levy, Universidade de Oxford;

Liqun Luo, Universidade Stanford;

Rickard Sjoberg, Universidade de Umea, Suécia;

O falecido Bruce Waller, Universidade Estadual de Youngstown.

Sou grato também a Bhupendra Madhiwalla, Tom Mendosa, Raul Rivers e Harlen Tanenbaum.

Já escrevi muitos livros tendo Katinka Matson como minha agente literária e há muitos anos tenho Steven Barclay como meu agente para palestras — meus profundos agradecimentos a vocês pela amizade e por sempre me apoiarem.

Na Penguin Random House, agradeço a Hilary Roberts por sua leitura cuidadosa e pelas sugestões como copidesque. Agradeço com entusiasmo a Mia Council por supervisionar o processo de impressão deste livro e por me oferecer feedbacks verdadeiramente perspicazes. Acima de tudo, agradeço a Scott Moyers, meu editor deste e de outros livros; sua ajuda tem sido tão grande que sempre que minha escrita/meu pensamento/minha autoconfiança empacam, meu primeiro pensamento agora é "O que Scott diria?".

Fechei meu laboratório há mais ou menos uma década. Em geral, cientistas de laboratório que encerram uma pesquisa em idade relativamente jovem o fazem para serem diretores de alguma coisa ou editores de uma revista científica. Assim, meu adeus à pipetagem para sentar em casa e escrever é um pouco fora do padrão; sou grato à Universidade Stanford pela liberdade intelectual que dá ao corpo docente e aos dois chefes de meu departamento durante esse período — Martha Cyert e Time Stearns — e ao falecido e verdadeiramente querido Bob Simoni.

E, por falar nisso, obrigado a Tony Fauci por combater as Forças das Trevas. E parabéns, Malala.

Agradeço a nosso *bichon* havanês de 5,5 quilos, Kupenda, e a nosso *golden retriever* de 38 quilos, Safi. Kupenda me ensinou que status social tem mais a ver com inteligência social do que com massa muscular, pois passa seus dias aterrorizando o indefeso e infeliz Safi. E aos primatas de minha família — Benjamin e Rachel, que me trazem uma alegria imensurável, e a Lisa, minha tudo.

Apêndice

Neurociência para iniciantes

Considere dois diferentes cenários.

Primeiro: pense em quando você chegou à puberdade. Você tinha sido instruído por um pai ou professor sobre o que esperar. Acordou com uma sensação estranha, descobriu, alarmado, que seu pijama estava sujo. Entusiasmado, foi acordar seus pais, que, junto com a família, ficaram emocionados; tiraram fotos constrangedoras, uma ovelha foi abatida em sua homenagem, você foi carregado pela cidade numa liteira enquanto os vizinhos cantavam numa língua antiga. Grande acontecimento.

Mas, seja sincero, sua vida seria tão diferente se essas mudanças endócrinas tivessem ocorrido 24 horas depois?

Segundo cenário: ao sair de uma loja, o inesperado acontece — você é caçado por um leão. Como parte da resposta de estresse, seu cérebro acelera a frequência cardíaca e a pressão arterial, dilata vasos sanguíneos nos músculos da perna, que agora trabalham de maneira frenética, aguça o processamento sensorial para produzir uma visão de túnel de concentração.

E como as coisas acabariam se seu cérebro levasse 24 horas para enviar esses comandos? Problema sério.

É isso que torna o cérebro especial. Entrar na puberdade amanhã em vez de hoje? E daí? Produzir anticorpos daqui a uma hora e não já? Raramente fatal. O mesmo vale para um atraso no depósito de cálcio em seus ossos. Mas grande parte do que faz o sistema nervoso está resumida na pergunta frequente neste livro: O que aconteceu um segundo antes? Velocidade incrível.

O sistema nervoso diz respeito a contrastes, extremos inequívocos, ter alguma coisa ou não ter nada a dizer, maximizar as relações sinal-ruído. Isso é desafiador e caro.*

UM NEURÔNIO DE CADA VEZ

O tipo celular básico do sistema nervoso, o que chamamos de "célula cerebral", é o neurônio. Os cerca de 100 bilhões de nosso cérebro se comunicam uns com os outros, formando circuitos complexos. Além disso, existem as células "gliais", que executam variadas tarefas de office boy — fornecer apoio estrutural e isolamento aos neurônios, armazenar energia para eles, ajudar na limpeza de danos neuronais.

A comparação entre neurônios e células gliais, é claro, está toda errada. Há mais ou menos dez células gliais para cada neurônio, em vários subtipos. Elas têm grande influência nas conversas entre os neurônios e, além disso, formam redes gliais que se comunicam de maneira totalmente diferente dos neurônios. Assim, as glias são importantes. No entanto, para tornar esta cartilha mais fácil de administrar, vou me concentrar bastante nos neurônios.

Em boa parte, o que torna o sistema nervoso tão distinto são as peculiaridades dos neurônios como células. As células em geral são entidades pequenas, autônomas — pense nos glóbulos vermelhos, que são pequenos discos.

Já os neurônios são feras alongadas, bastante assimétricas, em geral com extensões ramificadas em todas as direções. Veja o desenho a seguir, de um único neurônio visto ao microscópio no começo do século XX por um dos patriarcas desse campo, Santiago Ramón y Cajal:

* Sendo por isso, entre outras coisas, que o sistema nervoso é tão vulnerável a lesões. Alguém sofre uma parada cardíaca. O coração para durante alguns minutos antes de levar um choque e voltar a bater, e, nesses poucos minutos, todo o corpo é privado de sangue, oxigênio e glicose. E, ao fim desses minutos de "hipóxia-isquemia", cada célula do corpo sente desconforto e enjoo. No entanto, são as células cerebrais (e um consistente subconjunto delas) que agora estão, preferencialmente, destinadas a morrer nos próximos dias.

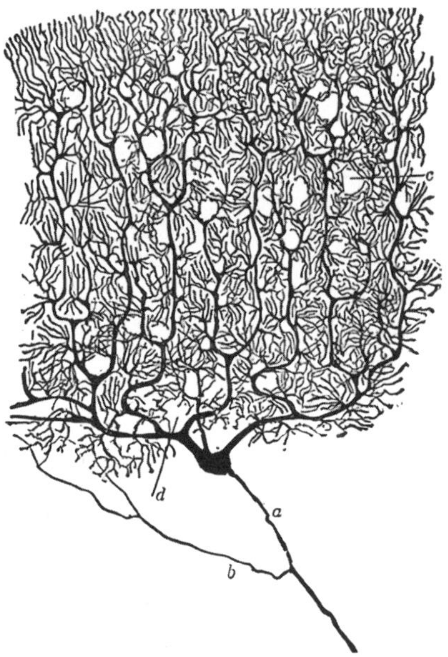

É como se fossem os galhos de uma árvore insana, explicando o jargão segundo o qual isso é um neurônio altamente "arborizado" (ponto explorado com detalhes no capítulo 7, sobre como se formam esses "caramanchões").

Muitos neurônios são também extraordinariamente grandes. Um zilhão de glóbulos vermelhos caberia no ponto final desta frase. Em contraste com isso, há neurônios individuais na medula espinhal que projetam cabos com vários metros de comprimento. Há neurônios de medula espinhal de baleias azuis com metade do comprimento de uma quadra de basquete.

Vejamos agora as partes de um neurônio, que são a chave para o entendimento de sua função.

O que os neurônios fazem é conversar entre si, causar excitação uns nos outros. Numa extremidade do neurônio ficam seus ouvidos metafóricos, extensões especializadas que recebem informações de outro neurônio. Na outra ponta estão as extensões que são a boca e se comunicam com o próximo neurônio da fila.

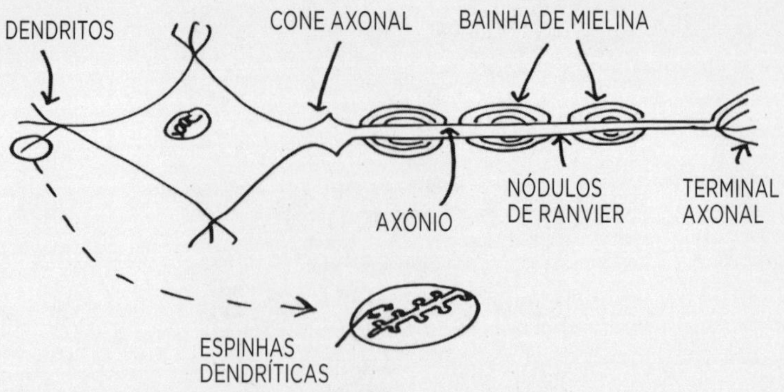

Os ouvidos, os inputs, são chamados dendritos. O output começa com um único cabo comprido chamado axônio, que se ramifica em terminações axonais — esses terminais axonais são as bocas (ignore por ora a bainha de mielina). Os terminais axonais se conectam às espinhas dos ramos de dendritos do próximo neurônio da fila. Assim, os ouvidos dendríticos de um neurônio são informados de que o neurônio atrás dele está excitado. O fluxo de informações passa dos dendritos para o corpo celular, do corpo celular para o axônio, do axônio para os terminais axonais e daí para o próximo neurônio.

Vamos traduzir "fluxo de informações" para uma linguagem quase química. O que de fato vai dos dendritos para os terminais axonais? Uma onda de excitação elétrica. Dentro do neurônio há vários íons com carga positiva e com carga negativa. Fora da membrana do neurônio há outros íons de carga positiva e de carga negativa. Quando um neurônio recebe um sinal de excitação do neurônio anterior numa espinha de ramo dendrítico, canais na membrana dessa espinha se abrem, permitindo que uns íons fluam para dentro, outros para fora, e o resultado líquido é que o interior da extremidade desse dendrito fica mais positivamente carregado. A carga se espalha para o terminal axonal, de onde passa para o próximo neurônio. É isso no tocante à química.

Dois detalhes de gigantesca importância:

O potencial de repouso

Portanto, quando um neurônio recebe uma mensagem altamente excitatória do neurônio atrás dele na fila, seu interior pode ficar carregado positivamente, em relação ao espaço extracelular ao redor dele. Um neurônio, quando tem alguma coisa a dizer, berra. Como seria então quando o neurônio não tem nada a dizer, não foi estimulado? Talvez um estado de equilíbrio, no qual o lado de dentro e o lado de fora têm cargas iguais, neutras.* Não, jamais, impossível. Isso pode ser bom para alguma célula do baço ou do dedão do pé. Mas voltando à questão crítica, de que os neurônios dizem respeito a contrastes. Quando um neurônio nada tem a dizer, não significa um estado passivo de coisas até chegar a zero. Na verdade, é um processo ativo. Um processo ativo, intencional, vigoroso, muscular, suado. Em vez de o estado de "não tenho nada a dizer" ser de neutralidade de carga padrão, o interior do neurônio é *negativamente* carregado.

Você não poderia imaginar contraste mais drástico: não tenho nada a dizer = o interior do neurônio tem carga negativa. Tenho alguma coisa a dizer = o interior tem carga positiva. Neurônio algum jamais confunde as duas coisas. O estado internamente negativo é chamado de potencial de repouso. O estado excitado é chamado de potencial de ação. E por que gerar esse dramático potencial de repouso é um processo tão ativo? Porque os neurônios precisam trabalhar feito loucos, usando várias bombas em suas membranas, para expulsar alguns íons positivamente carregados e segurar em seu interior alguns carregados negativamente, só para gerar esse estado de repouso interno negativo. E lá vem um sinal excitatório; os canais se abrem e oceanos de íons correm para um lado e para o outro para gerar a carga interna positiva excitatória. E quando essa onda de excitação passa, os canais se fecham e as bombas têm que conduzir tudo de volta ao estado inicial, regenerando o potencial de repouso negativo. Notavelmente, os neurônios gastam quase metade de sua energia nas bombas que geram o potencial de repouso. Não é barato gerar contrastes drásticos entre não ter o que dizer e ter notícias eletrizantes.

Agora que entendemos potenciais de repouso e potenciais de ação, passemos a outro detalhe de importância gigantesca.

* Para os químicos: em outras palavras, de tal maneira que a distribuição de íons carregados dentro e fora se equilibre.

O que acabo de delinear é que uma única espinha dendrítica recebe um sinal excitatório do neurônio anterior (ou seja, o neurônio anterior teve um potencial de ação). Isso gera um potencial de ação naquela espinha, o qual se espalha pelo ramo axonal em que está, rumo ao corpo celular, passa por cima dele, vai até o axônio e os terminais axonais e transmite o sinal para o próximo neurônio da fila. Não é verdade.

Na realidade, o que se passou foi: o neurônio está parado ali sem nada a dizer, o que significa que exibe um potencial de repouso; todo o seu interior tem carga negativa. Lá vem o sinal excitatório numa espinha dendrítica num ramo dendrítico, emanado do terminal axonal do neurônio anterior na fila. Como resultado, canais se abrem e íons fluem para dentro e para fora nessa espinha. Mas não o suficiente para tornar todo o interior do neurônio positivamente carregado. Só um pouco menos negativo dentro dessa espinha. Apenas para anexar aqui alguns números que não têm a menor importância, as coisas mudam de um potencial de repouso de cerca de –70 milivolts para cerca de –60 milivolts. Os canais se fecham. Essa fugaz redução de carga negativa* se espalha até espinhas próximas naquele ramo de dendrito. As bombas começaram a funcionar, bombeando íons de volta para onde estavam no começo. Portanto, naquela espinha dendrítica, a carga passou de –70 milivolts para –60 milivolts. Mas um pouco adiante no ramo, as coisas vão de –70 milivolts para –65 milivolts. E, mais adiante, de –70 milivolts para –69 milivolts. Em outras palavras, esses sinais excitatórios se dissipam. Você pegou um lago tranquilo, liso, em estado de repouso, e jogou uma pedrinha dentro dele. A pedrinha provoca uma pequena ondulação que se espalha, perdendo magnitude, até se dissipar, não muito longe de onde ela caiu. E, a quilômetros de distância, no terminal axonal lacustre, essa marola de excitação não teve efeito nenhum.

Em outras palavras, se uma única espinha dendrítica é excitada, isso não basta para transmitir a excitação até o terminal axonal e para o próximo neurônio. Então como uma mensagem é repassada? De volta ao maravilhoso desenho de Cajal.

Todos esses ramos dendríticos bifurcados são pontilhados de espinhas. E

* Jargão: essa pequenina "despolarização".

para conseguir uma excitação que se propague da extremidade dendrítica do neurônio para o terminal axonal você precisa de um somatório — a mesma espinha precisa ser estimulada repetidas vezes e rápido e/ou, o que é mais comum, várias espinhas precisam ser estimuladas ao mesmo tempo. Não se consegue uma onda, em vez de uma marola, sem atirar um monte de pedras.

Na base do axônio, onde ele emerge do corpo celular, fica uma parte especializada (chamada de cone axonal). Se todos esses inputs dendríticos somados produzirem uma ondulação suficiente para movimentar o potencial de repouso em torno do cone de −70 milivolts para cerca de −40 milivolts, um limiar é ultrapassado. E, quando isso acontece, é um deus nos acuda. Canais de uma classe diferente se abrem nas membranas do cone, o que permite uma migração em massa de íons, produzindo, por fim, uma carga positiva (cerca de +30 milivolts). Em outras palavras, um potencial de ação. O que então abre canais dos mesmos tipos na próxima seção de membrana axonal, ali regenerando o potencial de ação, e depois na próxima, e na próxima depois da próxima, até os terminais axonais.

De um ponto de vista informacional, um neurônio tem dois tipos diferentes de sistema de sinalização. Das espinhas dendríticas para o cone axonal temos um sinal analógico com gradações de sinal que se dissipam no espaço e no tempo. E do cone axonal para os terminais axonais temos um sistema digital com sinalização tudo ou nada que se regenera ao longo do comprimento do axônio.

Vamos adicionar alguns números imaginários para avaliar o significado disso. Suponhamos que um neurônio médio tem cerca de cem espinhas dendríticas e de cem terminais axonais. Quais são as implicações disso no contexto dessa característica analógica/digital dos neurônios?

Às vezes não acontece nada de interessante. Veja-se o caso do neurônio A, que, como recém-introduzido, tem cem terminais axonais. Cada um se conecta a uma das cem espinhas dendríticas do próximo neurônio da fila, o neurônio B. O neurônio A tem um potencial de ação, que se propaga para seus cem terminais axonais, excitando as cem espinhas dendríticas no neurônio B. O limiar no cone axonal do neurônio B requer que cinquenta das espinhas sejam excitadas mais ou menos ao mesmo tempo para gerar um potencial de ação; assim, com as cem espinhas disparando, o neurônio B com certeza terá um potencial de ação e passará adiante a mensagem do neurônio A.

Agora, em vez disso, o neurônio A projeta metade de seus terminais axonais para o neurônio B e metade para o neurônio C. Ele tem um potencial de ação; isso garante um potencial de ação nos neurônios B e C? Cada cone axonal desses neurônios tem aquele limiar que requer um sinal de cinquenta pedras ao mesmo tempo, caso em que eles têm potenciais de ação — o neurônio A causou potenciais de ação em dois neurônios adiante, influenciando de maneira acentuada a função de dois neurônios.

Agora, em vez disso, o neurônio A distribui uniformemente seus terminais axonais entre dez diferentes neurônios-alvo, os neurônios B a K. Será que seu potencial de ação vai produzir potenciais de ação nos neurônios-alvo? De jeito nenhum — continuando nosso exemplo, as espinhas dendríticas de valor equivalente a dez pedrinhas em cada neurônio-alvo estão muito aquém do limiar de cinquenta pedrinhas.

O que, portanto, vai causar um potencial de ação, digamos, no neurônio K, que tem apenas dez de suas espinhas dendríticas recebendo sinais excitatórios do neurônio A? Bem, o que está acontecendo com suas noventa espinhas dendríticas restantes? Nessa hipótese, elas estão recebendo inputs de outros neurônios — nove, com dez inputs cada um. Em outras palavras, qualquer neurônio integra os inputs de todos os neurônios que se projetam para ele. Disso surge uma regra: *quanto maior o número de neurônios para aos quais o neurônio A se projeta, mais neurônios ele pode influenciar; no entanto, quanto maior o número de neurônios para os quais se projeta, menor sua influência média em cada um desses neurônios-alvo.* Há uma compensação.

Isso não importa na medula espinhal, onde um neurônio em geral envia todas as suas projeções para o próximo neurônio da fila. Mas no cérebro um neurônio dispersa suas projeções para inúmeros outros e recebe inputs de inúmeros outros, com o cone axonal de cada neurônio determinando se seu limiar é alcançado, e um potencial de ação é gerado. O cérebro é conectado nessas redes de sinalização divergente e convergente.

Agora vou citar um número estupendo: seu neurônio médio tem de *10 mil a 50 mil* espinhas dendríticas e mais ou menos o mesmo número de terminais axonais. Multiplique isso por 100 bilhões de neurônios e entenderá por que o cérebro, e não os rins, escreve poesia.

Só para completar, eis alguns fatos finais que podem ser ignorados se isso já foi demais para você. Os neurônios têm mais alguns truques, no fim de um potencial de ação, para aumentar o contraste entre não ter nada a dizer e ter alguma coisa a dizer, um jeito de encerrar o potencial de ação de modo rápido e poderoso — uma coisa chamada retificação tardia e outra coisa chamada período refratário hiperpolarizado. Outro detalhezinho do desenho acima: um tipo de célula glial envolve um axônio, formando uma camada de isolamento chamada de bainha de mielina. Essa "mielinização" faz com que o potencial de ação seja conduzido com mais rapidez ao longo do axônio.

Um último detalhe de grande importância futura: o limiar do cone axonal pode mudar com o tempo, alterando, assim, a excitabilidade do neurônio. O que altera esse limiar? Hormônios, estado nutricional, experiência e outros fatores que preenchem as páginas deste livro.

Percorremos o neurônio de ponta a ponta. E como exatamente um neurônio com potencial de ação comunica sua excitação ao próximo neurônio da fila?

DOIS NEURÔNIOS DE CADA VEZ: COMUNICAÇÃO SINÁPTICA

Suponhamos que um potencial de ação deflagrado no neurônio A se propague para todas essas dezenas de milhares de terminais axonais. Como essa excitação é transmitida para o(s) próximo(s) neurônio(s)?

A derrota dos sincicionistas

Se você fosse um neurocientista do século XIX, a resposta seria fácil. A explicação deles era que um cérebro fetal era composto de um número imenso de neurônios separados que devagar desenvolviam seus processos dendríticos e axonais. E, com o tempo, os terminais axonais dos neurônios alcançavam e tocavam as espinhas dendríticas do(s) próximo(s) neurônio(s), fundindo-se para formar uma membrana contínua entre as duas células. Com todos esses neurônios fetais separados, o cérebro maduro formava essa rede contínua, imensamente complexa, de um único superneurônio, chamada "sincício". Assim, a excitação prontamente passava de um neurônio para o próximo, porque a rigor não se tratava de neurônios separados.

No fim do século XIX, uma visão alternativa surgiu, sustentando que cada neurônio continuava sendo uma unidade independente e que os terminais axonais de um neurônio na verdade não chegavam a tocar as espinhas dendríticas do próximo. Em vez disso, haveria uma minúscula lacuna entre os dois. Essa noção foi chamada de doutrina do neurônio.

Os adeptos da escola sinciciana eram arrogantes ao extremo e sabiam até escrever "sincício", portanto não tinham a menor vergonha de dizer que achavam a doutrina do neurônio uma asneira. "Mostrem as lacunas entre terminais axonais e espinhas dendríticas", exigiam eles dos hereges, "e expliquem como a excitação pula de um neurônio para o próximo."

Foi então que, em 1873, tudo foi resolvido pelo neurocientista italiano Camillo Golgi, que inventou uma técnica inovadora de coloração para tecido celular. E o já mencionado Cajal usou essa "coloração de Golgi" para marcar todos os processos, todos os ramos e galhos dos dendritos e dos terminais axonais de neurônios individuais. De forma crucial, o corante não se espalhava de um neurônio para o próximo. Não havia uma rede contínua fundida num único superneurônio. Neurônios individuais eram entidades separadas. Os adeptos da doutrina do neurônio venceram os sincicionistas.*

Hurra! Caso encerrado; de fato existem lacunas microscópicas entre terminais axonais e espinhas dendríticas; essas lacunas são chamadas sinapses (que só foram visualizadas diretamente com a invenção do microscópio eletrônico nos anos 1950, enfiando o último prego no caixão sinciciano). Mas ainda havia o problema de como a excitação se propaga de um neurônio para o próximo, pulando através da sinapse.

A resposta, cuja busca dominou a neurociência em meados do século XX, é que a excitação elétrica não salta através da sinapse. Na verdade, ela é traduzida num diferente tipo de sinal.

* Nota de rodapé irônica: Cajal foi o maior expoente da doutrina do neurônio. E qual foi a principal voz do lado sinciciano? Golgi; a técnica que ele inventou mostrou que ele mesmo estava errado. Aparentemente se sentiu deprimido durante toda a viagem a Estocolmo para receber o prêmio Nobel de 1906 — dividido com Cajal. O ódio entre os dois era tal que eles não se falavam. Em seu discurso, Cajal conseguiu reunir a boa educação que tinha para elogiar Golgi. Já Golgi, no seu, atacou Cajal e a doutrina do neurônio; imbecil.

Neurotransmissores

Dentro de cada terminal axonal, presos à membrana, há pequenos balões, chamados vesículas, repletos de cópias de um mensageiro químico. E lá vem o potencial de ação que teve início no comecinho do axônio, no cone axonal daquele neurônio. Ele percorre o terminal e provoca a liberação desses mensageiros químicos na sinapse. Eles flutuam através dela, alcançando a espinha dendrítica do outro lado, onde excitam o neurônio. Esses mensageiros químicos são chamados de neurotransmissores.

Como os neurotransmissores, liberados do lado "pré-sináptico" da sinapse, causam excitação na espinha dendrítica "pós-sináptica"? Situados na membrana da espinha há receptores dos neurotransmissores. É hora de introduzir um dos grandes clichês da biologia. A molécula do neurotransmissor tem uma forma distinta (com cada cópia da molécula tendo a mesma forma). O receptor tem um bolso de ligação de forma distinta que se complementa de maneira perfeita à forma do neurotransmissor. E assim o neurotransmissor — hora do clichê — se encaixa no receptor como uma chave numa fechadura. Nenhuma outra molécula se encaixa com perfeição nesse receptor; a molécula do neurotransmissor não se encaixa com perfeição em nenhum outro tipo de receptor. O neurotransmissor se liga ao receptor, que desencadeia a abertura desses canais, e as correntes de excitação iônica começam na espinha dendrítica.

Isso descreve a comunicação "transináptica" com neurotransmissores. Exceto por um detalhe: O que acontece com as moléculas dos neurotransmissores depois que se ligam aos receptores? Elas não se ligam para sempre — lembre-se de que potenciais de ação ocorrem na ordem de alguns milionésimos de segundo. Na verdade, saem flutuando dos receptores, momento em que os neurotransmissores precisam ser limpos. Isso ocorre de duas maneiras. Em primeiro lugar, para a sinapse de mentalidade ecológica, há "bombas de recaptação" na membrana do terminal axonal. Elas absorvem os neurotransmissores e os reciclam, pondo-os de volta naquelas vesículas secretoras para serem reutilizados.*

* Mais sobre chaves em fechaduras — as bombas de recaptação têm uma forma que é complementar à forma do neurotransmissor, de modo que o neurotransmissor é a única coisa levada de volta para o terminal axonal.

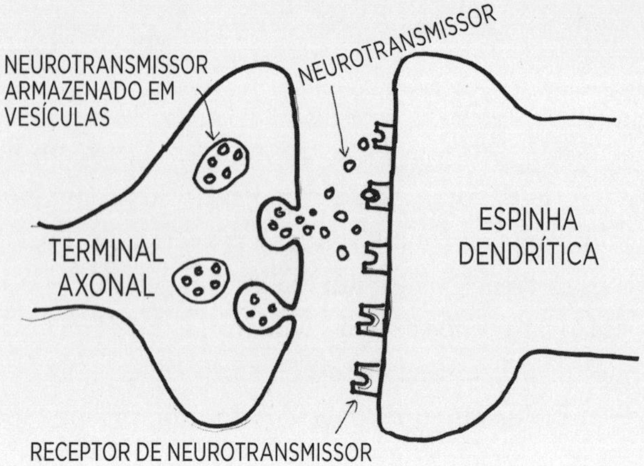

A segunda opção é o neurotransmissor ser degradado na sinapse por uma enzima, com os produtos da degradação eliminados no mar (quer dizer, o ambiente extracelular e de lá para o fluido cerebrospinal, a corrente sanguínea e, por fim, a bexiga).

Essas etapas de limpeza são muito importantes. Suponhamos que você queira aumentar a quantidade de sinalização de neurotransmissores através de uma sinapse. Vamos traduzir isso nos termos de excitação da seção anterior — você quer aumentar a excitabilidade através da sinapse, de tal maneira que um potencial de ação no neurônio pré-sináptico tenha mais impacto no neurônio pós-sináptico, o que significa que ele tem uma probabilidade maior de causar um potencial de ação naquele segundo neurônio. Você poderia aumentar a quantidade de neurotransmissor liberado — o neurônio pré-sináptico grita mais alto. Ou você poderia aumentar a quantidade de receptor na espinha dendrítica — o neurônio pós-sináptico está ouvindo mais atentamente.

Outra possibilidade seria você diminuir a atividade da bomba de recaptação. Como resultado, menos neurotransmissores são removidos da sinapse. Assim, eles ficam na área por mais tempo e se ligam repetidas vezes aos receptores, amplificando o sinal. Ou, em um equivalente conceitual, você poderia reduzir a atividade da enzima degradadora; menos neurotransmissores são degradados e, assim, mais ficam mais tempo na sinapse, tendo um efeito aprimorado. Como veremos, algumas das descobertas mais interessantes que ajudam a explicar diferenças individuais no comportamento descritas neste livro estão relacionadas às quantidades de neurotransmissor produzidas e liberadas, e às quantidades e ao funcionamento dos receptores, das bombas de recaptação e das enzimas degradadoras.

Tipos de neurotransmissores

O que é essa mítica molécula de neurotransmissor, liberada por potenciais de ação dos terminais axonais de todos os 100 bilhões de neurônios? É aqui que as coisas se complicam, porque há mais de um tipo de neurotransmissor.

Por que mais de um? A mesma coisa acontece em todas as sinapses, isto é, o neurotransmissor se liga a seu receptor de chave na fechadura e desencadeia a abertura de vários canais que permitem aos íons fluir e tornar o interior da espinha um pouco menos negativamente carregado.

Uma razão para isso ocorrer é que diferentes neurotransmissores despolarizam em diferentes graus — em outras palavras, alguns têm mais efeitos excitatórios do que outros — e por diferentes durações. Isso permite uma complexidade muito maior nas informações transmitidas de um neurônio para o próximo.

E agora, para dobrar o tamanho de nossa paleta, há alguns neurotransmissores que não despolarizam, não aumentam a probabilidade de o próximo neurônio da fila ter um potencial de ação. Eles fazem o oposto — "hiperpolarizam" a espinha, abrindo diferentes tipos de canal que tornam o potencial de repouso ainda mais negativo (por exemplo, alterando de –70 milivolts para –80 milivolts). Em outras palavras, há coisas como neurotransmissores *inibitórios*. Dá para ter uma ideia de como isso torna as coisas mais complicadas — um neurônio com suas 10 mil a 50 mil espinhas dendríticas está recebendo inputs excitatórios de diferentes magnitudes de vários neurônios, recebendo inputs inibitórios de outros neurônios, integrando tudo isso no cone axonal.

Portanto, existem muitas classes diferentes de neurotransmissores, cada uma se ligando a um local de receptor único que é complementar a sua forma. Será que existem muitos tipos diferentes de neurotransmissores em cada terminal axonal, de modo que um potencial de ação desencadeia a liberação de toda uma orquestração de sinalização? É aqui que invocamos o princípio de Dale, assim denominado em homenagem a Henry Dale, um dos grandes pesos pesados desse campo, que nos anos 1930 propôs uma regra cuja veracidade forma o próprio cerne da sensação de bem-estar de cada neurocientista: um potencial de ação libera o mesmo tipo de neurotransmissor de todos os terminais axonais de um neurônio. Por definição, deve haver um perfil neuroquímico distinto para um neurônio específico: "Ah, esse neurônio é um neurônio com afinidade pelo neurotransmissor A. E isso significa também que os neurônios com os quais ele se comunica têm receptores de neurotransmissor A em suas espinhas dendríticas".*

Dezenas de neurotransmissores já foram identificados. Alguns dos mais renomados: serotonina, norepinefrina, dopamina, acetilcolina, glutamato (o mais excitatório neurotransmissor do cérebro) e GABA (o mais inibitório). É nesse ponto que estudantes de medicina são torturados com todos os detalhes polissilábicos de como cada neurotransmissor é sintetizado — seu precursor, as formas intermediárias em que o precursor é convertido até por fim chegar ao que importa, os nomes dolorosamente longos das várias enzimas que catalisam as sínteses. Em meio a isso, há algumas regras bastante simples construídas em torno de três pontos:

a. Você jamais vai querer estar na situação de fugir de um leão para salvar a vida e os neurônios que dizem a seus músculos para correr rápido deixarem de funcionar porque ficaram sem neurotransmissor. Em conformidade com isso, neurotransmissores são feitos de precursores abundantes; muitas vezes, são simples constituintes da dieta. A serotonina e a dopamina, por exemplo, são respectivamente produzidas a partir dos aminoácidos triptofano e tirosina, ambos encontrados em alimentos. A acetilcolina é feita de colina e lecitina.**

* O que isso implica também é que, se um neurônio recebe projeções axonais para 5 mil de suas espinhas de um neurônio liberador do neurotransmissor A e 5 mil de um neurônio liberador do neurotransmissor B, ele expressa diferentes receptores naquelas duas populações de espinhas.

** Uau, isso significa que é possível regular as quantidades de neurotransmissores por meio de dieta? As pessoas ficaram muito animadas com essa possibilidade em meus tempos de estudante. Para a maior parte, no entanto, foi um fracasso — por exemplo, se você estivesse tão carente de proteínas que contêm tirosina a ponto de não conseguir produzir dopamina em quantidade suficiente, já estaria morto por muitas razões.

b. Um neurônio tem a capacidade de estabelecer dezenas de potenciais de ação por segundo. Cada um envolve o reabastecimento das vesículas com mais neurotransmissor, liberando-o e limpando-o em seguida. Em vista disso, você não vai querer que seus neurotransmissores sejam moléculas imensas, complexas e elaboradas, cada uma das quais requerendo gerações de pedreiros para construí-la. Em vez disso, elas são todas feitas de um pequeno número de etapas a partir de seus precursores. São baratas e fáceis de fazer. Por exemplo, bastam duas etapas sintéticas simples para transformar tirosina em dopamina.

c. Por fim, para completar esse padrão barato e simples de síntese de neurotransmissores, gere múltiplos neurotransmissores a partir do mesmo precursor. Em neurônios que usam dopamina como o neurotransmissor, por exemplo, existem duas enzimas que se encarregam dessas duas etapas de construção. Enquanto isso, em neurônios que liberam a norepinefrina, há uma enzima adicional que converte a dopamina em norepinefrina.

Barato, barato, barato. O que faz sentido. Nada se torna obsoleto mais depressa do que um neurotransmissor depois que faz sua tarefa pós-sináptica. Hoje o jornal de ontem só serve para treinar filhotes a fazerem suas necessidades. Um último ponto de grande relevância futura: assim como o limiar do cone axonal pode mudar com o tempo em resposta à experiência, quase todas as facetas dos detalhes essenciais da neurotransmissorologia também podem ser alteradas pela experiência.

Neurofarmacologia

À medida que esses insights de neurotransmissorologia surgiam, cientistas começaram a entender como vários medicamentos e drogas "neuroativos" e "psicoativos" funcionam.

Em termos gerais, esses medicamentos se enquadram em duas categorias: os que aumentam a sinalização através de determinado tipo de sinapse e os que a diminuem. Já vimos algumas estratégias para aumentar a sinalização: a) administrar um medicamento que estimula mais a síntese do neurotransmissor (por exemplo, administrando o precursor ou usando uma substância que aumenta a atividade das enzimas que sintetizam o neurotransmissor; como exemplo, a doença de Parkinson envolve uma perda de dopamina numa região cerebral, e um dos pilares do tratamento é aumentar os níveis de dopamina administrando o fármaco L-DOPA, o precursor imediato da dopamina); b) administrar uma versão sintética do neurotransmissor ou uma substância que seja estruturalmente próxima o bastante da coisa real para enganar os receptores (a psilocibina, por exemplo, é estruturalmente similar à serotonina e ativa um subtipo de seus receptores); c) estimular o neurônio pós-sináptico a fazer mais receptores (ótimo em tese, mas não é fácil fazer); d) inibir enzimas de degradação de tal maneira que mais do neurotransmissor fique na sinapse; e) inibir a recaptação do neurotransmissor, prolongando seus efeitos na sinapse (o Prozac, o antidepressivo moderno por excelência, faz exatamente isso nas sinapses da serotonina e, portanto, costuma ser chamado de "ISRS", inibidor seletivo de recaptação da serotonina).*

Enquanto isso, está disponível uma farmacopeia para diminuir a sinalização através das sinapses, e dá para ver quais são os mecanismos subjacentes incluídos — bloquear a síntese de um neurotransmissor, bloquear sua liberação, bloquear seu acesso a seu receptor e assim por diante. Exemplo divertido: a acetilcolina estimula a contração do diafragma. O curare, veneno usado em dardos por povos indígenas na Amazônia, bloqueia receptores de acetilcolina. Você para de respirar.

* Portanto, se os ISRSs aumentam a sinalização da serotonina e diminuem os sintomas da depressão, a causa da depressão tem que ser insuficiência de serotonina. Mas talvez não, pelo seguinte: a) uma escassez de serotonina pode ser a causa de apenas alguns subtipos de depressão — o ISRS ajuda, mas em graus variados e certamente não todo mundo; b) para outros subtipos, a escassez de serotonina pode ser uma das causas contribuintes, ou até totalmente irrelevante; c) mais sinalização de serotonina significa menos depressão, mas isso não quer dizer necessariamente que o problema inicial era insuficiência de serotonina — afinal, o fato de que uma fita veda-rosca pode resolver um vazamento num cano não significa que o vazamento foi causado, de início, por escassez de fita veda-rosca; d) apesar da parte "seletiva" do acrônimo ISRS, os fármacos na verdade não são tão seletivos assim e afetam outros neurotransmissores, o que significa que esses outros podem ser relevantes, e não a serotonina; e) apesar do que os ISRSs fazem com a sinalização da serotonina, é possível que o problema seja *excesso* de serotonina — isso pode surgir através de um cenário tão multifacetado que sempre deixa meus alunos com falta de ar; f) e mais coisas ainda. Por isso há uma controvérsia sobre se a "hipótese da serotonina" (ou seja, de que a depressão é causada por insuficiência de serotonina) não teria sido enfatizada demais. O que parece provável.

Chegamos em triunfo ao ponto de poder pensar em três neurônios de cada vez. E em relativamente poucas páginas vamos enlouquecer e considerar até mais de três. O objetivo desta seção é ver como os circuitos de neurônios funcionam, etapa intermediária antes de examinarmos o que regiões inteiras do cérebro têm a ver com nosso comportamento. Os exemplos foram escolhidos apenas para dar uma ideia de como as coisas funcionam nesse nível. Compreender um pouco os elementos constitutivos de circuitos como esses é de imensa importância para o foco do capítulo 12 sobre como circuitos no cérebro podem mudar em resposta à experiência.

Neuromodulação

Vejamos o diagrama a seguir:

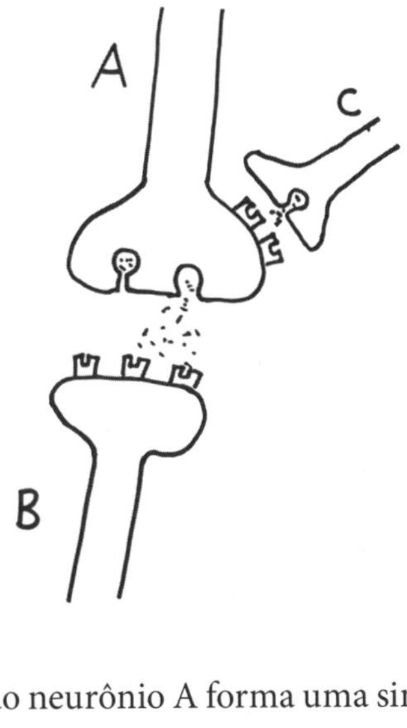

O terminal axonal do neurônio A forma uma sinapse com a espinha dendrítica do neurônio pós-sináptico B e libera um neurotransmissor excitatório. O de sempre. Enquanto isso, o neurônio C envia uma projeção do terminal axonal para o neurônio A. Mas não para um lugar normal, uma espinha dendrítica. Em vez disso, seu terminal axonal faz sinapse com o terminal axonal do neurônio A.

O que está acontecendo? O neurônio C libera o neurotransmissor inibitório GABA, que flutua através dessa sinapse "axo-axonal" e se liga aos receptores do lado do terminal axonal do neurônio A. E seu efeito inibitório (ou seja, tornar esse potencial de repouso de –70 milivolts ainda mais negativo) extingue qualquer potencial de ação que percorra esse ramo do axônio, impedindo-o de chegar à extremidade e de liberar o neurotransmissor. Assim, em vez de influenciar diretamente o neurônio B, o neurônio C altera a capacidade do neurônio A de influenciar o neurônio B. No jargão desse campo de estudo, o neurônio C está desempenhando uma função "neuromoduladora" nesse circuito.

Aprimorando um sinal no tempo e no espaço

Agora um novo tipo de circuito. Para isso, estou usando uma maneira mais simples de representar neurônios. Como mostra o diagrama a seguir, o neurônio A envia suas 10 mil a 50 mil projeções axonais para o neurônio B e libera um neurotransmissor excitatório, simbolizado pelo sinal de adição. O círculo no neurônio B representa o corpo celular acrescido de todos os ramos dendríticos que contêm de 10 mil a 50 mil espinhas:

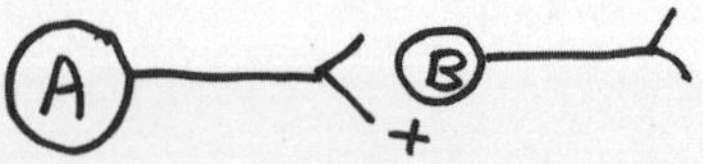

Vejamos agora o próximo circuito, no diagrama a seguir. O neurônio A estimula o neurônio B, o de sempre. Além disso, estimula também o neurônio C. É rotina, com o neurônio A dividindo suas projeções axonais entre as duas células-alvo, excitando ambas. E o que faz o neurônio C? Envia uma projeção inibitória de volta para o neurônio A, formando um ciclo de feedback negativo. De volta aos adoráveis contrastes do cérebro, o neurônio grita com vigor quando tem alguma coisa a dizer e se cala com o mesmo vigor quando não tem. O mesmo, só que em nível macro. O neurônio A dispara uma série de potenciais de ação. Existe maneira melhor de se comunicar energeticamente quando tudo acabou do que ficar silencioso por completo, graças ao ciclo de feedback inibitório? É um meio de aprimorar o sinal ao longo do tempo.* E note que o neurônio A pode "determinar" a potência desse sinal de feedback negativo pelo número de seus 10 mil terminais axonais que ele direciona para o neurônio C e não para o neurônio B.

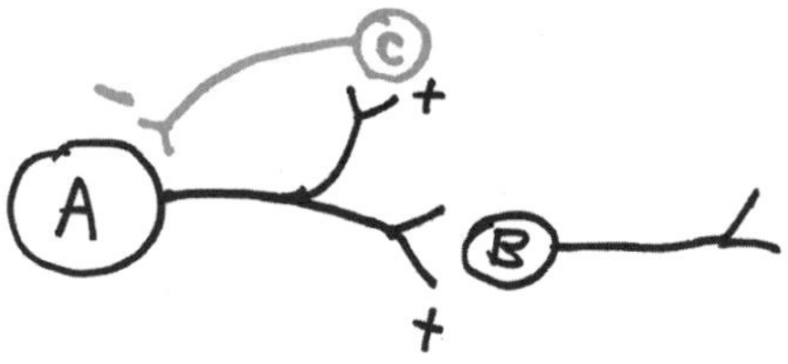

Esse "aprimoramento temporal" de um sinal pode ser conseguido de outra maneira:

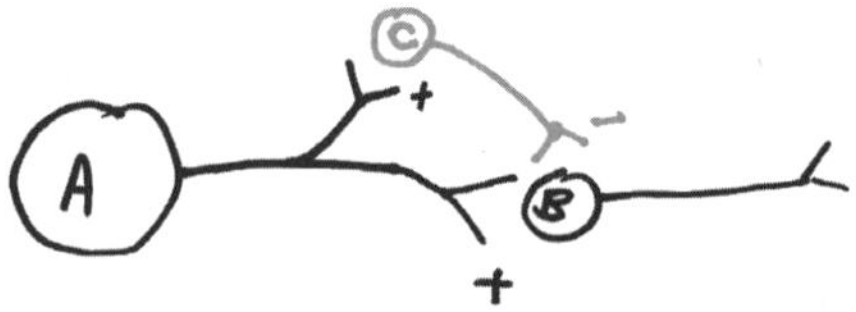

O neurônio A estimula os neurônios B e C. O neurônio C envia um sinal inibitório para o neurônio B, o qual chegará depois que B começar a ser estimulado (uma vez que o circuito A/C/B envolve duas etapas sinápticas, enquanto o A/B envolve uma). Resultado? Aprimoramento de um sinal por meio de "inibição de proativa".

Agora, para o outro tipo de aprimoramento de sinal, de aumento da relação sinal-ruído. Veja no diagrama a seguir esse circuito de seis neurônios,

* E isso só faz sentido depois da introdução de um fato adicional. Graças às breves interrupções aleatórias e probabilísticas nos canais iônicos, de vez em quando neurônios terão um potencial de ação aleatório, espontâneo, vindo do nada (o que é visto em profundidade no capítulo 10, quando examinamos o que a indeterminação quântica tem a ver com a função cerebral [cá entre nós — não muito]). Assim, o neurônio A intencionalmente dispara dez potenciais de ação, logo seguidos por dois aleatórios. Com isso, pode ficar difícil saber se o neurônio A quis gritar dez, onze ou doze vezes. Calibrando o circuito de tal maneira que o sinal de feedback inibitório apareça logo depois do décimo potencial de ação, os dois aleatórios subsequentes são impedidos, e fica mais fácil saber o que o neurônio A quis dizer. Um sinal foi aprimorado ao amortecer o ruído.

onde o neurônio A estimula o neurônio B, o neurônio C estimula o neurônio D e o neurônio E estimula o neurônio F:

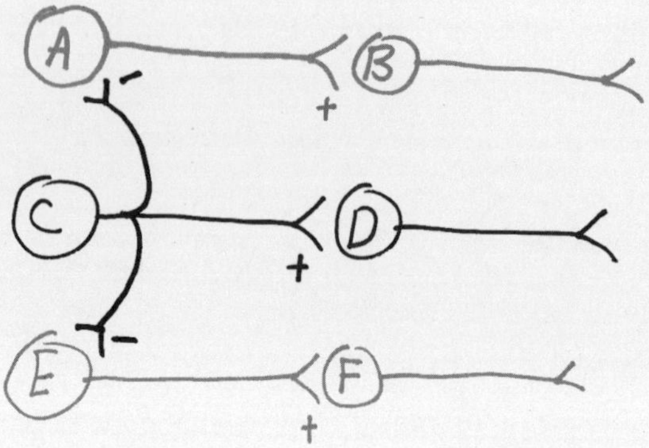

O neurônio C envia uma projeção excitatória para o neurônio D. Mas, além disso, o axônio do neurônio C envia projeções inibitórias colaterais para os neurônios A e E.* Assim, se for estimulado, o neurônio C estimula o neurônio D *e* silencia os neurônios A e E. Com essa "inibição lateral", C grita a plenos pulmões enquanto A e E ficam especialmente calados. É um jeito de aprimorar um sinal espacial (e note que o diagrama é simplificado, pois omiti uma coisa óbvia — os neurônios A e E também enviam projeções inibitórias colaterais para o neurônio C, assim como para os neurônios dos outros lados deles nessa imaginária rede bidimensional).

Inibições laterais como essa são onipresentes em sistemas sensoriais. Aponte um pequeno ponto de luz para um olho. Espere, o fotorreceptor que acabou de ser estimulado foi o neurônio A, C ou E? Graças à inibição lateral, fica mais claro que foi C. O mesmo ocorre nos sistemas táteis, permitindo-nos dizer que este pedacinho de pele é que acaba de ser tocado, e não um pouco para lá ou para cá. Ou nos ouvidos, dizendo-nos que a nota que ouvimos é um lá, e não um lá sustenido ou um lá bemol.**

* Graças aos conhecimentos de Dale, sabemos que o(s) mesmo(s) neurotransmissor(es) está(ão) saindo de cada terminal axonal do neurônio C. Em outras palavras, o mesmo neurotransmissor pode ser excitatório em algumas sinapses e inibitório em outras. Isso é determinado pelo tipo de canal de íons ao qual o receptor está acoplado na espinha dendrítica.

** Um circuito parecido também é visto no sistema olfatório, o que sempre me deixou intrigado. O que poderia ser lateral ao cheiro de uma laranja? O cheiro de uma tangerina?

Assim, o que vimos é mais um exemplo de acentuação de contraste no sistema nervoso. Qual é o significado do fato de que o estado silencioso de um neurônio tem carga negativa, em vez de ser zero multivolt neutro? Uma maneira de aprimorar um sinal dentro de um neurônio. Feedback, pró-ação e inibição lateral com esses tipos de projeção colateral? Uma maneira de aprimorar um sinal no espaço e no tempo dentro de um circuito.

Dois diferentes tipos de dor

O próximo circuito (veja o diagrama a seguir) abrange alguns dos elementos que acabam de ser introduzidos e explica por que existem, em termos gerais, dois diferentes tipos de dor. Adoro esse circuito porque é muito elegante.

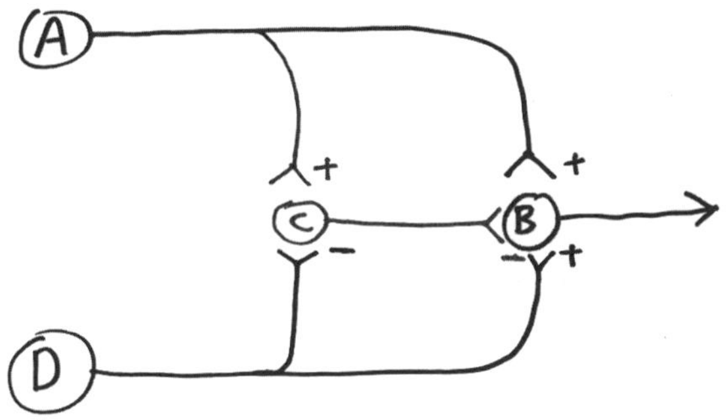

Os dendritos do neurônio A ficam logo abaixo da superfície da pele e o neurônio tem um potencial de ação em resposta a um estímulo doloroso. O neurônio A então estimula o neurônio B, que se projeta pela medula espinhal, informando que uma coisa dolorosa acaba de ocorrer. Mas o neurônio A também estimula o neurônio C, que inibe o neurônio B. Esse é um de nossos circuitos inibitórios proativos. Resultado? O neurônio B dispara brevemente e é silenciado, e você percebe isso como uma dor aguda — você acaba de ser espetado com uma agulha.

Enquanto isso, há o neurônio D, cujos dendritos estão na mesma área geral da pele e respondem a um diferente tipo de estímulo doloroso. Como antes, o neurônio D excita o neurônio B, e uma mensagem é enviada para o cérebro. Mas também envia projeções para o neurônio C, e com isso o *inibe*. Resultado? Quando é ativado por um sinal de dor, o neurônio D inibe a capacidade do neurônio C de inibir o neurônio B. E você percebe isso como uma dor latejante, contínua, como uma queimadura ou esfoladura. É importante ressaltar que isso é reforçado ainda mais pelo fato de que potenciais de ação viajam pelo axônio do neurônio D bem mais devagar do que no neurônio A (tendo a ver com a mielina mencionada antes, mas detalhes não importam). Portanto, a dor no mundo do neurônio A não é apenas transitória, mas também imediata. A dor no ramo do neurônio D não só é duradoura como tem um início mais lento.

Os dois tipos de fibra podem interagir e muitas vezes os forçamos intencionalmente a fazê-lo. Suponhamos que você tem uma espécie de dor contínua, latejante — digamos, uma picada de inseto. Como pode interromper o latejamento? Brevemente estimule a fibra rápida. Isso aumenta a dor por um instante, mas estimulando o neurônio C você desliga o sistema por um tempo. E é isso que fazemos nessas circunstâncias. Uma picada de inseto lateja terrivelmente e coçamos com força em volta dela para amenizar a dor. E o caminho da dor lenta é desligado por alguns minutos.

O fato de ser assim que a dor funciona tem importantes implicações clínicas. Isso tem possibilitado a cientistas desenvolver tratamentos para indivíduos com síndrome de dor crônica grave (por exemplo, certos tipos de lesão nas costas). Implante um pequeno eletrodo no caminho da dor rápida e conecte-o a um estimulador no quadril da pessoa. Se sentir muita dor latejante, ative o estimulador, e depois de uma dor breve, aguda, a pulsação crônica é desligada por um tempo. Funciona às mil maravilhas em muitos casos.

Temos, portanto, um circuito que abrange um mecanismo de aguçamento temporário, introduz a negativa dupla de inibir os inibidores e é tremendamente interessante. E uma das grandes razões pelas quais adoro esse circuito é que foi proposto pela primeira vez em 1965 pelos grandes neurobiólogos Ronald Melzack e Patrick Wall. Foi proposto como mero modelo teórico ("Ninguém jamais viu esse tipo de conexão, mas sugerimos que deve ter essa aparência, levando em conta como a dor funciona"). E trabalhos subsequentes mostraram que é exatamente assim que essa parte do sistema nervoso é conectada.

A circuitaria construída com base nesses elementos é muitíssimo importante também no capítulo 12, para explicar como generalizamos, como formamos categorias — quando você olha um quadro e diz "Não sei quem é o artista, mas é de *um desses* pintores impressionistas", ou quando pensa "num desses" presidentes entre Lincoln e Teddy Roosevelt, ou "num desses" cachorros que pastoreiam ovelhas.

MAIS UM NÍVEL DE AMPLIAÇÃO

Um neurônio, dois neurônios, um circuito neuronal. Estamos prontos agora, como último passo, para ampliar o cenário para o nível de milhares, centenas de milhares, de neurônios de uma vez. Procure a imagem de um fígado fatiado em corte transversal e visto ao microscópio. É apenas um campo homogêneo de células, um tapete indiferenciado; se você viu uma parte, viu tudo. Uma chatice.

Já o cérebro é qualquer coisa menos chato, exibindo uma imensa organização interna.

Em outras palavras, os corpos celulares dos neurônios com funções relacionadas se agrupam em regiões específicas do cérebro e os axônios que eles enviam para outras partes do cérebro são organizados nesses cabos de projeção. O que tudo isso significa, em essência, é que *diferentes partes do cérebro fazem coisas diferentes*. Todas as regiões do cérebro têm nomes (em geral polissilábicos e derivados do grego ou do latim), assim como as sub-regiões e as sub-sub-regiões. Além disso, cada uma fala com um conjunto constante de outras regiões (ou seja, envia-lhes axônios) e recebe comunicações de um conjunto constante (ou seja, recebe projeções axonais). Com qual parte do cérebro uma parte está falando diz muito sobre a função. Por exemplo, neurônios que recebem informações de que a temperatura do corpo subiu enviam projeções para neurônios que regulam a transpiração e os ativam nesses momentos. E só para mostrar como isso pode ficar complicado, se você estiver perto de alguém que seja, digamos, quente o bastante para fazer seu próprio corpo *se sentir* mais quente, esses *mesmos* neurônios ativam projeções que eles têm para neurônios que deixam suas gônadas muito sorridentes e de língua meio travada.

Estudar todos os detalhes de conexões entre diferentes regiões cerebrais é de deixar qualquer um maluco, como já vi, tragicamente, acontecer com muitos neuroanatomistas que saboreiam todos esses detalhes. Para nossos objetivos, existem alguns pontos essenciais:

— Cada região particular contém milhões de neurônios. Alguns nomes familiares nesse nível de análise: hipotálamo, cerebelo, córtex, hipocampo.

— Algumas regiões têm sub-regiões muito distintas e compactas, e cada uma delas é chamada de "núcleo". (Isso é confuso, pois a parte de cada célula que contém o DNA também é chamada de núcleo. Fazer o quê?) Alguns nomes que talvez sejam desconhecidos, só a título de exemplo: o núcleo basal de Meynert, o núcleo supraóptico do hipotálamo, o encantadoramente intitulado núcleo olivar inferior.

— Como já descrito, os corpos celulares dos neurônios com funções relacionadas são agrupados em sua região particular ou núcleo e enviam projeções axonais na mesma direção, fundindo-se num cabo (também conhecido como "trato de fibras").

— De volta à mielina que envolve os axônios e ajuda potenciais de ação a se propagarem mais rápido. A mielina tende a ser branca, o suficiente para que os cabos de trato de fibra no cérebro pareçam brancos. Portanto, recebem o nome genérico de "substância branca". Os aglomerados onde os corpos celulares neuronais estão reunidos (não mielinizados) são a "substância cinzenta".

Chega de cartilha. De volta ao livro.

Notas

1. É TARTARUGA QUE NÃO ACABA MAIS [pp. 9-25]

1. Para uma revisão de filosofia experimental, ver J. Knobe et al., "Experimental Philosophy" (*Annual Review of Psychology*, v. 63, n. 1, p. 81, 2012). Ver também D. Bourget e D. Chalmers (Orgs.), "The 2020 PhilPapers Survey", 2020. Disponível em: <survey2020.philpeople.org/survey/results/all>.

Crença no livre-arbítrio em crianças em todas as culturas: obra de Gopnik e Kushnir: T. Kushnir et al., "Developing Intuitions about Free Will between Ages Four and Six" (*Cognition*, v. 138, p. 79, 2015); N. Chernyak, C. Kang e T. Kushnir, "The Cultural Roots of Free Will Beliefs: How Singaporean and U. S. Children Judge and Explain Possibilities for Action in Interpersonal Contexts" (*Developmental Psychology*, v. 55, p. 866, 2019); N. Chernyak et al., "A Comparison of American and Nepalese Children's Concepts of Freedom of Choice and Social Constrain" (*Cognitive Science*, v. 37, n. 7, p. 1343, 2013); A. Wente et al., "How Universal Are Free Will Beliefs? Cultural Differences in Chinese and U. S. 4-and 6-Year-Olds" (*Child Development*, v. 87, n. 3, p. 666, 2016).

A crença no livre-arbítrio é amplamente difundida entre culturas, mas não é universal: D. Wisniewski, R. Deutschland e J.-D. Haynes, "Free Will Beliefs Are Better Predicted by Dualism Than Determinism Beliefs across Different Cultures" (*PLoS One*, v. 14, n. 9, p. e0221617, 2019); R. Berniunasa et al., "The Weirdness of Belief in Free Will" (*Consciousness and Cognition*, v. 87, p. 103054, 2021); H. Sarkissian et al., "Is Belief in Free Will a Cultural Universal?" (*Mind and Language*, v. 25, n. 3, p. 346, 2021).

Estudos sobre condução de veículos: E. Awad et al., "Drivers Are Blamed More Than Their Automated Cars When Both Make Mistakes" (*Nature Human Behaviour*, v. 4, p. 134, 2020).

2. L. Egan, P. Bloom e L. Santos, "Choice-Induced Preferences in the Absence of Choice: Evidence from a Blind Two Choice Paradigm with Young Children and Capuchin Monkeys". *Journal of Experimental and Social Psychology*, v. 46, n, 1, p. 204, 2010.

3. Nota de rodapé: Para visões gerais de suas ideias, ver G. Strawson, "The Impossibility of Moral Responsibility" (*Philosophical Studies*, v. 75, p. 5, 1994); D. Pereboom, *Living without Free Will* (Cambridge: Cambridge University Press, 2001); G. Caruso, *Rejecting Retributivism: Free Will, Punishment, and Criminal Justice* (Cambridge: Cambridge University Press, 2021); N. Levy, *Hard Luck: How Luck Undermines Free Will and Moral Responsibility* (Oxford: Oxford University Press, 2011); e S. Harris, *Free Will* (Londres: Simon & Schuster, 2012).

Para uma abordagem um tanto diferente, mas no mesmo espírito, ver B. Waller, *Against Moral Responsibility* (Cambridge, MA: MIT Press, 2011).

Uma ampla rejeição parecida do livre-arbítrio está nos escritos de cientistas como o biólogo evolucionista Jerry Coyne, da Universidade de Chicago, os psicólogos/neurocientistas Jonathan Cohen, da Universidade Princeton, Josh Greene, da Universidade Harvard, e Paul Glimcher, da Universidade de Nova York, e o deus da biologia molecular, o falecido Francis Crick.

Um pequeno número de juristas, como Pete Alces, da Faculdade de Direito William & Mary, rompe com as premissas de seu campo ao rejeitar também a existência de livre-arbítrio.

4. M. Vargas, "Reconsidering Scientific Threats to Free Will". In: W. Sinnott-Armstrong (Org.), *Moral Psychology*. Cambridge, MA: MIT Press, 2014. v. 4: *Free Will and Moral Responsibility*.

5. R. Baumeister, "Constructing a Scientific Theory of Free Will", em W. Sinnott-Armstrong (Org.), *Moral Psychology*, op. cit.

6. A. Mele, "Free Will and Substance Dualism: The Real Scientific Threat to Free Will?", em W. Sinnott-Armstrong (Org.), *Moral Psychology*, op. cit.

7. R. Nisbett e T. Wilson, "Telling More Than We Can Know: Verbal Reports on Mental Processes". *Psychological Review*, v. 84, n. 3, p. 231, 1977.

2. OS TRÊS MINUTOS FINAIS DE UM FILME [pp. 26-51]

1. Nota de rodapé: J. McHugh e P. Mackowiak, "Death in the White House: President William Henry Harrison's Atypical Pneumonia" (*Clinical Infectious Diseases*, v. 59, p. 990, 2014). O médico de Harrison o tratou com uma série de remédios, o que provavelmente apressou sua morte. Havia ópio, que, como sabem os adictos, causa grande constipação, permitindo que as bactérias tifoides permaneçam mais tempo no organismo, multiplicando-se. Além disso lhe deram alcalino carbonatado, o que provavelmente comprometeu a capacidade dos ácidos estomacais de matarem as bactérias. E só para garantir, mas sem uma boa razão, ele também recebeu consideráveis quantidades de mercúrio, que é neurotóxico. McHugh e Mackowiak sugerem, de maneira convincente, que a doença entérica da água contaminada deixou James Polk gravemente doente quando presidente e matou Zachary Taylor no cargo.

2. Libet publicou seus dados iniciais em B. Libet et al., "Time of Conscious Intention to Act in Relation to Onset of Cerebral Activity (Readiness-Potential): The Unconscious Initiation of

a Freely Voluntary Act" (*Brain: A Journal of Neurology*, v. 106, parte 3, p. 5623, 1983); "Infame": E. Nahmias, "Intuitions about Free Will, Determinism, and Bypassing", em R. Kane (Org.), *The Oxford Handbook of Free Will*, 2. ed. (Oxford: Oxford University Press, 2011).

3. P. Sanford et al., "Libet's Intention Reports Are Invalid: A Replication of Dominik et al. (2017)". *Consciousness and Cognition*, v. 77, p. 102836, 2020. Esse artigo foi em resposta a um anterior: T. Dominik et al., "Libet's Experiment: Questioning the Validity of Measuring the Urge to Move" (*Consciousness and Cognition*, v. 49, p. 255, 2017). Relatos da mídia sobre o experimento de Libet: E. Racine et al., "Media Portrayal of a Landmark Neuroscience Experiment on Free Will" (*Science Engineering Ethics*, v. 23, p. 989, 2017).

4. P. Haggard, "Decision Time for Free Will". *Neuron*, v. 69, n. 3, p. 404, 2011; P. Haggard e M. Eimer, "On the Relation between Brain Potentials and the Awareness of Voluntary Movements". *Experimental Brain Research*, v. 126, n. 1, p. 128, 1999.

5. J.-D. Haynes, "The Neural Code for Intentions in the Human Brain". In: I. Singh e W. Sinnott-Armstrong (Orgs.), *Bioprediction, Biomarkers, and Bad Behavior*. Oxford: Oxford University Press, 2013; S. Bode e J. Haynes, "Decoding Sequential Stages of Task Preparation in the Human Brain". *Neuroimage*, v. 45, n. 2, p. 606, 2009; S. Bode et al., "Tracking the Unconscious Generation of Free Decisions Using Ultra-high Field fMRI". *PLoS One*, v. 6, n. 6, p. e21612, 2011; C. Soon et al., "Unconscious Determinants of Free Decisions in the Human Brain". *Nature Neuroscience*, v. 11, n. 5, p. 543, 2008. A AMS como porta de entrada (nota de rodapé): R. Sjöberg, "Free Will and Neurosurgical Resections of the Supplementary Motor Area: A Critical Review" (*Acta Neurochirgica*, v. 163, n. 5, p. 1229, 2021).

6. I. Fried, R. Mukamel e G. Kreiman, "Internally Generated Preactivation of Single Neurons in Human Medial Frontal Cortex Predicts Volition". *Neuron*, v. 69, n. 3, p. 548, 2011; I. Fried, "Neurons as Will and Representation". *Nature Reviews Neuroscience*, v. 23, n. 2, p. 104, 2022; H. Gelbard-Sagiv et al., "Internally Generated Reactivation of Single Neurons in Human Hippocampus during Free Recall". *Science*, v. 322, n. 5898, p. 96, 2008.

7. Toque da campainha atrasado: W. Banks e E. Isham, "We Infer Rather Than Perceive the Moment We Decided to Act" (*Psychological Science*, v. 20, n. 1, p. 17, 2009). Efeito da felicidade no potencial de prontidão: D. Rigoni, J. Demanet e G. Sartori, "Happiness in Action: The Impact of Positive Affect on the Time of the Conscious Intention to Act" (*Frontiers in Psychology*, v. 6, p. 1307, 2015). Ver também H. Lau et al., "Attention to Intention" (*Science*, v. 303, n. 5661, p. 1208, 2004).

8. M. Desmurget et al., "Movement Intention After Parietal Cortex Stimulation in Humans". *Science*, v. 324, n. 5928, p. 811, 2009.

9. Síndrome da mão anárquica: C. Marchetti e S. Della Sala, "Disentangling the Alien and Anarchic Hand" (*Cognitive Neuropsychiatry*, v. 3, n. 3, p. 191, 1998); S. Della Sala, C. Marchetti e H. Spinnler, "Right-Sided Anarchic (Alien) Hand: A Longitudinal Study" (*Neuropsychologia*, v. 29, n. 11, p. 1113, 1991).

10. Estímulo magnético transcraniano: J. Brasil-Neto et al., "Focal Transcranial Magnetic Stimulation and Response Bias in a Forced-Choice Task" (*Journal of Neurology, Neurosurgery and Psychiatry*, v. 55, n. 10, p. 964, 1992). Mágicos: A. Pailhes e G. Kuhn, "Mind Control Tricks: Magicians' Forcing and Free Will" (*Trends in Cognitive Sciences*, v. 25, n. 5, p. 338, 2021); H. Kelley, "Magic Tricks: The Management of Causal Attributions", em D. Gorlitz (Org.), *Perspectives on Attribution Research and Theory: The Bielefeld Symposium* (Pensacola: Ballinger, 1980).

Nota de rodapé: D. Knoch et al., "Diminishing Reciprocal Fairness by Disrupting the Right Prefrontal Cortex" (*Science*, v. 314, n. 5800, p. 829, 2006).

11. D. Wegner, *The Illusion of Conscious Will*. Cambridge, MA: MIT Press, 2002.

12. Nota de rodapé: P. Tse, "Two Types of Libertarian Free Will Are Realized in the Human Brain", em G. Caruso (Org.), *Neuroexistentialism* (Oxford: Oxford University Press, 2017).

13. Visão geral de Libet: B. Libet, "Unconscious Cerebral Initiative and the Role of Conscious Will in Voluntary Action" (*Behavioral and Brain Sciences*, v. 8, p. 529, 1985). Críticas ao estudo de Libet: R. Doty, "The Time Course of Conscious Processing: Vetoes by the Uninformed?" (*Behavioral and Brain Sciences*, v. 8, p. 541, 1985); C. Wood, "Pardon, Your Dualism Is Showing" (*Behavioral and Brain Sciences*, v. 8, p. 557, 1985; G. Wasserman, "Neural/Mental Chronometry and Chronotheology" (*Behavioral and Brain Sciences*, v. 8, p. 556, 1985).

14. M. Vargas, "Reconsidering Scientific Threats to Free Will", em W. Sinnott-Armstrong (Org.), *Moral Psychology*, op. cit.

15. Os dois pontos de vista em K. Smith, "Neuroscience vs. Philosophy: Taking Aim at Free Will" (*Nature*, v. 477, n. 7362, p. 23, 2011).

16. Simulação de direção: O. Perez et al., "Preconscious Prediction of a Driver's Decision Using Intracranial Recordings" (*Journal of Cognitive Neuroscience*, v. 27, n. 8, p. 1492, 2015). Bungee jump: M. Nann et al., "To Jump or Not to Jump — the Bereitschaftspotential Required to Jump into 192-Meter Abyss" (*Science Reports*, v. 9, n. 1, p. 2243, 2019).

17. U. Maoz et al., "Neural Precursors of Decisions That Matter — an ERP Study of Deliberate and Arbitrary Choice". *eLife*, v. 8, p. e39787, 2019. Para a citação, ver D. Dennett, "Is Free Will an Illusion? What Can Cognitive Science Tell Us?". YouTube, canal Santa Fe Institute, 14 maio 2014. Disponível em: <youtube.com/watch?v=wGPIzSe5cAU&t=3890s>, mais ou menos aos 41 min.

18. Esse e estudos relacionados em J.-D. Haynes, "Neural Code for Intentionsin the Human Brain", op. cit.

19. O. Bai et al., "Prediction of Human Voluntary Movement Before It Occurs". *Clinical Neurophysiology*, v. 122, n. 2, p. 364, 2011.

20. Potencial de prontidão: A. Schurger et al., "What Is the Readiness Potential?" (*Trends in Cognitive Science*, v. 25, n. 7, p. 558, 2010. Impulso versus decisão: S. Pockett e S. Purdy, "Are Voluntary Movements Initiated Preconsciously? The Relationships between Readiness Potentials, Urges and Decisions", em W. Sinnott-Armstrong e L. Nadel (Orgs.), *Conscious Will and Responsibility: A Tribute to Benjamin Libet* (Oxford: Oxford University Press, 2020). A citação de Gazzaniga vem de M. Gazzaniga, "On Determinism and Human Responsibility", em G. Caruso (Org.), *Neuroexistentialism*, op. cit.

21. A citação de Mele é de A. Mele, *Free: Why Science Hasn't Disproved Free Will* (Oxford: Oxford University Press, 2014), p. 32. Roskies é citada em K. Smith, "Taking Aim at Free Will" (*Nature*, v. 477, p. 2, 2011), na p. 24.

22. Novos insights sobre comas (da nota de rodapé): A. Owen et al., "Detecting Awareness in the Vegetative State" (*Science*, v. 313, n. 5792, p. 1402, 2006); M. Monti et al., "Willful Modulation of Brain Activity in Disorders of Consciousness" (*New England Journal of Medicine*, v. 362, n. 7, p. 579, 2010).

23. M. Shadlen e A. Roskies, "The Neurobiology of Decision-Making and Responsibility: Reconciling Mechanism and Mindedness". *Frontiers in Neuroscience*, v. 6, n. 56, 2012. Disponível em: <doi.org/10.3389/fnins.2012.00056>.

24. A. Schlegel et al., "Hypnotizing Libet: Readiness Potentials with Non-conscious Volition". *Consciousness and Cognition*, v. 33, p. 196, 2015.

25. Caruso explora essa ideia em várias publicações, mais recentemente no excelente G. Caruso, *Rejecting Retributivism: Free Will, Punishment, and Criminal Justice* (Cambridge: Cambridge University Press, 2021). Pelo menos para mim, questões como saber se a pré-consciência e a consciência podem existir simultaneamente nos levam a um matagal filosófico. Para os verdadeiros aficionados, isso traz à tona as ideias efervescentes, mas influentes, do filósofo Jaegwon Kim, da Universidade Brown. Se a entendo corretamente: a) supõe-se que estados mentais conscientes, embora produto de propriedades físicas subjacentes (ou seja, coisinhas como moléculas e neurônios), são diferentes delas; b) uma coisa como comportamento não pode ser causada tanto por um estado mental como por suas bases físicas subjacentes (o que veio a ser chamado de "princípio da exclusão causal" de Kim); c) eventos físicos (como apertar um botão ou mexer a língua e a laringe para dizer a seus generais que comecem uma guerra) são causados por eventos físicos anteriores. Portanto, estados mentais não causam comportamentos. Acho isso um tanto interessante. Bem, talvez não, porque, na minha opinião, não há como separar estados mentais e suas bases físicas/neurobiológicas subjacentes — são apenas dois diferentes pontos de entrada conceituais para analisar os mesmos processos. Mais a respeito disso em capítulos posteriores. Alguns artigos seus: J. Kim, "Concepts of Supervenience" (*Philosophy and Phenomenological Research*, v. 45, n. 2, p. 153, 1984); id., "Making Sense of Emergence" (*Philosophical Studies*, v. 95, p. 3, 1995).

26. E. Nahmias, "Intuitions about Free Will, Determinism, and Bypassing". In: R. Kane (Org.), *The Oxford Handbook of Free Will*, 2. ed. Nova York: Oxford University Press, 2011.

27. Estudo sobre fazer ou não fazer: E. Filevich, S. Kuhn e P. Haggard, "There Is No Free Won't: Antecedent Brain Activity Predicts Decisions to Inhibit" (*PLoS One*, v. 8, n. 2, p. e53053, 2013). Estudo de interface cérebro-computador: M. Schultze-Kraft et al., "The Point of No Return in Vetoing Self-Initiated Movements" (*Proceedings of the National Academy of Sciences of the United States of America*, v. 113, n. 4, p. 1080, 2016).

28. Nota de rodapé: primeiro relato de Libet sobre suas descobertas: B. Libet et al., "Time of Conscious Intention to Act in Relation to Onset of Cerebral Activity (Readiness-Potential)", op. cit. Sua discussão de 1985 a esse respeito está em B. Libet, "Unconscious Cerebral Initiative and the Role of Conscious Will in Voluntary Action", op. cit.

29. Estudo sobre jogo: D. Campbell-Meiklejohn et al., "Knowing When to Stop: The Brain Mechanisms of Chasing Losses" (*Biological Psychiatry*, v. 63, n. 3, p. 293, 2008). Álcool a bordo: Y. Liu et al., "'Free Won't' After a Beer or Two: Chronic and Acute Effects of Alcohol on Neural and Behavioral Indices of Intentional Inhibition" (*BMC Psychology*, v. 8, p. 2, 2020). Crianças versus adultos: M. Schel, K. Ridderinkhof e E. Crone, "Choosing Not to Act: Neural Bases of the Development of Intentional Inhibition" (*Developmental Cognitive Neuroscience*, v. 10, p. 93, 2014).

30. "A liberdade surge": B. Brembs, "Towards a Scientific Concept of Free Will as a Biological Trait: Spontaneous Actions and Decision-Making in Invertebrates" (*Proceedings of the*

Royal Society B: Biological Sciences, v. 278, n. 1707, p. 930, 2011); o artigo aborda o tópico do ângulo bem pouco ortodoxo (e bem interessante) de examinar a tomada de decisões em insetos. Citação de Mele: A. Mele, *Free*, op. cit., p. 32.

31. N. Levy, *Hard Luck: How Luck Undermines Free Will and Moral Responsibility*. Oxford: Oxford University Press, 2011.

32. Nota de rodapé: H. Frankfurt, "Alternate Possibilities and Moral Responsibility" (*Journal of Philosophy*, v. 66, n. 23, p. 829, 1969).

33. Id., "Three Concepts of Free Action" (*Aristotelian Society Proceedings, Supplementary Volumes*, v. 49, p. 113, 1975), citação na p. 122; M. Shadlen e A. Roskies, "The Neurobiology of Decision-Making and Responsibility: Reconciling Mechanism and Mindedness", op. cit., citação na p. 10.

Nota de rodapé: R. Sjöberg, "Free Will and Neurosurgical Resections of the Supplementary Motor Area", op. cit.

34. D. Dennett, *Freedom Evolves* (Nova York: Penguin, 2004); a citação é da p. 276. Dennett também expressa essas ideias numa grande variedade de outros livros seus, como, D. Dennett, *Elbow Room: The Varieties of Free Will Worth Wanting* (Cambridge, MA: MIT Press, 1984); palestras, como D. Dennett, "Is Free Will an Illusion?"; e debates, como D. Dennett e G. Caruso, *Just Deserts: Debating Free Will* (Cambridge: Polity, 2021).

35. N. Levy, "Luck and History-Sensitive Compatibilism" (*Philosophical Quarterly*, v. 59, n. 235, p. 237, 2009); a citação está na p. 244; D. Dennett, "Review of *Against Moral Responsibility*". Naturalism, out. 2012. Disponível em: <www.naturalism.org/resources/book-reviews/dennett-review-of-against-moral-responsibility>.

Como tema desse capítulo, as pessoas discutem questões libetianas há quarenta anos, e as referências citadas mal arranham a superfície de abordagens realmente interessantes dessas questões. Outras incluem: G. Gomes, "The Timing of Conscious Experience: A Critical Review and Reinterpretation of Libet's Research" (*Consciousness and Cognition*, v. 7, p. 559, 1998); A. Batthyany, "Mental Causation and Free Will After Libet and Soon: Reclaiming Conscious Agency", em A. Batthyany e A. Elitzur (Orgs.), *Irreducibly Conscious: Selected Papers on Consciousness* (Heidelberg: Universitätsverlag Winter, 2009); A. Lavazza, "Free Will and Neuroscience: From Explaining Freedom Away to New Ways of Operationalizing and Measuring It" (*Frontiers in Human Neuroscience*, v. 10, p. 262, 2016); C. Frith, S. Blakemore e D. Wolpert, "Abnormalities in the Awareness and Control of Action" (*Philosophical Transactions of the Royal Society B: Biological Sciences*, v. 355, n. 1404, p. 1771, 2000); A. Guggisberg e A. Mottaz, "Timing and Awareness of Movement Decisions: Does Consciousness Really Come Too Late?" (*Frontiers of Human Neuroscience*, v. 7, 2013). Disponível em: <doi.org/10.3389/fnhum.2013.00385>; T. Bayne, "Neural Decoding and Human Freedom", em W. Sinnott-Armstrong (Org.), *Moral Psychology*, op. cit.

3. DE ONDE VEM A INTENÇÃO? [pp. 52-91]

1. Preconceitos implícitos e tiroteios: J. Correll et al., "Across the Thin Blue Line: Police Officers and Racial Bias in the Decision to Shoot" (*Journal of Personality and Social Psychol-*

ogy, v. 92, n. 6, p. 1006, 2007); J. Correll et al., "The Police Officer's Dilemma: Using Ethnicity to Disambiguate Potentially Threatening Individuals" (*Journal of Personality and Social Psychology*, v. 83, n. 6, p. 1314, 2002). Para uma excelente visão geral de todo o campo de estudo, ver J. Eberhardt, *Biased: Uncovering the Hidden Prejudice That Shapes What We See, Think, and Do* (Nova York: Viking, 2019).

2. Efeitos implícitos do nojo: D. Pizarro, Y. Inbar e C. Helion, "On Disgust and Moral Judgment" (*Emotion Review*, v. 3, n. 3, p. 267, 2011); T. Adams, P. Stewart e J. Blanchard, "Disgust and the Politics of Sex: Exposure to a Disgusting Odorant Increases Politically Conservative Views on Sex and Decreases Support for Gay Marriage" (*PLoS One*, v. 9, p. e95572, 2014); Y. Inbar, D. Pizarro e P. Bloom, "Disgusting Smells Cause Decreased Liking of Gay Men" (*Emotion*, v. 12, n. 1, p. 23, 2012); J. Terrizzi, N. Shook e W. Ventis, "Disgust: A Predictor of Social Conservatism and Prejudicial Attitudes Toward Homosexuals" (*Personality and Individual Differences*, v. 49, n. 6, p. 587, 2010).

3. Mais nojo: S. Tsao e D. McKay, "Behavioral Avoidance Tests and Disgust in Contamination Fears: Distinctions from Trait Anxiety" (*Behavioral Research Therapeutics*, v. 42, n. 2, p. 207, 2004); B. Olatunji, B. Puncochar e R. Cox, "Effects of Experienced Disgust on Morally Relevant Judgments" (*PLoS One*, v. 11, n. 8, p. e0160357, 2016).

4. E mais nojo: H. Chapman e A. Anderson, "Things Rank and Gross in Nature: A Review and Synthesis of Moral Disgust" (*Psychological Bulletin*, v. 139, n. 2, p. 300, 2013); P. Rozin et al., "The CAD Triad Hypothesis: A Mapping between Three Moral Emotions (Contempt, Anger, Disgust) and Three Moral Codes (Community, Autonomy, Divinity)" (*Journal of Personality and Social Psychology*, v. 76, n. 4, p. 574, 1999). A ínsula, quando ativada por estados emocionais aversivos, falando com a amígdala: D. Gehrlach et al., "Aversive State Processing in the Posterior Insular Cortex" (*Nature Neuroscience*, v. 22, n. 9, p. 1424, 2019).

5. Efeitos implícitos de sabores doces: M. Schaefer et al., "Sweet Taste Experience Improves Prosocial Intentions and Attractiveness Ratings" (*Psychological Research*, v. 85, n. 4, p. 1724, 2021); B. Meier et al., "Sweet Taste Preferences and Experiences Predict Prosocial Inferences, Personalities, and Behaviors" (*Psychological Sciences*, v. 102, n. 1, p. 163, 2012).

6. Confundir beleza e bondade moral: Q. Cheng et al., "Neural Correlates of Moral Goodness and Moral Beauty Judgments" (*Brain Research*, v. 1726, p. 146534, 2020); T. Tsukiura e R. Cabeza, "Shared Brain Activity for Aesthetic and Moral Judgments: Implications for the Beauty-Is-Good Stereotype" (*Social Cognitive and Affective Neuroscience*, v. 6, n. 1, p. 138, 2011); X. Cui et al., "Different Influences of Facial Attractiveness on Judgments of Moral Beauty and Moral Goodness" (*Science Reports*, v. 9, n. 1, p. 12152, 2019); T. Wang et al., "Is Moral Beauty Different from Facial Beauty? Evidence from an fMRI Study" (*Social Cognitive and Affective Neuroscience*, v. 10, n. 6, p. 814, 2015); Q. Luo et al., "The Neural Correlates of Integrated Aesthetics between Moral and Facial Beauty" (*Science Reports*, v. 9, n. 1, p. 1980, 2019); C. Ferrari et al., "The Dorsomedial Prefrontal Cortex Mediates the Interaction between Moral and Aesthetic Valuation: A TMS Study on the Beauty-Is-Good Stereotype" (*Social Cognitive and Affective Neuroscience*, v. 12, n. 5, p. 707, 2017).

E há um estudo irresistível mostrando que botânicos preferem passar a carreira estudando as flores mais bonitas (azuis, mais altas): M. Adamo et al., "Plant Scientists' Research Attention Is Skewed towards Colourful, Conspicuous and Broadly Distributed Flowers" (*Nature Plants*, v. 7, n. 5, p. 574, 2021). Até onde sei, não escolhi dedicar 33 verões a estudar babuínos em estado selvagem porque os achava lindos.

7. O estudo inicial que introduziu o termo "efeito Macbeth": C. Zhong e K. Lijenquist, "Washing Away Your Sins: Threatened Morality and Physical Cleansing" (*Science*, v. 313, n. 5792, p. 1454, 2006).

Mais estudos comportamentais sobre o efeito Macbeth: S. W. Lee e N. Schwarz, "Dirty Hands and Dirty Mouths: Embodiment of the Moral-Purity Metaphor Is Specific to the Motor Modality Involved in Moral Transgression" (*Psychological Sciences*, v. 21, n. 10, p. 1423, 2010); E. Kalanthroff, C. Aslan e R. Dar, "Washing Away Your Sins Will Set Your Mind Free: Physical Cleansing Modulates the Effect of Threatened Morality on Executive Control" (*Cognition and Emotion*, v. 31, n. 1, p. 185, 2017); S. Schnall, J. Benton e S. Harvey, "With a Clean Conscience: Cleanliness Reduces the Severity of Moral Judgments" (*Psychological Sciences*, v. 19, n. 12, p. 1219, 2008); K. Kaspar, V. Krapp e P. Konig, "Hand Washing Induces a Clean Slate Effect in Moral Judgments: A Pupillometry and Eye-Tracking Study" (*Scientific Reports*, v. 5, p. 10471, 2015).

Estudos de imagem cerebral do efeito Macbeth: C. Denke et al., "Lying and the Subsequent Desire for Toothpaste: Activity in the Somatosensory Cortex Predicts Embodiment of the Moral-Purity Metaphor" (*Cerebral Cortex*, v. 26, n. 2, p. 477, 2016); M. Schaefer et al., "Dirty Deeds and Dirty Bodies: Embodiment of the Macbeth Effect Is Mapped Topographically onto the Somatosensory Cortex" (*Scientific Reports*, v. 6, p. 18051, 2015).

Para um estudo sugerindo que esse vínculo talvez não seja universal: E. Gámez, J. M. Díaz e H. Marrero, "The Uncertain Universality of the Macbeth Effect with a Spanish Sample" (*Spanish Journal of Psychology*, v. 14, n. 1, p. 156, 2011).

Por fim, um estudo mostrando que, entre universitários, os estudantes de ciências sociais são mais vulneráveis ao efeito Macbeth do que os estudantes de engenharia: M. Schaefer, "Morality and Soap in Engineers and Social Scientists: The Macbeth Effect Interacts with Professions" (*Psychological Research*, v. 83, n. 6, p. 1304, 2019).

8. Gengibre e nojo moral: J. Tracy, C. Steckler e G. Heltzel, "The Physiological Basis of Psychological Disgust and Moral Judgments" (*Journal of Personality and Social Psychology: Attitudes and Social Cognition*, v. 116, n. 1, p. 15, 2019). Um artigo interessante mostra que o nojo influencia menos os julgamentos morais sobre acontecimentos distantes, e que isso talvez seja mediado por uma estrutura psicológica na qual outra pessoa, e não você, é que interage diretamente com o estímulo repugnante: M. van Dijke et al., "So Gross and Yet So Far Away: Psychological Distance Moderates the Effect of Disgust on Moral Judgment" (*Social Psychological and Personality Science*, v. 9, n. 6, p. 689, 2018).

9. O estudo original dos juízes: S. Danziger, J. Levav e L. Avnaim-Pesso, "Extraneous Factors in Judicial Decisions" (*Proceedings of the National Academy of Science of the United States of America*, v. 108, n. 17, p. 6889, 2011). Ele foi contestado por outros pesquisadores, sugerindo que a conclusão é produto de um estudo mal projetado; na minha opinião, os autores originais refutaram efetivamente essas acusações. Ver notas 28 e 29 no capítulo 4 para detalhes.

Mais sobre o assunto: L. Aaroe e M. Petersen, "Hunger Games: Fluctuations in Blood Glucose Levels Influence Support for Social Welfare" (*Psychological Sciences*, v. 24, n. 12, p. 2550, 2013).

Uma ligação entre fome de comida e fome de dinheiro: B. Briers et al., "Hungry for Money: The Desire for Caloric Resources Increases the Desire for Financial Resources and Vice Versa" (*Psychological Sciences*, v. 17, n. 11, p. 939, 2006).

Algumas situações em que a ligação só é demonstrável em algumas áreas: J. Hausser et al., "Acute Hunger Does Not Always Undermine Prosociality" (*Nature Communications*, v. 10, n. 1, p. 4733, 2019); S. Fraser e D. Nettle, "Hunger Affects Social Decisions in a Multiround Public Goods Game but Not a Single-Shot Ultimatum Game" (*Adaptive Human Behavior*, v. 6, p. 334, 2020); I. Harel e T. Kogut, "Visceral Needs and Donation Decisions: Do People Identify with Suffering or with Relief?" (*Journal of Experimental and Social Psychology*, v. 56, p. 24, 2015).

Como é tão comum acontecer, a sugestão de que esse fenômeno é influenciado pela cultura: E. Rantapuska et al., "Does Short-Term Hunger Increase Trust and Trustworthiness in a High Trust Society?" (*Frontiers of Psychology*, v. 8, p. 1944, 2017).

10. Para mais detalhes sobre esse tópico geral, ver o capítulo 3 em R. Sapolsky, *Comporte-se: A biologia humana em nosso melhor e pior* (São Paulo: Companhia das Letras, 2017).

11. O estudo clássico demonstrando que a testosterona não gera agressividade desde o início, mas, na verdade, amplifica o aprendizado social preexistente sobre agressividade: A. Dixson e J. Herbert, "Testosterone, Aggressive Behavior and Dominance Rank in Captive Adult Male Talapoin Monkeys (*Miopithecus talapoin*)" (*Physiology and Behavior*, v. 18, n. 3, p. 539, 1977). Como alguns dos efeitos comportamentais da testosterona surgem de seus efeitos no cérebro: K. Kendrick e R. Drewett, "Testosterone Reduces Refractory Period of Stria Terminalis Neurons in the Rat Brain" (*Science*, v. 204, n. 4395, p. 877, 1979); K. Kendrick, "Inputs to Testosterone-Sensitive Stria Terminalis Neurones in the Rat Brain and the Effects of Castration" (*Journal of Physiology*, v. 323, p. 437, 1982); id., "The Effect of Castration on Stria Terminalis Neurone Absolute Refractory Periods Using Different Antidromic Stimulation Loci" (*Brain Research*, v. 248, n. 1, p. 174, 1982); id., "Electrophysiological Effects of Testosterone on the Medial Preoptic-Anterior Hypothalamus of the Rat" (*Journal of Endocrinology*, v. 96, n. 1, p. 35, 1983); E. Hermans, N. Ramsey e J. van Honk, "Exogenous Testosterone Enhances Responsiveness to Social Threat in the Neural Circuitry of Social Aggression in Humans" (*Biological Psychiatry*, v. 63, n. 3, p. 263, 2008).

Em 1990, o etólogo John Wingfield, da Universidade da Califórnia em Davis, publicou, juntamente com colegas, um artigo imensamente influente sobre a natureza dos efeitos da testosterona na agressividade. A sua "hipótese do desafio" postula que não só a testosterona não causa agressividade como também não amplifica uniformemente as tendências sociais preexistentes para a agressividade. Na verdade, em momentos nos quais um organismo é desafiado pelo status social, a testosterona amplifica os comportamentos que forem necessários para manter esse status. Bem, isso não parece uma grande elaboração — se você for um babuíno macho cuja posição está sendo contestada, agressividade é o que você precisa para manter o status. Mas, tratando-se de humanos, há sutilezas maiores, porque o status pode ser mantido de várias maneiras. Por exemplo, num jogo econômico em que o status é acumulado mediante generosas ofertas econômicas, a testosterona aumenta essa generosidade. Ver J. Wingfield et al., "The 'Challenge Hypothesis': Theoretical Implications for Patterns of Testosterone Secretion, Mating Systems, and Breeding Strategies" (*American Naturalist*, v. 136, n. 6, p. 829, 1990). A hipótese ajuda a explicar uma grande variedade de comportamentos que dependem da testosterona: J. Wingfield, "The Challenge Hypothesis: Where It Began and Relevance to Humans" (*Hormones and Behavior*, v. 92, p. 9, 2017). Ver também J. Archer, "Testosterone and Human Aggression: An Evaluation of the Challenge Hypothesis" (*Neuroscience and Biobehavioral Reviews*, v. 30, n. 3, p. 319, 2006).

12. Artigos relativos às bases comportamentais e neurobiológicas da testosterona tornando as pessoas reativas a ameaças percebidas: E. Hermans, N. Ramsey e J. van Honk, "Exogenous Testosterone Enhances Responsiveness to Social Threat in the Neural Circuitry of Social Aggression in Humans" (*Biological Psychiatry*, v. 63, n. 3, p. 263, 2008); J. van Honk et al., "A Single Administration of Testosterone Induces Cardiac Accelerative Responses to Angry Faces in Healthy Young Women" (*Behavioral Neuroscience*, v. 115, n. 1, p. 238, 2001); N. Wright et al., "Testosterone Disrupts Human Collaboration by Increasing Egocentric Choices" (*Proceedings of the Royal Society B: Biological Sciences*, v. 279, n. 1736, p. 2275, 2012); P. Mehta and J. Beer, "Neural Mechanisms of the Testosterone-Aggression Relation: The Role of Orbitofrontal Cortex" (*Journal of Cognitive Neuroscience*, v. 22, n. 10, p. 2357, 2010); G. van Wingen et al., "Testosterone Reduces Amygdala-Orbitofrontal Cortex Coupling" (*Psychoneuroendocrinology*, v. 35, n. 1, p. 105, 2010); P. Bos et al., "The Neural Mechanisms by Which Testosterone Acts on Interpersonal Trust" (*Neuroimage*, v. 61, n. 3, p. 730, 2012).

13. Alguns estudos que exploram as fontes das diferenças individuais no funcionamento do sistema testicular: C. Laube, R. Lorenz e L. van den Bos, "Pubertal Testosterone Correlates with Adolescent Impatience and Dorsal Striatal Activity" (*Development and Cognitive Neuroscience*, v. 42, p. 100749, 2020); B. Mohr et al., "Normal, Bound and Nonbound Testosterone Levels in Normally Ageing Men: Results from the Massachusetts Male Ageing Study" (*Clinical Endocrinology*, v. 62, n. 1, p. 64, 2005); W. Bremner, M. Vitiello e P. Prinz, "Loss of Circadian Rhythmicity in Blood Testosterone Levels with Aging in Normal Men" (*Journal of Clinical Endocrinology and Metabolism*, v. 56, n. 6, p. 1278, 1983); S. Beyenburg et al., "Androgen Receptor mRNA Expression in the Human Hippocampus" (*Neuroscience Letters*, v. 294, n. 1, p. 25, 2000).

14. Para algumas boas revisões gerais, ver R. Feldman, "Oxytocin and Social Affiliation in Humans" (*Hormones and Behavior*, v. 61, n. 3, p. 380, 2012); Z. Donaldson e L. Young, "Oxytocin, Vasopressin, and the Neurogenetics of Sociality" (*Science*, v. 322, n. 5903, p. 900, 2008); P. S. Churchland e P. Winkielman, "Modulating Social Behavior with Oxytocin: How Does It Work? What Does It Mean?" (*Hormones and Behavior*, v. 61, n. 3, p. 392, 2012).

Artigos relativos às diferenças no sistema de oxitocina comparando roedores monogâmicos e poligâmicos: L. Young et al., "Increased Affiliative Response to Vasopressin in Mice Expressing the V1a Receptor from a Monogamous Vole" (*Nature*, v. 400, n. 6746, p. 766, 1999); M. Lim et al., "Enhanced Partner Preference in a Promiscuous Species by Manipulating the Expression of a Single Gene" (*Nature*, v. 429, n. 6993, p. 754, 2004).

Artigos relativos às diferenças no sistema de oxitocina comparando primatas não humanos monogâmicos e poligâmicos: A. Smith et al., "Manipulation of the Oxytocin System Alters Social Behavior and Attraction in Pair-Bonding Primates, *Callithrix penicillata*" (*Hormones and Behavior*, v. 57, n. 2, p. 255, 2010); M. Jarcho et al., "Intranasal VP Affects Pair Bonding and Peripheral Gene Expression in Male *Callicebus cupreus*" (*Genes, Brain and Behavior*,

v. 10, n. 3, p. 375, 2011); C. Snowdon et al., "Variation in Oxytocin Is Related to Variation in Affiliative Behavior in Monogamous, Pairbonded Tamarins" (*Hormones and Behavior*, v. 58, n. 4, p. 614, 2010).

A neurobiologia subjacente a esses efeitos da oxitocina: A via hipotalâmica que difere segundo o sexo: N. Scott et al., "A Sexually Dimorphic Hypothalamic Circuit Controls Maternal Care and Oxytocin Secretion" (*Nature*, v. 525, n. 7570, p. 519, 2016). Para um exemplo da oxitocina atuando no córtex insular para modificar interações sociais, ver M. Carter-Rogers et al., "Insular Cortex Mediates Approach and Avoidance Response to Social Affective Stimuli" (*Nature Neuroscience*, v. 21, n. 3, p. 404, 2018). O mesmo para a oxitocina atuando na amígdala: Y. Liu et al., "Oxytocin Modulates Social Value Representations in the Amygdala" (*Nature Neuroscience*, v. 22, n. 4, p. 633, 2019); J. Wahis et al., "Astrocytes Mediate the Effect of Oxytocin in the Central Amygdala on Neuronal Activity and Affective States in Rodents" (*Nature Neuroscience*, v. 24, n. 4, p. 529, 2021).

Oxitocina e parentalidade, incluindo comportamento paterno: O. Bosch e I. Neumann, "Both Oxytocin and Vasopressin Are Mediators of Maternal Care and Aggression in Rodents: From Central Release to Sites of Action" (*Hormones and Behavior*, v. 61, n. 3, p. 293, 2012); Y. Kozorovitskiy et al., "Fatherhood Affects Dendritic Spines and Vasopressin V1a Receptors in the Primate Prefrontal Cortex" (*Nature Neuroscience*, v. 9, n. 9, p. 1094, 2006); Z. Wang, C. Ferris e G. De Vries "Role of Septal Vasopressin Innervation in Paternal Behavior in Prairie Voles" (*Proceedings of the National Academy of Sciences of the United States of America*, v. 91, n. 1, p. 400, 1994).

Diferenças genéticas e epigenéticas que medeiam diferenças individuais na sensibilidade à oxitocina: Marsh et al., "The Influence of Oxytocin Administration on Responses to Infants and Potential Moderation by OXTR Genotype" (*Psychopharmacology —Berlin*, v. 224, n. 4, p. 469, 2012); M. J. Bakermans-Kranenburg e M. H. van Ijzendoorn, "Oxytocin Receptor (OXTR) and Serotonin Transporter (5-HTT) Genes Associated with Observed Parenting" (*Social Cognitive and Affective Neuroscience*, v. 3, n. 2, p. 128, 2008); E. Hammock e L. Young, "Microsatellite Instability Generates Diversity in Brain and Sociobehavioral Traits" (*Science*, v. 308, n. 5728, p. 1630, 2005).

Anais de descobertas absolutamente irresistíveis: M. Nagasawa et al., "Oxytocin-Gaze Positive Loop and the Coevolution of Human-Dog Bonds" (*Science*, v. 348, n. 6232, p. 333, 2015). Quando um cachorro e seu dono humano trocam olhares, ambos secretam oxitocina; administre oxitocina num deles e ele olha por mais tempo — provocando mais secreção de oxitocina no outro. Em outras palavras, um sistema hormonal básico para o comportamento parental e para a formação de vínculos entre pares que tem pelo menos 100 milhões de anos foi, nos últimos 30 mil, cooptado para interações homem/lobo.

15. Efeitos da oxitocina no medo e na ansiedade: M. Yoshida et al., "Evidence That Oxytocin Exerts Anxiolytic Effects via Oxytocin Receptor Expressed in Serotonergic Neurons in Mice" (*Journal of Neuroscience*, v. 29, n. 7, p. 2259, 2009). Atuação da oxitocina na amígdala: D. Viviani et al., "Oxytocin Selectively Gates Fear Responses through Distinct Outputs from the Central Nucleus" (*Science*, v. 333, n. 6038, p. 104, 2011); H. Knobloch et al., "Evoked Axonal Oxytocin Release in the Central Amygdala Attenuates Fear Response" (*Neuron*, v. 73, n. 3, p. 553, 2012); G. Domes et al., "Oxytocin Attenuates Amygdala Responses to Emotional

Faces Regardless of Valence" (*Biological Psychiatry*, v. 62, n. 10, p. 1187, 2007); P. Kirsch et al., "Oxytocin Modulates Neural Circuitry for Social Cognition and Fear in Humans" (*Journal of Neuroscience*, v. 25, n. 49, p. 11489, 2005); I. Labuschagne et al., "Oxytocin Attenuates Amygdala Reactivity to Fear in Generalized Social Anxiety Disorder" (*Neuropsychopharmacology*, v. 35, n. 12, p. 2403, 2010).

Oxitocina reduzindo a resposta ao estresse: M. Heinrichs et al., "Social Support and Oxytocin Interact to Suppress Cortisol and Subjective Responses to Psychosocial Stress" (*Biological Psychiatry*, v. 54, n. 12, p. 1389, 2003).

Efeitos da oxitocina na empatia, na confiança e na cooperação: S. Rodrigues et al., "Oxytocin Receptor Genetic Variation Relates to Empathy and Stress Reactivity in Humans" (*Proceedings of the National Academy of Sciences of the United States of America*, v. 106, n. 50, p. 21437, 2009); M. Kosfeld et al., "Oxytocin Increases Trust in Humans" (*Nature*, v. 435, n. 7042, p. 673, 2005); A. Damasio, "Brain Trust" (*Nature*, v. 435, n. 7042, p. 571, 2005); S. Israel et al., "The Oxytocin Receptor (OXTR) Contributes to Prosocial Fund Allocations in the Dictator Game and the Social Value Orientations Task" (*Public Library of Science One*, v. 4, n. 5, p. e5535, 2009); P. Zak, R. Kurzban e W. Matzner, "Oxytocin Is Associated with Human Trustworthiness" (*Hormones and Behavior*, v. 48, n. 5, p. 522, 2005); T. Baumgartner et al., "Oxytocin Shapes the Neural Circuitry of Trust and Trust Adaptation in Humans" (*Neuron*, v. 58, n. 4, p. 639, 2008); J. Filling et al., "Effects of Intranasal Oxytocin and Vasopressin on Cooperative Behavior and Associated Brain Activity in Men" (*Psychoneuroendocrinology*, v. 37, n. 4, p. 447, 2012); A. Theodoridou et al., "Oxytocin and Social Perception: Oxytocin Increases Perceived Facial Trustworthiness and Attractiveness" (*Hormones and Behavior*, v. 56, n. 1, p. 128, 2009). Uma falha de replicação: C. Apicella et al., "No Association between Oxytocin Receptor (OXTR) Gene Polymorphisms and Experimentally Elicited Social Preferences" (*Public Library of Science One*, v. 5, n. 6, p. e11153, 2010).

Efeitos da oxitocina na agressividade: M. Dhakar et al., "Heightened Aggressive Behavior in Mice with Lifelong versus Postweaning Knockout of the Oxytocin Receptor" (*Hormones and Behavior*, v. 62, n. 1, p. 86, 2012); J. Winslow et al., "Infant Vocalization, Adult Aggression, and Fear Behavior of an Oxytocin Null Mutant Mouse" (*Hormones and Behavior*, v. 37, n. 2, p. 145, 2005).

16. C. De Dreu, "Oxytocin Modulates Cooperation within and Competition between Groups: An Integrative Review and Research Agenda". *Hormones and Behavior*, v. 61, n. 3, p. 419, 2012; C. De Dreu et al., "The Neuropeptide Oxytocin Regulates Parochial Altruism in Intergroup Conflict among Humans". *Science*, v. 328, n. 5984, p. 1408, 2011; C. De Dreu et al., "Oxytocin Promotes Human Ethnocentrism". *Proceedings of the National Academy of Sciences of the United States of America*, v. 108, n. 4, p. 1262, 2011.

17. K. Parker et al., "Preliminary Evidence That Plasma Oxytocin Levels Are Elevated in Major Depression". *Psychiatry Research*, v. 178, n. 2, p. 359, 2010; S. Freeman et al., "Effect of Age and Autism Spectrum Disorder on Oxytocin Receptor Density in the Human Basal Forebrain and Midbrain". *Translational Psychiatry*, v. 8, n. 1, p. 257, 2018.

18. R. Sapolsky, "Stress and the Brain: Individual Variability and the Inverted-U". *Nature Neuroscience*, v. 18, n. 10, p. 1344, 2015.

19. Efeitos do estresse e dos hormônios do estresse na amígdala: J. Rosenkranz, E. Venheim e M. Padival, "Chronic Stress Causes Amygdala Hyperexcitability in Rodents" (*Biological Psychiatry*, v. 67, n. 12, p. 1128, 2010); S. Duvarci e D. Pare, "Glucocorticoids Enhance the Excitability of Principal Basolateral Amygdala Neurons" (*Journal of Neuroscience*, v. 27, n. 16, p. 4482, 2007); A. Kavushansky e G. Richter-Levin, "Effects of Stress and Corticosterone on Activity and Plasticity in the Amygdala" (*Journal of Neuroscience Research*, v. 84, n. 7, p. 1580, 2006); P. Rodríguez Manzanares et al., "Previous Stress Facilitates Fear Memory, Attenuates GABAergic Inhibition, and Increases Synaptic Plasticity in the Rat Basolateral Amygdala" (*Journal of Neuroscience*, v. 25, n. 38, p. 8725, 2005).

Efeitos do estresse e dos hormônios do estresse nas interações entre a amígdala e o hipocampo: A. Kavushansky et al., "Activity and Plasticity in the CA1, the Dentate Gyrus, and the Amygdala Following Controllable Versus Uncontrollable Water Stress" (*Hippocampus*, v. 16, n. 1, p. 35, 2006); H. Lakshminarasimhan e S. Chattarji, "Stress Leads to Contrasting Effects on the Levels of Brain Derived Neurotrophic Factor in the Hippocampus and Amygdala" (*Public Library of Science One*, v. 7, n. 1, p. e30481, 2012); S. Ghosh, T. Laxmi e S. Chattarji, "Functional Connectivity from the Amygdala to the Hippocampus Grows Stronger After Stress" (*Journal of Neuroscience*, v. 33, n. 17, p. 7234, 2013).

20. Efeitos comportamentais do estresse e dos hormônios do estresse: S. Preston et al., "Effects of Anticipatory Stress on Decision-Making in a Gambling Task" (*Behavioral Neuroscience*, v. 121, n. 2, p. 257, 2007); P. Putman et al., "Exogenous Cortisol Acutely Influences Motivated Decision Making in Healthy Young Men" (*Psychopharmacology*, v. 208, n. 2, p. 257, 2010); P. Putman, E. Hermans e J. van Honk, "Cortisol Administration Acutely Reduces Threat-Selective Spatial Attention in Healthy Young Men" (*Physiology and Behavior*, v. 99, n. 3, p. 294, 2010); K. Starcke et al., "Anticipatory Stress Influences Decision Making under Explicit Risk Conditions" (*Behavioral Neuroscience*, v. 122, n. 6, p. 1352, 2008).

Diferenças de sexo e efeitos do estresse e dos hormônios do estresse: R. van den Bos, M. Harteveld e H. Stoop, "Stress and Decision-Making in Humans: Performance Is Related to Cortisol Reactivity, Albeit Differently in Men and Women" (*Psychoneuroendocrinology*, v. 34, n. 10, p. 1449, 2009); N. Lighthall, M. Mather e M. Gorlick, "Acute Stress Increases Sex Differences in Risk Seeking in the Balloon Analogue Risk Task" (*Public Library of Science One*, v. 4, n. 7, p. e6002, 2009); N. Lighthall et al., "Gender Differences in Reward-Related Decision Processing under Stress" (*Social Cognitive and Affective Neuroscience*, v. 7, n. 4, p. 476, 2012).

Efeitos do estresse e dos hormônios do estresse na agressividade: D. Hayden-Hixson e C. Ferris, "Steroid-Specific Regulation of Agonistic Responding in the Anterior Hypothalamus of Male Hamsters" (*Physiology and Behavior*, v. 50, n. 4, p. 793, 1991); A. Poole e P. Brain, "Effects of Adrenalectomy and Treatments with ACTH and Glucocorticoids on Isolation-Induced Aggressive Behavior in Male Albino Mice" (*Progress in Brain Research*, v. 41, p. 465, 1974); E. Mikics, B. Barsy e J. Haller, "The Effect of Glucocorticoids on Aggressiveness in Established Colonies of Rats" (*Psychoneuroendocrinology*, v. 32, n. 2, p. 160, 2007); R. Böhnke et al., "Exogenous Cortisol Enhances Aggressive Behavior in Females, but Not in Males" (*Psychoneuroendocrinology*, v. 35, n. 7, p. 1034, 2010); K. Bertsch et al., "Exogenous Cortisol Facilitates Responses to Social Threat under High Provocation" (*Hormones and Behavior*, v. 59, n. 4, p. 428, 2011).

Efeitos do estresse e dos hormônios do estresse na tomada de decisões morais: K. Starcke, C. Polzer e O. Wolf, "Does Everyday Stress Alter Moral Decision-Making?" (*Psychoneuroendocrinology*, v. 36, n. 2, p. 210, 2011); F. Youssef, K. Dookeeram e V. Basdeo, "Stress Alters Personal Moral Decision Making" (*Psychoneuroendocrinology*, v. 37, n. 4, p. 491, 2012).

21. Para mais detalhes sobre esse tópico geral, ver o capítulo 4 em R. Sapolsky, *Comporte-se*, op. cit.

22. Nota de rodapé: Para uma excelente história da (re)descoberta da neurogênese adulta, ver M. Specter, "How the Songs of Canaries Upset a Fundamental Principle of Science" (*New Yorker*, 23 jul. 2001).

As consequências comportamentais da neurogênese adulta: G. Kempermann, "What Is Adult Hippocampal Neurogenesis Good For?" (*Frontiers of Neuroscience*, v. 16, p. 852680, 2022). Disponível em: <doi.org/10.3389/fnins.2022.852680>; Y. Li, Y. Luo e Z. Chen, "Hypothalamic Modulation of Adult Hippocampal Neurogenesis in Mice Confers Activity-Dependent Regulation of Memory and Anxiety-Like Behavior" (*Nature Neuroscience*, v. 25, n. 5, p. 630, 2022); D. Seib et al., "Hippocampal Neurogenesis Promotes Preference for Future Rewards" (*Molecular Psychiatry*, v. 26, n. 11, p. 6317, 2021); C. Anacker et al., "Hippocampal Neurogenesis Confers Stress Resilience by Inhibiting the Ventral Dentate Gyrus" (*Nature*, v. 559, n. 7712, p. 98, 2018).

Em meio a todo esse fascínio, a experiência está mudando também o nascimento dessas células gliais menos vistosas no cérebro adulto: A. Delgado et al., "Release of Stem Cells from Quiescence Reveals Gliogenic Domains in the Adult Mouse Brain" (*Science*, v. 372, n. 6547, p. 1205, 2021).

O debate sobre quanta neurogênese adulta de fato ocorre em humanos: S. Sorrells et al., "Human Hippocampal Neurogenesis Drops Sharply in Children to Undetectable Levels in Adults" (*Nature*, v. 555, n. 7696, p. 377, 2018). Para uma réplica: M. Baldrini et al., "Human Hippocampal Neurogenesis Persists throughout Aging" (*Cell Stem Cell*, v. 22, n. 4, p. 589, 2018). Para um artigo de opinião sobre um ponto de vista parecido: G. Kempermann, F. Gage e L. Aigner, "Human Neurogenesis: Evidence and Remaining Questions" (*Cell Stem Cell*, v. 23, n. 1, p. 25, 2018). Então, um voto a favor dos revolucionários: S. Wiseman, "Single-Nucleus Sequencing Finds No Adult Hippocampal Neurogenesis in Humans" (*Nature Neuroscience*, v. 25, n. 1, p. 2, 2022).

23. R. Hamilton et al., "Alexia for Braille Following Filateral Occipital Stroke in an Early Blind Woman". *Neuroreport*, v. 11, n. 2, p. 237, 2000; E. Striem-Amit et al., "Reading with Sounds: Sensory Substitution Selectively Activates the Visual Word Form Area in the Blind". *Neuron*, v. 76, n. 3, p. 640, 2012; A. Pascual-Leone, "Reorganization of Cortical Motor Outputs in the Acquisition of New Motor Skills". In: J. Kinura e H. Shibasaki (Orgs.), *Recent Advances in Clinical Neurophysiology*. Amsterdam: Elsevier Science, 1996, pp. 304-8.

24. S. Rodrigues, J. LeDoux e R. Sapolsky, "The Influence of Stress Hormones on Fear Circuitry". *Annual Review of Neuroscience*, v. 32, p. 289, 2009.

25. Para uma análise geral, ver B. Leuner e E. Gould, "Structural Plasticity and Hippocampal Function" (*Annual Review of Psychology*, v. 61, p. 111, 2010).

Efeitos do estresse na estrutura do hipocampo: A. Magarinos e B. McEwen, "Stress-Induced Atrophy of Apical Dendrites of Hippocampal CA3c Neurons: Involvement of Glucocorticoid Secretion and Excitatory Amino Acid Receptors" (*Neuroscience*, v. 69, n. 1, p. 89, 1995); A. Magarinos et al., "Chronic Psychosocial Stress Causes Apical Dendritic Atrophy of Hippocampal CA3 Pyramidal Neurons in Subordinate Tree Shrews" (*Journal of Neuroscience*, v. 16, n. 10, p. 3534, 1996); B. Eadie, V. Redila e B. Christie, "Voluntary Exercise Alters the Cytoarchitecture of the Adult Dentate Gyrus by Increasing Cellular Proliferation, Dendritic Complexity, and Spine Density" (*Journal of Comparative Neurology*, v. 486, n. 1, p. 39, 2005); A. Vyas et al., "Chronic Stress Induces Contrasting Patterns of Dendritic Remodeling in Hippocampal and Amygdaloid Neurons" (*Journal of Neuroscience*, v. 22, n. 15, p. 6810, 2002).

Neuroplasticidade relacionada à depressão: P. Videbach e B. Revnkilde, "Hippocampal Volume and Depression: A Meta-analysis of MRI Studies" (*American Journal of Psychiatry*, v. 161, n. 11, p. 1957, 2004); L. Gerritsen et al., "Childhood Maltreatment Modifies the Relationship of Depression with Hippocampal Volume" (*Psychological Medicine*, v. 45, n. 16, p. 3517, 2015).

Efeitos de exercícios e estimulação na neuroplasticidade: J. Firth et al., "Effect of Aerobic Exercise on Hippocampal Volume in Humans: A Systematic Review and Meta-analysis" (*Neuroimage*, v. 166, p. 230, 2018); G. Clemenson, W. Deng e F. Gage, "Environmental Enrichment and Neurogenesis: From Mice to Humans" (*Current Opinion in Behavioral Sciences*, v. 4, p. 56, 2015).

Estrogênio e neuroplasticidade: B. McEwen, "Estrogen Actions throughout the Brain" (*Recent Progress in Hormone Research*, v. 57, p. 357, 2002); N. Lisofsky et al., "Hippocampal Volume and Functional Connectivity Changes during the Female Menstrual Cycle" (*Neuroimage*, v. 118, p. 154, 2015); K. Albert et al., "Estrogen Enhances Hippocampal Gray-Matter Volume in Young and Older Postmenopausal Women: A Prospective Dose-Response Study" (*Neurobiology of Aging*, v. 56, p. 1, 2017).

26. N. Brebe et al., "Pair-Bonding, Fatherhood, and the Role of Testosterone: A Meta-analytic Review". *Neuroscience & Biobehavioral Reviews*, v. 98, p. 221, 2019; Y. Ulrich-Lai et al., "Chronic Stress Induces Adrenal Hyperplasia and Hypertrophy in a Subregion-Specific Manner". *American Journal of Physiology: Endocrinology and Metabolism*, v. 291, n. 5, p. E965, 2006.

27. J. Foster, "Modulating Brain Function with Microbiota". *Science*, v. 376, n. 6596, p. 936, 2022; J. Cryan e S. Mazmanian, "Microbiota-Brain Axis: Context and Causality". *Science*, v. 376, n. 6596, p. 938, 2022. Também: C. Chu et al., "The Microbiota Regulate Neuronal Function and Fear Extinction Learning" (*Nature*, v. 574, n. 7779, p. 543, 2019). Um excelente exemplo de acontecimentos ao longo de semanas ou meses que mudam o comportamento sem percepção consciente pode ser encontrado em S. Mousa, "Building Social Cohesion between Christians and Muslims through Soccer in Post-ISIS Iraq" (*Science*, v. 369, n. 6505, p. 866, 2020). Times de futebol de uma liga foram formados, experimentalmente, apenas de jogadores cristãos ou de uma mistura das duas religiões (sem que os jogadores soubessem que essa configuração era parte de um estudo). Passar uma temporada jogando com colegas muçulmanos tornou os jogadores cristãos muito mais próximos dos colegas muçulmanos em campo — sem alterar de maneira explícita atitudes declaradas sobre muçulmanos.

28. Para mais detalhes sobre esse tópico geral, ver o capítulo 5 em R. Sapolsky, *Comporte-se*, op. cit.

29. A. Caballero, R. Granbeerg e K. Tseng, "Mechanisms Contributing to Prefrontal Cor-

tex Maturation during Adolescence". *Neuroscience & Biobehavioral Reviews*, v. 70, p. 4, 2016; K. Delevich et al., "Coming of Age in the Frontal Cortex: The Role of Puberty in Cortical Maturation". *Seminars in Cell & Developmental Biology*, v. 118, p. 64, 2021. Interromper cronicamente o sono em camundongos adolescentes altera o funcionamento do sistema de recompensa da dopamina na idade adulta, e não num bom sentido; em outras palavras, nossas mães tinham razão quando nos aconselhavam a resistir à atração adolescente por horários de sono estapafúrdios: W. Bian et al., "Adolescent Sleep Shapes Social Novelty Preference in Mice" (*Nature Neuroscience*, v. 25, n. 7, p. 912, 2022).

30. E. Sowell et al., "Mapping Continued Brain Growth and Gray Matter Density Reduction in Dorsal Frontal Cortex: Inverse Relationships during Postadolescent Brain Maturation". *Journal of Neuroscience*, v. 21, n. 22, p. 8819, 2021; J. Giedd, "The Teen Brain: Insights from Neuroimaging". *Journal of Adolescent Health*, v. 42, n. 4, p. 335, 2008.

31. Nota de rodapé: C. González-Acosta et al., "Von Economo Neurons in the Human Medial Frontopolar Cortex" (*Frontiers in Neuroanatomy*, v. 12, p. 64, 2018). Disponível em: <doi.org/10.3389/fnana.2018.00064>; R. Hodge, J. Miller e E. Lein, "Transcriptomic Evidence That von Economo Neurons Are Regionally Specialized Extratelencephalic-Projecting Excitatory Neurons" (*Nature Communications*, v. 11, n. 1, p. 1172, 2020).

32. Para mais detalhes sobre esse tópico geral, assim como para especificidades sobre a evolução da maturação cortical frontal tardia, ver o capítulo 6 em R. Sapolsky, *Comporte-se*, op. cit.

33. Para uma boa introdução à obra verdadeiramente monumental de Kohlberg, ver D. Garz, *Lawrence Kohlberg: An Introduction* (Leverkusen: Barbra Budrich, 2009).

34. D. Baumrind, "Child Care Practices Anteceding Three Patterns of Preschool Behavior". *Genetic Psychology Monographs*, v. 75, n. 1, p. 43, 1967; E. Maccoby e J. Martin, "Socialization in the Context of the Family: Parent-Child Interaction". In: P. Mussen (Org.), *Handbook of Child Psychology*. Nova York: Wiley, 1983.

35. J. R. Harris, *The Nurture Assumption: Why Children Turn Out the Way They Do*. Nova York: Free Press, 1998.

36. W. Wei, J. Lu e L. Wang, "Regional Ambient Temperature Is Associated with Human Personality". *Nature Human Behaviour*, v. 1, n. 12, p. 890, 2017; R. McCrae et al., "Climatic Warmth and National Wealth: Some Culture-Level Determinants of National Character Stereotypes". *European Journal of Personality*, v. 21, n. 8, p. 953, 2007; G. Hofsteded e R. McCrae, "Personality and Culture Revisited: Linking Traits and Dimensions of Culture". *Cross-Cultural Research*, v. 38, n. 1, p. 52, 2004.

37. I. Weaver et al., "Epigenetic Programming by Maternal Behavior". *Nature Neuroscience*, v. 7, n. 8, p. 847, 2004. Para um exemplo de estresse nas primeiras fases da vida causando mudanças epigenéticas na função do cérebro adulto, até a regulação genética em neurônios individuais, ver H. Kronman et al., "Long-Term Behavioral and Cell-Type-Specific Molecular Effects of Early Life Stress Are Mediated by H3K79me2 Dynamics in Medium Spiny Neurons" (*Nature Neuroscience*, v. 24, n. 5, p. 667, 2021). Seria de esperar que os efeitos adversos, digamos, do baixo status socioeconômico na infância decorressem do atraso do desenvolvimento do cérebro. Na verdade, o problema é que o estresse no começo da vida *acelera* a maturação do cérebro, de modo que a janela para que a experiência molde a construção do cérebro se fecha

mais cedo: U. Tooley, D. Bassett e P. Mackay, "Environmental Influences on the Pace of Brain Development" (*Nature Reviews Neuroscience*, v. 22, n. 6, p. 372, 2021).

38. D. Francis et al., "Nongenomic Transmission Across Generations of Maternal Behavior and Stress Responses in the Rat". *Science*, v. 286, n. 5442, p. 1155, 1999; N. Provencal et al., "The Signature of Maternal Rearing in the Methylome in Rhesus Macaque Prefrontal Cortex and T Cells". *Journal of Neuroscience*, v. 32, n. 44, p. 15626, 2012. Entre os babuínos em estado selvagem, ter uma baixa posição de dominância diminui a expectativa de vida não só da fêmea, mas também da geração seguinte: M. Zipple et al., "Intergenerational Effects of Early Adversity on Survival in Wild Baboons" (*eLife*, v. 8, p. e47433, 2019).

39. O conceito de Experiências Adversas na Infância (EAI) foi proposto pela primeira vez por Vincent Felitti, da Kaiser Permanente San Diego/UCSD, e Robert Anda, dos Centros de Controle e Prevenção de Doenças (CDC). Ver, por exemplo, V. Felitti et al., "Relationship of Childhood Abuse and Household Dysfunction to Many of the Leading Causes of Death in Adults: The Adverse Childhood Experiences (ACE) Study" (*American Journal of Preventive Medicine*, v. 14, n. 4, p. 245, 1998). Seu foco original era a relação entre a pontuação EAI e a saúde adulta. Por exemplo, ver V. Felitti, "The Relation between Adverse Childhood Experiences and Adult Health: Turning Gold into Lead" (*Permanente Journal*, v. 6, n. 1, p. 44, 2002). Suas conclusões foram amplamente replicadas e desenvolvidas. Ver, por exemplo, K. Hughes et al., "The Effect of Multiple Adverse Childhood Experiences on Health: A Systematic Review and Meta-analysis" (*Lancet Public Health*, v. 2, n. 8, p. e356, 2017); K. Petruccelli, J. Davis e T. Berman, "Adverse Childhood Experiences and Associated Health Outcomes: A Systematic Review and Meta-analysis" (*Child Abuse & Neglect*, v. 97, p. 104127, 2019). Então, extensas pesquisas passaram a se concentrar na relação entre pontuação EAI e violência e comportamento social na vida adulta. Ver estas publicações (que geraram a estimativa de aumento de 35%): T. Moffitt et al., "A Gradient of Childhood Self-Control Predicts Health, Wealth, and Public Safety" (*Proceedings of the National Academy of Sciences of the United States of America*, v. 108, n. 7, p. 2693, 2011); J. Reavis et al., "Adverse Childhood Experiences and Adult Criminality: How Long Must We Live Before We Possess Our Own Lives?" (*Permanente Journal*, v. 17, n. 2, p. 44, 2013); J. Craig et al., "A Little Early Risk Goes a Long Bad Way: Adverse Childhood Experiences and Life-Course Offending in the Cambridge Study" (*Journal of Criminal Justice*, v. 53, p. 34, 2017); J. Stinson et al., "Adverse Childhood Experiences and the Onset of Aggression and Criminality in a Forensic Inpatient Sample" (*International Journal of Forensic Mental Health*, v. 20, n. 4, p. 374, 2021); L. Dutin et al., "Criminal History and Adverse Childhood Experiences in Relation to Recidivism and Social Functioning in Multi-problem Young Adults" (*Criminal Justice and Behavior*, v. 48, n. 5, p. 637, 2021); B. Fox et al., "Trauma Changes Everything: Examining the Relationship between Adverse Childhood Experiences and Serious, Violent and Chronic Juvenile Offenders" (*Child Abuse & Neglect*, v. 46, p. 163, 2015); M. Baglivio et al., "The Relationship between Adverse Childhood Experiences (ACE) and Juvenile Offending Trajectories in a Juvenile Offender Sample" (*Journal of Criminal Justice*, v. 43, p. 229, 2015). Para boas análises, ver M. Baglivio, "On Cumulative Childhood Traumatic Exposure and Violence/Aggression: The Implications of Adverse Childhood Experiences (ACE)", em *Cambridge Handbook of Violent Behavior and Aggression*, 2. ed., org. de A. Vazsonyi, D. Flannery e M. DeLisi (Cambridge: Cambridge University Press, 2018), p. 467; G. Graf et al.,

"Adverse Childhood Experiences and Justice System Contact: A Systematic Review" (*Pediatrics*, v. 147, n. 1, p. e2020021030, 2021).

40. O "efeito de idade relativa" é exaustivamente examinado tanto em M. Gladwell, *Outliers: The Story of Success* (Nova York: Little, Brown, 2008) como em S. Levitt e S. Dubner, *SuperFreakonomics: Global Cooling, Patriotic Prostitutes, and Why Suicide Bombers Should Buy Life Insurance* (Nova York: William Morrow, 2009). [Ed. bras.: *SuperFreakonomics: O lado oculto do dia a dia*. Rio de Janeiro: Elsevier, 2012.] Para mais exploração do fenômeno, ver E. Dhuey e S. Lipscomb, "What Makes a Leader? Relative Age and High School Leadership" (*Economic Educational Review*, v. 27, n. 2, p. 173, 2008); D. Lawlor et al., "Season of Birth and Childhood Intelligence: Findings from the Aberdeen Children of the 1950s Cohort Study" (*British Journal of Educational Psychology*, v. 76, p. 481, 2006); A. Thompson, R. Barnsley e J. Battle, "The Relative Age Effect and the Development of Self-Esteem" (*Educational Research*, v. 46, n. 3, p. 313, 2004).

41. Para mais detalhes sobre esse tópico geral, ver o capítulo 7 em R. Sapolsky, *Comporte-se*, op. cit.

42. T. Roseboom et al., "Hungry in the Womb: What Are the Consequences? Lessons from the Dutch Famine". *Maturitas*, v. 70, n. 2, p. 141, 2011; B. Horsthemke, "A Critical View on Transgenerational Epigenetic Inheritance in Humans". *Nature Communications*, v. 9, n. 1, p. 2973, 2018; B. Van den Bergh et al., "Prenatal Developmental Origins of Behavior and Mental Health: The Influence of Maternal Stress in Pregnancy". *Neuroscience and Biobehavioral Reviews*, v. 117, p. 26, 2020; F. Gomes, X. Zhu e A. Grace, "Stress during Critical Periods of Development and Risk for Schizophrenia". *Schizophrenia Research*, v. 213, p. 107, 2019; A. Brown e E. Susser, "Prenatal Nutritional Deficiency and Risk of Adult Schizophrenia". *Schizophrenia Bulletin*, v. 34, n. 6, p. 1054, 2008; D. St. Clair et al., "Rates of Adult Schizophrenia Following Prenatal Exposure to the Chinese Famine of 1959-1961". *Journal of the American Medical Association*, v. 294, n. 5, p. 557, 2005. Esse tópico foi inteiramente incorporado ao conceito de "origens de doenças adultas", do qual David Barker, da Universidade de Southampton, no Reino Unido, foi pioneiro. Ver, por exemplo, D. Barker et al., "Fetal Origins of Adult Disease: Strength of Effects and Biological Basis" (*International Journal of Epidemiology*, v. 31, n. 6, p. 1235, 2002). Para uma interpretação cética de toda essa literatura, com a conclusão de que a magnitude dos efeitos costuma ser exagerada, ver S. Richardson, *The Maternal Imprint: The Contested Science of Maternal-Fetal Effects* (Chicago: University of Chicago Press, 2021).

43. Para mais detalhes sobre esse tópico geral, ver o capítulo 7 em R. Sapolsky, *Comporte-se*, op. cit.

44. J. Bacqué-Cazenave et al., "Serotonin in Animal Cognition and Behavior". *Journal of Molecular Science*, v. 21, n. 5, p. 1649, 2020; E. Coccaro et al., "Serotonin and Impulsive Aggression". *CNS Spectrum*, v. 20, n. 3. p. 295, 2015; J. Siegel e M. Crockett, "How Serotonin Shapes Moral and Behavior". *Annals of the New York Academy of Sciences*, v. 1299, n. 1, p. 42, 2013; J. Palacios, "Serotonin Receptors in Brain Revisited". *Brain Research*, v. 1645, p. 46, 2016.

45. J. Liu et al., "Tyrosine Hydroxylase Gene Polymorphisms Contribute to Opioid Dependence and Addiction by Affecting Promoter Region Function". *Neuromolecular Medicine*, v. 22, n. 3, p. 391, 2020.

46. M. Bakermans-Kranenburg e M. van Ijzendoorn, "Differential Susceptibility to Rear-

ing Environment Depending on Dopamine-Related Genes: New Evidence and a Meta-analysis". *Development and Psychopathology*, v. 23, n. 1, p. 39, 2011; M. Sweitzer et al., "Polymorphic Variation in the Dopamine D4 Receptor Predicts Delay Discounting as a Function of Childhood Socioeconomic Status: Evidence for Differential Susceptibility". *Social Cognitive and Affective Neuroscience*, v. 8, n. 5, p. 499, 2013; N. Perroud et al., "COMT but Not Serotonin-Related Genes Modulates the Influence of Childhood Abuse on Anger Traits". *Genes Brain and Behavior*, v. 9, n. 2, p. 193, 2010; S. Lee et al., "Association of Maternal Dopamine Transporter Genotype with Negative Parenting: Evidence for Gene × Environment Interaction with Child Disruptive Behavior". *Molecular Psychiatry*, v. 15, n. 5, p. 548, 2010. Para um bom exemplo de alguns desses mesmos padrões gene/criação em outros primatas, ver M. Champoux et al., "Serotonin Transporter Gene Polymorphism, Differential Early Rearing, and Behavior in Rhesus Monkey Neonates" (*Molecular Psychiatry*, v. 7, n. 10, p. 1058, 2002). Vale ressaltar que tem havido controvérsias ao longo dos anos em relação a algumas dessas interações gene/criação, com outros sustentando que essas relações só são robustas quando levamos em conta estudos realmente bem conduzidos. Para exemplo, ver M. Wankerl et al., "Current Developments and Controversies: Does the Serotonin Transporter Gene-Linked Polymorphic Region (5-HTTLPR) Modulate the Association Between Stress and Depression?" (*Current Opinion in Psychiatry*, v. 23, n. 6, p. 582, 2010).

47. E. Lein et al., "Genome-wide Atlas of Gene Expression in the Adult Mouse Brain". *Nature*, v. 445, n. 7124, p. 168, 2007; Y. Jin et al., "Architecture of Polymorphisms in the Human Genome Reveals Functionally Important and Positively Selected Variants in Immune Response and Drug Transporter Genes". *Human Genomics*, v. 12, n. 1, p. 43, 2018.

48. Para mais detalhes sobre esse tópico geral, ver o capítulo 8 em R. Sapolsky, *Comporte-se*, op. cit.

49. Diferenças interculturais: H. Markus e S. Kitayama, "Culture and Self: Implications for Cognition, Emotion, and Motivation" (*Psychological Review*, v. 98, n. 2, p. 224, 1991); A. Cuddy et al., "Stereotype Content Model across Cultures: Towards Universal Similarities and Some Differences" (*British Journal of Social Psychology*, v. 48, p. 1, 2009); R. Nisbett, *The Geography of Thought: How Asians and Westerners Think Differently... and Why* (Nova York: Free Press, 2003).

Bases neurais de algumas dessas diferenças: S. Kitayama e A. Uskul, "Culture, Mind, and the Brain: Current Evidence and Future Directions" (*Annual Review of Psychology*, v. 62, p. 419, 2011); B. Park et al., "Neural Evidence for Cultural Differences in the Valuation of Positive Facial Expressions" (*Social Cognitive and Affective Neuroscience*, v. 11, n. 2, p. 243, 2015); B. Cheon et al., "Cultural Influences on Neural Basis of Intergroup Empathy" (*Neuroimage*, v. 57, n. 2, p. 642, 2011).

Diferenças interculturais em vergonha versus culpa: H. Katchadourian, *Guilt: The Bite of Conscience* (Redwood City: Stanford General, 2011); J. Jacquet, *Is Shame Necessary? New Uses for an Old Tool* (Nova York: Pantheon, 2015).

50. T. Hedden et al., "Cultural Influences on Neural Substrates of Attentional Control". *Psychological Science*, v. 19, n. 1, p. 12, 2008; S. Han e G. Northoff, "Culture-Sensitive Neural Substrates of Human Cognition: A Transcultural Neuroimaging Approach". *Nature Reviews Neuroscience*, v. 9, n. 8, p. 646, 2008; T. Masuda e R. E. Nisbett, "Attending Holistically vs.

Analytically: Comparing the Context Sensitivity of Japanese and Americans". *Journal of Personality and Social Psychology*, v. 81, n. 5, p. 922, 2001; J. Chiao, "Cultural Neuroscience: A Once and Future Discipline". *Progress in Brain Research*, v. 178, p. 287, 2009.

51. K. Zhang e H. Changsha, *World Heritage in China*. Cantão: Press of South China University of Technology, 2006.

52. T. Talhelm et al., "Large-Scale Psychological Differences within China Explained by Rice versus Wheat Agriculture". *Science*, v. 344, n. 6184, p. 603, 2014; T. Talhelm, X. Zhang e S. Oishi, "Moving Chairs in Starbucks: Observational Studies Find Rice-Wheat Cultural Differences in Daily Life in China". *Science Advances*, v. 4, n. 4, 2018. Disponível em: <science.org/doi/10.1126/sciadv.aap8469>.

53. Nota de rodapé: A genética das diferenças interculturais: H. Harpending e G. Cochran, "In Our Genes" (*Proceedings of the National Academy of Sciences of the United States of America*, v. 99, n. 1, p. 10, 2002).

Artigos específicos nessa área: Y. Ding et al., "Evidence of Positive Selection Acting at the Human Dopamine Receptor D4 Gene Locus" (*Proceedings of the National Academy of Sciences of the United States of America*, v. 99, n. 1, p. 309, 2002); F. Chang et al., "The World-wide Distribution of Allele Frequencies at the Human Dopamine D4 Receptor Locus" (*Human Genetics*, v. 98, n. 1, p. 891, 1996); K. Kidd et al., "An Historical Perspective on 'The World-wide Distribution of Allele Frequencies at the Human Dopamine D4 Receptor Locus'" (*Human Genetics*, v. 133, n. 4, p. 431, 2014); C. Chen et al., "Population Migration and the Variation of Dopamine D4 Receptor (DRD4) Allele Frequencies around the Globe" (*Evolution and Human Behavior*, v. 20, n. 5, p. 309, 1999).

Para uma introdução não técnica a esse tópico, ver R. Sapolsky, "Are the Desert People Winning?" (*Discover*, p. 38, ago. 2005).

54. Nota de rodapé: M. Fleisher, *Kuria Cattle Raiders: Violence and Vigilantism on the Tanzania/Kenya Frontier* (Ann Arbor: University of Michigan Press, 2000); M. Fleisher, "'War Is Good for Thieving!': The Symbiosis of Crime and Warfare among the Kuria of Tanzania" (*Africa*, v. 72, n. 1, p. 131, 2002). Nessas tensões, eu naturalmente torço por meus massais; a tensão massai/kuria vem de longuíssima data, mas, graças à arbitrariedade do que os colonizadores europeus fizeram no século passado, quando os dois grupos lutam, isso conta como conflito internacional.

R. McMahon, *Homicide in Pre-famine and Famine Ireland*. Liverpool: Liverpool University Press, 2013; R. Nisbett e D. Cohen, *Culture of Honor: The Psychology of Violence in the South*. Boulder: Westview, 1996; B. Wyatt-Brown, *Southern Honor: Ethics and Behavior in the Old South*. Oxford: Oxford University Press, 1982. Teoria sobre as origens da cultura da honra sulista entre pastores nas Ilhas Britânicas: D. Fischer, *Albion's Seed* (Oxford: Oxford University Press, 1989).

55. Primeira nota de rodapé: E. Van de Vliert, "The Global Ecology of Differentiation between Us and Them" (*Nature Human Behaviour*, v. 4, n. 3, p. 270, 2020).

Segunda nota de rodapé: F. Lederbogen et al., "City Living and Urban Upbringing Affect Neural Social Stress Processing in Humans" (*Nature*, v. 474, p. 498, 2011); D. Kennedy e R. Adolphs, "Stress and the City" (*Nature*, v. 474, n. 7352, p. 452, 2011); A. Abbott, "City Living

Marks the Brain" (*Nature*, v. 474, n. 7352, p. 429, 2011); M. Gelfand et al., "Differences between Tight and Loose Cultures: A 33-Nation Study" (*Science*, v. 332, n. 6033, p. 1100, 2011).

56. Nota de rodapé: K. Hill e R. Boyd, "Behavioral Convergence in Humans and Animals" (*Science*, v. 371, n. 6526, p. 235, 2021); T. Barsbai, D. Lukas e A. Pondorfer, "Local Convergence of Behavior across Species" (*Science*, v. 371, n. 6526, p. 292, 2021). Para mais detalhes sobre esse tópico geral, ver o capítulo 9 em R. Sapolsky, *Comporte-se*, op. cit.

57. Para mais detalhes sobre esse tópico geral, ver o capítulo 10 em R. Sapolsky, *Comporte-se*, op. cit.

58. P. Alces, *Trialectic: The Confluence of Law, Neuroscience, and Morality*. Chicago: University of Chicago Press, 2023; P. Tse, "Two Types of Libertarian Free Will Are Realized in the Human Brain". In: G. Caruso e O. Flanagan (Orgs.), *Neuroexistentialism: Meaning, Morals, and Purpose in the Age of Neuroscience*. Oxford: Oxford University Press, 2018.

59. N. Levy, *Hard Luck: How Luck Undermines Free Will and Moral Responsibility* (Oxford: Oxford University Press, 2015), citação da p. 87.

Segunda nota de rodapé da p. 90: A profunda tristeza disso é maravilhosamente resumida numa citação do conto "China", de Charles Johnson, em *The Penguin Book of the American Short Story*, org. de J. Freeman (Nova York: Penguin, 2021), p. 92: "'Só posso ser o que tenho sido?', perguntou com suavidade, mas sua voz tremia". Agradeço a Mia Council pela dica.

4. A FORÇA DE VONTADE: O MITO DA DETERMINAÇÃO [pp. 92-130]

1. N. Levy, "Luck and History-Sensitive Compatibilism" (*Philosophical Quarterly*, v. 59, n. 235, p. 237, 2009), citação da p. 242.

2. G. Caruso e D. Dennett, "Just Deserts". Aeon, 4 out. 2018. Disponível em: <aeon.co/essays/on-free-will-daniel-dennett-and-gregg-caruso-go-head-to-head>.

3. R. Kane, "Free Will, Mechanism and Determinism", em W. Sinnot-Armstrong (Org.), *Moral Psychology*, op. cit.; a citação é da p. 130; M. Shadlen e A. Roskies, "The Neurobiology of Decision-Making and Responsibility: Reconciling Mechanism and Mindedness", op. cit.

4. S. Spence, *The Actor's Brain: Exploring the Cognitive Neuroscience of Free Will*. Oxford: Oxford University Press, 2009.

5. P. Tse, "Two Types of Libertarian Free Will Are Realized in the Human Brain", em G. Caruso e O. Flanagan (Orgs.), *Neuroexistentialism: Meaning, Morals and Purpose in the Age of Neuroscience*, op. cit.

6. A. Roskies, "Can Neuroscience Resolve Issues about Free Will?", em W. Sinnott-Armstrong (Org.), *Moral Psychology*, op. cit.; a citação é da p. 116; M. Gazzaniga, "Mental Life and Responsibility in Real Time with a Determined Brain", em W. Sinnott-Armstrong (Org.), *Moral Psychology*, op. cit., p. 59.

7. Famílias que perdem fortunas: C. Hill, "Here's Why 90% of Rich People Squander Their Fortunes" (MarketWatch, 23 abr. 2017). Disponível em: <marketwatch.com/story/heres-why-90-of-rich-people-squander-their-fortunes-2017-04-23>.

Nota de rodapé: J. White e G. Batty, "Intelligence across Childhood in Relation to Illegal Drug Use in Adulthood: 1970 British Cohort Study" (*Journal of Epidemiology and Community Health*, v. 66, n. 9, p. 767, 2012).

8. J. Cantor, "Do Pedophiles Deserve Sympathy?". CNN, 21 jun. 2012.

9. Nota de rodapé: Z. Goldberger, "Music of the Left Hemisphere: Exploring the Neurobiology of Absolute Pitch" (*Yale Journal of Biology and Medicine*, v. 74, n. 5, p. 323, 2001).

10. K. Semendeferi et al., "Humans and Great Apes Share a Large Frontal Cortex". *Nature Neuroscience*, v. 5, n. 3, p. 272, 2002; P. Schoenemann, "Evolution of the Size and Functional Areas of the Human Brain". *Annual Review of Anthropology*, v. 35, p. 379, 2006. Além disso, dependendo da forma de medição, o córtex pré-frontal humano é proporcionalmente maior em tamanho e/ou mais densa e complexamente conectado do que o de qualquer outro primata: J. Rilling e T. Insel, "The Primate Neocortex in Comparative Perspective Using MRI" (*Journal of Human Evolution*, v. 37, n. 2, p. 191, 1999); R. Barton e C. Venditti, "Human Frontal Lobes Are Not Relatively Large" (*Proceedings of the National Academy of Sciences of the United States of America*, v. 110, n. 22, p. 9001, 2013). Está embutido em todos esses achados o desafio de descobrir qual é precisamente o equivalente do córtex frontal humano em, digamos, uma cobaia; ver M. Carlen, "What Constitutes the Prefrontal Cortex?" (*Science*, v. 358, n. 6362, p. 478, 2017).

11. E. Miller e J. Cohen, "An Integrative Theory of Prefrontal Cortex Function". *Annual Review of Neuroscience*, v. 24, p. 167, 2001; L. Gao et al., "Single-Neuron Projectome of Mouse Prefrontal Cortex". *Nature Neuroscience*, v. 25, n. 4, p. 515, 2022; V. Mante et al., "Context-Dependent Computation by Recurrent Dynamics in Prefrontal Cortex". *Nature*, v. 503, n. 7474, p. 78, 2013. Mais alguns exemplos de envolvimento do córtex frontal em mudanças de tarefa: S. Bunge, "How We Use Rules to Select Actions: A Review of Evidence from Cognitive Neuroscience" (*Cognitive, Affective & Behavioral Neuroscience*, v. 4, n. 4, p. 564, 2004); E. Crone et al., "Evidence for Separable Neural Processes Underlying Flexible Rule Use" (*Cerebral Cortex*, v. 16, p. 475, 2005).

12. R. Dunbar, "The Social Brain Meets Neuroimaging". *Trends in Cognitive Sciences*, v. 16, n. 2, p. 101, 2011; P. Lewis et al., "Ventromedial Prefrontal Volume Predicts Understanding of Others and Social Network Size". *Neuroimage*, v. 57, n. 4, p. 1624, 2011; K. Bickart et al., "Intrinsic Amygdala-Cortical Functional Connectivity Predicts Social Network Size in Humans". *Journal of Neuroscience*, v. 32, n. 42, p. 14729, 2012; R. Kanai et al., "Online Social Network Size Is Reflected in Human Brain Structure". *Proceedings of the Royal Society B: Biological Sciences*, v. 279, n. 1732, p. 1327, 2012; J. Sallet et al., "Social Network Size Affects Neural Circuits in Macaques". *Science*, v. 334, n. 6056, p. 697, 2011.

13. J. Kubota, M. Banaji e E. Phelps, "The Neuroscience of Race". *Nature Neuroscience*, v. 15, n. 7, p. 940, 2012.

Nota de rodapé: Analisada em J. Eberhardt, *Biased*, op. cit.

14. N. Eisenberger, M. Lieberman e K. Williams, "Does Rejection Hurt? An FMRI Study of Social Exclusion". *Science*, v. 302, n. 5643, p. 290, 2003; N. Eisenberger, "The Pain of Social Disconnection: Examining the Shared Neural Underpinnings of Physical and Social Pain". *Nature Reviews Neuroscience*, v. 13, n. 6, p. 421, 2012; C. Masten, N. Eisenberger e L. Borofsky, "Neural Correlates of Social Exclusion during Adolescence: Understanding the Distress of Peer Rejection". *Social Cognitive and Affective Neuroscience*, v. 4, n. 2, p. 143, 2009. Para um interessante estudo da regulação genética no córtex pré-frontal que medeia resistência durante estresse, ver Z. Lorsch et al., "Stress Resilience Is Promoted by a Zfp189-Driven Transcriptional Network in Prefrontal Cortex" (*Nature Neuroscience*, v. 22, n. 9, p. 1413, 2019).

15. Neurobiologia do medo: C. Herry et al., "Switching On and Off Fear by Distinct Neuronal Circuits" (*Nature*, v. 454, n. 7204, p. 600, 2008); S. Maren e G. Quirk, "Neuronal Signaling of Fear Memory" (*Nature Reviews Neuroscience*, v. 5, n. 11, p. 844, 2004); S. Rodrigues, R. Sapolsky e J. LeDoux, "The Influence of Stress Hormones on Fear Circuitry", op. cit.; O. Klavir et al., "Manipulating Fear Associations via Optogenetic Modulation of Amygdala Inputs to Prefrontal Cortex" (*Nature Neuroscience*, v. 20, n. 6, p. 836, 2017); S. Ciocchi et al., "Encoding of Conditioned Fear in Central Amygdala Inhibitory Circuits" (*Nature*, v. 468, n. 7321, p. 277, 2010); W. Haubensak et al., "Genetic Dissection of an Amygdala Microcircuit That Gates Conditioned Fear" (*Nature*, v. 468, n. 7321, p. 270, 2010). Neurobiologia da extinção do medo: M. Milad e G. Quirk, "Neurons in Medial Prefrontal Cortex Signal Memory for Fear Extinction" (*Nature*, v. 420, n. 6911, p. 70, 2002); E. Phelps et al., "Extinction Learning in Humans: Role of the Amygdala and vmPFC" (*Neuron*, v. 43, n. 6, p. 897, 2004). Neurobiologia da reexpressão do medo condicionado: R. Marek et al., "Hippocampus-Driven Feed-Forward Inhibition of the Prefrontal Cortex Mediates Relapse of Extinguished Fear" (*Nature Neuroscience*, v. 21, n. 3, p. 384, 2018).

16. J. Greene e J. Paxton, "Patterns of Neural Activity Associated with Honest and Dishonest Moral Decisions". *Proceedings of the National Academy of Sciences of the United States of America*, v. 106, n. 30, p. 12506, 2009. Ver também o magnífico J. Greene, *Moral Tribes: Emotion, Reason, and the Gap between Us and Them* (Nova York: Penguin, 2013).

17. H. Terra et al., "Prefrontal Cortical Projection Neurons Targeting Dorsomedial Striatum Control Behavioral Inhibition". *Current Biology*, v. 30, n. 21, p. 4188, 2020; S. de Kloet et al., "Bidirectional Regulation of Cognitive Control by Distinct Prefrontal Cortical Output Neurons to Thalamus and Striatum". *Nature Communications*, v. 12, n. 1, p. 1994, 2021.

18. Desinibição frontal: R. Bonelli e J. Cummings, "Frontal-Subcortical Circuitry and Behavior" (*Dialogues in Clinical Neuroscience*, v. 9, n. 2, p. 141, 2007); E. Huey, "A Critical Review of Behavioral and Emotional Disinhibition" (*Journal of Nervous and Mental Disease*, v. 208, n. 4, p. 344, 2020) (tenho orgulho de dizer que o autor, professor da Faculdade de Medicina da Universidade Columbia, já foi um membro excepcional de meu laboratório).

Danos frontais e criminalidade: B. Miller e J. Llibre Guerra, "Frontotemporal Dementia" (*Handbook of Clinical Neurology*, v. 165, p. 33, 2019); M. Brower e B. Price, "Neuropsychiatry of Frontal Lobe Dysfunction in Violent and Criminal Behaviour: A Critical Review" (*Neurology, Neurosurgery and Psychiatry*, v. 71, n. 6, p. 720, 2001); E. Shiroma, P. Ferguson e E. Pickelsimer, "Prevalence of Traumatic Brain Injury in an Offender Population: A Meta-analysis" (*Journal of Corrective Health Care*, v. 27, n. 3, p. 147, 2010).

Nota de rodapé: J. Allman et al., "The von Economo Neurons in the Frontoinsular and Anterior Cingulate Cortex" (*Annals of the New York Academy of Sciences*, v. 1225, p. 59, 2011); C. Butti et al., "Von Economo Neurons: Clinical and Evolutionary Perspectives" (*Cortex*, v. 49, n. 1, p. 312, 2013); H. Evrard et al., "Von Economo Neurons in the Anterior Insula of the Macaque Monkey" (*Neuron*, v. 74, n. 3, p. 482, 2012). Para uma crítica devidamente cética da ligação entre empatia, neurônios-espelho e neurônios de von Economo, ver G. Hickok, *The Myth of Mirror Neurons: The Real Neuroscience of Communication and Cognition* (Nova York: Norton, 2014).

19. Y. Wang et al., "Neural Circuitry Underlying REM Sleep: A Review of the Literature and Current Concepts". *Progress in Neurobiology*, v. 204, p. 102106, 2012; J. Greene et al., "An

fMRI Investigation of Emotional Engagement in Moral Judgment". *Science*, v. 293, n. 5537, p. 2105, 2001; J. Greene et al., "The Neural Bases of Cognitive Conflict and Control in Moral Judgment". *Neuron*, v. 44, n. 2, p. 389, 2004.

20. A. Barbey, M. Koenigs e J. Grafman, "Dorsolateral Prefrontal Contributions to Human Intelligence". *Neuropsychologia*, v. 51, n. 7, p. 1361, 2013. Para uma visão geral do CPFdl e do CPFvm, ver J. Greene, *Moral Tribes*, op. cit.

21. D. Knock et al., "Diminishing Reciprocal Fairness by Disrupting the Right Prefrontal Cortex". *Science*, v. 314, n. 5800, p. 829, 2006; A. Bechara, "The Role of Emotion in Decision--Making: Evidence from Neurological Patients with Orbitofrontal Damage". *Brain and Cognition*, v. 55, n. 1, p. 30, 2004; A. Damasio, *The Feeling of What Happens: Body and Emotion in the Making of Consciousness*. San Diego: Harcourt, 1999. Essas questões também são exploradas em L. Koban, P. Gianaros e T. Wager, "The Self in Context: Brain Systems Linking Mental and Physical Health" (*Nature Reviews Neuroscience*, v. 22, n. 5, p. 309, 2021).

Nota de rodapé: E. Mas-Herrero, A. Dagher e R. Zatorre, "Modulating Musical Reward Sensitivity Up and Down with Transcranial Magnetic Stimulation" (*Nature Human Behaviour*, v. 2, n. 1, p. 27, 2018). Ver também J. Grahn, "Tuning the Brain to Musical Delight" (*Nature Human Behaviour*, v. 2, n. 1, p. 17, 2018).

22. M. Koenigs et al., "Damage to the Prefrontal Cortex Increases Utilitarian Moral Judgments". *Nature*, v. 446, n. 7138, p. 865, 2007; B. Thomas, K. Croft e D. Tranel, "Harming Kin to Save Strangers: Further Evidence for Abnormally Utilitarian Moral Judgments After Ventromedial Prefrontal Damage". *Journal of Cognitive Neuroscience*, v. 23, n. 9, p. 2186, 2011; L. Young et al., "Damage to Ventromedial Prefrontal Cortex Impairs Judgment of Harmful Intent". *Neuron*, v. 65, n. 6, p. 845, 2010.

23. J. Saver e A. Damasio, "Preserved Access and Processing of Social Knowledge in a Patient with Acquired Sociopathy Due to Ventromedial Frontal Damage". *Neuropsychologia*, v. 29, n. 12, p. 1241, 1991; M. Donoso, A. Collins e E. Koechlin, "Foundations of Human Reasoning in the Prefrontal Cortex". *Science*, v. 344, n. 6191, p. 1481, 2014; T. Hare, "Exploiting and Exploring the Options". *Science*, v. 344, n. 6191, p. 1446, 2014; T. Baumgartner et al., "Dorsolateral and Ventromedial Prefrontal Cortex Orchestrate Normative Choice". *Nature Neuroscience*, v. 14, n. 11, p. 1468, 2011; A. Bechara, "The Role of Emotion in Decision-Making: Evidence from Neurological Patients with Orbitofrontal Damage". *Brain and Cognition*, v. 55, n. 1, p. 30, 2004. Consequências dos danos no CPFvm: G. Moretto, M. Sellitto e G. Pellegrino, "Investment and Repayment in a Trust Game After Centromedial Prefrontal Damage" (*Frontiers of Human Neuroscience*, v. 7, p. 593, 2013).

24. O CPF acompanhando regras de categorização de longo prazo: S. Reinert et al., "Mouse Prefrontal Cortex Represents Learned Rules for Categorization" (*Nature*, v. 593, n. 7859, p. 411, 2021). A necessidade do CPF de trabalhar árdua e continuamente para acompanhar uma mudança de regra em andamento pode durar semanas em ratos (o que é muito tempo para eles): M. Chen et al., "Persistent Transcriptional Programmes Are Associated with Remote Memory" (*Nature*, v. 587, n. 7834, p. 437, 2020).

"Carga cognitiva" se tornou altamente controvertido. Os conceitos de reserva cognitiva e esgotamento do ego foram introduzidos pelo psicólogo Roy Baumeister e seus colegas: R. Baumeister e L. Newman, "Self-Regulation of Cognitive Inference and Decision Processes" (*Per-*

sonality and Social Psychology Bulletin, v. 20, n. 1, p. 3, 1994); R. Baumeister, M. Muraven e D. Tice, "Ego Depletion: A Resource Model of Volition, Self-Regulation, and Controlled Processing" (*Social Cognition*, v. 18, n. 2, p. 130, 2000); R. Baumeister et al., "Ego Depletion: Is the Active Self a Limited Resource?" (*Journal of Personality and Social Psychology*, v. 74, n. 5, p. 1252, 1988). No entanto, vários estudos começaram a relatar problemas com a replicação do efeito, como L. Koppel et al., "No Effect of Ego Depletion on Risk Taking" (*Science Reports*, v. 9, n. 1, p. 9724, 2019). Apesar disso, outros relataram replicações; ver, por exemplo, M. Hagger et al., "A Multilab Preregistered Replication of the Ego-Depletion Effect" (*Perspectives on Psychological Science*, v. 11, n. 4, p. 546, 2016). Uma discussão das possíveis fontes da confusão pode ser encontrada em M. Friese et al., "Is Ego Depletion Real? An Analysis of Arguments" (*Personality and Social Psychology Review*, v. 23, n. 2, p. 107, 2019). Baumeister e colegas responderam às falhas de replicação relatadas com Baumeister e K. Vohs, "Misguided Effort with Elusive Implications" (*Perspectives on Psychological Science*, v. 11, n. 4, p. 574, 2016). Meta-análises desses estudos se tornaram tão numerosas e produziram tantas conclusões desencontradas sobre se o efeito é real que agora existem até meta-análises das meta-análises: S. Harrison et al., "Exploring Strategies to Operationalize Cognitive Reserve: A Systematic Review of Reviews" (*Journal of Clinical and Experimental Neuropsychology*, v. 37, n. 3, p. 253, 2015). Não tenho como avaliar os debates relativos aos aspectos sociais desses estudos, menos ainda os relativos à análise de dados; estou em terreno um pouquinho mais firme para avaliar os elementos biológicos desses estudos. Portanto, minha interpretação de observador relativamente externo é que os efeitos costumam ser reais, mas em geral de magnitude bem menor do que as pesquisas iniciais sugeriam. Não seria a primeira vez que esse tipo de revisionismo é necessário na ciência.

25. W. Hofmann, W. Rauch e B. Gawronski, "And Deplete Us Not into Temptation: Automatic Attitudes, Dietary Restraint, and Self-Regulatory Resources as Determinants of Eating Behavior". *Journal of Experimental Social Psychology*, v. 43, n. 3, p. 497, 2007.

26. H. Kato, A. Jena e Y. Tsugawa, "Patient Mortality After Surgery on the Surgeon's Birthday: Observational Study". *British Medical Journal*, v. 371, p. m4381, 2020.

27. M. Kouchaki e I. Smith, "The Morning Morality Effect: The Influence of Time of Day on Unethical Behavior". *Psychological Sciences*, v. 25, n. 1, p. 95, 2014; F. Gino et al., "Unable to Resist Temptation: How Self-Control Depletion Promotes Unethical Behavior". *Organizational Behavior and Human Decision Processes*, v. 115, n. 2, pp. 191-2, 2011; N. Mead et al., "Too Tired to Tell the Truth: Self-Control Resource Depletion and Dishonesty". *Journal of Experimental Social Psychology*, v. 45, n. 3, p. 594, 2009.

Essas questões em ambientes médicos: T. Johnson et al., "The Impact of Cognitive Stressors in the Emergency Department on Physician Implicit Racial Bias" (*Academy of Emergency Medicine*, v. 23, n. 3, p. 29, 2016); P. Trinh, D. Hoover e F. Sonnenberg, "Time-of-Day Changes in Physician Clinical Decision Making: A Retrospective Study" (*PLoS One*, v. 16, n. 9, p. e0257500, 2021); H. Nephrash e M. Barnett, "Association of Primary Care Clinic Appointment Time with Opioid Prescribing" (*JAMA Open Network*, v. 2, n, 8, p. e1910373, 2019).

28. S. Danziger, J. Levav e L. Avnaim-Pesso, "Extraneous Factors in Judicial Decisions" (*Proceedings of the National Academy of Sciences of the United States of America*, v. 108, n. 17, p. 6889, 2011).

Nota de rodapé: efeito do juiz faminto: K. Weinshall-Margel e J. Shapard, "Overlooked Factors in the Analysis of Parole Decisions" (*Proceedings of the National Academy of Sciences of the United States of America*, v. 108, n. 42, p. E833, 2011). Também: A. Glöckner, "The Irrational Hungry Judge Effect Revisited: Simulations Reveal That the Magnitude of the Effect Is Overestimated" (*Judgment and Decision Making*, v. 11, n. 6, p. 601, 2016). Estudos adicionais: D. Hangartner, D. Kopp e M. Siegenthaler, "Monitoring Hiring Discrimination through Online Recruitment Platforms" (*Nature*, v. 589, n. 7843, p. 572, 2021). Ver também P. Hunter, "Your Decisions Are What You Eat: Metabolic State Can Have a Serious Impact on Risk-Taking and Decision-Making in Humans and Animals" (*EMBO Reports*, v. 14, n. 6, p. 505, 2013).

Já pesquisas subsequentes sugeriram uma versão bem diferente da influência de fatores implícitos em decisões judiciais — em média, os juízes dão sentenças mais leves se for aniversário do réu naquele dia. Por exemplo, nos tribunais de Nova Orleans, há uma diminuição de 15% na duração da sentença; é revelador que o efeito seja o dobro se o juiz e o réu pertencerem à mesma raça. Um dia antes ou um dia depois do aniversário? Nada, não tem efeito nenhum. E ainda mais revelador, se bem que não surpreendente: nenhum juiz mencionou abstrações como aniversários em suas opiniões judiciais. O título do artigo exprimia bem que se trata de valores conflitantes — "criminosos devem ser punidos" versus "devemos ser bondosos com as pessoas no dia do seu aniversário". D. Chen e P. Arnaud, "Clash of Norms: Judicial Leniency on Defendant Birthdays". SSRN, 24 jan. 2020. Disponível em: <ssrn.com/abstract=3203624>; <dx.doi.org/10.2139/ssrn.3203624>.

29. D. Kahneman, *Thinking, Fast and Slow* (Nova York: Farrar, Straus and Giroux, 2011). [Ed. bras.: *Rápido e devagar: Duas formas de pensar*. Rio de Janeiro: Objetiva, 2012.] Também, para insights sobre o raciocínio de Kahneman: H. Nohlen, F. van Harreveld e W. Cunningham, "Social Evaluations under Conflict: Negative Judgments of Conflicting Information Are Easier Than Positive Judgments" (*Social Cognitive and Affective Neuroscience*, v. 14, n. 7, p. 709, 2019).

30. Nota de rodapé: T. Baer e S. Schnall, "Quantifying the Cost of Decision Fatigue: Suboptimal Risk Decisions in Finance" (*Royal Society Open Science*, v. 8, n. 5, p. 201059, 2021).

31. I. Beaulieu-Boire e A. Lang, "Behavioral Effects of Levodopa". *Movement Disorders*, v. 30, n. 1, p. 90, 2015.

32. L. R. Mujica-Parodi et al., "Chemosensory Cues to Conspecific Emotional Stress Activate Amygdala in Humans". *Public Library of Science One*, v. 4, n. 7, p. e6415, 2009. Atravessar a rua fora da faixa: B. Pawlowski, R. Atwal e R. Dunbar, "Sex Differences in Everyday Risk-Taking Behavior in Humans" (*Evolutionary Psychology*, v. 6, n. 1, p. 29, 2008).

Nota de rodapé: L. Chang et al., "The Face That Launched a Thousand Ships: The Mating-Warring Association in Men" (*Personality and Social Psychology Bulletin*, v. 37, n. 7, p. 976, 2011); S. Ainsworth e J. Maner, "Sex Begets Violence: Mating Motives, Social Dominance, and Physical Aggression in Men" (*Journal of Personality and Social Psychology*, v. 103, n. 5, p. 819, 2012); W. Iredale, M. van Vugt e R. Dunbar, "Showing Off in Humans: Male Generosity as a Mating Signal" (*Evolutionary Psychology*, v. 6, n. 3, p. 386, 2008); M. van Vugt e W. Iredale, "Men Behaving Nicely: Public Goods as Peacock Tails" (*British Journal of Psychology*, v. 104, n. 1, p. 3, 2013). Ah, esses skatistas: R. Ronay e W. von Hippel, "The Presence of an Attractive Woman Elevates Testosterone and Physical Risk Taking in Young Men" (*Social Psychological and Personality Science*, v. 1, n. 1, p. 57, 2010).

33. J. Ferguson et al., "Oxytocin in the Medial Amygdala Is Essential for Social Recognition in the Mouse". *Journal of Neuroscience*, v. 21, n. 20, p. 8278, 2001; R. Griksiene e O.

Ruksenas, "Effects of Hormonal Contraceptives on Mental Rotation and Verbal Fluency". *Psychoneuroendocrinology*, v. 36, n. 8, pp. 1239-48, 2011; R. Norbury et al., "Estrogen Therapy and Brain Muscarinic Receptor Density in Healthy Females: A SPET Study". *Hormones and Behavior*, v. 51, n. 2, p. 249, 2007.

34. Efeitos do estresse na eficácia da função frontal: S. Qin et al., "Acute Psychological Stress Reduces Working Memory-Related Activity in the Dorsolateral Prefrontal Cortex" (*Biological Psychiatry*, v. 66, n. 1, p. 25, 2009); L. Schwabe et al., "Simultaneous Glucocorticoid and Noradrenergic Activity Disrupts the Neural Basis of Goal-Directed Action in the Human Brain" (*Journal of Neuroscience*, v. 32, n. 30, p. 10146, 2012); A. Arnsten, M. Wang e C. Paspalas, "Neuromodulation of Thought: Flexibilities and Vulnerabilities in Prefrontal Cortical Network Synapses" (*Neuron*, v. 76, n. 1, p. 223, 2012); A. Arnsten, "Stress Weakens Prefrontal Networks: Molecular Insults to Higher Cognition" (*Nature Neuroscience*, v. 18, n. 10, p. 1376, 2015); E. Woo et al., "Chronic Stress Weakens Connectivity in the Prefrontal Cortex: Architectural and Molecular Changes" (*Chronic Stress*, v. 5, 2021, DOI: 24705470211029254).

35. Efeitos da testosterona no córtex frontal: P. Mehta e J. Beer, "Neural Mechanisms of the Testosterone-Aggression Relation: The Role of Orbitofrontal Cortex", op. cit.; E. Hermans et al., "Exogenous Testosterone Enhances Responsiveness to Social Threat in the Neural Circuitry of Social Aggression in Humans" (*Biological Psychiatry*, v. 63, n. 3, p. 263, 2008); G. van Wingen et al., "Testosterone Reduces Amygdala Orbitofrontal Cortex Coupling", op. cit.; I. Volman et al., "Endogenous Testosterone Modulates Prefrontal-Amygdala Connectivity during Social Emotional Behavior" (*Cerebral Cortex*, v. 21, n. 10, p. 2282, 2011); P. Bos et al., "The Neural Mechanisms by Which Testosterone Acts on Interpersonal Trust" (*Neuroimage*, v. 61, n. 3, p. 730, 2012); P. Bos et al., "Testosterone Reduces Functional Connectivity during the 'Reading the Mind in the Eyes' Test" (*Psychoneuroendocrinology*, v. 68, p. 194, 2016); R. Handa, G. Hejnaa e G. Murphy, "Androgen Inhibits Neurotransmitter Turnover in the Medial Prefrontal Cortex of the Rat Following Exposure to a Novel Environment" (*Brain Research*, v. 751, n. 1, p. 131, 1997); T. Hajszan et al., "Effects of Androgens and Estradiol on Spine Synapse Formation in the Prefrontal Cortex of Normal and Testicular Feminization Mutant Male Rats" (*Endocrinology*, v. 148, n. 5, p. 1963, 2007).

Efeitos da oxitocina no córtex frontal: N. Ebner et al., "Oxytocin's Effect on Resting-State Functional Connectivity Varies by Age and Sex" (*Psychoneuroendocrinology*, v. 69, p. 50, 2016); S. Dodhia et al., "Modulation of Resting-State Amygdala-Frontal Functional Connectivity by Oxytocin in Generalized Social Anxiety Disorder" (*Neuropsychopharmacology*, v. 39, n. 9, p. 2061, 2014).

Efeitos do estrogênio no córtex frontal: R. Hill et al., "Estrogen Deficiency Results in Apoptosis in the Frontal Cortex of Adult Female Aromatase Knockout Mice" (*Molecular and Cellular Neuroscience*, v. 41, n. 1, p. 1, 2009); R. Brinton et al., "Equilin, a Principal Component of the Estrogen Replacement Therapy Premarin, Increases the Growth of Cortical Neurons via an NMDA Receptor-Dependent Mechanism" (*Experimental Neurology*, v. 147, n. 2, p. 211, 1997).

36. Efeitos de uma variedade de experiências adversas no córtex frontal. Depressão: E. Belleau, M. Treadway e D. Pizzagalli, "The Impact of Stress and Major Depressive Disorder on Hippocampal and Medial Prefrontal Cortex Morphology" (*Biological Psychiatry*, v. 85, n. 6, p. 443, 2019); F. Calabrese et al., "Neuronal Plasticity: A Link between Stress and Mood

Disorders" (*Psychoneuroendocrinology*, v. 34, supl. 1, p. S208, 2009); S. Chiba et al., "Chronic Restraint Stress Causes Anxiety- and Depression-Like Behaviors, Downregulates Glucocorticoid Receptor Expression, and Attenuates Glutamate Release Induced by Brain-Derived Neurotrophic Factor in the Prefrontal Cortex" (*Progress in Neuro-psychopharmacology and Biological Psychiatry*, v. 39, n. 1, p. 112, 2012); J. Radley et al., "Chronic Stress-Induced Alterations of Dendritic Spine Subtypes Predict Functional Decrements in an Hypothalamo-Pituitary--Adrenal-Inhibitory Prefrontal Circuit" (*Journal of Neuroscience*, v. 33, n. 36, p. 14379, 2013).

Ansiedade e TEPT: L. Mah, C. Szabuniewicz e A. Fletcco, "Can Anxiety Damage the Brain?" (*Current Opinions in Psychiatry*, v. 29, n. 1, p. 56, 2016); K. Moench e C. Wellman, "StressInduced Alterations in Prefrontal Dendritic Spines: Implications for Post-traumatic Stress Disorder" (*Neuroscience Letters*, v. 5, p. 601, 2015).

Instabilidade social: M. Breach, K. Moench e C. Wellman, "Social Instability in Adolescence Differentially Alters Dendritic Morphology in the Medial Prefrontal Cortex and Its Response to Stress in Adult Male and Female Rats" (*Developmental Neurobiology*, v. 79, n. 9/10, p. 839, 2019).

37. Efeitos do álcool e da *cannabis* no córtex frontal: C. Shields e C. Gremel, "Review of Orbitofrontal Cortex in Alcohol Dependence: A Disrupted Cognitive Map?" (*Alcohol: Clinical and Experimental Research*, v. 44, n. 10, p. 1952, 2020); D. Eldreth, J. Matochik e L. Cadet, "Abnormal Brain Activity in Prefrontal Brain Regions in Abstinent Marijuana Users" (*Neuroimage*, v. 23, n. 3, p. 914, 2004); J. Quickfall e D. Crockford, "Brain Neuroimaging in Cannabis Use: A Review" (*Journal of Neuropsychiatry and Clinical Neuroscience*, v. 18, n. 3, p. 318, 2006); V. Lorenzetti et al., "Does Regular Cannabis Use Affect Neuroanatomy? An Updated Systematic Review and Meta-analysis of Structural Neuroimaging Studies" (*European Archives of Psychiatry and Clinical Neuroscience*, v. 269, n. 1, p. 59, 2019). Estudos como esses validam minha decisão, aos quinze anos, de jamais beber ou consumir drogas (e respeitar essa resolução).

Exercícios e o córtex frontal: D. Moore et al., "Interrelationships between Exercise, Functional Connectivity, and Cognition among Healthy Adults: A Systematic Review" (*Psychophysiology*, v. 59, n. 6, p. e14014, 2022); J. Graban, N. Hlavacova e D. Jezova, "Increased Gene Expression of Selected Vesicular and Glial Glutamate Transporters in the Frontal Cortex in Rats Exposed to Voluntary Wheel Running" (*Journal of Physiology and Pharmacology*, v. 68, n. 5, p. 709, 2017); M. Ceftis et al., "The Effect of Exercise on Memory and BDNF Signaling Is Dependent on Intensity" (*Brain Structure and Function*, v. 224, n. 6, p. 1975, 2019).

Transtornos alimentares e o córtex frontal: B. Donnelly et al., "Neuroimaging in Bulimia Nervosa and Binge Eating Disorder: A Systematic Review" (*Journal of Eating Disorders*, v. 6, p. 3, 2018); V. Alfano et al., "Multimodal Neuroimaging in Anorexia Nervosa" (*Journal of Neuroscience Research*, v. 98, n. 11, p. 22178, 2020).

E, para um estudo realmente interessante, ver F. Lederbogen et al., "City Living and Urban Upbringing Affect Neural Social Stress Processing in Humans" (*Nature*, v. 474, n. 7352, p. 498, 2011).

38. E. Durand et al., "History of Traumatic Brain Injury in Prison Populations: A Systematic Review". *Annals of Physical Rehabilitation Medicine*, v. 60, n. 2, p. 95, 2017; E. Shiroma, P. Ferguson e E. Pickelsimer, "Prevalence of Traumatic Brain Injury in an Offender Population: A Meta-analysis". *Journal of Corrective Health Care*, v. 16, n. 2, p. 147, 2010; M. Linden,

M. Lohan e J. Bates-Gaston, "Traumatic Brain Injury and Co-occurring Problems in Prison Populations: A Systematic Review". *Brain Injury*, v. 30, n. 7, p. 839, 2016; E. De Geus et al., "Acquired Brain Injury and Interventions in the Offender Population: A Systematic Review". *Frontiers of Psychiatry*, v. 12, p. 658328, 2021.

Nota de rodapé: J. Pemment, "Psychopathy versus Sociopathy: Why the Distinction Has Become Crucial" (*Aggression and Violent Behavior*, v. 18, n. 5, p. 458, 2013).

39. E. Pascoe e L. Smart Richman, "Perceived Discrimination and Health: A Meta-analytic Review". *Psychological Bulletin*, v. 135, n. 4, p. 531, 2009; U. Clark, E. Miller e R. R. Hegde, "Experiences of Discrimination Are Associated with Greater Resting Amygdala Activity and Functional Connectivity". *Biological Psychiatry and Cognitive Neuroscience Neuroimaging*, v. 3, n. 4, p. 367, 2018; C. Masten, E. Telzer e N. Eisenberger, "An FMRI Investigation of Attributing Negative Social Treatment to Racial Discrimination". *Journal of Cognitive Neuroscience*, v. 23, n. 5, p. 1042, 2011; N. Fani et al., "Association of Racial Discrimination with Neural Response to Threat in Black Women in the US Exposed to Trauma". *JAMA Psychiatry*, v. 78, n. 9, p. 1005, 2021.

40. Adversidade adolescente: K. Yamamuro et al., "A Prefrontal-Paraventricular Thalamus Circuit Requires Juvenile Social Experience to Regulate Adult Sociability in Mice" (*Nature Neuroscience*, v. 23, n. 10, p. 1240, 2020); C. Drzewiecki et al., "Adolescent Stress during, but Not After, Pubertal Onset Impairs Indices of Prepulse Inhibition in Adult Rats" (*Developmental Psychobiology*, v. 63, n. 5, p. 837, 2021); M. Breach, K. Moench e C. Wellman, "Social Instability in Adolescence Differentially Alters Dendritic Morphology in the Medial Prefrontal Cortex and Its Response to Stress in Adult Male and Female Rats", op. cit.; M. Leussis et al., "The Enduring Effects of an Adolescent Social Stressor on Synaptic Density, Part II: Poststress Reversal of Synaptic Loss in the Cortex by Adinazolam and MK-801" (*Synapse*, v. 62, n. 3, p. 185, 2008); K. Zimmermann, R. Richardson e K. Baker, "Maturational Changes in Prefrontal and Amygdala Circuits in Adolescence: Implications for Understanding Fear Inhibition during a Vulnerable Period of Development" (*Brain Science*, v. 9, n. 3, p. 65, 2019); L. Wise et al., "Long-Term Effects of Adolescent Exposure to Bisphenol A on Neuron and Glia Number in the Rat Prefrontal Cortex: Differences between the Sexes and Cell Type" (*Neurotoxicology*, v. 53, p. 186, 2016).

41. T. Koseki et al., "Exposure to Enriched Environments during Adolescence Prevents Abnormal Behaviours Associated with Histone Deacetylation in Phencyclidine-Treated Mice". *International Journal of Psychoneuropharmacology*, v. 15, n. 10, p. 1489, 2012; F. Sadegzadeh et al., "Effects of Exposure to Enriched Environment during Adolescence on Passive Avoidance Memory, Nociception, and Prefrontal BDNF Level in Adult Male and Female Rats". *Neuroscience Letters*, v. 732, p. 135133, 2020; J. McCreary, Z. Erikson e Y. Hao, "Environmental Intervention as a Therapy for Adverse Programming by Ancestral Stress". *Science Reports*, v. 6, p. 37814, 2016.

42. Efeitos do estresse e do trauma infantis no córtex frontal: C. Weems et al., "Posttraumatic Stress and Age Variation in Amygdala Volumes among Youth Exposed to Trauma" (*Social Cognitive and Affective Neuroscience*, v. 10, n. 12, p. 1661, 2015); A. Garrett et al., "Longitudinal Changes in Brain Function Associated with Symptom Improvement in Youth with PTSD" (*Journal of Psychiatric Research*, v. 114, p. 161, 2019); V. Carrión et al., "Reduced Hip-

pocampal Activity in Youth with Posttraumatic Stress Symptoms: An fMRI Study" (*Journal of Pediatric Psychology*, v. 35, n. 5, p. 559, 2010); V. Carrión et al., "Converging Evidence for Abnormalities of the Prefrontal Cortex and Evaluation of Midsagittal Structures in Pediatric Posttraumatic Stress Disorder: An MRI Study" (*Psychiatry Research: Neuroimaging*, v. 172, n. 3, p. 226, 2009); K. Richert et al., "Regional Differences of the Prefrontal Cortex in Pediatric PTSD: An MRI Study" (*Depression and Anxiety*, v. 23, n. 1, p. 17, 2006); A. Tomoda et al., "Reduced Prefrontal Cortical Gray Matter Volume in Young Adults Exposed to Harsh Corporal Punishment" (*Neuroimage*, v. 47, supl. 2, p. T66, 2009); A. Chocyk et al., "Impact of Early-Life Stress on the Medial Prefrontal Cortex Functions — a Search for the Pathomechanisms of Anxiety and Mood Disorders" (*Pharmacology Reports*, v. 65, n. 6, p. 1462, 2013); A. Chocyk et al., "Early-Life Stress Affects the Structural and Functional Plasticity of the Medial Prefrontal Cortex in Adolescent Rats" (*European Journal of Neuroscience*, v. 38, n. 1, p. 2089, 2013) (nota — esse foi o filme em que o jovem Tom Hanks estreou como o córtex pré-frontal dorsolateral); M. Lopez et al., "The Social Ecology of Childhood and Early Life Adversity" (*Pediatric Research*, v. 89, n. 2, p. 353, 2021); V. Carrión e S. Wong, "Can Traumatic Stress Alter the Brain? Understanding the Implications of Early Trauma on Brain Development and Learning" (*Journal of Adolescent Health*, v. 51, supl. 2, p. S23, 2013).

Efeitos do bairro onde uma criança se desenvolve: X. Zhang et al., "Childhood Urbanicity Interacts with Polygenic Risk for Depression to Affect Stress-Related Medial Prefrontal Function" (*Translation Psychiatry*, v. 11, n. 1, p. 522, 2021); B. Ramphal et al., "Associations between Amygdala-Prefrontal Functional Connectivity and Age Depend on Neighborhood Socioeconomic Status" (*Cerebral Cortex Communications*, v. 1, n. 1, p. tgaa033, 2020).

Efeitos do estilo materno na maturação frontocortical: D. Liu et al., "Maternal Care, Hippocampal Glucocorticoid Receptors, and Hypothalamic-Pituitary-Adrenal Responses to Stress" (*Science*, v. 277, n. 5332, 1997); S. Uchida et al., "Maternal and Genetic Factors in Stress-Resilient and -Vulnerable Rats: A Cross-Fostering Study" (*Brain Research*, v. 1316, p. 43, 2010).

Em meio a essa vasta e sombria literatura existe a questão de saber se esta é uma área de patologia ou de adaptação. Grandes adversidades no início da vida produzem um cérebro que, na vida adulta, é hiper-reativo à ameaça e ao estresse, tem dificuldade para desligar a vigilância, é ruim em planejamento a longo prazo e em adiamento da gratificação, e assim por diante. Trata-se de um caso de cérebro patologicamente disfuncional na vida adulta? Ou é exatamente o tipo de cérebro que você quer (se sua infância foi assim, é melhor ter esse tipo de cérebro para que possa lidar com a mesma situação na vida adulta)? Essa questão é examinada em M. Teicher, J. Samson e K. Ohashi, "The Effects of Childhood Maltreatment on Brain Structure, Function and Connectivity" (*Nature Reviews Neuroscience*, v. 17, n. 10, p. 652, 2016).

43. D. Kirsch et al., "Childhood Maltreatment, Prefrontal-Paralimbic Gray Matter Volume, and Substance Use in Young Adults and Interactions with Risk for Bipolar Disorder". *Science Reports*, v. 11, n. 1, p. 123, 2021; M. Monninger et al., "The Long-Term Impact of Early Life Stress on Orbitofrontal Cortical Thickness". *Cerebral Cortex*, v. 30, n. 3, p. 1307, 2020; A. Van Harmelen et al., "Hypoactive Medial Prefrontal Cortex Functioning in Adults Reporting Childhood Emotional Maltreatment". *Scan*, v. 9, n. 12, p. 2026, 2014; A. Van Harmelen et al., "Childhood Emotional Maltreatment Severity Is Associated with Dorsal Medial Prefrontal Cortex Responsivity to Social Exclusion in Young Adults". *PLoS One*, v. 9, n. 1, p. E85107,

2014; M. Underwood, M. Bakalian e V. Johnson, "Less NMDA Receptor Binding in Dorsolateral Prefrontal Cortex and Anterior Cingulate Cortex Associated with Reported Early-Life Adversity but Not Suicide". *International Journal of Neuropsychopharmacology*, v. 23, n. 5, p. 311, 2020; R. Salokangas et al., "Effect of Childhood Physical Abuse on Social Anxiety Is Mediated via Reduced Frontal Lobe and Amygdala-Hippocampus Complex Volume in Adult Clinical High-Risk Subjects". *Schizophrenia Research*, v. 22, p. 101, 2021; M. Kim et al., "A Link between Childhood Adversity and Trait Anger Reflects Relative Activity of the Amygdala and Dorsolateral Prefrontal Cortex". *Biological Psychiatry Cognitive Neuroscience and Neuroimaging*, v. 3, n. 7, p. 644, 2018; T. Kraynak et al., "Retrospectively Reported Childhood Physical Abuse, Systemic Inflammation, and Resting Corticolimbic Connectivity in Midlife Adults". *Brain, Behavior and Immunity*, v. 82, p. 203, 2019.

44. C. Hendrix, D. Dilks e B. McKenna, "Maternal Childhood Adversity Associates with Frontoamygdala Connectivity in Neonates". *Biological Psychiatry, Cognitive Neuroscience and Neuroimaging*, v. 6, n. 4, p. 470, 2021.

45. M. Monninger et al., "The Long-Term Impact of Early Life Stress on Orbitofrontal Cortical Thickness", op. cit.; N. Bush et al., "Kindergarten Stressors and Cumulative Adrenocortical Activation: The 'First Straws' of Allostatic Load?". *Developmental Psychopathology*, v. 23, n. 4, p. 1089, 2011; A. Conejero et al., "Frontal Theta Activation Associated with Error Detection in Toddlers: Influence of Familial Socioeconomic Status". *Developmental Science*, v. 21, n. 1, 2018, DOI: 10.1111/desc.12494; S. Lu, R. Xu e J. Cao, "The Left Dorsolateral Prefrontal Cortex Volume Is Reduced in Adults Reporting Childhood Trauma Independent of Depression Diagnosis". *Journal of Psychiatric Research*, v. 12, p. 12, 2019; L. Betancourt, N. Brodsky e H. Hurt, "Socioeconomic (SES) Differences in Language Are Evident in Female Infants at 7 Months of Age". *Early Human Development*, v. 91, n. 12, p. 719, 2015.

46. Y. Moriguchi e I. Shinohara, "Socioeconomic Disparity in Prefrontal Development during Early Childhood". *Science Reports*, v. 9, n. 1, p. 2585, 2019; M. Varnum e S. Kitayama, "The Neuroscience of Social Class". *Current Opinion in Psychology*, v. 18, p. 147, 2017; K. Muscatell et al., "Social Status Modulates Neural Activity in the Mentalizing Network". *Neuroimage*, v. 60, n. 30, p. 1771, 2012; K. Sarsour et al., "Family Socioeconomic Status and Child Executive Functions: The Roles of Language, Home Environment, and Single Parenthood". *Journal of International Neuropsychology*, v. 17, n. 1, p. 120, 2011; M. Monninger et al., "The LongTerm Impact of Early Life Stress on Orbitofrontal Cortical Thickness", op. cit.; N. Hair et al., "Association of Child Poverty, Brain Development, and Academic Achievement". *JAMA Pediatrics*, v. 169, n. 9, p. 822, 2015.

47. L. Machlin, K. McLaughlin e M. Sheridan, "Brain Structure Mediates the Association between Socioeconomic Status and Attention-Deficit/Hyperactivity Disorder". *Developmental Science*, v. 23, n. 1, p. e12844, 2020; K. Sarsour et al., "Family Socioeconomic Status and Child Executive Functions: The Roles of Language, Home Environment, and Single Parenthood". *Journal of the International Neuropsychological Society*, v. 17, n. 1, p. 120, 2011; M. Kim et al., "A Link between Childhood Adversity and Trait Anger Reflects Relative Activity of the Amygdala and Dorsolateral Prefrontal Cortex". *Biological Psychiatry Cognitive Neuroscience Neuroimaging*, v. 3, n. 7, p. 644, 2019; B. Hart e T. Risley, *Meaningful Differences in the Everyday Experience of Young American Children*. Baltimore: Brookes, 1995; E. Hoff, "How Social

Contexts Support and Shape Language Development". *Developmental Review*, v. 26, n. 1, p. 55, 2006.

Nota de rodapé: J. Reed, E. D'Ambrosio e S. Marenco, "Interaction of Childhood Urbanicity and Variation in Dopamine Genes Alters Adult Prefrontal Function as Measured by Functional Magnetic Resonance Imaging (fMRI)" (*PLoS One*, v. 13, n. 4, p. e0195189, 2018); B. Besteher et al., "Associations between Urban Upbringing and Cortical Thickness and Gyrification" (*Journal of Psychiatry Research*, v. 95, p. 114, 2017); J. Xu et al., "Global Urbanicity Is Associated with Brain and Behavior in Young People" (*Nature Human Behaviour*, v. 6, n. 2, p. 279, 2022); V. Steinheuser et al., "Impact of Urban Upbringing on the (Re)activity of the HypothalamusPituitary-Adrenal Axis" (*Psychosomatic Medicine*, v. 76, n. 9, p. 678, 2014); F. Lederbogen, P. Kirsch e L. Haddad, "City Living and Urban Upbringing Affect Neural Social Stress Processing in Humans" (*Nature*, v. 474, n. 7352, p. 498, 2011).

48. C. Franz et al., "Adult Cognitive Ability and Socioeconomic Status as Mediators of the Effects of Childhood Disadvantage on Salivary Cortisol in Aging Adults". *Psychoneuroendocrinology*, v. 38, n. 10, p. 2127, 2013; D. Barch et al., "Early Childhood Socioeconomic Status and Cognitive and Adaptive Outcomes at the Transition to Adulthood: The Mediating Role of Gray Matter Development across 5 Scan Waves". *Biological Psychiatry: Cognitive Neuroscience and Neuroimaging*, v. 7, n. 1, p. 34, 2021; M. Farah, "Socioeconomic Status and the Brain: Prospects for Neuroscience-Informed Policy". *Nature Reviews Neuroscience*, v. 19, n. 7, p. 428, 2018.

49. J. Herzog e C. Schmahl, "Adverse Childhood Experiences and the Consequences on Neurobiological, Psychosocial, and Somatic Conditions across the Lifespan". *Frontiers of Psychiatry*, v. 9, p. 420, 2018.

50. Uma variedade de consequências neurobiológicas adversas do estresse pré-natal: Y. Lu, K. Kapse e N. Andersen, "Association between Socioeconomic Status and In Utero Fetal Brain Development" (*JAMA Network Open*, v. 4, n. 3, p. e213526, 2021).

Efeitos sobre o risco de transtornos psiquiátricos: A. Converse et al., "Prenatal Stress Induces Increased Striatal Dopamine Transporter Binding in Adult Nonhuman Primates" (*Biological Psychiatry*, v. 74, n. 7, p. 502, 2013); C. Davies et al., "Prenatal and Perinatal Risk and Protective Factors for Psychosis: A Systematic Review and Meta-analysis" (*Lancet Psychiatry*, v. 7, n. 5, p. 399, 2010); J. Markham e J. Koenig, "Prenatal Stress: Role in Psychotic and Depressive Diseases" (*Psychopharmacology*, v. 214, n. 1, p. 89, 2011); B. Van den Bergh et al., "Prenatal Developmental Origins of Behavior and Mental Health: The Influence of Maternal Stress in Pregnancy", op. cit.

Como o estresse materno durante a gravidez tem esses efeitos adversos no cérebro fetal e no cérebro desse feto já na vida adulta? Elevados níveis de glicocorticoides indo da circulação materna para a circulação fetal, elevados níveis de danosos mensageiros inflamatórios, diminuição do fluxo sanguíneo para o feto. Ver A. Kinnunen, J. Koenig e G. Bilbe, "Repeated Variable Prenatal Stress Alters Pre- and Postsynaptic Gene Expression in the Rat Frontal Pole" (*Journal of Neurochemistry*, v. 86, n. 3, p. 736, 2003); B. Van den Bergh, R. Dahnke e M. Mennes, "Prenatal Stress and the Developing Brain: Risks for Neurodevelopmental Disorders" (*Development and Psychopathology*, v. 30, n. 3, p. 743, 2018).

51. G. Winterer e D. Goldman, "Genetics of Human Prefrontal Function". *Brain Research Reviews*, v. 43, n. 1, p. 134, 2003.

52. A. Heinz et al., "Amygdala-Prefrontal Coupling Depends on a Genetic Variation of the Serotonin Transporter". *Nature Neuroscience*, v. 8, n. 1, p. 20, 2005; L. Passamonti et al., "Monoamine Oxidase-a Genetic Variations Influence Brain Activity Associated with Inhibitory Control: New Insight into the Neural Correlates of Impulsivity". *Biological Psychiatry*, v. 59, n. 4, p. 334, 2006; M. Nomura e Y. Nomura, "Psychological, Neuroimaging, and Biochemical Studies on Functional Association between Impulsive Behavior and the 5-HT2A Receptor Gene Polymorphism in Humans". *Annals of the New York Academy of Sciences*, v. 1086, p. 134, 2006. Quanto mais variantes genéticas do grupo "propensos a correr riscos", menor o CPFdl: G. Avdogan et al., "Genetic Underpinnings of Risky Behavior Relate to Altered Neuroanatomy" (*Nature Human Behaviour*, v. 5, n. 6, p. 787, 2021).

53. K. Bruce et al., "Association of the Promoter Polymorphism -1438G/A of the 5-HT2A Receptor Gene with Behavioral Impulsiveness and Serotonin Function in Women with Bulimia Nervosa". *American Journal of Medical Genetics, Part B, Neuropsychiatric Genetics*, v. 137B, n. 1, p. 40, 2005.

54. K. Honnegger e B. de Bivot, "Stoachasticity, Individuality and Behavior". *Current Biology*, v. 28, n. 1, p. R8, 2018; J. Ayroles et al., "Behavioral Idiosyncrasy Reveals Genetic Control of Phenotypic Variability". *Proceedings of the National Academy of Sciences of the United States of America*, v. 112, n. 21, p. 6706, 2015. Ver também G. Linneweber et al., "A Neurodevelopmental Origin of Behavioral Individual in the Drosophila Visual System" (*Science*, v. 367, n. 6482, p. 1112, 2020).

55. J. Chiao et al., "Neural Basis of Individualistic and Collectivistic Views of Self". *Human Brain Mapping*, v. 30, n. 9, p. 2813, 2009.

56. S. Han e Y. Ma, "Cultural Differences in Human Brain Activity: A Quantitative Meta-analysis". *Neuroimage*, v. 99, p. 293, 2014; Y. Ma et al., "Sociocultural Patterning of Neural Activity during Self-Reflection". *Social Cognitive and Affective Neuroscience*, v. 9, n. 1, p. 73, 2014; Y. Lu, K. Kapse e N. Andersen, "Association between Socioeconomic Status and In Utero Fetal Brain Development", op. cit.

57. P. Chen et al., "Medial Prefrontal Cortex Differentiates Self from Mother in Chinese: Evidence from Self-Motivated Immigrants". *Culture and Brain*, v. 3, n. 1, p. 39, 2013.

58. Análise geral: J. Sasaki e H. Kim, "Nature, Nurture, and Their Interplay: A Review of Cultural Neuroscience" (*Journal of Cross-Cultural Psychology*, v. 48, n. 1, p. 4, 2016).

Interações entre cultura e genes: M. Palmatier, A. Kang e K. Kidd, "Global Variation in the Frequencies of Functionally Different Catechol-O-Methyltransferase Alleles" (*Biological Psychiatry*, v. 46, n. 4, p. 557, 1999); Y. Chiao e K. Blizinsky, "Culture-Gene Coevolution of Individualism-Collectivism and the Serotonin Transporter Gene" (*Proceedings of the Royal Society B: Biological Sciences*, v. 277, n. 1681, p. 22, 2010); K. Ishii et al., "Culture Modulates Sensitivity to the Disappearance of Facial Expression Associated with Serotonin Transporter Polymorphism (5-HTTLPR)" (*Culture and Brain*, v. 2, p. 72, 2014); J. LeClair et al., "Gene-Culture Interaction: Influence of Culture and Oxytocin Receptor Gene (OXTR) Polymorphism on Loneliness" (*Culture and Brain*, v. 4, p. 21, 2016); S. Luo et al., "Interaction between Oxytocin Receptor Polymorphism and Interdependent Culture Values on Human Empathy" (*Social Cognitive and Affective Neuroscience*, v. 10, n. 9, p. 1273, 2015).

59. K. Norton e M. Lilieholm, "The Rostrolateral Prefrontal Cortex Mediates a Preference for High-Agency Environments". *Journal of Neuroscience*, v. 40, n. 22, p. 4401, 2020. Para um

tema similar, ver também J. Parvizi et al., "The Will to Persevere Induced by Electrical Stimulation of the Human Cingulate Gyrus" (*Neuron*, v. 80, n. 6, p. 1359, 2013).

5. UMA CARTILHA DO CAOS [pp. 131-50]

1. Esses conceitos são discutidos em A. Maar, "Kinds of Determinism in Science" (*Journal of Epistemology*, v. 23, n. 3, p. 503, 2019).

2. E. Lorenz, "Deterministic Nonperiodic Flow". *Journal of Atmospheric Sciences*, v. 20, n. 2, p. 130, 1963.

3. Folclore risível: R. Bishop, "What Could Be Worse Than the Butterfly Effect?" (*Canadian Journal of Philosophy*, v. 38, p. 519, 2008). Atratores estranhos tanto repelindo como atraindo: J. Hobbs, "Chaos and Indeterminism" (*Canadian Journal of Philosophy*, v. 21, p. 141, 1991).

4. "A Sound of Thunder" pode ser encontrado em R. Bradbury, *The Golden Apples of the Sun* (Nova York: Doubleday, 1953). [Ed. bras.: R. Bradbury, "Um som de trovão". In: H. Turtledove e M. H. Greenberg (Orgs.), *As melhores histórias de viagens no tempo*. São Paulo: Jangada, 2014.]

5. Nota de rodapé: M. Mitchell, *Complexity: A Guided Tour* (Oxford: Oxford University Press, 2009).

6. Para uma discussão particularmente lúcida dessas ideias, ver M. Bedau, "Weak Emergence" (*Philosophical Perspectives*, v. 11, p. 375, 1997).

7. C. Gu et al., "Three-Dimensional Cellular Automaton Simulation of Coupled Hydrogen Porosity and Microstructure during Solidification of Ternary Aluminum Alloys". *Scientific Reports*, v. 9, n. 1, p. 13099, 2019. O YouTube tem vários vídeos mostrando autômatos celulares em 3D que são espetaculares. Por exemplo, "3D Cellular Automata". YouTube, canal Softlogy, 5 dez. 2017. Disponível em: <youtube.com/watch?v=dQJ5aEsP6Fs>; "3D Accretor Cellular Automata". YouTube, canal Softlogy, 26 jan. 2018. Disponível em: <youtube.com/watch?v=_W-n510Pca0>.

Nota de rodapé: S. Wolfram, *A New Kind of Science* (Champaign, IL: Wolfram Media, 2002). Disponível em: <www.wolframscience.com/nks/>.

Tenho uma terrível confissão a fazer. Na página 144, temos a imagem de autômatos celulares extraordinariamente caóticos, totalmente imprevisíveis, que podem ser gerados com a Regra 22. Agora, a confissão: isso não foi feito, de fato, com a Regra 22; na verdade, foi feito com a Regra 90, estreitamente relacionada à 22. A visualização que mostra uma versão maravilhosa e incrivelmente complexa da Regra 22 tinha péssima qualidade, não consegui achar nada melhor, não convenci o Império Wolfram a mandar uma visualização de resolução mais alta... e num momento da noite escura que testa nossa alma, o relógio correndo, resolvi usar uma visualização boa gerada com a Regra 90. Afirmar a mesma coisa — saber o estado inicial e a regra de reprodução (90, nesse caso) não oferece nenhuma previsibilidade sobre a aparência de uma versão complexa. Na verdade, demonstra o caoticismo dos autômatos celulares ainda mais vigorosamente — ninguém (espero? por favor) olhando para ela seria capaz de dizer se esse padrão complexo surgiu da aplicação da Regra 22 ou da Regra 90. Pronto, que alívio!

6. SEU LIVRE-ARBÍTRIO É CAÓTICO? [pp. 151-61]

1. Ideias discutidas em D. Porush, "Making Chaos: Two Views of a New Science" (*New England Review and Bread Loaf Quarterly*, v. 12, n. 4, p. 439, 1990).

2. Uma amostragem: M. Cutright, *Chaos Theory and Higher Education: Leadership, Planning, and Policy* (Lausanne: Peter Lang, 2001); S. Sule e S. Nilhan, *Chaos, Complexity and Leadership 2018: Explorations of Chaotic and Complexity Theory* (Cham: Springer, 2020); E. Peters, *Fractal Market Analysis: Applying Chaos Theory to Investment and Economics* (Nova York: Wiley, 1994); R. Pryor, *The Chaos Theory of Careers* (Nova York: Routledge, 2011); K. Yas et al., "From Natural to Artificial Selection: A Chaotic Reading of Shelagh Stephenson's An Experiment with an Air Pump (1998)" (*International Journal of Applied Linguistics and English Literature*, v. 7, n. 1, p. 23, 2018); A. McLachlan, *Same but Different: Chaos and TV Drama Narratives* (Wellington: Victoria University of Wellington, 2019). Tese (Doutorado em Filosofia). Disponível em: <hdl.handle.net/10063/8046>. Reflexões teológicas: D. Gray, *Toward a Theology of Chaos: The New Scientific Paradigm and Some Implications for Ministry* ([S.l.]: Citeseer, 1997); D. Steenburg, "Chaos at the Marriage of Heaven and Hell" (*Harvard Theological Review*, v. 84, n. 4, p. 447, 1991); J. Eigenauer, "The Humanities and Chaos Theory: A Response to Steenburg's 'Chaos at the Marriage of Heaven and Hell'" (*Harvard Theological Review*, v. 86, n. 4, p. 455, 1993); D. Steenburg, "A Response to John D. Eigenauer" (*Harvard Theological Review*, v. 86, n. 4, p. 471, 1993).

Nota de rodapé: J. Bassingthwaight, L. Liebovitch e B. West, *Fractal Physiology* (Rockville: American Physiological Society, 1994); N. Schweighofer et al., "Chaos May Enhance Information Transmission in the Inferior Olive" (*Proceedings of the National Academy of Sciences of the United States of America*, v. 101, n. 13, p. 4655, 2004).

3. Simpsons Wiki, s.v. "Chaos Theory in Baseball Analysis". Disponível em: <simpsons.fandom.com/wiki/Chaos_Theory_in_Baseball_Analysis>; M. Farmer, *Chaos Theory* (*Nerds of Paradise Book 2*) (Amazon.com Services, 2017).

4. G. Eilenberger, "Freedom, Science, and Aesthetics". In: H. Peitgen e P. Richter (Orgs.), *The Beauty of Fractals*. Berlim: Springer, 1986, p. 179.

5. K. Clancy, "Your Brain Is on the Brink of Chaos". *Nautilus*, n. 144, outono 2014.

6. Citação de Doyne Farmer em J. Gleick, *Chaos: Making a New Science* (Nova York: Viking, 1987), p. 251.

7. D. Steenburg, "Chaos at the Marriage of Heaven and Hell", op. cit.

8. G. Eilenberger, "Freedom, Science, and Aesthetics", op. cit., p. 176.

9. A. Maar, "Kinds of Determinism in Science", op. cit., p. 503. Para uma comparação entre determinismo abrangente e determinismo individual, ver J. Doomen, "Cornering 'Free Will'" (*Journal of Mind and Behavior*, v. 32, n. 3, p. 165, 2011); H. Atmanspacher, "Determinism Is Ontic, Determinability Is Epistemic", em R. Bishop e H. Atmanspacher (Orgs.), *Between Chance and Choice: Interdisciplinary Perspectives on Determinism* (Charlottesville: Imprint Academic, 2002). Para um maior aprofundamento em coisas como "determinismo parcial" e "determinismo adequado", ver J. Earman, *A Primer on Determinism* (Dordrecht: Reidel, 1986); S. Kellert, *In the Wake of Chaos: Unpredictable Order in Dynamic Systems* (Chicago: University of Chicago Press, 1993).

10. S. Caprara e A. Vulpiani, "Chaos and Stochastic Models in Physics: Ontic and Epistemic Aspects". In: E. Ippoliti, F. Sterpetti e T. Nickles (Orgs.), *Models and Inferences in Science: Studies in Applied Philosophy, Epistemology and Rational Ethics*. Cham: Springer, 2016, v. 25, p. 133; G. Hunt, "Determinism, Predictability and Chaos". *Analysis*, v. 47, n. 3, p. 129, 1987; M. Stone, "Chaos, Prediction and Laplacean Determinism". *American Philosophical Quarterly*, v. 26, n. 2, p. 123, 1989; V. Batitsky e Z. Domotor, "When Good Theories Make Bad Predictions". *Synthese*, v. 157, p. 79, 2007.

11. W. Seeley, "Behavioral Variant Frontotemporal Dementia". *Continuum*, v. 25, n. 1, p. 76, 2019; R. Dawkins, *The Blind Watchmaker* (Nova York: Norton, 1986), p. 9. [Ed. bras.: *O relojoeiro cego*. São Paulo: Companhia das Letras, 1986.]

12. W. Farnsworth e M. Grady, *Torts: Cases and Questions*. 3. ed. Nova York: Wolters Kluwer, 2019.

13. R. Sapolsky, "Measures of Life". *The Sciences*, p. 10, mar./abr. 1994.

14. M. Shandlen, "Comment on Adina Roskies", em W. Sinnott-Armstrong (Org.), *Moral Psychology*, op. cit., p. 139.

7. UMA CARTILHA DA COMPLEXIDADE EMERGENTE [pp. 162-200]

1. Nota de rodapé: Mais sobre esse conceito, ver R. Carneiro, "The Transition from Quantity to Quality: A Neglected Causal Mechanism in Accounting for Social Evolution" (*Proceedings of the National Academy of Sciences of the United States of America*, v. 97, n. 23, p. 12926, 2000).

2. Para alguns exemplos marcantes, ver W. Tschinkel, "The Architecture of Subterranean Ant Nests: Beauty and Mystery Underfoot" (*Journal of Bioeconomics*, v. 17, n. 3, p. 271, 2015); M. Bollazzi e F. Roces, "The Thermoregulatory Function of Thatched Nests in the South American Grass-Cutting Ant, *Acromyrmex heyeri*" (*Journal of Insect Science*, v. 10, n. 1, p. 137, 2010); I. Guimarães et al., "The Complex Nest Architecture of the Ponerinae Ant *Odontomachus chelifer*" (*PLoS One*, v. 13, n. 1, p. e0189896, 2018); N. Mlot, C. Tovey e D. Hu, "Diffusive Dynamics of Large Ant Rafts" (*Communicative and Integrative Biology*, v. 5, n. 6, p. 590, 2012). Para uma abordagem teórica da emergência de formigas, ver D. Gordon, "Control without Hierarchy" (*Nature*, v. 446, n. 7132, p. 143, 2007). Para uma demonstração de como ser formiga não é só diversão e jogos, ver N. Stroeymeyt et al., "Social Network Plasticity Decreases Disease Transmission in a Eusocial Insect" (*Science*, v. 362, n. 6417, p. 941, 2018) (os autores mostram que as colônias de formigas mudam de tal maneira que formigas doentes [experimentalmente infectadas com um fungo] são condenadas ao ostracismo para limitar a infecciosidade).

3. P. Anderson, "More Is Different". *Science*, v. 177, p. 393, 1972. De volta ao fato de que uma única molécula de água não pode ter a propriedade da "umidade" — também não pode ter a propriedade de tensão superficial (a característica emergente da água que permite que o lagarto Jesus Cristo (basilisco) corra pela superfície de um lago).

4. Para uma análise de como na multidão as pessoas se movimentam de maneira semelhante à dinâmica fluida das cachoeiras, ver N. Bain e D. Bartolo, "Dynamic Response and Hydrodynamics of Polarized Crowds" (*Science*, v. 363, n. 6422, p. 46, 2019). Para algo pare-

cido entre as formigas, ver A. Dussutour et al., "Optimal Travel Organization in Ants under Crowded Conditions" (*Nature*, v. 428, n. 6978, p. 70, 2003).

5. Nota de rodapé: Explorado em profundidade em P. Hiesenger, *The Self-Assembling Brain: How Neural Networks Grow Smarter* (Princeton: Princeton University Press, 2021).

6. M. Bedau, "Is Weak Emergence Just in the Mind?". *Minds and Machines*, v. 18, n. 4, p. 443, 2008; J. Kim, "Making Sense of Emergence". *Philosophical Studies*, v. 95, p. 3, 1999; O. Sartenaer, "Sixteen Years Later: Making Sense of Emergence (Again)". *Journal of General Philosophical Sciences*, v. 47, n. 1, p. 79, 2016.

7. E. Bonabeau e G. Theraulaz, "Swarm Smarts". *Scientific American*, v. 282, n. 3, p. 72, 2000; M. Dorigo e T. Stutzle, *Ant Colony Optimization*. Cambridge, MA: MIT Press, 2004; S. Garnier, J. Gautrais e G. Theraulaz, "The Biological Principles of Swarm Intelligence" (*Swarm Intelligence*, v. 1, n. 1, p. 3, 2007) (note que esse tópico foi o assunto do primeiro artigo publicado na história dessa revista, o que de certa forma faz sentido, levando-se em conta o título).

8. L. Chen, D. Hall e D. Chklovskii, "Wiring Optimization Can Relate Neuronal Structure and Function". *Proceedings of the National Academy of Sciences of the United States of America*, v. 103, n. 12, p. 4723, 2006; M. Rivera-Alba et al., "Wiring Economy and Volume Exclusion Determine Neuronal Placement in the *Drosophila* Brain". *Current Biology*, v. 21, n. 23, p. 2000, 2011; J. White et al., "The Structure of the Nervous System of the Nematode *Caenorhabditis elegans*". *Philosophical Transactions of the Royal Society B, Biological Sciences*, v. 314, n. 1165, p. 1, 1986; V. Klyachko e C. Stevens, "Connectivity Optimization and the Positioning of Cortical Areas". *Proceedings of the National Academy of Sciences of the United States of America*, v. 100, n. 13, p. 7937, 2003; G. Mitchison, "Neuronal Branching Patterns and the Economy of Cortical Wiring". *Proceedings of the Royal Society B: Biological Sciences*, v. 245, n. 1313, p. 151, 1991.

9. Y. Takeo et al., "GluD2- and Cbln1-Mediated Competitive Interactions Shape the Dendritic Arbor of Cerebellar Purkinje Cells". *Neuron*, v. 109, n. 4, p. 629, 2020.

10. S. Camazine e J. Sneyud, "A Model of Collective Nectar Source Selection by Honey Bees: Self-Organization through Simple Rules". *Journal of Theoretical Biology*, v. 149, n. 4, p. 547, 1991.

Nota de rodapé (p. 169): K. von Frisch, *The Dancing Bees: An Account of the Life and Senses of the Honey Bee* (San Diego: Harvest Books, 1953).

11. P. Visscher, "How Self-Organization Evolves". *Nature*, v. 421, n. 6925, p. 799, 2003; M. Myerscough, "Dancing for a Decision: A Matrix Model for Net-Site Choice by Honey Bees". *Proceedings of the Royal Society of London B*, v. 270, p. 577, 2003; D. Gordon, "The Rewards of Restraint in the Collective Regulation of Foraging by Harvester Ant Colonies". *Nature*, v. 498, n. 7452, p. 91, 2013; id., "The Ecology of Collective Behavior". *PLOS Biology*, v. 12, n. 3, p. e1001805, 2014. Para estudos adicionais nessa área, ver J. Deneubourg e S. Goss, "Collective Patterns and Decision Making" (*Ethology Ecology and Evolution*, v. 1, n. 4, p. 295, 1989; S. Edwards e S. Pratt, "Rationality in Collective Decision-Making by Ant Colonies" (*Proceedings of the Royal Society B*, v. 276, p. 3655, 2009; E. Bonabeau et al., "Self-Organization in Social Insects" (*Trends in Ecology and Evolution*, v. 12, n. 5, p. 188, 1997.

Primeira nota de rodapé: G. Sherman e P. Visscher, "Honeybee Colonies Achieve Fitness through Dancing" (*Nature*, v. 419, n. 6910, p. 920, 2002).

Segunda nota de rodapé: R. Goldstone, M. Roberts e T. Gureckis, "Emergent Processes in Group Behavior" (*Current Directions in the Psychological Sciences*, v. 17, n. 1, p. 10, 2008; C.

Doctorow, "A Catalog of Ingenious Cheats Developed by Machine-Learning Systems" (Boing-Boing, 12 nov. 2018). Disponível em: <boingboing.net/2018/11/12/local-optima-r-us.html>.

12. C. Reid e M. Beekman, "Solving the Towers of Hanoi — How an Amoeboid Organism Efficiently Constructs Transport Networks". *Journal of Experimental Biology*, v. 216, n. 9, p. 1546, 2013; C. Reid e T. Latty, "Collective Behaviour and Swarm Intelligence in Slime Moulds". *FEMS Microbiology Reviews*, v. 40, n. 6, p. 798, 2016.

13. S. Tero et al., "Rules for Biologically Inspired Adaptive Network Design". *Science*, v. 327, n. 5964, p. 439, 2010.

14. Para outro exemplo de bolores limosos, ver L. Tweedy et al., "Seeing around Corners: Cells Solve Mazes and Respond at a Distance Using Attractant Breakdown" (*Science*, v. 369, n. 6507, p. 1075, 2020).

15. Nota de rodapé: P. Hiesenger, *Self-Assembling Brain*, op. cit. Para um exemplo de repulsa, ver D. Pederick et al., "Reciprocal Repulsions Instruct the Precise Assembly of Parallel Hippocampal Networks" (*Science*, v. 372, n. 6546, p. 1058, 2021). Ver também L. Luo, "Actin Cytoskeleton Regulation in Neuronal Morphogenesis and Structural Plasticity" (*Annual Review of Cellular Developmental Biology*, v. 18, p. 601, 2002); J. Raper e C. Mason, "Cellular Strategies of Axonal Pathfinding" (*Cold Spring Harbor Perspectives in Biology*, v. 2, n. 9, p. a001933, 2010).

Como os neurônios, quando se conectam, descobrem também a qual parte de um neurônio-alvo devem se conectar (espinhas proximais ou distais, corpo celular, axônio no caso de alguns neurotransmissores)? Os neurônios têm a capacidade de controlar que ramos dos seus processos axonais recebem as proteínas necessárias para a construção de sinapses: S. Falkner e P. Scheiffele, "Architects of Neuronal Wiring" (*Science*, v. 364, n. 6439, p. 437, 2019); O. Urwyler et al., "Branch-Restricted Localization of Phosphatase Prl-1 Specifies Axonal Synaptogenesis Domains" (*Science*, v. 364, n. 6439, p. 454, 2019); E. Favuzzi et al., "Distinct Molecular Programs Regulate Synapse Specificity in Cortical Inhibitory Circuits" (*Science*, v. 363, n. 6425, p. 413, 2019).

16. T. More, A. Buffo e M. Gotz, "The Novel Roles of Glial Cells Revisited: The Contribution of Radial Glia and Astrocytes to Neurogenesis". *Current Topics in Developmental Biology*, v. 69, p. 67, 2005; P. Malatesta, I. Appolloni e F. Calzolari, "Radial Glia and Neural Stem Cells". *Cell and Tissue Research*, v. 331, n. 1, p. 165, 2008; P. Oberst et al., "Temporal Plasticity of Apical Progenitors in the Developing Mouse Neocortex". *Nature*, v. 573, n. 7774, p. 370, 2019.

17. Para um exemplo da biologia molecular do requintado timing envolvido nas interações neuronais com a glia radial, ver K. Yoon et al., "Temporal Control of Mammalian Cortical Neurogenesis by m6A Methylation" (*Cell*, v. 171, n. 4, p. 877, 2017).

Nota de rodapé: N. Ozel et al., "Serial Synapse Formation through Filopodial Competition for Synaptic Seeding Factors" (*Developmental Cell*, v. 50, n. 4, p. 447, 2019); M. Courgeon e C. Desplan, "Coordination between Stochastic and Deterministic Specification in the *Drosophila* Visual System" (*Science*, v. 366, n. 6463, p. 325, 2019).

18. T. Huxley, "On the Hypothesis That Animals Are Automata, and Its History". *Nature*, v. 10, p. 362, 1874. Em meio a todas essas referências à ciência recente e de ponta, é um charme referenciar uma publicação científica do século XIX.

19. Mais sobre esse tópico geral no fantástico J. Gleick, *Chaos: Making a New Science*, op. cit.

20. Setenta e sete mil quilômetros: J. Castro, "11 Surprising Facts about the Circulatory

System" (LiveScience, 8 ago. 2022). Disponível em: <livescience.com/39925-circulatory-system-facts-surprising.html>.

21. A base desse modelo: D. Iber e D. Menshykau, "The Control of Branching Morphogenesis" (*Open Biology*, v. 3, n. 9, p. 130088130088, 2013); D. Menshykau, C. Kraemer e D. Iber, "Branch Mode Selection during Early Lung Development" (*PLOS Computational Biology*, v. 8, n. 2, p. e1002377, 2012). Para uma exploração dessas questões na bancada do laboratório, ver R. Metzger et al., "The Branching Programme of Mouse Lung Development" (*Nature*, v. 453, n. 7196, p. 745, 2008).

22. A. Lindenmayer, "Developmental Algorithms for Multicellular Organisms: A Survey of L-Systems". *Journal of Theoretical Biology*, v. 54, n. 1, p. 3, 1975.

23. A. Ochoa-Espinosa e M. Affolter, "Branching Morphogenesis: From Cells to Organs and Back". *Cold Spring Harbor Perspectives in Biology*, v. 4, n. 10, p. a008243, 2004; P. Lu e Z. Werb, "Patterning Mechanisms of Branched Organs". *Science*, v. 322, n. 5907, p. 1506-9, 2008.

Primeira nota de rodapé: A. Turing, "The Chemical Basis of Morphogenesis" (*Philosophical Transactions of the Royal Society of London B*, v. 237, p. 37, 1952).

Segunda nota de rodapé: E. Azpeitia et al., "Cauliflower Fractal Forms Arise from Perturbations of Floral Gene Networks" (*Science*, v. 373, n. 6551, p. 192, 2021).

24. G. Vogel, "The Unexpected Brains behind Blood Vessel Growth". *Science*, v. 307, n. 5710, p. 665, 2005; R. J. Metzger et al., "Branching Programme of Mouse Lung Development", op. cit.; P. Carmeliet e M. Tessier-Lavigne, "Common Mechanisms of Nerve and Blood Vessel Wiring", *Nature*, v. 436, n. 7048, p. 193, 2005. O segundo autor, o magnífico neurobiólogo e meu colega de departamento Marc Tessier-Lavigne, expandiu seu currículo alguns anos atrás quando se tornou reitor da Universidade Stanford.

25. J. Bassingthwaighte, L. Liebovitch e B. West, *Fractal Physiology, Methods in Physiology*, op. cit.

26. "The World Religions Tree". The 40 Foundation. Disponível em: <000024.org/religions_tree/religions_tree_8.html>.

27. E. Favuzi et al., "Distinct Molecular Programs Regulate Synapse Specificity in Cortical Inhibitory Circuits". *Science*, v. 363, n. 6425, p. 413, 2019; V. Hopker et al., "Growth-Cone Attraction to Netrin-1 Is Converted to Repulsion by Laminin-1". *Nature*, v. 401, n. 6748, p. 69, 1999; J. Dorskind e A. Kolodkin, "Revisiting and Refining Roles of Neural Guidance Cues in Circuit Assembly". *Current Opinion in Neurobiology*, v. 66, p. 10, 2020; S. McFarlane, "Attraction vs. Repulsion: The Growth Cones Decides". *Biochemistry and Cell Biology*, v. 78, n. 5, p. 563, 2000.

28. A. Bassem, A. Hassan e P. R. Hiesinger, "Beyond Molecular Codes: Simple Rules to Wire Complex Brains". *Cell*, v. 163, n. 2, p. 285, 2015. Para um sistema de duas regras construído em torno de restrições mecânicas que explica um aspecto do desenvolvimento do cérebro humano, ver E. Karzbrun et al., "Human Neural Tube Morphogenesis in Vitro by Geometric Constraints" (*Nature*, v. 599, n. 7884, p. 268, 2021).

29. D. Miller et al., "Full Genome Viral Sequences Inform Patterns of SARS-CoV-2 Spread into and within Israel". *Nature Communications*, v. 11, n. 1, p. 5518, 2020; D. Adam et al., "Clustering and Superspreading Potential of Severe Acute Respiratory Syndrome Coronavirus 2 (SARSCoV-2) Infections in Hong Kong". *Nature Medicine*, v. 26, p. 1714, 2020.

30. Análises gerais: A. Barabasi, "Scale-Free Networks: A Decade and Beyond" (*Science*, v. 325, n. 5939, p. 412, 2009); A. Barabasi e R. Albert, "Emergence of Scaling in Random Net-

works" (*Science*, v. 286, n. 5439, p. 509, 1999); C. Song, S. Havlin e H. Makse, "Self-Similarity of Complex Networks" (*Nature*, v. 433, n. 7024, p. 392, 2005); P. Drew e L. Abbott, "Models and Properties of Power-Law Adaptation in Neural Systems" (*Journal of Neurophysiology*, v. 96, n. 2, p. 826, 2006).

Lei de potência e distribuições relacionadas no cérebro: G. Buzsaki e A. Draguhn, "Neuronal Oscillations in Cortical Networks" (*Science*, v. 304, n. 5679, p. 1926, 2004); leis de potência e o número de vesículas de neurotransmissor liberadas em resposta a um potencial de ação: J. Lamanna et al., "A Pre-docking Source for the Power-Law Behavior of Spontaneous Quantal Release: Application to the Analysis of LTP" (*Frontiers of Cellular Neuroscience*, v. 9, p. 44, 2015).

Distribuição de lei de potência e:

Propagação da covid: D. Miller et al., "Full Genome Viral Sequences Inform Patterns of SARS-CoV-2 Spread into and within Israel", op. cit.; D. Adam et al., "Clustering and Superspreading Potential of Severe Acute Respiratory Syndrome Coronavirus 2 (SARS-CoV-2) Infections in Hong Kong", op. cit.

Terremotos: F. Meng, L. Wong e H. Zhou, "Power Law Relations in Earthquakes from Microscopic to Macroscopic Scales" (*Scientific Reports*, v. 9, n. 1, p. 10705, 2019).

Guerra e grupos de ódio: N. Gilbert, "Modelers Claim Wars Are Predictable" (*Nature*, v. 462, n. 7275, p. 836, 2009); N. Johnson et al., "Hidden Resilience and Adaptive Dynamics of the Global Online Hate Ecology" (*Nature*, v. 573, n. 7773, p. 261, 2019); M. Schich et al., "Quantitative Social Science: A Network Framework of Cultural History" (*Science*, v. 345, n. 6196, p. 558, 2014).

Eis um assunto que mal compreendo, mas quero mostrar que me obriguei a ler numerosos artigos sobre o assunto. Um padrão pode ser altamente estruturado, com elementos que se repetem; seu sinal num espectro de frequência é denominado "ruído branco". Isso é parecido com pequenos e uniformes aglomerados de neurônios interconectados, isolados uns dos outros. No outro extremo, um padrão que é aleatório produz "ruído marrom" (que leva esse nome em homenagem ao movimento browniano, explicado no capítulo 9); são conexões entre neurônios de distâncias, direções e forças aleatórias. E, assim como o mingau que não é nem muito quente nem muito frio, há padrões equilibrados entre os dois extremos, denominados "ruído rosa" (ou 1/f). São as redes do cérebro equilibradas numa forma livre de escala entre a robustez e eficiência das pequenas redes locais estruturadas e a criatividade e capacidade de evolução das redes de longa distância. A hipótese do "cérebro crítico" postula que os cérebros evoluíram para estar nesse ponto ideal e que essa "criticalidade" otimiza todo tipo de característica da função cerebral. Além disso, nesse modelo, o cérebro é capaz de se corrigir conforme esse ponto de equilíbrio perfeito se altera com as circunstâncias; seria um exemplo da "criticalidade auto-organizada" muito popular na ciência atual. Isso pode ser mostrado com algumas técnicas analíticas matematicamente contundentes, e um pequeno subcampo se desenvolveu examinando a criticalidade do cérebro em circunstâncias normais e enfermas. Por exemplo, há uma tendência para o ruído branco na epilepsia, refletindo o disparo excessivamente sincronizado de aglomerados de neurônios epileptiformes (e, na verdade, há uma notável similaridade entre a distribuição da frequência e da severidade das convulsões e a dos terremotos). Da mesma forma, o transtorno do espectro autista parece ter um tipo diferente de tendência para o ruído branco, refletindo as penínsulas de função relativamente isoladas no córtex. E, no outro extremo, a doença de Alzheimer envolve uma tendência para o ruído marrom, à medida que a morte de neurônios aqui e ali começa a desintegrar o padrão (e a eficiência) das redes. Ver J. Beggs e D. Plenz, "Neuronal Avalanches in Neocortical Circuits" (*Journal of Neuroscience*, v. 23, n, 35, p. 11167, 2003); P. Bak, C. Tang e K. Wiesenfeld, "Self-Organized Criticality: An Explanation of the 1/f Noise" (*Physics Review Letters*, v. 59, n. 4, p. 381, 1987); L. Cocchi et al., "Criticality in the Brain: A Synthesis of Neurobiology, Models and Cognition" (*Progress in Neurobiology*, v. 158, p. 132, 2017); M. Gardner, "White and Brown Music, Fractal Curves and One-Over-f Fluctuation" (*Scientific American*, abr. 1978); M. Belmonte et al., "Autism and Abnormal Development of Brain Connectivity" (*Journal of Neuroscience*, v. 24, n. 42, p. 9228, 2004).

Nota de rodapé: Um site que celebra a matemática dos números de Bacon: <coursehero.com/file/p12lp1kl/chosen-actors-can-be-linked-by-a-path-through-Kevin-Bacon-in-an-average-of-6/>. Para uma biografia excelente e acessível de Paul Erdös, ver P. Hoffman, *The Man Who Loved Only Numbers: The Story of Paul Erdös and the Search for Mathematical Truth* (Nova York: Hyperion, 1998).

31. Para um exemplo, ver J. Couzin et al., "Effective Leadership and Decision-Making in Animal Groups on the Move" (*Nature*, v. 433, n. 7025, p. 7025, 2005).

Nota de rodapé: Ver, por exemplo, C. Candia et al., "The Universal Decay of Collective Memory and Attention" (*Nature Human Behaviour*, v. 3, n. 1, p. 82, 2018. Ver também V. Verbavatz e M. Barthelemy, "The Growth Equation of Cities" (*Nature*, v. 587, n. 7834, p. 397, 2020).

32. C. Song, S. Havlin e H. Makse, "Self-Similarity of Complex Networks". *Nature*, v. 433, n. 7024, p. 392, 2005.

Emergência em contextos ecológicos: M. Buchanan, "Ecological Modeling: The Mathematical Mirror to Animal Nature" (*Nature*, v. 453, n. 7196, p. 714, 2008); N. Humphries et al., "Environmental Context Explains Levy and Brownian Movement Patterns of Marine Predators" (*Nature*, v. 465, n. 7301, p. 1066, 2010); J. Banavar et al., "Scaling in Ecosystems and the Linkage of Macroecological Laws" (*Physical Review Letters*, v. 98, n. 6, p. 068104, 2007); B. Houchmandzadeh e M. Vallade, "Clustering in Neutral Ecology" (*Physical Reviews E*, v. 68, p. 061912, 2003).

Emergência e comportamento (incluindo comportamento metafórico de glóbulos brancos): D. Lusseau, "The Emergent Properties of a Dolphin Social Network" (*Proceedings of the Royal Society of London B*, v. 270, supl. 2, p. S186, 2003); T. Harris et al., "Generalized Levy Walks and the Role of Chemokines in Migration of Effector CD8(+) T Cells" (*Nature*, v. 486, n. 7404, p. 545, 2012).

Emergência em neurônios e circuitos neuronais: D. Lusseau, S. Romano e M. Eguia, "Characterization of Degree Frequency Distribution in Protein Interaction Networks" (*Physical Reviews E*, v. 71, p. 031901, 2005); D. Bray, "Molecular Networks: The Top-Down View" (*Science*, v. 301, n. 5641, p. 1864, 2003); B. Fulcher e A. Fornito, "A Transcriptional Signature of Hub Connectivity in the Mouse Connectome" (*Proceedings of the National Academy of Sciences of the United States of America*, v. 113, n. 5, p. 1435, 2016).

33. Leis de potência e a pressão evolutiva para otimizar a eficiência das conexões no cé-

rebro: S. Neubauer et al., "Evolution of Brain Lateralization: A Shared Hominid Pattern of Endocranial Asymmetry Is Much More Variable in Humans Than in Great Apes" (*Science Advances*, v. 6, n. 7, p. eaax9935, 2020); I. Wang e T. Clandinin, "The Influence of Wiring Economy on Nervous System Evolution" (*Current Biology*, v. 26, n. 20, p. R1101, 2016); T. Namba et al., "Metabolic Regulation of Neocortical Expansion in Development and Evolution" (*Neuron*, v. 109, n. 3, p. 408, 2021); K. Zhang e T. Sejnowski, "A Universal Scaling Law between Gray Matter and White Matter of Cerebral Cortex" (*Proceedings of the National Academy of Sciences of the United States of America*, v. 97, n. 10, p. 5621, 2000).

Para exemplo de um debate na área sobre até que ponto aglomerados de neurônios altamente interativos contribuem para a função cerebral, ver J. Cohen e F. Tong, "The Face of Controversy" (*Science*, v. 293, n. 5539, p. 2405, 2001); P. Downing et al., "A Cortical Area Selective for Visual Processing of the Human Body" (*Science*, v. 293, n. 5539, p. 2470, 2001); J. Haxby et al., "Distributed and Overlapping Representations of Faces and Objects in Ventral Temporal Cortex" (*Science*, v. 293, n. 5539, p. 2425, 2001).

Só para dar ideia de quanta pressão evolutiva tem havido para otimizar aspectos espaciais do desenvolvimento cerebral, nosso cérebro contém mais ou menos 96 mil quilômetros de projeções entre neurônios: C. Filley, "White Matter and Human Behavior" (*Science*, v. 372, n. 6548, p. 1265, 2021).

Primeira nota de rodapé: Para um exemplo, ver A. Wissa, "Birds Trade Flight Stability for Manoeuvrability" (*Nature*, v. 603, n. 7902, p. 579, 2022).

Segunda nota de rodapé: Redes de mundo pequeno: D. Bassett e E. Bullmore, "Small-World Brain Networks" (*Neuroscientist*, v. 12, n. 6, p. 512, 2006); id., "Small-World Brain Networks Revisited" (*Neuroscientist*, v. 23, n. 5, p. 499, 2017); D. Watts e S. Strogatz, "Collective Dynamics of 'Small-World' Networks" (*Nature*, v. 393, p. 440, 1998). Dois artigos que exploram a grande importância das projeções escassas, de longa distância: J. Giles, "Making the Links" (*Nature*, v. 488, n. 7412, p. 448, 2012); M. Granovetter, "The Strength of Weak Ties" (*American Journal of Sociology*, v. 78, n. 6, p. 1360, 1973).

34. Nota de rodapé: V. Zimmern, "Why Brain Criticality Is Clinically Relevant: A Scoping Review" (*Frontiers in Neural Circuits*, v. 26, 2020). Disponível em: <doi.org/10.3389/fncir.2020.00054>.

35. Nota de rodapé: Estimergia: J. Korb, "Termite Mound Architecture, from Function to Construction", em D. Bignell, Y. Roisin e N. Lo (Orgs.), *Biology of Termites: A Modern Synthesis* (Dordrecht: Springer, 2010), p. 349; J. Turner, "Termites as Models of Swarm Cognition" (*Swarm Intelligence*, v. 5, p. 19, 2011); E. Bonabeau et al., "Self-Organization in Social Insects", op. cit.

Aplicações no aprendizado de máquina: J. Korb, "Robots Acting Locally and Building Globally" (*Science*, v. 343, n. 6172, p. 742, 2014).

Aplicações no fenômeno da sabedoria das multidões: A. Woolley et al., "Evidence for a Collective Intelligence Factor in the Performance of Human Groups" (*Science*, v. 330, n. 6004, p. 686, 2010); D. Wilson, J. Timmel e R. Miller, "Cognitive Cooperation" (*Human Nature*, v. 15, n. 3, p. 225, 2004). Para uma demonstração de que fenômenos puramente igualitários de sabedoria das multidões nem sempre são os melhores, ver P. Tetlock, B. Mellers e J. Scoblic, "Bringing Probability Judgments into Policy Debates via Forecasting Tournaments" (*Science*, v. 355, n. 6324, p. 481, 2017).

Sistemas de curadoria de baixo para cima: J. Giles, "Internet Encyclopedias Go Head to Head" (*Nature*, v. 438, n. 7070, p. 900, 2005); J. Beck, "Doctors' #1 Source for Healthcare Information: Wikipedia" (*Atlantic*, 5 mar. 2014).

36. Para uma série de deslumbrantes descobertas nesse campo, ver M. Lancaster et al., "Cerebral Organoids Model Human Brain Development and Microcephaly" (*Nature*, v. 501, n. 7467, p. 373, 2013); J. Camp et al., "Human Cerebral Organoids Recapitulate Gene Expression Programs of Fetal Neocortex Development" (*Proceedings of the National Academy of Science of the United States of America*, v. 112, n. 51, p. 15672, 2015); F. Birey, J. Andersen e C. Makinson, "Assembly of Functionally Integrated Human Forebrain Spheroids" (*Nature*, v. 545, n. 7652, p. 54, 2017); S. Paşca, "The Rise of Three-Dimensional Human Brain Cultures" (*Nature*, v. 553, n. 7689, p. 437, 2018); id., "Assembling Human Brain Organoids" (*Science*, v. 363, n. 6423, p. 126, 2019); C. Trujillo et al., "Complex Oscillatory Waves Emerging from Cortical Organoids Model Early Human Brain Network Development" (*Cell Stem Cell*, v. 25, n. 4, p. 558, 2019); Orquestra Sinfônica da Rádio de Frankfurt, Manfred Honeck, maestro; L. Pelegrini et al., "Human CNS Barrier-Forming Organoids with Cerebrospinal Fluid Production" (*Science*, v. 369, n. 6500, p. eaaz5626, 2020); I. Chiaradia e M. Lancaster, "Brain Organoids for the Study of Human Neurobiology at the Interface of in Vitro and in Vivo" (*Nature Neuroscience*, v. 23, n. 12, p. 1496, 2020).

Primeira nota de rodapé: Para uma demonstração superinteressante dos diferentes tipos de organoide cerebral produzidos por diferentes espécies de primatas, ver Z. Kronenberg et al., "High-Resolution Comparative Analysis of Great Ape Genomes" (*Science*, v. 360, n. 6393, p. 6393, 2018); C. Trujillo, E. Rice e N. Schaefer, "Reintroduction of the Archaic Variant of NOVA1 in Cortical Organoids Alters Neurodevelopment" (*Science*, v. 371, n. 6530, p. eaax2537, 2021); A. Gordon et al., "Long-Term Maturation of Human Cortical Organoids Matches Key Early Postnatal Transitions" (*Nature Neuroscience*, v. 24, n. 3, p. 331, 2021).

Segunda nota de rodapé: S. Giandomenico et al., "Cerebral Organoids at the Air-Liquid Interface Generate Diverse Nerve Tracts with Functional Output" (*Nature Neuroscience*, v. 22, n. 4, p. 669, 2019); V. Marx, "Reality Check for Organoids in Neuroscience" (*Nature Methods*, v. 17, n. 10, p. 961, 2020); R. Menzel e M. Giurfa, "Cognitive Architecture of a Mini-Brain: The Honeybee" (*Trends in Cognitive Sciences*, v. 5, n. 2, p. 62, 2001); S. Reardon, "Can Lab-Grown Brains Become Conscious?" (*Nature*, v. 586, n. 7831, p. 658, 2020); J. Koplin e J. Savulescu, "Moral Limits of Brain Organoid Research" (*Journal of Law and Medical Ethics*, v. 47, n. 4, p. 760, 2019).

37. J. Werfel, K. Petersen e R. Nagpal, "Designing Collective Behavior in a Termite-Inspired Robot Construction Team". *Science*, v. 343, n. 6172, p. 754, 2014; W. Marwan, "Amoeba-Inspired Network Design". *Science*, v. 327, n. 5964, p. 419, 2019; L. Shimin et al., "Slime Mould Algorithm: A New Method for Stochastic Optimization". *Future Generation Computer Systems*, v. 111, p. 300, 2020; T. Umedachi et al., "Fully Decentralized Control of a Soft-Bodied Robot Inspired by True Slime Mold". *Biological Cybernetics*, v. 102, n. 3, p. 261, 2010. Para um caso gracioso de aluno ensinando professor, ver J. Halloy et al., "Social Integration of Robots into Groups of Cockroaches to Control Self-Organized Choices" (*Science*, v. 318, n. 5853, p. 1155, 2007).

Última nota de rodapé: S. Bazazi et al., "Collective Motion and Cannibalism in Locust Migratory Bands" (*Current Biology*, v. 18, n. 10, p. 735, 2008). Se você achava que o canibalismo dos gafanhotos era ciência ultrapassada: quando este livro foi para o prelo, as rotativas pararam por causa de um artigo de 5 de maio de 2023 que explicava que os gafanhotos desenvolveram mecanismos de sinalização por feromônios para diminuir as chances de serem comidos pelo gafanhoto que vem logo atrás. H. Chang et al., "A Chemical Defense Defers Cannibalism in Migratory Locusts". *Science*, v. 380, n. 6644, p. 537, 2023.

8. SEU LIVRE-ARBÍTRIO É NOVIDADE? [pp. 201-11]

1. C. List, "The Naturalistic Case for Free Will: The Challenge". Brains Blog, 12 ago. 2019. Disponível em: <philosophyofbrains.com/2019/08/12/1-the-naturalistic-case-for-free-will-the--challenge.aspx>; R. Kane, "Rethinking Free Will: New Perspectives on an Ancient Problem" em R. Kane (Org.), *The Oxford Handbook of Free Will*, op. cit., p. 134.

2. C. List, "The Naturalistic Case for Free Will: The Challenge", op. cit.

3. C. List e M. Pivato, "Emergent Chance" (*Philosophical Review*, v. 124, n. 1, p. 119, 2015), citação da p. 122.

4. Ibid., citação da p. 133. Além do livro *Why Free Will Is Real* (Cambridge, MA: Harvard University Press, 2019), List apresenta essas ideias em C. List, "Free Will, Determinism, and the Possibility of Doing Otherwise" (*Noûs*, v. 48, n. 1, p. 156, 2014); C. List e P. Menzies, "My Brain Made Me Do It: The Exclusion Argument against Free Will, and What's Wrong with It", em H. Beebee, C. Hitchcock e H. Price (Orgs.), *Making a Difference: Essays on the Philosophy of Causation* (Oxford: Oxford University Press, 2017).

5. W. Glannon, "Behavior Control, Meaning, and Neuroscience", em G. Caruso e W. Flannagan (Orgs.), *Neuroexistentialism*, op. cit. As citações de Shadlen e Roskies são de M. Shadlen e A. Roskies, "The Neurobiology of Decision-Making and Responsibility: Reconciling Mechanism and Mindedness", op. cit.

6. M. Bedau, "Weak Emergence", em J. Tomberlin (Org.), *Philosophical Perspectives: Mind, Causation, and World* (Oxford: Blackwell, 1997); as duas citações são das pp. 376 e 397; D. Chalmers, "Strong and Weak Emergence". In: P. Clayton e P. Davies (Orgs.), *The Re-emergence of Emergence*. Oxford: Oxford University Press, 2006; S. Carroll, *The Big Picture: On the Origins of Life, Meaning, and the Universe Itself*. Nova York: Dutton, 2016; S. Carroll, comunicação pessoal, 22 maio 2019.

Segunda nota de rodapé da p. 206: G. Gomes, "Free Will, the Self, and the Brain" (*Behavioral Sciences and the Law*, v. 25, n. 2, p. 221, 2007); citação é da p. 233.

7. G. Berns et al., "Neurobiological Correlates of Social Conformity and Independence during Mental Rotation". *Biology Psychiatry*, v. 58, n. 3, p. 245, 2005.

Nota de rodapé: P. Rozin, "Social Psychology and Science: Some Lessons from Solomon Asch" (*Personality and Social Psychology Review*, v. 5, n. 1, p. 2, 2001).

8. Nota de rodapé: H. Chua, J. Boland e R. Nisbett, "Cultural Variation in Eye Movements during Scene Perception" (*Proceedings of the National Academy of Sciences of the United States of America*, v. 102, n. 35, p. 12629, 2005).

9. M. Mascolo e E. Kallio, "Beyond Free Will: The Embodied Emergence of Conscious Agency". *Philosophical Psychology*, v. 32, n. 4, p. 437, 2019.

10. Ibid.; J. Bonilla, "Why Emergent Levels Will Not Save Free Will (1)". Mapping Ignorance, 30 set. 2019. Disponível em: <mappingignorance.org/2019/09/30/why-emergent-levels-will-not-save-free-will-1/>.

11. Nota de rodapé: Ver, por exemplo, C. Voyatzis, "'Even a Brick Wants to Be Something' — Louis Kahn" (Yatzer, 9 jun. 2013). Disponível em: <yatzer.com/even-brick-wants-be-something-louis-kahn>.

9. UMA CARTILHA DA INDETERMINAÇÃO QUÂNTICA [pp. 212-22]

1. S. Janusonis et al., "Serotonergic Axons as Fractional Brownian Motion Paths: Insights into the Self-Organization of Regional Densities". *Frontiers in Computational Neuroscience*, v. 14, p. 56, 2020. Disponível em: <doi.org/10.3389/fncom.2020.00056>; H. Zhang e H. Peng, "Mechanism of Acetylcholine Receptor Cluster Formation Induced by DC Electric Field". *PLoS One*, v. 6, n. 10, p. e26805, 2011; M. Vestergaard et al., "Detection of Alzheimer's Amyloid Beta Aggregation by Capturing Molecular Trails of Individual Assemblies". *Biochemistry and Biophysics Research Communications*, v. 377, n. 2, p. 725, 2008.

2. C. Finch e T. Kirkwood, *Chance, Development, and Aging*. Oxford: Oxford University Press, 2000.

3. B. Brembs, "Towards a Scientific Concept of Free Will as a Biological Trait: Spontaneous Actions and Decision-Making in Invertebrates". *Proceedings of the Royal Society B: Biological Sciences*, v. 278, n. 1707, p. 930, 2011; A. Nimmerjahn, F. Kirschhoff e F. Helmchen, "Resting Microglial Cells Are Highly Dynamic Surveillants of Brain Parenchyma in Vivo". *Science*, v. 308, n. 5726, p. 1314, 2005.

4. Nota de rodapé: M. Heisenberg, "The Origin of Freedom in Animal Behavior", em A. Suarez e P. Adams (Orgs.), *Is Science Compatible with Free Will? Exploring Free Will and Consciousness in the Light of Quantum Physics and Neuroscience* (Nova York: Springer, 2013).

5. T. Hellmuth Tet al., "Delayed-Choice Experiments in Quantum Interference". *Physics Reviews A*, v. 35, n. 6, p. 2532, 1987.

6. A. Ananthaswamy, *Through Two Doors at Once: The Elegant Experiment That Captures the Enigma of Our Quantum Reality*. Nova York: Dutton, 2018; para uma introdução à ideia dos muitos mundos, ver Y. Nomura, "The Quantum Multiverse" (*Scientific American*, maio 2017).

7. J. Yin et al., "Satellite-Based Entanglement Distribution over 1200 Kilometers". *Science*, v. 356, n. 6343, p. 1140, 2017; J. Ren et al., "Ground-to-Satellite Quantum Teleportation". *Nature*, v. 549, n. 7670, p. 70, 2017; G. Popkin, "China's Quantum Satellite Achieves 'Spooky Action' at Record Distance". *Science*, 15 jun. 2017.

8. Nota de rodapé: D. Simonton, *Creativity in Science: Chance, Logic, Genius, and Zeitgeist* (Cambridge: Cambridge University Press, 2004); R. Sapolsky, "Open Season" (*New Yorker*, 30 mar. 1998).

9. C. Marletto et al., "Entanglement between Living Bacteria and Quantized Light Witnessed by Rabi Splitting". *Journal of Physics: Communications*, v. 2, p. 101001, 2018; P. Jedlicka,

"Revisiting the Quantum Brain Hypothesis: Toward Quantum (Neuro)biology?". *Frontiers in Molecular Neuroscience*, v. 10, p. 366, 2017.

Nota de rodapé: J. O'Callaghan, "'Schrödinger's Bacterium' Could Be a Quantum Biology Milestone" (*Scientific American*, 29 out. 2018).

10. SEU LIVRE-ARBÍTRIO É ALEATÓRIO? [pp. 223-49]

1. Um passeio seletivo pelo zoológico da indeterminação quântica: R. Boni, *Quantum Christian Realism: How Quantum Mechanics Underwrites and Realizes Classical Christian Theism* (Eugene: Wipf and Stock, 2019); D. O'Murchu, *Quantum Theology: Spiritual Implications of the New Physics* (Chicago: Crossroads, 2004); I. Barbour, *Issues in Science and Religion* (Saddle River: Prentice Hall, 1966); citação de "físico New Age" de Amit Goswami, como citado no filme *Quem somos nós?* e em seu website <www.amitgoswami.org/2019/06/21/quantum-spirituality/>; P. Fisher, "Quantum Cognition: The Possibility of Processing with Nuclear Spins in the Brain" (*Annals of Physics*, v. 362, p. 593, 2015); H. Hu e M. Wu, "Action Potential Modulation of Neural Spin Networks Suggests Possible Role of Spin" (*NeuroQuantology*, v. 2, n. 4, p. 309, 2004); S. Tarlaci e M. Pregnolato, "Quantum Neurophysics: From Non-living Matter to Quantum Neurobiology and Psychopathology" (*International Journal of Psychophysiology*, v. 103, p. 161, 2016); E. Basar e B. Guntekin, "A Breakthrough in Neuroscience Needs a 'Nebulous Cartesian System' Oscillations, Quantum Dynamics and Chaos in the Brain and Vegetative System" (*International Journal of Psychophysiology*, v. 64, p. 108, 2006); M. Cocchi et al., "Major Depression and Bipolar Disorder: The Concept of Symmetry Breaking" (*NeuroQuantology*, v. 10, n. 4, p. 676, 2012); P. Zizzi e M. Pregnolato, "Quantum Logic of the Unconscious and Schizophrenia" (*NeuroQuantology*, v. 10, n. 3, p. 566, 2012). E, claro, existe uma dieta quântica: L. Fritz, *The Quantum Weight Loss Blueprint* ([S.l.]: New Hope Health, 2020). Além disso, não perca: A. Amarasingam, "New Age Spirituality, Quantum Mysticism and Self-Psychology: Changing Ourselves from the Inside Out" (*Mental Health, Religion & Culture*, v. 12, n. 3, p. 277, 2009).

Nota de rodapé: G. Pennycook et al., "On the Reception and Detection of Pseudo-profound Bullshit" (*Judgment and Decision Making*, v. 10, n. 6, p. 549, 2015).

2. A. Goswami. Disponível em: <www.amitgoswami.org/2019/06/21/quantum-spirituality/>.

3. O Journal Citation Reports classificou *NeuroQuantology* em 253º lugar num total de 261 revistas de neurociência em termos de impacto no trabalho de outros cientistas, deixando-nos curiosos para saber como seriam as revistas que ocupam as posições 254 a 261.

Primeira nota de rodapé da p. 225: J. T. Ismael, *Why Physics Makes Us Free* (Oxford: Oxford University Press, 2016).

4. A citação é de P. Kitcher, "The Mind Mystery" (*New York Times*, 4 fev. 1990); para uma análise igualmente angustiada, dessa vez de autoria de um neurocientista, ver J. Hobson, "Neuroscience and the Soul: The Dualism of John Carew Eccles" (*Cerebrum: The Dana Forum on Brain Science*, v. 6, n. 2, p. 61, 2004).

Nota de rodapé: J. Eccles, "Hypotheses Relating to the Brain-Mind Problem" (*Nature*, v. 168, n. 4263, p. 53, 1951).

5. G. Engel, T. Calhoun e E. Read, "Evidence for Wavelike Energy Transfer through Quantum Coherence in Photosynthetic Systems". *Nature*, v. 446, n. 7137, p. 782, 2007.

6. P. Tse, "Two Types of Libertarian Free Will Are Realized in the Human Brain", em G. Caruso e O. Flanagan (Orgs.), *Neuroexistentialism*, op. cit., p. 170.

7. J. Schwartz, H. Stapp e M. Beauregard, "Quantum Physics in Neuroscience and Psychology: A Neurophysical Model of Mind-Brain Interaction". *Philosophical Transactions of the Royal Society London B, Biological Sciences*, v. 360, p. 1309, n. 1458, 2005; Z. Ganim, A. Tokmako e A. Vaziri, "Vibrational Excitons in Ionophores; Experimental Probes for Quantum Coherence-Assisted Ion Transport and Selectivity in Ion Channels". *New Journal of Physics*, v. 13, p. 113030, 2011; A. Vaziri e M. Plenio, "Quantum Coherence in Ion Channels: Resonances, Transport and Verification". *New Journal of Physics*, v. 12, p. 085001, 2010.

8. S. Hameroff, "How Quantum Biology Can Rescue Conscious Free Will". *Frontiers of Integrative Neuroscience*, v. 6, p. 93, 2012; S. Hameroff e R. Penrose, "Orchestrated Reduction of Quantum Coherence in Brain Microtubules: A Model for Consciousness". *Mathematical and Computational Simulation*, v. 40, n. 3/4, p. 453, 1996; E. Dent e P. Baas, "Microtubules in Neurons as Information Carriers". *Journal of Neurochemistry*, v. 129, n. 2, p. 235, 2014; R. Tas e L. Kapitein, "Exploring Cytoskeletal Diversity in Neurons". *Science*, v. 361, n. 6399, p. 231, 2018.

9. M. Tegmark, "Why the Brain Is Probably Not a Quantum Computer". *Information Science*, v. 128, n. 3/4, p. 144, 2000; M. Tegmark, "Importance of Quantum Coherence in Brain Processes". *Physical Review E*, v. 61, p. 4194, 2000; M. Kikkawa et al., "Direct Visualization of the Microtubule Lattice Seam Both in Vitro and in Vivo". *Journal of Cell Biology*, v. 127, n. 6, p. 1965, 1994; C. De Zeeuw, E. Hertzberg e E. Mugnaini, "The Dendritic Lamellar Body: New Neuronal Organelle Putatively Associated with Dendrodendritic Gap Junctions". *Journal of Neuroscience*, v. 15, n. 2, p. 1587, 1995.

10. J. Tanaka et al., "Number and Density of AMPA Receptors in Single Synapses in Immature Cerebellum". *Journal of Neuroscience*, v. 25, n. 4, p. 799, 2005; M. West e H. Gundersen, "Unbiased Stereological Estimation of the Number of Neurons in the Human Hippocampus". *Comparative Neurology*, v. 296, n. 1, p. 1, 1990.

11. J. Hobbs, "Chaos and Indeterminism". *Canadian Journal of Philosophy*, v. 21, n. 2, p. 141, 1991; D. Lindley, *Where Does the Weirdness Go? Why Quantum Mechanics Is Strange, but Not as Strange as You Think*. Nova York: Basic, 1996.

12. L. Amico et al., "Many-Body Entanglement". *Review of Modern Physics*, v. 80, p. 517, 2008; S. Tarlaci e M. Pregnolato, "Quantum Neurophysics", op. cit.

13. B. Katz, "On the Quantal Mechanism of Neural Transmitter Release". Palestra do prêmio Nobel, Estocolmo, 12 dez. 1970. Disponível em: <nobelprize.org/prizes/medicine/1970/katz/lecture/>; Y. Wang et al., "Counting the Number of Glutamate Molecules in Single Synaptic Vesicles". *Journal of the American Chemical Society*, v. 141, n. 44, p. 17507, 2019.

Nota de rodapé: J. Schwartz et al., "Quantum Physics in Neuroscience and Psychology: A Neurophysical Model of Mind-Brain Interactions" (*Philosophical Transactions of the Royal Society B*, v. 360, n. 1458, p. 1309, 2005), citação na p. 1319.

14. C. Wasser e E. Kavalali, "Leaky Synapses: Regulation of Spontaneous Neurotransmission in Central Synapses". *Journal of Neuroscience*, v. 158, n. 1, p. 177, 2008; E. Kavalali, "The Mechanisms and Functions of Spontaneous Neurotransmitter Release". *Nature Reviews Neu-*

roscience, v. 16, n. 1, p. 5, 2015; C. Williams e S. Smith, "Calcium Dependence of Spontaneous Neurotransmitter Release". *Journal of Neuroscience Research*, v. 96, n. 3, p. 335, 2018.

15. C. Williams e S. Smith, "Calcium Dependence of Spontaneous Neurotransmitter Release", op. cit.; K. Koga et al., "SCRAPPER Selectively Contributes to Spontaneous Release and Presynaptic Long-Term Potentiation in the Anterior Cingulate Cortex". *Journal of Neuroscience*, v. 37, n. 14, p. 3887, 2017; R. Schneggenburger e C. Rosenmund, "Molecular Mechanisms Governing Ca(2+) Regulation of Evoked and Spontaneous Release". *Nature Neuroscience*, v. 18, n. 7, p. 935, 2015; K. Hausknecht et al., "Prenatal Ethanol Exposure Persistently Alters Endocannabinoid Signaling and Endocannabinoid-Mediated Excitatory Synaptic Plasticity in Ventral Tegmental Area Dopamine Neurons". *Journal of Neuroscience*, v. 37, n. 24, p. 5798, 2017.

16. Indeterminação determinada sob controle de:

Hormônios e estresse: L. Liu et al., "Corticotropin-Releasing Factor and Urocortin I Modulate Excitatory Glutamatergic Synaptic Transmission" (*Journal of Neuroscience*, v. 24, n. 15, p. 4010, 2004); H. Tan, P. Zhong e Z. Yan, "Corticotropin-Releasing Factor and Acute Stress Prolongs Serotonergic Regulation of GABA Transmission in Prefrontal Cortical Pyramidal Neurons" (*Journal of Neuroscience*, v. 24, n. 21, p. 5000.ohol, 2004).

Álcool: R. Renteria et al., "Selective Alterations of NMDAR Function and Plasticity in D1 and D2 Medium Spiny Neurons in the Nucleus Accumbens Shell Following Chronic Intermittent Ethanol Exposure" (*Neuropharmacology*, v. 112, parte A, p. 164, 2017); 1983: Technicolor, 116 min, estrelando Robert De Niro, Diane Keaton e, em seu filme de estreia, o jovem Ryan Gosling como o sexto neurônio frontocortical a partir da esquerda; R. Shen, "Ethanol Withdrawal Reduces the Number of Spontaneously Active Ventral Tegmental Area Dopamine Neurons in Conscious Animals" (*Journal of Pharmacology and Experimental Therapeutics*, v. 307, n. 2, p. 566, 2003).

Outros fatores: J. Ribeiro, "Purinergic Inhibition of Neurotransmitter Release in the Central Nervous System" (*Pharmacology and Toxicology*, v. 77, n. 5, p. 299, 1995); J. Li et al., "Regulation of Increased Glutamatergic Input to Spinal Dorsal Horn Neurons by mGluR5 in Diabetic Neuropathic Pain" (*Journal of Neurochemistry*, v. 112, n. 1, p. 162, 2010); A. Goel et al., "Cross-Modal Regulation of Synaptic AMPA Receptors in Primary Sensory Cortices by Visual Experience" (*Nature Neuroscience*, v. 9, n. 8, p. 1001, 2006).

Só para fazer breve menção a todo um mundo adicional de indeterminação determinada no cérebro: trechos particulares de DNA de vez em quando são copiados, e a cópia é aleatoriamente inserida em outro lugar no genoma (outrora chamados pelos céticos, de maneira pejorativa, de "genes saltadores", a realidade desses "transpósons" resultou num prêmio Nobel em 1983 para sua descobridora, durante muito tempo desconsiderada, Barbara McClintock). Acontece que o cérebro pode regular quando essa aleatoriedade ocorre nos neurônios (por exemplo, durante o estresse, por meio de glicocorticoides). Ver R. Hunter et al., "Stress and the Dynamic Genome: Steroids, Epigenetics, and the Transposome" (*Proceedings of the National Academy of Sciences of the United States of America*, v. 112, n. 22, p. 6828, 2014).

17. Ver os artigos de Kavalali na nota 14, acima; F. Varodayan et al., "CRF Modulates Glutamate Transmission in the Central Amygdala of Naïve and Ethanol-Dependent Rats". *Neuropharmacology*, v. 125, p. 418, 2017; J. Earman, *A Primer on Determinism*, op. cit.

18. Liberação espontânea de neurotransmissores: D. Crawford et al., "Selective Molecular Impairment of Spontaneous Neurotransmission Modulates Synaptic Efficacy" (*Nature Communications*, v. 10, n. 8, p. 14436, 2017); M. Garcia-Bereguiain et al., "Spontaneous Release Regulates Synaptic Scaling in the Embryonic Spinal Network in Vivo" (*Journal of Neuroscience*, v. 36, n. 27, p. 7268, 2016); A. Blankenship e M. Feller, "Mechanisms Underlying Spontaneous Patterned Activity in Developing Neural Circuits" (*Nature Reviews Neuroscience*, v. 11, n. 1, p. 18, 2010); C. O'Donnell e M. van Rossum, "Spontaneous Action Potentials and Neural Coding in Unmyelinated Axons" (*Neural Computation*, v. 27, n. 4, p. 801, 2015); L. Andreae e J. Burrone, "The Role of Spontaneous Neurotransmission in Synapse and Circuit Development" (*Journal of Neuroscience Research*, v. 96, n. 3, p. 354, 2018).

19. M. Raichle et al., "A Default Mode of Brain Function". *Proceedings of the National Academy of Sciences of the United States of America*, v. 98, n. 2, p. 676, 2001; M. Raichle e A. Snyder, "A Default Mode of Brain Function: A Brief History of an Evolving Idea". *NeuroImage*, v. 37, n. 4, p. 1083, 2007. Para uma interessante abordagem de uma circunstância em que o cérebro trabalha ativamente para nos fazer sonhar acordados, ver V. Axelrod et al., "Increasing Propensity to Mind-Wander with Transcranial Direct Current Stimulation" (*Proceedings of the National Academy of Sciences of the United States of America*, v. 112, p. 3314, 2015). Para mais artigos relevantes, ver R. Pena, M. Zaks e A. Roque, "Dynamics of Spontaneous Activity in Random Networks with Multiple Neuron Subtypes and Synaptic Noise: Spontaneous Activity in Networks with Synaptic Noise" (*Journal of Computational Neuroscience*, v. 45, n. 1, p. 1, 2018); A. Tozzi, M. Zare e A. Benasich, "New Perspectives on Spontaneous Brain Activity: Dynamic Networks and Energy Matter" (*Frontiers of Human Neuroscience*, v. 10, p. 247, 2016).

20. J. Searle, "Free Will as a Problem in Neurobiology". *Philosophy*, v. 76, n. 298, p. 491, 2001; M. Shadlen e A. Roskies, "The Neurobiology of Decision-Making and Responsibility", op. cit.; S. Blackburn, *Think: A Compelling Introduction to Philosophy* (Oxford: Oxford University Press, 1999), citação da p. 60. Para o belo exemplo de como a individualidade é construída na consistência do cérebro, e não na aleatoriedade, ver T. Kurikawa et al., "Neuronal Stability in Medial Frontal Cortex Sets Individual Variability in Decision-Making" (*Nature Neuroscience*, v. 21, n. 12, p. 1764, 2018).

Nota de rodapé: M. Bakan, "Awareness and Possibility" (*Review of Metaphysics*, v. 14, p. 231, 1960).

21. D. Dennett, *Freedom Evolves*, op. cit., p. 123; P. Tse, "Two Types of Libertarian Free Will Are Realized in the Human Brain", em G. Caruso e O. Flanagan (Orgs.), *Neuroexistentialism*, op. cit., p. 123.

22. Z. Blount, R. Lenski e J. Losos, "Contingency and Determinism in Evolution: Replaying Life's Tape". *Science*, v. 362, n. 6415, p. 655, 2018; D. Noble, "The Role of Stochasticity in Biological Communication Processes". *Progress in Biophysics and Molecular Biology*, v. 162, p. 122, 2020; R. Noble e D. Noble, "Harnessing Stochasticity: How Do Organisms Make Choices?". *Chaos*, v. 28, n. 10, p. 106309, 2018. Os dois autores desse último artigo são Denis Noble, de Oxford, e Raymond Noble, do University College London; depois de um breve trabalho de detetive, acho que descobri que eles são pai e filho (Denis, o pai; Raymond, o filho), o que é fofíssimo; para aumentar ainda mais o charme disso, ambos parecem ser talentosos menestréis ingleses — cantando juntos e publicando juntos artigos sobre estocasticidade. Já que estamos

nisso, e como tenho certeza de que ninguém está lendo (Por que é mesmo que você está lendo isto? Vá dar uma volta por aí!), há também C. McEwen e B. McEwen, "Social Structure, Adversity, Toxic Stress, and Intergenerational Poverty: An Early Childhood Model" (*Annual Review of Sociology*, v. 43, n. 1, p. 445, 2017), dos irmãos Craig, sociólogo do Bowdoin College, e Bruce, neurobiólogo da Universidade Rockefeller. Isso é ciência interdisciplinar e relações familiares no que elas têm de melhor. Bruce, cientista extraordinariamente talentoso, foi meu orientador de doutorado, mentor e figura paterna por quase quarenta anos. Morreu em 2020; ainda sinto sua falta.

23. D. Dennett, *Brainstorms: Philosophical Essays on Mind and Psychology*. Cambridge, MA: MIT Press, 1981, p. 295.

24. M. Shadlen e A. Roskies, "Neurobiology of Decision-Making and Responsibility", op. cit.

25. Nota de rodapé: O macaco recordista: Citado em D. Wershler-Henry, *Iron Whim: A Fragmented History of Typewriting* (Toronto: McClelland and Stewart, 2005); R. Dawkins, *The Blind Watchmaker*, op. cit.; o conto de Borges está em J. Borges, *Collected Fictions* (Nova York: Viking, 1998). [Ed. bras.: "Pierre Menard, autor do *Quixote*". In: *Ficções*. São Paulo: Companhia das Letras, 2007.] Desconfio que uma maratona de leitura desses três, sem pausa, criaria um estado de espírito muito interessante.

26. K. Mitchell, "Does Neuroscience Leave Room for Free Will?". *Trends in Neurosciences*, v. 41, n. 9, p. 573, 2018.

27. R. Kane, *The Significance of Free Will*. Oxford: Oxford University Press, 1996, p. 130.

28. P. Tse, "Two Types of Libertarian Free Will Are Realized in the Human Brain", em G. Caruso e O. Flanagan (Orgs.), *Neuroexistentialism*, op. cit.

29. R. Kane, "Libertarianism". In: J. Fischer et al. (Orgs.), *Four Views on Free Will*. Oxford: Wiley-Blackwell, 2007, p. 26.

30. A distinção descrição/prescrição é explorada em P. Cryle e E. Stephens, *Normality: A Critical Genealogy* (Chicago: University of Chicago Press, 2017). Para uma interessante leitura na direção oposta à deste capítulo, ver J. Horgan, "Does Quantum Mechanics Rule Out Free Will?" (*Scientific American*, mar. 2022). A propósito, Horgan faz uma referência respeitosa, com a qual concordo, à física Sabine Hossenfelder. Veja sua palestra "You Don't Have Free Will, but Don't Worry" no YouTube (disponível em: <youtube.com/watch?v=zpU_e3jh_FY>). Magnífica. Na verdade, assista-a em vez de ler este livro...

10,5. INTERLÚDIO [pp. 250-4]

1. H. Sarkissian et al., "Is Belief in Free Will a Cultural Universal?", op. cit.

Nota de rodapé: W. Phillips et al., "'Unwilling' versus 'Unable': Capuchin Monkeys' (*Cebus apella*) Understanding of Human Intentional Action" (*Developmental Science*, v. 12, n. 6, p. 938, 2009); J. Call et al., "'Unwilling' versus 'Unable': Chimpanzees' Understanding of Human Intentional Action" (*Developmental Science*, v. 7, n. 4, p. 488, 2004); E. Furlong e L. Santos, "Evolutionary Insights into the Nature of Choice: Evidence from Nonhuman Primates", em W. Sinnott-Armstrong (Org.), *Moral Psychology*, op. cit., p. 347.

2. Nota de rodapé: Loeb foi morto a facadas por um preso que disse que ele lhe fez uma ofensiva proposta sexual. Comentaristas (o que no original não está claro) observaram que, surpreendentemente para alguém tão instruído, que em tese sabia bem gramática, Loeb tinha "terminado sua sentença com uma proposta (*proposition*)" [jogo de palavras com a regra gramatical que recomenda não terminar a frase (*sentence*) com uma preposição (*preposition*)]; por exemplo, Mark Hellinger (*Syracuse Journal*, 19 fev. 1936). Seu assassino foi absolvido.

3. "Timeline". Society for Neuroscience, [s.d.]. Disponível em: <sfn.org/about/history-of--sfn/1969-2019/timeline>. O filósofo Thomas Nadelhoffer escreve explicitamente sobre essa "ameaça de redução da agência". T. Nadelhoffer, "The Threat of Shrinking Agency and Free Will Disillusionism". In: L. Nadel e W. Sinnott-Armstrong (Orgs.), *Conscious Will and Responsibility: A Tribute to Benjamin Libet*. Oxford: Oxford University Press, 2011.

11. VAMOS TODOS ENLOUQUECER? [pp. 255-77]

1. D. Walker, *Rights in Conflict: The Walker Report*. Nova York: Bantam, 1968; N. Steinberg, "The Whole World Watched: 50 Years after the 1968 Chicago Convention". *Chicago Sun Times*, 17 ago. 2018; J. Schultz, *No One Was Killed: The Democratic National Convention, August 1968*. Chicago: University of Chicago Press, 1969; H. Johnson, "1968 Democratic Convention: The Bosses Strike Back". *Smithsonian*, ago. 2008. Para uma análise de anonimato e aumento da violência em culturas tradicionais, ver o capítulo 11 de R. Sapolsky, *Comporte-se*, op. cit.

2. M. L. Saint Martin, "Running Amok: A Modern Perspective on a Culture-Bound Syndrome". *Primary Care Companion for the Journal of Clinical Psychiatry*, v. 1, n. 3, p. 66, 1999.

3. F. Crick, *The Astonishing Hypothesis: The Scientific Search for the Soul*. Nova York: Scribner, 1994, p. 1.

4. Nota de rodapé: Para variações, ver E. Seto e J. Hicks, "Disassociating the Agent from the Self: Undermining Belief in Free Will Diminishes True Self-Knowledge" (*Social Psychological and Personality*, v. 7, p. 726, 2016).

5. D. Rigoni et al., "Inducing Disbelief in Free Will Alters Brain Correlates of Preconscious Motor Preparation Whether We Believe in Free Will or Not". *Psychological Science*, v. 22, n. 5, p. 613, 2011.

6. D. Rigoni, G. Pourtois e M. Brass, "'Why Should I Care?' Challenging Free Will Attenuates Neural Reaction to Errors". *Social Cognitive and Affective Neuroscience*, v. 10, n. 2, p. 262, 2015; D. Rigoni et al., "When Errors Do Not Matter: Weakening Belief in Intentional Control Impairs Cognitive Reaction to Errors". *Cognition*, v. 127, n. 2, p. 264, 2013.

7. K. Vohs e J. Schooler, "The Value of Believing in Free Will". *Psychological Science*, v. 19, n. 1, p. 49, 2002; A. Shariff e K. Vohs, "The World without Free Will". *Scientific American*, jun. 2014; M. MacKenzie, K. Vohs e R. Baumeister, "You Didn't Have to Do That: Belief in Free Will Promotes Gratitude". *Personality and Social Psychology Bulletin*, v. 40, n. 11, p. 14223, 2014; B. Moynihan, E. Igou e A. Wijnand, "Free, Connected, and Meaningful: Free Will Beliefs Promote Meaningfulness through Belongingness". *Personality and Individual Differences*, v. 107, p. 54, 2017. Ver também E. Seto e J. Hicks, "Disassociating the Agent from the Self" (*Social Psychological and Personality Science*, v. 7, n. 7, p. 726, 2016); R. Baumeister, E. Masicampo e

C. DeWall, “Prosocial Benefits of Feeling Free: Disbelief in Free Will Increases Aggression and Reduces Helpfulness” (*Personality and Social Psychology Bulletin*, v. 35, n. 2, p. 260, 2009).

8. M. Lynn et al., “Priming Determinist Beliefs Diminishes Implicit (but Not Explicit) Components of Self-Agency”. *Frontiers in Psychology*, v. 5, 2014. Disponível em: <doi.org/10.3389/fpsyg.2014.01483>.

Nota de rodapé: S. Obhi e P. Hall, “Sense of Agency in Joint Action: Influence of Human and Computer Co-actors” (*Experimental Brain Research*, v. 211, n. 3/4, p. 663, 2011).

9. A. Vonash et al., “Ordinary People Associate Addiction with Loss of Free Will”. *Addictive Behavior Reports*, v. 5, p. 56, 2017; K. Vohs e R. Baumeiser, “Addiction and Free Will”. *Addiction Research and Theory*, v. 17, n. 3, p. 231, 2009; G. Heyman, “Do Addicts Have Free Will? An Empirical Approach to a Vexing Question”. *Addictive Behavior Reports*, v. 5, p. 85, 2018; E. Racine, S. Sattler e A. Escande, “Free Will and the Brain Disease Model of Addiction: The Not So Seductive Allure of Neuroscience and Its Modest Impact on the Attribution of Free Will to People with an Addiction”. *Frontiers in Psychology*, v. 8, p. 1850, 2017.

10. T. Nadelhoffer et al., “Does Encouraging a Belief in Determinism Increase Cheating? Reconsidering the Value of Believing in Free Will”. *Cognition*, v. 203, p. 104342, 2020; A. Monroe, G. Brady e B. Malle, “This Isn’t the Free Will Worth Looking For: General Free Will Beliefs Do Not Influence Moral Judgments, Agent-Specific Choice Ascriptions Do”. *Social Psychological and Personality Science*, v. 8, p. 191, 2017; D. Wisniewski et al., “Relating Free Will Beliefs and Attitudes”. *Royal Society Open Science*, v. 9, n. 2, p. 202018, 2022.

11. Ver Nadelhoffer et al., “Does Encouraging a Belief in Determinism Icrease Cheating?”, op. cit.; A. Monroe, G. Brady e B. Malle, “This Isn’t the Free Will Worth Looking For”, op. cit.; J. Harms et al., “Free to Help? An Experiment on Free Will Belief and Altruism”. *PLoS One*, v. 12, p. e0173193, 2017; L. Crone e N. Levy, “Are Free Will Believers Nicer People? (Four Studies Suggest Not)”. *Social Psychological and Personality Science*, v. 10, p. 612, 2019; E. Caspar et al., “The Influence of (Dis)belief in Free Will on Immoral Behaviour”. *Frontiers in Psychology*, v. 8, p. 20, 2017. Meta-análise: O. Genschow, E. Cracco e J. Schneider, “Manipulating Belief in Free Will and Its Downstream Consequences: A Meta-analysis” (*Personality and Social Psychology Review*, v. 27, n. 1, p. 52, 2022); B. Nosek, “Estimating the Reproducibility of Psychological Inference” (*Science*, v. 349, n. 6251, p. 943, 2015), DOI: 10.1126/science.aac4716.

Nota de rodapé: O. Genschow et al., “Professional Judges’ Disbelief in Free Will Does Not Decrease Punishment” (*Social Psychological and Personality Science*, v. 12, p. 357, 2020).

12. A. Norenzayan, *Big Gods: How Religion Transformed Cooperation and Conflict.* Princeton: Princeton University Press, 2013. Para uma interessante resenha do livro feita pelo cientista da complexidade Peter Turchin, ver P. Turchin, “From Big Gods to the Big Brother” (Cliodynamica, 4 set. 2015). Disponível em: <peterturchin.com/cliodynamica/from-big-gods-to-the-big-brother/>.

13. P. Edgell et al., “Atheists and Other Cultural Outsiders: Moral Boundaries and the Nonreligious in the United States”. *Social Forces*, v. 95, n. 2, p. 607, 2016; E. Volokh, “Parent-Child Speech and Child Custody Speed Restrictions”. *New York University Law Review*, v. 81, p. 631, 2006; A. Furnham, N. Meader e A. McCelland, “Factors Affecting Nonmedical Participants’ Allocation of Scarce Medical Resources”. *Journal of Social Behavior and Personality*, v. 13, n. 4, p. 735, 1996; J. Hunter, “The Williamsburg Charter Survey: Methodology and Find-

ings". *Journal of Law and Religion*, v. 8, n. 1, p. 257, 1990; M. Miller e B. Bornstein, "The Use of Religion in Death Penalty Sentencing Trials". *Law and Human Behavior*, v. 30, n. 6, p. 675, 2006. Para uma demonstração de presciência, ver J. Joyner, "Black President More Likely Than Mormon or Atheist" (*Outside the Beltway*, 20 fev. 2007). Disponível em: <outsidethebeltway.com/archives/black_president_more_likely_than_mormon_or_atheist_/>.

Nota de rodapé: S. Weber et al., "Psychological Distress among Religious Nonbelievers: A Systematic Review" (*Journal of Religion and Health*, v. 51, n. 1, p. 72, 2012).

14. W. Gervais e M. Najle, "Nonreligious People in Religious Societies". In: P. Zuckerman e J. Shook (Orgs.), *The Oxford Handbook of Secularism*. Oxford: Oxford University Press, 2017; "USPS Discrimination against Atheism?". Atheist Shoes, [s.d.]. Disponível em: <atheist.shoes/pages/usps-study>. Também, algumas notícias de arrepiar: R. Evans, "Atheists Face Death in 13 Countries, Global Discrimination: Study" (Reuters, 9 dez. 2013). Disponível em: <reuters.com/article/us-religion-atheists-idUSBRE9B900G20131210>; International Humanist and Ethical Union, "You Can Be Put to Death for Atheism in 13 Countries around the World" (Humanists International, 12 out. 2013). Disponível em: <iheu.org/you-can-be-put-death-atheism-13-countries-around-world/>; "Saudi Arabia: New Terrorism Regulations Assault Rights" (Humans Rights Watch, 20 mar. 2014). Disponível em: <hrw.org/news/2014/03/20/saudi-arabia-new-terrorism-regulations-assault-rights>.

15. C. Tamir et al., "The Global God Divide". Pew Research Center, 20 jul. 2020; S. Weber et al., "Psychological Distress among Religious Nonbelievers", op. cit.; M. Gervais, "Everything Is Permitted? People Intuitively Judge Immorality as Representative of Atheists". *PLoS One*, v. 9, n. 4, p. e92302, 2014; R. Ritter e J. Preston, "Representations of Religious Words: Insights for Religious Priming Research". *Journal for the Scientific Study of Religion*, v. 52, n. 3, p. 494, 2013; W. Gervais et al., "Global Evidence of Extreme Intuitive Moral Prejudice against Atheists". *Nature Human Behaviour*, v. 1, n. 8, p. s41562, 2017.

Nota de rodapé: B. Rutjens e S. Heine, "The Immoral Landscape? Scientists Are Associated with Violations of Morality" (*PLoS One*, v. 11, n. 4, p. e0152798, 2016).

16. Ver S. Weber et al., "Psychological Distress among Religious Nonbelievers", op. cit.

17. Nota de rodapé: A. Norenzayan e W. Gervais, "The Origins of Religious Disbelief" (*Trends in Cognitive Sciences*, v. 17, n. 1, p. 20, 2013); G. Pennycook et al., "On the Reception and Detection of Pseudo-profound Bullshit", op. cit.; A. Shenhav, D. Rand e J. Greene, "Divine Intuition: Cognitive Style Influences Belief in God" (*Journal of Experimental Psychology: General*, v. 141, n. 3, p. 423, 2011); W. Gervais e A. Norenzayan, "Analytic Thinking Promotes Religious Disbelief" (*Science*, v. 336, n. 6080, p. 493, 2012); A. Jack et al., "Why Do You Believe in God? Relationships between Religious Belief, Analytic Thinking, Mentalizing and Moral Concern" (*PLoS One*, v. 11, n. 3, p. e0149989, 2016); Pew Forum on Religion and Public Life, "2008 U.S. Religious Landscape Survey: Religious Affiliation: Diverse and Dynamic" (Pew Research Center, 1 fev. 2008). Disponível em: <religions.pewforum.org/pdf/report-religious-landscape-study-full.pdf>.

18. Autodeclaração: B. Pelham e S. Crabtree, "Worldwide, Highly Religious More Likely to Help Others" (Gallup, 8 out. 2008). Disponível em: <news.gallup.com/poll/111013/worldwide-highly-religious-more-likely-help-others.aspx>; M. Donahue e M. Nielsen, "Religion, Attitudes, and Social Behavior", em R. Paloutzian e C. Park (Orgs.), *Handbook of the Psychology of*

Religion and Spirituality (Nova York: Guilford, 2005); I. Pichon e V. Saroglou, "Religion and Helping: Impact of Target, Thinking Styles and Just-World Beliefs" (*Archive for the Psychology of Religion*, v. 31, n. 2, p. 215, 2009). Preocupação com causar boa impressão: L. Galen, "Does Religious Belief Promote Prosociality? A Critical Examination" (*Psychological Bulletin*, v. 138, n. 5, p. 876, 2012); R. Putnam e R. Campbell, *American Grace: How Religion Divides and Unites Us* (Nova York: Simon & Schuster, 2010).

19. Religiosidade e pró-socialidade: V. Saroglou, "Religion's Role in Prosocial Behavior: Myth or Reality?" (*Psychology of Religion Newsletter*, v. 31, p. 1, 2006); V. Saroglou et al., "Prosocial Behavior and Religion: New Evidence Based on Projective Measures and Peer Ratings" (*Journal for the Scientific Study of Religion*, v. 44, n. 3, p. 323, 2005); L. Anderson e J. Mellor, "Religion and Cooperation in a Public Goods Experiment" (*Economics Letters*, v. 105, n. 1, p. 58, 2009); C. Ellison, "Are Religious People Nice People? Evidence from the National Survey of Black Americans" (*Social Forces*, v. 71, n. 2, p. 411, 1992).

Religiosidade e autoaperfeiçoamento: K. Eriksson e A. Funcke, "Humble Self-Enhancement: Religiosity and the Better-Than-Average Affect" (*Social Psychological and Personality Science*, v. 5, n. 1, p. 76, 2014); C. Sedikides e J. Gebauer, "Religiosity as Self-Enhancement: A Meta-analysis of the Relation between Socially Desirable Responding and Religiosity" (*Personality and Social Psychology Review*, v. 14, n. 1, p. 17, 2010); P. Brenner, "Identity Importance and the Over-Reporting of Religious Service Attendance: Multiple Imputation of Religious Attendance Using the American Time Use Study and the General Social Survey" (*Journal for the Scientific Study of Religion*, v. 50, n. 1, p. 103, 2011); P. Brenner, "Exceptional Behavior or Exceptional Identity? Over-Reporting of Church Attendance in the U.S." (*Public Opinion Quarterly*, v. 75, n. 1, p. 19, 2011).

Religiosidade e satisfação com a vida: E. Diener, L. Tay e D. Myers, "The Religion Paradox: If Religion Makes People Happy, Why Are So Many Dropping Out?" (*Journal of Personality and Social Psychology*, v. 101, n. 6, p. 1278, 2011); C. Sabatier et al., "Religiosity, Family Orientation, and Life Satisfaction of Adolescents in Four Countries" (*Journal of Cross-Cultural Psychology*, v. 42, n. 8, p. 1375, 2011).

20. Filantropia: R. Gillum e K. Master, "Religiousness and Blood Donation: Findings from a National Survey" (*Journal of Health Psychology*, v. 15, n. 2, p. 163, 2010); P. Grossman e M. Parrett, "Religion and Prosocial Behaviour: A Field Test" (*Applied Economics Letters*, v. 18, n. 6, p. 523, 2011); M. McCullough e E. Worthington, "Religion and the Forgiving Personality" (*Journal of Personality*, v. 67, n. 6, p. 1141, 1999); G. Pruckner e R. Sausgruber, "Honesty on the Streets: A Field Experiment on Newspaper Purchasing" (*Journal of the European Economic Association*, v. 11, n. 3, p. 661, 2008); A. Tsang, A. Schulwitz e R. Carlisle, "An Experimental Test of the Relationship between Religion and Gratitude" (*Psychology of Religion and Spirituality*, v. 4, n. 1, p. 40, 2011).

Religiosidade e agressividade: J. Blogowska, C. Lambert e V. Saroglou, "Religious Prosociality and Aggression: It's Real" (*Journal for the Scientific Study of Religion*, v. 52, n. 3, p. 524, 2013). Ser retaliativo: T. Greer et al., "We Are a Religious People; We Are a Vengeful People" (*Journal for the Scientific Study of Religion*, v. 44, n. 1, p. 45, 2005); M. Leach, M. Berman e L. Eubanks, "Religious Activities, Religious Orientation, and Aggressive Behavior" (*Journal for the Scientific Study of Religion*, v. 47, n. 2, p. 311, 2008).

21. L. Galen e J. Kloet, "Personality and Social Integration Factors Distinguishing Nonreligious from Religious Groups: The Importance of Controlling for Attendance and Demographics". *Archive for the Psychology of Religion*, v. 33, n. 2, p. 205, 2011; L. Galen, M. Sharp e A. McNulty, "The Role of Nonreligious Group Factors versus Religious Belief in the Prediction of Prosociality". *Social Indicators Research*, v. 122, p. 411, 2015; R. Stark, "Physiology and Faith: Addressing the 'Universal' Gender Difference in Religious Commitment". *Journal for the Scientific Study of Religion*, v. 41, n. 3, p. 495, 2002; M. Argyle, *Psychology and Religion: An Introduction*. Londres: Routledge, 2000; G. Lenski, "Social Correlates of Religious Interest". *American Sociological Review*, v. 18, p. 533, 1953; A. Miller e J. Hoffmann, "Risk and Religion: An Explanation of Gender Differences in Religiosity". *Journal for the Scientific Study of Religion*, v. 34, p. 63, 1995.

22. R. Putnam e R. Campbell, *American Grace*, op. cit.; T. Smith, M. McCullough e J. Poll, "Religiousness and Depression: Evidence for a Main Effect and the Moderating Influence of Stressful Life Events". *Psychological Bulletin*, v. 129, n. 4, p. 614, 2003; L. Galen e J. Kloet, "Mental Well-Being in the Religious and the Non-religious: Evidence for a Curvilinear Relationship". *Mental Health, Religion & Culture*, v. 14, n. 7, p. 673, 2011; M. McCullough e T. Smith, "Religion and Depression: Evidence for a Main Effect and the Moderating Influence of Stress Life Events". *Psychological Bulletin*, v. 129, n. 4, p. 614, 2003; L. Manning, "Gender and Religious Differences Associated with Volunteering in Later Life". *Journal of Women and Aging*, v. 22, n. 2, p. 125, 2010.

23. I. Pichon e V. Saroglou, "Religion and Helping", op. cit.; N. Mazar, O. Ami e D. Ariely, "The Dishonesty of Honest People: A Theory of Self-Concept Maintenance". *Journal of Marketing Research*, v. 45, n. 6, p. 633, 2008; M. Lang et al., "Moralizing Gods, Impartiality and Religious Parochialism across 15 Societies". *Proceedings of the Royal Society B: Biological Sciences*, v. 286, n. 1898, p. 20190202, 2019; A. Shariff et al., "Religious Priming: A Meta-analysis with a Focus on Prosociality". *Personality and Social Psychology Review*, v. 20, n. 1, p. 27, 2016.

24. I. Pichon e V. Saroglou, "Religion and Helping", op. cit.; A. Shariff e A. Norenzayan, "God Is Watching You: Priming God Concepts Increases Prosocial Behavior in an Anonymous Economic Game". *Psychological Science*, v. 18, n. 9, p. 803, 2007; K. Laurin, A. Kay e G. Fitzsimons, "Divergent Effects of Activating Thoughts of God on Self-Regulation". *Journal of Personality and Social Psychology*, v. 102, n. 1, p. 4, 2012; K. Rounding et al., "Religion Replenishes Self-Control". *Psychological Science*, v. 23, n. 6, p. 635, 2012; J. Saleam e A. Moustafa, "The Influence of Divine Rewards and Punishments on Religious Prosociality". *Frontiers in Psychology*, v. 7, p. 1149, 2016.

25. A. Shariff e A. Norenzayan, "God Is Watching You", op. cit.; B. Randolph-Seng e M. Nielsen, "Honesty: One Effect of Primed Religious Representations". *International Journal of Psychology and Religion*, v. 17, n. 4, p. 303, 2007.

Nota de rodapé: M. Quirin, J. Klackl e E. Jonas, "Existential Neuroscience: A Review and Brain Model of Coping with Death Awareness". In: C. Routledge e M. Vess (Orgs.), *Handbook of Terror Management Theory* (Londres: Elsevier, 2019).

26. J. Haidt, *The Righteous Mind: Why Good People Are Divided by Politics and Religion*. Nova York: Pantheon, 2012; J. Weedon e R. Kurzban, "What Predicts Religiosity? A Multinational Analysis of Reproductive and Cooperative Morals". *Evolution and Human Behavior*,

v. 34, n. 6, p. 440, 2012; P. Zuckerman, *Society without God*. Nova York: New York University Press, 2008.

27. M. Regnerus, C. Smith e D. Sikkink, "Who Gives to the Poor? The Influence of Religious Tradition and Political Location on Personal Generosity of Americans toward the Poor". *Journal for the Scientific Study of Religion*, v. 37, p. 481, 1998; J. Jost e M. Krochik, "Ideological Differences in Epistemic Motivation: Implications for Attitude Structure, Depth of Information Processing, Susceptibility to Persuasion, and Stereotyping". *Advances in Motivation Science*, v. 1, p. 181, 2014; F. Grupp e W. Newman, "Political Ideology and Religious Preference: The John Birch Society and Americans for Democratic Action". *Journal for the Scientific Study of Religion*, v. 12, n. 4, p. 401, 1974.

28. Center for Global Development, "Commitment to Development Index 2021". Disponível em: <cgdev.org/section/initiatives/_active/cdi/>; Center for Global Development, "Ranking the Rich". *Foreign Policy*, v. 142, p. 46, 2004; Center for Global Development, "Ranking the Rich". *Foreign Policy*, v. 150, p. 76, 2005; P. Zuckerman, *Society without God*, op. cit.; P. Norris e R. Inglehart, *Sacred and Secular: Religion and Politics Worldwide*. Cambridge: Cambridge University Press, 2004; S. Bruce, *Politics and Religion*. Cambridge: Polity, 2003.

Nota de rodapé: Center for Global Development, "Ranking the Rich" (*Foreign Policy*, v. 150, p. 76, 2005).

29. P. Zuckerman, "Atheism, Secularity, and Well-Being: How the Findings of Social Science Counter Negative Stereotypes and Assumptions". *Sociology Compass*, v. 3, n. 6, p. 949, 2009; B. Beit-Hallahmi, "Atheists: A Psychological Profile". In: M. Martin (Org.), *The Cambridge Companion to Atheism*. Cambridge: Cambridge University Press, 2007; S. Crabtree e B. Pelham, "More Religious Countries, More Perceived Ethnic Intolerance". Gallup, 7 abr. 2009. Disponível em: <gallup.com/poll/117337/Religious-Countries Perceived-Ethnic-Intolerance.aspx>; J. Lyne, "Who's No. 1? Finland, Japan and Korea, Says OECD Education Study". Site Selection, 10 dez. 2001. Disponível em: <siteselection.com/ssinsider/snapshot/sf011210.htm>; United Nations Office on Drugs and Crime, "UNODC Statistics Online". Disponível em: <www.unodc.org/unodc/en/data-and-analysis/statistics/index.html>.

30. P. Norris e R. Inglehart, *Sacred and Secular*, op. cit.

31. H. Tan e C. Vogel, "Religion and Trust: An Experimental Study". *Journal of Economic Psychology*, v. 29, n. 6, p. 332, 2008; J. Preston e R. Ritter, "Different Effects of Religion and God on Prosociality with the Ingroup and Outgroup". *Personality and Social Psychology Bulletin*, v. 39, n. 11, p. 1471, 2013; A. Ahmed, "Are Religious People More Prosocial? A Quasi-experimental Study with Madrasah Pupils in a Rural Community in India". *Journal for the Scientific Study of Religion*, v. 48, n. 2, p. 368, 2009; A. Ben-Ner et al., "Identity and In-group/Out-group Differentiation in Work and Giving Behaviors: Experimental Evidence". *Journal of Economic Behavior & Organization*, v. 72, n. 1, p. 153, 2009; C. Fershtman, U. Gneezy e F. Verboven, "Discrimination and Nepotism: The Efficiency of the Anonymity Rule". *Journal of Legal Studies*, v. 34, p. 371, 2005; R. Reich, *Just Giving: Why Philanthropy Is Failing Democracy and How It Can Do Better*. Princeton: Princeton University Press, 2018.

32. M. Lang et al., "Moralizing Gods, Impartiality and Religious Parochialism accross 15 Societies", op. cit.

33. J. Blogowska e V. Saroglou, "Religious Fundamentalism and Limited Prosociality as a Function of the Target". *Journal for the Scientific Study of Religion*, v. 50, n. 1, p. 44, 2011;

M. Johnson et al., "A Mediational Analysis of the Role of Right-Wing Authoritarianism and Religious Fundamentalism in the Religiosity-Prejudice Link". *Personality and Individual Differences*, v. 50, n. 6, p. 851, 2011.

34. D. Gay e C. Ellison, "Religious Subcultures and Political Tolerance: Do Denominations Still Matter?". *Review of Religious Research*, v. 34, n. 4, p. 311, 1993; T. Vilaythong, N. Lindner e B. Nosek, "'Do unto Others': Effects of Priming the Golden Rule on Buddhists' and Christians' Attitudes toward Gay People". *Journal for the Scientific Study of Religion*, v. 49, n. 3, p. 494, 2010; J. LaBouff et al., "Differences in Attitudes towards Outgroups in a Religious or Non-religious Context in a Multi-national Sample: A Situational Context Priming Study". *International Journal for the Psychology of Religion*, v. 22, n. 1, p. 1, 2012; M. Johnson, W. Rowatt e J. LaBouff, "Priming Christian Religious Concepts Increases Racial Prejudice". *Social Psychological and Personality Science*, v. 1, n. 2, p. 119, 2010; I. Pichon e V. Saroglou, "Religion and Helping", op. cit.; R. McKay et al., "Wrath of God: Religious Primes and Punishment". *Proceedings of the Royal Society B: Biological Sciences*, v. 278, n. 1713, p. 1858, 2011; G. Tamarin, "The Influence of Ethnic and Religious Prejudice on Moral Judgment". *New Outlook*, v. 9, p. 49, 1996; J. Ginges, I. Hansen e A. Norenzayan, "Religion and Support for Suicide Attacks". *Psychological Science*, v. 20, n. 2, p. 224, 2009. Ver M. Leach, M. Berman e L. Eubanks, "Religious Activities, Religious Orientation and Aggressive Behavior", op. cit.; H. Ledford, "Scriptural Violence Can Foster Aggression" (*Nature*, v. 446, n. 7132, p. 114, 2007); B. Bushman et al., "When God Sanctions Killing: Effect of Scriptural Violence on Aggression" (*Psychological Science*, v. 18, n. 3, p. 204, 2007).

35. L. Crone e N. Levy, "Are Free Will Believers Nicer People?", op. cit.

36. C. Ma-Kellams e J. Blascovich, "Does 'Science' Make You Moral? The Effects of Priming Science on Moral Judgments and Behavior". *PLoS One*, v. 8, n. 3, p. e57989, 2013.

37. Ver os dois artigos de P. Brenner, nota 19, acima; A. Keysar, "Who Are America's Atheists and Agnostics?". In: B. Kosmin e A. Keysar (Orgs.), *Secularism and Secularity: Contemporary International Perspectives*. Hartford: Institute for the Study of Secularism in Society and Culture, 2007.

38. L. Galen, M. Sharp e A. McNulty, "The Role of Nonreligious Group Factors versus Religious Belief in the Prediction of Prosociality", op. cit.; A. Jorm e H. Christensen, "Religiosity and Personality: Evidence for Non-linear Associations". *Personality and Individual Differences*, v. 36, n. 6, p. 1433, 2004; D. Bock e N. Warren, "Religious Belief as a Factor in Obedience to Destructive Demands". *Review of Religious Research*, v. 13, n. 3, p. 185, 1972; F. Curlin et al., "Do Religious Physicians Disproportionately Care for the Underserved?". *Annals of Family Medicine*, v. 5, n. 4, p. 353, 2007; S. Oliner e P. Oliner, *The Altruistic Personality: Rescuers of Jews in Nazi Europe*. Nova York: Free Press, 1988.

12. AS ENGRENAGENS ANTIGAS DENTRO DE NÓS: COMO SE DÁ A MUDANÇA? [pp. 278-310]

1. Para uma revisão magistral (não há outra palavra) da obra de Eric Kandel pelo próprio, ver esta versão por escrito da sua palestra na recepção do prêmio Nobel: E. Kandel, "The Mo-

lecular Biology of Memory Storage: A Dialogue between Genes and Synapses" (*Science*, v. 294, p. 1030, 2001).

2. E. Alnajjar e K. Murase, "A Simple *Aplysia*-Like Spiking Neural Network to Generate Adaptive Behavior in Autonomous Robots". *Adaptive Behavior*, v. 16, n. 5, p. 306, 2008.

3. Nota de rodapé: H. Boele et al., "Axonal Sprouting and Formation of Terminals in the Adult Cerebellum during Associative Motor Learning" (*Journal of Neuroscience*, v. 33, n. 45, p. 17897, 2013).

4. Nota de rodapé: M. Srivastava et al., "The *Amphimedon queenslandica* Genome and the Evolution of Animal Complexity" (*Nature*, v. 466, n. 7307, p. 720, 2010).

5. J. Medina et al., "Parallels between Cerebellum- and Amygdala-Dependent Conditioning". *Nature Reviews Neuroscience*, v. 3, n. 2, p. 122, 2002.

6. M. Kalinichev et al., "Long-Lasting Changes in Stress-Induced Corticosterone Response and Anxiety-Like Behaviors as a Consequence of Neonatal Maternal Separation in Long-Evans Rats". *Pharmacology Biochemistry and Behavior*, v. 73, n. 1, p. 13, 2002; B. Aisa et al., "Cognitive Impairment Associated to HPA Axis Hyperactivity after Maternal Separation in Rats". *Psychoneuroendocrinology*, v. 32, n. 3, p. 256, 2007; B. Aisa et al., "Effects of Maternal Separation on Hypothalamic-Pituitary-Adrenal Responses, Cognition and Vulnerability to Stress in Adult Female Rats". *Neuroscience*, v. 154, n. 4, p. 1218, 2008; M. Moffett et al., "Maternal Separation Alters Drug Intake Patterns in Adulthood in Rats". *Biochemical Pharmacology*, v. 73, n. 3, p. 321, 2007. Curiosamente, os efeitos da separação materna transitória no desenvolvimento cerebral e comportamental dos filhos se devem, em grande parte, a mudanças no comportamento da mãe depois que ela voltou: R. Alves et al., "Maternal Separation Effects on Mother Rodents' Behaviour: A Systematic Review" (*Neuroscience and Biobehavioral Reviews*, v. 117, p. 98, 2019).

7. A. Wilber, G. Lin e C. Wellman, "Glucocorticoid Receptor Blockade in the Posterior Interpositus Nucleus Reverses Maternal Separation-Induced Deficits in Adult Eyeblink Conditioning". *Neurobiology of Learning and Memory*, v. 94, n. 2, p. 263, 2010; A. Wilber et al., "Neonatal Maternal Separation Alters Adult Eyeblink Conditioning and Glucocorticoid Receptor Expression in the Interpositus Nucleus of the Cerebellum". *Developmental Neurobiology*, v. 67, n. 13, p. 751, 2011.

8. J. LeDoux, "Evolution of Human Emotion". *Progress in Brain Research*, v. 195, p. 431, 2012; ver também qualquer dos excelentes livros de LeDoux sobre o vasto assunto, como J. LeDoux, *The Deep History of Ourselves: The Four-Billion-Year Story of How We Got Conscious Brains* (Nova York: Viking, 2019); L. Johnson et al., "A Recurrent Network in the Lateral Amygdala: A Mechanism for Coincidence Detection". *Frontiers in Neural Circuits*, v. 2, p. 3, 2008; W. Haubensak et al., "Genetic Dissection of an Amygdala Microcircuit That Gates Conditioned Fear". *Nature*, v. 468, n. 7321, p. 270, 2010.

9. P. Zhu e D. Lovinger, "Retrograde Endocannabinoid Signaling in a Postsynaptic Neuron/Synaptic Bouton Preparation from Basolateral Amygdala". *Journal of Neuroscience*, v. 25, n. 26, p. 6199, 2005; M. Monsey et al., "Chronic Corticosterone Exposure Persistently Elevates the Expression of Memory-Related Genes in the Lateral Amygdala and Enhances the Consolidation of a Pavlovian Fear Memory". *PLoS One*, v. 9, n. 3, p. e91530, 2014; R. Sobota et al.,

"Oxytocin Reduces Amygdala Activity, Increases Social Interactions, and Reduces Anxiety--Like Behavior Irrespective of NMDAR Antagonism". *Behavioral Neuroscience*, v. 129, n. 4, p. 389, 2015; O. Kozanian et al., "Long-Lasting Effects of Prenatal Ethanol Exposure on Fear Learning and Development of the Amygdala". *Frontiers in Behavioral Neuroscience*, v. 12, p. 200, 2018; E. Pérez-Villegas et al., "Mutation of the HERC 1 Ubiquitin Ligase Impairs Associative Learning in the Lateral Amygdala". *Molecular Neurobiology*, v. 55, n. 2, p. 1157, 2018.

10. Nota de rodapé: T. Moffitt et al., "Deep-Seated Psychological Histories of COVID-19 Vaccine Hesitance and Resistance" (*PNAS Nexus*, v. 1, n. 2, p. pgac034, 2022).

11. A. Baddeley, "Working Memory: Looking Back and Looking Forward". *Nature Reviews Neuroscience*, v. 4, n. 10, p. 829, 2003; J. Jonides et al., "The Mind and Brain of Short--Term Memory". *Annual Review of Psychology*, v. 59, p. 193, 2008.

12. Para exemplos de como a circuitaria real no cérebro tem essas propriedades, ver D. Zeithamova, A. Dominick e A. Preston, "Hippocampal and Ventral Medial Prefrontal Activation during Retrieval-Mediated Learning Supports Novel Inference" (*Neuron*, v. 75, n. 1, p. 168, 2012); D. Cai et al., "A Shared Neural Ensemble Links Distinct Contextual Memories Encoded Close in Time" (*Nature*, v. 534, n. 7605, p. 115, 2016).

Primeira nota de rodapé: J. Alvarez, *In the Time of the Butterflies* (Chapel Hill: Algonquin, 2010).

Segunda nota de rodapé: J. Harris, "Anorexia Nervosa and Anorexia Miracles: Miss K. R — and St. Catherine of Siena" (*JAMA Psychiatry*, v. 71, n. 11, p. 12, 2014; F. Forcen, "Anorexia Mirabilis: The Practice of Fasting by Saint Catherine of Siena in the Late Middle Ages" (*American Journal of Psychiatry*, v. 170, n. 4, p. 370, 2013); F. Galassi, N. Bender e M. Habicht, "St. Catherine of Siena (1347-1380 AD): One of the Earliest Historic Cases of Altered Gustatory Perception in Anorexia Mirabilis" (*Neurological Sciences*, v. 39, n. 5, p. 939, 2018).

13. Na p. 306, a foto da direita é do soldado Donald Brown, que, aos 24 anos, foi morto quando o fogo nazista destruiu seu tanque Sharman na França em 1944. Os restos mortais não identificados da tripulação do tanque foram recuperados em 1947 e só em 2018 se identificou Brown por análise de DNA. O comunicado à imprensa sobre sua identificação não trazia qualquer identificação de quantos membros da família tinham ido para o túmulo ao longo desses 74 anos sem saber o que lhe aconteceu. Agradeço à Defense MIA/POW Accounting Agency por me permitir usar a imagem dele com essa finalidade expositiva. Mais de 72 mil soldados americanos continuam desaparecidos desde a Segunda Guerra Mundial. (Pode-se ler o comunicado à imprensa em <dpaa.mil/News-Stories/News-Releases/PressReleaseArticleView/Article/1647847/funeral-announcement-for-soldier-killed-during-world-war-ii-brown-d/>.) Para uma análise antropológica de nosso desejo de saber o que aconteceu com os mortos, assim como para a história pessoal de um jovem de 27 anos aguardando essas informações, ver R. Sapolsky, "Why We Want Their Bodies Back" (*Discover*, 31 jan. 2002), reproduzido em R. Sapolsky, *Monkeyluv and Other Essays on Our Lives as Animals* (Nova York: Simon & Schuster/Scribner, 2005).

1. E. Magiorkinis et al., "Highlights in the History of Epilepsy: The Last 200 Years". *Epilepsy Research and Treatment*, v. 2014, p. 582039, 2014.

2. J. Rho e H. White, "Brief History of Anti-seizure Drug Development". *Epilepsia Open*, v. 3, supl. 2, p. 114, 2018.

Terceira nota de rodapé da p. 317: J. Russell, *Witchcraft in the Middle Ages* (Ithaca, NY: Cornell University Press, 1972), p. 234.

3. Ver, por exemplo, R. Sapolsky e G. Steinberg, "Gene Therapy for Acute Neurological Insults" (*Neurology*, v. 10, p. 1922, 1999).

4. A. Walker, "Murder or Epilepsy?". *Journal of Nervous and Mental Disease*, v. 133, p. 430, 1961; J. Livingston, "Epilepsy and Murder". *Journal of the American Medical Association*, v. 188, p. 172, 1964; M. Ito et al., "Subacute Postictal Aggression in Patients with Epilepsy". *Epilepsy & Behavior*, v. 10, n. 4, p. 611, 2007; J. Gunn, "Epileptic Homicide: A Case Report". *British Journal of Psychiatry*, v. 132, p. 510, 1978; C. Hindler, "Epilepsy and Violence". *British Journal of Psychiatry*, v. 155, p. 246, 1989; N. Pandya et al., "Epilepsy and Homicide". *Neurology*, v. 57, p. 1780, 2001.

5. S. Fazel et al., "Risk of Violent Crime in Individuals with Epilepsy and Traumatic Brain Injury: A 35-Year Swedish Population Study". *PLoS Medicine*, v. 8, n. 12, p. e1001150, 2011; C. Älstrom, *Study of Epilepsy and Its Clinical, Social and Genetic Aspects*. Copenhague: Monksgaard, 1950; J. Kim et al., "Characteristics of Epilepsy Patients Who Committed Violent Crimes: Report from the National Forensic Hospital". *Journal of Epilepsy Research*, v. 1, n. 1, p. 13, 2011; D. Treiman, "Epilepsy and Violence: Medical and Legal Issues". *Epilepsia*, v. 27, supl. 2, p. S77, 1986; D. Hill e D. Pond, "Reflections on One Hundred Capital Cases Submitted to Electroencephalography". *Journal of Mental Science*, v. 98, n. 410, p. 23, 1952; E. Rodin, "Psychomotor Epilepsy and Aggressive Behavior". *Archives of General Psychiatry*, v. 28, n. 2, p. 210, 1973.

6. J. Falret, "De l'etat mental des epileptiques". *Archives generales de médicine*, v. 16, p. 661, 1860.

Nota de rodapé: P. Pichot, "Circular Insanity, 150 Years On" (*Bulletin de l'académie nationale de médecine*, v. 188, n. 2, p. 275, 2004).

7. S. Fernandes et al., "Epilepsy Stigma Perception in an Urban Area of a Limited-Resource Country". *Epilepsy & Behavior*, v. 11, n. 1, p. 25, 2007; A. Jacoby, "Epilepsy and Stigma: An Update and Critical Review". *Current Neurology and Neuroscience Reports*, v. 8, n. 4, p. 339, 2008; G. Baker et al., "Perceived Impact of Epilepsy in Teenagers and Young Adults: An International Survey". *Epilepsy and Behavior*, v. 12, n. 3, p. 395, 2008; R. Kale, "Bringing Epilepsy Out of the Shadows". *British Medical Journal*, v. 315, n. 7099, p. 2, 1997.

8. G. Krauss, L. Ampaw e A. Krumholz, "Individual State Driving Restrictions for People with Epilepsy in the US". *Neurology*, v. 57, n. 12, p. 1780, 2001.

9. C. Bonanos, "What New York Should Learn from the Park Slope Crash That Killed Two Children". *New York*, Intelligencer, 30 mar. 2018.

10. T. Moore e K. Sheehy, "Driver in Crash That Killed Two Kids Suffers from MS, Seizures". *New York Post*, 6 mar. 2018.

11. C. Moynihan, "Driver Charged with Manslaughter in Deaths of 2 Children". *New York Times*, 3 maio 2018; A. Winston, "Driver Who Killed Two Children in Brooklyn Is Found Dead". *New York Times*, 7 nov. 2018.

12. L. Italiano, "Judge Gives Trash-Haul Killer Life". *New York Post*, 19 nov. de 2009; B. Aaron, "Driver Who Killed 3 People on Bronx Sidewalk Charged with Manslaughter". StreetsBlog NYC, 20 set. 2016; B. Aaron, "Cab Driver Pleads to Homicide for Killing 2 on Bronx Sidewalk While Off Epilepsy Meds". StreetsBlog NYC, 13 nov. 2017.

Nota de rodapé: S. Billakota, O. Devinsky e K. Kim, "Why We Urgently Need Improved Epilepsy Therapies for Adult Patients" (*Neuropharmacology*, v. 170, p. 107855, 2019); K. Meador et al., "Neuropsychological and Neurophysiologic Effects of Carbamazepine and Levetiracetam" (*Neurology*, v. 69, n. 22, p. 2076, 2007); D. Buck et al., "Factors Influencing Compliance with Antiepileptic Drug Regimes" (*Seizure*, v. 6, n. 2, p. 87, 1997).

13. L. Italiano, "Judge Gives Trash-Haul Killer Life", op. cit.

14. Segunda nota de rodapé: A. Weil, *The Natural Mind: An Investigation of Drugs and the Higher Consciousness* (Boston: Houghton Mifflin, 1998), p. 211.

Terceira nota de rodapé: D. Rosenhan, "On Being Sane in Insane Places" (*Science*, v. 179, n. 4070, p. 250, 1973); S. Cahalan, *The Great Pretender* (Edimburgo: Canongate Trade, 2019); ver também A. Abbott, "On the Troubling Trail of Psychiatry's Pseudopatients Stunt" (*Nature*, v. 574, n. 7780, p. 622, 2019).

15. P. Maki et al., "Predictors of Schizophrenia — a Review". *British Medical Bulletin*, v. 73, n. 1, p. 1, 2005; S. Stilo, M. Di Forti e R. Murray, "Environmental Risk Factors for Schizophrenia: Implications for Prevention". *Neuropsychiatry*, v. 1, n. 5, p. 457, 2011; E. Walker e R. Lewine, "Prediction of Adult-Onset Schizophrenia from Childhood Home Movies of the Patients". *American Journal of Psychiatry*, v. 147, n. 8, p. 1052, 1990.

16. S. Bo et al., "Risk Factors for Violence among Patients with Schizophrenia". *Clinical Psychology Reviews*, v. 31, n. 5, p. 711, 2014; B. Rund, "A Review of Factors Associated with Severe Violence in Schizophrenia". *Nordic Journal of Psychiatry*, v. 72, n. 8, p. 561, 2018.

17. J. Lieberman e O. Ogas, *Shrinks: The Untold Story of Psychiatry*. Nova York: Little, Brown, 2015; E. Torrey, *Freudian Fraud: The Malignant Effect of Freud's Theory on American Thought and Culture*. Nova York: HarperCollins, 1992.

18. A. Harrington, *Mind Fixers: Psychiatry's Troubled Search for the Biology of Mental Illness*. Nova York: Norton, 2019; ver E. Torrey, *Freudian Fraud*, op. cit.

19. A citação relativa ao progresso conceitual de culpar famílias esquizofrênicas, e não só as mulheres, vem de P. Bart, "Sexism and Social Science: From the Gilded Cage to the Iron Cage, or, the Perils of Pauline" (*Journal of Marriage and the Family*, p. 741, nov. 1971).

20. S. Stilo, M. Di Forti e R. Murray, "Environmental Risk Factors for Schizophrenia", op. cit.; P. Maki et al., "Predictors of Schizophrenia", op. cit.

21. R. Gentry, D. Schuweiler e M. Roesch, "Dopamine Signals Related to Appetitive and Aversive Events in Paradigms That Manipulate Reward and Avoidability". *Brain Research*, v. 1713, p. 80, 2019; P. Glimcher, "Understanding Dopamine and Reinforcement Learning: The Dopamine Reward Prediction Error Hypothesis". *Proceedings of the National Academy of Sciences of the United States of America*, v. 108, supl. 3, p. 15647, 2011; M. Happel, "Dopaminergic Impact on Local and Global Cortical Circuit Processing during Learning". *Behavioral Brain Research*, v. 299, p. 32, 2016.

22. A. Boyd et al., "Dopamine, Cognitive Biases and Assessment of Certainty: A Neurocognitive Model of Delusions". *Clinical Psychology Review*, v. 54, p. 96, 2017; C. Chun, P. Brugger e T. Kwapil, "Aberrant Salience across Levels of Processing in Positive and Negative Schizotypy". *Frontiers of Psychology*, v. 10, p. 2073, 2019; T. Winton-Brown et al., "Dopaminergic Basis of Salience Dysregulation in Psychosis". *Trends in Neurosciences*, v. 37, n. 2, p. 85, 2014.

23. P. Mallikarjun et al., "Aberrant Salience Network Functional Connectivity in Auditory Verbal Hallucinations: A First Episode Psychosis Sample". *Translational Psychiatry*, v. 8, n. 1, p. 69, 2018; K. Schonauer et al., "Hallucinatory Modalities in Prelingually Deaf Schizophrenic Patients: A Retrospective Analysis of 67 Cases". *Acta Psychiatrica Scandinavica*, v. 98, n. 5, p. 377, 1998; J. Atkinson, "The Perceptual Characteristics of Voice-Hallucinations in Deaf People: Insights into the Nature of Subvocal Thought and Sensory Feedback Loops". *Schizophrenia Bulletin*, v. 32, n. 4, p. 701, 2006; E. Anglemyer e C. Crespi, "Misinterpretation of Psychiatric Illness in Deaf Patients: Two Case Reports". *Case Reports in Psychiatry*, v. 2018, p. 3285153, 2018; B. Engmann, "Peculiarities of Schizophrenic Diseases in Prelingually Deaf Persons". *MMW Fortschritte der Medizin*, v. 153, supl. 1, p. 10, 2011. As pessoas costumam supor (eu também) que todo mundo tem uma voz interior dentro da cabeça; mas isso não é verdade: D. Coffey, "Does Everyone Have an Inner Monologue?" (Live Science, 12 jun. 2021). Agradeço a Hilary Roberts por me encaminhar para essa fonte.

24. S. Lawrie et al., "Brain Structure and Function Changes during the Development of Schizophrenia: The Evidence from Studies of Subjects at Increased Genetic Risk". *Schizophrenia Bulletin*, v. 34, n. 2, p. 330, 2008; C. Pantelis et al., "Neuroanatomical Abnormalities Before and After Onset of Psychosis: A Cross-Sectional and Longitudinal MRI Comparison". *Lancet*, v. 361, n. 9354, p. 281, 2003.

25. J. Harris et al., "Abnormal Cortical Folding in High-Risk Individuals: A Predictor of the Development of Schizophrenia?". *Biological Psychiatry*, v. 56, n. 3, p. 182, 2004; R. Birnbaum e D. Weinberger, "Functional Neuroimaging and Schizophrenia: A View towards Effective Connectivity Modeling and Polygenic Risk". *Dialogues in Clinical Neuroscience*, v. 15, n. 3, p. 279, 2022.

26. D. Eisenberg e K. Berman, "Executive Function, Neural Circuitry, and Genetic Mechanisms in Schizophrenia". *Neuropsychopharmacology*, v. 35, n. 1, p. 258, 2010.

27. B. Birur et al., "Brain Structure, Function, and Neurochemistry in Schizophrenia and Bipolar Disorder — a Systematic Review of the Magnetic Resonance Neuroimaging Literature". *NPJ Schizophrenia*, v. 3, p. 15, 2017; J. Fitzsimmons, M. Kubicki e M. Shenton, "Review of Functional and Anatomical Brain Connectivity Findings in Schizophrenia". *Current Opinions in Psychiatry*, v. 26, n. 2, p. 172, 2013; K. Karlsgodt, D. Sun e T. Cannon, "Structural and Functional Brain Abnormalities in Schizophrenia". *Current Directions in Psychological Sciences*, v. 19, n. 4, p. 226, 2010.

28. Nota de rodapé: Para explorar algumas das dificuldades de dar sentido tanto à esquizofrenia como à doença de Parkinson ao mesmo tempo, ver J. Waddington, "Psychosis in Parkinson's Disease and Parkinsonism in Antipsychotic-Naive Schizophrenia Spectrum Psychosis: Clinical, Nosological and Pathobiological Challenges" (*Acta Pharmacologica Sinica*, v. 41, n. 4, p. 464, 2020).

29. Nota de rodapé: K. Terkelsen, "Schizophrenia and the Family: II. Adverse Effects of Family Therapy" (*Family Processes*, v. 22, n. 2, p. 191, 1983).

30. A. McLean, "Contradictions in the Social Production of Clinical Knowledge: The Case of Schizophrenia". *Social Science and Medicine*, v. 30, n. 9, p. 969, 1990. Para a história comovente e terrível de uma família afetada pela esquizofrenia nos Estados Unidos, ver R. Kolker, *Hidden Valley Road: Inside the Mind of an American Family* (Nova York: Doubleday, 2020).

31. T. McGlashan, "The Chestnut Lodge Follow-up Study. II. Long-Term Outcome of Schizophrenia and the Affective Disorders". *Archives of General Psychiatry*, v. 41, n. 6, p. 586, 1984. Sátira de Torrey: E. Fuller Torrey, "A Fantasy Trial about a Real Issue" (*Psychology Today*, p. 22, mar. 1977).

As entrevistas com Eleanor Owen, Laurie Flynn e Ron Honberg foram feitas em 23, 24 e 25 de julho de 2019, respectivamente.

Nota de rodapé: M. Sheridan et al., "The Impact of Social Disparity on Prefrontal Function in Childhood" (*PLoS One*, v. 7, n. 4, p. e35744, 2012); J. L. Hanson et al., "Structural Variations in Prefrontal Cortex Mediate the Relationship between Early Childhood Stress and Spatial Working Memory" (*Journal of Neuroscience*, v. 32, n. 23, p. 7917, 2012); R. Sapolsky, "Glucocorticoids and Hippocampal Atrophy in Neuropsychiatric Disorders" (*Archives of General Psychiatry*, v. 57, n. 10, p. 925, 2000).

32. B. Bettelheim, *Surviving — and Other Essays*. Nova York: Knopf, 1979, p. 110.

33. M. Finn, "In the Case of Bruno Bettelheim". *First Things*, jun. 1997; R. Pollak, *The Creation of Dr. B: A Biography of Bruno Bettelheim*. Nova York: Simon & Schuster, 1997.

34. D. Kaufer et al., "Acute Stress Facilitates Long-Lasting Changes in Cholinergic Gene Expression". *Nature*, v. 393, n. 6683, p. 373, 1998; A. Friedman et al., "Pyridostigmine Brain Penetration under Stress Enhances Neuronal Excitability and Induces Early Immediate Transcriptional Response". *Nature Medicine*, v. 2, n. 12, p. 1382, 1996; R. Sapolsky, "The Stress of Gulf War Syndrome". *Nature*, v. 393, n. 6683, p. 308, 1998; C. Amourette et al., "Gulf War Illness: Effects of Repeated Stress and Pyridostigmine Treatment on Blood-Brain Barrier Permeability and Cholinesterase Activity in Rat Brain". *Behavioral Brain Research*, v. 203, n. 2, p. 207, 2009; P. Landrigan, "Illness in Gulf War Veterans: Causes and Consequences". *Journal of the American Medical Association*, v. 277, n. 3, p. 259, 1997.

35. E. Klingler et al., "Mapping the Molecular and Cellular Complexity of Cortical Malformations". *Science*, v. 371, n. 6527, p. 361, 2021; S. Mueller et al., "The Neuroanatomy of Transgender Identity: Mega-analytic Findings from the ENIGMA Transgender Persons Working Group". *Journal of Sexual Medicine*, v. 18, n. 6, p. 1122, 2021.

14. A ALEGRIA DO CASTIGO [pp. 352-95]

1. B. Tuchman, *A Distant Mirror*. Nova York: Random House, 1994. [Ed. bras.: *Um espelho distante*. Rio de Janeiro: José Olympio, 1989.]; P. Shipman, "The Bright Side of the Black Death". *American Science*, v. 102, n. 6, p. 410, 2014.

2. "In the Middle Ages There Was No Such Thing as Childhood". *Economist*, 3 jan. 2019; J. Robb et al., "The Greatest Health Problem of the Middle Ages? Estimating the Burden of Disease in Medieval England". *International Journal of Paleopathology*, v. 34, p. 101, 2021; M. Shirk, "Violence and the Plague in Aragón, 1348-1351". *Quidditas*, v. 5, artigo 5, 1984.

3. A Conspiração dos Leprosos: S. Tibble, "Medieval Strategy? The Great 'Leper Conspiracy' of 1321" (Yale University Press, 11 set. 2020). Disponível em: <yalebooks.yale.edu/2020/09/11/medieval-strategy-the-great-leper-conspiracy-of-1321/>; D. Nirenberg, *Communities of Violence: Persecution of Minorities in the Middle Ages* (Princeton: Princeton University Press, 1996); I. Ritzmann, "The Black Death as a Cause of the Massacres of Jews: A Myth of Medical History?" (*Medizin, Gesellschaft und Geschichte*, v. 17, p. 101, 1998) (em alemão); M. Barber, "Lepers, Jews and Moslems: The Plot to Overthrow Christendom in 1321" (*History*, v. 66, n. 216, p. 1, 1989); T. Barzilay, "Early Accusations of Well Poisoning against Jews: Medieval Reality or Historiographical Fiction?" (*Medieval Encounters*, v. 22, n. 5, p. 517, 2016).

4. Weyer: V. Hoorens, "The Link between Witches and Psychiatry: Johan Weyer" (KU Leuven News, 9 set. 2011). Disponível em: <nieuws.kuleuven.be/en/contente/2011/jan_wier.html>; Encyclopedia.com, s.v. "Weyer, Johan". Disponível em: <encyclopedia.com./science/encyclopedias-almanacs-transcripts-and-maps/weyer-johan-also-known-john-wier-or--wierus-1515-1588>.

5. Execução de Robert Damiens: "Assassination Attempt on King Louis XV by Damiens, 1757". Château de Versailles, [s.d.]. Disponível em: <en.chateauversailles.fr/discover/history/key-dates/assassination-attempt-king-louis-xv-damiens-1757>; "Letter from a Gentleman in Paris to His Friend in London", em Anônimo, *A Particular and Authentic Narration of the Life, Examination, Torture, and Execution of Robert Francis Damien* [sic], trad. de Thomas Jones ([S.n.]: Londres, 1757). Disponível em: <revolution.chnm.org/d/238>. Aluguel de camarotes para os ricos: "The Truly Horrific Execution of Robert-François Damiens" (YouTube, canal Unfortunate Ends, 25 jun. 2021). Disponível em: <youtube.com/watch?v=K7q8VSEBOMI; executedtoday.com/2008/03/28 /1757-robert-francois-damiens-discipline-and-punish/>.

6. A. Lollini, *Constitutionalism and Transitional Justice in South Africa*. Nova York: Berghahn, 2011. v. 5: *Human Rights in Context*. Para uma exploração do peso psicológico da verdade e reconciliação, ver P. Gobodo-Madikizela, *A Human Being Died That Night* (Boston: HoughtonMifflin, 2003).

7. Avaliações positivas da justiça restaurativa: V. Camp e J. Wemmers, "Victim Satisfaction with Restorative Justice: More Than Simply Procedural Justice" (*International Review of Victimology*, v. 19, n. 2, p. 117, 2013); L. Walgrave, "Investigating the Potentials of Restorative Justice Practice" (*Washington University Journal of Law and Policy*, v. 36, p. 91, 2011).

8. F. Marineli et al., "Mary Mallon (1869-1938) and the History of Typhoid Fever". *Annals of Gastroenterology*, v. 26, n. 2, p. 132, 2013); J. Leavitt, *Typhoid Mary: Captive to the Public's Health*. Boston: Beacon, 1996.

9. Para recente e vigorosa defesa da quarentena como forma de abordar o problema da criminalidade, ver D. Pereboom, *Wrongdoing and the Moral Emotions* (Oxford: Oxford University Press, 2021); G. Caruso e D. Pereboom, *Moral Responsibility Reconsidered* (Cambridge: Cambridge University Press, 2022); G. Caruso, *Rejecting Retributivism* (Cambridge: Cambridge University Press, 2021); id., "Free Will Skepticism and Criminal Justice: The Public Health-Quarantine Model", em D. Nelkin e D. Pereboom (Orgs.), *Oxford Handbook of Moral Responsibility* (Oxford: Oxford University Press, 2022).

10. M. Powers e R. Faden, *Social Justice: The Moral Foundations of Public Health and Health Policy*. Oxford: Oxford University Press, 2006.

11. S. Smilansky, "Hard Determinism and Punishment: A Practical Reductio". *Law and Philosophy*, v. 30, n. 3, p. 353, 2011. O receio de que os modelos do tipo quarentena possam levar à detenção por prazo indeterminado: M. Corrado, "Fichte and the Psychopath: Criminal Justice Turned Upside Down", em E. Shaw, D. Pereboom e G. Caruso (Orgs.), *Free Will Skepticism in Law and Society* (Cambridge: Cambridge University Press, 2019).

12. Nota de rodapé: D. Zweig, "They Were the Last Couple in Paradise. Now They're Stranded" (*New York Times*, 5 abr. 2020). Disponível em: <nytimes.com/2020/04/05/style/coronavirus-honeymoon-stranded.html>. Uma pesquisa no Google Earth revela que a ilha onde ficava o resort — a Ilha do Diabo do casal, com direito a coquetéis mai tais — tinha cerca de 5,5 hectares.

13. R. Dundon, "Photos: Less Than a Century Ago, 20,000 People Traveled to Kentucky to See a White Woman Hang a Black Man". Medium, 22 fev. 2018. Disponível em: <medium.com/timeline/rainy-bethea-last-public-execution-in-america-lischia-edwards-6f035f61c229>; "Denies Owning Ring Found in Widow's Room". *Messenger-Inquirer*, Owensboro, KY, 11 jun. 1936; "Negro's Second Confession Bares Hiding Place". *Owensboro (KY) Messenger*, 13 jun. 1936; "10,000 SEE HANGING OF KENTUCKY NEGRO; Woman Sheriff Avoids Public Appearance as Ex-policeman Springs Trap. CROWD JEERS AT CULPRIT Some Grab Pieces of Hood for Souvenirs as Doctors Pronounce Condemned Man Dead". *New York Times*, 15 ago. 1936; "Souvenir Hunters at Hanging Tear Hood Face". *Evening Star*, Washington, DC, 14 ago. 1936; C. Pitzulo, "The Skirted Sheriff: Florence Thompson and the Nation's Last Public Execution". *Register of the Kentucky Historical Society*, v. 115, n. 3, p. 377, 2017.

14. P. Kropotkin, *Mutual Aid: A Factor of Evolution* [1902]. [S.l.]: Graphic Editions, 2020. [Ed. bras.: *Ajuda mútua: Um fator de evolução*. São Sebastião: A Senhora, 2009.] Para uma excelente biografia dele, ver G. Woodcock, *Peter Kropotkin: From Prince to Rebel* (Toronto: Black Rose, 1990).

15. K. Foster et al., "Pleiotropy as a Mechanism to Stability Cooperation". *Nature*, v. 431, n. 7009, p. 693, 2004.

Nota de rodapé: A fusão de células eucarióticas e mitocôndrias é um dos mais importantes acontecimentos da história da vida na Terra, e sua ocorrência foi proposta pela primeira vez pela visionária bióloga evolucionista Lynn Margulis. Naturalmente, ela foi repudiada e ridicularizada durante anos pela maior parte dos colegas de sua área, até que modernas técnicas moleculares lhe deram razão. Seu artigo fundamental (publicado sob o nome de Lynn Sagan — na época, ela era casada com o astrônomo Carl Sagan) é: L. Sagan, "On the Origin of Mitosing Cells" (*Journal of Theoretical Biology*, v. 14, n. 3, p. 255, 1967).

W. Eberhard, "Evolutionary Consequences of Intracellular Organelle Competition". *Quarterly Review of Biology*, v. 55, n. 3, p. 231, 1980; J. Agren e S. Wright, "Co-evolution between Transposable Elements and Their Hosts: A Major Factor in Genome Size". *Chromosome Research*, v. 19, n. 6, p. 777, 2011. Mitocôndrias egoístas: J. Havird, "Selfish Mitonuclear Conflict" (*Current Biology*, v. 29, n. 11, p. PR496, 2019).

16. Chimpanzés: F. de Waal, *Chimpanzee Politics* (Crows Nest: Allen & Unwin, 1982). Garrinchas: R. Mulder e N. Langmore, "Dominant Males Punish Helpers for Temporary Defection in Superb Fairy-Wrens" (*Animal Behavior*, v. 45, n. 4, p. 830, 1993). Ratos-toupeiras-pelados: H. Reeve, "Queen Activation of Lazy Workers in Colonies of the Eusocial Naked

Mole-Rat" (*Nature*, v. 358, n. 6382, p. 147, 1992). Peixe reefer/bodião-limpador: R. Bshary e A. Grutter, "Punishment and Partner Switching Cause Cooperative Behaviour in a Cleaning Mutualism" (*Biology Letters*, v. 1, n. 4, p. 396, 2005). Bactérias sociais: K. Foster et al., "Pleiotropy as a Mechanism to Stability Cooperation", op. cit. Hegemonia dos transpósons: E. Kelleher, D. Barbash e J. Blumenstiel, "Taming the Turmoil Within: New Insights on the Containment of Transposable Elements" (*Trends in Genetics*, v. 36, n. 7, p. 474, 2020); J. Agren, N. Davies e K. Foster, "Enforcement Is Central to the Evolution of Cooperation" (*Nature Ecology and Evolution*, v. 3, n. 7, p. 1018, 2019). Exploração dos transpósons: E. Kelleher, "Reexamining the P-Element Invasion of *Drosophila melanogaster* through the Lens of piRNA Silencing" (*Genetics*, v. 203, n. 4, p. 1513, 2016).

17. R. Boyd, H. Gintis e S. Bowles, "Coordinated Punishment of Defectors Sustains Cooperation and Can Proliferate When Rare". *Science*, v. 328, n. 5978, p. 617, 2010.

18. R. Axelrod e W. D. Hamilton, "The Evolution of Cooperation". *Science*, v. 211, n. 4489, p. 1390, 1981. Ver também J. Henrich e M. Muthukrishna, "The Origins and Psychology of Human Cooperation" (*Annual Review of Psychology*, v. 72, p. 207, 2021). Grande parte dessa literatura sobre teoria dos jogos se baseia na suposição da igualdade social dos jogadores. Para uma análise de como a cooperação desaparece quando os que jogam são desiguais, ver O. Hauser et al., "Social Dilemmas among Unequals" (*Nature*, v. 572, n. 7770, p. 524, 2019).

19. G. Aydogan et al., "Oxytocin Promotes Altruistic Punishment". *Social Cognitive and Affective Neuroscience*, v. 12, n. 11, p. 1740, 2017; T. Yamagishi et al., "Behavioural Differences and Neural Substrates of Altruistic and Spiteful Punishment". *Science Reports*, v. 7, n. 1, p. 14654, 2017; T. Baumgartner et al., "Who Initiates Punishment, Who Joins Punishment? Disentangling Types of Third-Party Punishers by Neural Traits". *Human Brain Mapping*, v. 42, n. 17, p. 5703, 2021; O. Klimeck, P. Vuilleumier e D. Sander, "The Impact of Emotions and Empathy-Related Traits on Punishment Behavior: Introduction and Validation of the Inequality Game". *PLoS One*, v. 11, n. 3, p. e0151028, 2016.

Castigo custoso durante o desenvolvimento infantil: Y. Kanakogi et al., "Third-Party Punishment by Preverbal Infants" (*Nature Human Behaviour*, v. 6, n. 9, p. 1234, 2022); G. D. Salali, M. Juda e J. Henrich, "Transmission and Development of Costly Punishment in Children" (*Evolution and Human Behavior*, v. 36, n. 2, pp. 86-94, 2015).

Só entre nós: K. Riedl et al., "No Third-Party Punishment in Chimpanzees" (*PNAS*, v. 109, n. 37, pp. 14824-9, 2012).

20. B. Herrmann, C. Thöni e S. Gächter, "Antisocial Punishment across Societies". *Science*, v. 319, n. 5868, p. 1362, 2008; J. Henrich e N. Henrich, "Fairness without Punishment: Behavioral Experiments in the Yasawa Island, Fiji". In: J. Ensminger e J. Henrich (Orgs.), *Experimenting with Social Norms: Fairness and Punishment in Cross-Cultural Perspective*. Nova York: Russell Sage Foundation, 2014; J. Engelmann, E. Herrmann e M. Tomasello, "Five-Year Olds, but Not Chimpanzees, Attempt to Manage Their Reputations". *PLoS One*, v. 7, n. 10, p. e48433, 2012; R. O'Gorman, J. Henrich e M. Van Vugt, "Constraining Free Riding in Public Goods Games: Designated Solitary Punishers Can Sustain Human Cooperation". *Proceedings of the Royal Society B: Biological Sciences*, v. 276, n. 1655, p. 323, 2009.

21. A. Norenzayan, *Big Gods: How Religion Transformed Cooperation and Conflict*. Princeton: Princeton University Press, 2013; M. Lang et al., "Moralizing Gods, Impartiality and

Religious Parochialism across 15 Societies", op. cit., p. 1898. Ver também J. Henrich et al., "Market, Religion, Community Size and the Evolution of Fairness and Punishment" (*Science*, v. 327, n. 5972, p. 1480, 2010).

Nota de rodapé: B. Herrmann, C. Thöni e S. Gächter, "Antisocial Punishment across Societies", op. cit.; M. Cinyabuguma, T. Page e L. Putterman, "Can Second-Order Punishment Deter Perverse Punishment?" (*Experimental Economics*, v. 9, n. 3, p. 165, 2006).

22. J. Jordan et al., "Third-Party Punishment as a Costly Signal of Trustworthiness". *Nature*, v. 530, n. 7591, p. 473, 2016.

Nota de rodapé: J. Henrich e N. Henrich, "Fairness without Punishment", op. cit.

23. Os custos e benefícios de ser um punidor de terceira parte: J. Jordan et al., "Third-Party Punishment as a Costly Signal of Trustworthiness", op. cit.; N. Nikiforakis e D. Engelmann, "Altruistic Punishment and the Threat of Feuds" (*Journal of Economic Behavior and Organization*, v. 78, n. 3, p. 319, 2011); D. Gordon, J. Madden e S. Lea, "Both Loved and Feared: Third Party Punishers Are Viewed as Formidable and Likeable, but Those Reputational Benefits May Only Be Open to Dominant Individuals" (*PLoS One*, v. 9, n. 10, p. e110045, 2014); M. Milinski, "Reputation, a Universal Currency for Human Social Interactions" (*Philosophical Transactions of the Royal Society London B: Biological Sciences*, v. 371, n. 1687, p. 20150100, 2016).

A emergência da punição de terceira parte: K. Panchanathan e R. Boyd, "Indirect Reciprocity Can Stabilize Cooperation without the Second-Order Free Rider Problem" (*Nature*, v. 432, n. 7016, p. 499, 2004).

Características da punição de terceira parte entre caçadores-coletores: C. Boehm, *Hierarchy in the Forest: The Evolution of Egalitarian Behavior* (Cambridge, MA: Harvard University Press, 1999).

24. T. Kuntz, "Tightening the Nuts and Bolts of Death by Electric Chair". *New York Times*, 3 ago. 1997.

25. Para uma cobertura equilibrada da vida, do julgamento e da execução de Bundy, ver J. Nordheimer, "All-American Boy on Trial" (*New York Times*, 10 dez. 1978); id., "Bundy Is Put to Death in Florida after Admitting Trail of Killings" (*New York Times*, 25 jan. 1989). Ver também B. Bearak, "Bundy Electrocuted after Night of Weeping, Praying: 500 Cheer Death of Murderer" (*Los Angeles Times*, 24 jan. 1989); G. Bruney, "Here's What Happened to Ted Bundy after the Story Portrayed in Extremely Wicked Ended" (*Esquire*, 4 maio 2019). Disponível em: <esquire.com/entertainment/a27363554/ted-bundy-extremely-wicked-execution/>. Para mais fotos das comemorações relativas à sua execução, visite <gettyimages.com/detail/news-photo/sign-at-music-instrument-store-announcing-sale-on-electric-news-photo/72431549?adppopup=true> e <gettyimages.ie/detail/news-photo/sign-of-naked-lady-saloon-celebrating-the-execution -of-news-photo/72431550?adppopup=true>, e ver M. Hodge, "THE DAY A MONSTER FRIED: How Ted Bundy's Electric Chair Execution Was Celebrated by Hundreds Shouting 'Burn, Bundy, Burn' Outside Serial Killer's Death Chamber" (*Sun*, Reino Unido, 16 jan. 2019). Disponível em: <thesun.co.uk/news/8202022/ted-bundy-execution-electric-chair-netflix-conversation-with-a-killer/>.

Para uma nota biográfica escrita por alguém que trabalhou ao lado dele durante todo o seu período homicida, ver A. Rule, *The Stranger Beside Me* (Nova York: Norton, 1980). Para a análise de um pioneiro no estudo psicológico da psicopatia, ver R. Hare, *Without Conscience: The Disturbing World of the Psychopath among Us* (Nova York: Guildford, 1999). [Ed. bras.: *Sem consciência: O mundo perturbador dos psicopatas que vivem entre nós*. Porto Alegre: Artmed, 2013.] Para uma análise realmente profunda de nossa obsessão por assassinos em série, ver S. Marshall, "Violent Delights" (*Believer*, 22 dez. 2022).

26. N. Mendes et al., "Preschool Children and Chimpanzees Incur Costs to Watch Punishment of Antisocial Others". *Nature Human Behaviour*, v. 2, n. 1, p. 45, 2018. Ver também M. Cant et al., "Policing of Reproduction by Hidden Threats in a Cooperative Mammal" (*Proceedings of the National Academy of Sciences of the United States of America*, v. 111, n. 1, p. 326, 2014); T. Clutton-Brock e G. Parker, "Punishment in Animal Societies" (*Nature*, v. 373, n. 6511, p. 209, 1995).

27. Nota de rodapé: R. Deaner, A. Khera e M. Platt, "Monkeys Pay per View: Adaptive Valuation of Social Images by Rhesus Macaques" (*Current Biology*, v. 15, n. 6, p. 543, 2005); K. Watson et al., "Visual Preferences for Sex and Status in Female Rhesus Macaques" (*Animal Cognition*, v. 15, n. 3, p. 401, 2012); A. Lacreuse et al., "Effects of the Menstrual Cycle on Looking Preferences for Faces in Female Rhesus Monkeys" (*Animal Cognition*, v. 10, n. 2, p. 105, 2007).

28. Y. Wu et al., "Neural Correlates of Decision Making after Unfair Treatment". *Frontiers of Human Neuroscience*, v. 9, p. 123, 2015; E. Du e S. Chang, "Neural Components of Altruistic Punishment". *Frontiers of Neuroscience*, v. 9, p. 26, 2015; A. Sanfey et al., "Neuroeconomics: CrossCurrents in Research on Decision-Making". *Trends in Cognitive Sciences*, v. 10, n. 3, p. 108, 2006; M. Haruno e C. Frith, "Activity in the Amygdala Elicited by Unfair Divisions Predicts Social Value Orientation". *Nature Neuroscience*, v. 13, n. 2, p. 160, 2010; T. Burnham, "High-Testosterone Men Reject Low Ultimatum Game Offers". *Proceedings of the Royal Society B: Biological Sciences*, v. 274, n. 1623, p. 2327, 2007.

29. G. Bellucci et al., "The Emerging Neuroscience of Social Punishment: Meta-analytic Evidence". *Neuroscience and Biobehavioral Reviews*, v. 113, p. 426, 2020; H. Ouyang et al., "EmpathyBased Tolerance towards Poor Norm Violators in Third-Party Punishment". *Experimental Brain Research*, v. 239, n. 7, p. 2171, 2021.

30. D. de Quervain et al., "The Neural Basis of Altruistic Punishment". *Science*, v. 305, n. 5688, p. 1254, 2004; B. Knutson, "Behavior. Sweet Revenge?". *Science*, v. 305, n. 5688, p. 1246, 2004; D. Chester e C. DeWall, "The Pleasure of Revenge: Retaliatory Aggression Arises from a Neural Imbalance towards Reward". *Social Cognitive and Affective Neuroscience*, v. 11, n. 7, p. 1173, 2016; Y. Hu, S. Strang e B. Weber, "Helping or Punishing Strangers: Neural Correlates of Altruistic Decisions as Third-Party and of Its Relation to Empathic Concern". *Frontiers of Behavioral Neuroscience*, v. 9, p. 24, 2015; T. Baumgartner et al., "Who Initiates Punishment, Who Joins Punishment?", op. cit.; G. Holstege et al., "Brain Activation during Human Male Ejaculation". *Journal of Neuroscience*, v. 23, n. 27, p. 9185, 2003.

A crença no livre-arbítrio pode até ser motivada pelo desejo de citá-lo como justificativa para uma punição virtuosa: C. Clark et al., "Free to Punish: A Motivated Account of Free Will Belief" (*Journal of Personality and Social Psychology*, v. 106, n. 4, p. 541, 2014). Para uma opinião contrária, ver A. Monroe e D. Ysidron, "Not So Motivated after All? Three Replication Attempts and a Theoretical Challenge to a Morally Motivated Belief in Free Will" (*Journal of Experimental Psychology: General*, v. 150, n. 1, p. e1, 2021).

31. T. Hu et al., "Helping Others, Warming Yourself: Altruistic Behaviors Increase Warmth Feelings of the Ambient Environment". *Frontiers of Psychology*, v. 7, p. 1359, 2016; Y. Wang et al., "Altruistic Behaviors Relieve Physical Pain". *Proceedings of the National Academy of Sciences of the United States of America*, v. 117, n. 2, p. 950, 2020.

32. Para uma visão geral sobre as origens de McVeigh, ver N. McCarthy, "The Evolution of Anti-government Extremist Groups in the U.S." (*Forbes*, 18 jan. 2021).

Algumas estatísticas sobre o ataque com bombas: "Chapter I: Bombing of the Alfred P. Murrah Federal Building", em Office for Victims of Crime, *Responding to Terrorism Victims: Oklahoma City and Beyond* (Washington, DC: U.S. Department of Justice, 2000). Disponível em: <ovc.ojp.gov/sites/g/files/xyckuh226/files/publications/infores/respterrorism/chap1.html>.

Para relatos contemporâneos sobre o ato terrorista, o julgamento e a execução de Timothy McVeigh, ver "Eyewitness Accounts of McVeigh's Execution" (*ABC News*, 11 jun. 2001). Disponível em: <abc-news.go.com/US/story?id=90542&page=1>; "Eyewitness Describes Execution" (*Wired*, 11 jun. 2001). Disponível em: <wired.com/2001/06/eyewitness-describes-execution/>; P. Carlson, "Witnesses for the Execution" (*Washington Post*, 11 abr. 2001). Disponível em: <washingtonpost.com/archive/lifestyle/2001/04/11/witnesses-for-the-execution/5b3083a-2-364c-47bf-9696-1547269a6490/>; J. Borger, "A Glance, a Nod, Silence and Death" (*Guardian*, 11 jun. 2001). Disponível em: <theguardian.com/world/2001/jun/12/mcveigh.usa>.

Para um ponto de vista interessante sobre testemunhas de execução, ver A. Freinkel, C. Koopman e D. Spiegel, "Dissociative Symptoms in Media Eyewitnesses of an Execution" (*American Journal of Psychiatry*, v. 151, n. 9, p. 1335, 1994).

O poema "Invictus" está disponível em <poetryfoundation.org/poems/51642/invictus>.

33. A. Linders, *The Execution Spectacle and State Legitimacy: The Changing Nature of the American Execution Audience, 1833-1937.* Amherst: Law and Society Association, 2002; R. Bennett, *Capital Punishment and the Criminal Corpse in Scotland, 1740-1834.* Cham: Palgrave Macmillan, 2017.

Nota de rodapé: M. Foucault, *Discipline and Punish: The Birth of the Prison* (Nova York: Vintage, 1995) [Ed. bras.: *Vigiar e punir: Nascimento da prisão.* Petrópolis: Vozes, 1987.]; C. Alford, "What Would It Matter if Everything Foucault Said about Prison Were Wrong? Discipline and Punish after Twenty Years" (*Theory and Society*, v. 29, n. 1, p. 125, 2000).

34. S. Bandes, "Closure in the Criminal Courtroom: The Birth and Strange Career of an Emotion". In: S. Bandes et al. (Orgs.), *Research Handbook on Law and Emotion.* Cheltenham: Edward Elgar, 2021; M. Armour e M. Umbreit, "Assessing the Impact of the Ultimate Penal Sanction on Homicide Survivors: A Two State Comparison". *Marquette Law Review*, v. 96, n. 1, 2012. Disponível em: <scholarship.law.marquette.edu/mulr/vol96/iss1/3/>. Ver também J. Madeira, "Capital Punishment, Closure, and Media", em H. Pontell (Org.), *Oxford Research Encyclopedia of Criminology and Criminal Justice* (Nova York: Oxford University Press, 2015). Disponível em: <doi.org/10.1093/acrefore/9780190264079.013.20>.

35. "The Death Penalty and the Myth of Closure". Death Penalty Information Center, 19 jan. 2021. Disponível em: <deathpenaltyinfo.org/news/the-death-penalty-and-the-myth-of--closure>.

36. A história definitiva da vida de Anders Breivik, suas ações terroristas e as consequências delas pode ser encontrada em Å. Seierstad, *One of Us: The Story of Anders Breivik and*

the Massacre in Norway (Nova York: Farrar, Straus and Giroux, 2015); ressaltando o horror do que ele fez, o livro traz também minibiografias de algumas de suas numerosas vítimas. Só para expressar uma resposta dos pais, essas vítimas eram, sem exceção, ótimos meninos — bondosos, humanistas, progressistas, empenhados em dedicar a vida a fazer o bem, e com grande probabilidade de conseguir exatamente isso.

Enquanto lia o livro de Seierstad, li também *The Brothers: The Road to an American Tragedy* (Nova York: Riverhead, 2015), de Masha Gessen, um relato dos ataques com bomba na Maratona de Boston executados pelos irmãos Tsarnaev. O mais velho, Tamerlan, era sem dúvida a força dominante, o que fazia as coisas acontecerem. O perfil traçado por Gessen mostra alguém espantosamente parecido com Breivik. Ideologias tão diferentes quanto possível, mas a mesma mediocridade alimentando-se da sensação de merecer a glória e a dominação, e externalizando a culpa quando não consegue alcançá-las — recipiente vazio à espera de ser preenchido por um tipo qualquer de veneno que finalmente o torne alguém que não pode ser ignorado. Esse mesmo aspecto foi explorado por Tom Nichols em "The Narcissism of the Angry Young Men" (*Atlantic*, 29 jan. 2023): "São homens infantis que conservam o agudo senso de ressentimento egocêntrico de um adolescente bem depois da adolescência; ostentam uma combinação de insegurança infantil e arrogância letalmente audaciosa; são sexual e socialmente inseguros. O mais perigoso talvez seja o fato de passarem quase despercebidos até explodirem". O escritor alemão Hans Magnus chama esses jovens, com grande propriedade, de "perdedores radicais".

Uma interessante análise do julgamento: B. de Graaf et al., "The Anders Breivik Trial: Performing Justice, Defending Democracy" (*Terrorism and Counter-Terrorism Studies*, v. 4, n. 6, 2013), DOI: 10.19165/2013.1.06. Declaração de Jens Stoltenberg: D. Rickman, "Norway's Prime Minister Jens Stoltenberg: We Are Crying with You after Terror Attacks" (*Huffington Post*, 24 jul. 2011). Disponível em: <huffingtonpost.co.uk/2011/07/24/norways-prime-minister-je_n_907937.html>.

Tratamento sarcástico do uniforme de Breivik: G. Toldnes, L. K. Lundervold e A. Meland, "Slik skaffet han seg sin enmannshær" (em norueguês) (*Dagbladet Nyheter*, 30 jul. 2011). Para mais informações sobre a resposta norueguesa à tragédia, ver N. Jakobsson e S. Blom, "Did the 2011 Terror Attacks in Norway Change Citizens' Attitudes towards Immigrants?" (*International Journal of Public Opinion Research*, v. 26, n. 4, p. 475, 2014). Declaração do reitor da universidade: "Anders Breivik accepted at Norway's University of Oslo" (*BBC News*, 17 jul. 2015). Disponível em: <bbc.com/news/world-europe-33571929>. Breivik socializando com policiais aposentados: "Breivik saksøkte staten" (em norueguês) (*NRK*, 23 out. 2015).

Lançando um raio de luz sobre cada página deste livro, o pai de Breivik, Jens, publicou, aparentemente por conta própria, um livro intitulado *Culpa minha?*.

37. Massacre da igreja metodista episcopal africana Emanuel: M. Schiavenza, "Hatred and Forgiveness in Charleston" (*Atlantic*, 20 jun. 2015); "Dylann Roof Told by Charleston Shooting Survivor 'the Devil Has Come Back to Claim' Him" (*CBS News*, 11 jan. 2017). Disponível em: <cbsnews.com/news/dylann-roof-charleston-shooting-survivor-devil-come-back-claim-him/>; "Families of Charleston Shooting Victims to Dylann Roof: We Forgive You" (*Yahoo! News*, 19 jun. 2015). Disponível em: <yahoo.com/news/familes-of-charleston-church-shooting-victims-to-dylann-roof--we--forgive-you-185833509.html?>.

Massacre da sinagoga Tree of Life: K. Davis, "Not Guilty Plea Entered for Alleged Synagogue Shooter on 109 Federal Charges" (*San Diego Tribune*, 14 maio 2019). Disponível em: <sandiegouniontribune.com/news/courts/story/2019-05-14/alleged-synagogue-shooter-pleads-not-guilty-to-109-federal-charges>. Os esforços da equipe médica judia do hospital para onde o atirador foi levado: D. Andone, "Jewish Hospital Staff Treated Synagogue Shooting Suspect as He Spewed Hate, Administrator Says" (*CNN*, 1 nov. 2018). Disponível em: <cnn.com/2018/11/01/health/robert-bowers-jewish-hospital-staff/index.html>. Citado por Jeff Cohen: E. Rosenberg, "'I'm Dr. Cohen': The Powerful Humanity of the Jewish Hospital Staff That Treated Robert Bowers" (*Washington Post*, 30 out. 2018). Disponível em: <washingtonpost.com/health/2018/10/30/im-dr- cohen-powerful-humanity-jewish-hospital-staff-that-treated-robert-bowers/>.

Vice-prefeito de Oslo: H. Mauno, "Fikk brev fra Breivik: 'Da jeg leste navnet ditt, fikk jeg frysninger nedover ryggen'" (em norueguês) (*Dagsavisen*, 8 abr. 2021).

38. Houve indignação nos Estados Unidos e no Reino Unido contra a suavidade das punições aplicadas pelos noruegueses: S. Cottee, "Norway Doesn't Understand Evil" (UnHerd, 8 fev. 2022). Disponível em: <unherd.com/2022/02/norway-doesnt-understand-evil/>; K. Weill, "All the Fun Things Anders Breivik Can Do in His 'Inhumane' Prison" (Daily Beast, 13 abr. 2017). Disponível em: <thedailybeast.com/all-the-fun-things-anders-breivik-can-do-in-his-inhumane-prison>; J. Kirchick, "Mocking Justice in Norway: The Breivik Trial Targets Contrarian Intellectuals" (*World Affairs*, v. 175, p. 75, 2012); H. Gass, "Anders Breivik: Can Norway Be Too Humane to a Terrorist?" (*Christian Science Monitor*, 20 abr. 2016). Para uma análise adicional, obviamente relevante, e a citação de "um comentarista", ver S. Lucas, "Free Will and the Anders Breivik Trial" (*Humanist*, 13 ago. 2012).

A tragédia do Onze de Setembro nos Estados Unidos e a sede de sangue de Breivik se assemelham, na medida em que os dois atos terroristas mataram mais ou menos a mesma porcentagem da população do país; em ambos os casos, o chefe de Estado dirigiu-se à nação enlutada nos dias seguintes, ambos falando mais ou menos por cinco minutos. É na fala que as diferenças são gritantes. Bush citou Deus três vezes, o mal quatro vezes; no caso de Stoltenberg, houve apenas uma menção ao mal e nenhuma menção a Deus. Bush usou as palavras "desprezível", "raiva" e "inimigo". Já Stoltenberg usou as palavras "compaixão", "dignidade" e "amor". Bush declarou que esse ato de terror "não pode vergar o aço da firmeza americana". Stoltenberg se dirigiu aos entes queridos das vítimas, dizendo: "Estamos chorando com vocês".

Embora sejam coisas do passado no Ocidente, castigos como decapitação ou enforcamento público não estão tão distantes assim: você poderia ter ido de metrô em Londres assistir ao último enforcamento público no Reino Unido, em 1868; enquanto os preparativos para a última execução pela guilhotina eram concluídos na França, você poderia estar assistindo a uma sessão noturna do filme *Star Wars*, dançando ao som dos Bee Gees numa discoteca ou alimentando (ou não) sua *pet rock* [pedra de estimação], em 1977.

Para magníficas visões gerais do foco de todo este capítulo, ver M. Hoffman, *The Punisher's Brain: The Evolution of Judge and Jury* (Cambridge: Cambridge University Press, 2014), bem como P. Alces, *Trialectic: The Confluence of Law, Neuroscience, and Morality* (Chicago: University of Chicago Press, 2023).

15. SE VOCÊ MORRER POBRE [pp. 396-414]

1. Para ter uma ideia do mundo de pessoas cinquentenárias morrendo, na verdade, morrendo de velhice, ver A. Case e A. Deaton, *Deaths of Despair and the Future of Capitalism* (Princeton: Princeton University Press, 2020).

2. M. Shermer, *Heavens on Earth: The Scientific Search for the Afterlife, Immortality, and Utopia*. Nova York: Henry Holt, 2018; M. Quirin, J. Klackl e E. Jonas, "Existential Neuroscience", op. cit.

3. L. Alloy e L. Abramson, "Judgment of Contingency in Depressed and Nondepressed Students: Sadder but Wiser?". *Journal of Experimental Psychology*, v. 108, n. 4, p. 441, 1979. Para uma visão geral, ver o capítulo 13, "Why Is Psychological Stress Stressful?", em R. Sapolsky, *Why Zebras Don't Get Ulcers: A Guide to Stress, Stress-Related Disease and Coping*, 3. ed. (Nova York: Henry Holt, 2004).

4. R. Trivers, *Deceit and Self-Deception: Fooling Yourself to Better Fool Others*. Londres: Allen Lane, 2011.

5. Citação de Gomes: G. Gomes, "The Timing of Conscious Experience: A Critical Review and Reinterpretation of Libet's Research", op. cit. Citação de Gazzaniga: M. Gazzaniga, "On Determinism and Human Responsibility", em G. Caruso (Org.), *Neuroexistentialism*, op. cit., p. 232. Citação de Dennett: G. Caruso e D. Dennett, "Just Deserts", op. cit.

6. Para as acusações de Dennett de que neurocientistas céticos do livre-arbítrio são nefastos e irresponsáveis, ver o vídeo "Daniel Dennett: Stop Telling People They Don't Have Free Will" (Big Think, [s.d.]). Disponível em: <bigthink.com/videos/daniel-dennett-on-the-nefarious-neurosurgeon/>.

Nota de rodapé: Jin Park, "Harvard Orator Jin Park | Harvard Class Day 2018" (YouTube, canal Harvard University, 23 maio 2018). Disponível em: <youtube.com/watch?v=TlWgdLzTPbc>.

7. T. Chiang, "What's Expected of Us". *Nature*, v. 436, p. 150, 2005. [Ed. bras.: "O que se espera de nós". In: T. Chiang, *Expiração*. Rio de Janeiro: Intrínseca, 2021.]

8. R. Lake, "The Limits of a Pragmatic Justification of Praise and Blame". *Journal of Cognition and Neuroethics*, v. 3, n. 1, p. 229, 2015; P. Tse, "Two Types of Libertarian Free Will Are Realized in the Human Brain", op. cit.; R. Bishop, "Contemporary Views on Compatibilism and Incompatibilism: Dennett and Kane". *Mind and Matter*, v. 7, n. 1, p. 91, 2009.

9. Nota de rodapé: A. Sokal, "Transgressing the Boundaries: Toward a Transformative Hermeneutics of Quantum Gravity" (*Social Text*, n. 46/47, p. 217, 1996).

10. "Livre-arbítrio" como irrelevante para a biologia, a psicologia e a sociologia da obesidade:

Aspectos genéticos: S. Alsters et al., "Truncating Homozygous Mutation of Carboxypeptidase E in a Morbidly Obese Female with Type 2 Diabetes Mellitus, Intellectual Disability and Hypogonadotrophic Hypogonadism" (*PLoS One*, v. 10, n. 6, p. e0131417, 2015); G. Paz-Filho et al., "Whole Exam Sequencing of Extreme Morbid Obesity Patients: Translational Implications for Obesity and Related Disorders" (*Genes*, v. 5, n. 3, p. 709, 2014); R. Singh, P. Kumar e K. Mahalingam, "Molecular Genetics of Human Obesity: A Comprehensive Review" (*Comptes rendus biologies*, v. 340, n. 2, p. 87, 2017); H. Reddon, J. Gueant e D. Meyre, "The Importance of Gene-Environment Interactions in Human Obesity" (*Clinical Sciences*, Londres, v. 130, n. 18, p. 1571, 2016); D. Albuquerque et al., "The Contribution of Genetics and Environment to Obesity" (*British Medical Bulletin*, v. 123, n. 1, p. 159, 2017).

Aspectos evolutivos: Z. Hochberg, "An Evolutionary Perspective on the Obesity Epidemic" (*Trends in Endocrinology and Metabolism*, v. 29, n. 12, p. 819, 2018).

Contribuição do baixo status social para a obesidade: R. Wilkinson e K. Pickett, *The Spirit Level: Why More Equal Societies Almost Always Do Better* (Londres: Allen Lane, 2009); E. Goodman et al., "Impact of Objective and Subjective Social Status on Obesity in a Biracial Cohort of Adolescents" (*Obesity Research*, v. 11, n. 8, pp. 1018-26, 2003).

Nota de rodapé: Inverno da Fome holandês: B. Heijmans et al., "Persistent Epigenetic Differences Associated with Prenatal Exposure to Famine in Humans" (*Proceedings of the National Academy of Sciences of the United States of America*, v. 105, n. 44, p. 17046, 2008). Um artigo recente e notável mostra fenômeno parecido. Pesquisadores examinaram indivíduos que eram fetos quando a comunidade dos pais vivia uma terrível situação econômica durante a Grande Depressão. Esses indivíduos, décadas depois, apresentaram perfil epigenético associado ao envelhecimento acelerado. L. Schmitz e V. Duque, "In Utero Exposure to the Great Depression Is Reflected in Late-Life Epigenetic Aging Signatures — Accelerated Epigenetic Markers of Aging". *Proceedings of the National Academy of Sciences of the United States of America*, v. 119, n. 46, p. e2208530119, 2022.

11. T. Charlesworth e M. Banaji, "Patterns of Implicit and Explicit Attitudes: I. Long-Term Changes and Stability from 2007 to 2016". *Psychological Sciences*, v. 30, n. 2, p. 174, 2019; S. Phelan et al., "Implicit and Explicit Weight Bias in a National Sample of 4,732 Medical Students: Medical Student CHANGES Study". *Obesity*, v. 22, n. 4, p. 1201, 2014; R. Carels et al., "Internalized Weight Stigma and Its Ideological Correlates among Weight Loss Treatment Seeking Adults". *Eating and Weight Disorders*, v. 14, n. 2/3, p. e92, 2019; M. Vadiveloo e J. Mattei, "Perceived Weight Discrimination and 10-Year Risk of Allostatic Load among US Adults". *Annals of Behavioral Medicine*, v. 51, n. 1, p. 94, 2017; R. Puhl e C. Heuer, "Obesity Stigma: Important Considerations for Public Health". *American Journal of Public Health*, v. 100, n. 6, p. 1019, 2010; L. Vogel, "Fat Shaming Is Making People Sicker and Heavier". *CMAJ*, v. 191, n. 23, p. E649, 2019.

12. Citação de Sam: S. Finch, "9 Affirmations You Deserve to Receive if You Have a Mental Illness" (Let's Queer Things Up!, 29 ago. 2015). Disponível em: <letsqueerthingsup.com/2015/08/29/9-affirmations-you-deserve-to-receive-if-you-have-a-mental-illness/>. Citação de Arielle: D. Lavelle, "'I Assumed It Was All My Fault': The Adults Dealing with Undiagnosed ADHD" (*Guardian*, 5 set. 2017). Disponível em: <theguardian.com/society/2017/sep/05/i-assumed-it-was-all-my-fault-the-adults-dealing-with-undiagnosed-adhd?scrlybrkr=74e99dd8>. Citação de Marianne: M. Eloise, "I'm Autistic. I Didn't Know Until I Was 27" (*New York Times*, 5 dez. 2020). Disponível em: <nytimes.com/2020/12/05/opinion/autism-adult-diagnosis-women.html?action=click& module=Opinion&pgtype=Homepage>.

13. Citação de indivíduo não identificado: QuartetQuarter, "É culpa minha ser baixo?" (Reddit, 4 fev. 2020). Disponível em: <reddit.com/r/short/comments/ez3tcy/is_it_my_fault_

im_short/>. Citação de Manas na plataforma Quora: <www.quora.com/How-do-I-get-past-the-fact-that-my-dad-blamed-me-for-being-short-and-not-pretty-I-shouldve-exercised-a-lot-more-and-eaten-a-lot-of-protein-while-growing-up-but-my-parents-are-short-too-Whose-fault-is-it>.

14. Citações de Kat e Erin: <sane.org/information-stories/the-sane-blog/wellbeing/how-has-diagnosis-affected-your-sense-of-self>. Citação de Michelle: D. Lavelle, "'I Assumed It Was All My Fault'", op. cit. Citação de Marianne: M. Eloise, "I'm Autistic. I Didn't Know Until I Was 27", op. cit. Citação de Sam: S. Finch, "4 Ways People with Mental Illness Are 'Gaslit' into Self-Blame" (Healthline, 30 jul. 2019). Disponível em: <healthline.com/health/mental-health/gaslighting-mental-illness-self-blame?scrlybrkr=74e99dd8>.

15. Estudo divisor de águas de LeVay: S. LeVay, "A Difference in Hypothalamic Structure between Heterosexual and Homosexual Men" (*Science*, v. 253, n. 5023, p. 1034, 1991). Citação do pai sobre o acampamento de verão do filho: <sane.org/information-stories/the-sane-blog/wellbeing/how-has-diagnosis-affected-your-sense-of-self>. O execrável pregador Fred Phelps, da notória igreja batista de Westboro, é discutido em: "Active U.S. Hate Groups (Kansas)", no Southern Poverty Law Center. Para uma declaração da Associação Americana de Psiquiatria condenando a terapia de conversão como pseudociência, ver "APA Maintains Reparative Therapy Not Effective", 15 jan. 1999. Disponível em: <psychiatricnews.org/pnews/99-01-15/therapy.html>.

16. Para uma análise da complexidade dos efeitos do estresse na fisiologia reprodutiva, ver J. Wingfield e R. Sapolsky, "Reproduction and Resistance to Stress: When and How" (*Journal of Neuroendocrinology*, v. 15, n. 8, p. 711, 2003).

O impacto psicológico da infertilidade: R. Clay, "Battling the Self-Blame of Infertility" (*APA Monitor*, v. 37, n. 8, p. 44, 2006); A. Stanton et al., "Psychosocial Aspects of Selected Issues in Women's Reproductive Health: Current Status and Future Directions" (*Journal of Consulting and Clinical Psychology*, v. 70, n. 3, p. 751, 2002); A. Domar, P. Zuttermeister e R. Friedman, "The Psychological Impact of Infertility: A Comparison with Patients with Other Medical Conditions" (*Journal of Psychosomatic Obstetrics and Gynecology*, v. 14, p. 45, 1993).

17. S. James, "John Henryism and the Health of African-Americans". *Culture, Medicine and Psychiatry*, v. 18, n. 2, p. 163, 1994.

18. M. Sandel, *The Tyranny of Merit: What's Become of the Common Good?*. Nova York: Farrar, Straus and Giroux, 2020; E. Anderson, "It's Not Your Fault if You Are Born Poor, but It's Your Fault if You Die Poor". Medium, 21 jan. 2022. Disponível em: <medium.com/illumination-curated/its-not-your-fault-if-you-are-born-poor-but-it-s-your-fault-if-you-die-poor-36cf3d56da3f>.

19. A letra em iídiche e a versão em inglês estão disponíveis em <genius.com/Daniel-kahn-and-the-painted-bird-mayn-rue-plats-where-i-rest-lyrics>. O vídeo de uma apresentação está disponível em <youtube.com/watch?v=lNRaU7zUGRo>.

A ciência como algo que diz respeito a propriedades estatísticas de populações e é incapaz de prever o suficiente sobre o indivíduo: para uma discussão cuidadosa e reflexiva disso, ver D. Faigman et al., "Group to Individual (G2i) Inferences in Scientific Expert Testimony" (*University of Chicago Law Review*, v. 81, n. 2, p. 417, 2014).

Nota de rodapé: D. Von Drehle, "No, History Was Not Unfair to the Triangle Shirtwaist Factory Owners" (*Washington Post*, 20 dez. 2018). Disponível em: <washingtonpost.com/opinions/no-history-was-not-unfair-to-the-triangle-shirtwaist-factory-owners/2018/12/20/10fb050e-046a-11e9-9122-82e98 f91ee6f_story.html>. Colapso do Rana Plaza: Wikipedia, s.v. "2013 Rana Plaza Factory Collapse". Disponível em: <wikipedia.org/wiki/2013_Rana_Plaza_factory_collapse?scrlybrkr=74e99dd8>.

Créditos das imagens

p. 8: BookyBuggy/ Shutterstock.com

p. 28: Ilustração de EEG usada com permissão de Mayo Foundation for Medical Education and Research, todos os direitos reservados; imagem de Harrison North Wind Picture Archives/ Alamy

p. 74: Robert Wood Johnson Foundation/ Centers for Disease Control and Prevention

p. 75: Steve Lawrence, Oxford University RAE profile 2004/13/ Wikimedia Commons

p. 137: Cortesia James Gleick, *Chaos: Making a New Science* (1987)

p. 140: Cortesia American Association for the Advancement of Science (AAAS), palestra do 139º encontro anual, 29 de dezembro de 1972

p. 144 (segunda de baixo para cima): Beojan Stanislaus/ Wikimedia Commons

p. 144 (abaixo): Eouw0o83hf/ Wikimedia Commons

p. 146: Cortesia Ebrahim Patel/ The London Interdisciplinary School

p. 153: Cortesia E. Dameron-Hill, M. Farmer, *Chaos Theory: Nerds of Paradise*, livro 2 (2017)

p. 173 (acima): Yamaoyaji/ Shutterstock.com

p. 173 (abaixo): Cortesia Nakagaki, T. et al., "Maze-Solving by an Amoeboid Organism", *Nature*, v. 407, p. 470, 2000

p. 174: Cortesia Tero, A. et al., "Rules for Biologically Inspired Adaptive Network Design", *Science*, v. 327, p. 439, 2010

p. 176: Santiago Ramón y Cajal/ Wikimedia Commons

p. 177: Central Historic Books/ Alamy Stock Photo

p. 178: Alejandro Miranda/ Alamy Stock Vector

p. 179 (acima): © Alejandro Miranda/ Dreamstime.com

p. 180 (acima): Robert Brook/ Science Photo Library/ Alamy Stock Photo
p. 180 (abaixo): Storman/ istock.com
p. 181: Santiago Ramón y Cajal/ Wikimedia
pp. 186-7: Cortesia Hares Youssef/ GAIIA Foundation, <gaiia.foundation>
p. 189: Cortesia Mohsen Afshar/ Penney Gilbert Lab, Universidade de Toronto
p. 199 (à esquerda): Cortesia Momoko Watanabe, Laboratório da Universidade da Califórnia em Irvine/ Ben Novitch Lab, Universidade da Califórnia em Los Angeles
p. 199 (à direita): Cortesia Arnold Krigstein, Universidade da Califórnia em San Francisco
p. 203: Cortesia Christian List
pp. 280, 283 e 288: Parte da palestra do prêmio Novel de Erik Kandel, copyright © The Nobel Foundation 2000
p. 290 (à esquerda): © Seadan/ Dreamstime.com
p. 290 (à direita): IrinaK/ Shutterstock.com
p. 304 (abaixo, à esquerda): Wikimedia Commons
p. 304 (abaixo, centro): Dr. Martin Luther King, retrato meio corpo/ *World Telegram & Sun*, foto de Dick DeMarsico, 1964, <www.loc.gov/item//00651714/>
p. 304 (abaixo, à direita): Prachaya Roekdeethaweesab/ Retrato de cédula de duzentos pesos da República Dominicana 2007/ Shutterstock.com OR Diegobib/ Dreamstime.com
p. 306 (à esquerda): Guy Corbishley/ Alamy Stock Photo
p. 306 (à direita): Cortesia DPAA Public Affairs
p. 307 (à esquerda): Wikimedia Commons
p. 307 (centro): Ilbusca/ Crucifixo de Michelangelo/ istock.com
p. 307 (à direita): Moviestore Collection Ltd/ Alamy Stock Photo
p. 308 (à esquerda): Michael Flippo/ Alamy Stock Photo
p. 308 (à direita): FlamingoImages/ iStock.com
p. 345: Cortesia Fuller Torrey, The Stanley Medical Research Institute
p. 354: Seguidor do mestre Virgílio, capítulo 7 de *Philip V*, Biblioteca Britânica
p. 357: Chronicle/ Alamy Stock Photo
p. 369: Bettmann/ Getty Images
p. 370: Everett Collection Historical/ Alamy Stock Photo
p. 378: Ken Hawkings/ Alamy Stock Photo
p. 379: Mark Foley/ Associated Press
p. 384: GL Archive/ Alamy Stock Photo
p. 393: AP Photo/ via Scanpix
p. 419: Santiago Ramón y Cajal/ Wikimedia

Índice remissivo

Números de página em *itálico* referem-se a ilustrações.

1ª EDIÇÃO [2025] 1 reimpressão

ESTA OBRA FOI COMPOSTA POR ACOMTE EM MINION E IMPRESSA
EM OFSETE PELA GRÁFICA BARTIRA SOBRE PAPEL PÓLEN DA
SUZANO S.A. PARA A EDITORA SCHWARCZ EM JUNHO DE 2025

FSC
www.fsc.org
MISTO
Papel | Apoiando o manejo florestal responsável
FSC® C105484

A marca FSC® é a garantia de que a madeira utilizada na fabricação do papel deste livro provém de florestas que foram gerenciadas de maneira ambientalmente correta, socialmente justa e economicamente viável, além de outras fontes de origem controlada.